Abhandlungen

aus

dem Gebiete

der

praktischen Chirurgie

und der

pathologischen Physiologie

nach

eigenen Untersuchungen und Erfahrungen und mit besonderer Rücksicht auf die Dieffenbach'sche Klinik in Berlin

von

Hermann Lebert,

Doctor der Medicin und Chirurgie, praktischem Arzt in Paris, Präsidenten der Pariser Gesellschaft deutscher Aerzte, Mitgliede der Pariser medicinischen Gesellschaft der Beobachtung, der Pariser anatomischen und philomathischen, der Lyoner medicinischen Gesellschaft, der Helvetischen Gesellschaft für Naturwissenschaften, der Lausanner medicinischen und der naturwissenschaftlichen, der Genfer und der Berner medicinischen Gesellschaft.

Berlin.

Verlag von Veit und Comp.

1848.

Dem

Andenken Dieffenbach's

der Verfasser.

Vorrede.

Es hat sich in neuerer Zeit das Bedürfniss immer deutlicher ausgesprochen, in der Medicin und Chirurgie mit der empirischen die höhere wissenschaftliche Auffassung zu verbinden. Wohl haben, von dem Zeitgeiste durchdrungen, die Aerzte gefühlt, dass weder der rein ideologische Gesichtspunkt noch blosses Häufen concreter Erfahrungen eine Heilwissenschaft zu begründen im Stande seien.

So treten wir denn mit dem Wiedererwachen der streng experimentalen Physiologie und der in den letzten Jahrzehnten immer gründlicher und genauer werdenden Beobachtung am Krankenbette in eine neue Phase der Geschichte der Medicin, in die der sich streng an das Factische haltenden reinen Naturbeobachtung.

Und doch hören wir gerade jetzt wieder oft die Klage, dass die so schönen, so glänzenden Hoffnungen, welche die geistvollen und gründlichen Untersuchungen der Physiologen unter den Aerzten erregt hatten, bei weitem nicht den Nutzen gestiftet haben, welchen man sich von denselben versprochen hatte.

Der unparteiische Beobachter der Fortschritte der Wissenschaft wird daher unwillkürlich zur gründlichen Prüfung dieses Vorwurfs aufgefordert. Wegen getäuschter Hoffnung die an sich gute physiologische Richtung aufgeben zu wollen, wäre die Sache eines schwachen, wenig Penetration besitzenden Geistes, wiewohl man die nicht hinreichende Anwendbarkeit jener bisher gelieferten Resultate nicht leugnen kann.

Der Grund aber dieses Missverständnisses liegt nahe, und in der richtigen Erkenntniss desselben liegen zugleich auch die Mittel, diesem Uebelstande abzuhelfen.

Viele der ausgezeichneten Männer nämlich, welche ganz besonders bemüht waren, die Physiologie, namentlich chemische und mikroskopische Untersuchungen auf den inneren Bau, die Zusammensetzung krankhafter Bildungen anzuwenden, sind zu wenig praktische Aerzte gewesen. Das Krankenbett, der Kranke selbst, war zu wenig das Centrum ihrer Bemühungen und tiefen Forschungen. Aber weder die genaueste Untersuchung am Leichentisch, noch die feinste chemische Analyse im Laboratorium, noch die schärfste, mit den besten optischen Hülfsmitteln angestellte mikroskopische Prüfung können einen bedeutenden Werth und wirklich praktische Anwendung haben ohne genaue klinische Beobachtung, sonst:

> „Hält man die Theile in seiner Hand,
> Fehlt aber leider das geistige Band,“

wie sich so treffend unser grosser Dichter ausdrückt.

Wir müssen aufhören, die krankhaften Producte dem Nicht-Praktiker ins Laboratorium mit unvollkommenen pathologischen Erörterungen zu schicken. Wir müssen aufhören, auf jenen abstracten, trocknen, vereinzelten Forschungen neue, ephemer glänzende, aber gleich Seifenblasen nur zu oft in leeres Nichts aufgehende Hypothesen und Doctrinen zu bauen. Der Arzt soll selbst sich eine hinreichend gründliche physiologische Bildung anzueignen suchen, um nach der genauesten und strengsten Würdigung der klinischen Thatsachen jene schönen naturwissenschaftlichen Untersuchungen krankhafter Erzeugnisse selbst anstellen oder wenigstens mit Umsicht und Detailkenntniss leiten zu können, damit eben nicht jeder einzelne Baustein des Gebäudes sich stolz als ein an und für sich werthvolles Ganze betrachten könne, sondern nur die durch jene verschiedenen Untersuchungsmethoden erhaltenen Resultate als blosses Complement der Beobachtung am Krankenbette und als untergeordnetes Element zur Würdigung der Erscheinungen diene.

Von dieser Ueberzeugung schon seit Jahren durchdrungen, habe ich versucht, in meinem Werke über pathologische Physiologie [1]) eben diese Richtung geltend zu machen, und habe ich mir in jenem so wie für spätere Werke die Aufgabe gestellt, die praktisch-therapeutische Anwendbarkeit der genauen und gründlichen physiologischen Untersuchungsmethode als Hauptzweck meiner Arbeiten anzusehen. Mit Vergnügen und tiefer Erkenntlichkeit habe ich gesehen, dass die bis jetzt in verschiedenen deutschen, französischen und englischen medicinischen Zeitschriften erschienenen Kritiken meines Werks gerade diese Richtung wohlwollend aufgefasst und hervorgehoben haben.

Es lag mir daher der Wunsch sehr nahe, nach Beendigung jenes Werks diese Grundsätze immer directer auf die praktische Heilkunde anzuwenden. Seit langer Zeit schon hatte ich in diesem Sinne an einer Pathologie und Therapie der scrophulösen und tuberculösen Krankheiten gearbeitet, ein Werk, welches ich in einem der nächsten

---

[1]) Lebert, Physiologie pathologique ou Recherches cliniques, expérimentales et microscopiques sur l'inflammation, la tuberculisation, les tumeurs, la formation du cal etc. II. Volumes avec un atlas de 22 planches. Paris 1845.

Jahre dem Publicum zu übergeben hoffe. Durch zufällige Umstände jedoch veranlasst, habe ich mich entschlossen, in dieser gegenwärtigen Sammlung von Abhandlungen die Anwendung der pathologischen Physiologie auf die praktische Chirurgie zu versuchen und vor ersterem Werke zu publiciren.

Die Veranlassung zur Bekanntmachung dieses Werks war nämlich folgende: Seit Anfang des Jahres 1836 in der französischen Schweiz practicirend, habe ich namentlich in den letzten Jahren meine Stellung als Arzt der Bäder von Lavey, im Wadtlande, benutzt, um meine Zeit während des Sommers der Praxis, im Winter hingegen besonders wissenschaftlichen Forschungen zu widmen. Nachdem ich so drei Winter in den grossen Hospitälern von Paris meine bereits vor längerer Zeit in der Schweiz angefangenen pathologischen Arbeiten fortgesetzt hatte, war in mir der Wunsch immer reger geworden, vor meiner definitiven Niederlassung in Paris die deutsche Wissenschaft wieder einmal für einige Zeit in der Nähe zu sehen.

Nun fand ich besonders in der Dieffenbach'schen Klinik in Berlin viel Material und vortreffliche Gelegenheit für die Fortsetzung meiner Untersuchungen über pathologische Neubildungen und über mehrere andere wichtige Punkte der Chirurgie. Durch das gütige Wohlwollen des Herrn Prof. Dieffenbach konnte ich nicht bloss von allen interessanten Krankheitsfällen seiner Klinik selbst und unabhängig die Krankengeschichten anfertigen, sondern auch die an Beobachtungen reichhaltigen Tagebücher der Klinik aus früheren Jahren consultiren. Alle meine vielfachen früheren pathologischen Arbeiten und Untersuchungen sind in diesem Werke benutzt und zur Aufstellung und Begründung neuer Resultate durch zahlreiche neue Beobachtungen und Experimente vermehrt.

Sonach habe ich denn dieses Werk nach folgendem Plane ausgeführt:

Die erste grössere Hälfte enthält eine Reihe von Abhandlungen über Geschwülste, in welchen ich besonders danach gestrebt habe, ihren inneren Bau, ihre Symptomatologie, Verlauf etc. näher zu erkennen, um alles nicht Krebsartige und Heilbare von dem Krebse, diesem leider noch aller Hülfsquellen der Medicin und Chirurgie spottenden Uebel, zu sondern und durch eine scharf gestellte Diagnose zu unterscheiden.

Eine erste Reihe von Aufsätzen beschäftigt sich mit den Geschwülsten der Haut. Nach einleitenden Bemerkungen über die Structur und allgemeine Pathologie gehe ich zuerst ausführlich auf die Beschreibung der Papillargeschwülste und des Pseudo-Cancer der Haut ein, eine Krankheit, welche noch allgemein mit wirklichem Krebse verwechselt wird und doch in seinen wichtigsten pathologischen und anatomischen Charakteren, sowie durch seine Heilbarkeit, vom wahren Carcinom verschieden ist. Die Mittel zu ihrer genauen Erkenntniss zu gelangen, sowie eine ziemlich vollständige Therapie dieser Krankheit beschliessen den Aufsatz. Eine Reihe auserwählter Krankheitsfälle erläutert die ausgesprochenen Ansichten. Nach den gleichen Principien werden sodann in besonderen Abhandlungen die Hypertrophie der Haut, die diffuse und die circumscripte, die Blutgefässgeschwülste der Haut, Telangiektasien, und dann die Drüsengeschwülste der Haut, die Balggeschwülste ausführlich besprochen. In den nächstfolgenden Aufsätzen werden in ähnlichem Sinne die Fettgeschwülste, die fibroplastischen Sarkome, die Fasergeschwülste, die localen Schleimhauthypertrophien (Polypen) in ihren anatomisch und praktisch wichtigsten Punkten erörtert. Sodann folgt ein Aufsatz über Hypertrophie und Tuberculosis der oberflächlichen Lymphdrüsen, welcher nebst der allgemeinen Beschreibung und den Krankengeschichten manche kritische Bemerkungen über Scrophulosis und Tuberculosis enthält. Nach diesem folgt eine kurze Notiz über Hypertrophie der Tonsillen. In dem nun besprochenen Capitel über Enchondrom habe ich besonders danach gestrebt, diese mehr physiologisch gekannten Geschwülste einer gründlichen chirurgisch-praktischen Würdigung zu unterwerfen.

Die nächstfolgende Arbeit ist für mich ein altes Lieblingsthema, die Diagnose des Krebses. Ich habe mich hier bemüht, zu zeigen, dass bei sorgfältiger Prüfung aller den Krebs begleitenden Erscheinungen eine scharfe und sichere Diagnose in der Mehrzahl der Fälle gestellt werden kann, dass man aber nie auf einen einzelnen Charakter, namentlich auch gilt dies für die mikroskopische Untersuchung, einen zu absoluten Werth legen darf. Nach Auseinandersetzung der wichtigsten Punkte jedes einzelnen der bei Krebsdiagnose in Betracht kommenden Charaktere werden sodann die meisten pathologischen Neubildungen mit dem Krebse verglichen und die Unterscheidungsmerkmale angegeben. Sodann folgen einige ausgewählte Krankengeschichten. Unter anderem Neuen finden sich in dieser Abhandlung viele Notizen über Statistik des Krebses.

Die Geschwülste der weiblichen Brust habe ich zum Gegenstande einer besondern Arbeit gewählt, um ganz besonders gründlich eine oft mit Krebs verwechselte Form der Brustdrüsengeschwülste, die locale Brustdrüsenhypertrophie, zu besprechen, und ihr gegenüber ein vollständiges Bild des Brustkrebses aufzustellen.

Diese erste Abtheilung meines Werks beschliesst der Versuch einer Statistik der Geschwülste, in welcher nahe an 400 Fälle von Pseudoplasmen alle genau pathologisch, anatomisch und mikroskopisch von mir untersucht, analysirt werden. Alle diese Mittheilungen über Geschwülste sind in den vier ersten Capiteln enthalten.

In dem fünften theile ich klinische Beobachtungen über Schusswunden mit, welche ich in den Schweizer Bürgerkriegen, und besonders in den Walliser Unruhen im Jahre 1844 als Oberarzt eines transitorischen Militairhospitals zu machen Gelegenheit gehabt habe. Auf die Krankengeschichten, von denen die ersteren besonders an pathologisch-anatomischen Details reich sind, folgen dann allgemeine Bemerkungen und therapeutische Mittheilungen.

Das sechste Capitel handelt von der Physiologie und Pathologie der Sehnen- und Muskeldurchschneidung. Der physiologische Theil beruht ganz auf eignen, von mir vor wenigen Monaten angestellten Experimenten. Die pathologischen und namentlich die operativen Bemerkungen gehören zum grossen Theil der Dieffenbach'schen Klinik an, und giebt dieses sowie das folgende über Hernien handelnde Capitel einigermaassen ein Bild der genialen Handlungsweise und der Operationen, welche Dieffenbach in diesen verschiedenen Krankheiten in Anwendung zieht.

Das achte Capitel über die physiologische und pathologische Wirkung des Aethers beruht zum grossen Theil auf eignen Untersuchungen und Experimenten, und schien es mir nicht unpassend, in dieser Sammlung von Abhandlungen die so schöne und in directer Anwendung so nützliche transatlantische Entdeckung des Schmerzstillens bei Operationen mit einiger Ausführlichkeit zu besprechen.

Das neunte Capitel enthält eine kleine Sammlung interessanter chirurgischer Krankheitsfälle, und das zehnte beschliesst das Werk mit einer Reihe von Aphorismen über Geschwülste. Gegen 170 Krankengeschichten sind in den verschiedenen Aufsätzen mitgetheilt, von denen ich einen grossen Theil in der Dieffenbach'schen Klinik angefertigt und gesammelt habe. Wissenschaftliche Pathologie von den mannigfachsten Hülfsmitteln der physiologischen Methode unterstützt, sollen also in diesem Werke in innigem Zusammenhange mit praktischer Auffassung der Chirurgie Hand in Hand gehen und zugleich dem Leser von der Verfahrungsweise eines der ausgezeichnetsten Wundärzte unserer Zeit ein Bild geben.

Wie die Aufgabe, so ist natürlich auch die Ausführung schwierig, und ich fühle daher tief, wie sehr ich der Nachsicht des Publicums bedarf.

Schliesslich fühle ich endlich noch das Bedürfniss, dem hochverehrten Manne, welcher mich bei diesen Untersuchungen auf eine so gütige und wohlwollende Art unterstützt hat, dem Herrn Professor Dieffenbach, meine tiefste Erkenntlichkeit hier öffentlich auszudrücken.

Paris, den 16. Juli 1847.

Dr. **Lebert.**

Nachschrift.

Als ich vor wenigen Monaten diese Zeilen schrieb, hoffte ich mein Werk dem in der vollsten Kraft seines Genies wirkenden grossen Meister als ein Zeichen dankbarer und freundschaftlicher Erinnerung anzubieten. Das Schicksal hat es leider anders gefügt, und so bleibt mir nur übrig, diese Blätter seinen Manen zu weihen. So schmerzlich auch allen Kunstgenossen dieser frühe Tod sein mag, so tröstet doch der eine Gedanke, dass Dieffenbach's Name nunmehr in dem Pantheon der grössten Chirurgen aller Zeiten neben dem Andenken eines Ambroise Paré, Dupuytren, A. Cooper und Richter hochgefeiert im vollen Glanze unsterblichen Ruhmes thront.

Inhalts-Verzeichniss.

Zweites Capitel.

Drittes Capitel.

Viertes Capitel.

Fünftes Capitel.

Sechstes Capitel.

Siebentes Capitel.

Achtes Capitel.

Neuntes Capitel.

Zehntes Capitel.

Anhang.

Erstes Capitel.

Ueber die in der Haut am häufigsten vorkommenden Geschwülste, mit einleitenden Bemerkungen über die Structur und die Krankheiten der Haut im Allgemeinen.

Den Sinnen der zugänglichste Theil des Körpers hat die Haut von jeher die ganze Aufmerksamkeit der Aerzte und Naturforscher gefesselt. So haben die Zoologen auf diese äusseren Bedeckungen und ihre verschiedenen Charaktere Systeme gegründet; so hat die Medizin gar oft in der Benutzung des Hautorgans zur Heilung der Krankheiten neue Lehren entstehen sehen, von denen die letzte und offenbar die bedeutendste die Priessnitz'sche Hydropathie ist.

Wenn man bedenkt, dass die Haut auf geringem Raume und in symmetrischer Gruppirung Fasergewebe, aus Zellen bestehende hornartige Substanz mit Pigment, Nerven, Blut- und Lymphgefässe, Schweiss- und Talgdrüsen, Haare mit ihrer Hülle und den sie begleitenden Einstülpungen der Oberhaut und der Lederhaut enthält: so könnte man fast jede Kubiklinie der Haut als einen Mikrokosmus des Organismus ansehen.

Nun sollte man bei dem so rastlos thätigen Emporstreben des menschlichen Geistes glauben, dass kein Theil der Physiologie und der Pathologie besser gekannt sei, als die Structur und die Krankheiten der Haut. Und doch ist dem leider nicht so. Den letzten Jahren erst war es vorbehalten, eine genaue und gründliche Kenntniss der Haut zu erhalten. Den ausgezeichneten Leistungen von Henle, Valentin, Krause, G. Simon u. A. verdanken wir auf mühsame und scharfe

Beobachtungen gegründete richtige Begriffe über ein Organ, über welches seit **Bichat** bis zu den neuesten Leistungen von **Brechet** und **Roussel de Vauzème** in Frankreich so viele ungenaue Beobachtungen und irrige Ansichten verbreitet worden sind; wiewohl wir gern zugeben, dass über die Physiologie der Haut französische Gelehrte manches recht Ausgezeichnete geleistet haben, unter denen wir besonders **Seguin** und **Collard de Martigny** rühmend erwähnen können.

Wenn wir über die Structur der Haut, besonders durch die Bemühungen deutscher Forscher, über die Functionen derselben durch die Arbeiten deutscher, französischer und englischer Gelehrten eine ziemlich vollständige Kenntniss erreicht haben, so können wir leider nicht ein Gleiches von der Krankheitslehre der Haut sagen. Trennen des Gleichartigen, Zusammenwerfen des in seiner Natur Verschiedenen, künstliche Vervielfältigung der Formen haben sich hier selbst in den besten neueren Arbeiten eines **Villan**, **Bateman**, **Alibert**, **Biett**, **Rayer** und **Fuchs** geltend gemacht. Das wahre, allein richtige physiologische Eintheilungsprinzip, auf pathologische genaue Forschung basirt, ist hier noch nicht angewendet worden, und erst in der allerneuesten Zeit sehen wir in Deutschland und hier, namentlich in der Wiener Schule das Bedürfniss erwachen, die Hautkrankheiten naturgemässer aufzufassen und einzutheilen.

Wohl keine Lücke aber unter den vielen pathischen Veränderungen der Haut ist bedeutender und hat mehr nöthig durch gründliche Forschung und kritische Sichtung des hierüber Geschriebenen ausgefüllt zu werden, als der sogenannte Hautkrebs, unter welcher Benennung noch allgemein die verschiedensten Krankheitsprocesse zum grossen Schaden der Kranken und der Krankheitslehre verwechselt werden.

Ich habe mich daher seit langer Zeit damit beschäftigt, diesen Theil der Nosologie gründlich zu durchforschen; und wird derselbe den Hauptgegenstand dieser ersten Abhandlung ausmachen, welcher ich eine kurze Uebersicht der Structur und der Functionen der Haut, nebst einer neuen physiologischen Classification der Hautkrankheiten vorausschicken werde. Die ausführlichere Arbeit über wahren und fälschlich sogenannten Hautkrebs wird dann um so leichter verständlich sein. Nach dieser Beschreibung werde ich dann über locale Hypertrophie der Haut (Elephantiasis) die allgemeinen Resultate meiner Untersuchungen und die wichtigsten Krankheitsfälle der Art, welche ich beobachtet habe, mittheilen. In gleicher Weise werde ich dann die Blutgefässgeschwülste der Haut (Telangiektasien) und die Drüsengeschwülste der Haut (Atherome) abhandeln.

Bevor wir aber diese verschiedenen Krankheitsprocesse näher betrachten, wollen wir über die Structur der Haut und die Classification ihrer verschiedenen Krankheiten einige Bemerkungen, welche uns für das genauere Verständniss der nachfolgenden Abhandlungen nothwendig erscheinen, mittheilen.

§ 1. Kurze anatomische Uebersicht der Structur der Haut.

Indem ich für die nähere Kenntniss und ausführliche Details über die Structur der Haut auf die vielen hierüber existirenden speciellen Arbeiten, und namentlich auf die allgemeine Anatomie von Henle und den Artikel „Haut" von Krause im Wagner'schen Handwörterbuch der Physiologie verweise, will ich hier bloss das für den Pathologen Wissenswertheste herausheben.

Im Allgemeinen können wir die Haut als die schützende Hülle der Oberfläche des Körpers ansehen. Sie bewahrt denselben nicht bloss durch ihre hornichte Schicht vor vielen chemisch wirkenden Schädlichkeiten, und setzt ihn so in den Stand, indem sie die Absorption verhindert, die gefährlichsten Gifte in den mannigfachen Zweigen der Industrie ohne Nachtheil anzuwenden, sondern sie mindert auch durch ihre zugleich dichte, contractile und elastische Structur in der Lederhaut die sonst viel gefährlichere Wirkung der vielen äusseren physikalischen Eingriffe, welchen sich durch Fall, Stoss, Wunden etc. der Mensch täglich aussetzt.

Die Natur, indem sie jeden Raum, jeden Theil des Organismus zu vielfältiger Function benutzt, hat zugleich der Haut, ausser der schützenden Eigenschaft, noch die angewiesen, ein gewisses Gleichgewicht in Einnahme und Ausgabe und in Regulirung der Körperwärme zu erhalten. So entweichen durch die Exhalation der Haut viele im Körper nicht mehr brauchbare Stoffe, und die entstehende Verdunstung hält dem durch das Athmen bewirkten continuirlichen Verbrennungsprocess ein Gegengewicht. Einer der feinsten aller Sinne endlich, der Gefühlssinn, hat in der Haut seinen hauptsächlichsten Sitz und ist vorzüglich an manchen Stellen derselben zu besonders feiner Perception concentrirt. Gefühls- und Geschmacksinn werden so der gleiche Sinn, und ihre analoge, fast identische Function beruht auf sehr naher Affinität des anatomischen Baues.

Für den Arzt ist die Haut der Spiegel der verschiedenartigsten Krankheiten, welche er hier deutlich sehen kann, während er in tiefer gelegenen Organen das Bild derselben nur durch Induction vervollständigen kann. Ausserdem ist die Haut das Ausscheidungs-Organ der verschiedensten akuten und chronischen Krankheits-Processe, deren letzter Grund im Blute selbst liegt.

An den äusseren Grenzen der Körperhöhlen in die Schleimhäute übergehend, und hier gewissermaassen Uebergangs-Membranen zwischen Schleim- und äusserer Haut bildend, ist der untere Theil der Cutis durch das Unterhautzellgewebe, an manchen Stellen durch engere Faser-Verdichtung, an anderen durch die beim Menschen nur rudimentär existirenden Hautmuskeln an die darunter gelegenen Theile geheftet, denen sie als Schutz und äussere Decke dient.

Lederhaut und Oberhaut bilden die beiden hauptsächlichsten Elemente der Haut und dienen den übrigen als Substrat, so wie sie dieselben zum Theil auch durch Ein- und Ausstülpung nach aussen oder nach innen direkt bedecken.

Die Lederhaut kann füglich als ein verdichtetes Bindegewebe angesehen werden. Bau und Functionen sind in ihr die des Binde- oder Faser-Gewebes. Dicht gereihte Primitivfasern, von $\frac{1}{300}$ Millimeter und noch viel feiner, sind zu Bündeln vereint, durchkreuzen sich in allen Richtungen und sind so durcheinander verfilzt, dass die gereinigte Lederhaut ein weisses homogenes, nur ausnahmsweise an manchen Stellen röthliches Gewebe darstellt. In ihrer tieferen Schicht erkennt man noch ausserdem elastischere breitere Fasern mit viel schärferen Contouren, nicht zu Bündeln vereint, unregelmässig in ihrem Verlauf, an manchen Stellen mit anderen ähnlichen Fasern scheinbar anastomosirend. Der untere Theil der Cutis zeigt ein maschiges areoläres Ansehen, und Fasern so wie Faserbündel lassen hier Zwischenräume, in welche sich theils das Fettgewebe des Panniculus adiposus einsenkt, welche aber hauptsächlich den Nerven und Gefässen zum Durchtritt dienen.

Alle diese Fasergewebslagen der eigentlichen Substanz der Lederhaut zeigen eine horizontale Ausbreitung. Unter zwei Umständen jedoch nähern sich die Fasern mehr der schiefen oder senkrechten Lage, nämlich in der äusseren Haarscheide, von welcher später, und in den Papillen, den sogenannten Tast-Wärzchen. Diese letzteren bestehen also aus aufsteigenden, sich oben umwendenden, abgerundeten Cutis-Fasern und sind, wie wir später sehen werden, von einem Epidermidal-Ueberzug, einer Art Epidermis-Kappe, bekleidet. An allen Stellen der Hautoberfläche existirend, finden wir sie besonders an den Fingern und Zehen, an den Lippen, an der Eichel, den äusseren weiblichen Genitalien, der Brustwarze entwickelt, und an manchen Stellen, wo sie reihenförmig stehen, bildet die Oberhaut erhabene und vertiefte Linien, die besonders an der Hand deutlich sichtbare Linien bilden, welche die

Chiromantie zum Gegenstande ihrer Träumereien und ihres Charlatanismus gemacht hat. Die Gestalt der Papillen ist theils cylinderförmig, theils kegelartig, theils nach oben kolbenartig erweitert. In ihrem Inneren, besonders an ihrer Basis, befinden sich, ausser feinen Blutgefässschlingen, die letzten Endigungen der peripherischen Nerven. Ob in denselben nur eine oder mehre primitive Nervenfasern schlingenförmig enden, kann ich nicht entscheiden, da ich hierüber keine eigenen Untersuchungen angestellt habe. Die Grösse derselben giebt Krause im Mittleren auf $\frac{1}{30}$''' (Pariser Maass) für Basis und Höhe an, jedoch sind sie an der Volarfläche der Hand und Finger, so wie des Fusses grösser, im Gesichte und am Halse oft bedeutend kleiner.

Durch die Maschen der tieferen Schicht der Lederhaut gehen von dem Blut- und Lymphgefässnetze des Unterhautzellgewebes zahlreiche Aestchen hindurch und bilden dann, nach verhältnissmässig nur geringer Vertheilung in dem Gewebe der Cutis selbst, ein sehr feines und dichtes Gefässnetz auf der Oberfläche derselben, welche nicht bloss Papillen und Drüsen mit Aestchen versorgt, sondern vielleicht direct die doppelte Function der continuirlichen Neubildung der Epidermis und der Hautexhalation erfüllt. Ein besonderes Gefässsystem, für Pigmentabsonderung bestimmt, wie dies Bichat angiebt, ist, so wie der appareil chromatogène von Brechet und Roussel de Vauzème, eine durch Beobachtung leicht zu widerlegende Hypothese. Die weniger bekannten Lymphgefässe der oberflächlichen Lederhautschicht scheinen nach Krause viel weniger fein zu sein, als die Blutgefässe. Die von ihm durch Quecksilber-Injection angefüllten oberflächlichen Saugadern betrugen $\frac{1}{20}$ bis $\frac{1}{13}$ Linie.

Die Dicke der Lederhaut, an einzelnen Körpertheilen auffallend stark, wie an der Hand und der Fusssohle, ist an anderen, wie an den Augenliedern, sehr dünn, und beträgt nach Henle und Krause zwischen $\frac{1}{4}$ und $\frac{5}{4}$'''.

Die Oberhaut wurde früher als eine mit sehr geringer Vitalität begabte, amorphe Hornmembran betrachtet. Unbegreiflicherweise findet sich eine ähnliche Ansicht noch in dem Dictionnaire de médecine (T. XXIII. pag. 333. Paris 1841) von Ollivier vertheidigt. In unserer Zeit die Oberhaut als eine „membrane plane et continue, composée d'une couche homogène, dont la face interne se confond insensiblement avec le corps muqueux" zu bezeichnen, ist eine nicht streng genug zu rügende Unrichtigkeit und erinnert an die erste Kindheit der allgemeinen Anatomie.

Man hat in der Oberhaut zwei, auch wohl drei verschiedene Schichten angenommen. Es lässt sich dies auch anatomisch rechtfertigen, indem man sich wohl kaum zwei verschiedenere Zellen denken kann, als den eben mit einer Zellen-Membran sich umkleidenden Zellenkern der die Lederhaut direkt berührenden Epidermidalfläche und die flache fast amorph erscheinende Schuppe der äussersten Haut-Oberfläche. Da aber zwischen beiden alle nur möglichen Uebergänge, und zwar in ununterbrochener, nicht in Schichten zu sondernder Aufeinanderlagerung sich vorfinden, so scheint mir die Eintheilung in Schichten eine künstliche, wiewohl für besseres Verständniss nicht ohne Nutzen.

Die Bildungsgeschichte der Epidermis, sowie ihre Structur in den verschiedenen Theilen ihrer Dicke scheint mir nach eignen und fremden zuverlässigen Beobachtungen folgende:

Von den feinen Gefässnetzen der Oberfläche der Lederhaut und ihrer Papillen wird eine Bildungs-Flüssigkeit, ein Cytoblastem ausgesondert, welches sich theils in Zellenkernen, theils in einer amorph und feinkörnig gerinnenden Substanz zeigt. Erstere, von gelblicher Farbe, sind entweder rund oder schwach oval, zwischen $0^{mm},005$ und $0^{mm},01$ in ihrer Grösse variirend. Ihr Inhalt ist ziemlich homogen und zeigt schon früh ein oder zwei kleine Kernkörperchen. Durch immer neu ausgesonderte Bildungs-Flüssigkeit gewissermaassen Nahrung erhaltend und diese endosmotisch einsaugend, sehen wir bald in einer über der Gefässschicht etwas erhabenen Lage wahre Zellen auftreten; der Zellenkern erscheint alsdann von einer ihn anfangs umschliessenden, allmählig immer grösser sich zeigenden Zellen-Membran umgeben, welche theils homogen, theils mit feinkörnigem Inhalt erscheint, und wenn auch nicht sphärisch, doch viel dicker als in den oberflächlich liegenden Zellen erscheint. Zuerst von kaum $0^{mm},01$ Durchmesser, erreicht die Zelle bald $0^{mm},02$, $0^{mm},03$ und darüber, und wird dabei, jemehr sie an die Oberfläche kommt, desto flacher. Mehrmals habe ich um den Zellenkern einen hellen koncentrischen Hof bemerkt, welcher gewissermaassen die Existenz einer zweiten inneren Zellen-Membran anzudeuten schien. Ganz nach der Oberfläche hin sehen wir allmählig den Kern verschwinden. An ein Herausfallen ist nicht zu denken, ebensowenig an ein Loch in der Mitte, wie dies Donné in seinen ersten Arbeiten über Epithelium beschreibt, von welcher Ansicht er jedoch später zurückgekommen ist. Es scheint vielmehr, dass der Kern erst kleiner wird und sich dann allmählig im Zellen-Inhalt auflöst. So wandeln sich allmählig die Epidermis-Zellen in runzlige und faltige Schuppen um, welche zwischen $0^{mm},05$ und $0^{mm},1$ Durchmesser haben und als unbrauchbare Organ-Theile stets abgestossen und von den tieferen Lagen her erneut werden. Wir sehen also in den verschiedenen

Lagen der Epidermis eine Zellenentwickelung von ihrem ersten Entstehen bis zum Absterben. Dass diese Zellen eine höhere Function als die eines bloss beschützenden hornartigen Ueberzugs haben, werden wahrscheinlich spätere Forschungen beweisen.

Die Oberhaut bildet für die tieferen Theile der Haut einen Ueberzug, namentlich für die Papillen. Für Haare und Drüsen bildet sie innere Einstülpungen. Ungleich und höckerig an ihrer inneren Fläche, scheint sie ziemlich glatt an ihrer Oberfläche, an welcher die Hautdrüsen münden, und welche von den Haaren durchbrochen wird. An ihrer Oberfläche wenig durchsichtig, von gelblicher Färbung, zeigt die Epidermis besonders in ihrer Tiefe die Pigmentbildung, welche in den verschiedenen Menschenracen verschieden, theils in intensiver Färbung des Zellenkerns der tiefgelegenen Zellen und in schwacher Färbung des Zelleninhalts selbst besteht, theils wirkliche Pigment-Körnchen und Kügelchen von verschiedener Grösse bildet, welche dann zwischen den Epidermis-Zellen eingelagert sind. Aehnliche Pigment-Zellen habe ich in ziemlicher Menge in gefärbten Muttermälern gefunden. Die Dicke der Epidermis schwankt nach Krause zwischen $\frac{1}{30}$ und $\frac{1}{15}$'''.

Wir haben jetzt die Grundbestandtheile der Haut beschrieben; es bleibt uns noch die der Hautdrüsen und der Haare übrig.

Die beiden hauptsächlichsten Formen von Drüsen, welche in der Haut vorkommen, sind die Talgdrüsen und die Schweissdrüsen.

Die Talgdrüsen sind so ziemlich über die ganze Körperoberfläche verbreitet und sind besonders an manchen Theilen des Gesichts, den Lippen, der Stirn und der Nase; daher auch an diesen Stellen die Acne sebacea und rosacea am häufigsten vorkommt, weil diese Krankheit hauptsächlich in den Talgdrüsen der Haut ihren Sitz zu haben scheint. Man findet diese Drüsen besonders an behaarten Stellen des Körpers, und die Haare sind meist von zwei, ja selbst von mehren solchen Drüsen begleitet. Selbst wenn Haare sich pathologisch auf der inneren Wand von Balggeschwülsten erzeugen, fehlen diese sie begleitenden Drüschen nicht. Sie bestehen entweder aus einem einfachen Drüsenbläschen, oder aus mehren in eine gemeinschaftliche Höhle mündenden, deren Zahl von zwei, drei bis auf zwölf, fünfzehn und darüber gehen kann. Bald hat das Drüschen eine traubenförmige, bald eine rundlich gelappte, bald eine unregelmässig eichenblattähnliche Gestalt; ihr Umfang varirt zwischen $\frac{1}{12}$ und $\frac{1}{3}$ Mm. Der gemeinschaftliche Ausführungsgang ist meist kurz und wenig geschlängelt, ein Viertel bis ein Drittel der Breite der ganzen Drüse zeigend. Ausser den Ernährungsgefässchen dieser Drüsen unterscheiden wir in ihrem

Bau eine feine Membran, von der ich noch nicht sicher weiss, ob sie structurlos ist oder aus feinen Zellfasern besteht. Das Innere derselben ist von einem feinen Epithelium, einer Einstülpung der Epidermis bekleidet. Der Inhalt, das Secret dieser Drüsen, das Hautfett (Sebum) hat eine gelbliche käsige Färbung, ist von weicher Consistenz, und besteht zum grössten Theil aus feinkörnigem oder kleinblasigem Fett. Die Talgdrüsen liegen in der Dicke der Cutis und ergiessen ihr Secret meist auf die Oberfläche der Haut, unmittelbar oder mittelbar durch ihre Einmündung in den Haarbalg.

Die Schweissdrüsen sind noch viel allgemeiner über den ganzen Körper verbreitet, als die Talgdrüsen. Sie bestehen aus Drüsenknäueln, welche durch ein vielfach gewundenes, nach unten blind endendes Secretions-Rohr gebildet werden, und dessen Ausführungsgang korkzieherförmig in spiraligen Windungen nach der Hautoberfläche hin sein Secret ergiesst. Die Wand derselben ist feinfaserig, ihr Inneres mit einem Ueberzug feiner Epidermis bekleidet, ihr Secret eine dunstförmige Exhalation oder ein zu Wasser condensirter Exhalationsdunst, der Schweiss. Krause giebt ihre Länge zwischen $\frac{1}{18}$ und $1\frac{3}{4}$''' schwankend an, ihre Breite zwischen $\frac{1}{65}$ und $\frac{1}{34}$''', jedoch in der Achselhöhle $\frac{1}{12}$'''. Sie nehmen gewöhnlich ihren Ursprung unter der Haut, vom Panniculus adiposus umgeben. Krause, dem wir die genauesten Kenntnisse über ihren Bau und ihre Verbreitung verdanken, giebt an, dass man ungefähr ihre Zahl auf 2,381,248 berechnen kann, wenn man hierbei noch die Achselhöhle ausnimmt und für die Körperoberfläche fünfzehn Pariser Quadratfuss als mittlere Fläche annimmt. Alle Schweissdrüsen des ganzen Körpers mit eingerechnet, die einzelnen im Durchschnitt auf $\frac{1}{8}$''' angenommen, nehmen nach ihm die Schweissdrüsen einen Raum von 3,9653 Kubikzoll ein. Solche genaue Zahlen haben natürlich kaum individuelle Richtigkeit. Wenn aber die so sorgfältig angestellten Berechnungen und Messungen Krause's richtig sind, so kann man im Durchschnitt nahe an drittehalb Millionen Schweissdrüsen auf der Körperoberfläche annehmen, und den Raum, welchen diese Drüsen zusammen umfassen, könnte man ungefähr auf vier Kubikzoll feststellen.

Die Haare, so complicirt auch ihre Structur auf den ersten Anblick erscheinen mag, bestehen doch eigentlich aus wenigen und einfachen Elementen. An der äussersten Fläche des Haares erkennen wir zuerst eine Einstülpung der Cutisfasern, welche bis in den tiefsten Theil der Haut geht, und hier blind endigt. Dies ist der Haarbalg, in welchem

Gustav Simon [1]) und Henle [2]) eine Art Milbe entdeckt haben, welche, den Tardigraden verwandt, zuerst als Acarus folliculorum beschrieben worden ist. Die beiden genannten Beobachter fanden dieses Thier zuerst in den Haarbälgen des äusseren Gehörganges, und später fand es Miescher in denen der Nase und Baum in denen der Stirn. Miescher [3]) gab diesem Thiere den Namen Makrogaster platypus. — Auf der Mitte des unteren Endes des Haarbalgs befindet sich der Haarkeim, die Haarpulpe, aus Zellen und Zellenkernen, denen der Epidermis in ihrem tieferen Theil durchaus ähnlich, bestehend. Auf diesem Theile sitzt das nach unten erweiterte Haar auf, in dessen tiefstem Theile man deutlich Zellenkerne und Zellen erkennt. Erstere werden immer langgestreckter, und so gehen sie allmählig in das eigentliche Haar über, an welchem man ausser dem Mark und der Rinde mit ihren Fasern, beide wahrscheinlich aus metamorphosirten Epidermis-Elementen entstehend, noch eine äussere Epidermidalhülle zeigt, welche die scheinbaren unregelmässigen Querstreifen des tieferen Theils der Haaroberfläche bedingt. So wie die Cutis sich nun eingestülpt hat, um dem Haarkeim als Basis und dem Haarknopf als Ansatzpunkt zu dienen, so stülpt sich auch die Oberhaut von ihrer Oberfläche her ein und bildet für den Haarschaft eine eigenthümliche Scheide, in welcher deutlich, besonders in dem äusseren dunkleren Theile, Zellenkerne junger Epidermiszellen zu erkennen sind. Eine ähnliche Epidermiseinstülpung setzt sich in die Talgdrüsen fort, welche, wie wir oben gesehen haben, meist zu den Seiten der Haare angetroffen werden. Wenn wir also alle künstliche Trennung meiden, erblicken wir im Haar nichts, als eine eigenthümlich umgewandelte, hornartige, besonders in die Länge wachsende Oberhautbildung, welche von einer tiefen Einstülpung der beiden Hauptelemente der Haut, Cutis und Epidermis, eingeschlossen ist, welche letztere die Ernährungsgefässe des Haares erhalten.

Wir haben nun die hauptsächlichsten Theile der Haut in kurzer Uebersicht dem Leser ins Gedächtniss gerufen. Wir wollen hier nur noch schliesslich bemerken, dass nach Krause's [4]) Untersuchungen von 31 $\frac{1}{4}$ Unzen mittlerer Quantität der täglichen Hautausdünstung, der doppelten Menge der Lungenexhalation, nur im Durchschnitt etwa $\frac{1}{8}$ bis $\frac{1}{3}$ von den Schweissdrüsen geliefert wird. Er nimmt daher an, dass

[1]) Froriep's Notizen Th. XXI. pag. 218, und Müller's Archiv 1842.
[2]) Henle im Oeffentlichen Beobachter, Zürich, December 1841.
[3]) Verhandl. der Baseler naturforsch. Gesellschaft pag. 191. Basel. 1843.
[4]) Handwörterbuch der Physiologie. Achte Lieferung, pag. 69.

ausser diesem Drüsenschweiss noch die übrige Quantität der Hautexhalation, als sogenannter Dunstschweiss direct aus den Capillargefässen heraustretend, in Dunstform durch die Epidermis tritt und sich erst an ihrer Oberfläche wässrig niederschlägt, und dass so täglich aus der Blutmasse fast eine halbe Unze von extractiven Materien, Fett, freien Säuren, milch- und essigsauren Salzen, Salmiak, Chlornatrium, Chlorkalium, Eisenoxyd und phosphorsaurem Kalk ausgeschieden wird.

Es läge dem Zwecke dieser durchaus für die Pathologie der Haut und besonders seiner Geschwülste bestimmten Arbeit ganz fern, in noch nähere anatomische und physiologische Erörterungen einzugehen. Durch die vorhergehende Beschreibung aber hoffen wir wenigstens den Zweck erreicht zu haben, dass, wenn von den Elementen der verschiedenen Hautgeschwülste die Rede sein wird, der Leser leicht unterscheiden könne, was in denselben normales und was krankhaftes Element ist.

§ 2. Ueber Classification der Hautkrankheiten im Allgemeinen und besonders der Hautgeschwülste.

Die Eintheilungen der Hautkrankheiten, welche in der neuesten Zeit am allgemeinsten angenommen worden sind, haben als Classificationsprinzip hauptsächlich die äusseren localen Erscheinungen derselben aufgefasst. Wenn auch nicht geläugnet werden kann, dass ein Theil der Hautkrankheiten, selbst die miasmatischen, wie Scharlach und Masern, abgerechnet, nicht bloss Localübel sind, sondern in einer eigenthümlichen, freilich bis jetzt noch nicht materiell nachgewiesenen Veränderung des Bluts ihren letzten Grund haben, wenn selbst ein und dasselbe ätiologische Moment, wie z. B. Syphilis, die verschiedensten Localformen von chronischen Ausschlägen hervorbringen kann, so ist doch die Eintheilung derselben nach ihrem äusseren Auftreten eine unumgänglich nothwendige. Aber selbst die besten Classificationen der Art, wie das von Biett modificirte Villan' und Bateman'sche System, welches von Rayer und Fuchs mit einigen Veränderungen befolgt worden ist, trifft der Vorwurf, dass das anatomische und physiologische Moment in denselben nicht immer zu seinem vollen Rechte gelangt ist.

Wir können hier diesen Gegenstand nicht ausführlich behandeln, halten es aber für nöthig, eine kurze Skizze unserer Gruppirung der

Hautkrankheiten hier mitzutheilen, um so den näher zu beschreibenden Hautgeschwülsten ihre richtige Stelle anzuweisen.

Wir können in der Haut im Allgemeinen und in ihren einzelnen Elementen besonders drei verschiedene Krankheitsclassen annehmen: 1) Störungen der Circulation, 2) Störungen der Ernährung und Absonderung, 3) Parasiten des Thier- und Pflanzenreichs. Die beiden ersten Classen kommen oft mit einander combinirt vor, jedoch meist mit entschiedenem Ueberwiegen der einen oder der andern.

I. Die Circulationsstörungen sind besonders congestiver oder entzündlicher Natur. Hier kommen wir auf:

1) Entzündliche Congestion mit gesteigerter Röthe, späterer leichter Abschuppung, aber ohne nässende Ausschwitzung. Hieher gehören unter miasmatisch-epidemischen Ausschlägen vor Allem die Masern und die zwischen ihnen und dem Scharlach stehenden Rötheln. Von nicht miasmatischem Ursprung, oft Folge äusserer reizender Einflüsse, gehört hieher das Erythem in seinen verschiedenen Formen. Hier ist der Sitz der entzündlichen Congestion, besonders in dem oberflächlichen Gefässnetz, welches unmittelbar unter der Epidermis liegt.

2) Ist die Congestion zur wahren Entzündung gesteigert, so nimmt die Hautkrankheit die Form ausgebreiteter Röthe an und kann auch hier ohne oder mit nur geringer Ausschwitzung verlaufen, zieht aber dann eine ausgedehnte Abschuppung nach sich, und die Epidermis kann sich dann in sehr ausgedehnten Lappen losstossen. Von akuten Exanthemen gehört vor Allen der Scharlach hieher, welcher so wie alle diese miasmatischen Hautkrankheiten ein Entwickelungsstadium zeigt, bevor die Eruption auf der Haut erscheint; und hier leidet eher die Schleimhaut des Verdauungsapparats, besonders in seinem oberen Theile, so wie auch verschiedene seröse Häute mit, während die Masern zur Athmungs-Schleimhaut und zur Conjunctiva in näherer Beziehung stehen. Hieher gehört ferner der Rothlauf, welcher ebenfalls eine oberflächliche Hautentzündung ist, aber sich viel tiefer erstrecken kann, und auch oft von einer oberflächlichen serösen Ausschwitzung unter der Oberhaut begleitet ist.

3) Statt eine ausgedehnte, grössere Flächen einnehmende Form zu zeigen, kann die oberflächliche Hautentzündung mehr umschrieben sein und viele kleinere, nahe bei einander gelegene Punkte zu gleicher Zeit einnehmen. Diese von Röthe und verhältnissmässig stärkerer Geschwulst begleiteten Krankheiten nässen fast gar nicht, zeigen nur geringe Abschuppung und sind von sehr heftigem Jucken begleitet. Die ganze Natur ihrer Krankheitserscheinungen deutet darauf hin, dass der Sitz

derselben in den Hautpapillen ist. Hieher gehören vor Allem die papulösen Ausschläge, besonders der Prurigo, welcher mehr an der äusseren Seite des Stammes und der Glieder seinen Sitz hat, und aus kleinen harten, wenig gefärbten, stark juckenden Erhabenheiten besteht. An diesen schliesst sich der Lichen an; wo auch die Papillengruppen einzeln krank sein können, es im Ganzen aber mehr gruppenweise sind.

4) Die bisher erwähnten Hautentzündungen waren nicht von Exsudat begleitet. Die oberflächliche exsudirende Entzündung erhebt die die ausschwitzenden Capillargefässe bedeckende Epidermis in mehr oder weniger umfangreicher Ausdehnung, von der Grösse eines feinen Hirsekorns in der Miliaria, bis zu der einen grossen Blase in Rupia und Pemphigus. Die Wand der Blase besteht nach oben aus Epidermis, der Inhalt aus feinen Körnchen und einem Gemisch von jungen Eiter- und Epidermiszellen. Aus den gleichen Elementen bestehen auch die nach Abfallen der Bläschen sich bildenden Krusten, in denen sich noch ausserdem Elemente des Secrets der Hautdrüsen finden. Beim Herpes stehen die Bläschen gruppenweise zusammen, meist auf geröthetem Boden. Beim Ekzema findet keine regelmässige Gruppirung statt, die Entzündung geht hier schon etwas tiefer, daher dickere Primitiv-Bläschen und später dickere Krusten, in welchen jedoch das Oberhaut-Element über Eiter vorwiegt. Auch sehen wir nach lange dauerndem Ekzema ganze Hautpartien roth, dick, rissig, hypertrophisch werden. Die von Biett in diese Abtheilung gestellte Krätze hat, als von animalischem Causal-Momente bedingt, eine ganz andre Natur. Der Friesel ist die einfachste Bläschenform und ist bald eine symptomatische, bald eine idiopathische Hautaffection, letzteres jedoch seltener. Was die hieher gerechnete Varicelle betrifft, so scheinen uns Varicellen, Impfpocken, Varioloiden und ächte Pocken eine natürliche, nicht von einander zu trennende Krankheits-Gruppe von miasmatisch-epidemischer Natur zu bilden, welche im äusseren Auftreten als mehr oder weniger tiefe vesiculöse oder pustulöse Hautentzündung erscheint. Pemphigus und Rupia sind im oberflächlichen Capillarnetz der Haut ihren Sitz habende exsudative Entzündung, welche sich besonders quantitativ von Eczema, Herpes und Miliaria unterscheiden.

5) Dehnt sich die oberflächliche Hautentzündung etwas tiefer gegen das Corium aus, so sehen wir die pustulöse Hautentzündung entstehen, in welcher die Pustel sich dickwandiger zeigt als das Bläschen, die Entzündung der Basis intensiver, der Inhalt mehr rein eitrig und in den consecutiven Krusten die Eiterelemente über die der Epidermis überwiegend; daher diese dicker, bröckliger und weniger regelmässig

geschichtet sind. Wir haben eben gesehen, dass hieher die Pocken als miasmatisch-epidemische Form zu zählen sind. Beim Ecthyma zeigt sich die Basis der Pustel in grösserer Ausdehnung entzündet. Bei Acne hat man es bald mit einer umschriebenen pustulösen Entzündung, bald mit der Entzündung einer Talgdrüse zu thun; ja zuweilen mit einer Entzündung, welche ihren Grund in einem parasitischen, milbenartigen Thier hat. Der Impetigo ist der eigentliche Prototyp der pustulösen Entzündung und in ihm sprechen sich alle oben angeführten Charaktere recht deutlich aus. Der eigentliche Grind, Porrigo, gehört offenbar nicht hieher und ist vegetabilischer Natur.

6) Hat die Hautentzündung in den tieferen Schichten der eigentichen Lederhaut ihren Sitz, so ist sie meist umschrieben, an einer oder an mehren Stellen zugleich sich zeigend. So entsteht, als die einfachste Form, die furunculöse Entzündung, bei welcher jedoch der ausgestossene Pfropf nicht aus nekrotischem Corium-Gewebe, sondern aus fibrinösen Exsudat- und Eiter-Elementen besteht. Die sogenannte Leontiasis ist ihren anatomischen Erscheinungen nach hieher zu zählen, nur zeigt sich in ihr wenig Tendenz zur Eiterung, sondern eher zur Verhärtung und später zur Geschwürsbildung. Diese tieferen Hautentzündungen setzen sich leicht auf das Unterhautzellgewebe fort.

II. Die zweite Classe der Hautkrankheiten ist die der überwiegenden Secretions- und Nutritionsstörungen, besonders mit quantitativer Vermehrung; und hier kommen wir dem eigentlichen Gegenstande dieser Abhandlung, den Geschwülsten, näher.

1) Die erste Gruppe dieser Krankheiten ist die der sogenannten Schuppenausschläge, welche sich durch eine beständige örtliche oder allgemeine starke Oberhautabsonderung auszeichnen, die aber deshalb keine Geschwülste bildet, weil die so im Uebermaass abgesonderte Epidermis ununterbrochen in ziemlicher Menge abgestossen wird. Ist hiebei keine entzündliche Complication, so kommen wir auf zwei Formen, von denen die mildere Pityriasis eine verhältnissmässig geringere Exfoliation zeigt, die stärkere, die Ichthyosis, die Oberhaut viel tiefer ergreift und von umfangreicherer, aus dicken, zuweilen fast hornartigen Schuppen bestehender Abstossung der Epidermis besteht. Bei der Lepra vulgaris findet ebenfalls eine beständige Abstossung und Hypersecretion der Epidermis statt, hier jedoch ist die Krankheit mehr umschrieben und die einzelnen kranken Stellen zeigen eine rothe, ziemlich harte Basis. Bei Psoriasis tritt das entzündliche Element neben der Vermehrung der Exfoliation deutlicher hervor, auch zieht sie nach längerer Dauer oft partielle Hauthypertrophie nach sich.

2) Wir kommen jetzt an die Epidermidal- und Epithelial-Geschwülste, welche sich durch umschriebene Localisation des Krankheitsprocesses auszeichnen und, aus Epidermis oder Epithelium in verschiedenartiger Anordnung bestehend, wahre Haut- oder Schleimhaut-Geschwülste bilden. Flache, schichtenförmige Uebereinanderlagerung von Epidermis bildet Callositäten, Hautschwielen, selbst hornartige Auswüchse, welche letztere jedoch meist aus dem Inneren einer Balggeschwulst hervorwachsen. Ist mehr der Epidermidal-Ueberzug der Haut-Papillen hypertrophisch, wobei letztere gewöhnlich selbst an Umfang zunehmen, so haben wir, wenn die Papillen-Gruppen noch eine gemeinschaftliche Oberhauthülle haben, Warzen oder flache Kondylome, und wenn jene Hülle fehlt, die eigentlichen Papillar-Geschwülste, von denen die blumenkohlartigen Kondylome eine durch Syphilis bedingte Abart sind Diese Geschwülste werden oft mit Krebs verwechselt, wie wir dies bald genauer auseinandersetzen werden. Ist Epidermis zuweilen in grosser Menge in erweiterten Maschen des Lederhautgewebes abgelagert, so entstehen dann die fibro-areolären Epidermis-Geschwülste.

Die Epithelial-Geschwülste finden sich ebenfalls unter der Form von flächenartigen Ausbreitungen; so bestehen z. B. die dicken grauen Wülste des Staphyloms zum grossen Theil aus solchen Schichten von Pflaster-Epithelium. Die eigentlichen Epithelial-Geschwülste haben wir besonders am Uterus unter zwei Formen beobachtet: die erstere zwiebelartig geschichtet, aus flachen, breiten Epithelien bestehend; die zweite eine mehr compacte sarkomatöse Masse bildend und besonders aus Cylinder-Epithelium zusammengesetzt.

3) Ist der Theil der Epidermis, welcher das Pigment enthält, der Sitz einer intensiveren Färbung der Epidermis-Zellen, welche gewöhnlich von stärkerer Ablagerung gefärbter melanotischer Kügelchen begleitet ist, so haben wir die Elemente der sogenannten gefärbten Muttermäler, welche sich oft mit der folgenden Gruppe combiniren.

4) Wenn ein Theil der Capillargefässe, welche unmittelbar unter der Oberhaut liegen, sich bedeutend ausdehnt, was meist schon während des Intrauterinlebens geschieht, so entstehen die Blutgefässgeschwülste, welche unter dem Namen Telangiektasien oder Angiektasien bekannt sind. Viele genaue Zergliederungen haben uns diese oberflächliche Gefässschicht als den Hauptsitz dieser Geschwülste gezeigt, und nur in sehr seltenen Fällen haben wir dieselben im Unterhaut-Zellgewebe oder in den tiefsten Theilen der Lederhaut beobachtet.

5) Wenn die Drüsen der Haut, besonders die Talgdrüsen, sich bedeutend ausdehnen und hypertrophisch werden, so entstehen, wenn

diese starke Ernährung auf einer ganzen Gruppe Drüschen fixirt ist, die sogenannten Mitesser, Comedones; ist aber eine einzige Drüse der Sitz eines starken Säftezuflusses, wobei dann gewöhnlich die Ausführungsöffnung sich obliterirt, so entstehen die sogenannten Balggeschwülste, besonders die Art, welche man als Atherom bezeichnet. Wir müssen hier jedoch bemerken, dass wir auf diese Art jene, besonders über den oberen Augenliedern vorkommenden Balggeschwülste, welche auf ihrer inneren Wand Talgdrüsen und Haare zeigen, in ihrer Genesis nicht erklären können. Wir werden auf dieselben später ausführlicher zurückkommen.

6) Ist besonders das Fasernetz der Lederhaut der Sitz eines vermehrten Säfteandrangs, einer Hypertrophie, welche theils sehr umschrieben, theils diffus, über ein ganzes Glied ausgebreitet sein kann, so kommen wir auf die unter Elephantiasis arabum bezeichnete wahre Hauthypertrophie, über deren Natur wir noch in der letzten Zeit zahlreiche Untersuchungen anzustellen Gelegenheit gehabt haben. In dem Gewebe derselben finden sich auch viele Fettelemente, welche, mehr auf den Panniculus adiposus angewiesen, sich im Normalzustande zwischen die Maschen der Lederhaut eindrängen, sonst aber in ihrem Gewebe nicht vorkommen. In der Hauthypertrophie findet man auch zuweilen kleinere Geschwülste, welche ganz aus unvollkommen entwickeltem Uebergangszellgewebe bestehen und in ihrem Bau den wahren, nicht bösartigen Sarkomen entsprechen.

7) Wir müssen hier endlich noch als Geschwulst der Haut den wahren Hautkrebs citiren, welcher freilich verhältnissmässig seltener ist, als die gutartigen Hautgeschwülste, da die meisten von den Autoren hieher gezählten Geschwülste nicht wahrhaft krebsartiger Natur sind. Jedoch geht man offenbar zu weit, wenn man, wie Mayor, den wahren, dem Scirrhus und Encephaloid in seinem Gewebe durchaus gleichkommenden Krebs der Haut läugnet. Wir haben denselben ziemlich oft beobachtet.

In den beiden bisher analysirten Classen der Hautkrankheiten sind nur die am häufigsten vorkommenden Formen erwähnt und über mehre, wie Lupus, Pellagra, Keloide nichts angeführt, da es uns über die Natur derselben an genaueren anatomischen Untersuchungen fehlt. So haben wir auch von Capillarekchymosen (Purpura), den Epheliden, den scrophulösen und syphilitischen Ausschlägen nichts mitgetheilt, da wir, wie gesagt, in dieser Skizze keineswegs auf Vollständigkeit Anspruch machen, sondern nur einen rationellen systematischen Ueberblick zu geben uns bemüht haben.

Wir müssen endlich, bevor wir diese Vorbemerkungen schliessen, noch der dritten Classe der Hautkrankheiten gedenken.

III. Haut-Parasiten; diese können thierischer und pflanzlicher Natur sein.

1) Thierischer Natur ist nach bisheriger Nachweisung besonders die Krätze; auch haben wir oben gesehen, dass sich in den Haarbälgen zuweilen den Tardigraden verwandte milbenartige Thiere finden.

2) Pflanzlicher Natur sind, ausser verschiedenen andern ausschlagähnlichen Krankheiten, besonders die Mentagra und der wahre Grind, Porrigo favosa, welcher, nach Schoenlein's, Gruby's, Bennet's etc. und nach meinen eigenen, in meiner Physiologie pathologique II. 161. ausführlich mitgetheilten Untersuchungen, aus einer dem Oidium verwandten Pilzart besteht, und nur secundär Hautentzündung, Eiterung und Krustenbildung zur Folge hat. Ausserdem existiren nach meinen Beobachtungen Algenfäden im Normalzustand auf der Schleimhaut der Zunge, des hinteren Theils des Mundes und des schleimigen Anfluges der Zähne.

Wir schliessen hier diese Vorbemerkungen und gehen zu der genauen Betrachtung mehrer der wichtigsten Arten von Hautgeschwülsten über.

§ 3. Ueber Pseudo-cancer der Haut, Warzen- oder Papillar-Geschwülste und ihr Verhältniss zum Krebs.

Der Hautkrebs hat seit den ältesten Zeiten die Aufmerksamkeit der Pathologen auf sich gezogen. Schon von Celsus gekannt und beschrieben, im Mittelalter von Empirikern und Charlatans behandelt, aus deren Händen bekanntlich der Frère Cosme sein berühmtes Arzneimittel erkaufte, hat dieses Uebel in neuerer Zeit besonders viele der besten Aerzte und Wundärzte beschäftigt. Und doch blieb man über die wahre Natur der gewöhnlich als Hautkrebs beschriebenen Krankheit so im Unklaren, dass man einerseits zwar fühlte und aussprach, wie dieses Uebel in vielen Punkten in Bezug auf Verlauf und Prognose vom eigentlichen Karcinom sich unterscheidet, andererseits aber nicht wagte, der alten traditionellen Routine entgegenzutreten, und so den wahren Platz zu bestimmen, welchen diese Geschwülste und Geschwüre einnehmen sollen.

Wir werden später den wirklichen Hautkrebs beschreiben; da wir aber von demselben die uns gegenwärtig beschäftigende Krankheit trennen, so waren wir in nicht geringer Verlegenheit, für dieselbe einen passenden Namen zu finden. Der Name Epidermidal-Geschwulst wäre zu vag, da wir unter diesem Titel in unsrer pathologischen Physiologie eine Reihe verschiedener, freilich einander nahe verwandter Formen von Geschwülsten beschrieben haben. Wir haben daher die Namen Warzen-Geschwulst oder Papillar-Geschwulst und Pseudo-Cancer der Haut gewählt. Wiewohl in ihrem ersten Auftreten diese Krankheit zuweilen als ein blosser Riss, als eine oberflächliche Hautexcoriation erscheint, so geht doch in seinem Ursprung das Uebel oft von den Hautpapillen aus, welche dann, mit gemeinschaftlichem Ueberzug von Epidermis noch bekleidet, warzenförmig hervortreten. Bevor wir nun diese Krankheit in ihrem ersten Auftreten beschreiben, wollen wir in Bezug auf die Synonyma derselben bemerken, dass hieher zum grossen Theil zu zählen ist, was die Autoren als Warzenkrebs, Verruca cancroides, Schornsteinfegerkrebs, Cancer caminianorum, Scirrhoma vulgare der Haut nach Fuchs, Cancer vulgaire de la peau und Cancer verruqueux de ramoneurs nach Rayer, Ulcère chancreux du visage, Noli me tangere, etc. anführen und beschreiben. Wir müssen jedoch hier gleich im Voraus darauf aufmerksam machen, dass wenn in den Darstellungen der besten Autoren über diesen Gegenstand einzelne Charaktere gewiss dem Krebse zukommen, während andre davon abweichen, der Grund darin liegt, dass selbst diejenigen, welche diesen Gegenstand am vollständigsten abgehandelt haben, die gutartige Warzengeschwulst, den Pseudo-Cancer, und den wahren Hautkrebs mit einander vielfach verwechselt, und beide Uebel oft bunt durcheinander gemischt beschrieben haben. Daher die grösste Verwirrung.

Wir wollen nun zuerst die Warzengeschwulst in ihrem localen Auftreten, und dann in den sie begleitenden Zuständen des Gesammt-Organismus näher beleuchten.

1. *Local-Erscheinungen der Warzen- oder Papillar-Geschwülste.*

Werfen wir zuerst einen Blick auf die Structur der gewöhnlichen Warzen, welche wir häufig in grosser Zahl, besonders an den Händen, beobachten, so finden wir in diesen kleinen, mehrere Millimeter im Höhen- und Breitendurchmesser habenden Hervorragungen der Oberhaut einen gemeinschaftlichen Ueberzug von Epidermis, welcher aus deren gewöhnlichen hornartig geschichteten Blättchen und in tieferen Lagen aus Zellen besteht. Unter dieser gemeinschaftlichen Hülle stehen Gruppen von Papillen, welche in ihrer Form mit denen der Haut-Papillen übereinkommen; ihre Breite schwankt zwischen $\frac{1}{5}$ und $\frac{1}{2}$ Millim., ihre Länge kann jedoch bedeutender werden, bis auf $\frac{2}{3}$—1 Millim. Jede einzelne dieser Papillen, welche in verschiedener Zahl, 6, 12, 15, 18 und darüber gemeinschaftlich eingehüllt beisammenstehen, ist von einer Scheide von Epidermis umgeben, in welcher sie frei zu stehen scheint. Ausserdem zeigt jede Papille als hauptsächlichstes Element fast nichts als Epidermis, und hier weichen unsre Untersuchungen von denen andrer Beobachter ab. Die Epidermis ist hier nämlich in Form concentrischer Schichten membranöser Ausbreitungen, die ganz aus Epidermiszellen bestehen, angeordnet, daher hat sie auf Längs- und Querschnitten ein leicht täuschendes fasriges Ansehen, wie dies Vogel in seinen Icones histologiae pathologicae Tab. XXV. Fig. 1—3 abbildet. Diese Schichten sind jedoch keine wahre Fasern. Mit Essigsäure behandelt und unter dem Dissections-Mikroskop zergliedert, zeigen sie deutlich Epidermiszellen als fast alleiniges Element. Auch erkennt man dann die Zellenkerne und sieht die Zellen selbst oft gestreckt, im Profil, in ihrem Längsdurchmesser, was alsdann das fasrige Ansehen noch täuschender macht. Nur da, wo die Papillen die Lederhaut berühren, findet sich in ihnen wahres Fasergewebe. Ihr hauptsächlichstes Gewebe besteht also in einer concentrischen Hypertrophie des Epidermidal-Ueberzugs der Papillen mit gemeinschaftlicher Oberhauthülle für die verschiedenen Papillen-Gruppen. Blutgefässschlingen habe ich deutlich in diesen Papillen unter verschiedenen Formen und zwischen den verschiedenen Epidermis-Schichten gesehen. Nervenprimitivfasern habe ich in denselben nicht auffinden können.

Analoge Verhältnisse finden in dem Entstehen derjenigen Warzengeschwülste statt, welche man für krebsartig gehalten hat.

Das erste Auftreten dieses Uebels, der wahren Papillar-Geschwulst, zieht gewöhnlich weder die Aufmerksamkeit der Aerzte noch der Kranken auf sich. Ich habe sie zufällig in diesem Anfangsstadium anatomisch und mikroskopisch genau untersuchen können, da ich Gelegenheit gehabt habe, mehrere solche auf der ersten pathischen Entwickelungsstufe stehen gebliebene Hautstellen zu exstirpiren.

Es erscheint an einer Stelle des Körpers, meist im Gesicht, und hier vorzüglich an der Nase oder der Unterlippe, eine kleine papillare Erhöhung von der Farbe der umgebenden Haut. Bald erscheint diese Papel als eine flache nur wenig über dem Niveau der Haut hervorragende Erhöhung, bald als ein hervorragendes Wärzchen oder Knötchen vom Umfang eines Stecknadelknopfs und etwas darüber. Bei der ersten Form bildet sich bald eine leichte Abschilferung aus, welche die Kranken meist dadurch vermehren, dass sie diese Schüppchen beständig theils mit der Zunge, wenn der Sitz des Uebels an der Lippe ist, theils mit den Fingern zu entfernen suchen, ja die Hautstelle auch zuweilen beim Rasiren mit dem Rasirmesser unwillkürlich reizen. Allmählig nimmt die kleine Hautexcrescenz ein wenig zu, und dem aufmerksamen Beobachter zeigen sich kleine Blutgefässchen um dieselbe herum. Die genauere Untersuchung zeigt in den abgestossenen Häutchen nichts als Epidermis-Blättchen, welche erst später bei stärkerer Reizung mit etwas Eiter ein wenig verkrustet werden. In dem Knötchen oder der flacheren Hervorragung selbst erkennt man vergrösserte, in ihrer Vascularität vermehrte Papillen.

Von jetzt an kann die Krankheit einen zweifachen Verlauf nehmen. Entweder es entsteht bei Zeiten ein kleiner länglicher Riss, eine kleine Spalte über der Mitte der beginnenden Geschwulst, auf welcher sich feine, weissgelbliche Krusten bilden, abstossen und abgekratzt werden, oder es vergrössert sich das kleine Knötchen und nimmt allmählig die Form eines kleinen Wärzchens immer deutlicher an. Wird dasselbe nicht gereizt, so besteht es zuweilen Jahre lang unter dieser Form. Nach längerer oder kürzerer Zeit röthet sich die Warze ein wenig, ihre Oberfläche wird ungleich und runzlich oder höckerig, ihre Consistenz ist die einer gewöhnlichen Warze, ihr Uebergang in die umgebende Haut bietet nichts Besonderes dar, man fühlt deutlich, dass das Uebel sich auf den oberflächlichen Theil der Haut beschränkt. Zuweilen hat die kleine Geschwulst schon frühzeitig ein stärker tingirtes, gefässreicheres, rötheres Ansehen. In sehr seltenen Fällen, und zwar meist nicht im Gesichte, ist das Gewächs an der Basis gestielt, meistens ist diese verhältnissmässig breit. Ohne aufzubrechen kann die Geschwulst nach und nach an Grösse so zunehmen, dass sie den Umfang einer kleinen Erbse und allmählig den einer Nuss, einer Kirsche, ja einer Wallnuss und darüber erreichen, also vom Umfang eines oder weniger Millimeter bis zu dem von zwei Centimetern und darüber wachsen kann. Der äusserste Epidermis-Ueberzug bleibt hierbei selten glatt, und nimmt oft ein gelapptes, maulbeerartiges Ansehen an.

Untersucht man diese Geschwülste, so findet man in denselben noch immer keine andere Elemente als Epidermis in grösster Menge, besonders Papillen und einen immer zunehmenden Gefässreichthum. Krebszellen, Krebssaft, scirrhöses Stroma oder weicheres markschwammartiges Gewebe entdeckt man aber in diesen Fällen durchaus nicht, und wenn einzelne Autoren in diesen Warzengewächsen Elemente des Scirrhus und Encephaloids gefunden haben wollen, so beweisen ihre Beschreibungen deutlich, dass sie theils ungenau beobachtet, theils durch das Prisma einer theoretisirenden Einbildungskraft gesehen haben.

Wir haben also in dem bisher Beschriebenen das erste Stadium, das der hypertrophischen Bildung. Dieses geht dann oft erst nach langer Zeit, nicht selten in Folge äusserer unvorsichtiger Reize in das zweite Stadium der Entzündung der Geschwulst über. Viele Gewächse der Art bleiben jedoch das ganze Leben hindurch auf dem ersten Stadium stehen. In diesem zweiten Stadium nimmt die Geschwulst schneller als vorher an Umfang zu, und auch das umgebende Hautgewebe wird der Sitz eines verstärkten Säftezuflusses. Die Geschwulst wird grösser und röther, und nicht selten dann der Sitz von Spannung und Schmerzen. Dass auch hier die lanzinirenden Schmerzen kein Charakter und Beweis krebsartiger Entartung sind, hat uns vielfache Beobachtung gelehrt. Dass diese Geschwülste, besonders wenn sie sich entzünden, schmerzhaft werden, muss um so weniger auffallen, da wir wissen, welch wichtige Rolle die Haut-Papillen in der peripherischen Endigung des Nervensystems spielen. Uebrigens ist der Fall gar nicht selten, dass Geschwülste der Art alle ihre Stadien durchlaufen, ohne schmerzhaft zu sein.

Dieses Stadium der entzündlichen Reizung geht gewöhnlich schnell in das dritte, in das der Verschwärung über. Dieser Ulcerations-Process ist jedoch von dem, welchen wir beim Krebs beobachten, verschieden. Bei letzterem sehen wir durch die Ausdehnung der krankhaften Neubildung die verschiedenen Elemente der Haut in ihrer ganzen Dicke absorbiren und so durch Eiterung und Verschwärung schwinden. Bei der Warzengeschwulst hingegen wird durch die immer zunehmende Ausdehnung der Papillen, und besonders wenn entzündliche Hyperämie hinzutritt, die Epidermis-Hülle, welche die sich ausdehnenden Papillen nicht mehr zusammenhalten kann, gewissermaassen gesprengt, und so fallen die vorher zusammengedrängten Papillen, oder bei zusammengesetzten Warzengeschwülsten die einzelnen Papillengruppen auseinander. Daher erklärt es sich auch, dass der in solchen Fällen nach der Uebereinstimmung aller Autoren mit „fungösen Excrescenzen und Granulationen" bedeckte Geschwürsboden wahre hypertrophische Hautpapillen, bald mehr, bald weniger hervorragend zeigt. Jedoch giebt es Hautgeschwüre des Gesichts, welche nicht krebsartig sind und doch jenen papillären Grund zeigen; bei ihnen findet entzündliche Ulceration ohne Hypertrophie statt.

Das so entstehende Papillargeschwür bietet im Durchschnitt folgende pathologische Elemente und anatomische Charaktere dar. Im Anfang eine rissige Spalte, nimmt das Geschwür allmählig mehrere Millimeter bis Centimeter, ja in seltenen Fällen, dann aber nicht im Gesicht, mehrere

Zoll Durchmesser ein. Die Ränder des Geschwürs sind nicht scharf abgeschnitten, sondern entweder papillar und leicht uneben, wenn der Grund des Geschwürs erhaben ist, oder wenn beim Bersten der Epidermis die einzelnen Theile mehr peripherisch auseinander gegangen sind, ganz mit ungleichen, höckerigen, warzigen, kleinen Auswüchsen bedeckt. Die Ränder des Geschwürs sind bald gleichmässig, eine runde oder ovale Fläche einschliessend, bald ungleichmässig ausgezackt. Die den meist ungleichen fungösen Geschwürsgrund bedeckenden Hervorragungen sind hypertrophische Papillen. Ihre Länge variirt von $\frac{1}{3}$ bis 1 selbst 2 Millimeter, auf etwa die Hälfte an Breite; bald sind sie nach oben zugespitzt, bald mehr keulenförmig, oft sitzen mehrere Papillen auf einer gemeinschaftlichen Basis, zuweilen sind zwei oder mehrere Papillen an ihrer Spitze zusammengewachsen und an ihrer Basis getrennt. Der Gesammtanblick dieses Geschwürs ist ein ungleich papillarer von röthlicher Farbe, wegen der zahlreichen feinen Blutgefässe, welche sich theils in den Papillen selbst, theils zwischen ihnen befinden. Untersucht man die tiefer liegenden Gewebe, so findet man zwar Unterhautzellgewebe und Haut eng mit einander verwachsen, überhaupt die umgebenden Gewebe in einem Zustande von Verhärtung in Folge chronischer Entzündung, aber einerseits in diesen keine Krebselemente, anderseits die tiefer liegenden Theile, besonders die Muskeln unberührt. Wir bemerken bei dieser Gelegenheit, dass man mit dem Ausdruck scirrhöse Härte oft sehr leichtsinnig umgeht, und mit dieser Benennung gar nicht selten Gewebe bezeichnet, welche sich in einem Zustande einfacher chronischer Entzündung befinden. Dass wenn diese Warzen- oder Papillargeschwüre eine Zeit lang bestanden haben, und besonders wenn sie durch äussere Momente, namentlich durch unzureichende Anwendung des Messers oder des Aetzmittels gereizt worden sind, weit um sich greifen können, unterliegt keinem Zweifel. In der Tiefe können dann die Weichtheile bis auf die Knochen, und selbst diese in ihrer Oberfläche angegriffen werden, in der Flächenausdehnung kann namentlich an der Unterlippe diese bis zu den Mundwinkeln, und, was am schlimmsten ist, bis zum Schleimhautrande des Mundes in den pathischen Process hineingezogen werden. Es ist alsdann freilich möglich, dass einige nahe liegende Lymphdrüsen anschwellen, das Allgemeinbefinden leidet, das Uebel sogar den Tod herbeiführt. Dies berechtigt uns jedoch keinesweges das Uebel als krebshaft anzusehen. Einerseits können Scropheln, Syphilis, selbst die gutartigsten Geschwülste, fressende und zerstörende Geschwüre zur Folge haben, anderseits halten wir immer mehr an dem Grundsatze fest, dass wahrer Krebs nur da besteht, wo man das ihm eigenthümliche Gewebe findet, welches wir in unsrer pathologischen Physiologie sehr ausführlich beschrieben haben. Wir hegen die feste Ueberzeugung, dass je mehr die genaue Beobachtung und Untersuchung in der Medizin die vagen Eindrücke oberflächlicher Erfahrung verdrängen wird, desto mehr unsre Beobachtungen über Krebs sich bestätigen werden. Unter Krebs aber jedes fressende, zerstörende Geschwür bezeichnen wollen, würde offenbar in die Wissenschaft die traurigste Verwirrung bringen, und der Krebs wäre dann ein wahres Chaos pathologicum.

Uebrigens lassen sich diese schlimmen Ausgänge des Warzengeschwürs fast immer durch passende Behandlung verhüten. Später werden wir freilich sehen, dass wenn das Uebel in wahrem Hautkrebs besteht, Prognose und Verlauf sich ganz anders gestalten. Wir werden jedoch dann sorgfältig die wichtigsten diagnostischen Momente zwischen Hautkrebs und Warzengeschwülsten und Geschwüren angeben. Ueberhaupt beide von einander zu trennen, nicht das eine Uebel auf Unkosten des anderen zu leugnen, ist der Hauptzweck dieser Arbeit.

Was nun die Absonderung des Warzengeschwürs betrifft, so ist sie in der grössten Mehrzahl der Fälle ein Gemisch von Epidermiszellen in verschiedenen Entwickelungsstadien und von eitriger Flüssigkeit. Die Absonderung ist im Anfange gering, daher sich bald Krusten von einem Gemisch beider erwähnten Elemente bilden, welche, wenn sie nicht durch die Ungeduld der Kranken beständig abgerissen werden, sich nur nach längerer Zeit abstossen und erneuern. Nur in den sehr seltenen Fällen, in welchen das Geschwür weit um sich greift und der Organismus durch das Leiden erschöpft wird, nimmt die Eiterung später einen jauchigen Charakter an. Blutungen aus den Gefässen des Geschwürsgrundes sind selten und nie sehr copiös.

Untersuchen wir nun diese verschiedenen Gebilde anatomisch, und besonders mikroskopisch, so finden wir folgende Elemente: 1) die warzigen Ränder einiger dieser Geschwüre so wie der papilläre fungöse Grund der meisten bestehen hauptsächlich aus hypertrophischen blutreichen Hautpapillen, welche überall von vielen Elementen der Epidermis umgeben sind; was die Papillen betrifft, so ist es auch hier weniger ihre zellfasrige Basis, welche hypertrophisch wird, sondern vielmehr ihre kappenförmige Epidermishülle. Die Epidermiszellen haben nur an der äussersten Oberfläche die Gestalt grosser Blättchen mit kleinem oder fehlendem Kern; meist haben sie $\frac{1}{50}$—$\frac{1}{30}$ Millim. Durchmesser, einen kleinen Kern von $\frac{1}{100}$—$\frac{1}{150}$ Millim. Sie liegen membranartig zusammen und bilden so fast concentrische Schichten. Was die in diesen

Geschwülsten so häufig vorkommenden Körper betrifft, welche wie runde aus Epidermiszellen gebildete Follikel aussehen, so neigen wir zu der Ansicht, dass sie entweder junge sehr unentwickelte Papillen, oder vielmehr ihr Oberhautüberzug sind, oder oft auch Querdurchschnitte der Epidermishülle der Papillen. 2) Im Geschwür endlich, so wie in dem die Papillen umgebenden Gewebe findet man ausser den Epidermiszellen besonders Eiterelemente, bald als Infiltration, bald als bedeckende Pseudomembran; bald als mit Epidermis gemischte Kruste. 3) Dem Sitz des Geschwürs oder der Geschwulst gemäss findet man endlich noch neben diesen Elementen Haare mit Haarbälgen und Talgdrüsen nebst ihrem Secret, welches sich auch unter der Form eines körnigen Fetts nicht selten in den Krusten und der Geschwürsabsonderung findet.

Was den Sitz der Warzengeschwulst und des consecutiven Geschwürs betrifft, so haben wir hauptsächlich nach eignen, zum Theil aber auch nach fremden authentischen Beobachtungen dieselben an den verschiedensten Körpertheilen auftreten sehen. Das Gesicht ist der häufigste Sitz derselben, und hier ganz ausnehmend die Unterlippe und die Nasenflügel, in welchen jedoch auch wahrer Krebs nicht gar selten vorkommt, weniger häufig die Wangen, die Oberlippe, Stirn und Schläfe. Das Scrotum ist in England nicht selten der Sitz des Warzengewächses, welches alsdann als sogenannter Schornsteinfegerkrebs bezeichnet wird. Was die Gliedmaassen betrifft, so citirt Earle Fälle dieser Krankheit an der Hand; ich habe selbst einen Fall der Art auf dem Handrücken beobachtet, Mayor hat eine Papillargeschwulst am Fuss beschrieben. Ich habe sie ebenfalls auf dem Thorax, der Haut des Bauches, der Schambeingegend, und sogar auf dem Rücken gesehen.

Wir werden später die Beschreibung des Uebels an der Lippe, an der Nase und am Scrotum in besonderen Paragraphen abhandeln, und gehen jetzt zu dem zweiten Theil dieser allgemeinen Beschreibung, dem Verhalten des Gesammtorganismus bei dieser Krankheit, über.

2. *Allgemeine Erscheinungen der Warzengewächse und Geschwüre.*

Was zuerst den Einfluss des Geschlechts auf die Entstehung dieser Krankheit betrifft, so findet sie sich offenbar viel häufiger beim männlichen als beim weiblichen Geschlecht. Namentlich gilt dies für die gutartige Lippengeschwulst, weniger für das Nasengeschwür. Dem Warzengewächs des Scrotum entspricht keine analoge Affection der äusseren Bedeckungen der weiblichen Genitalien, welche eher Neigung zu allgemeiner Hypertrophie haben, als zu localer Papillarvergrösserung.

Was das Alter betrifft, so ist das zwischen vierzig und funfzig dasjenige, in welchem das Uebel sich am häufigsten entwickelt. Im Allgemeinen kommt das Uebel seltener nach dem funfzigsten als vor dem vierzigsten vor.

Die frühere Gesundheit der meisten Kranken war vor dem Erscheinen des localen Uebels in der Mehrzahl der Fälle gut. Wenn auch einzelne früher an Syphilis, andre an Hautausschlägen, noch andre an Gicht oder an Scropheln gelitten hatten, so hat doch die genaue Anamnese ergeben, dass uns nichts berechtigt, diese so häufig vorkommenden und das Uebel nicht erzeugenden Krankheitsprocesse als aetiologische Momente des Warzengewächses anzusehen. In wenigen Fällen waren äussre Gewaltthätigkeiten als Ausgangspunkt der Krankheit nachzuweisen, öfters jedoch haben dieselben das schon bestehende Uebel verschlimmert. Manche Kranken, bei welchen das Uebel an den Lippen seinen Sitz hatte, schrieben die Entstehung desselben dem Drucke einer Pfeife zu, da sie seit vielen Jahren stark Taback rauchten. Alle diese Gründe jedoch scheinen uns höchst unzureichend, um die Entstehung des Uebels zu erklären, und in der bei weitem grösseren Mehrzahl der Fälle war das Uebel in seinem ersten Ursprung spontan ohne bestimmte nachweisbare Ursache entstanden.

Der Verlauf der Krankheit ist meist langsam, wenn derselbe rein der Natur überlassen wird, und ist gewöhnlich nur dann beschleunigter und scheinbar bösartig, wenn äussre Gewaltthätigkeit, Stoss, Schlag, Reiben und Kratzen, oder unzulängliche Kunsthülfe, namentlich furchtsame Anwendung der Aetzmittel das Gewächs oder Geschwür gereizt und entzündet haben. Dass alsdann das Uebel schnelle Fortschritte macht, ist leicht begreiflich, denn da die hypertrophischen kranken Hautgebilde in die gesunden nur allmählig übergehen und von denselben durchaus nicht scharf getrennt sind, so begreift man leicht, dass das Uebel eine Tendenz hat, sich in seinem Umfang auszudehnen, welche durch Ueberreizung bedeutend gefördert wird. Bleibt das Uebel ganz seinem natürlichen Verlauf überlassen, so ist es nicht selten zwei, drei, bis sechs, ja zuweilen zehn bis zwölf Jahre und in manchen Fällen das ganze Leben hindurch stationär.

Von funfzehn Fällen, bei welchen die Zeit genau ermittelt werden konnte zwischen dem ersten bemerkbaren Auftreten des Uebels und dem Nachsuchen ärztlicher Hülfe von Seiten des Kranken, betrug dieselbe viermal ein bis zwei Jahre, viermal zwei bis vier Jahre und siebenmal vier bis zwölf Jahre.

Der Einfluss des Pseudo-cancer der Haut auf den Gesammt-Organismus fehlt in den meisten Fällen und wo er existirt, tritt er erst sehr spät ein. So sehen wir dieselbe oft viele Jahre als ein rein örtliches Uebel bei der besten allgemeinen Gesundheit bestehen. Bei wahrem Krebs in der Haut oder in andren Organen wissen wir, dass schon vor dem Ausbruch oder beim ersten Auftreten die Kranken die Kräfte verlieren, abmagern und ein schlechtes Aussehen bekommen. Bei Pseudo-Cancer ist dies namentlich während seines ersten Stadiums nie der Fall. Später, wenn durch äussere reizende Momente oder durch die Fortschritte des Uebels eine weit sich ausdehnende Ulceration eingetreten ist, kann sowohl die Schmerzhaftigkeit des Uebels, als auch die Zerstörung verschiedener Gebilde, wozu sich oft noch die Erschöpfung durch hohes Alter gesellt, eine Art Zehrfieber herbeiführen, ja es können durch den Reiz der Geschwürsfläche nahe Lymphdrüsen leicht anschwellen, aber es lagert sich keineswegs Krebssubstanz in denselben ab. Auch findet man, wenn die Kranken an einem intercurrenten oder an ihrem Local-Uebel zu Grunde gehen, durchaus keine Krebsablagerungen in anderen Organen, was doch bei wahrer Krebsinfection sehr häufig der Fall ist. Das Allgemeinbefinden leidet also meistens gar nicht, und wenn die Ausdehnung, das Umsichgreifen des Geschwürs auch Hectica herbeiführt, so ist es doch immer bei einiger Aufmerksamkeit möglich, das Uebel vom Krebse zu unterscheiden; und es existiren in der Wissenschaft zahlreiche Fälle, wo bei gehörig umfangreicher Operation, selbst bei schon eingetretener scheinbarer Kachexie vollkommene Heilung erzielt worden ist, was bei wahrem Krebs zu den seltensten Ausnahmefällen gehört.

3. *Prädilectionsstellen des Pseudo-Cancer.*

Bevor wir auf die Prognose des Pseudo-Cancer näher eingehen, wollen wir über die obenerwähnten häufigsten Formen desselben, und über sein Vorkommen an den Lippen, der Nase und am Scrotum einige Bemerkungen hinzufügen.

Die gutartige Lippengeschwulst, das Warzengewächs hat besonders seinen Sitz an der Unterlippe und findet sich häufiger bei Männern als bei Frauen; das Alter, in welchem er auftritt, ist besonders zwischen dem vierzigsten und funfzigsten Jahre. Sein erstes Erscheinen giebt sich bald durch ein kleines oberflächliches Knötchen auf der Haut, bald durch eine kleine einfache Warze, bald durch eine grössere zusammengesetzte maulbeerartige Geschwulst kund. An der Lippe besonders tritt zuweilen das Uebel als eine kleine rissige Spalte auf. Nach langem örtlichen Bestehen bei vollkommen guter Gesundheit, und zwar meist durch unzeitiges Reizen, sei es durch Reiben und Kratzen, sei es durch ungeschicktes Aetzen, geht die Geschwulst in Eiterung über, und so entsteht ein kleines Warzengeschwür, das von einer gelblichen Kruste bedeckt, einen deutlich papillaren Grund zeigt und sich nur sehr allmählig ausdehnt. Erst wann das Geschwür den Lippenrand und die tieferen Theile erreicht hat, und wann durch unpassende Kunsthülfe die Umgegend des Geschwürs in einen entzündlichen Zustand versetzt worden ist, nimmt die Ulceration schnell zu und bewirkt zuweilen sympathische Anschwellung einiger Lymphdrüsen, welche jedoch weder den Umfang noch die Schmerzhaftigkeit krebshafter Drüsen erreichen. Wir werden übrigens später die Diagnose zwischen Warzengeschwulst der Lippe und wahrem Lippenkrebs genauer auseinandersetzen; wir müssen jedoch hier gleich bemerken, dass wahrer Krebs in der Lippe nicht zu den seltenen Krankheiten gehört. Trotzdem dass bei fortschreitender Ulceration die Ränder des Geschwürs härter werden, so ist doch diese entzündliche Verhärtung von der des Scirrhus durchaus zu unterscheiden, da die charakteristischen Elemente desselben sich in diesen Rändern durchaus nicht vorfinden. Die Gutartigkeit dieses Uebels in Vergleich mit wahrem Krebs hat alle Autoren frappirt, wiewohl sie den nahe liegenden Schluss, dass dieser scheinbare Unterschied auf wirklicher Verschiedenartigkeit der Natur der Krankheit beruhe, bei der Unzugänglichkeit feinerer Untersuchungen nicht zu ziehen gewagt haben.

Auch an der Nase, den Wangen, viel seltener an der Stirn, den Schläfen und den behaarten Kopftheilen zeigt sich das Uebel. Sein erstes Entstehen an der Nase und den Wangen ist dem an der Unterlippe ähnlich, nur unterscheidet sich das Geschwür dadurch, dass es einerseits sich selbst überlassen oder schlecht behandelt von der Nase aus die tieferen und nahe gelegenen Theile ergreift, andererseits, besonders im Anfang schärfer abgeschnittene Ränder zeigt. Auch ist der Boden weniger deutlich papillär und die kleineren flacheren Papillen gleichen, wenn man die sie bedeckende Kruste oder die gelbgraue Pseudomembran hinwegnimmt, mehr den gewöhnlichen Geschwürs-Granulationen. Die umgebende Haut zeigt ebenfalls entzündliche Härte und zuweilen stärkere röthliche Färbung; die Schmerzen sind hier weniger unangenehm und lästig als das oft starke Jucken.

Drüsenanschwellungen finden sich bei diesem Uebel gewöhnlich nicht in der Umgegend des Geschwürs. Zeitige Exstirpation führt gewöhnlich Radical-Heilung herbei, und selbst wenn das Geschwür durch seine Ausdehnung ein unheilbares, nicht operirbares Uebel geworden ist, greift es ungleich weniger das Allgemeinbefinden und die Constitution der Kranken an, als ein aus einer Krebsgeschwulst entstandenes Geschwür. Wenn das Warzengeschwür an den Lippen bei Männern häufiger ist als bei Frauen, so findet für dies Uebel an der Nase und den übrigen Theilen des Gesichts kein solcher Unterschied statt.

Der Gesichtskrebs ist es besonders, welcher als noli me tangere beschrieben worden ist, eine in ihren Folgen eben so unheilbringende als absurde Benennung, da er grade im Gegentheil, wenn er bei Zeiten operirt wird, die beste Hoffnung zu vollkommner Heilung giebt.

Es ist besonders diese Form des Pseudo-Krebses der Nase, welche ich in meiner pathologischen Physiologie als ulcère cancroide mit der Bemerkung beschrieben habe, dass wahrscheinlich spätere Beobachtungen dies Uebel vom Krebs immer mehr trennen werden. In der That bin ich jetzt durch meine eignen Beobachtungen, so wie durch die schon früher von Rayer und neuerdings von Mayor bekannt gemachten Bemerkungen und Krankengeschichten über diesen Gegenstand zu der Ueberzeugung gelangt, dass die genaue Untersuchung des localen Uebels, so wie die Resultate der Leichenöffnung, wenn der Kranke stirbt, die vollkommene Abwesenheit des Krebses deutlich nachweisen, und ich zögere daher nicht, dies Uebel zu den ulcerirten gutartigen Hautaffectionen zu zählen.

Der sogenannte Schornsteinfegerkrebs ist ebenfalls in vielen Fällen nur eine sich in ihrem späteren Verlauf ulcerirende Warzengeschwulst. Es wäre wohl möglich, dass auch hier ein ähnliches Verhältniss wie für den Lippenkrebs stattfinde, dass nämlich ausser gutartigen auch mitunter wahrhaft krebsartige Geschwülste in England am Hoden vorkamen und dadurch die verschiedene Prognose der Autoren motivirte. Die englischen Autoren, Percival, Pott, Earle, A. Cooper, welche die Krankheit zuerst genau beschrieben haben, geben als Ausgangspunkt der Krankheit eine am unteren Theile des Scrotum sich zeigende Warze an, welche sie Russ-Warze (Soot-wart) nennen, und Rayer nennt dieses Uebel, welches er noch fälschlich für krebshaft hält, Cancer verruqueux (Warzenkrebs) ou des ramoneurs. Es scheint diese Krankheit in der Entwickelung eines zusammengesetzten Warzengewächses zu bestehen, welches sich meist an dem unteren Theil des Scrotum bei Schornsteinfegern entwickelt, bei welchen angeblich die Haut durch in ihren Falten sich anhäufenden Russ gereizt worden ist. Die so entstehende Warze, welche übrigens auch auf anderen Theilen des Körpers mit ähnlichem Verlauf beobachtet worden ist, kann Monate, ja Jahre lang als ein rein örtliches Uebel fast unverändert bleiben und nur langsam und ohne Schmerzen an Umfang zunehmen. Wenn das

Gewächs einen gewissen Umfang erreicht hat, pflegt es gewöhnlich sich auf seiner Oberfläche zu ulceriren, und nach und nach fällt das Warzengewächs auseinander und zeigt ein mehr oder weniger umfangreiches Geschwür mit dicken, harten, umgeworfenen (wahrscheinlich warzigen) Rändern. Das Geschwür kann sich nun theils nach unten gegen den Damm hin, theils nach oben gegen die Leistengegend hin ausdehnen und selbst zuweilen eine secundäre Anschwellung (entzündliche Reizung) der Leistendrüsen zur Folge haben. Die englischen Autoren bemerken jedoch, und dies scheint uns von hoher Wichtigkeit, dass wenn man die Scrotalgeschwulst bei Zeiten exstirpirt, die Geschwulst der Leistendrüsen sich gewöhnlich von selbst verliert. Im späteren Verlaufe und bei grösserer Ausdehnung werden auch die Hoden ergriffen und das umfangreiche Geschwür sondert eine ziemlich bedeutende Quantität Eiter ab, wird schmerzhaft und erschöpft theils durch Säfteverlust, theils durch Leiden die Kräfte des Kranken. Es wird jedoch nirgends angegeben, dass man bei Leichenöffnungen Krebsgeschwülste von dem Localübel unabhängig am Verlaufe des Samenstrangs, in der Bauchhöhle oder in andren Theilen gefunden habe, was beim ulcerirten Brustkrebs und bei der Sarkocele bekanntlich sehr häufig der Fall ist. Es ist mir übrigens wahrscheinlicher, dass das Uebel weniger durch den chemischen Reiz des Russes entsteht als durch mechanischen Reiz, indem beim Hinaufklettern in engen Schornsteinen leicht das Scrotum gereizt und eine schon beginnende Warzengeschwulst durch Reiben entzündet wird. Stöhr,[1]) der in England das Uebel beobachtet hat, giebt an, dass nach Ulceration der ersten Warze gewöhnlich mehrere andere Warzen mit ähnlichem Verlauf sich im Umkreise der ersten bilden, und dass auch hier Vernachlässigung, Unreinlichkeit und reizende Mittel leicht das Uebel verschlimmern und ihm einen anscheinend bösartigen Charakter geben. Die angeführte Stelle schliesst endlich mit folgenden, unsre Ansicht über die Natur dieser Krankheit durchaus unterstützenden Worten: „Nach Earle's Erfahrungen wirken weder innerliche noch äusserliche Arzneien im mindesten auf das Uebel; das Scalpell ist das einzige Mittel und darf mit dem sichersten Vertrauen auf glücklichen Erfolg gebraucht werden, sobald nur die ganze krankhafte Masse sich entfernen lässt. Selbst wenn die Inguinaldrüsen geschwollen sind, kann noch die Exstirpation unternommen werden, da das Uebel nur in den nächsten Umgebungen um sich greift und die Geschwulst der Drüsen

[1]) Die chirurgische Praxis, Berlin 1842. Dritter Band, zweite Abtheilung, pag. 568—70.

sich nach der Operation verliert. Ist der Testikel ergriffen, der Samenstrang aber gesund, so thut man besser, einen Versuch zur Herstellung durch die gleichzeitige Castration zu wagen, als den Kranken einem schmerzvollen Tode zu überlassen. Earle ist der Meinung, dass man das Uebel vollkommen ausrotten könne, wenn die ganze kranke Partie vollständig exstirpirt wird, und der geheilte Kranke das Schornsteinfegerhandwerk verlässt. Da die Krankheit schnell um sich greift, so darf man durch unnütze Versuche keine Zeit verlieren, sondern man muss die Operation in einem Male und umfassend verrichten."

Nach dieser Beschreibung der örtlichen und allgemeinen Erscheinungen der Warzengeschwülste und Geschwüre überhaupt, und ihres Vorkommens an einzelnen Prädilectionsstellen des Körpers, kommen wir an die überaus wichtige Frage der Prognose dieser Krankheit, und diese führt uns dann nothwendigerweise auf eine andre wichtige Frage, auf das Verhältniss dieser Uebel zum wahren Hautkrebs.

4. Prognose des Pseudo-Cancer der Haut, der Warzengeschwülste und Geschwüre, und Verhältniss derselben zum wahren Hautkrebs.

So schlimm wir im Ganzen die Prognose für wirklichen Krebs selbst bei scheinbar günstigen äussren Umständen stellen, so betrachten wir dieselbe doch in der bei weitem grösseren Mehrzahl der Fälle von Pseudo-Cancer und ihren verschiedenen Ausgängen als günstig. So lange die Geschwulst nur als ein kleines Knötchen, eine nicht entzündete Warze besteht, bildet sie ein durchaus unbedeutendes Uebel, welches, wenn es nicht gereizt wird, ohne den geringsten Nachtheil lange bestehen kann und meist nur dann von erfahrener Hand hinweggenommen wird, wenn man einerseits die Leichtigkeit und Schadlosigkeit der Operation, anderseits die Möglichkeit späterer Zufälle genau erwägt. Auch selbst wenn das Uebel bereits in das zweite und dritte Stadium übergegangen ist, schafft eine in gehörigem Umfange gemachte Exstirpation, seltener Anwendung der Aetz-Pasten, meist radicale Heilung; und sollte sich nach einer ersten, selbst nach einer zweiten Operation eine Local-Recidive einstellen, so bietet die Wiederholung der Operation immer noch eine günstige Prognose. Ungünstig wird dieselbe nur erst dann, wenn das Uebel sehr ausgedehnt ist, wenn es durch unvollkommene Kunsthülfe gereizt und entzündet worden ist, wenn ein ausgedehntes tief fressendes Geschwür sich ausgebildet hat, und theils durch Schmerzen, Schlaflosigkeit, theils durch profuse Eiterung, Ergriffensein edler Theile und hohes Alter des Patienten die Lebenskräfte erschöpft. Es tritt alsdann der Tod unter den zunehmenden Erscheinungen des

Zehrfiebers ein, aber weder örtliche noch allgemeine Untersuchung der Leiche zeigt Krebsgewebe, es müsste denn, was in solchen Fällen nicht selten geschieht, ein Irrthum in der Diagnose stattgefunden haben. Wir wollen nun zu beweisen versuchen, dass unsre Ansicht über Gutartigkeit des Uebels und seiner Prognose nicht eine bloss individuelle Ansicht ist, sondern durch das Zeugniss ausgezeichneter Aerzte und Wundärzte bestätigt wird. Unter den vielen Stellen, welche wir hier anführen könnten, heben wir hauptsächlich folgende heraus.

In Richter's [1]) Anfangsgründen der Wundarzneikunst finden wir in dem Capitel über Lippenkrebs folgende hiehergehörige Bemerkungen. „Viele Geschwüre an den Lippen, die anfangs ganz gutartig sind, werden durch den unvernünftigen Gebrauch scharfer und ätzender Mittel, die man, weil man alle Geschwüre an den Lippen gern sogleich für krebsartig hält, so oft ohne Ursache anwendet, bösartig gemacht." (p. 321.)

„Uebrigens scheint der Lippen- und Gesichtskrebs überhaupt weniger bösartig zu sein, als der Brustkrebs; wenigstens ist er weit öfter durch Aetzmittel, oder durch die Operation geheilt worden als dieser." (p. 322.)

„Der Wundarzt kann und darf bei dieser Operation zwar immer der Wunde eine Gestalt zu geben suchen, die eine leichte und gute Vereinigung verstattet; nur muss er dabei die weit wichtigere Regel: alles wegzunehmen, was nur im Geringsten schadhaft ist, nicht versäumen. Die mehresten Wiederfälle der Krankheit sind wahrscheinlich der Verabsäumung dieser Regel, und nicht der Unheilbarkeit zuzuschreiben." (p. 324.)

„Je früher die Operation verrichtet wird, desto gewisser gelingt sie. Nur durch Aufschub und unzureichenden Gebrauch des Messers und der Aetzmittel wird das Uebel in den meisten Fällen unheilbar." (p. 325.)

Boyer, [2]) dessen Autorität für den uns beschäftigenden Gegenstand nicht minder gewichtig ist, als die unsres grossen deutschen Landsmanns, spricht sich in ähnlicher Art aus.

„Si l'on considère donc que cette maladie menace la vie de ceux qui en sont atteints, lorsqu'ils négligent de réclamer les sécours de l'art et que toutes les ressources de la chirurgie deviennent insuffisantes pour la guérison lorsqu'elle a fait des progrès considérables, on sentira

[1]) A. G. Richter, Anfangsgründe der Wundarzneikunst. II. Band. Göttingen 1786. p. 320—25.

[2]) Boyer, Traité des maladies chirurgicales. IV. Edition. Tom. VI. Tumeurs des lèvres. p. 224—235.

combien est grave le pronostic de cette affection. Néanmoins quand on la combat en temps opportun et avec les remèdes convénables, on obtient presque toujours une guérison complète et durable, parceque cette maladie est beaucoup moins sujette aux récidives que le cancer des autres parties du corps.“ (T. VI. pag. 228.)

In dem Abschnitte desselben Werks, welcher von den bösartigen Geschwüren des Gesichts handelt, finden sich ferner folgende hieher bezügliche mit unsrer Ansicht übereinkommende Stellen:

„Quand l'ulcère chancreux du visage commence par un bouton, et que ce bouton n'est qu'une simple verrue, il ne dégénère en ulcère qu'autant qu'il est fortement irrité par des attouchemens et par des caustiques. Sous l'influence de ces causes excitantes, la verrue s'enflamme, devient douloureuse, se tuméfie et s'ulcère.“ (T. VI. p. 319 et 20.)

„Une chose bien digne de rémarque et très-propre à enhardir le chirurgien, c'est que les ulcères chancreux du visage ne sont presque jamais accompagnés de l'engorgement des glandes lymphatiques voisines, tandis que ces glandes sont presque toujours affectées dans les tumeurs cancéreuses qui se manifestent dans les mêmes parties, surtout lorsque ces tumeurs sont ulcérés.“ (p. 322.)

„Quelles que soient l'ancienneté et l'étendue des ulcères chancreux du visage, on peut espérer de les guérir lorsqu'il est possible de les emporter entièrement avec le bistouri, ou de les détruire avec les caustiques, et qu'en même temps le malade n'éprouve aucun des symptômes qui indique une diathèse cancéreuse de tout l'économie. On doit ici avoir particulièrement égard à l'état des glandes lymphatiques, à la coloration de la peau, à l'état des forces et de l'embonpoint, qui ne sont point altérés lorsque la maladie est purement locale.“ (p. 323.)

Rayer, welcher die verschiedenen Formen der gutartigen und bösartigen Hautgeschwülste als Cancer cutaneus ziemlich vollständig beschreibt, sondert zwar nicht den wahren Krebs hinreichend vom falschen, hat aber recht wohl gefühlt, dass die aus Warzen entstehenden localen Uebel eine ganz andre Prognose stellen lassen und ungleich gutartiger sind, als der mit allgemeiner Diathese zusammenhängende wirkliche Hautkrebs. So sagt er in seinem Werk über Hautkrankheiten: [1]) „Une foule d'exemples attestent que de semblables tubercules (cancéreux de la peau) développés sur la peau du crâne, de la face ou d'autres régions des corps, ont été extirpés avec le plus grand succés.“

---

[1]) Rayer, Traité des maladies de la peau. Paris 1835. Tom. II. p. 266 et 267.

An einer andern Stelle (p. 266) bemerkt er noch überdies, trotzdem dass er wahren und Pseudokrebs zusammen abgehandelt hat, dass die krebshaften Tuberkeln des Gesichts, der Lippen und der Nasenflügel viel weniger gefährlich seien als Drüsenkrebs und seltener nach der Operation wiederkehren. Bei der Leichenöffnung einer nach ihm an Hautkrebs der Nase leidenden Frau, deren Geschwür durch Aetzmittel zum grössten Theil vernarbt war, und welche an einer chronischen Entzündung des Larynx und der Trachea gestorben war, fand er ebenfalls durchaus keine Krebsablagerung.

In dem encyklopädischen Wörterbuch der medizinischen Wissenschaften, herausgegeben von den Professoren der medizinischen Facultät zu Berlin, findet sich ein gut abgefasster Artikel über den Lippenkrebs (Art. Cancer labiorum), dessen Verfasser, Ullmann, ausdrücklich bemerkt, dass der Lippenkrebs in vielen Fällen ungleich länger als ein örtliches Uebel angesehen werden kann, als Krebs in andern Organen, und dass die Exstirpation des Lippenkrebses sehr oft ohne Recidive gelingt, ja dass noch öfter unter den ungünstigsten Umständen und bei schon Jahre langem Bestehen des Uebels als offner Krebs, dennoch der Erfolg glücklich war. Dieser Ausspruch ist um so gewichtiger, da auch hier wirklicher und fälschlich so genannter Lippenkrebs mit einander verwechselt und gemeinschaftlich abgehandelt werden.

Wir führen endlich hier noch die folgenden zwei Stellen aus dem Dictionnaire d. médecine an, da sie aus den Arbeiten A. Berard's entnommen sind, welchen wir in Paris im Jahre 1835 in der Salpêtrière eine ziemlich bedeuteude Zahl von sogenannten Krebsaffectionen des Gesichts haben behandeln sehen, und so im Stande sind, die Richtigkeit seiner Bemerkungen nach eigner Anschauung zu bestätigen. Zuerst sagt er vom Lippenkrebs: „Toutefois les progrès sont d'abord fort lents; et si elle n'est pas susceptible de guérir seule, le Chirurgien a au moins les plus grandes chances, quand il est appelé à temps, d'obtenir une cure radicale.“ (Dict. de médecine T. XVIII. p. 55.) Noch bestimmter spricht sich Berard in dem Artikel ulcère chancreux de la face aus, und hier sagt er: „De tous les cancers, c'est le plus curable, il ne récidive presque jamais après l'opération, qui l'a enlevé.“ (Dict. d. Médecine. T. XII. p. 547 et 548.)

Wir ersehen also hier nach der Aussage ausgezeichneter und erfahrener Wundärzte, dass sie recht wohl den Unterschied zwischen dem Pseudo-Krebs und dem wirklichen Krebs gefühlt haben, und dieser Unterschied wird noch auffallender, wenn wir sehen, wie die gleichen Autoren sich über die Prognose des wirklichen Krebses äussern. Wir heben hier unter vielen nur folgende Stelle aus Boyer [1]) über Prognose des Brustkrebses hervor:

„La récidive de la maladie après l'extirpation ou l'amputation d'un cancer du sein est si fréquente qu'il n'est peut-être aucun praticien qui n'en puisse citer plusieurs exemples. Le celèbre Alexandre Monro dit que sur soixante cancers qu'il a vu opérer, quatre personnes ont été quittes de cette maladie pendant deux ans; trois de ces personnes ont eu ensuite des cancers occultes dans le sein, et la quatrième un cancer ulceré à la lèvre. Mon expérience, sans être absolument conforme à celle de Monro, s'en rapproche beaucoup. Sur plus de cent individus attaqués de tumeurs régardées comme cancéreuses, au sein ou dans d'autres parties du corps, et auxquels j'ai pratiqué l'opération, je n'en ai vu que quatre ou cinq qui aient été guéris radicalement; chez les autres la maladie a réparu au bout d'un temps plus ou moins long, et les a conduits au tombeau. Parmi les Médecins et les chirurgiens les plus distingués plusieurs ont été tellement frappés de ces fâcheux résultats, qu'ils ont, sans aucune réstriction, proscrit cette opération comme toujours inutile et souvent nuisible."

Weiterhin an der gleichen Stelle spricht Boyer sogar die Vermuthung aus, dass die angeblich geheilten Fälle von Brustkrebs gar kein wirklicher Krebs waren: „Toutefois, il parait plus que probable que les tumeurs qui ont été guéries radicalement par l'opération n'étaient pas de véritables cancers; qu'elles n'en avaient que les apparences, et ne dépendaient pas d'un vice interne."

Es ist unmöglich, dass der unparteiische Leser beim Vergleichen dieser Stellen mit den vorhergehenden nicht einsehe, welch ein bedeutender Unterschied im Verlauf, in der Prognose, Heilbarkeit und Natur des Uebels zwischen beiden Krankheitsgruppen stattfindet; und wir hoffen, dass, je weiter er diese Abhandlung lesen, er desto mehr sich überzeugen wird, dass wir keinesweges hier eine Paradoxie vertheidigen, sondern vielmehr es für eine heilige Pflicht halten, einen Irrthum zu bekämpfen, dessen Folgen so gefährlich sein können, — und dass wenn wir einerseits den uns beschäftigenden Gegenstand in allen seinen Elementen zu untersuchen uns bemühen, wir andererseits nicht fürchten im Interesse der Wahrheit uns mannigfachen Angriffen auszusetzen, die nie ausbleiben, wenn man einen lange bestehenden Irrthum bekämpft, welchen in der Regel die Mehrzahl der Aerzte so ungern auf-

[1]) Boyer, Traité des maladies chirurgicales. IV. édit. Tom. VII. p. 244 sqq.

giebt, als wenn das Alter und die lange Dauer eine falsche Ansicht in eine wahre umwandelten.

Nachdem wir durch die vorhergehende Beschreibung und die oben angeführten Stellen zu zeigen versucht haben, dass die Warzengeschwülste, der Pseudo-Cancer vom Krebse verschieden sind, wollen wir die Auseinandersetzung dieses wichtigen Punktes dadurch zu ergänzen suchen, dass wir das Verhältniss derselben zum Krebs und die unterscheidenden Merkmale beider Krankheiten näher ins Auge fassen.

Vor allen Dingen müssen wir erklären, dass wir keineswegs den wahren Hautkrebs leugnen, sondern dass wir ihn dann nur annehmen, wenn scirrhöses oder encephaloides Gewebe, als solches auch durch das Mikroskop zu erkennen, sich in Hautgeschwülsten vorfindet. Hievon müssen wir von vorn herein die nicht seltenen Fälle trennen, in welchen die Krebsgeschwulst im Unterhautzellgewebe ihren Sitz hat, und die Haut erst secundär afficirt wird. Wir haben jedoch auch in der Haut selbst den wahren Krebs ziemlich oft beobachtet, und zwar in seinen verschiedenen Hauptformen, zwischen welchen sich jedoch alle möglichen Uebergänge finden. In der Mehrzahl der Fälle der Art fand jedoch eine allgemeine Krebsdyskrasie statt. So haben wir in der Leiche einer an Brustkrebs verstorbenen Kranken, ausser mehreren innern Krebsablagerungen, in der Dicke der Haut oberhalb der Schambeine eine scirrhöse Geschwulst gefunden, welche zwischen dem hypertrophischen Maschennetz der Lederhaut deutlichen Krebssaft abgelagert zeigte. In einem andren Falle haben wir in der Leiche einer an allgemeiner Krebsdyskrasie verstorbenen Frau zahlreiche Hautgeschwülste von der Grösse eines Hanfkorns bis zu mehreren Zollen im Durchmesser gefunden, welche offenbar in dem Gewebe der Cutis ihren Sitz hatten, und ausser den Fasern der Lederhaut umfangreiche Neubildungen von Fasern enthielten, zwischen welchen ein grau-röthliches weiches Gewebe eingelagert war, welches schon mit blossem Auge die Charaktere des Markschwamms zeigte und bei der mikroskopischen Untersuchung sehr deutliche Krebszellen darbot. In neuester Zeit habe ich durch ein glückliches Zusammentreffen eine Reihe von wahren Krebsformen im Gesichte, an der Nase und an den Lippen beobachtet und abbilden lassen, was mir immer mehr die Ueberzeugung giebt, dass es ebenfalls eine gefährliche Uebertreibung wäre, alle jene Formen des Gesichtskrebses für Pseudo-Cancer zu erklären. Wohl muss man sich hüten, wenn man einen Irrthum bekämpft, in den entgegengesetzten zu verfallen. Hieher sind ebenfalls die Fälle von Krebs der Eichel des männlichen Gliedes zu rechnen. Wiewohl auch hier papillare und Warzengeschwülste zuweilen irrigerweise für Krebs gehalten und operirt werden, so habe ich doch mehrere Fälle von ganz unleugbaren Krebsgeschwülsten der Eichel beobachtet. Mayor hat neuerdings behauptet, dass wirklicher Scirrhus und Encephaloid nicht in der Haut vorkämen, und dass die als Hautkrebs angesehenen Uebel zwar nicht die Elemente des Krebses wie in andren Organen enthielten, aber dennoch krebsartig seien: den ersten Theil seiner Behauptung können wir schon dadurch widerlegen, dass wir wirkliche Krebselemente und aus denselben zusammengesetzte Geschwülste in der Haut mannigfach beobachtet haben. Uebrigens geht aus den ausführlichen Arbeiten von Fuchs und von Rayer über Hautkrebs in ihren Werken über Hautkrankheiten hervor, dass wenn sie auch gutartige Geschwülste und Geschwüre vom Hautkrebs nicht hinreichend sonderten, sie doch wahren Hautkrebs bestimmt beobachtet haben. Wem hierüber noch der geringste Zweifel bleibt, der lese die drei Krankengeschichten, die 136ste, die 137ste und die 138ste in Rayer's [1]) Werk über Hautkrankheiten nach. In allen drei Beobachtungen existirte eine allgemeine Krebs-Infection und zugleich zahlreiche Ablagerungen in dem Gewebe der Haut selbst. In dem ersten dieser drei Fälle, der 136sten Beobachtung, welche Rayer als Cancer mollusciformis beschreibt, existirten zahlreiche Krebsgeschwülste um eine krebsige Entartung der linken Brustdrüse, ferner in der Haut des Leibes und der rechten Schulter; ausserdem fanden sich Krebsablagerungen im Magen, in der Milz und im Eierstock. In dem zweiten Falle, der 137sten Beobachtung, welchen Rayer als Cancer leucé beschreibt, fanden sich ebenfalls zahlreiche Krebstuberkeln in der Dicke der Haut des Stammes und der Glieder; zugleich fanden sich Krebsablagerungen im Jejunum, im Pancreas und in den Mesenterialdrüsen. Der dritte Fall endlich ist der einer Frau, welche ausser Krebsgeschwülsten im Eierstock und in der Lunge Markschwammablagerungen in der Haut des behaarten Kopftheils und der Schambeingegend zeigte. Der Krebs endlich, welchen Fuchs [2]) als Encephaloma melanodes, Rayer als Cancer mélané (Anthracine Jurine's) beschreibt, ist offenbar auch ein wirklicher Hautkrebs; und in einem später zu erwähnenden Falle fand ich sogar in einer solchen melanotischen Schleimhaut-Geschwulst der Scheide so deutlich zum Theil schwarz-tingirte Markschwammkugeln, dass ich zu der Ueberzeugung gelangte, dass hier das Uebel offenbar krebsartig war.

---

[1]) Rayer, Traité des maladies de la peau. T. II. p. 277—292.

[2]) Fuchs, Die krankhaften Veränderungen der Haut. Göttingen 1840. T. II. p. 851.

Was den zweiten Punkt der oben angeführten Behauptung Mayor's betrifft, so werden wir auf denselben bald ausführlich zurückkommen.

Von dem wahren Hautkrebs unterscheiden sich also die Warzengeschwülste durch folgende Merkmale:

1) Das Warzengebilde, der Pseudo-Krebs, besteht aus normal in der Haut vorkommenden Elementen, besonders aus denen der Papillen und der Epidermis. Der Hautkrebs besteht aus hypertrophischem Lederhautgewebe, zwischen dessen Maschen wirkliches Krebsgewebe mit dem charakteristischen Krebssaft und seinen Krebszellen abgelagert ist. Erstere existiren gewöhnlich einzeln, letztere oft in grösserer Anzahl.

2) Beim Pseudo-Cancer ist der Verlauf langsam, das Allgemeinbefinden meist unverändert, Krebsablagerungen in inneren Organen kommen nicht vor; und wenn später das um sich greifende Warzengeschwür durch Erschöpfung und Schmerzen den Tod herbeiführt, so findet man die inneren Organe meist gesund, während beim Hautkrebs fast immer eine allgemeine Diathese, eine tiefe Zerrüttung der Gesundheit schon früh auftritt, viel schneller den Tod herbeiführt und bei der Leichenöffnung oft Krebsablagerungen in inneren Organen zeigt.

3) Während das Warzengebilde selbst bei schon ausgebreiteter Zerstörung noch durch die Operation, wenn alles Krankhafte in gehörig weitem Umfange entfernt werden kann, eine ziemlich sichre Aussicht auf Heilung giebt, welche selbst nach zwei- und dreimaliger Operation noch vollständig und dauernd sein kann, giebt im Gegentheil die Operation des Hautkrebses nur geringe Hoffnung einer palliativen Hülfe.

4) Wir führen hier diese unterscheidenden Merkmale nicht ausführlicher an, da diese ganze Arbeit an vielen Stellen die Elemente zur Diagnose enthält. Wir wollen hier nur noch erwähnen, dass die im Gesicht als wahrer Hautkrebs auftretenden Geschwülste und Geschwüre oft nicht in der Dicke der Haut selbst, sondern in dem tiefer liegenden Unterhaut-Zellgewebe ihren Ursprung nehmen. Solche Geschwülste kommen an den Wangen, der Nase und an der Unterlippe vor; sie beginnen mit einem oder mehreren harten Knoten in der Dicke dieser Theile, deren Haut nur, durch die tiefe Geschwulst emporgehoben, ein wenig erhabener scheint; bald aber verwachsen die tieferen und oberflächlichen Theile zu einer gemeinschaftlichen harten Masse, deren Oberfläche sich allmählig excoriirt, ein Geschwür mit umgeworfenen Rändern und mit grauem Eiter bedeckten ziemlich glatten Grund bildet, — während das Warzengeschwür unter einer dünnen Kruste die deutlich sichtbaren vergrösserten Hautpapillen stark geröthet, von einer dünnen Eiter- und Epidermis-Schicht bedeckt zeiget. Beim Warzengeschwür schwellen

die lymphatischen Drüsen nur höchst selten und dann besonders sympathisch an; beim Krebsgeschwür finden sich schon früh bedeutende Krebsablagerungen in den nahe gelegenen Lymphdrüsen.

Für nähere Details über diesen Gegenstand verweisen wir auf unser Werk [1]) über pathologische Physiologie, in welchem wir theils in dem Abschnitte über Epidermidal-Geschwülste, theils in dem Paragraph, welcher vom wirklichen Krebs der Lippe, der Wangen und des Gesichts handelt, demselben besondre Aufmerksamkeit gewidmet haben. Auch werden die später anzuführenden Krankengeschichten noch manches Erwähnte deutlicher entwickeln.

Wir wollen jetzt die Ansicht Mayor's, [2]) welcher behauptet, dass die Epidermidal-Geschwülste keine Krebselemente enthalten, dennoch aber ihrer Natur nach zum Krebse zu stellen und mit demselben identisch seien, näher beleuchten. Es scheint uns dies um so nothwendiger, da Mayor meine früher ausgesprochene Ansicht über die Gutartigkeit der Epidermidal-Geschwülste anzugreifen versucht hat, und überdies seine Ansichten und Beobachtungen auf den ersten Anblick etwas Ansprechendes und Verführerisches haben. Diese Kritik ist um so unparteiischer, da ich vor dem Verfasser persönlich die grösste Achtung habe und seit mehreren Jahren mit demselben in freundschaftlicher Berührung stehe.

Wir wollen zuerst einen Blick auf die Beobachtungen werfen, auf welche der Verfasser seine Ansichten stützt.

Die erste Beobachtung ist die eines hornartigen Auswuchses, welcher nach dem Bersten eines Atheroms aus dem Boden desselben entstanden ist. Die Exstirpation führte vollkommene Heilung herbei. Hier kann also von Krebs nicht die Rede sein.

Die zweite Beobachtung ist die eines fünfundvierzigjährigen Mannes, welcher seit fünf Jahren auf dem rechten Nasenflügel eine kleine Papillargeschwulst hatte, die, durch Cauterisationen vielfach gereizt, endlich aufbrach. Durch die Exstirpation war der Kranke während sechs Monate geheilt, hatte aber dann, in Folge einer Verwundung, in der Narbe einen Rückfall, welcher durch Anwendung der Cosmeschen Aetzpaste vollkommen geheilt wurde. In dem abgefallenen Brand-

---

[1]) Lebert, Physiologie pathologique. Paris 1845. T. II. p. 5—45. Tumeurs epidermidales et épithéliales, und p. 397—405, Cancer de la lèvre, de la joue et de la face en général.

[2]) Mayor fils de Genève, Recherches sur les tumeurs épidermiques et leurs rélations avec l'affection cancéreuse. Thése pour le doctorat en chirurgie soutenue le 21 Janvier 1846. Paris.

schorf fand Mayor besonders Epidermiszellen. Das Allgemeinbefinden des Kranken war vortrefflich, nirgends fanden sich angeschwollene Lymphdrüsen. Kann man, wenn man den Begriff Krebs auch noch so weit ausdehnt, diesen Fall als krebsartig ansehen? Wir überlassen es dem Leser, diese Frage zu beantworten. Bei dieser Gelegenheit citirt Mayor einen andern Fall, in welchem ein an einem Geschwür der Schläfe leidender Kranker an einem Erysipel starb, und bei welchem durchaus keine Krebselemente aufzufinden waren; ferner citirt er einen ähnlichen von mir beobachteten Fall von einem Geschwür der Nase, in welchem ich weder in loco noch in irgend einem Organ Krebsgewebe gefunden hatte. Diese drei Fälle zusammen sprechen also mächtig zu Gunsten der von mir vertheidigten Ansicht, und gegen die Mayor's.

Die dritte Beobachtung ist die einer achtundvierzigjährigen Frau, welche vor drei Jahren zuerst eine kleine Geschwulst an der Unterlippe bemerkte. Diese wurde nach achtzehn Monaten entfernt; jedoch vier bis fünf Monate später zeigte sich in der Narbe eine Verhärtung mit einer oberflächlichen Spalte, die sich mit einer Kruste bedeckte. Da die Kranke dieselbe beständig abriss, und sich viel an der Stelle kratzte, entstand eine neue maulbeerartige Warzengeschwulst, welche exstirpirt und von Mayor untersucht wurde, der in derselben nichts als Elemente der Epidermis und der Papillen fand. Die Kranke verliess das Hospital zehn Tage nach der Operation fast vollständig geheilt; sie versprach wiederzukommen, wenn ein Rückfall sich zeigte, ist aber nicht wiedergekommen. Ihr Allgemeinbefinden war gut geblieben, von angeschwollenen Drüsen keine Spur. Ist in dem Verlauf dieses Krankheitsfalles etwas dem Verlaufe des Brust- oder des Hodenkrebses, mit einem Worte, jedes wirklichen Krebses analoges? Sind nicht die anatomischen Elemente durchaus von denen des Krebses verschieden? Das Recidiv erklärt sich durchaus leicht dadurch, dass einige verhärtete Papillen, in der Narbe stehen geblieben, durch Reiben und Kratzen gereizt worden sind. Das Allgemeinbefinden blieb gut, die Lymphdrüsen schwollen nicht an, was doch bei wirklichem Krebsrecidiv gewöhnlich der Fall ist.

Die vierte Beobachtung ist die eines achtundzwanzigjährigen durchaus gesunden Mannes, welcher seit neun Jahren am Hacken des Fusses eine verhärtete Hautschwiele hatte, die allmählig durch äussere Reizung sich ulcerirt hatte, nach einer ersten Exstirpation fast geheilt war, aber in Folge von Reizen durch Abreissen der Kruste und Stechen mit einer Nadel sich von neuem entzündete und ulcerirte, aber diesmal nach der Operation sich vollkommen vernarbte. Die Untersuchung der weggenommenen Theile zeigte Verdickung der Lederhaut und starke Entwickelung der Hautpapillen. Nichts berechtigt daher diesen Fall als Krebs anzusehen.

Die fünfte Beobachtung ist die eines sechsundvierzigjährigen Mannes, der seit etwa achtzehn Monaten an der Unterlippe ein kleines Geschwürchen hatte, welches durch unvollkommenes Aetzen gereizt, sich ausgedehnt hatte und nach der Exstirpation vollständig hinweggenommen und so der Kranke geheilt war. Auch hier also kein Krebs.

Der sechste Fall ist der einer Papillargeschwulst, einer Verruca achrochordon, welche bei einem siebenundzwanzigjährigen gesunden Manne auf der rechten Seite der Bauchhaut mit vollkommenem Erfolg exstirpirt wurde. Auch hier zeigte die mikroskopische Untersuchung nichts als Zellgewebefasern, Papillen und Epidermiszellen. Niemand kann hier an Krebs denken.

Die siebente Beobachtung ist die eines einundsechzigjährigen Mannes, welcher seit einem Jahr eine ulcerirte Geschwulst an der Unterlippe hatte, welche operirt wurde. Wenige Tage nach der Operation starb der Kranke an einer Lungenentzündung. Sowohl die Untersuchung des Exstirpirten, als auch die Leichenöffnung wiesen auf das Bestimmteste die Abwesenheit alles Krebshaften nach. Dieses Factum commentirt sich selbst.

Die achte Beobachtung ist die eines dreiundvierzigjährigen Mannes, welcher seit zwei ein viertel Jahr eine kleine Geschwulst an der Unterlippe hatte, die durch unvollständige Aetzversuche Reizung, Entzündung und Vergrösserung der Geschwulst zur Folge hatte. Eine erste Exstirpation heilte den Kranken nicht, sondern in der Vereinigungsstelle bildete sich eine neue Geschwulst, welche nun vollständig hinweggenommen wurde, und so die Genesung des Kranken herbeiführte. Die Untersuchung der Geschwulst zeigte nichts als Epidermidalelemente. Wir lassen auch hier den Leser entscheiden, ob das Wiedererscheinen der Geschwulst schon wenige Tage nach der Operation berechtigt, nur deshalb das Uebel als krebshaft anzusehen, oder ob es nicht viel natürlicher ist, anzunehmen, dass durch Reizung der Geschwulst die Haut in grösserem Umfange sich entzündet hatte, und so die verhärteten Papillar- und Epidermidalgebilde Grund einer neuen Ulceration waren. Es ist nichts leichter alss ich davon Rechenschaft zu geben; weshalb in ähnlichen Fällen eine zweite und dritte Operation oft vollkommene Heilung herbeiführt, während nach der ersten Recidive eintreten. Nach der ersten nämlich bleibt oft das Uebel unentwickelt, aber im Keime in der

Umgegend der hinweggenommenen Theile; wird nun eine neue Operation gemacht, so sind die früher peripherischen Theile des Erkrankten central geworden, und die Exstirpation geschieht nun in gesunden, zur soliden Vernarbung besser disponirten Theilen.

Die neunte Beobachtung ist die eines zweiunddreissigjährigen Mannes, welcher vor drei Jahren eine kleine Geschwulst an der Unterlippe hatte, die durch unvollkommene Anwendung einer Aetzpaste bedeutend entzündet und in ein Geschwür mit verhärteten Rändern umgewandelt worden war; so war denn ein sehr umfangreiches Geschwür an Wange und Lippe entstanden, und zwei kleine Lymphdrüsen zeigten sich am Unterkiefer. Das Allgemeinbefinden des Kranken war im besten Zustande geblieben; nun wurde die Geschwulst nebst den Drüsen exstirpirt; die Wunde vernarbte, wurde aber wieder nach zwei Monaten verhärtet und ulcerös und nun sich selbst überlassen. Die Untersuchung des Exstirpirten zeigte nur Papillar- und Epidermidalelemente; die Lymphdrüsen enthielten, wie Mayor ausdrücklich erwähnt, keinen Krebsstoff. Diese Beobachtung ist unvollkommen, und es ist höchst wahrscheinlich, dass eine neue Operation nun um so mehr die Heilung des Kranken herbeigeführt hätte, da jetzt die äussersten Grenzen des Uebels leicht zu erreichen waren. Bedenken wir dabei, dass trotz der Ausdehnung des Uebels durch schlechte Anwendung der Aetzmittel das Allgemeinbefinden des Kranken keineswegs gelitten hatte, dass die exstirpirten Drüsen keinen Krebsstoff enthielten, was doch in denen, welche um wahren Krebs sich finden, gewöhnlich der Fall ist: so bietet auch dieser Fall sichere Anhaltspunkte dar, um ihn vom wahren Krebs zu unterscheiden.

Diese neun bisher analysirten Fälle sprechen also durchaus zu Gunsten unsrer Ansicht, nach welcher wir die Warzengeschwülste und Geschwüre vom Krebs durchaus trennen zu müssen glauben.

Der zehnte Fall ist der eines siebenundvierzig Jahr alten Polen, welcher seit zwei Jahren eine harte Geschwulst in der Unterlippe trug, die nicht bloss nach zwei Operationen sich wieder gezeigt hatte, sondern sogar nun alle Zeichen einer allgemeinen Krebskachexie darbot, und zwei sehr grosse, stinkende Jauche absondernde Geschwüre an der Unterlippe zeigte. In einem dieser Geschwüre war eine fungöse Wucherung, welche Mayor abschnitt und aus Papillen zusammengesetzt fand. Hieraus und aus der Angabe, dass ich die Geschwulst nach der ersten Operation untersucht und als Epidermidalgeschwulst erkannt habe, schliesst nun Mayor, dass dies ein Fall einer aus gutartigen Elementen zusammengesetzten Geschwulst mit allgemeinen Charakteren des Krebses sei. Hiergegen erwiedern wir: 1) dass es offenbar auf einem Irrthum des Gedächtnisses beruht, wenn Mayor angiebt, dass ich diese Geschwulst untersucht habe, wovon mir selbst nichts bekannt ist; 2) es bleibt also nur noch als Beweis die kleine papilläre Excrescenz übrig, welche Mayor untersucht hat. Wie kann man aber aus einer solchen partiellen und unvollkommenen Untersuchung auf die Natur des ganzen Uebels schliessen? Hierzu ist aber Mayor durch seine paradoxe Behauptung: dass wahres Krebsgewebe in Hautgeschwülsten nicht vorkomme, gezwungen. Wir, die wir wahren Krebs in der Haut, und namentlich an den Lippen beobachtet haben, halten diesen Fall für einen von wahrem Krebs; dass in einer kleinen Wucherung sich Hautpapillen fanden, ist in einer in der Haut ihren Sitz habenden Geschwulst ganz natürlich. 3) Nach Mayors Angabe existirten um die beiden grossen hartrandigen, jauchigen Geschwüre mehrere kleine zum Theil schon ulcerirte Geschwülste, häufige Hämorrhagien aus der Geschwürsfläche führten Ohnmachten herbei, schmerzhafte hühnereigrosse Drüsen fanden sich zu beiden Seiten des Halses; beständige Schmerzen, grosse Schwäche, kachektischer Teint, Schlaffheit und ödematöse Infiltration des Fleisches und der Haut liessen die Krankheit als unheilbar ansehen, und deshalb wurde der Kranke nach Bicêtre gebracht. Der Tod war nicht eingetreten, daher die Leichenöffnung nicht näheren Aufschluss geben konnte. Hier aber sind die Charaktere des wahren Krebses unverkennbar, und ist dieser Fall von denen der bisher angeführten durchaus verschieden. Nie hätte ich geglaubt, als ich zuerst behauptete, und zwar mit Behutsamkeit und den gehörigen Beschränkungen, dass man manche Lippengeschwulst als krebshaft exstirpire, welche in Wirklichkeit nur aus Hautpapillen und Elementen der Epidermis bestehe, dass man die Existenz des wirklichen Haut- und Lippenkrebses leugnen würde, um ein abgerundeteres Axiom aufzustellen.

Die elfte Beobachtung ist die eines fünfundvierzigjährigen Mannes, welcher eine Warzengeschwulst am Scrotum hatte, die, durch oberflächliches Aetzen gereizt, sich in ein umfangreiches Geschwür umgewandelt hatte; es trat jedoch keine Vernarbung ein, sondern es bildete sich ein noch grösseres Geschwür, später ein Abscess in der Leistengegend, dann später trat plötzlich eine Phlebitis cruralis ein; und so entwickelten sich die Zeichen einer allgemeinen Kachexie. Einerseits ist die anatomische Untersuchung des Hinweggenommenen in den lakonischen Worten: „la pièce enlevée me présenta tous les caractères des autres tumeurs épidermiques que j'avais deja examinées“ auf eine durchaus unvollkommene, kein Vertrauen erweckende Art mitgetheilt; andererseits beweist dieser Fall, selbst die Epidermidalstructur zugegeben, weiter nichts, als dass ein durch Aetzen sehr gereiztes umfangreiches, zu spät oder nicht in hinreichendem Umfang operirtes Warzengeschwür sehr schlimme Zufälle herbeiführen kann: wie wir dies ja auch nicht selten an sehr grossen fressenden Fussgeschwüren sehen, die jedoch kein Chirurg für krebshaft halten wird, da die Amputation sie vollkommen heilt.

Die zwölfte Beobachtung ist die eines wirklichen Krebses der Eichel bei einem fünfundsiebenzigjährigen Manne, welcher auch an dem Uebel zu Grunde ging. Bei der Leichenöffnung fanden sich ausser entzündlichen Läsionen der Lungen und der Bronchien keine anderen Läsionen. Die Eichel aber, welche an ihrer geschwürigen Oberfläche während des Lebens der Sitz bedeutender, schnell erschöpfender Blutungen gewesen war, zeigt ein milchweisses Ansehen auf der Schnittfläche, und beim Drucke einen trüben milchigen Saft; das Gewebe in seinen tieferen Lagen erinnert an die Windungen des Gehirns. Die Flüssigkeit enthält sehr verschiedenartige Zellen, rund oder vieleckig, mit oder ohne Kern, grösser als die des Encephaloids; man findet keine zusammengesetzte granulirte Kugeln. Diese Beschreibung kommt so genau mit meinen Beobachtungen über wahren Eichelkrebs überein, dass ich um so weniger hieran zweifle, da ich nicht selten Krebszellen von bedeutendem Umfang gesehen habe, und hier sich fast alle Charaktere des Krebsgewebes finden.

Die dreizehnte Beobachtung ist die eines einundsechzigjährigen Mannes, welcher an der Eichel ein Geschwür und mehrere Knoten, und in der Weiche ein bedeutendes Geschwür hat, aus welchem speckartige fungöse Massen von der Grösse einer Haselnuss von graurother Farbe hervorwuchern. Eine dieser Massen zeigt deutliche unzweifelhafte Krebszellen; in der andren Weichengegend existiren ebenfalls angeschwollene Drüsenmassen. Der Kranke ist sehr mager und abgefallen, die Beine sind ödematös angeschwollen. Der Kranke wird als unheilbar entlassen, daher das Geschwür und die Geschwülste an der Eichel nicht haben untersucht werden können, und das einzige Untersuchte zeigte deutliche Krebselemente. Nun sollte natürlich jeder Leser meinen, dass Mayor die Affection der Eichel für wahrhaft krebsartig hielte. Nein, um sein Paradoxon durchzusetzen, dass wahres Krebsgewebe in der Haut nicht vorkomme, hält er, rein durch Induction verleitet und gegen alle Wahrscheinlichkeit, die Geschwulst und das Geschwür für epidermidal! Um seinen Satz durchzuführen erwähnt er als Beweis einen zweiten Fall, in welchem ein Krebs der Unterlippe durch Aetzmittel zerstört und vernarbt war, und später entstandener Drüsenkrebs bei der Exstirpation deutliche Krebselemente zeigte; ausserdem ging die Kranke mit allen Zeichen der Krebskachexie zu Grunde, und dennoch schliesst Mayor, ebenfalls inductiv, dass die von ihm nicht untersuchte Lippengeschwulst epidermidaler Natur gewesen war. Bei der Entscheidung einer so wichtigen Frage verlieren daher solche Beobachtungen alle beweisende Kraft, und ein Rückblick auf alle die analysirten Beobachtungen zeigt, auf wie schwachen Argumenten Mayor's Voraussetzungen beruhen.

Dieser Analyse der Beobachtungen Mayor's wollen wir noch einige Bemerkungen über den allgemeinen Theil seiner Abhandlung hinzufügen, da dies uns Gelegenheit geben wird, unsere Ansichten über diesen Gegenstand noch fester zu begründen.

Trotzdem dass er diese Hautgeschwülste nicht wie ich für gutartig hält, sagt er pag. 52 und 53, dass er dennoch mit mir darin übereinstimme, dass er die Rückfälle einer unzureichenden, nicht in gehörigem Umfange gemachten Operation zuschreibe.

Einerseits habe ich mich nicht so absprechend über diesen Gegenstand ausgelassen und die Recidive in vielen Fällen dadurch erklärt, dass das Uebel, gewissermaassen im ersten Keime neben dem schon ausgebildeten existirend, sich erst nach der Operation recht entwickelt, und deshalb leicht verkannt wird. Andererseits aber kann die Erklärung der Recidive nach Mayor keine strenge Kritik aushalten. Für ihn ist das Warzengewächs und der Brustkrebs die gleiche Krankheit. Lassen sich aber bei frühzeitig und in hinreichendem Umfange operirtem Brustkrebs die Recidive in der Brustdrüse der anderen Seite, oder in einem entfernten Organe, auch durch eine unzureichende Operation erklären? Und doch gehört dieser Fall keineswegs zu den seltenen.

Einer der Hauptgründe, weshalb Mayor die Warzengeschwülste der Haut für krebsartig hält, ist der, dass wenn sie sich in bedeutende, unheilbare Geschwüre umgewandelt haben, zuletzt Krebskachexie eintritt. Wir haben gesehen, dass Mayor wirklichen Hautkrebs vom Pseudo-Hautkrebs nicht gehörig unterscheidet, was allein schon dies Argument bedeutend schwächt. Ausserdem aber ist der Ausdruck Krebskachexie entsetzlich vag, und wir hätten gewünscht, dass der Autor hierüber in seinen Beobachtungen und in dem allgemeinen Theil seiner Arbeit nähere und genauere Angaben mitgetheilt hätte. Sehen wir nicht chronische Entzündung und Erweichung der Magenschleimhaut, Lungentuberculosis, wiederholte Blutflüsse, constitutionelle Syphilis, und ganz besonders jede mit bedeutenden Schmerzen verbundene lange dauernde copiöse Eiterung alle Zeichen der Kachexie herbeiführen, und sind wir deshalb berechtigt, sie mit dem Krebs zu identificiren?

Als einen Grund der Entwickelung des Hautkrebses und seiner grösseren Häufigkeit beim männlichen Geschlecht als beim weiblichen, giebt Mayor pag. 61 die grössere Thätigkeit der Haarbildung an. Dies scheint uns eine unhaltbare Hypothese. Hiernach müsste dann der Hautkrebs häufiger im Anfange des Mannesalters sein als in den späteren Jahren, während doch gerade letzteres der Fall ist. Ferner müsste der Hautkrebs in den behaarten Theilen, dem Barte etc. häufiger sein als an der Lippe, den Nasenflügeln, der Eichel, welche letztere doch keine Haare hat.

Wenn Mayor pag. 65. die Krebsdiathese als eine Hypothese verwirft, so wünschen wir ihm vom Grunde des Herzens, dass er sich in seiner Praxis nie vom Gegentheil überzeuge, dass er namentlich, wenn er einen Brust- oder Hodenkrebs bei Zeiten und in gehörigem Umfange operirt hat, glücklicher sei als Boyer und Monro, und namentlich ausser localen Recidiven nie Rückfälle in entfernten Organen in seiner Praxis antreffe. Welche rein örtliche Geschwulst zeigt, Ausnahmefälle abgerechnet, die Tendenz, sich durch die Blutmasse selbst in dem ganzen Organismus zu verbreiten, und so den sichern Tod herbeizuführen? In der Regel ist dies nur bei den von aussen in die Blutmasse eingeführten und bei denen von innen aus der Blutmasse sich entwickelnden Krankheitsprocessen der Fall.

Mayor gesteht schliesslich, pag. 66, sogar, dass alle Pathologen Unterschiede zwischen dem Hautkrebs und den anderen Krebsarten gefunden haben. Dies Geständniss ist bedeutungsvoll. Finis coronat opus.

5. *Behandlung des Pseudo-Cancer der Haut.*

Die Heilindicationen bei der Behandlung der Warzengeschwülste und Geschwüre sind sehr einfach und liegen besonders in dem Bereiche der Chirurgie. Innere Mittel, blutreinigende Tränke, Purganzen, Alterantia, wie Jod und Mercur, haben auf das Uebel durchaus keinen Einfluss; eben so haben reizende Salben und oberflächliches Aetzen auch auf den Verlauf des Uebels nur einen schädlichen Einfluss. Nur wo die Diagnose zweifelhaft ist und die Anamnese die Vermuthung einer syphilitischen Ursache wahrscheinlich macht, soll eine antisyphilitische Cur vor jedem anderen Heilversuch in Anwendung gebracht werden. Zinksalbe vernarbt wohl manche Excoriationen und Geschwürchen des Gesichts und anderer Theile, rothe Präcipitatsalbe, und besonders Salbe mit salpetersaurem Quecksilber können papilläre Ausschläge, ja sogar leichtere Formen von Lupus und Herpes exedens heilen, haben aber über wirkliche Warzengewächse keine Gewalt.

Ist eine Papillargeschwulst, eine selbst umfangreiche Warze während vieler Jahre stationär geblieben, und so gelegen, dass sie keinen äusseren Reizen ausgesetzt ist, ist der Kranke vernünftig genug sie nicht zu berühren, zu reiben und zu kratzen, so kann man bei messerscheuen, sehr furchtsamen Subjecten das Uebel der Natur überlassen; und die Beispiele sind nicht selten, wo ähnliche Auswüchse das ganze Leben hindurch ohne alle bösen Zufälle bestanden haben. Da jedoch auch der Fall nicht selten ist, dass nach vieljähriger Innocuität solche Geschwülste sich entzünden und ulceriren, und dann das Uebel in der Regel in weiterem Umkreise besteht, als es nach dem äusseren Ansehen scheint, so ist selbst das Hinwegnehmen solcher ganz unschuldig scheinenden Warzengeschwülste zu rathen. Eine jedoch nie ausser Acht zu lassende Vorsichtsmaassregel bei der Operation ist, selbst bei den kleinsten Geschwülsten der Art immer in einer Peripherie von mehreren Linien in den gesunden Theilen zu operiren. Dass man gewöhnliche, besonders gestielte, einfache, oder die als Verruca achrochordon bekannten gelappten Warzen mit einem Scheerenschnitte oder mit der Ligatur entfernen kann, ist bekannt. Sobald jedoch an der Basis derselben, wenn auch nur in geringem Grade, Verhärtung oder Röthe, besonders die nicht seltene Erweiterung einzelner sehr kleiner Gefässchen sichtbar ist, muss man immer die Geschwulst durch zwei, eine nach den Enden zugespitzte Ellipse darstellende Schnitte entfernen. Ist der Substanzverlust gering, so kann man die kleine Wunde durch Eiterung und Granulationen vernarben lassen, gewöhnlich aber ist es besser, die Wiedervereinigung vermittelst einer oder mehrerer Hefte von mit Fäden umwundenen Insectennadeln zu vereinigen.

Ganz in ähnlicher Art müssen auch grössere Warzengeschwülste exstirpirt werden, und es wäre thöricht, ein etwas grösseres nicht ulcerirtes Warzengewächs durch Aetzmittel zerstören zu wollen. Aber auch selbst bei Geschwüren der Art ist es durchaus rathsam, wo die Exstirpation nur irgend möglich ist, sie der Aetzmethode vorzuziehen, und durch die Operation immer einen Theil der umgebenden gesunden Theile mit wegzunehmen. An den übrigen Theilen des Körpers macht man die Operation nach den allgemeinen Regeln der Exstirpation der Geschwülste. Im Gesichte aber, und namentlich an der Lippe und an der Nase sind einige besondere Vorschriften zu beobachten.

Wir wollen hier gleich vorweg bemerken, dass eine grosse Ausdehnung des Uebels ebensowenig, bis auf eine geringe Zahl von Ausnahmefällen, eine Contraindication für die Operation stellt, als ein sehr kleiner Umfang der Geschwulst und des Geschwürs.

Hat das Uebel seinen Sitz an der Unterlippe, was sehr häufig der Fall ist, so befolgen in den gewöhnlichen Fällen die Chirurgen die allgemeine Regel, das Uebel durch einen keilförmigen Schnitt in Form eines V hinwegzunehmen. Der Kranke befindet sich in sitzender Stellung, die Lippe wird durch die Finger oder durch Haken gespannt, und dann mit einem scharfen geraden Messer zu jeder Seite der Geschwulst ein schief nach unten und innen verlaufender Schnitt durch die ganze Dicke der Lippe geführt. Hier wie bei jeder anderen Operationsmethode wiederholen wir den Rath, nicht bloss alles auch nur im Entferntesten dem Auge und dem Finger verdächtig Erscheinende, sondern selbst noch in allen Richtungen einige Linien darüber hinaus die gesunden Theile hinwegzunehmen. Die Ausdehnbarkeit der Theile, das Gelingen genauer Vereinigung, zur Noth die Dieffenbach'schen seitlichen Schnitte bieten nach der Vereinigung noch bedeutende Hülfsmittel zu einem guten Resultate, selbst bei sehr ausgedehnter Operation, dar.

Hat man nun durch den Vförmigen Schnitt die Geschwulst fast exstirpirt, so trenne man vor der Vereinigung den unteren Theil der Unterlippe vom Kiefer bis unterhalb des Winkels des ausgeschnittenen Keils. Die tiefer liegenden Theile, selbst der Knochen, müssen mit hinweggenommen werden, wenn sie krankhaft oder verdächtig erscheinen; jedoch ist dies, so wie die nöthige Hinwegnahme etwa angeschwollener Drüsen, bei Warzengeschwüren höchst selten und nur nach heftiger Reizung und langer Vernachlässigung der Fall, und wird vielmehr bei wahrem aus dem Unterhautzellgewebe der Lippe entstandenem Krebs beobachtet.

Die Vereinigung der Wundränder geschieht durch die umschlungene Naht, vermittelst starker mit mehreren baumwollenen Fäden umwickelter Insectennadeln. Die mittelste Naht wird zuerst angelegt. Den Lippenrand empfiehlt Dieffenbach vermittelst einer Knopfnaht zu vereinigen. Diese Art der Vereinigung wird jetzt allgemein angewendet, wiewohl in früherer Zeit Louis jede Wiedervereinigung nach der Operation des Lippenkrebses verwarf: eine unglaubliche Verirrung!

Bei sehr grossem Substanzverlust, theils durch die Ausdehnung des Uebels, theils durch die Operation bedingt, scheint uns die Dieffenbach-sche[1]) Methode weitaus die zweckmässigste. Nachdem die Operation

[1]) Dieffenbach, die operative Chirurgie, Leipzig 1845. I. Bd. pag. 419—420.

auf die gewöhnliche Art gemacht ist, empfiehlt Dieffenbach folgendes: „Von beiden Mundwinkeln aus macht man einen horizontal verlaufenden Einschnitt von anderthalb Zoll Länge bis auf die Wangenschleimhaut. Darauf schneidet man diese mit der Scheere drei bis vier Zoll höher in derselben Richtung durch. Dann führt man auf jeder Seite einen abwärts steigenden Schnitt durch die Weichgebilde bis auf den Unterkieferrand. Beide fast viereckige Seitenlappen lassen sich jetzt durch die vorhin angelegten Nadeln mit den Fäden dicht vereinigen, worauf man den übrigen Theil der Wunde durch eine hinreichende Anzahl von Insectennadeln vollkommen schliesst."

„Die überragenden Ränder der Schleimhaut der Lappen werden aussen über den Rand derselben herübergeschlagen und mittelst einer runden Nadel und eines Fadens angenäht. An dem Punkt, wo die Schleimhaut in der Mitte zusammentrifft, werden ebenfalls einige Nähte angelegt, die äusseren Ecken der neuen Lippen etwas nach oben gegen den Wundrand der Oberlippe hinaufgebogen und hier durch einige Nadelstiche angeheftet."

„Die Seitenöffnungen werden mit Charpie ausgefüllt und Pflasterstreifen locker über die Unterlippe gelegt, die Nadeln vorher mit einer dünnen Charpielage bedeckt, um allen Druck zu vermeiden."

Die zur Vereinigung eingelegten Nadeln werden am dritten Tage, und nach Umständen früher oder später entfernt. Wo, um Spannung zu vermeiden, nicht die oben angegebene Dieffenbach'sche Operation, sondern nur in einer gewissen Entfernung von den Wundrändern zwei lange seitliche, tiefe, senkrechte Schnitte gemacht werden, lässt man diese durch Eiterung und Granulation heilen.

Sitzt das Geschwür nur am Lippenrand ohne sich weit nach unten zu erstrecken, so wende man die Dupuytren'sche Methode an: man schneidet nämlich das Krankhafte am Lippenrande weg; und da hier die Wunde fast transversal ist und sich wenig nach unten erstreckt, so gelingt die Heilung am besten ohne Difformität, wenn man die Wunde nicht zu vereinigen sucht, sondern der Natur Heilung durch Granulation unter passendem einfachem Verbande überlässt. Aehnlich ist die Operation, wenn der Sitz des Uebels im Mundwinkel ist, nur muss hier nach gehöriger Ausschneidung des Schadhaften die Wiedervereinigung durch die umschlungene Naht gemacht werden.

Die in den übrigen Theilen des Gesichts, und namentlich die auf der Nase befindlichen Warzengeschwülste und Geschwüre müssen ebenfalls in gehörigem Umfang ausgeschnitten werden, und ist es bei letzteren nöthig, noch eine tiefe Schicht gesunden Gewebes des Nasenknorpels mit wegzunehmen, und bei etwaigem Zurückbleiben verdächtiger Stellen dieselben mit dem Glüheisen zu brennen. Sollte ein Theil der Nase in seiner ganzen Dicke ergriffen sein, so ist es ungleich rathsamer, denselben ganz wegzunehmen, als eine unvollkommene Operation zu machen, da wir durch die schönen Leistungen Dieffenbach's in dem Gebiete der Autoplastik wissen, auf eine wie merkwürdige und oft überraschende Art die Rhinoplastik mit Bildung der Nase aus der Stirnhaut verlorene Theile zu ersetzen im Stande ist. Für die näheren Details hierüber verweisen wir auf die in Dieffenbach's operativer Chirurgie umständlich angegebenen Vorschriften.

Boyer stellt den durchaus zu missbilligenden Grundsatz auf, dass wenn nach der Operation des Uebels, das er als Lippenkrebs beschreibt, Recidive eintreten, man keine neue Operation versuchen solle. Wir sind im Gegentheil der Meinung, dass man nach jedem Rückfall eine durchaus vollständige und umfangreiche Operation machen müsse, da dieselbe theils wegen der Gutartigkeit des Uebels, sobald es nämlich kein wirklicher Krebs ist, die beste Aussicht auf Erfolg giebt, theils den schon oben erwähnten Vortheil hat, dass das früher peripherisch nur erst im Keim Erkrankte sich nach der Operation zwar weiter ausgebildet, aber hinreichend central zeigt, um nun die sichere Aussicht zu lassen, dass man ganz in den gesunden Theilen operirt.

Bei allen diesen Operationen stillt die Naht meist die Blutung, und wo etwa bei bejahrten Kranken und bei Exstirpation eines Geschwürs auf der Nase stärkere Blutung eintreten sollte, versuche man zuerst dieselbe durch Auflegen von Schwamm und durch Druck zu stillen, und wenn dies nicht gelingt, wende man das glühende Eisen an.

Wir kommen jetzt an die Auseinandersetzung der zweiten hauptsächlichsten Operationsmethode dieser Uebel, zum Zerstören derselben durch Aetzen. Viele Wundärzte ziehen diese Methode der Exstirpation durch das Messer vor. Diese Meinung können wir nicht theilen. Wir betrachten das Aetzen als eine sehr nützliche Methode; mit der Exstirpation verbunden ist sie ebenfalls zuweilen ein vortreffliches Hülfsmittel. Dass bei alten, sehr abgelebten Individuen die Exstirpation mit dem Messer bei umfangreichen Geschwüren zu meiden ist, ist freilich wahr. Eben so begreifen wir auch, dass sonst vortreffliche Chirurgen in Hospitälern, in denen Eiterinfection und Venenentzündung häufig vorkommen, dem Aetzen den Vorzug geben. So haben wir Bonnet in Lyon selbst bei umfangreichen Krebsgeschwülsten die Cancoens'sche Aetzpaste, aus Chlorzink bestehend, anwenden sehen. In dem Hôtel-dieu von Lyon aber sind immer eine grosse Menge Kranker beisammen, gewöhnlich über tausend, daher, wie im Allgemeinen in grossen Hospitälern, die Luft für Operirte nichts taugt. Wie ganz anders sind die Resultate der Operationen in der kaum vierzig Betten enthaltenden Dieffenbach'schen Klinik in Berlin, als in den grossen deutschen und französischen Hospitälern, welche ich bisher besucht habe! Was die Anwendung der Aetzmittel betrifft, so haben wir überdies gesehen, dass ihre unzureichende Application eine der Hauptquellen böser Zufälle bei Warzengeschwüren ist.

Unter allen Aetzmitteln hat sich offenbar der Arsenik den grössten Ruf erworben, und wir können bei dem heutigen Standpunkt der Wissenschaft nicht entscheiden, ob seine Heilkraft rein seiner escharotischen Wirkung, oder einer specifischen Heilkraft auf diese Art Geschwüre zuzuschreiben ist. Auffallend bleibt es jedenfalls, dass auch unter den innern, auf hartnäckige Hautkrankheiten wirkenden Mitteln der Arsenik obenansteht.

Eine der ältesten bekannten Formen des arsenicalischen Aetzmittels, welche zugleich durch lange Erfahrung sanctionirt ist, ist das Cosme'sche Aetzmittel, welches dieser für dreitausend Livres aus den Händen eines Empirikers kaufte. Wir wiederholen hier der Vollständigkeit wegen seine Zusammmensetzung:

℞ Arsenici albi ℈ij
Cineris solearum antiquarum combustarum gr. viij
Sanguinis draconis gr. xij
Cinnabaris ʒij.

Mit Wasser wird das Pulver zu einer breiartigen Paste zusammengerührt und von der Dicke eines Messerrückens, ein bis zwei Millimeter, nicht bloss auf das ganze Geschwür, sondern auch ein bis zwei Linien weit auf den Rand der gesunden Umgegend aufgetragen. Eine rosenartige Anschwellung des Gesichts und Schmerz in der Wunde treten häufig nach seiner Anwendung ein, weichen aber gewöhnlich von selbst. Der Brandschorf fällt gewöhnlich erst nach einigen Wochen ab, und dann findet sich unter demselben ein einfaches, der Vernarbung rasch entgegenschreitendes Geschwür. Zuweilen bleiben alsdann noch verdächtige Punkte übrig, welche eine zweite Anwendung des Mittels nöthig machen. Doch selbst die ganz nach den besten Regeln der Kunst vorgenommene Ausrottung eines solchen Geschwürs durch Aetzen hat immer den Nachtheil, dass die solid scheinende Narbe wegen ihrer unvollkommenen Ernährung und Dichtigkeit sich leicht von neuem ulcerirt. Die Exstirpation mit dem Messer führt diesen Nachtheil weniger herbei. Zu bemerken ist, dass, wenn man die Arsenikpaste nach Exstirpation mit dem Messer anwenden will, man den Rath Bérard's[1]) wohl beherzigen muss, zwei bis drei Tage zu warten, bis die Wunde zu eitern anfängt; da eine frische Wunde leicht gefährliche Zufälle durch Absorption des Arseniks zur Folge haben kann, was bei einer eiternden weniger zn fürchten ist. Ueberhaupt wende man die Arsenikpaste nie in zu grossem Umfange an; es ist gut, 10—15 Quadrat-Millimeter bei jeder Anwendung nicht zu überschreiten, und 8—10 Tage wenigstens zu warten, bevor man eine neue Application macht; sonst setzt man die Kranken Vergiftungszufällen aus.

Die Dupuytren'sche Aetzpaste aus Calomel und Arsenik ist weniger sicher als die Cosme'sche. Mit gutem Erfolg habe ich die Manec'sche Paste, zusammengesetzt aus:

Arsenici albi ʒß
Cinnabaris ʒijß
Spongiae ustae gr. LXXV

in der Salpêtrière in Paris anwenden sehen.

Ebenso kann man in diesen Fällen mit dem besten Erfolg die Wiener Aetzpaste, aus 5 Theilen Kali causticum und 6 Theilen Calx viva zusammengesetzt, anwenden. Man zerreibt das Pulver mit Alkohol, trägt den so gebildeten Brei auf das Geschwür und seine Umgegend auf, und lässt ihn während fünf bis zehn Minuten wirken; alsdann nimmt man denselben mit einem Spatel weg und bedeckt den Brandschorf mit einem Stück Heftpflaster. Dieses Mittel hat den Vortheil, nie die bösartigen Zufälle durch Absorption zu erregen, und daher mehrmalige Anwendung zuzulassen.

Die Canquoin'sche Aetzpaste aus Chlorzink, mit der doppelten, drei- oder vierfachen Quantität Mehl gemischt und mit Wasser zu einem festen Brei zusammengerührt, ist ein zwar sicheres, tief eingreifendes, aber sehr schmerzhaftes Mittel.

Die Anwendung concentrirter Mineralsäuren zum Aetzen giebt einen unsicheren Erfolg. Sie sind freilich mitunter mit Glück angewendet worden, aber so nützlich sich mir dieselben neuerdings als Brennmittel bei unverletzter Haut bewiesen haben, so schwierig scheint es mir, ihre Wirkung auf ein Geschwür gehörig zu dosiren.

Das Unguentum corrosivum Clinici Berolinensis:

Hydrargyri muriatici corrosivi ʒij
Pulv. gummi mimosae ℈j
Aq. destillat. gtt. xx

---

[1]) Dictionnaire de médecine — Ulcère de la face — T. XII. pag. 551.

kann wohl hin und wieder bei oberflächlichen flachen Geschwüren seine Anwendung finden, aber die oben angeführten Aetzmittel nicht ersetzen. Die Hellmund'sche Methode, eine gemilderte Anwendung des mit seinem Unguentum narcotico-balsamicum versetzten Cosme'schen Aetzmittels passt nur für leichtere Fälle.

Man hat übrigens die Aetzmittel unter den verschiedensten Formen angewendet, ja sogar das Aetzen vermittelst des Brennglases [1]) angeblich mit glücklichem Erfolge benutzt, was offenbar zu den Excentricitäten der Chirurgie gehört. So viel aber ist gewiss, dass man mit der Cosme'schen Aetzpaste, mit dem Wiener Causticum und mit dem glühenden Eisen in allen Fällen ausreiche, in welchen die Aetzmethode entweder allein oder nach der Excision cancroider Geschwüre angewendet werden soll.

Wir haben aus dem Vorhergehenden ersehen, dass die Fälle selten sind, in welchen ein nicht wirklich krebshaftes, aus einem Warzengewächs entstandenes Geschwür nicht operirt werden könne. Sollte jedoch wegen Vernachlässigung, unzeitiger Reizung, heruntergekommenen Allgemeinbefindens keine Operation gemacht werden können, so tritt die Indication der Palliativcur ein. Wie bei Krebskachexie hüte man sich hier den Kranken durch eingreifende Metallmittel, wie Jod und Mercur, zu behandeln, da diese ihn nur noch tiefer herunterbringen. Das beste Mittel in solchen Fällen ist lang fortgesetzter Gebrauch des Leberthrans, und da viel daran liegt, dass der Kranke das Mittel lange vertrage, so wähle man die hellgelbe oder die braungelbe durchsichtige Sorte des Leberthranes und verordne nicht über eine Unze täglich. Das beste Verbandmittel ist einfaches frisches Cerat, dem man eine geringe Quantität Zinkoxyd zusetzen kann (ʒβ auf ℥j), eine Salbe, welche mir in solchen Fällen gute Dienste geleistet hat. Wenn das Uebel sehr schmerzhaft ist, muss man von Zeit zu Zeit zum Opium seine Zuflucht nehmen, 10—12 Tropfen Laudanum innerlich oder in einem Klystier von 2 bis 3 Unzen Wasser, oder kleine Dosen Morphium ($\frac{1}{6}$—$\frac{1}{3}$ gr. p. d.) innerlich, oder auf das Geschwür aufgestreut, oder auf das Zahnfleisch eingerieben, oder Extractum opii aquosum (ʒβ pro ℥j Fett) zum Verbande. Zugleich verordne man eine milde, nicht reizende Kost, besonders Milchdiät, leichte Fleischbrühe, grünes oder Wurzelgemüse, gebratenes Fleisch etc.

Fälle der Art, in welchen man zur Palliativbehandlung seine Zu-

[1]) Comte, histoire et mémoires de l'académie royale de médecine ann. 1776.

flucht nehmen muss, werden übrigens immer seltener werden, jemehr man sich von der Gutartigkeit des Uebels überzeugen und einerseits frühzeitig und im weiten Umfange das Krankhafte wegnehmen, anderseits sich nicht durch Recidive von hartnäckiger Verfolgung des Uebels durch die Operation abhalten lassen wird.

Krankengeschichten.

Die Zahl der Krankengeschichten, durch welche wir die in diesem Aufsatz ausgesprochenen Behauptungen beweisen können, ist zu gross, als dass wir auch nur die wichtigsten anführen könnten, ohne den Leser zu ermüden. Wir wollen daher nur eine geringe Zahl derselben herausheben, um an einigen Beispielen die Entwickelung, den Verlauf und die anatomische Structur des Pseudo-Cancer der Haut zu zeigen, an anderen Belege für die anzuwendende Operationsmethode anzuführen, endlich an noch anderen Beispielen des wirklichen Lippen- und Hautkrebses den Unterschied dieser Uebel von obigen, oft mit ihnen verwechselten darzuthun. Wir erwähnen hier nur noch, dass wir einen Theil dieser Krankengeschichten nach Beobachtungen aus der Dieffenbach'schen Klinik, andere nach unserer eigenen Praxis und Untersuchungen aus den französischen Hospitälern angefertigt haben.

1) Ausgedehntes pseudo-cancröses Geschwür auf dem linken Handrücken, in Folge eines zusammengesetzten Warzengewächses; Heilung durch die Amputation.

Louise D., aus der Umgegend von Berlin, 70 Jahr alt, hat immer eine gute Gesundheit gehabt und zeigt noch jetzt eine kräftige Constitution, so wie ein gutes Allgemeinbefinden. Seit dem 13ten Jahre menstruirt, hat sie im 42ten Jahre nach einem übrigens gut verlaufenen Scharlach ihre Regeln verloren. Im 30ten Jahre hat sie sich verheirathet und zwei Töchter gehabt. Seit dem Scharlachfieber hat sie keine innere Krankheit mehr gehabt.

Vier ein viertel Jahr vor dem Eintritt der Kranken in die Dieffenbach'sche Klinik hatte sie auf dem Rücken der linken Hand eine kleine Warze von der Grösse einer Linse. Sie schnitt dieselbe mit der Scheere ab und kratzte dann lange mit einem Brodmesser an derselben herum, um, wie sie sagt, die Wurzel herauszunehmen. Die so gereizte Stelle entzündete sich, und an der Stelle der früher einfachen farblosen Warze entstand eine Geschwulst von der Form und Grösse einer Himbeere, von Fleischfarbe. Bis gegen Ende des vierten Jahres wuchs diese Geschwulst nur langsam, hatte allmählig die Grösse einer Wallnuss erreicht, war aber noch nicht ulcerirt, sie war nur etwas mehr geröthet als die umgebende Haut und schien, wie die Kranke sich ausdrückt, aus einer Menge kleiner Wärzchen zu bestehen, aus und zwischen denen Druck eine gelbliche Flüssigkeit hervorsickern liess. Ausser einem leichten Brennen war kein Schmerzgefühl vorhanden. Der Schlaf blieb ungestört, die Kranke behielt ein gutes Aussehen, magerte nicht ab, und selbst nach der Ulceration der Geschwulst schwoll keine Achseldrüse auf der kranken Seite an.

Nachdem vier Monat vor dem Eintritt der Kranken in das Klinikum die Geschwulst die Grösse einer Wallnuss erreicht hatte, bildete sich auf der Höhe derselben ein kleines Geschwür, welches täglich zunahm, ohne übrigens Schmerzen zu erregen. Das Geschwür machte schnelle Fortschritte, und so fiel die aus vielen Wärzchen zusammengesetzte Geschwulst gewissermaassen auseinander, und bald schien der ganze Handrücken von einem Geschwüre bedekt, dessen mit vielen Warzen dicht besetzte Ränder seinen Ursprung zu erkennen gaben. Nach oben überragte das Geschwür das Handgelenk, nach unten die erste Phalanx mehrerer Finger, besonders des dritten und vierten. Seine Form war unregelmässig rund, der ovalen sich nähernd, mit Sinuositäten und Hervorragungen besonders am unteren Theile seiner Peripherie. Es hatte drei Zoll Länge auf drei ein viertel Breite; die Ränder waren dick, aufgewulstet, uneben und warzig, von 6—9 Linien Breite auf 4—8 Linien Dicke, von hart elastischer Consistenz, von mattrother Färbung und überall gleichmässig von ½ bis 2 Linien grossen warzigen Erhabenheiten bedeckt, welche durch enge lineäre Furchen von einander getrennt sind. Der der Geschwürsfläche zugekehrte Theil des Randes war am oberen Theile des Geschwürs scharf abgeschnitten und senkrecht, sonst sich meist nach dem Grunde hin schief abflachend. Dieser Grund war ziemlich eben, von einer gelben Eiterschicht bedeckt, unter welcher man rothe sammetartig zusammengestellte papillare Granulationen sieht.

Das Handgelenk war in seinen Bewegungen bedeutend beschränkt, so wie auch die Finger, den Daumen abgerechnet, der noch einige spontane Motilität zeigte. Wiewohl das Uebel an der Extensionsseite bestand, hatte doch auch die Function der Flexoren bedeutend gelitten.

Die Kranke hatte übrigens bei ihrer Aufnahme ihr gutes Aussehen behalten, zeigte einen wohlgenährten Körper und Integrität sämmtlicher Functionen, nirgends eine Spur von Reaction des localen Uebels auf das Allgemeinbefinden.

Die Hand wurde drei Finger breit über dem Handgelenk von Dieffenbach durch den Cirkelschnitt amputirt. Nach der Amputation bildete sich am Arme eine heftige Entzündung aus, und theils allgemeine Antiphlogose und starkes Abführen, theils Eröffnen mehrerer am Arme entstandener Abscesse beseitigten alle Zufälle. So vernarbte allmählig die Operationswunde. Als ich Berlin verliess bestand kein Zeichen, welches die Bildung eines ähnlichen Uebels an einem anderen Theil vermuthen liess, und das Allgemeinbefinden der Kranken war befriedigend.

Die gleich nach der Amputation vorgenommene Untersuchung der Hand ergab folgendes:

Die Zergliederung derselben giebt uns das ganz unerwartete Resultat, dass, statt alle Theile bis auf den Knochen angefressen zu finden, unter der mehrere Linien dicken mit Granulationen und Papillen bedeckten Aponeurosis dorsalis manus, unter dem wohl einen halben Zoll dicken Ligamentum capsulare Sehnen und Knochen fast in vollkommener Integrität waren. Der Extensor pollicis, von allen Adhärenzen frei, ist noch einer hinreichenden Beweglichkeit fähig, die Extensionsehne des Zeigefingers ist ebenfalls noch ziemlich frei, die übrigen Sehnen aber sind an ihrer Oberfläche innig mit dem Geschwürsboden verwachsen. Die Finger sind ödematös infiltrirt und steif, wegen theilweiser Verwachsung des Unterhautzellgewebes mit den tieferen Theilen und besonders mit der Periostaloberfläche des Knochens.

Wenn man durch die dicken Ränder des Geschwürs verticale Schnitte führt, so erkennt man schon mit blossem Auge, und noch besser mit zehnfacher Loupenvergrösserung, eine Menge weisser, papillenartiger, ein bis zwei Millimeter grosser Körperchen, welche theils mit feinen Gefässchen bedeckt, theils von einer rothen, gefässreichen Zellgewebeschicht umgeben sind; beim Druck entleert man Fragmente dieser Substanz und ausserdem ein röthliches, von Blut tingirtes Serum. Feine Horizontalschnitte zeigen in der oberflächlichen Schicht nichts als die dachziegelförmig über einander geschichteten Epidermidallagen, in tieferen Schichten jedoch erkennt man eine Menge durchschnittener Papillen mit rothen Punkten von durchschnittenen Gefässen durchsäet. Mit feinen Nadeln kann man sowohl in den Vertical- als in den Horizontalschnitten einzelne und gruppenweise zusammenstehende Papillargruppen herauspräpariren. In denselben findet man als hauptsächlichstes Element Epidermiszellen, welche in concentrischen Schichten gelagert im Profilanblick den irrigen Eindruck einer faserigen Structur machen. Ausserdem erkennt man unter dem Mikroskop Sphären oder Halbsphären von $\frac{1}{8}$—$\frac{1}{4}$ Millim. Durchmesser, aus Epidermiszellen zusammengesetzt. Von diesen, meiner Beobachtung in ähnlichen Fällen sich oft darbietenden Körpern weiss ich nicht, ob sie eine Art folliculärer Bildung, oder ob sie blosse Querdurchschnitte des Epidermidal-Ueberzugs hypertrophischer Papillen sind. Mayor, dem ich sie zur Zeit in Paris gezeigt habe und der sie auch beschrieben und abgebildet hat, hält sie für Haarfollikel in unentwickeltem Zustande, was offenbar ein Irrthum ist.

Die Grund-Elemente aller dieser Theile sind in den verschiedensten Entwicklungsstadien begriffene Epidermiszellen, was der Vergleich dieser Gebilde mit denen der oberflächlichen und tieferen Epidermisschicht der gesunden Haut der Finger der gleichen Hand ausser allen Zweifel setzt. Die ausgebildeten in grosser Menge sich zeigenden Zellen haben $\frac{1}{25}$ bis $\frac{1}{15}$ Mlm. Durchmesser, sind blattförmig abgeplattet, haben theils ihren Kern verloren, theils einen Kern von $\frac{1}{200}$ bis $\frac{1}{120}$ Mlm., in welchem man entweder einen feinkörnigen Inhalt oder ein bis zwei Kernkörperchen sieht. Die etwas jüngeren Zellen haben schärfere Contouren, eine mehr rundliche Form, sind membranartig an einander gelagert und zeigen in den oben beschriebenen kleinen Sphären ein concentrisches Ansehen. Diese jüngeren Epidermiszellen haben $\frac{1}{50}$ bis $\frac{1}{30}$ Mlm., schliessen einen Kern von $\frac{1}{100}$ Mlm. ein, und zeigen bei vielen um diesen noch eine zweite, zwischen ihm und der äusseren Membran liegende blasse innere Zellenmembran.

Wir haben es also hier offenbar mit einem aus Papillar- und Epidermidal-Elementen bestehenden Warzengeschwür zu thun. Selbst abgesehen von dem ganz positiven und sichren Resultat der mikroskopischen Untersuchung, welche nur ein Element der Forschung, nur einen Factor des Gesammt-Resultats abgeben soll, zeigt schon die gewöhnliche pathologische Würdigung dieses Falls, dass hier die wichtigsten Charaktere des Krebses fehlen.

Wir haben eine wohlgenährte 70jährige, gesund aussehende Frau vor uns, bei welcher ein seit $4\frac{1}{4}$ Jahren bestehendes Uebel, ein seit mehreren Monaten existirendes umfangreiches Geschwür nicht die geringste locale und allgemeine Einwirkung auf den Gesammt-Organismus ausgeübt haben. Keine Drüse, kein Lymphgefässstrang des kranken Gliedes zeigte auch nur die allergeringste Anschwellung, keine einzige der hohen Lebensfunctionen: Athmen, Kreislauf, Verdauung, Assimilation, Innervation etc. war gestört. Oertlich hatte das Uebel ausser der Haut und dem Unterhautzellgewebe keinen wichtigen Theil ergriffen, das krankhafte Gewebe zeigte weder die Härte des Scirrhus, noch das weiche, schwammige Ansehen des Markschwamms, nirgends den charakteristischen, infiltrirenden, lactescirenden Krebssaft. Es zeigen sich im Gegentheil auf der Oberfläche warzige Erhabenheiten, in der Tiefe papillare Körper, durch und durch Elemente der Epidermis und nirgends weder Gewebe noch Reactions-Erscheinungen des Krebses.

2) Ulcerirte Epidermidalgeschwulst der Unterlippe.

Da diese Krankengeschichte die hauptsächlichsten Elemente der mit Krebs oft verwechselten Epidermidal- oder Warzengeschwülste der Unterlippe zeigt, so führen wir dieselbe hier aus unserm Werke über pathologische Physiologie [1]) übersetzt an. Wir bemerken bei dieser Gelegenheit, dass wir eine ganze Reihe solcher Geschwülste untersucht, auf der andern Seite jedoch oft genug wahren Krebs in der Lippe beobachtet haben, um uns vor jedem zu exclusiven Ausspruch zu verwahren.

Ein Mann, dessen Alter ich in der Krankengeschichte anzugeben vergessen habe, welcher aber, so viel ich mich seiner erinnere, ungefähr 50 Jahr alt, von kräftiger Constitution war, ist nie krank gewesen, zeigt ein gesundes Aussehen und hatte immer ein regelmässiges Leben geführt. Seit 33 Jahren rauchte er Tabak und zwar immer aus sehr kurzen Pfeifen. Seit ungefähr zwei Jahren bemerkte er auf der Mitte der Unterlippe eine senkrechte Spalte, welche durchaus oberflächlich war. Während eines Jahres blieb dieselbe fast stationär, beunruhigte keineswegs den Kranken und secernirte nur von Zeit zu Zeit einige Tropfen einer blutigen Flüssigkeit.

Ein Jahr nach dem ersten Erscheinen dieser Spalte entwickelte sich aus derselben eine kleine Geschwulst von der Grösse einer Linse, welche während fünf Monate keine Fortschritte machte. Sechs Monate vor dem Eintritte des Kranken in das Hospital fing die Geschwulst an, sich schneller zu entwickeln und der Sitz eines unerträglichen Juckens zu werden. So hatte sie eine Grösse von 15 Millimetern Durchmesser erreicht, und ragte etwa einen Centimeter über der Unterlippe hervor.

Eine Frau seiner Gegend, welche er zu Rathe zog, wandte hintereinander fünf Pflaster auf die Geschwulst an, welche nur die Oberfläche zerstörten und dem Kranken unerträgliche Schmerzen verursachten. Da sein Uebel dadurch nicht geheilt wurde, ging er nach Paris, wo er im Charitéhospital in einem der Säle Velpeau's aufgenommen wurde. Vor der Operation hatte die auf der Mitte der Unterlippe sitzende Geschwulst 24 Millimeter im Längs- und 20 im Breiten-Durchmesser, ihre Oberfläche war rauh und von gelblichen Erhabenheiten bedeckt.

---

[1]) Lebert, Physiologie pathologique etc. T. II. p. 26—29.

Die Operation wurde von Velpeau so gemacht, dass ein Vförmiges Stück aus der Lippe herausgeschnitten wurde, welches die Geschwulst enthielt. Die Wunde ward durch drei Hefte der umschlungenen Naht vereinigt. In den nächsten Tagen wurden die Nadeln weggenommen, und, um Spannung zu vermeiden, ein Heftpflasterstreifen von dem Nacken her gegen die Wangen hin so angelegt, dass er dieselben nach vorn zog. Nach wenigen Tagen verliess der Kranke geheilt das Hospital.

Die exstirpirte Geschwulst zeigte unter der äusseren Kruste eine Menge papillarer Erhabenheiten. Die Papillen sind dünn, theils einzeln stehend, theils oben mit einander verbunden; die meisten stehen gruppenförmig auf gemeinschaftlicher Basis; sie sind alle gefässreich, was besonders an der Spitze deutlich sichtbar ist, wo einige sogar Ekchymosen zeigen. Ihre Bestandtheile sind die der gewöhnlichen Hautpapillen. Feine Zell- und elastische Fasern sind von einer dicken Epidermishülle umgeben, in welcher man deutlich die grossen, dünnen, theils kleinkernigen, theils kernlosen Zellen der Epidermis erkennt. Nirgends erkennt man Krebselemente. An manchen Stellen ist das kranke Gewebe mit Eiterkügelchen infiltrirt. Deutlich erkennt man auch die Hautdrüsen.

Das Muskelgewebe, welches sich unter der Geschwust findet, ist durchaus gesund, so wie auch alle umgebenden Theile.

3) Epithelialgeschwülste am Collum uteri, Ablation derselben, später Amputation des Collum uteri; Heilung.

Eine Frau von 37 Jahren, von gesundem, blühendem Aussehen, hat immer eine gute Gesundheit gehabt. Seit 18 Jahren verheirathet, gebar sie vor 16 Jahren ein Kind. Seit der Zeit ist sie immer ziemlich gesund und regelmässig menstruirt gewesen. Sie schien mehr moralisch krank, indem sie seit langer Zeit im höchsten Grade hysterisch und phantastisch war. Als sie daher vor einem Jahre bemerkte, dass sie ein kleines schmerzloses Gewächs am Collum uteri trug, wurde sie sehr ängstlich und kam in die Dieffenbach'sche Klinik, um sich operiren zu lassen. Es konnte, die Hysterie abgerechnet, durchaus in ihrer Gesundheit und in ihrem Allgemeinbefinden nichts Abnormes wahrgenommen werden. Durch die Manualuntersuchung ergiebt sich die vordere Lippe des Muttermundes gesund, die hintere ein wenig verhärtet, an mehreren Stellen aufgewulstet, an einer Stelle eine längliche, weiche, etwa einen Zoll lange, einen halben Zoll breite und dicke Geschwulst zeigend. Diese wird vermittelst zweier, in die Vagina eingeführter Finger fixirt, mit Hakenzangen herabgezogen und mit einer krummen Scheere abgeschnitten.

Die Untersuchung der Geschwulst zeigt ein röthliches Ansehen, eine elastische Consistenz, eine homogene Structur, nirgends infiltrirenden Krebssaft, und als hauptsächlich mikroskopisches Element dem Cy linder-Epithelium gleichkommende langgestreckte, an einem Ende zugespitzte, am andern Ende abgestutzte Zellen von $\frac{1}{33}$ — $\frac{1}{25}$ Mlm. Länge, in ihrem Innern einen bis zwei Kerne von $\frac{1}{120}$—$\frac{1}{100}$ Mlm. einschliessend; die Zellen sind kaum an ihrer breitesten Stelle viel über $\frac{1}{100}$ Mlm. breit. Nirgends findet man Fettelemente. Einige dieser Zellen sehen den geschwänzten Körperchen fibroplastischer Gebilde ähnlich. Ihr Uebereinkommen mit Cylinder-Epithelium jedoch ist unverkennbar. Etwa einen Monat nach der ersten Operation, welche die Patientin sonst, hysterische Zufälle abgerechnet, nicht krank gemacht hatte, bemerkte sie wieder eine ähnliche Geschwulst wie die erste am Collum uteri. Genaue Untersuchung liess auch jetzt nichts Krebshaftes entdecken und zeigte nur mehrere polypenartige Aufwulstungen, von denen die eine, eine längliche Geschwulst von gleichem Umfang wie die früher operirte, hinweggenommen wurde. Die mikroskopische Untersuchung zeigte wieder die gleichen Gebilde, aber noch viel deutlicher an einem Ende zugespitzte Zellen von Cylinder-Epithelium und ausserdem mehrere rundliche Epitheliumzellen auf jüngeren Entwicklungsstufen; nirgends eine Spur von Fett.

Wenn nun dem oberflächlichen Beobachter dies Recidiv als ein Beweis erscheinen möchte, dass das Uebel krebsartiger Natur sei, so würde er gewiss in diesem seinem Irrthume noch mehr bestärkt worden sein, als die Kranke nach drei Monaten von Neuem polypöse Excrescenzen am Collum uteri zeigte und sich wiederum zur Operation meldete. Ihr Allgemeinbefinden war gut geblieben, ihr Aussehen blühend und corpulent, Verdauung, Athmen und Menstruation normal, ihre hysterische Aufregung aber aufs Höchste gesteigert.

Um das beständige Wiedererscheinen dieser kleinen Excrescenzen zu verhüten, entschliesst sich Dieffenbach zur Amputation des Collum uteri. Diese wird denn auch vorgenommen, der Uterus wurde durch Muzeux'sche Zangen heruntergezogen, bis an die äussere Oeffnung der Vagina gebracht, und dann das Collum mit dem Messer abgeschnitten.

Die anatomische Untersuchung des amputirten Theils des Collum uteri ergiebt denselben hypertrophisch, in seinem sonst durchaus normalen Gewebe mehrere kleine Cysten mit serös-schleimigem Inhalt zeigend. Die Schleimhaut ist allgemein am ganzen Collum uteri hypertrophisch, an einer Stelle zeigt sich ein oberflächliches Geschwür und an mehreren Stellen polypöse Excrescenzen, welche auf einer aus Bindegewebe bestehenden Basis dichte, über einander geschichtete Lagen von Cylinderepithelium tragen. Man findet alle Uebergänge zwischen den jüngeren mehr rundlichen und den vollständigen cylindrischen Epitheliumzellen. Nirgends findet sich auch nur die Spur eines krebsartigen Gewebes.

Eine leichte Metrorrhagie nach der Operation, welche Tamponniren mit Charpie nöthig machte, abgerechnet, fand nun die Vernarbung und Heilung ohne weitere Zufälle statt.

Wir beobachten hier am Collum uteri in diesem Fall ganz die gleichen Erscheinungen und den gleichen Verlauf, welchen wir sonst an den Polypen der Nasenschleimhaut beobachten: durchaus gutartige Schleimhaut-Wucherungen, welche aber, an mehreren Stellen zugleich sich entwickelnd, mehrfache Operationen nöthig machen, aber vollständig geheilt werden, sobald einmal der krankhafte Boden in hinlänglichem Umfange hinweggenommen ist. Dass solche Fälle an der Nasenschleimhaut nicht für krebshaft gehalten werden, versteht sich von selbst, und doch kann auch bei ihrem Vorkommen am Collum uteri genaue Würdigung aller Erscheinungen zu sichrer Diagnose führen, und nur oberflächliche Untersuchung und gedankenlose Routine Verwechselung mit Krebs möglich machen.

Einen diesem ähnlichen Fall habe ich kürzlich beobachtet. Ein katholischer Geistlicher aus dem Wallis kam zu mir, um mich wegen einer bohnengrossen Geschwulst an der rechten Seite der Zunge zu consultiren, welche er seit mehreren Jahren hatte, und die besonders in der letzten Zeit beim Sprechen und Essen sehr hinderlich geworden war. Sie hatte ein weisses Aussehen, eine unregelmässig schuppige Oberfläche und eine weiche Consistenz. Ich fasste die Geschwulst mit einem Doppelhaken und schnitt sie in einem Zuge mit einer Cooper-schen Scheere mit einer gesunden Basis des Zungengewebes fort. Sodann brannte ich den Grund der Wunde mit dem glühenden Eisen, und später mehrmals mit Höllenstein. Nach zehn Tagen war vollständige Vernarbung eingetreten. Die Untersuchung der Geschwulst zeigte dieselbe ganz aus Epithelium zusammengesetzt, aus sehr jungen Zellen in der Tiefe, aus mehr entwickelten in der Mitte und aus kernlosen Blättchen an der Oberfläche.

Wir haben in den vorhergehenden Krankengeschichten Beispiele von dem Verlaufe und den anatomischen Structur-Verhältnissen der

Epidermidal- und Epithelial-Geschwülste gesehen. Wir wollen nun einige in Bezug auf die Operations-Methoden Dieffenbach's sehr lehrreiche Fälle anführen.

4) Sehr umfangreiches, aus einer Warzengeschwulst entstandenes Geschwür an der Unterlippe, Exstirpation, Cheiloplastik, Seitenschnitte; vollkommene Heilung.

Ein 50jähriger Arbeitsmann von kräftigem Aussehen, von einer, sein Localübel abgerechnet, durchaus guten Gesundheit, hatte vor zehn Jahren zuerst eine Warze zwischen Lippenrand und Kinn auf der Mitte der Unterlippe bemerkt, welche während sieben Jahre stationär geblieben war, dann aber sich vergrösserte, entzündete, ulcerirte und bei der gänzlichen Vernachlässigung des Uebels sich allmählig in ein umfangreiches Geschwür umwandelte, welches von unregelmässiger Halbkreisgestalt fast den ganzen Rand der Unterlippe auf über einen Zoll des senkrechten Durchmessers einnahm und sich bis zum Kinn erstreckte. Die Ränder waren unregelmässig ausgezackt, der Grund des Geschwürs mit papillären Granulationen bedeckt und über dem Niveau der umgebenden Theile hervorragend. Der Unterkiefer ist unverändert, die Umgebung des Geschwürs entzündlich verhärtet.

Die Exstirpation verrichtete Dieffenbach auf folgende Art: Durch zwei Ovalärschnitte, die von den Mundwinkeln ausgingen und sich am Kinn vereinigten, wurde das Warzengeschwür weggenommen. Die beiden seitlich stehen gebliebenen Hautlappen wurden nun vom Kiefer gelöst, dann herangezogen und vereinigt; da dies aber nur im unteren Wundwinkel gelang, weiter oben aber die Spannung zu bedeutend war, so wurde von den beiden Mundwinkeln aus durch seitliche horizontale Incisionen der Mund vergrössert und so eine neue Unterlippe gebildet; mit diesen beiden herangezogenen seitlichen Lappen gelang es, den Knochen wieder zu bedecken, was durch Vereinigung vermittelst der umschlungenen Naht geschah; durch horizontal und vertical angelegte Pflasterstreifen wurden ausserdem die zu vereinigenden Theile einander genähert. Die Blutung war mässig und liess sich durch kalte Schwämme stillen. Die Gegend des Kinns wurde mit Charpie bedeckt, welche durch ein Tuch befestigt wurde.

Die unmittelbare Vereinigung kam nur theilweise zu Stande, es trat Eiterung ein, daher der Charpieverband mit Ueberschlägen von Infusum Chamomillae vertauscht wurde. Innerlich erhielt er eine antiphlogistische leicht abführende Mixtur:

℞ Magnesiae sulphuricae ℥j
Elixirii acidi Halleri ʒj
Aq. fontis ℥vj
Syr. rubi idaei ℥β
M. D. S. 2stündlich einen Esslöffel.

Am zweiten und dritten Tage nach der Operation wurden die Hefte entfernt, und da die Eiterung profus zu werden drohte und übel roch, so wurden Ueberschläge mit einem Decoct. Chinae (e.ʒvj) ℥vj und Tct. Myrrhae ʒij gemacht, wonach sich auch die Absonderung verbesserte. Die Wunde gewann nun ein besseres Ansehen, die Heilung machte Fortschritte, die Wunde wurde einfach verbunden, nur hin und wieder, wenn entzündliche Spannung eintrat, wurden Breiumschläge aus Hafergrütze (ein weniger kostspieliges Mittel für Kataplasmen als Leinmehl, und zum mindesten eben so nützlich) angewendet. Von Zeit zu Zeit erhielt der Kranke ein Laxans aus Calomel und Jalappe. Im Ganzen werden in der Dieffenbach'schen Klinik Abführmittel nach Operationen viel häufiger als in französischen Hospitälern angewendet, Aderlass wird viel weniger in Anwendung gebracht, als in Frankreich. Die günstigen Erfolge rechtfertigen diese Methode. So war denn der Kranke einen Monat nach der Operation beinahe völlig geheilt, es bestand nur noch eine geringe oberflächliche Geschwürsfläche. Nun verliess der Kranke die Anstalt, stellte sich aber sechs Monate später vollkommen geheilt und mit verhältnissmässig geringer Difformität vor.

5) Warzengeschwür auf der Nase in Folge von Gesichtsrose, Zerstörung desselben durch Aetzen, Wiederersetzung der verlorengegangenen Theile durch Rhinoplastik.

Eine 56jährige Frau von gesundem Aussehen, Mutter von fünf gesunden Kindern, behauptet, in ihrem Leben, mit Ausnahme der Pocken in den Kinderjahren und einer Intermittens quotidiana in ihrem 47sten Jahre, von keiner bedeutenden Krankheit befallen worden zu sein. Sie hat nie weder an Scrophulosis, Gicht, Hautausschlägen, noch sonst einer Dyskrasie gelitten. Seit ihrem funfzehnten Jahre bis zum 52sten war sie regelmässig menstruirt.

Vor zwei Jahren hatte die Kranke eine regelmässig verlaufende Gesichtsrose, in Folge welcher eine oberflächliche Excoriation von geringem Umfang zurückblieb, welche, auf der Mitte des rechten Nasenflügels sitzend, sich allmählig in ein Geschwür umwandelte, das beim Eintritt der Kranken in die Klinik den dritten Theil des Nasenflügels einnahm, verhärtete Ränder, einen rothen granulösen Grund und ziemliche Schmerzhaftigkeit bei der Berührung zeigte.

Nachdem Scarificationen in den Wundrändern und Verband mit rother Präcipitatsalbe (ʒβ auf ℥β) vergeblich angewendet worden waren, wurde das Unguentum corrosivum Clinici (Hydrarg. muriat. corrosiv. ʒij Pulv. gum. mimosae ℈j Aq. destillat. gtt. xx) auf die Ränder und den Grund des Geschwürs aufgetragen und der Kranken zur Schmerzlinderung Morphium aceticum in kleinen Dosen verordnet. Die Wirkung des Mittels war vortrefflich; ein dicker Brandschorf bedeckte das Geschwür, die Geschwulst des Gesichts wich erweichenden Umschlägen. Nach acht Tagen fiel der Brandschorf ab. Das Geschwür wurde zuerst mit Ungt. saturninum und dann mit schwacher, rother Präcipitatsalbe verbunden und öfters mit Lapis infernalis touchirt: so trat denn nach fünf Wochen vollständige Vernarbung ein.

Da aber die Nasenspitze und ein Theil des Septum verloren gegangen waren, wurde nun die Rhinoplastik gemacht. Die Ränder des Nasenstumpfes und des Septum wurden abgetragen, der Rücken des übriggebliebenen Nasenstumpfes von der Nasenwurzel aus gespalten und auseinandergezogen. Der Hautlappen zur Nasenbildung wurde nach einem aufgelegten Modell aus der Stirnhaut entnommen, umgeschlagen, und an der bestimmten Stelle durch zahlreiche umschlungene Nähte an beiden Seiten, so wie durch einige geknöpfte Nähte am unteren Rande zur Gewinnung des Septum befestigt; der nun erhaltene Nasenrücken ward durch Heftpflasterstreifen herabgedrückt, nachdem Charpiebäusche in die Nasenlöcher gelegt waren. Die Wundränder an der Stirn wurden durch geknöpfte Nähte genähert und mit Charpie und Heftpflaster bedeckt.

Da am Tage nach der Operation der Lappen etwas livid war, wurden Umschläge mit warmem Wein vermittelst Flanellläppchen aufgelegt. Ungeachtet dieser Fürsorge wurde die unterste Spitze brandig. Um die Verbreitung des Brandes zu verhüten, wurden Charpiebäusche mit Chinadecoct und Myrrhentinctur eingelegt, später aromatischer Wein zu dem gleichen Zwecke angewendet, bis entzündliche Reaction in der Umgegend eintrat, wo sie alsdann mit Infusum Chamomillae vertauscht wurden. Am vierten Tage nach der Operation wurden die Hefte gelöst, der Brand blieb auf die Nasenspitze beschränkt, der übrige Hautlappen behielt ein gutes Ansehen. Es wurden nun noch mehrere rhinoplastische Nachoperationen gemacht, um die Form der neuen Nase zu verbessern, was, da die Kranke 18 Tage nach der ersten rhinoplastischen Operation das Klinikum verliess, nicht ganz vollständig erzielt werden konnte. Die ursprüngliche Krankheit, das Warzengeschwür aber war vollkommen geheilt, und die rhinoplastische Operation sicherte die Heilung noch dadurch, dass die gesunde Umgebung des Geschwürs zum Theil weggenommen worden war.

Wir wollen nun noch einige Fälle von wahrem Haut- und Lippenkrebs hier anführen, um sowohl die Verschiedenheit in dem Verlauf als auch in den anatomischen Charakteren zu zeigen.

Wir haben schon oben bewiesen, dass wahrer Krebs in dem Gewebe der Haut gewiss vorkommt. Folgende zwei Beispiele werden dies näher erläutern.

6) Allgemeine Krebs-Infection, Krebs in dem Gewebe der Haut, in den Knochen, in der Leber, in der Milz, Tuberkeln in den Lungen.

Eine ungefähr 35jährige Frau, deren Leiche ich in den anatomischen Sälen von Paris sah, frappirte mich durch die zahlreichen Geschwülste, welche sie in der Haut zeigte. Ich machte daher mit meinem Freunde Deville die vollständige Leichenöffnung.

Ausser den gleich näher zu beschreibenden Krebsgeschwülsten der Haut zeigten sich Krebsablagerungen in vielen anderen Theilen. In dem rechten Schenkelbeine hatten kleine, weiche, grau-röthliche Markschwammgeschwülste und im Knochenmark bestehende Krebs-Infiltration einen Bruch des Knochens hervorgebracht.[1]) Im grossen Trochanter des anderen Schenkelbeins fanden sich ebenfalls solche Krebs-Ablagerungen. In der Leber fanden sich kleine, sehr ckarakteristische, deutlich abgegrenzte Krebsgeschwülste von der Grösse einer Erbse bis zu der einer Wallnuss. In der Milz fand sich eine in dem Gewebe dieses Organs infiltrirte Markschwammmasse. Auf der Oberfläche der Lungen und in der Pleura finden sich kleine weissgelbliche, platte Geschwülste, in denen das Mikroskop auch Krebsstoff nachwies. In beiden Lungen finden sich zahlreiche, halbdurchsichtige, graue Tuberkel-Granulationen, und in der Spitze beider Lungen Tuberkel-Narben. Das Herz war ein wenig vergrössert und zeigte auf seiner Oberfläche weisse Platten, Spuren einer früheren Pericarditis.

Wir kommen nun auf die Geschwülste der Haut zurück. In dem Gewebe und in der Dicke der Haut selbst fanden sich zahlreiche isolirte

[1]) Nähere Details hierüber finden sich in meiner Physiologie pathologique T. II. pag. 416—18, wo ich unter dem Paragraph über Knochenkrebs bereits Einiges über diesen Fall mitgetheilt habe.

Geschwülste von der Grösse eines Hanfkorns bis zu der von sechs Centimetern, alle an ihrer Oberfläche ziemlich platt. Die Haut hatte auf denselben ihre Farbe wenig verändert, sie zeigten durchweg scirrhöse Härte. Auf dem Durchschnitt zeigten sie ein grau-röthliches Ansehen, welches ganz den Anblick des Krebsgewebes gewährte und mit Krebssaft infiltrirt war; ausser dem weicheren Krebsgewebe erkannte man aber deutlich in ihnen das verhärtete, hypertrophische Zellfasergewebe der Lederhaut, welche an der Oberfläche der Geschwülste sich in weniger dichter Zusammenfügung nach allen Richtungen hin auszubreiten schien.

Die mikroskopische Untersuchung zeigt zwischen diesem Hautfasernetz sehr deutliche Krebszellen, deren Durchmesser zwischen $\frac{1}{60}$ und $\frac{1}{80}$ Mlm. schwankt, ihre Umrisse sind theils rund, theils oval, stark markirt. Wir bemerken hier, dass diese Kugeln nur die Zellenkerne der Krebszellen sind, von denen wenige vollständig sind, und deren Kerne meist frei liegen, wie dies bei Krebszellen so oft der Fall ist. Die vollständigen Krebszellen dieser Geschwülste haben $\frac{1}{50}$—$\frac{1}{33}$ Mlm., sind blass, fein punktirt, rund oder unregelmässig. In den Zellenkernen erkennt man, ausser einem körnigen, fettartigen Inhalt, ein bis drei scharf markirte Kernkörperchen von $\frac{1}{400}$—$\frac{1}{300}$ Mlm. Deutlich weist das Mikroskop ein Faserbalkennetz theils als Hülle, theils als Grundgewebe dieser Geschwülste nach, und man erkennt eine Menge aus diesen Fasern bestehende, die Geschwülste in allen Richtungen durchsetzende Scheidewände.

In diesem Fall kann also über die Existenz des wirklichen Krebses in dem Gewebe der Haut kein Zweifel obwalten.

7) Melanotischer Krebs im Gewebe der Schleimhaut des Eingangs der Vagina.

Wir führen diesen Fall hier einerseits an, weil wir in demselben ein Beispiel wahren Krebses im Hautgewebe der Vagina haben, andererseits, weil derselbe einen neuen Beweis liefert, dass melanotischer Krebs nichts als gewöhnlicher Krebs ist, dessen Gewebe mit braunem oder schwarzem Pigment gefärbt ist.

Der vorliegende Fall betrifft eine 60jährige Frau, welche stets eine gute Gesundheit gehabt hat und erst seit wenigen Monaten die Entwickelung einer Geschwulst am Eingang der rechten äusseren Schamlippe entdeckt hatte und, da dieselbe schmerzhaft war und schnell zunahm, die Exstirpation derselben verlangte.

Das Uebel sass ganz in der Dicke dieser Haut, welche ein Uebergang zwischen äusserer Haut und Schleimhaut ist. Die Hauptgeschwulst, nebst einer unentwickelten kleinen Geschwulst, konnten durch einen Ovalärschnitt von etwas über einen Zoll Länge und durch Trennung von dem übrigens gesunden Unterhautzellgewebe entfernt werden. Eine einzige kleine Arterie wurde torquirt, die sonst unbedeutende Blutung durch Auflegen kalter Schwämme gestillt.

Bevor wir die hinweggenommenen Theile näher beschreiben, wollen wir hier nur bemerken, dass die Operationswunde schnell heilte, wir aber die Kranke aus den Augen verloren haben und daher nicht wissen, ob ein Recidiv eingetreten ist.

Die Untersuchung des Operirten setzt die krebsartige Natur ausser Zweifel. Man sieht eine grössere und eine kleinere, erst im Entstehen begriffene Geschwulst, erstere hat einen Zoll Länge auf 6 bis 8 Linien Breite und ungefähr ebensoviel Dicke; ihre Oberfläche ist theils braunroth, theils schwarz; letztere ist kaum von der Grösse einer kleinen Linse und ganz schwarz. Beide bestehen übrigens aus den gleichen Elementen. Ein Durchschnitt der grösseren Geschwulst zeigt ein gelbröthliches mit brauner Färbung abwechselndes Ansehen, man unterscheidet keine Trennung mehr zwischen dem der Oberhaut angehörigen Theile und dem eigentlichen Hautgewebe. Die Consistenz des Gewächses ist die des weichen Markschwamms, sein ganzes Gewebe ist mit braungefärbtem Krebssaft infiltrirt. Ein feines Faserstroma durchzieht die Geschwulst in allen Richtungen und schliesst in seinen Maschen mehr einen dickflüssigen Krebssaft ein, als das zum Theil aus dessen Gerinnung entstehende Krebsgewebe. Die Krebszellen haben ihre deutlichsten Charaktere. Die in geringer Menge existirenden vollständigen haben $\frac{1}{30}$ Mlm. In grösserer Menge betragen ihre Kerne, welche meist elliptisch sind, auf $\frac{1}{80}$—$\frac{1}{60}$ Mlm. Länge $\frac{1}{80}$—$\frac{1}{100}$ Mlm. Breite und schliessen einen oder zwei Kernkörperchen ein, welche bis $\frac{1}{200}$ Mlm. Durchmesser haben. Ueberall zeigte sich um den nucleolus ein durchsichtiger Halo.

Höchst interessant ist die Untersuchung des melanotischen Elements. Es besteht dieses aus Zellen von $\frac{1}{40}$—$\frac{1}{80}$ Mlm., von denen eine gewisse Menge dicht mit kleinen schwarzbraunen Körnchen angefüllt ist. Eine grosse Anzahl derselben jedoch zeigt eine viel geringere Menge von Pigmentkörnchen, und hier kann man sich überzeugen, dass diese Zellen nichts Anderes als mit Farbestoff infiltrirte Krebszellen sind; bei einigen befinden sich die Pigment-Moleküle zwischen Zellenwand und Zellenkern; bei anderen sind sie im Kerne selbst enthalten; in vielen erkennt man deutlich die nucleoli. Einen ganz ähnlichen Fall von melanotischem Krebse aus der Haut des Beins habe ich kurze Zeit vor meiner Abreise aus der Schweiz untersucht und in dem Gewebe des exstirpirten Theils ganz die gleichen mikroskopischen Elemente gefunden.

8) Krebs der Unterlippe. Recidiv nach zweimaliger umfangreicher Operation, Anschwellung der Unterkiefer-Drüsen, allgemeine Krebsdyskrasie.

Wir schliessen mit dieser Krankengeschichte, die auf die vorhergehende Abhandlung Bezug habende Beobachtungen enthält, und führen diese letzte besonders an, um an derselben den Verlauf des wahren Lippenkrebses zu zeigen, wiewohl wir bedauern, nicht die genauere Untersuchung des Hinweggenommenen gemacht zu haben, da wir den Fall nicht selbst beobachtet, sondern ihn den Tagebüchern der Dieffenbach'schen Klinik entlehnt haben.

Ein Mann von 47 Jahren, mittlerer Grösse und von zwar geschwächtem, aber nicht kachektischem Aussehen, will bis zum Beginn seines jetzigen Uebels an keiner bemerkenswerthen Krankheit gelitten haben. Vor sechs Monaten fühlte er zuerst eine kleine härtliche Geschwulst in der Mitte des Unterlippenrandes. Mit der Zeit wurde die Geschwulst grösser, schmerzhafter, und war bald zur Grösse einer starken Bohne gediehen; da der Kranke viel rauchte, und die Pfeife fortwährend die Geschwulst reizte, so ging sie aufbrechend in ein Geschwür über, welches ohne Erfolg durch Aetzen mit Höllenstein behandelt wurde. Dieses Geschwür wurde noch durch einen heftigen Schlag sehr gereizt; die Umgegend verhärtete sich und bald war der ganze Rand der Unterlippe von dem Krebsgeschwür eingenommen, welches sich bis zur Mitte des Kinns hinaberstreckte. Ein nun herbeigerufener Arzt behandelte das Uebel durch Auftragen einer rothen, stark schmerzenden Aetzpaste, wahrscheinlich das Cosmesche Aetzmittel, jedoch ohne Erfolg; das Geschwür dehnte sich im Gegentheil weiter aus; die früher nur anfallsweise sich zeigenden Schmerzen wurden häufiger und stärker, so dass die Nachtruhe des Kranken sehr beeinträchtigt wurde. So kam der Kranke am 15. Februar 1844 in die Dieffenbach'sche Klinik.

Bei der Untersuchung zeigte sich eine platte, höckerige Geschwulst an der Unterlippe, welche sich am ganzen Lippenrande entlang nach unten bis an die Mitte des Kinns erstreckte, am Rande aufgeworfen und hart, mit der umgebenden Haut fest verwachsen war und an mehreren Stellen, besonders am oberen Rande, eine unebene, breite, jauchige Flüssigkeit absondernde Geschwürsfläche mit hartem höckrigen

Grunde darbot, und dem Kranken zeitweise heftige stechende und bohrende Schmerzen verursachte, so dass der Schlaf des Kranken sehr darunter litt. Anschwellung oder Schmerzhaftigkeit der benachbarten Drüsen fand nicht statt. Ebenso war noch durchaus keine allgemeine Abzehrung noch sonstige auf Kachexie hindeutende Symptome wahrzunehmen. Die Zunge des Kranken war nicht belegt, Appetit und Verdauung gut, Se- und Excretionen in Ordnung, der Puls unbedeutend aufgeregt, nicht fieberhaft.

Am 20. Februar verrichtete Dieffenbach die Operation auf folgende Art: Excision durch einen V förmigen Schnitt; es wurde nun die Haut vom Unterkiefer getrennt, einige Nähte im unteren Theile des Winkels gleich angelegt; dann wurden zwei tiefe senkrechte Seitenschnitte zur Erschlaffung der Wundränder gemacht und diese vollständig vereinigt. Zugleich wurden beiderseits die Mundwinkel durch etwa einen Zoll lange horizontale Schnitte getrennt, dann mit schrägen Scheerenschnitten so viel von den äusseren Ecken der beiden aus den Mundwinkeln genommenen Wundrändern abgetragen, dass ein hinreichender Theil von Mundschleimhaut blossgelegt wurde, um dadurch die Wundränder mittelst der Sutura nodosa zu besäumen. Die beiden senkrechten Seitenschnitte wurden hierauf, nachdem die spritzenden Arterien torquirt waren, mit trockner Charpie ausgefüllt, die ganze Wunde mit geballter Charpie und Compressen bedeckt, und ein Leintuch darüber gebunden. Einige Stunden nach der Operation stellten sich heftige Nachblutungen ein, welche theils durch Compression, theils durch Unterbindung der Arteriae maxillares externae gestillt wurden.

Die nach der Operation eintretenden heftigen Entzündungserscheinungen wichen kalten Umschlägen, der Antiphlogose und einer abführenden Mixtur. Am dritten Tag wurden einzelne Nadeln entfernt, es zeigte sich ein Anfang von Eiterung, daher erweichende Umschläge angewendet wurden. Am fünften Tage wurden die übrigen Nadeln entfernt, die Vereinigung der Wunde war zu $\frac{2}{3}$ zu Stande gekommen, im Uebrigen zeigte sich gute Eiterung. So war denn ungefähr vier Wochen nach der Operation völlige Vernarbung eingetreten. Die Narben bildeten verhältnissmässig geringe und ziemlich ebene Vertiefungen.

Zwei Monate später jedoch kam der Kranke wieder und zeigte ein vollkommenes Recidiv. In der Mitte der Unterlippe war eine harte scirrhöse Geschwulst, die neu herbeigezogenen Lippenstücke waren stark aufgetrieben, die Submaxillardrüsen beiderseits, besonders aber links, stark geschwollen. Es wurde eine neue Operation vorgenommen, durch welche in zwei seitlichen, elliptischen, oben und unten sich vereinigenden Schnitten ein zwei Zoll langes und einen Zoll dickes und breites Stück entfernt wurde, welches bei der genauen Untersuchung alle Charaktere des Scirrhus darbot. Es wurden sodann die inneren Verwachsungen der zwei seitlichen Stücke mit dem Zahnfleisch gelöst, wobei sich der Kinntheil des Unterkiefers bereits ergriffen zeigte, die Wunde wurde durch Heftpflasterstreifen vereinigt und mit Charpie bedeckt. Vereinigung kam jedoch nicht zu Stande, die Wundränder wurden schmerzhaft, die Eiterung stinkend und jauchig, der Schlaf wurde durch die Schmerzen gehindert, das Geschwür frass immer tiefer am Unterkiefer, die Geschwulst der Submaxillardrüsen nahm schnell zu, der Knochen erkrankte immer mehr, so dass fünf Vorderzähne entfernt werden mussten; der Kranke wurde schwach, bekam ein übles kachektisches Ansehen, der Puls war beständig gereizt, es trat hektisches Fieber ein, welches sich besonders durch heftige Hitze in den Handtellern am Abend und durch vermehrte Pulsfrequenz charakterisirte. So wurde denn der Kranke als unheilbar entlassen.

Wir schliessen hiemit unsere Abhandlung über Warzengeschwülste, den falschen und wahren Hautkrebs. Wenn wir diesen Theil unsrer Abhandlungen mit besonderer Ausführlichkeit bearbeitet haben, so geschah dies theils wegen der Wichtigkeit des Gegenstandes, theils um unsere in vielen Punkten neuen Ansichten gehörig zu motiviren. Wir gehen jetzt zu einigen Mittheilungen über Haut-Hypertrophie über.

§. 4. Ueber Haut-Hypertrophie.

Wir wollen hier keinesweges über Haut-Hypertrophie eine vollständige Abhandlung liefern. Vieles ist bereits über diesen Gegenstand unter dem Namen Elephantiasis Arabum geschrieben worden. Am richtigsten fasst Fuchs [1]) ihre Natur auf, indem er die Krankheit unter dem Namen Pachydermia beschreibt. Der Name Elephantiasis aber gehört zu jenen Ueberresten der Kindheit der Wissenschaft, welche allmählig aus derselben verbannt werden müssen. Man hat die Hypertrophie der Haut und des Unterhautzellgewebes des Beins Elephantiasis wegen der entfernten Aehnlichkeit mit dem Bein eines Elephanten genannt. Welche aber auch nur entfernte Aehnlichkeit hat die hypertrophische Gesichtshaut mit der eines Elephanten? Ich komme daher wieder auf den schon in meiner Physiologie pathologique gemachten

---

[1]) Fuchs, die krankhaften Veränderungen der Haut. Göttingen 1840. pag. 702—13.

Vorschlag zurück, dies Uebel seinem Wesen gemäss als Haut-Hypertrophie zu bezeichnen.

Was die Beschreibung der Symptome, des Verlaufs, der geographischen Verbreitung dieser Krankheit betrifft, so verweisen wir auf die sehr zahlreichen über diese Krankheit existirenden Abhandlungen. Wir wollen hier dem Hauptzwecke dieses Werks gemäss nur hauptsächlich das hinzufügen, was in der Wissenschaft noch wenig bekannt ist und theils unsere Unsuchungen über das Wesen der Krankheit, theils die von Dieffenbach mit so schönem Erfolge auf dieses Uebel angewendete operative Kunsthülfe näher auseinander setzen, und beide dann durch Beobachtungen erläutern.

Folgendes sind die Resultate unserer Forschungen über die Structur der von Haut-Hypertrophie (Elephantiasis) ergriffenen Theile: Die Epidermis ist immer mehr oder weniger verdickt, entweder glatt und eben, oder der Sitz häufiger Abschuppung und zuweilen oberflächlicher Entzündung, wo alsdann blasige Ausschläge oder Schrunden, oder oberflächliche Geschwüre sich bilden. In manchen Fällen entwickelt sich der Papillarkörper der Haut bedeutend und wird ganz besonders der Sitz der Hypertrophie. Dies ist jedoch nur ausnahmsweise der Fall. Constant findet sich die Lederhaut verdickt und meistens mit dem Unterhautzellgewebe verwachsen. Die Fasern und Faserbündel, sowohl von gewöhnlichem Binde- als von elastischem Gewebe, sind in bedeutender quantitativer Vermehrung abgelagert und bilden im Durchschnitt grössere Maschenräume als im Normalzustande. Die ganze so oft über einen Zoll dicke Haut, ist mit einem dünnen durchsichtigen Saft infiltrirt, in welchem man Fettkörnchen und Bläschen in mehr oder weniger grosser Menge und ausserdem Kerne, Zellen und Spindelkörper von jungem Uebergangszellgewebe findet. Zuweilen sieht man hier wahres Fettgewebe in ziemlich bedeutender Menge abgelagert. Meist ist dies Gewebe gefässarm, seltener ziemlich gefässreich, was jedoch nur bei eng umschriebener Hypertrophie der Fall ist. In seltnen Fällen findet man die Nerven der hypertrophischen Haut bedeutend entwickelt und selbst hypertrophisch.

Was die Lymphgefässe betrifft, so hat man wohl von Röthe im Verlauf der Lymphgefässe und Venen gesprochen, indessen fehlt es hier durchaus an genauen Untersuchungen. Wir empfehlen um so dringender genaue Lymphgefässinjection dem ersten, der Gelegenheit haben sollte, die Leiche eines an ausgedehnter Haut-Hypertrophie zu Grunde Gegangenen anatomisch zu untersuchen, da wahrscheinlich in dem Lymphsystem und dem gehemmten Laufe seines Inhalts mit der Grund der Hauthypertrophie liegt. Wir stimmen ganz der Ansicht Valentin's [1]) bei, welcher das System der Saugadern als einen Abzugs- und Verbesserungsapparat der Blutmasse ansieht, durch welchen die überschüssige Ernährungsflüssigkeit aufgenommen und allmählig vervollkommnet wieder in die Blutmasse einfliesst. Wir unterwerfen späteren Forschungen hier die Hypothese, dass einer der hauptsächlichsten letzten Gründe der sich über einen ganzen Körpertheil erstreckenden Haut- und Unterhautzellgewebe-Hypertrophie in der Obliteration der Lymphgefässe zu suchen ist, wodurch viel mehr Ernährungsflüssigkeit in einem Gliede bleibt, als zu seiner gesunden Erhaltung nothwendig ist, da die Resorption des Ueberschüssigen gehindert ist. Mit dieser Ansicht stimmt das Factum überein, dass in manchen Fällen sich bei dieser Krankheit eine reichliche Absonderung einer lymphatischen, milchähnlichen Flüssigkeit bildet, welche dann den Kranken sehr erleichtert.

Während nun das Hautgewebe an Masse bedeutend zunimmt, werden die darunter liegenden Theile zum Theil atrophisch, und namentlich gilt dies von den Muskeln, welche oft mit vielen Fettelementen gemengt erscheinen. Das Fett ist dann um die Muskelprimitivbündel herum abgelagert, jedoch haben wir es auch im Innern derselben beobachtet.

Wir unterscheiden von der bis jetzt beschriebenen Haut-Hypertrophie, welche man diffuse nennen könnte, und die der Elephantiasis arabum entspricht, eine zweite Hauptart, die umschriebene in Form knolliger Geschwülste sich zeigende, welche dann mehr der Elephantiasis graecorum, der Leontiasis entspräche. Beide kommen jedoch zuweilen gemeinsam vor. Die hauptsächlichsten Elemente dieser knollenartigen Geschwülste sind nun Uebergangszellgewebe und Fett. Entweder sehen diese Geschwülste auf der Durchschnittsfläche gelbröthlich aus und haben dann elastische Härte, ein homogenes speckartiges von Gefässen durchzogenes Gewebe, oder sie sind gelblich, von käseartigem Ansehen, der wahren Tuberkelsubstanz ähnlich. Von dieser findet man jedoch bei der genauen mikroskopischen Untersuchung keine Spur, und das Hauptelement dieser letzteren Form ist ein feinkörniges Fett, während die ersteren mehr sarkomatösen Geschwülste ganz aus Uebergangszellgewebe, aus fibroplastischen Elementen bestehen. Man findet in denselben kleine Zellkugeln von $\frac{1}{100}$ Millim., rund oder oval oder spindelförmig, letztere vorwiegend; ferner viele freiliegende Zellenkerne von

[1]) Valentin, Grundriss der Physiologie des Menschen, Braunschweig 1846. pag. 65.

$\frac{1}{100}$ Millim. mit einem oder zweien sehr feinen Punkten in ihrem Innern. Wirklich ausgebildete Fasern finden sich in denselben nur in geringer Menge. Wir unterscheiden also eine Hypertrophia cutis diffusa (Elephantiasis arabum) und eine Hypertrophia cutis circumscripta, tuberosa (Elephantiasis graecorum).

Ich habe mich vielfach überzeugen können, dass wenn auch das Uebel in den Tropengegenden häufiger ist als in unserem gemässigten Klima, es dennoch in der Schweiz, in Frankreich und in Deutschland keinesweges zu den seltenen gehört.

Wir kommen nun an den zweiten Hauptpunkt dieser Bemerkungen, nämlich den der operativen Hülfe gegen dieses Uebel, und hier können wir nicht genug, nach dem was wir selbst gesehen haben, die Dieffenbach'sche Methode der mehrmaligen partiellen Excision empfehlen, wenn nämlich das Uebel nicht zu ausgedehnt ist. Wir haben in Dieffenbach's Privatpraxis einen Fall beobachtet, in welchem einem nach Berlin zur Amputation gesendeten Kranken durch diese Methode das Bein erhalten wurde, und haben in der Klinik einen anderen Fall gesehen, in welchem eine Frau von Hypertrophie des Gesichts, welche sie so entstellte, dass die Obrigkeit ihres Orts ihr verboten hatte, bei Tage auszugehen, durch mehrere successive Operationen vollständig geheilt wurde. Wir werden übrigens beide Fälle ausführlich mittheilen.

Diese Methode beruht auf dem von Dieffenbach zuerst aufgestellten Grundsatz, dass bei gutartigen Geschwülsten, welche zu umfangreich sind, um auf einmal weggenommen werden zu können, mehrere partielle Excisionen zu einem günstigen Resultate führen. Es wird nämlich zuerst ein elliptischer Keil aus der Mitte der Geschwulst ausgeschnitten und die Wunde per primam intentionem vereint; nach der Heilung wird um die Narbe herum ein ebenso umfangreicher Keil ausgeschnitten, und so fortgefahren bis man zu den gesunden Geweben gelangt ist. So gefährlich eine solche Operationsweise bei Krebsgeschwülsten wäre, so wenig Nachtheil zeigt sie bei mehreren gutartigen Geschwülsten, und stimmt im Gegentheil die umgebenden Gewebe günstig um. Wir werden übrigens Gelegenheit haben, auf diese Methode öfters zurückzukommen und an Thatsachen ihre Nützlichkeit zu zeigen. So erlangt man oft Heilung ausgedehnter Geschwülste ohne Difformität.

Wenn diese Operation bei Hauthypertrophie angewendet wird, empfiehlt Dieffenbach grosse Vorsicht bei der Nachbehandlung: Kälte wirkt hier nach ihm unbedingt schädlich und kann brandiges Absterben oder ausgedehnte Ulceration zur Folge haben; feuchte Wärme ist ebenfalls hier nicht in Anwendung zu bringen. Am besten ist es, ganz einfach trockene Charpie auf die frisch vereinigte Wunde zu legen; besonders wichtig sind diese Regeln für Operationen am Gesicht.

In meiner Physiologie pathologique T. II. pag. 45—48. habe ich bereits die Untersuchung eines Falls von Hauthypertrophie mitgetheilt. Seitdem habe ich mehrere in Berlin beobachtet, welche in mancher Hinsicht interessant sind und namentlich den oben aufgestellten Ansichten als Beweis und Erläuterung dienen.

1) Knollige und diffuse Hypertrophie der Haut des Gesichts, mehrfache Exstirpation, vollkommene Heilung.

Eine 49jährige Frau, welche seit ihrer frühesten Kindheit oft krank gewesen war, kam am 8. December 1845 in die Dieffenbach'sche Klinik. In ihrer frühesten Kindheit hatte sie von Kinderkrankheiten die Masern, Rötheln und Pocken gehabt, welche letztere viele Narben hinterlassen hatten. Ausserdem hatte sie in ihrer Kindheit lange an intermittirendem Fieber gelitten. Während ihres 12ten Jahres hat sie in Folge eines Nadelstiches ein Geschwür auf der Brust gehabt, welches während drei Monate stark eiterte. In ihrem 21ten Jahre hat sie eine Gesichtsrose, und in ihrem 30ten die Rose auf der Brust gehabt. Von ihrem 25ten bis 46ten Jahre hat sie an Brustkrämpfen gelitten. In ihrem 45ten Jahre hat sie ein lange dauerndes typhöses Fieber gehabt. In ihrem 48ten Jahre wurde sie plötzlich von einer Lähmung der rechten Seite befallen, welche nach und nach verschwand, zugleich war Doppelsehen eingetreten, welches jedoch geblieben ist. Von ihrem 15ten bis 45ten Jahre war sie regelmässig und stark menstruirt. Seit ihrem 24ten Jahre verheirathet, hat sie sechs Kinder gehabt, von denen eins an der Auszehrung gestorben ist, die übrigen noch leben.

Ungefähr dreizehn Monate vor der Aufnahme der Kranken ins Klinikum hatte ihr Gesichtsübel mit einer kleinen Geschwulst unter dem Auge angefangen, welche sich auf die Nase ausdehnte und hier während einiger Wochen so stark war, dass das Nasenloch auf der Seite fast verschlossen wurde; diese Geschwulst nahm jedoch hier bald wieder ab, breitete sich aber über die Backe nach dem Munde hin aus, und während das übrigens wenig schmerzhafte Uebel sich immer mehr in der Fläche ausdehnte, entstanden zugleich in den letzten sechs Wochen unter dem Auge und im Munde mehrere knollige, harte Geschwülste. Sie hatte dabei Mühe zu schlucken. Im Gesichte hatte sie von Zeit zu Zeit Stechen und Spannung, seltener ein brennendes Gefühl.

Bei ihrer Aufnahme hatte sie ausser dem localen Uebel eine leidliche Gesundheit. Sie ist taub, hat ein höchst entstelltes Gesicht und erinnert durch dessen dicke knollige Anschwellung an den Namen Leontiasis. Die ganze rechte Gesichtshälfte, und besonders der Infraorbitaltheil, sowie der der Nase zunächst gelegene und die ganze Oberlippe sind von der Geschwulst eingenommen. Die Oberlippe ragt weit über die Unterlippe hervor und hat über einen halben Zoll Dicke. Die Haut der Wange ist noch härter anzufühlen als die der Lippe, dabei von rother, an manchen Stellen ins violette spielender Färbung; sie ist uneben und gefurcht, ohne jedoch rissig zu sein. Unter dem innern Augenwinkel liegt eine wenig bewegliche, bohnengrosse Geschwulst, welche nach unten mit dem übrigen krankhaften Gewebe zusammenzuhängen scheint. Vom Munde aus untersucht fühlt sich die ganze Geschwulst uneben und höckerig an, jedoch nicht lappig und krebsartig, sondern zeigt ein gleichmässig hypertrophisches Gewebe, in welchem einzelne härtere knollige Stellen sich befinden.

Am 12. December wurde zuerst der Kranken ein ziemlich umfangreicher Keil aus der Geschwulst ausgeschnitten. Nach oben lag in demselben die bohnengrosse knollige Geschwulst am unteren Augenlied, der eine Schnitt ging bis zur Basis der Oberlippe an der Nase entlang, der andere nach dem Mundwinkel. Die Wunde ward durch sechs angelegte Nadeln mit baumwollenen Fäden umschlungen und durch mehrere kleine Knopfnähte vereinigt und Charpie aufgelegt. Die Naht stillte die Blutung. Die anatomische Untersuchung des ausgeschnittenen Keils ergab folgendes: Auf den Durchschnittsflächen zeigt sich unter der gleichmässig verdickten Epidermis eine blassgelbe, elastische, speckartige Masse von einem gelblichen durchsichtigen Safte infiltrirt. Auf feinen Durchschnitten erkennt man die Elemente der Lederhaut und des Unterhautzellgewebes eng mit einander verwachsen, aus Netzen von Zellgewebebündeln und elastischen Fasern bestehend. In dem infiltrirenden Saft finden sich hauptsächlich Fettelemente und nur wenige fibroplastische Kerne und Spindelkörper.

In der kleinen Geschwulst, welche unter dem unteren Augenliede deutlich umschrieben vor der Operation zu fühlen war, finden sich wenige vollständige Fasern, sehr viele Faserkügelchen und Spindelkörperchen, und in dem speckigen Grundgewebe viele Blutgefässe, was dem ganzen Gewebe ein marmorirtes Ansehen giebt. In dem ausgeschnittenen Keile finden sich mehrere andere ähnliche aber kleinere, aus den Elementen des Uebergangszellgewebes bestehende Geschwülste.

Man sieht endlich noch an mehreren schon vor der Operation fühlbaren verhärteten Stellen solche Geschwülste von der Grösse einer Erbse bis zu der einer Haselnuss, ein blassgelbes Gewebe von bröcklichem, käseartigem Aussehen darbietend, welches sich nicht selten in Geschwülsten findet und oft fälschlich für Tuberkelstoff gehalten wird. Diese Massen sind übrigens hier nicht genau umschrieben und haben sehr unregelmässige Umrisse. Ihr Gewebe zeigt unter dem Mikroskop nur wenig Zellfasern, und als hauptsächlichstes Element feinkörniges Fett, so wie auch viel Fettbläschen und Tröpfchen.

Die Muskeln unter der hypertrophischen Haut sind entfärbt und blassgelb, und zeigen nur noch in den tiefsten Schichten so wie in der Nähe des Mundwinkels ihre eigenthümliche rothe Färbung. An Masse hatte die Muskelsubstanz bedeutend abgenommen, und unter dem Mikroskop erkennt man nur wenig deutlich quergestreifte Muskelbündel, um die meisten, zum Theil auch in denselben zeigen sich viele Fettbläschen, die sorgfältig untersuchten Hautdrüsen und Hautpapillen sind nicht merklich verändert.

Die entzündliche Reaction nach der Operation war nicht bedeutend; zwei Tage nach derselben wurden die Nadeln entfernt und vier Tage nachher war die unmittelbare Vereinigung vortrefflich zu Stande gekommen.

Nach einem Monate wurde von neuem die Excision des kranken Theils gemacht. Die ganze Narbe, welche in ihrer Umgebung sehr verhärtet war, wurde in zwei ein Ellipsoid einschliessenden Schnitten mit dem umgebenden hypertrophischen Gewebe exstirpirt. Die ganze Masse wurde so bis auf die Gesichtsknochen abgetragen, dann wurden, um Spannung zu vermeiden, die angrenzenden Theile subcutan durchschnitten und gelöst, und die Wunde durch umschlungene und einfache Hefte vereinigt. Die Operation war schmerzhafter als die erste, da bei derselben mehr die gesunden Theile betheiligt waren. Während des Anlegens der Nähte hatte sich aus den nach dem Schnitt ziemlich stark blutenden Gefässen Blut in beträchtlicher Menge in der neu gebildeten Höhle angesammelt, dem ein Ausweg fehlte. Es wurde daher nach vollendeter Operation und Sutur ein Einstich durch den Nasenknorpel schräg zur Mundhöhle gemacht, der das eingeschlossene Blut schnell herausliess. Nachblutung erfolgte nicht.

Die Behandlung war antiphlogistisch, die Nähte wurden am zweiten und dritten Tage entfernt, die Vereinigung kam auch diesmal vortrefflich zu Stande und so war denn die Difformität des Gesichts zum grössten Theil gehoben und das krankhafte Gewebe ganz hinweggenommen, und acht Tage nach dieser zweiten Operation verliess die Kranke vollkommen geheilt die Anstalt.

2) Ausgedehnte Haut-Hypertrophie des Beins, mehrfache partielle Exstirpationen mit bedeutender Verbesserung des Uebels.

Ein 16jähriger Knabe von schwächlichem Aussehen, ausserdem an Gibbositas leidend und den Anschein des scrophulösen Habitus zeigend, hatte seit seinem zweiten Jahre eine Anschwellung der Haut des rechten Beins, welche am unteren Theil desselben begonnen hatte und allmählig sich vom Knöchel bis zum Knie nach allen Seiten hin ausgedehnt hatte. — Offenbar war der Sitz des Uebels in der Haut und dem Unterhautzellgewebe, denn weder in den Knochen noch in den Muskeln war eine Anschwellung zu entdecken. In der Mitte des Beins war die Geschwulst am ausgedehntesten, und hier hatte das Bein 19 Zoll im Umfang. Schmerzhaft war das Uebel sonst nicht, jedoch war natürlich das Gehen bedeutend gehindert. Das Allgemeinbefinden war trotz der schwächlichen Constitution des Kranken leidlich. Dieser Kranke war gegen Ende October 1845 nach Berlin geschickt worden, um sich von Dieffenbach das Bein amputiren lassen. Nach genauer Untersuchung fasste dieser jedoch den Entschluss, durch mehrfache partielle Excision das Krankhafte allmählig wegzunehmen und so das Glied zu erhalten, was denn auch vollkommen gelang.

Am 30. October wurde zuerst ein 14 Zoll langer und mehrere Zoll breiter Keil aus der Haut des Beins in der Richtung seiner Längsaxe ausgeschnitten, die Wunde durch mehrere Nähte und Heftpflasterstreifen vereinigt, und so war nach zu Stande gekommener Heilung die Geschwulst des Beines bereits um mehr als ein Drittel vermindert. Ueber die Natur des ausgeschnittenen Gewebes kann ich nichts angeben, da ich es damals nicht untersuchte. Sie war dem ausgezeichneten Berliner Anatomen und Physiologen Gustav Simon zur Untersuchung zugeschickt worden, welcher in derselben eine dem Warzengewebe ähnliche Hauthypertrophie fand.

Am unteren Theil des Beines bis an das Fussgelenk war ein bedeutender Theil der Geschwulst stehen geblieben, so dass, nachdem der obere Theil des Beins bereits fast normal war, der untere als der breiteste sehr difform erschien. Am 25. Januar 1846 wurde daher zu einer zweiten Operation geschritten. Ungefähr fünf Zoll oberhalb des Malleolus externus wurden zwei halbmondförmige Schnitte begonnen, welche nach unten sich vereinigend den weitaus grössten Theil des kranken Gewebes hinwegnahmen. Diese über einen Zoll dicke Schicht wurde von den Muskeln getrennt, dann wurden zu beiden Seiten noch bedeutende Stücke durch Messer und Scheere entfernt, wobei die oberflächliche Lage der bedeckenden Haut an diesen Rändern geschont wurde. Alsdann wurde die Wunde durch drei Knopfsuturen und Heftpflasterstreifen vereinigt und das Glied mit einer Binde eingewickelt.

Die Untersuchung des exstirpirten krankhaften Gewebes ergab nun folgendes: dasselbe war gefässarm und hatte eine weich-elastische Consistenz und eine mattweisse milchartige Färbung, welches bei der Schlaffheit dieses Gebildes stellenweise ein lappiges Ansehen zeigte. Unter dem Mikroskop erkennt man nur zwei Elemente, Fett und Bindegewebe; letzteres zeigte sehr deutlich seine aus feinen geschwungenen Fasern bestehenden Bündel, welche von einer homogenen Zwischenmasse umgeben schienen. Zwischen Haut und Unterhautzellgewebe zeigt sich keine bestimmte Abgrenzung. Fett infiltrirt dies Gewebe in grosser Menge und zeigt sich theils flüssig, theils in Bläschen eingeschlossen, theils als continuirliches Fettgewebe. Die Oberhaut so wie die Hautdrüsen sind unverändert. Hypertrophische Nerven habe ich in dieser Haut nicht gefunden, jedoch sagte mir Dr. Reich, dass solche in dem früher exstirpirten Stücke sich gefunden hätten.

Wir haben es also hier offenbar mit einer Hypertrophie des tieferen Theils der Haut und des unter ihr liegenden Zellgewebes zu thun, welche sich theils als Bindegewebe-Hypertrophie, theils als starke Fettentwickelung zeigt.

Als ich Ende März Berlin verliess war die Wunde fast verheilt, das Bein zeigte eine nur geringe Difformität und war jedenfalls vor der Amputation geschützt.

3) Partielle Haut-Hypertrophie auf dem rechten Mittelfinger; Heilung durch Exstirpation.

Ein zwölfjähriger Knabe von sonst durchaus gesundem Aussehen trug seit seiner frühesten Kindheit auf dem Rücken der ersten Phalanx des rechten Mittelfingers eine die ganze Länge desselben einnehmende, halben Zoll dicke Hautgeschwulst, welche prall elastisch war, und abgerechnet eines an manchen Stellen durch venöse Anfüllung bläulichen Aussehens sonst von der Farbe der umgebenden Haut war. Durch Druck auf die Strecksehne waren die Bewegungen des Fingers gehindert. Die Exstirpation wurde nun auf folgende Art gemacht: der Finger wurde auf die Lehne eines Stuhls gelegt, auf welchem Dieffenbach à cheval sass, die Geschwulst wurde in einem Ellipsoid ausgeschnitten, wobei oberflächliche Adhärenzen mit der Sehne getrennt werden mussten. Die Wunde wurde durch ein Paar Hefte vereinigt, die Heilung kam in wenigen Tagen zu Stande.

Die Geschwulst zeigte eine verdickte Epidermis und ein an manchen Stellen gefässreiches, mit Fett durchwachsenes, bedeutend verdicktes Cutisgewebe, mit welcher die Tela subcutanea eng verwachsen war. Unter dem Mikroskop erkennt man als Hauptelement Zellfasern und Fettbläschen, selbst stellenweise deutliches Fettgewebe. An manchen Stellen zeigte sich ein Gefässreichthum, welcher hier die Geschwulst den Telangiektasien nähert.

4) Eine an Elephantiasis leidende Familie.

Erbliche Elephantiasis gehört in Europa zu den grossen Seltenheiten, viel häufiger findet sie sich in den Tropengegenden, und besonders in Südamerika. Die Mittheilung eines Falles der Art dürfte daher nicht ohne Interesse sein.

Am 21. November 1845 sah ich in der Dieffenbach'schen Klinik eine Mutter mit zwei Kindern, alle drei an Elephantiasis (Haut-Hypertrophie) leidend.

Die Mutter, eine Frau von 39 Jahren, aus Süddeutschland gebürtig, war in ihrem 20ten Jahre nach Rio di Janeiro gegangen, wo sie sich zwei Jahre später verheirathete. Ein Jahr darauf gebar sie einen Sohn, im folgenden Jahre eine Tochter, welche eins der sie begleitenden Mädchen ist. Der Sohn blieb von der Krankheit frei. Sie war damals gesund, nur während sie dies Kind nährte hatte sie einen Abscess in der Brustdrüse, welcher bald ohne alle üblen Folgen heilte. Vor 12 Jahren gebar sie eine zweite Tochter, welche jetzt ebenfalls mit dem gleichen Uebel behaftet ist. In Folge einer heftigen Erkältung bekam sie vor 9 Jahren einen heftigen Schmerz mit Geschwulst im Fuss und im Beine, und zu gleicher Zeit eine Intermittens quartana. Sie war damals schwanger und gebar bald nachher ein schwächliches Kind, welches nach kurzer Zeit starb. Von ihrer Intermittens war sie geheilt, aber die Anschwellung des Fusses und des Beines nahm immer mehr zu. Angewandte Blasenpflaster entleerten viel wässerige Flüssigkeit, zeigten aber keinen günstigen Einfluss auf die Geschwulst.

Als ich die Kranke sah hatte sie ein schwächliches aber sonst gesundes Aussehen, so wie ein leidliches Allgemeinbefinden. Die beiden unteren Extremitäten waren bedeutend angeschwollen, besonders die Beine, welche über 30 Zoll Umfang hatten, die Haut war hier hart, prall, glänzend, an vielen Stellen flache Ulcerationen zeigend, aus welchen eine wässerige Flüssigkeit aussickert. Wulstige, dicke, durch Furchen getheilte Geschwülste bedeckten den Fussrücken, die Zehen waren frei.

Die älteste Tochter, 14 Jahr alt, von gesundem Aussehen, leidet an dem gleichen Uebel, wiewohl die Mutter zur Zeit der Geburt dieses Mädchens noch nicht die geringste Spur des Uebels zeigte. In Folge einer heftigen Erkältung hatte sie im Winter 1843 ein Erysipel auf dem linken Unterschenkel, in Folge dessen die Haut des Fusses und des Beins geschwollen blieb und der Sitz einer immer mehr sich ausbildenden Haut-Hypertrophie wurde. Als ich sie sah war die Haut des Unterschenkels zwar weich, aber bedeutend verdickt, von eigenthümlich weisser Farbe, schmerzlos, nicht den Eindruck des Fingers, wie bei Oedem, bewahrend. Das Uebel hatte das Kniegelenk nicht überschritten, die Wade jedoch hatte bereits fast den doppelten Umfang der Wade der gesunden Seite.

Die zweite Tochter, 12 Jahr alt, von schwächlichem Aussehen, hatte eine Verbrennung am rechten Schenkel, öftere Erkältung und vorübergehendes Fieber abgerechnet, eine leidliche Gesundheit gehabt. Ohne bestimmt anzugebende Ursache schwoll seit mehr als zwei Jahren die ganze untere Gliedmasse vom Fusse anfangend allmählig an, und als ich sie sah waren bereits Fuss, Unterschenkel, Oberschenkel und Leistengegend bis zu den Geschlechtstheilen hin der Sitz einer bedeutenden Hypertrophie der Haut und des Unterhautzellgewebes. Die Haut war weiss und eben, das Glied hatte bereits einen viel bedeutenderen Umfang als das der gesunden Seite.

Da diese Familie einige Tage später die Klinik verliess, konnte von operativer Hülfe keine Rede sein, welche überhaupt in innerer hereditärer Anlage und in grosser Ausdehnung der Hypertrophie eine bestimmte Gegenanzeige findet.

§. 5. Ueber Telangiektasie.

Ich hatte bis zum Winter von 1845 auf 46 wenig Gelegenheit gehabt, erectile Geschwülste, Angiektasien und Telangiektasien, genauer zu untersuchen, und fand auch in den Autoren wenig genaue Angaben über den feineren Bau dieser Geschwülste. Nirgends noch habe ich aber verhältnissmässig so viele Geschwülste der Art in kurzer Zeit gesehen, als in Berlin in der Dieffenbach'schen Klinik und Privatpraxis. So hatte ich denn reichliche Gelegenheit die Natur dieser Geschwülste, ihren Bau, ihren Verlauf und die sie heilenden Operationsmethoden aus eigener Anschauung zu prüfen.

Ich halte es für um so geeigneter einige Bemerkungen über diese Blutgefässgeschwülste hier mitzutheilen, da ich noch immer in den Autoren die gewiss irrthümliche Ansicht ausgesprochen finde, dass Telangiektasien mit der Zeit krebshaft werden und degeneriren können. Es beruht dies aber offenbar auf oberflächlicher Untersuchung und falscher Würdigung der Facta. Der sogenannte Blutschwamm, welcher wirklich krebsiger Natur ist und bedeutende Vascularität und Anlage zu häufigen Blutungen zeigt, ist von Anfang an eine Krebsgeschwulst gewesen, in welcher vom Beginne der Krankeit an, oder erst später sich ein bedeutender Gefässreichthum entwickelt hat. Eine Telangiektasis hingegen, wenn sie auch noch so sehr durch schlechte Behandlung, unzeitiges Aetzen, Druck, Stoss etc. gereizt worden ist, kann ein bösartiges äusseres Ansehen auf den ersten Anblick haben, zeigt aber in seinem Bau keine Krebsstructur, sondern höchstens bedeutende Entwickelung des fibroplastischen Uebergangszellgewebes, und ausgedehnte Gefässwucherung, welche allerdings gefährliche Blutungen zur Folge haben kann. Krebsartiger Blutschwamm und Blutgefässgeschwülste mit Zellgewebe durchwachsen sind also durchaus von einander verschieden, und nach unserer Ansicht wohl nie in einander übergehende Krankheiten; übrigens ist ja auch ersterer durchaus mehr der zweiten Hälfte der Lebensjahre eigen, während die letzteren meist angeboren sind.

Offenbar sind die Telangiektasien zu den Hautgeschwülsten zu stellen. Die Fälle, in denen sie sich unter der Haut im subcutanen Zellgewebe entwickeln, sind im Verhältniss zu denen welche sich in der Haut selbst entwickeln, sehr selten. In der weitaus grössten Mehrzahl der Fälle ist sogar der Sitz des Uebels unter der Epidermis in den die Oberfläche der Cutis bedeckenden Blutgefässmaschen, in höchst seltenen Fällen im Knochensysteme.

Man hat auf die Eintheilung in venöse und arterielle Angiektasien einen viel zu grossen Werth gelegt. Man hat sie, wenn sie bläulich aussahen, venös genannt, und arteriell, wenn sie von bestimmt rother Farbe waren; nun aber finden sich zwischen beiden alle möglichen Farbennüancen. Was das Klopfen und Pulsiren dieser Geschwülste betrifft, so hat dies einen nicht viel grösseren Werth. Einerseits ist dasselbe oft durch die ausgedehnten kleinen Arterien der Umgegend der Geschwulst mitgetheilt, andererseits findet sich, wie Dieffenbach in seiner operativen Chirurgie (T. I. pag. 235.) bemerkt, oft Pulsiren in blauen venösen Geschwülsten, während es in den rothen sogenannten arteriellen sehr oft fehlt. Die Menge des um die Gefässe herum entwickelten Zellgewebes, die grössere oder geringere Dicke oder Zartheit der bedeckenden Oberhautschicht, der Sitz des Uebels etc. können dessen Färbung bedeutend modificiren. Wir haben an einem anderen Orte zu beweisen gesucht, dass es ungenau und widersprechend sei, wenn man von einer capillären Phlebitis spräche, da es weder capilläre Venen, noch capilläre Arterien giebt, sondern die Capillargefässe ein Maschennetz zwischen beiden von gewissermaassen neutraler Natur bilden. Es gilt dies auch durchaus von den Blutgefässgeschwülsten, wenn auch nicht allgemein, doch in der Mehrzahl der Fälle. Wir finden nämlich die Gefässe in denselben gewöhnlich nicht in regelmässiger Theilung, sondern in netzartiger feiner Ausbreitung wie in den Capillaren. Freilich sind diese bedeutend erweitert. Wenn wir ihren mittleren Durchmesser auf $\frac{1}{200}$—$\frac{1}{120}$ Millim. annehmen (wiewohl es viel feinere giebt), so finden wir sie im Durchschnitt um das sechs- bis vierfache erweitert. Nach unseren Messungen schwankt ihre Weite in Angiektasien zwischen $\frac{1}{30}$ und $\frac{1}{20}$ Millim. Nun haben wir freilich Fälle beobachtet, in denen diese Gefässe zwischen $\frac{1}{10}$ und $\frac{1}{2}$ Millim. schwankten, wir wollen daher hier unentschieden lassen, ob wir es mit Erweiterung der Capillaren oder mit der kleiner Venen und Arterien zu thun haben. Aber auch hier scheint es uns wahrscheinlicher, dass öfters Venen und Arterien zusammen, als bloss die einen oder die anderen in denselben vorkommen. Was den Bau der Gefässe der Telangiektasien betrifft, so finden wir ihn bald einfach feinfaserig, bald, und zwar in selteneren Fällen, unterscheiden wir in denselben Quer- und Längsfasern wie in den Arterien. Oft ist im gleichen Gefäss das Kaliber gleichmässig, zuweilen ungleichmässig, in manchen Fällen finden sich blinddarmförmige Aussackungen im Verlauf der Gefässe. Dies so wie die zuweilen sehr regelmässigen Maschen zwischen den Gefässen können bei oberflächlicher Ansicht zu der irrthümlichen Meinung von vielfach durchlöcherten Gefässwandungen führen. Der Art soll das Aneurysma per erosionem von Pott sein, ich zweifle jedoch dass dasselbe existiren könne.

Man hat reine Angiektasien und Telangiektasien unterschieden. Ganz reine, zellgewebelose Gefässgeschwülste sind aber gewiss höchst selten. Das Zellgewebe freilich existirt in denselben in sehr verschiedener Menge, so wie auch in verschiedener Form. Einerseits giebt es Geschwülste der Art, in welchen nur ausgebildetes, feinfaseriges, in geschwungenen Fasern und Bündeln sich zeigendes Zellgewebe sich vorfindet, andererseits giebt es solche, in welchen viele kernhaltige, spindelförmige Uebergangszellen des Bindegewebes sich finden; oft kommen beide gemischt vor, die Fälle sind jedoch seltener, in welchen letzteres vorherrscht; in der Mehrzahl der Fälle haben wir ausgebildetes, feinfaseriges Bindegewebe vorherrschen sehen.

Fettgewebe findet sich oft in diesen Geschwülsten, ja in manchen Fällen in so bedeutender Menge, dass es fast das alleinige Substrat der Gefässe bildet. Da nach der Exstirpation diese Geschwülste blutleer und fast farblos, und die Gefässe dann selbst bei genauer Untersuchung nicht leicht zu unterscheiden sind, so könnte man sogar, wenn man eine solche Geschwulst nicht am Lebenden gesehen hätte, dieselbe nach der Exstirpation für ein gefässloses Lipom halten.

Ein Factum welches uns bei der Untersuchung dieser Geschwülste sehr frappirt hat, ist die oft bedeutende Entwickelung der Nerven in diesen Geschwülsten, besonders wenn sie ihren Sitz im Gesicht haben. Diese sehr entwickelten Nervenstränge aber haben, in loco untersucht, ein ganz anderes Ansehen, als die für Erkennung der Primitivfasern auf einer Glasplatte ausgebreiteten feinen Nerven. Man sieht nämlich in den Angiektasien die Nerven inmitten der umgebenden Gewebe als grau-weisse feinfaserige Stränge, an denen man keine Primitivfasern erkennt, und auch die feinen Fibrillen des jene verbergenden Neurilems nicht auf eine weite Strecke verfolgen kann. Sie haben fast ein schnurartiges Ansehen und gleichen durchaus in ihrem Anblick den nicht zergliederten Nervensträngen, welche man an der Froschzunge nach sorgfältigem Abpräpariren eines Theils der Schleimhaut sehr schön und sehr deutlich unter dem Mikroskop sehen kann. Uebrigens gelang es mir immer bei Isolirung dieser Nerven der Blutgefässgeschwülste, die von dickem Neurilem umgebenen $\frac{1}{120}$—$\frac{1}{100}$ Millim. breiten Primitivfasern darzustellen.

Wir bemerken hier endlich noch, dass die unter den Telangiektasien der Lippen befindlichen Muskeln auch gewöhnlich quantitativ bedeutend vermehrt, wiewohl in ihrer Structur wenig verändert waren. Es findet also in allen diese Geschwülste umgebenden Theilen eine Steigerung der Ernährung statt, und namentlich die Muskeln, welche bei Haut-Hypertrophie zum Theil durch Druck schwinden und durch Fettablagerung verdrängt werden, sind hier im Gegentheil durch die locale starke Gefässausdehnung in einem Zustande üppiger Ernährung.

Es möchte nicht ohne Interesse sein, eine kurze statistische Uebersicht von 38 Fällen von Telangiektasien, welche ich in Berlin zum Theil selbst beobachtet, theils in dem Journal der Klinik aufgezeichnet fand, in Bezug auf den Sitz des Uebels, das Alter und Geschlecht der Kranken mitzutheilen.

In 37 Fällen war das Uebel bestimmt angeboren. Nur in einem soll es nach einem Schlag entstanden sein, was als alleiniges Causalmoment mir unwahrscheinlich scheint. Bei Kindern weiblichen Geschlechts ist das Uebel ungleich häufiger, als bei Knaben. Von 38 waren 12 Knaben oder junge Männer, 26 weiblichen Geschlechts. Unter den 38 befand sich nur ein Fall subcutaner Angiektasie, die anderen hatten einen oberflächlichen Sitz. An der Oberlippe zeigte sich das Uebel in sechs Fällen, an der Wange 4, am Ohrläppchen 3, an der Unterlippe 2, am Augenlied 3, an der Stirn 2, auf der Nase 2, auf der Brust 2, an der Schläfe 1 mal; ferner einmal am Kieferwinkel, am Gaumen, am Hals, am Rücken, auf der Regio epigastrica, am Daumen, am Vorderarm, am Oberarm, am Oberschenkel, am Scrotum, an der Vagina, und einmal bei demselben Kinde an mehreren Stellen, im Gesicht, am Hals und Rücken. Die Grösse schwankte zwischen der einer Erbse und eines Taubeneies und darüber, zuweilen flach, bildete die Geschwulst in manchen Fällen eine bedeutende Hervorragung.

Was das Alter in welchem die Kranken operirt wurden betrifft, so befanden sich unter denselben 3 Kinder von 4 Monaten, 6 von ½ bis ¾ Jahr, 15 zwischen 1 und 2 Jahren, also weitaus die grösste Zahl; 3 zwischen 2 und 3 Jahren, 1 von 6 Jahren, 6 zwischen 10 und 20, und 4 zwischen 20 und 30 Jahren.

Das Alter hatte auf den Erfolg der Operation keinen merklichen Einfluss. In 8 Fällen musste die Operation zwei- und mehreremale gemacht werden. Dieffenbach hat sie in einem Falle 6 mal gemacht, wie er in seiner operativen Chirurgie mittheilt.

Was nun die Behandlung betrifft, so stimmen wir ganz mit Dieffenbach überein: dass wo nicht bei oberflächlicher Affection Heilung durch Adstringentia (essigsaures Blei, Alaun etc.) und Compression möglich ist, die Excision zugleich die sicherste, am schnellsten zum Ziele führende, am wenigsten grausame und verstümmelnde Methode sei.

Die übrigen Methoden, Einstechen von Nadeln, Durchziehen von Haarseil, das sehr beliebte Aetzen finden nur ausnahmsweise ihre Indicationen. Ist die Geschwulst klein, so kann man sie mit einmaliger Excision, indem man sie durch zwei halbmondförmig zusammenstossende Schnitte trennt, wegnehmen. Ist die Geschwulst bedeutend, von der Grösse eines Taubeneies oder noch umfangreicher, oder nimmt sie einen Theil in seiner ganzen Dicke ein, wie an den Lippen oder den Wangen, so würde man namentlich bei Operationen der Art starke Spannung der Theile durch Wiedervereinigung und bedeutende Verstümmelung bewirken. Diesem Uebelstande hilft die Dieffenbach'sche Methode der mehrfachen partiellen Excision auf das Schönste ab. Es wird zuerst ein ovales Stück, oder an den Lippen ein Keil mit nach der Mundöffnung zu gerichteter Basis ausgeschnitten, die Wunde durch umschlungene Nähte vereinigt, dann nach vollkommener Heilung zu beiden Seiten der Narbe ein ähnliches Stück wie das erstemal hinweggenommen, und so tritt nach zwei- oder dreimaliger Operation, selten ist öfteres Wiederholen derselben nöthig, vollständige Heilung ohne die geringste Verunstaltung ein. Sehr bequem ist es, sowohl bei der vollständigen als auch bei der partiellen Excision, das hinwegzunehmende Stück mit einer an seinen beiden Enden mit transversalen Balken versehenen Kornzange, der Balkenzange, zu fassen, und dann an den Balken wie an einem Lineal entlang zu schneiden. Die Blutung bei diesen Operationen wird durch die Naht schnell gestillt. Was ich selbst in Berlin von dieser Methode der partiellen Excision bei Hinwegnahme ausgedehnter Gesichtstheile ohne Verstümmelung gesehen habe, lässt mich diese so einfache Methode als eine der schönsten Bereicherungen der neueren Chirurgie ansehen. Der folgende Fall, welchen Dieffenbach in seiner operativen Chirurgie (T. I. pag. 245 und 46) citirt, gehört offenbar zu den schönsten Triumphen der Kunst. „Einem hiesigen Officier wurde ein Mädchen geboren, welches wie seine übrigen Kinder die wohlgebildetsten Gesichtszüge, zum Schrecken Aller aber eine Nase fast von der Grösse der eines erwachsenen Menschen hatte; ihre Farbe war blau, sie fühlte sich elastisch an, und beim Druck verkleinerte sie sich; es war nicht etwa ein angiektatischer Flecken wie ein Flohstich auf der Oberfläche des Coriums, sondern die Weichtheile der Nase sammt der Spitze und den beiden Flügeln bestanden durchaus aus Blutschwamm. Was sollte ich thun, die Nase abbrennen oder durch ein Causticum zerstören? oder abschneiden und eine neue ansetzen? Das wäre unkünstlerisch-künstlerisch gewesen, aber den Grundsätzen der Chirurgie wäre doch recht ordentlich genügt gewesen. Die wiederholte Ausschneidung von Keilen und Streifen aus der Nase hat das Kind so vollkommen hergestellt, dass man ein weisses hübsches Näschen mitten in dem wohlgebildeten Gesicht sieht, ohne Narben und rothe Nachzügler; denn die Operation ist vor einem Jahr gemacht. Dabei ging ich so zu Werke: die Nase wurde an der Grundfläche mittelst einer Zange von einem Assistenten zusammengedrückt, dann schnitt ich einen Doppelkeil aus ihrer Länge, dessen $\frac{1}{4}$ Zoll dicke Mitte von der Schwammmasse gebildet wurde. Acht Insectennadeln waren zur Vereinigung nöthig. Die Heilung erfolgte unter kalten Umschlägen in wenigen Tagen. Vier Wochen darauf excidirte ich aus der Nase einen Querkeil, dessen Breite sich im Rücken befand und dessen Spitzen die Wangenhaut berührten. Sieben Nähte, theils Knopf-, theils umschlungene Nähte waren zur Vereinigung nöthig. Nach vollendeter Heilung hatte die Nase eine natürliche Gestalt und Farbe, und es bedurfte in späterer Zeit nur kleiner Nachhülfen, um hier und dort ein kleines Fleckchen oder Gefässchen auszuschneiden."

Wir wollen nun noch einige in Bezug auf Structur, Operationsverfahren und Resultat interessante Fälle mittheilen.

1) Telangiektasie am innern Augenwinkel.

Ein sonst gesundes Kind von 3 Jahren hatte am innern Augenwinkel der rechten Seite eine kleine erectile Geschwulst von der Grösse einer grossen Haselnuss, von hellrother Farbe, mehrere Linien über der Haut hervorragend. Beim Schreien und bei der Exspiration schwoll die Geschwulst bedeutend an. Sie wurde in zwei Malen mit zwei Monaten Zwischenraum operirt, zuerst ein Keil in der ganzen Länge und von mehreren Linien Breite ausgeschnitten und vereinigt. Bei der zweiten Operation wurde durch einen ovalären Schnitt alles Uebriggebliebene umschrieben, dann mit einem Haken angezogen und theils mit dem Messer, theils mit der Scheere von seiner Basis getrennt. Die Blutung war bedeutend, jedoch war es nicht nöthig ein Gefäss zu unterbinden, dieselbe wurde durch die Vereinigung vermittelst der umschlungenen Naht gestillt, und durch Auflegen von Charpiekugeln und leichten Druck wurde eine wiederkehrende Blutung verhindert.

Die Untersuchung der Geschwulst zeigt unter einer dünnen Oberhautschicht ein zwischen Zellgewebefasern und wenigem Fettgewebe liegendes Maschennetz von Blutgefässen, deren die kleinsten $\frac{1}{30}$ Millim. Caliber haben, also sehr erweiterte Capillaren; ihre Wände sind dünn, ohne sehr deutliche Structur, an manchen Stellen feine Längsfasern zeigend, ihr Caliber ist an einem und demselben Gefäss in seinen verschiedenen Punkten ungleich. Das umgebende Zellgewebe besteht ganz aus feinen Bindegewebefasern, und zeigt weder Zellen noch Kerne, noch Spindelkörper von Uebergangszellgewebe. Man erkennt wohl Nerven in der Geschwulst, aber nicht im hypertrophischen Zustande. Das in geringer Menge existirende Fettgewebe zeigt seine gewöhnlichen Elemente.

2) Telangiektasie von bedeutendem Umfange an der Oberlippe; Heilung durch mehrfache partielle Excision.

Ein zwölfjähriger Knabe von gesundem Körperbau kommt in die Dieffenbach'sche Klinik mit einer Telangiektasis, welche die ganze linke Hälfte der Oberlippe, die linke Commissur der Lippen einnimmt und sich noch nach der Wange hineinerstreckt. Die bläulich nach aussen durchschimmernde umfangreiche Geschwulst sitzt auf hypertrophischem Boden. Nach aussen nicht stark hervorragend zeigt die Lippe in ihrer ganzen Dicke eine Volumenvermehrung um fast das Doppelte, die Geschwulst war nicht bestimmt umschrieben, weich elastisch, leicht durch Druck zu entleeren.

Am 11. November 1845 wurde zuerst ein Keil aus der Mitte der Geschwulst ausgeschnitten, und zwar ähnlich wie bei der Operation des Lippenkrebses. Da das Uebel an der Oberlippe seinen Sitz hatte, so war die Spitze des Keils nach oben, nach der Nase zu gerichtet, die Basis nach dem Lippenrande. Der Keil wurde übrigens aus der ganzen Dicke der Lippe weggenommen. Der Blutverlust würde bedeutend gewesen sein, wenn man versucht hätte, Blutgefässe zu unterbinden, so aber stillte ihn die unmittelbare Vereinigung vermittelst der umschlungenen Naht sogleich.

Der ausgeschnittene Keil hatte einen Zoll Länge und an seiner Basis einen halben Zoll Breite; nach der Operation erschien er farblos und blutleer. Die untersuchten Blutgefässe schienen erweiterte Venenendigungen zu sein; ich bedauere dieselben nicht gemessen zu haben. Das Substrat dieser Blutgefässentwickelung war ein hypertrophisches Zellgewebe, in welchem jedoch nur feine Bindegewebefasern und Bündel deutlich sichtbar waren. In ebenso grosser Menge zwischen dem Zellgewebe eingelagert findet sich Fettgewebe, welches aus seinen dicht aneinander gelagerten charakteristischen, $\frac{1}{25}$ Millim. grossen Fettbläschen besteht. Zwischen den Gefässen, dem Zellgewebe und dem Fett hindurch verlaufen viele hypertrophische Nervenfäden, welche durch Aneinanderlegen anastomosiren, ein graues Ansehen haben und in ihrer Längsaxe eine feine unregelmässige Streifung zeigen; nimmt man das sie umgebende Neurilem hinweg, so erkennt man deutlich die Nervenprimitivfasern von $\frac{1}{125}$—$\frac{1}{100}$ Millim. Breite; auch auf den Durchschnittsflächen der kleinen Nervenstämme sieht man sie fransenartig hervorragen. Die hypertrophische Muskelsubstanz der Lippe zeigt in der Structur der Muskeln nichts abnormes. Man erkennt $\frac{1}{25}$ Millim. breite Hauptbündel, aus $\frac{1}{200}$ Millimeter breiten secundären Bündeln bestehend, in welchen man sehr feine aus helleren und dunkleren Stellen bestehende Primitivfasern sieht; deutlich nimmt man die Querstreifung der Bündel wahr. Die Veränderung der Muskeln ist also eine rein quantitative.

Die Vereinigung der Operationswunde kam schnell zu Stande. Am 26. Januar 1846 wurde nun alles Uebrigbleibende der Geschwulst, welches durch die erste Operation nach dem Centrum herangezogen war, in einem Keile excidirt, dann mit sieben umschlungenen und dazwischen mehreren kleinen Knopfnähten vereinigt. Auch diesmal verheilte die Wunde schnell, und kurze Zeit darauf kehrte der Knabe vollkommen geheilt, und ohne Difformität von der ausgedehnten Blutgefässgeschwulst befreit, in seine Heimath zurück.

3) Telangiektasie der Wange bei einem 17 Wochen alten Kinde; durch Excision geheilt.

Ein 17 Wochen altes Kind hatte bei seiner Geburt auf der rechten Wange einen kleinen weissen Fleck, welcher nach wenigen Tagen sich zu röthen anfing, bald die Grösse einer Linse erreicht hatte und nun allmählig wuchs, indem die Geschwulst sich in Umfang und Höhe entwickelte und zugleich eine intensivere Färbung annahm. So hatte denn dieselbe die Grösse eines Zweigroschenstücks erreicht, ragte mehrere Linien über der Haut hervor, und noch mehr wenn das Kind schrie, und hatte eine blauröthliche Färbung, von der es schwer zu entscheiden war, ob sie venös oder arteriell sei. Die Geschwulst konnte hier nicht mit der Balkenzange gefasst werden, sie wurde daher durch zwei schiefe Schnitte aus freier Hand umschrieben, so entfernt und die Wunde durch die umschlungene Naht vereint.

Die Untersuchung der Geschwulst zeigt ein ziemlich dichtes Maschennetz von erweiterten Capillargefässen, deren Durchmesser zwischen $\frac{1}{40}$ und $\frac{1}{20}$ Millim. schwankt, und deren einzelne Röhren in ihrem Verlauf ein gleichmässiges Caliber haben. Unmittelbar um die Gefässe herum findet sich viel fibroplastisches Gewebe. Man erkennt fast keine vollständigen Zellfasern, sondern hauptsächlich spindelförmige Körper, theils mit, theils ohne Kerne; ferner viele freie Kerne, wenige runde Kernzellen. Es scheint also, dass hier das Uebergangszellgewebe zum Theil deshalb das Uebergewicht hat, weil in diesem ersten kindlichen Alter noch eine bedeutende Plasticität stattfindet und die pathologischen Neubildungen sich den Embryonalbildungen sehr nähern. Unter der Gefäss- und Zellschicht findet sich eine Lage von Fettgewebe. Die Heilung der Wunde ging schnell und ohne alle Zufälle von statten. Ganz ähnliche Formelemente fand ich in einer erectilen Geschwulst, welche ich auf der Brust eines neun Monate alten Kindes exstirpirte.

4) Mehrfache Angiektasien bei dem gleichen Kinde; durch Excision und Anwendung des Glüheisens geheilt.

Ein $1\frac{1}{4}$ Jahr altes kleines Mädchen hatte von der Geburt an mehrere Angiektasien im Gesicht und auf dem Halse. Zwei derselben sassen im Gesicht und bildeten linsengrosse, über der Haut erhabene rothe Flecke, fühlten sich schwammig an und turgescirten besonders wenn das Kind schrie. An der rechten unteren Seite des Halses findet sich eine dritte beutelförmige, schlaff herabhängende Blutgefässgeschwulst, mit welcher die Hautdecken eng verwachsen sind. Ihre Grösse kommt der einer Birne gleich. Ihr Ansehen ist bunt, da 6—8 angiektatische Flecken mit dazwischen liegender gesunder Hautsubstanz abwechseln. Die Geschwulst ist übrigens nicht schmerzhaft, hat aber seit der Geburt bedeutend zugenommen. Zuerst wurden die beiden kleineren Geschwülste im Gesicht mit dem Ferrum candens gebrannt, wonach eine schnell vorübergehende Entzündung im Umkreise entstand; nach 14 Tagen erfolgte Losstossung der Brandschorfe, und bald hernach vollkommene Heilung. Um dieselbe Zeit, als diese Heilung beinahe vollständig war, wurde auch die Geschwulst am Halse mit einer Balkenzange scharf abgezogen, und durch zwei im Bogen an der Basis geführte Schnitte entfernt. Die sogleich gemachte Vereinigung durch die umschlungene Naht reichte zur Blutstillung hin. Die Vereinigung kam in der Tiefe schnell zu Stande. An der Oberfläche bildete sich eine leichte Eiterung, bald jedoch war die Wunde vollkommen vernarbt.

Die Fälle, in welchen mehrere Blutgeschwülste bei einem und demselben Individuum angeboren existiren, gehören im Ganzen zu den seltenen. Dieser Fall zeigt zu gleicher Zeit, wie die verschiedene Ausdehnung der Geschwülste auch ein verschiedenes operatives Verfahren nöthig machte.

5) Ausgedehnte Telangiektasie bei einer Erwachsenen; durch einmalige Excision geheilt.

Ein 21jähriges Mädchen von gesundem Körperbau, aber sehr erregbarem Nervensystem, hatte seit ihrer frühesten Jugend eine Blutgefässgeschwulst an der Oberlippe gehabt. Sie behauptet, dass dieselbe in ihrem zweiten Lebensjahre dadurch entstanden sei, dass sie vom Tische auf den Erdboden herunterfiel, was mir nicht sehr wahrscheinlich ist; ich glaube eher, dass das Uebel angeboren war. Es soll nach diesem Falle in der Oberlippe zuerst ein kleiner heller Fleck, welcher sich mit der Zeit in eine Geschwulst verwandelte, entstanden sein. Diese Geschwulst befand sich in der Mitte der Lippe etwas mehr nach der rechten Seite hin. Die Kranke empfand keinen Schmerz in derselben, nur beim Bücken ein Gefühl von Vollheit und Spannung. So verblieb dieses Uebel ohne bedeutend zuzunehmen bis zum 15ten Jahre;

damals wurde es operirt, und zwar das geschwollene Stück von der innern Seite der Lippe her excidirt. Diese Operation scheint jedoch sehr ungenügend gewesen zu sein, denn nach kurzer Zeit kehrte die Geschwulst wieder und hatte bald ihre frühere Grösse erreicht. Die Kranke erzählt, dass die Grösse der Geschwulst nun bedeutend variirt habe. So soll sie im Sommer stets kleiner gewesen sein als im Winter, bei psychischen Affectionen, besonders wenn die Kranke erschrak, soll sie bedeutend kleiner gewesen sein, körperliche Anstrengungen dagegen sollen sie vermehrt haben. Diese Aussagen würde ich glauben, wenn ich diese Erscheinungen selbst gesehen und verificirt hätte. Ich führe sie hier nur an, damit spätere Beobachter ihre Möglichkeit prüfen können.

Die ganze Geschwulst wurde in einem Keil ausgeschnitten, welcher ziemlich die Form eines gleichseitigen Dreiecks hatte, aber nach aussen schmaler war als nach innen, woselbst die Geschwulst eine grössere Breite hatte. Die Spitze des Dreiecks befand sich unter dem Septum narium, die Basis der Mundspalte zugekehrt; jede der Seiten hatte etwa einen Zoll Länge. In seinem Innern zeigte dies Stück ein Convolut von Gefässen, welche durch dichtes Zellgewebe verwachsen waren; das Ganze fühlte sich weich und elastisch an. Die Wundränder wurden durch vier Nadeln vermittelst der umschlungenen Naht vereinigt.

Die entzündliche Reaction nach der Operation war mässig, die Kranke bekam nur flüssige Nahrung durch die Schnabeltasse; durch Klystire und eine Auflösung von Magnesia sulphurica wurde der Leib offen erhalten, thätige Antiphlogose war nicht nöthig. Am dritten Tage nach der Operation wurden die zwei ersten, am vierten die zwei andern Nadeln entfernt. In der Tiefe war die Vereinigung vollständig, an der Oberfläche zeigten sich schöne Granulationen, die Ränder wurden durch Heftpflasterstreifen einander genähert erhalten. So war denn nach wenigen Wochen die Wunde vollständig geschlossen, und die Lippe hatte eine durchaus unentstellte Form mit einer feinen lineären Narbe.

6) Arterielle Blutgefässgeschwulst unter der Haut des oberen Augenliedes; durch die Operation geheilt.

Ein 24jähriger kräftiger junger Mann ist, einen acuten Gelenkrheumatismus, welcher sechs Wochen lang dauerte, abgerechnet, immer gesund gewesen. Die Geschwulst, welche ihn in die Dieffenbach'sche Klinik führte, war angeboren. Er erinnert sich aus seiner frühen Kindheit, dass er am oberen rechten Augenliede eine kleine, rothe, linsengrosse Geschwulst trug. In seinem zehnten Jahre wurde dieselbe auf eine ziemlich ungeschickte Art operirt. Statt sie nämlich auszuschneiden wurde ein blosser Einstich gemacht, wobei viel Blut ausfloss. Die Stichwunde vernarbte, aber die Geschwulst fing nun an zu wachsen, und hatte allmählig die Grösse einer Pflaume erreicht. Sie war übrigens schmerzlos, und nur wenn er sich erhitzte trat Anschwellen, Schmerz und bedeutendes Klopfen in derselben ein. Aeussere Verletzungen hat er nie daran erlitten. Das Allgemeinbefinden war gut. Die Geschwulst war weich anzufühlen, von elastischer Consistenz und von einer Haut bedeckt, welche, die Narbe des früheren Einschnitts abgerechnet, nichts Abnormes, selbst nicht in der Färbung darbot.

Die Operation wurde von Prof. Dieffenbach so gemacht, dass durch zwei in der Richtung des Querdurchmessers des Augenlieds geführte Schnitte ein Hautellipsoid umschrieben wurde; nun wurde die Geschwulst von allen Seiten im Gesunden gelöst, und die Wunde durch mehrere Hefte vereinigt. Während der Operation war die Blutung sehr bedeutend, was bei dieser Art Geschwülsten gewöhnlich der Fall ist. Die Blutung wurde übrigens durch die Vereinigung schnell gestillt.

Da Prof. Dieffenbach mir sagte, dass er in seiner langen und ausgedehnten Praxis diese Art von Geschwülsten nur sehr selten, im Ganzen drei- oder viermal beobachtet habe, war ich natürlich neugierig dieses Gewebe genau zu untersuchen. Ich fand Folgendes: die bedeckende äussere Haut ist ganz gesund, und ist sogar von der Geschwulst noch durch eine Lage normalen Zellgewebes getrennt. Nimmt man dieses hinweg, so kommt man auf ein Netzwerk von einem spongiösen areolären Gewebe, welches dem der Corpora cavernosa einigermaassen gleicht: zwischen den aus grösseren und kleineren Cylindern gebildeten Netzen findet man runde, ovale oder unregelmässige Maschenräume. Betrachtet man dieses Gewebe mit einer starken Loupe oder mit einer schwachen mikroskopischen Vergrösserung, so erkennt man deutlich als Hauptelement dieser Balkennetze Blutgefässe, deren Verästelung deutlich sichtbar ist, und von denen, wenn auch die meisten blutleer sind, doch einige noch genug Blut enthalten, um es mit einer Nadel von einem Ort zum andern streichen zu können. An manchen Stellen erkennt man deutlich angeschnittene Stellen dieser Gefässe, wodurch dann ihr inneres Lumen sichtbar wird. Das Caliber der Gefässe ist in den einzelnen in ihrem Verlauf, wo sie sich nicht verästeln, ziemlich gleichmässig; jedoch sind die verschiedenen Gefässe von abweichender Dicke, welche zwischen einem viertel und einem ganzen Millimeter schwanken. Die Anastomosen zwischen den verschiedenen Gefässen sind mehr netz- und maschenförmig als sich regelmässig verästelnd. Sowohl durch die Loupe als auch durch das Mikroskop kann man sich auf das Bestimmteste überzeugen, dass die maschenförmigen Räume nicht etwa durch Oeffnungen mit den Gefässen communiciren, sondern nichts anderes als die glatten Zwischenräume zwischen den Gefässen sind und von deren undurchbohrten Wänden überall gleichmässig umgeben werden. In den Gefässwänden zeigt die Zergliederung transversale und longitudinale Faserlagen, ähnlich denen der vollständig ausgebildeten Arterien. Zwischen den Gefässen erkennt man nur sehr geringe Mengen von Uebergangszellgewebe, geschwänzte Faserzellen, Kerne etc.

Aus dieser Untersuchung ergiebt sich, dass wir es hier mit einer reinen Blutgefässgeschwulst zu thun haben, welche im Unterhautzellgewebe ihren Sitz hat und aus erweiterten Arterienendigungen besteht. Es ist dies also ein subcutanes arterielles Capillar-Aneurysma (zu Arterien umgebildete Capillaren), welches durch das netzförmige Zusammengewebtsein der verschiedenen Gefässlagen eine den natürlichen erectilen Geweben ähnliche Structur hat. Wir vermuthen, dass das arterielle Erosions-Aneurysma von Pott mit dieser Geschwulst nahe übereinkommt, und dass er die maschigen Räume zwischen den Gefässen, welche während der Operation leicht mit Blut überschwemmt und angefüllt werden, für Löcher der Gefässwandungen irrthümlich gehalten hat.

Wir schliessen diese Beobachtung durch Mittheilung der anatomischen Untersuchung eines gefärbten Muttermals, ein Uebel, welches sich häufig mit Telangiektasie combinirt.

7) Untersuchung eines gefärbten Muttermals.

Einem kleinen Kinde wurde auf der Wange ein dunkelbrauner Naevus von der Grösse eines Centimeters ausgeschnitten und die Wunde durch Hefte vereinigt. Die Oberfläche sah unter der Loupe zellig und areolär aus, und bestand aus einer gefärbten Epidermis, welche vielfache Oeffnungen von ziemlicher Weite zeigte, die einfachen, flaschenförmigen, in ihrem Innern mit Epidermis ausgekleideten Follikeln entsprachen. Die umgebende Epidermis zeigte ihre gewöhnlichen Blättchen und Zellen, welche zum Theil in ihrem Innern zwischen Zellenmembran und Kern feine schwarzbraune Pigmentkörnchen enthielten. Ausserdem aber fanden sich zwischen denselben viele eigentliche melanotische Pigmentkugeln von $\frac{1}{100}$ bis $\frac{1}{60}$ Millim., in deren Innerm nichts als feine Pigmentkörnchen sichtbar waren, sonst aber weder Kern noch Nucleolus erkennen liessen.

Dies Muttermal hatte also seinen Sitz ganz in der Oberhaut. Gefässentwickelung zeigte sich nicht in demselben. Seine Hauptbestandtheile waren vergrösserte einfache Follikeln mit erweiterter Mündung, und seine Färbung rührte theils von Pigment in den Epidermiszellen, theils von Pigment in eigenen Pigmentkugeln her.

§. 6. Ueber einfache und zusammengesetzte Balggeschwülste der Haut- und Schleimhautdrüsen.

Seit meinen ersten Untersuchungen über die unter dem Namen Balggeschwülste beschriebenen Tumoren kam ich einerseits zu der Ueberzeugung, dass die unter Meliceris und Atherom bezeichneten Geschwülste gewöhnlich eine Umwandlung der Drüsen der Haut seien, während andererseits die serösen Cysten, so wie die verschiedenen Umbildungen derselben mit fibröser, knorpelartiger, knochenartiger und sarkomatöser Wand durchaus von denselben zu trennen sind.

Mit vielem Vergnügen habe ich gesehen, dass Vogel,[1]) dessen erster Band wenige Monate nach meiner pathologischen Physiologie erschienen ist, dessen Untersuchungen also gleichzeitig mit den meinigen, wiewohl in jeder Hinsicht von den meinigen unabhängig angestellt worden sind, zu sehr ähnlichen Resultaten gelangt ist, und auch die Cysten, Cystoide und Cystosarkome von der Meliceris und dem Atherom trennt. Mit einem so ausgezeichneten, so aufrichtigen und wahrheitsliebenden Forscher, wie Vogel, in den wichtigsten Punkten über diesen Gegenstand übereinzustimmen, war mir eine höchst angenehme Bestätigung der Richtigkeit meiner Beobachtungen.

In meiner Physiologie pathologique[2]) habe ich die aus Drüsen entstehenden Balggeschwülste in einem besonderen Paragraph beschrieben, und habe dann, in jeder Hinsicht in der Darstellung gesondert, im nächstfolgenden Paragraph die aus Zellgewebebälgen entstehenden Balggeschwülste abgehandelt. Damals jedoch hatte ich noch keine eigene Untersuchungen über eine Art drüsiger Balggeschwülste, welche auf ihrer inneren lederhautähnlichen Wand Haare und Talgdrüsen zeigen, und von welchen Vogel mit Recht bemerkt, dass sie nicht aus der Occlusion eines einzigen Follikels entstanden sein können. Ich werde

---

[1]) Vogel, pathologische Anatomie des menschlichen Körpers, Leipzig 1845. pag. 206—229.

[2]) Lebert, Physiologie pathologique, Paris 1845. Tumeurs enkystées d'origine crypteuse. T. II. pag. 49—62. — Tumeurs enkystées cellulaires, T. II. pag. 62—82.

später diese letztere Form zusammengesetzter Drüsen-Balggeschwülste ausführlich erörtern.

Bevor ich jedoch auf specielle Bemerkungen über Balggeschwülste hier eingehe, will ich hier noch ausführlich eine höchst interessante Stelle aus den Werken A. Cooper's citiren, welcher zuerst sich bestimmt dahin aussprach, dass die Balggeschwülste der Haut aus Hautdrüsen entstehen. Als ich meine Untersuchungen über diesen Gegenstand bekannt machte, hatte ich die Meinung Cooper's wohl andererseits citirt gefunden und daher erwähnt, hatte sie aber nicht im Original selbst gelesen. Diese Beobachtungen haben seitdem eine gewichtige Bestätigung in den schönen Untersuchungen meines Freundes Dr. Ribbentropp gefunden, dessen erste Beobachtungen in Rust's Magazin mitgetheilt worden sind, welche aber bald in einer ausführlichen Arbeit gründlich abgehandelt erscheinen werden.

In der Folge unserer Bemerkungen über Balggeschwülste wird sich zeigen, wie die wahre Grundansicht Cooper's in einigen Punkten modificirt werden muss, und wie dadurch die Einwendungen der Gegner dieser Ansicht, welche alle Balggeschwülste durchaus als Neubildungen ansehen, widerlegt werden.

In A. Cooper's chirurgischen Werken[1]) finden wir also folgende Stelle: „Was die Bildung dieser Balggeschwülste betrifft, so glaube ich dass sie als Ursprung eine bedeutende Erweiterung eines Hautfollikels haben, welcher in Folge der Obliteration seiner äusseren Mündung unfähig wird, das Product seiner Absonderung nach aussen zu ergiessen."

„Ein Hautfollikel ist in der That nichts anderes als eine dieser Drüsenporen (?), welche sich in grosser Menge auf der Oberfläche der Haut befinden, und vorzüglich im Gesicht und auf dem Kopf."

„Auf den ersten Anblick scheinen diese Follikel nichts anderes als Poren an der Oberfläche der Haut zu sein, aber wenn man eine feine Sonde in dieselben einführt, so erkennt man, dass sie sich von der Hautoberfläche bis in das Unterhautzellgewebe erstrecken. Diese Follikel sind Hautanhänge und in ihrem natürlichen Zustande mit einer Lage von Epidermis in ihrem Innern ausgekleidet. Ihr Inneres sondert eine sebumartige Substanz ab, welche die Haut anfeuchtet (ölt?) und beschützt. Diese Substanz kann durch Druck auf die Follikel der Nase entleert werden, und in Form eines Wurms hervortreten, in-

[1]) Oeuvres chirurgicales complètes de Sir. Astley Cooper, traduites de l'anglais avec des notes par E. Chassaignac et G. Richelot. Paris 1837. — Tumeurs enkystées, pag. 590.

dem sie viel länger ist als die Dicke der Haut; was zugleich beweist, dass diese Follikel sich tiefer als die innere Fläche der Haut erstrecken."

Nun erzählt A. Cooper, wie er die Wahrheit dieser Meinung an sich selbst hat bestätigen können:

„Der erste Umstand," sagt er, „welcher mich darauf geführt hat, anzunehmen, dass diese Balggeschwülste nichts anderes sind als Follikel, deren Ausführungsgang obliterirt ist, war die Untersuchung einer Geschwulst der Art, welche ich selbst auf dem Rücken trug. Sie hatte einen Durchmesser von zwei Zoll erreicht, und sass am unteren Theile der Rückenwirbel. Ich entschloss mich, einen meiner Freunde zu bitten, sie zu exstirpiren; als ich sie aber vermittelst zweier Spiegel untersuchte, bemerkte ich im Centrum der Geschwulst einen kleinen schwarzen Fleck, und als ich denselben angestochen hatte, entleerte ich aus der Geschwulst eine ziemliche Menge von sebumartiger Substanz, oben von einem schwarzen Flecken bedeckt, dem ähnlich, welchen man aus den Follikeln der Nase herausdrückt; ich drückte daher auf die Geschwulst und entleerte so eine bedeutende Menge dieser Substanz. Alles dies geschah ohne Schmerz und zog nicht die geringste Entzündung nach sich. Nach und nach aber füllte der Balg sich wieder; indessen durch häufig ausgeübten Druck gelang es mir, denselben seit mehreren Jahren leer zu erhalten."

Etwas ganz Aehnliches habe ich an einem jungen Manne beobachtet, welcher mich wegen einer seit längerer Zeit bestehenden Halsdrüsentuberculose consultirte. Er sagte mir, dass er eine ähnliche Drüsengeschwulst auf der rechten Hinterbacke trage. Bei näherer Untersuchung fand ich hier auch eine haselnussgrosse Geschwulst, auf deren Oberfläche ich eine kleine punktförmige Einstülpung fand. Ich drückte nun die Geschwulst stark zusammen und entleerte eine ziemliche Quantität einer grützartigen Substanz, welche das Mikroskop aus Epidermis und Fett zusammengesetzt zeigte. Mehrfaches Wiederholen dieses Entleerens durch Druck hatte die Geschwulst um ein Bedeutendes vermindert.

Gegenwärtig beobachte ich einen ähnlichen Fall in Paris in der Salpêtrière an einer alten Frau, welche seit vielen Jahren eine solche durch Druck fast zu entleerende Geschwulst am Halse trägt.

Wenn wir nun zur Beschreibung der Balggeschwülste übergehen, so finden wir vor Allem, dass, wenn man von vorn herein die Cysten und Cystoide von ihnen trennt, man einfache Hautdrüsengeschwülste von den zusammengesetzten trennen muss, da nur für erstere der folliculäre Ursprung richtig ist.

Was nun die Hautfollikel in ihrem natürlichen Zustande betrifft, so hat man bisher nur die gelappten traubenförmigen Talgdrüsen und die schlauchartigen Schweissdrüsen genauer studirt. Wie auf den Schleimhäuten, so kommen aber auch in der äusseren Haut einfache mit Epidermis ausgekleidete Follikel vor, welche theils eine äussere Mündung haben, theils den einfachen Schleimhautdrüsen entsprechend geschlossen sind. Meine anatomischen Untersuchungen über diesen Gegenstand sind noch nicht vollständig genug, um dieselben ausführlich zu beschreiben und ihr allgemeines Vorkommen nachzuweisen. Oft genug aber habe ich sie gesehen, um von ihrer Existenz überzeugt zu sein. Mayor, dem ich dieselben zur Zeit in Paris gezeigt habe, und welcher sie in seiner Dissertation über Epidermidalgeschwülste beschreibt und abbildet, irrt offenbar, wenn er sie für junge Haarfollikel hält; nie habe ich, in den geschlossenen namentlich, die Spur eines Haars gefunden. Dass aus einfachen und traubigen Hautdrüsen Balggeschwülste entstehen können, unterliegt wohl keinem Zweifel, und dem aufmerksamen, viel beobachtenden Forscher kommen alle Zwischenstufen zwischen einer einfach ausgedehnten, durch Compression zu entleerenden Schmerdrüse, einer erbsengrossen bereits hypertrophischen Drüse und einer wahren Balggeschwulst vor. Der Einwand v. Walther's gegen Cooper's Meinung über Entstehung dieser Geschwülste aus einem erweiterten Follikel, dass man bei der grössten Aufmerksamkeit meist die verschlossene Oeffnung des Follikels in der Haut nicht findet, hat allerdings seine Richtigkeit; indessen einerseits ist dies keineswegs ganz allgemein wahr, andererseits begreift man, dass wenn eine ½ bis 1 Millimeter grosse Drüse sich in eine Geschwulst von 1 bis 2 Zoll Durchmesser umgewandelt hat, die im natürlichen Zustande kaum ¼ Millim. grosse Mündung sich nicht leicht findet, da eben ihre Occlusion mit Grund der Entwickelung der Geschwulst geworden ist; andererseits hat eine so bedeutend vergrösserte Drüse dermaassen ihren Platz verändert, dass selbst wenn die Spur dieser Oeffnung noch existirte, sie dadurch eben sehr schwer aufzufinden ist; es scheint mir überdies sehr wahrscheinlich, dass solche Geschwülste in der Haut aus vollkommen geschlossenen einfachen Follikeln entstehen können, wie dies auf Schleimhäuten unzweifelhaft der Fall ist.

Ziehen wir nun eine Parallele zwischen den Elementen der Hautdrüsen und denen der Hautdrüsengeschwülste (Meliceris, Atheroma etc.), so finden wir offenbar die grösste Analogie. Die um letztere sich bildende Zellhaut und das immer mehr sich ausdehnende Gefässnetz finden sich rudimentär um den Follikel. Die Membrana intermedia desselben verdickt sich, die Epitheliumauskleidung des Follikels nimmt in der Balggeschwulst noch in viel bedeutenderem Umfange zu. Während aber in dem offenen secernirenden Follikel ein beständiger Stoffwechsel stattfindet und mit dem Secret der Drüsen auch die Epidermis sich abstösst und heraustritt, häuft sich im geschlossenen Follikel die Epidermis in mehr oder weniger bedeutender Menge an. Auch hier finden wir zwei zu sondernde Verhältnisse: die Epidermis nämlich ist Hauptelement, fast alleiniger Inhalt des Follikels, oder sie existirt mit verschiedenen Fetten und Concretionen gemischt. Auch hier werden wir unwillkürlich an den doppelten Ursprung aus geschlossenen Epidermidalfollikeln und aus Talgdrüsen erinnert. Im ersten Falle finden wir entweder concentrische Lagen von hautartig ausgebreiteter Epidermis, und zwischen diesen zwiebelartigen weisslichen Straten viele Gruppen von Cholestearin-Krystallen, oder die successiv abgestossene Epidermis häuft sich zu unbestimmt gelagerten bröcklichen Massen von weisslicher Farbe, welche mit Wasser angefeuchtet sich in eine Menge Blättchen trennen. In histologischer Hinsicht ist zu bemerken, dass alsdann die Epidermiszellen sich auch in verschiedenen Entwickelungsstufen finden: theils kleine Zellen mit grossen Kernen, theils solche mittlerer Grösse mit mässig grossem Kerne, theils endlich kleinkernige oder kernlose Epidermidalblättchen. In den Geschwülsten hingegen, in welchen sie mit vielem Fett gemischt sind, finden sie sich nicht bloss in geringer Menge, sondern auch in viel decomponirterem Zustande, und es bedarf dann oft grosser Aufmerksamkeit um ihre wahre Natur zu erkennen. Es ist dies besonders bei den Balggeschwülsten des behaarten Kopftheils der Fall. Was die aus Balggeschwülsten hervorwachsenden sogenannten Hörner betrifft, so unterscheiden sich dieselben physiologisch viel weniger als dem äusseren Ansehen nach von den gewöhnlichen epidermishaltigen Balggeschwülsten; ihr wahrer Unterschied reducirt sich darauf, dass in den einen die Epidermis sich in unregelmässigen Haufen oder in concentrischen Lamellen anhäuft, während sie in den anderen sich der Längenaxe nach dicht auf einander schichtet, und so aus hornartigen, stark comprimirten, sehr trockenen Epidermisblättchen bestehende Hörner bildet. Ob Epidermis auch frei im Unterhautzellgewebe abgelagert werden kann, ist eine noch nicht zu entscheidende Frage, jedoch erscheint es mir nach manchen Beobachtungen wahrscheinlich, fast gewiss.

Wir kommen nun auf den Parallelismus des Secrets der Hautdrüsen und des fettartigen Inhalts der Balggeschwülste. In beiden ist das Hauptelement ein feinkörniges aus Elain und Margarin bestehendes Fett. Im Inhalt grösserer Follikel findet man zuweilen blasiges Fett, freilich nur aus kleinen Bläschen bestehend, da der enge Raum der Follikel die Ausbildung grösserer Blasen, welche sich vielleicht endosmotisch ausdehnen, unmöglich macht. In Balggeschwülsten findet man nicht selten dieses gleiche in kleinen Fettzellen enthaltene Fett, welches dann durch das enge Aneinandergelagertsein der Zellen ein dem Pflanzenzellgewebe ähnliches Ansehen bekommt. Cholestearin findet sich oft und zuweilen in bedeutender Menge in Hautfollikelgeschwülsten, aber freilich nicht in krystallinischem Zustande in normalen Talgdrüsen; es soll mich jedoch nicht wundern, wenn die Analyse es in diesem Secret in aufgelöstem Zustande nachwiese; existirt es doch aufgelöst in nicht unbededeutender Menge im Blute und in vielen Secreten. Dass in Balggeschwülsten sich häufig mineralische Concretionen bilden hat nichts Auffallendes, da bekanntlich sobald secernirte Stoffe stagniren, die in ihnen enthaltenen Salze eine ausgesprochene Tendenz haben sich zu sondern und so Concremente zu bilden.

Vergleichen wir die chemische Analyse des Secrets der Talgdrüsen nach Esenbeck[1]) mit der Analyse des Inhalts einer Balggeschwulst nach Valentin,[2]) womit übrigens ähnliche Untersuchungen von Berzelius, F. Simon und Vogel übereinstimmen, so finden wir in beiden die Fette vorherrschend, in beiden Kalk-, Talk- und Natronsalze, in beiden Alkohol- und Wasserextract, in beiden Eiweiss, die Buttersäure ist in letzteren nachgewiesen, in ersteren dem Geruch nach wahrscheinlich. Wir haben endlich noch einen directen unwiderlegbaren Beweis für die Identität beider. Wir werden nämlich bald sehen, dass in den zusammengesetzten Balggeschwülsten, welche wir besonders im oberen Augenliede beobachtet haben, die ganze innere Wand zuweilen mit Haaren besetzt ist, deren jedes von zwei Talgdrüsen begleitet ist, deren Ausführungsgang offen in die Höhle des Balges mündet und sein Secret ergiesst. Nun ist einerseits der Inhalt dieser componirten Balggeschwülste in jeder Hinsicht mit dem vieler einfachen Hautdrüsengeschwülste identisch, andererseits der Inhalt ersterer dem noch in den Talgdrüsen der Balgwand stagnirenden Secret durchaus ähnlich, also ist auf diese Art die Identität des Hautsmegma und des Inhalts der Drüsenbalggeschwülste nachgewiesen.

Man könnte gegen die auseinandergesetzte Entstehung der einfachen Hautdrüsengeschwülste einwenden, dass ihr Sitz oft im Unterhautzellgewebe ist, während die Follikel in der Haut selbst sitzen. Jedoch

---

[1]) Gmelin's Handbuch der Chemie T. II.
[2]) Valentin, Repertorium T. III. pag. 307—309.

ist die Verschiebbarkeit der Haut über solche Geschwülste oft illusorisch. Wenn man sie auch im grössten Theil ihres Umfangs beweglich findet, so zeigt sich doch oft bei aufmerksamer Untersuchung, dass sie an einem Theile ihrer Oberfläche fest an der Haut adhäriren. Uebrigens begreift man wohl, dass wenn eine kleine Hautdrüse sich zum Umfang von mehreren Zollen entwickelt, sie, da sie sich nur unter der Haut entwickeln kann, von deren inneren Fläche sich zu trennen im Stande ist.

Bevor wir nun zur Beschreibung der zusammengesetzten Hautbalggeschwülste übergehen, wollen wir einige Worte über die ihnen analogen Schleimhautfollikelgeschwülste sagen. So wie diese in ihrem Bau einfacher sind als die Hautdrüsen, so verhält es sich auch mit ihrer Vergrösserung als Geschwülste. Der sie umschliessende Balg besteht meist aus feinem Zellgewebe; das Epithelium ihres Innern ist nicht immer deutlich nachzuweisen, ihr Inhalt ist mehr schleimig und dickflüssig als breiartig, und in amorphem Schleim erkennt man höchstens blasse, kleine, feinkörnige Kügelchen. Zuweilen zeigt ihr Inhalt in den Balggeschwülsten der Vagina einen flüssigen fäcalmassenähnlichen Inhalt von olivengrüner oder ins Braune ziehender Farbe. Hierher gehören vielleicht auch die Ovula Naboti, welche man nicht selten am Collum uteri antrifft. Diese Geschwülste bilden in histologischer Hinsicht gewissermaassen den Uebergang zu den Zellgewebecysten mit serösschleimigem Inhalt.

Die zusammengesetzten Hautdrüsengeschwülste bieten eine der merkwürdigsten pathologischen Bildungen dar, indem sie nicht bloss in pathischer Neubildung eines im Normalzustande bestehenden Gewebes, sondern gewissermaassen eines ganzen Organs bestehen. Diese an den obern Augenliedern oder den Schläfen sitzenden Balggeschwülste sitzen gewöhnlich im Unterhautzellgewebe. Die Zell- und Gefässschicht welche sie nach aussen umgeben, bieten nichts Absonderliches dar. Die Balghaut selbst aber zeigt alle Theile der vollständig organisirten Haut, nur mit dem Unterschiede, dass hier alle Theile von der Oberfläche nach der Tiefe, nicht von innen nach aussen, sondern von aussen nach innen, nach einer geschlossenen Höhle hin sich ausgebildet haben. Die innerste Balgwand dieser Geschwülste zeigt eine der Epidermis ganz ähnliche Bildung; in einer wohl einen Millimeter dicken Oberhaut finden sich compact über einander liegende junge Epidermiszellen, entwickeltere und ganz auf der inneren Oberfläche fast verhornte Blättchen. Unter, oder vielmehr über dieser Oberhaut findet sich eine wahre Lederhaut, welche die Structur und Elasticität des Corium zeigt. In dieser Haut finden sich dann deutliche Haare und Talgdrüsen. Diese Haare sind nicht, wie A. Cooper[1]) fälschlich behauptet, ihres Bulbus beraubt, dieser ist wohl in den ausgefallenen im Cysteninhalt liegenden Haaren verschrumpft, zeigt aber in den noch fest aufsitzenden Haaren alle Elemente seiner normalen Structur; man erkennt einen deutlichen Haarschaft, einen Bulbus, einen Haarcanal etc., ja wie im Normalzustande findet sich meistens zu jeder Seite des gewöhnlich blonden weisslichen Haars eine Talgdrüse, welche schon mit blossen Augen deutlich sichtbar, von der Grösse eines $\frac{1}{4}$ bis 1 Millim. und darüber sind, von mattgelbem Ansehen, traubigen, eichenblattähnlichen Umrissen, deutlich einen engen Ausführungsgang zeigen, welcher auf die freie Oberfläche der inneren Balghöhle mündet und sein gelbliches, talgartiges Secret ergiesst, in welchem man schon im Innern der Drüsen ein feinkörniges Fett und Fettbläschen erkennt. Der Inhalt dieser Geschwülste ist von gelblicher, butterartiger Consistenz und zeigt theils feinkörniges, theils grossblasiges Fett, zuweilen Cholestearintäfelchen. Diese Geschwülste können sich so gut entzünden und in Eiterung übergehen, als andere einfache Hautdrüsen-Balggeschwülste.

Höchst merkwürdig ist, dass sie nicht bloss unter der äusseren Haut, sondern auch in inneren Theilen vorkommen können, und dass sogar den Hautpapillen und Schweissdrüsen ähnliche Bildungen in denselben gefunden worden sind. Der folgende von Dr. Kohlrausch[2]) in Hannover mitgetheilte Fall ist offenbar das merkwürdigste Beispiel der Art, und hat zugleich einen grossen Werth wegen der genau angestellten Untersuchung: „Im Mai dieses Jahres,“ erzählt der Verfasser, „hatte ich Gelegenheit eine Ovariumdegeneration zu untersuchen, bei welcher sich ausser vielen dünnwandigen Cysten mit gallertartigem Inhalte mehrere dickwandige, fettgefüllte und mit Haaren und Zähnen versehene befanden. Die Untersuchung ergab, dass die Cystenwände der letztgenannten eine vollkommene Oberhautbildung darstellten. Wenn das Fett entleert war, welches von schmalzartiger Consistenz war und Elain und Margarin enthielt, zeigte sich die oberste Schicht der innersten Cystenoberfläche als eine deutliche Epidermislage, deren abgeplattete Zellen $\frac{1}{112}'''$—$\frac{1}{50}'''$ Durchmesser hatten. Stellenweise war sie verdickt und liess sich in kleinen, festen, von den Mündungen der Haarbälge gitterförmig durchbrochenen Plättchen abheben. Wenn diese oberste Epidermisschicht abgestreift war, was immer mit Leichtigkeit geschah, zeigte sich darunter eine Schicht von kleineren nicht abgeplat-

---

[1]) Loc. citato pag. 590.
[2]) Müller's Archiv 1843. pag. 365 und 366.

teten und kernhaltigen Zellen, jüngeren Epidermiszellen. Darunter folgte eine homogene, der Cutis entsprechende Schicht, und endlich ein Maschenwerk von Bindegewebe, mit abgelagerten Gruppen von Fettzellen, also ein Unterhautzellgewebe. — Die Haarbälge lagen in diesem Hautgewebe ganz wie in der Oberhaut mit ihren Haarwurzelscheiden und Haaren. An den Seiten der Haarbälge fanden sich die Haarbalgdrüsen, und zwar recht stark entwickelt, so dass sie einen Durchmesser von $\frac{1}{3}$—$\frac{1}{2}$, ja bisweilen die Länge von 1''' erreichten. Ihre Structur war die der gewöhnlichen Haarbalgdrüsen, und ihre Mündung entweder im oberen Theil des Haarbalges, oder unmittelbar neben ihm an der inneren Cystenoberfläche; letzteres Vorkommen jedoch seltener. In den Zwischenräumen der Haarbälge, welche ungefähr $\frac{2}{3}$''' auseinanderstanden, fand ich auch die tubulösen sogenannten Schweissdrüsen, und auch diese zum Theil ungewöhnlich stark entwickelt. So zeigte bei einigen der Knäuel $\frac{1}{2}$''' Durchmesser, und die einzelnen Windungen im nicht gedrückten Zustande eine Breite von $\frac{1}{15}$—$\frac{1}{12}$'''. Spiralförmige Ausführungsgänge konnte ich nicht beobachten. — Dass das in den Cysten enthaltene Fett als ein Drüsenproduct anzusehen sei, möchte ich nicht bezweifeln. Ob die letztere Gattung der Drüsen aber zur Bildung dieses Productes beigetragen habe, bleibt wohl zweifelhaft. An Masse herrschten die Haarbalgdrüsen vor. An einer Stelle einer dieser Cystenwände fand sich eine harte Anschwellung, welche eine Anzahl junger Zähne enthielt, die zum Theil an einem kleinen unregelmässig geformten Knochenstückchen hingen. Sie waren von deutlichen Zahnsäckchen umschlossen und auf verschiedenen Stufen der Ausbildung. Einige zeigten erst an den obersten Spitzen des Zahnkeims kleine Scherben von Zahnsubstanz; bei anderen war der Keim von einer Kappe, die ganz abgehoben werden konnte, bedeckt, und ein Schneidezahn zeigte schon den Zahnkeim fast ganz mit Zahnsubstanz umgeben. Auch diese Theile entwickelten sich also in der ungewöhnlichen Lagerungsstätte ganz nach den bekannten Entwickelungsgesetzen. Nur in dem Knochenstückchen fand ich die Knochenkörperchen sparsam und undeutlich entwickelt."

Wir haben also hier ein sehr interessantes Beispiel von zusammengesetzten Hautdrüsen-Balggeschwülsten im Ovarium, und wir finden hier Drüsen und Haarbälge, Papillen und Schweissdrüsen an einer Stelle, in welcher man nicht wie etwa bei den Hautdrüsengeschwülsten des oberen Augenliedes an früher stattgehabte Hauteinstülpung zur Zeit des Fötallebens denken kann. Dass die Haare und Zähne in Balggeschwülsten Reste von Theilen eines zum grossen Theile zu Grunde gegangenen

Fötus seien, ist ebenfalls eine längst widerlegte Hypothese. Finden wir doch in manchen Balggeschwülsten der Schafe Wolle,[1]) und bei Vögeln zuweilen Balggeschwülste welche Federn[2]) enthalten. Ueberhaupt sind alle Erklärungen dieser Neubildungen bis jetzt durchaus ungenügend. Das Factum aber bleibt im höchsten Grade wichtig, dass Haare, Hautdrüsen und andere Elemente der Haut und ihrer Appendices sich in geschlossenen, von der Haut unabhängigen Geschwülsten bilden können, und die zusammengesetzten Hautdrüsengeschwülste zeigen auf diese Art die grösste Analogie mit den längst bekannten Eierstockscysten, welche Knochen und Zähne enthalten.

Sowohl einfache als zusammengesetzte Folliculargeschwülste können sich, wie schon oben erwähnt wurde, entzünden und vereitern. Durch einen Einschnitt entleert man alsdann den Inhalt der Cyste mit Eiter gemischt, und bei passender Behandlung eitert dann gewöhnlich die Balgmembran selbst aus und kann mit Pincetten herausgezogen werden. In seltenen Fällen kommt es vor, dass Balggeschwülste aufbrechen und sich in bösartig scheinende Geschwüre umwandeln, jedoch zeigt die genaue Untersuchung, dass sich in denselben nur die Producte chronischer Entzündung und ausgedehnter Geschwürsbildung, aber keineswegs Krebselemente vorfinden. Auch hier hat man, wie dies so oft geschehen, Geschwürsbildung der Geschwülste mit krebsartiger Degeneration verwechselt. Das vollkommene Gelingen der Operation in solchen Fällen ist ein Beweis der Gutartigkeit. Wir werden später einen merkwürdigen Krankheitsfall der Art mittheilen.

Die Grösse der Balggeschwülste schwankt zwischen der einer kleinen Erbse und der einer Wallnuss. Die grösste bekannte Geschwulst der Art, deren Beschreibung mir bekannt ist, ist die von A. Cooper[3]) citirte eines Mannes, welcher auf dem Kopfe eine Balggeschwulst von der Grösse einer Cocusnuss trug, und die ihm ein durchaus groteskes Ansehen gab, da, wenn er seinen Hut aufsetzen wollte, dieser auf der Geschwulst und nicht auf dem Kopfe sass. Die Geschwulst wurde exstirpirt und so der Kranke vollkommen geheilt. Dass Geschwülste der Art erblich sein und zuweilen in einer gewissen Anzahl existiren können, unterliegt keinem Zweifel, und habe ich es selbst mehrfach beobachtet; jedoch gehört dies immer zu den seltenen Ausnahmen.

Wir wollen nun über Alter und Sitz an verschiedenen Körperthei-

---

[1]) Astley Cooper, loc. citato pag. 590.
[2]) Vogel, op. cit. pag. 222.
[3]) Op. citat. pag. 589.

len wahrer Balggeschwülste einige statistische Notizen mittheilen. Von 62 Balggeschwülsten, deren Beobachtungen und Untersuchungen wir theils in den französischen Hospitälern, theils in der Dieffenbach'schen Klinik, theils in unserer eigenen Praxis gesammelt haben, ist bei 10 das Geschlecht nicht angegeben. Von den übrigen 52 kommen 32 auf Männer, 20 auf Frauen, also bei Männern häufiger als bei Frauen.

Das Alter ist unter den 62 nur bei 50 angegeben. Es finden sich hiervon 8 vor dem zehnten Jahr, worunter ein Kind von $\frac{1}{4}$, eins von $\frac{1}{3}$, und zwei Kinder von $\frac{1}{2}$ Jahre. Ob Balggeschwülste angeboren sein können oder nicht, kann ich nicht entscheiden, wiewohl ihr Erscheinen in den ersten Monaten des Lebens ihre Congenialität möglich und wahrscheinlich macht. Zwischen dem 10ten und 20ten Jahre wurden 2, zwischen dem 20ten und 30ten 18, zwischen dem 30ten und 40ten 13, zwischen dem 40ten und 50ten 6, zwischen dem 50ten und 60ten zwei beobachtet, und endlich eine Frau von 64 Jahren operirt. Eins dieser Atherome war ulcerirt, 5 im Innern vereitert, worunter 4 einfache und eine zusammengesetzte Hautdrüsen-Balggeschwulst.

Von diesen 62 Balggeschwülsten sassen 7 auf den behaarten Kopftheilen, 28 im Gesicht (wovon 9 am oberen Augenlied, 4 am unteren Augenlied, 5 an der Stirn, 2 an der Schläfe, 2 an der Wange, 1 in der Fossa canina, 1 auf dem Nasenrücken, 1 an der Nasenwurzel, 1 vor der Glandula lacrymalis, 1 am Kinn und 1 an der Unterlippe), am Halse 13, 1 auf der Schulter, 2 auf der Brust, 1 in der weiblichen Mamma, 3 auf dem Bauch, 1 auf der Hinterbacke, und endlich von 7 Schleimhautbalggeschwülsten 5 an der Lippe und 2 in der Vagina.

Was die Diagnose der uns jetzt beschäftigenden Balggeschwülste betrifft, so hat man sie oft mit den serösen Cysten, aus welchen sich fibröse, knorplige und knochige Cysten umbilden können, verwechselt. Ich habe in meiner Physiologie pathologique diese letztere Klasse von Geschwülsten in einem besonderen ausführlichen Paragraphen abgehandelt, auf welchen ich verweise. Die Hülle jener Geschwülste besteht aus mehr oder weniger verdichtetem Zellgewebe, das entweder durch fibroplastische und Gefässentwickelung, oder durch Ablagerung von Concretionen verändert war; es findet sich wohl in demselben häufig eine dünne Epitheliumlage, aber der Inhalt ist mehr seröser Natur und unterscheidet sich durchaus von dem besonders aus Epidermis und verschiedenen Fetten bestehenden Gehalt der Balggeschwülste. Diese sind am häufigsten am Kopf und im Gesicht, wo seröse Cysten am seltensten vorkommen.

An den Augenliedern sind Drüsengeschwülste nicht selten, hier sind jedoch die Hautdrüsengeschwülste von den Augenlieddrüsengeschwülsten zu unterscheiden. In letzteren, welche compacter sind und bei welchen Balg und Inhalt nicht zu trennen sind wie in wahren Balggeschwülsten, findet man als hauptsächlichstes Element ausser Lymph- und Blutgefässen die charakteristischen kleinen Drüsenzellen von $\frac{1}{100}$ Millim. mit sehr blasser Wand und einem scharf contourirten Kern von $\frac{1}{200}$ Millim. Diese würden den fibroplastischen Elementen, welche an der inneren Fläche der Augenlieder zuweilen Geschwülste bilden, ähnlich sehen, wenn nicht in letzteren die spindelförmigen und in Fasern auslaufenden langgestreckten Zellen vorherrschten.

Vereiterte, noch nicht eröffnete Hautdrüsengeschwülste könnten mit vereiternden tuberculösen Ganglien verwechselt werden, jedoch fehlt in ersteren die umgebende Härte, ausserdem sichert die Untersuchung des Inhalts mit dem blossen Auge und dem Mikroskop die Diagnose. Ist der Balggeschwulstinhalt butterartig und homogen, so ist keine Verwechslung möglich; ist derselbe aus bröckligen Epidermidalmassen zusammengesetzt, so giebt es ebenfalls ein einfaches Mittel um ein sicheres Urtheil zu fällen, wenn man nämlich die bröckligen Massen in Wasser mit Nadeln zertheilt, so lösen sich eine Menge kleiner weisslicher Blättchen ab, welche aus Epidermis bestehen. Aehnliches findet bei tuberculösem Inhalt nicht statt, der Eiter welcher in beiden sich findet hindert gewöhnlich nicht, die übrigen Elemente des Inhalts bei einiger Aufmerksamkeit deutlich zu erkennen.

Den Unterschied zwischen Ranula und Schleimhautbalggeschwulst, so wie den zwischen Ganglion und Hautdrüsenbalggeschwulst sichert der Sitz dieser Uebel.

Die Balggeschwülste sind rein örtliche Uebel. Sie mit dyskrasischen Momenten in Verbindung bringen wollen ist einer jener vielen Irrthümer der Aetiologie, in welcher man noch immer das Goethe'sche: „Nur haltet Euch an Worte" treu befolgt.

Was die Behandlung der Balggeschwülste betrifft, so kann man sie, wenn sie klein sind, an nicht unbedeckten Körpertheilen sitzen, sonst auch nicht incommodiren, wohl unberührt lassen. Um sie zu heilen aber ist das einzige Mittel, wenn sie nicht entzündet sind, die Exstirpation, und wenn sie entzündet sind, die Eröffnung durch einen Schnitt, Einlegen einer Wieke und Unterhalten der Eiterung bis der Balg ausgestossen ist, was durch Ausziehen desselben vermittelst Pincetten oft beschleunigt wird.

Die Exstirpation geschieht der Grösse der Geschwulst gemäss durch einen einfachen Längsschnitt, Anziehen der Geschwulst durch Haken, Lösen derselben von der Umgegend, oder wenn sie grösser ist, durch einen Kreuzschnitt, dessen vier Lappen abpräparirt werden, oder endlich bei sehr grossen Geschwülsten durch gleichzeitige Hinwegnahme einer mehr oder weniger grossen Hautellipse. Im Innern vereiterte Atherome und Hygrome, deren Umgegend nicht entzündet ist, können exstirpirt werden, nur bei umgebender Entzündung und Eiterung ist die Eröffnung durch einfachen Schnitt zu machen. Bei der Trennung fester Adhärenzen der Balggeschwülste ist die Scheere von bedeutendem Nutzen und beschleunigt sehr die Beendigung der Operation. Zuweilen ist der Grund derselben namentlich über dem oberen Augenliede fest mit dem Periosteum verwachsen; alsdann lässt man den Grund der Geschwulst in möglichst geringem Umfang, und sucht ihn später durch Eiterung und Aetzen zu entfernen. Wo die Geschwulst ganz hinweggenommen worden ist, lässt man die Wunde per primam intentionem heilen, vereinigt jedoch die Wundränder einfach durch Heftpflaster, da erfahrungsgemäss die Naht nach diesen Operationen nicht immer ohne Gefahr, namentlich auf den behaarten Kopftheilen ist; jedoch ist man hier zu ängstlich; ich habe öfters ausgedehnte Kopfwunden durch die Naht vereint, ohne üble Zufälle zu beobachten Gelegenheit gehabt. In bösartig scheinende Geschwüre umgewandelte aufgebrochene Balggeschwülste contraindiciren keinesweges die Operation. Ueberlässt man das Uebel sich selbst, so greift das Geschwür um sich und führt wie alle umfangreichen Geschwüre Entkräftung, Schmerzen und Zehrfieber herbei, während eine kühn unternommene in gehörigem Umfange ausgeführte Operation in solchen Fällen das Leben des Kranken zu retten im Stande ist.

Um die im Vorhergehenden auseinandergesetzten allgemeinen Resultate näher zu begründen, wollen wir die verschiedenen Typen von Balggeschwülsten durch eine Reihe von Beispielen erläutern, von denen die erste bereits in unserer Physiologie pathologique mitgetheilt worden ist, während die anderen noch nicht bekannt gemacht worden sind.

1) Hautdrüsen-Balggeschwulst des Kopfs.

Ein Mann aus Gryon im Canton Waadt (Schweiz), 35 Jahr alt, sonst von guter Gesundheit, trug seit langer Zeit eine Balggeschwulst auf dem Kopfe. Dieses Uebel ist in seiner Familie erblich. Ich habe der Mutter dieses Mannes sechs Balggeschwülste theils auf dem Kopf, theils hinter den Ohren exstirpirt, deren Umfang zwischen dem einer Bohne und dem eines kleinen Apfels schwankte.

Die uns gegenwärtig beschäftigende exstirpirte Geschwulst hatte ihren Sitz auf dem linken Scheitelbein; sie war 2 Centimeter lang und breit, auf 12 Millimeter Dicke, und hatte die Form einer kleinen Castanie, rund auf dem oberen Theil, flach an der Basis. Die Farbe der Oberfläche war gleichmässig gelblich-weiss.

Auf einem frischen Durchschnitt erkennt man eine Balgmembran von 2—3 Millimetern Dicke und einem Inhalt von der Consistenz des Talgs; die Farbe desselben ist abwechselnd ockergelb und blassgelb. Unter dem Mikroskop erkennt man in demselben 1) Cholestearinkrystalle, leicht durch ihre rhomboidalen Blättchen zu unterscheiden; 2) viele harte amorphe mineralische Körnchen; 3) kleine Fettbläschen; 4) zahlreiche Blättchen von unregelmässigen Contouren, deformirte Epidermiszellen. Die innere Oberfläche der Balgmembran zeigt die gleichen Blättchen in regelmässiger membranöser Epithelialausbreitung. Diese zeigen stellenweise unregelmässige concentrische Streifung, der ähnlich, welche man in einfachen Follikeln antrifft. An manchen Stellen sind die Zellen der Epidermisauskleidung sehr deutlich charakterisirt, und zeigen in ihren Zwischenräumen Zellfasern und Cholestearinkrystalle. Zellfasern bilden den grössten Theil der äusseren Hülle.

2) Geschichtete, perlmutterglänzende Balggeschwulst in der weiblichen Brust.

Wiewohl ich die Kranke nicht gesehen habe, welcher diese Geschwulst exstirpirt worden ist, und auch über ihre Entwickelung nichts Näheres anführen kann, theile ich sie dennoch hier mit, da sie das einzige Beispiel einer wahren Hautdrüsengeschwulst in der Mamma ist, welches ich kenne. Prof. Dieffenbach hatte sie einer jungen Frau ausgeschnitten, und da er nach dem äusseren Anschein nicht entscheiden konnte, ob diese rundliche, ziemlich harte Geschwulst gutartig oder ein beginnender Scirrhus sei, bat er mich dieselbe zu untersuchen.

Der Sitz der Geschwulst war in der die Brustdrüse bedeckenden Haut nahe bei der Brustwarze; die Grösse derselben war die einer kleinen Haselnuss, die Form ziemlich regelmässig rund, fast sphärisch, die Farbe war mattweiss, leicht atlasglänzend. Die Geschwulst bestand in ihrer ganzen Dicke aus concentrischen Lagen, der Anordnung nach an die der Zwiebeln der Liliengewächse erinnernd, von gelblich-weissem, stellenweise perlmutterglänzendem Ansehen. Alle diese Lagen bestanden aus membranös an einander gelagerten Epidermisblättchen, welche besonders nach innen zu in ziemlich vertrocknetem Zustande und kernlos waren. Zwischen diesen Lagen befand sich eine ziemliche Menge von feinkörnigem Fett und eine grosse Menge von gruppenförmig zusammenliegenden Cholestearinkrystallen, welchen höchst wahrscheinlich der Perlmutterglanz zuzuschreiben ist. Dr. Ribbentropp, mit dem ich die Geschwulst untersuchte, zeigte mir an der Oberfläche eine Oeffnung, welche er für die Ausführungsmündung der Drüse hielt. Nirgends finden sich in derselben Gefässe und Zellgewebefasern. Von einer eigentlichen Balghöhle konnte hier nicht die Rede sein, da die concentrischen Schichten sich bis ins Centrum der Geschwulst fortsetzen.

3) Balggeschwulst auf der Wange mit Pflanzenzellen ähnlichem Fettinhalt.

Ein Mann von mittleren Jahren war in die Dieffenbach'sche Klinik gekommen, um sich wegen Strabismus operiren zu lassen. Nachdem diese Operation gemacht war, wurde ihm ein auf der Wange sitzendes haselnussgrosses Atherom exstirpirt.

Der verhältnissmässig dünne Balg hatte äusserlich eine feine Lage von Zellgewebe, und bestand sonst aus einer Epidermisschichtung. Der Inhalt hatte butterartige Consistenz, von gelblicher, leicht ins Bräunliche spielender Farbe, von ziemlich homogenem Ansehen. Unter dem Mikroskop zeigt sich derselbe ganz aus Fett zusammengesetzt. Krystallinisches Fett ist nicht zu erkennen, sondern nur feinkörniges und blasiges. Letzteres besteht aus feinen Zellen von $\frac{1}{50}$—$\frac{1}{30}$ Millim. von durchaus runder Form, welche den Zellen mancher Pflanzengewebe ähnlich, dicht an einander gelagert sind, aber freilich an manchen Stellen durch feinkörniges Fett von einander getrennt, oder von demselben umgeben sind. Wir haben uns bei der comparativen Untersuchung dieses Balginhalts mit frischem Fettgewebe überzeugen können, dass die Fettbläschen der butterartigen Masse ganz mit denen des Fettgewebes identisch sind. Diese Form des Fetts gehört übrigens im Balginhalt keineswegs zu den Seltenheiten.

4) Vereiterte Balggeschwulst am Halse.

Während ich im vorigen Winter im Berliner Charité-Krankenhause Untersuchungen über die Aetiologie der Phthisis anstellte, fand ich bei einem der Phthisiker eine in Eiterung begriffene scheinbare Drüsengeschwulst, welche der Kranke nach seiner Aussage seit Jahren getragen hatte, ohne in derselben die geringste schmerzhafte Empfindung zu haben. Erst seit einigen Wochen hatte sich die Geschwulst entzündet und das Ansehen eines Abscesses angenommen. Die Gegend desselben in der linken Submaxillargegend, die ausgebildete Lungenphthisis des Kranken hätte hier eher eine in Zerfliessen und in Eiterung begriffene Halsdrüse vermuthen lassen. Die Eröffnung der Geschwulst liess jedoch ausser Blut und Eiter eine ziemliche Menge dicker, bröckliger Massen von gelbröthlicher Farbe heraustreten, welche mit blossem Auge ein ziemlich festes, fast fleischartiges Ansehen darboten. Sobald man sie jedoch mit Wasser anfeuchtete und mit Nadeln auseinanderzerrte, sah man deutlich, dass sich eine Menge feiner Blättchen von denselben trennten, und bei der mikroskopischen Untersuchung liess sich erkennen, dass Epidermiszellen von $\frac{1}{33}$—$\frac{1}{25}$ Millim. meist kernlos, membranartig aneinandergelagert diese Massen bildeten. Fett in kernigem und krystallinischem Zustande, Cholestearin fand sich nur in geringer Menge. Der Eiter war nicht bloss frei in der Höhle vorhanden, sondern auch überall zwischen den Epidermismassen infiltrirt. Vom Balge konnte zur Zeit noch nichts herausgezogen werden.

5) Zusammengesetzte Hautdrüsengeschwulst am oberen Augenliede.

Ein 24jähriger, gesunder, kräftiger junger Mann ist, einen Gelenkrheumatismus, welchen er im zehnten Jahre hatte, abgerechnet, immer gesund gewesen. Er behauptet, dass die Balggeschwulst, wegen welcher er in die Klinik kommt, angeboren, und bis auf die letzte Zeit nur langsam gewachsen sei. Der Sitz der Geschwulst war oberhalb des oberen Randes der Orbita. Die Bewegungen des oberen Augenlieds waren verhältnissmässig durch die Geschwulst, welche allmählig die Grösse eines Taubeneies erreicht hatte, nur wenig gestört. Sie war wenig beweglich am unteren Theil, die Haut über derselben, welche theils der Stirn, theils dem Augenlied angehörte, war ziemlich beweglich.

Ich operirte die Geschwulst, indem ich einen halbmondförmigen Schnitt über die Mitte derselben führte, die Haut zu beiden Seiten trennte und durch Gehülfen auseinanderziehen liess und dann den Balg von allen Seiten mit Messer und Scheere trennte, einen Theil der Basis abgerechnet, welche fest mit dem Periosteum verwachsen war. Die Wunde wurde mit Charpie ausgestopft, um diesen geringen zurückbleibenden Theil durch Auseiterung zu befördern. Als ich Ende März 1846 Berlin verliess, war der Kranke auf dem besten Wege der Genesung.

Der Inhalt der Geschwulst bestand aus einer talgartigen gelben Fettmasse, in welcher feinkörniges und grossblasiges Fett deutlich zu erkennen waren, letzteres in überwiegender Menge. Die innere Wand der Geschwulst war ganz cutisartig organisirt. Eine Epidermisschicht, welche man nicht abkratzen, aber auf Verticalschnitten und durch Behandlung mit Essigsäure leicht darstellen konnte, bedeckte ein der Lederhaut durchaus analoges Zellfasernetz. Die ganze innere Balgoberfläche war mit feinen weisslichen Haaren besetzt, deren Bulbus nebst Haarscheide bei den meisten sehr schön zu sehen war. Jedes Haar war von zwei traubenförmigen Talgdrüsen von ihrem Secret strotzend mit deutlichem Ausführungsgange begleitet. Ihr Inhalt ist mit dem Balginhalt durchaus identisch.

6) Vereiterte zusammengesetzte Hautdrüsengeschwulst im oberen Augenliede.

Ein junger Mann von 21 Jahren hatte bereits im Alter von einem halben Jahre eine kleine linsengrosse Balggeschwulst im oberen Augenliede. Diese wuchs allmählig und hatte die Grösse einer Pflaume erreicht, als der Kranke in seinem 19ten Jahre sich dieselbe operiren liess. Die Geschwulst wurde der Länge nach aufgeschnitten, ausgedrückt und während fünf bis sechs Wochen ihr Inneres in Eiterung erhalten. Nun schloss sich zwar die Wunde, aber die Geschwulst erschien sogleich wieder und wuchs viel schneller als zuvor, so dass sie beim Eintritt des Kranken in die Dieffenbach'sche Klinik die Grösse eines Apfels erreicht hatte. Vor einigen Wochen hatte sich der Kranke durch lange fortgesetztes Laufen sehr erhitzt; seitdem ist die Geschwulst schmerzhaft geworden und der Kranke hat oft in derselben Stiche, Brennen und Reissen verspürt; dieselbe hatte auch seitdem viel stärker zugenommen, so dass das Auge, welches damals noch offen war, geschlossen wurde, und nicht mehr geöffnet werden konnte, ohne übrigens selbst krank zu sein. Die Augenbraunen dieser Seite gingen halbmondförmig gerade über der Mitte der Geschwulst.

Am 17. Februar 1846 wurde nun die Operation vom Stabsarzt Dr. Löffler in der Klinik so gemacht, dass zuerst durch zwei Schnitte eine Hautellipse aus der Mitte der Hautdecken transversal genommen wurde, dann wurde der Balg herauspräparirt; hierbei wurde derselbe aber eröffnet und entleerte eine ziemliche Menge dicklichen Eiters und mit demselben grosse Brocken atheromatöser Masse. Die Wunde wurde mit Charpie ausgestopft, einige Zeit lang in Eiterung erhalten, und nach einem Monate konnte der Kranke vollkommen geheilt entlassen werden.

Die Untersuchung des Exstirpirten ergab nun Folgendes: die bröckligen Atherommassen bestanden aus feinkörnigem Sebum; der Eiter zeigte seine gewöhnlichen Charaktere. Höchst interessant aber war die Structur der inneren Balghaut; sie hatte fast alle Charaktere der äusseren Haut. Ganz nach innen zeigte sich eine Epidermisschicht, deren der Balghöhle zugekehrte Oberfläche von dünnen hornartigen Blättchen bedeckt ist; etwas tiefer finden sich jüngere, deutlich charakterisirte Epidermiszellen, dann kommt eine Zellgewebeschicht, welche ziemlich viele Gefässe enthält. Ueberall in dieser Hautschicht vertheilt finden sich Haare und Drüsen, und zwar erstere blond, vollständig mit all ihren Elementen, von Talgdrüsen begleitet, zum Theil aber auch letztere isolirt und schon mit blossem Auge durch ihre rundliche Form und mattgelbe Färbung erkennbar; ihre Grösse schwankt zwischen der eines sehr kleinen und eines grossen Nadelknopfs. Wenn man feine Hautstücke abpräparirt und vermittelst der Essigsäure durchsichtig macht, so kann man die Drüsen leicht mit dem Mikroskop untersuchen und ihr traubenförmig gelapptes Ansehen, ihren feinkörnigen graugelben Talginhalt so wie ihren Ausführungsgang deutlich erkennen.

Es ist dies also ein seltener Fall von einer deutlichen Cutisbildung mit Epidermis, Corium, Drüsen, Haaren und Gefässen auf der inneren Balgmembran einer entzündeten und vereiterten Balggeschwulst.

7) Sehr grosse vereiterte Balggeschwulst am Hinterkopf, allgemeine Kachexie; vollkommene Heilung des localen Uebels und des Allgemeinbefindens durch die Exstirpation.

Eine 64jährige, früher ganz gesunde Frau von jetzt heruntergekommenem schwächlichem Aussehen hatte schon vor mehr als 10 Jahren eine Balggeschwulst am Hinterhaupte bemerkt, auf welche sie aber theils wegen ihrer vollkommenen Schmerzlosigkeit, theils wegen der Kleinheit derselben lange Zeit gar nicht geachtet hatte. Auch als die Geschwulst sich von Tage zu Tage vergrösserte, hatte sie nichts zur Beseitigung dieses Uebels gethan, und erst als sie durch starke Schmerzen belästigt wurde, wandte sie einige ganz indifferente Hausmittel an, und als diese nichts halfen, legte sie ein Blasenpflaster auf die Geschwulst. Die Folge davon war, dass die schon entzündete Geschwulst aufbrach, zusammenfiel und eine Menge schlechten Eiters ergoss. So kam die Kranke in die Klinik um ärztliche Hülfe zu suchen.

Bei der Untersuchung zeigte sich am Hinterhaupte der Kranken eine beutelartige Verlängerung von der Grösse eines Kindeskopfes, aus welcher sich beim Druck stinkender Eiter entleerte. Die Entzündung in der Umgegend war übrigens unbedeutend, auch war der Schmerz beim Druck auf die Geschwulst sehr gering, die Schädelknochen konnte man als ganz gesund durchfühlen. Aus allem diesem ging deutlich hervor, dass das Uebel eine in Abscedirung übergegangene Hautdrüsen-Balggeschwulst sei. Die Kranke war durch die bedeutende Eiterung sehr erschöpft und hatte ein elendes kachektisches Aussehen. Da ohne Operation keine Verbesserung des Zustandes der Kranken möglich war, musste daher trotz der Schwäche der Patientin unverzüglich operativ eingeschritten werden.

Mit einer grossen Balkenzange wurde ungefähr der dritte Theil der ganzen Geschwulst gefasst und mit einem Scalpell abgetragen, worauf sich der noch zurückbleibende Eiter entleerte; darauf wurden einige spritzende Arterien unterbunden und zur Stillung der übrigen Blutung ein Druckverband angelegt. Da die Kranke durch die Operation sehr erschöpft war, wurden sogleich Tonica gereicht (Tinct. Calami compos. 3stündlich 40—60 Tropfen) und zur Abstossung des zurückbleibenden Balgstücks war ein reizendes Verfahren nöthig; die Wunde wurde daher mit Unguentum Chinae c. styrace verbunden und darüber Chamillenumschläge gemacht. Als sich bei dieser Behandlung die Kranke sehr wohl befand, wurde damit während mehrerer Wochen fortgefahren, der Balgrest stiess sich ab, die Wundränder legten sich an, die Vernarbung kam nach dem Erscheinen guter Granulationen zu Stande, und das Allgemeinbefinden hatte sich dermaassen gebessert, dass die Kranke in dem befriedigendsten Zustande die Anstalt verliess.

Es ist dies wieder einer der vielen Fälle, in welchem das kachektische Aussehen der Kranken, die stinkende Eiterung, die Ausdehnung des Uebels viele Chirurgen zu der Annahme einer Degeneration verleitet hätte, und doch hat sich hier der alte Spruch bewährt: „Sublata causa, tollitur effectus," was leider beim Krebse weder möglich noch anwendbar ist.

8) Schleimhautdrüsengeschwulst der Schamlefze; durch die Operation geheilt.

Eine 32jährige, sonst immer gesunde Frau, bemerkte vor längerer Zeit, ohne dass ihr eine Ursache bekannt war, ein Dickerwerden der linken grossen Schamlefze. Ein zu Rath gezogener Arzt hielt das Uebel für Oedem und verordnete Umschläge, die nichts halfen. Da das Uebel immer zunahm, kam die Kranke in die Klinik. Die Untersuchung zeigte eine deutlich umschriebene Geschwulst von eiförmiger Gestalt, von der Grösse eines kleinen Hühnereies, durch Druck nicht entleerbar; deutliche Fluctuation zeigend, welche auf flüssigen Inhalt schliessen liess. Es wurde ein Einschnitt in die Geschwulst gemacht, dieser mit der Scheere erweitert, dann ein bedeutendes Stück des Balges excidirt, um das Wiederanfüllen desselben zu verhüten. Hierbei floss eine braungelbe Masse von Syrups-, fast Breiconsistenz aus, welche auf den ersten

Anblick durchaus das Ansehen flüssiger Fäcalmassen hatte, und vielleicht einen weniger geübten Chirurg als Dieffenbach zu dem Glauben würde verleitet haben, dass der Darm einer Hernie eröffnet worden wäre.

Die mikroskopische Untersuchung des Inhalts dieser Geschwulst zeigt folgende Elemente: 1) viele kleine Körnchen; 2) granulöse Kugeln von $\frac{1}{30}$—$\frac{1}{40}$ Millim., mit feinen Molecularkörnchen gefüllt; 3) eine grosse Menge wahrscheinlich eiweisshaltiger Kügelchen von $\frac{1}{120}$ bis $\frac{1}{100}$ Millim., welche ebenfalls einzelne feine Körnchen in ihrer Substanz vertheilt zeigten.

Nach der Operation wurde die Wunde mit Charpie ausgefüllt, diese mit Heftpflastern befestigt; später wurde dieselbe mit rother Präcipitatsalbe verbunden und schritt so der Heilung schnell entgegen; jedoch verliess die Kranke die Anstalt, bevor die Wunde vollkommen vernarbt war.

Einen ähnlichen Fall habe ich in Paris beobachtet. In einer der Sitzungen der anatomischen Gesellschaft zeigte uns Dr. v. Castelnau eine aus der Vagina exstirpirte intacte Balggeschwulst, welche uneröffnet fast drei Zoll Länge auf einen bis zwei Zoll Breite hatte, und bei der Eröffnung eine dunkelgelbgrüne dickliche, den Fäcalstoffen sehr ähnliche Flüssigkeit entleerte, in welcher die mikroskopische Untersuchung feine Körnchen, granulöse Kugeln, Epitheliumblättchen und zersetzte Eiterelemente zeigte.

Wir schliessen hiermit unsere Mittheilungen über Geschwülste, welche in den Elementen der Haut ihren Sitz haben, oder aus Elementen der Haut bestehen, und kommen zu Mittheilungen über andere gutartige Geschwülste.

Zweites Capitel.

Ueber verschiedene, nicht in der Haut vorkommende, homöomorphe gutartige Geschwülste.

Ueber Fettgeschwülste.

Die Mittheilungen welche wir über Fettgeschwülste zu machen haben, sind grösstentheils praktischer Natur. Wir werden uns daher nur auf kurze allgemeine Bemerkungen beschränken und mehr Ausführlichkeit auf die Erzählung mehrerer, für den praktischen Chirurgen interessanter Krankheitsfälle beschränken.

Die Eintheilung der Fettgeschwülste in Steatome, Cholesteatome und Lipome ist den histologischen Verhältnissen dieser Geschwülste gemäss gewiss richtig. In praktischer Hinsicht aber sind die Lipome die einzige Form von Fettgeschwülsten, welche eine ganz besondere Aufmerksamkeit verdienen. Wahre Steatome, welche nur aus feinkörnigem Fett bestehen, sind selten; ausserdem hat man unter dieser Benennung theils harten Markschwamm, theils besonders Fasergeschwülste bezeichnet. Reine Cholesteatome sind ebenfalls seltene Geschwülste und stammen in der Mehrzahl der Fälle von Balggeschwülsten her, oder sind ganz einfach locale Cholestearinablagerungen.

Auch das Lipom reducirt sich auf recht einfache Formelemente, deren verschiedenartige Entwickelung und Mischungsverhältnisse die Charaktere der aufgestellten Abarten der Fettgeschwülste abgeben. Die Grundelemente sind Fett- und Zellgewebe, und in letzterem verlaufende Blutgefässe. Die einzelnen Fettbläschen haben $\frac{1}{10}$—$\frac{1}{7}$ Millim. Durchmesser und liegen wie Pflanzenzellen dicht aneinander. Es findet wahrscheinlich zwischen der Zellhaut der einzelnen Bläschen eine gewisse Agglutination statt, da man, selbst wenn man kein Zellgewebe zwischen denselben sieht, sie weder durch Druck noch durch Zergliederung von einander trennen kann.

Zuweilen findet man fächerformige, durchsichtige Körperchen, welche nichts anders sind als ihres öligen Inhalts beraubte Zellenmembrane. Das Zellgewebe findet sich in den meisten Fettgeschwülsten ziemlich gleichmässig durch die ganze Geschwulst vertheilt und durchsetzt theils das Fettgewebe in seinem Innern, theils bildet es eine allgemeine aus Bindegewebe bestehende Umhüllungshaut, welche sich dann zwischen den einzelnen Lappen fortsetzt und dieselben noch besonders umkleidet. In diesem Zellgewebe befinden sich die Blutgefässe, welche verhältnissmässig nicht zahlreich sind, aber wegen der grossen Ausdehnung der Lipome dennoch in Summa in ziemlicher Menge existiren. Ist nun nicht bloss jeder einzelne Lappen, sondern auch die ganze Geschwulst von einem gemeinschaftlichen Zellgewebestratum gewissermaassen eingebalgt, so hat man die Form, welche man Lipoma circumscriptum nennt, und welche, da sie sich ziemlich straff und elastisch anfühlt, leicht mit anderen Geschwülsten, zuweilen mit Balggeschwülsten, verwechselt werden kann. Sind auch die einzelnen Lappen von einer dünnen Zellgewebeschicht umgeben, fehlt aber eine gemeinschaftliche die Lappen zusammenhaltende Umhüllungshaut, so haben wir das sich unter der Haut ziemlich weit ausbreitende Lipoma diffusum, welches das Gefühl giebt, als wenn die Haut mit Baumwolle ausgestopft wäre, und da die bedeckende äussere Haut bei grossen Geschwülsten der Art gewöhnlich verdünnt ist, so kann man, wenn man sie spannt und in verschiedenen Richtungen zieht, das Gelappte der Geschwulst schon durch dieselbe hindurch erkennen. In seltenen Fällen haben die Lappen eine arborescirende Form. Ein einziges Mal habe ich eine an einem langen dünnen Stiele sitzende haselnussgrosse Fettgeschwulst an der Peritonealhaut des Dünndarms in der Leiche einer an Krebsinfection verstorbenen Frau gefunden. Die Entwickelung dieser Geschwülste ist äusserst langsam, im Durchschnitt über fünf Jahre, bevor die Kranken durch dieselben incommodirt sich zur Operation melden. Nicht selten ist diese Zeit 10, zuweilen 15—20 Jahre. Die Entwickelung geschieht meist während mehrerer Jahre langsam, dann tritt aber oft eine Periode ein, in welcher sie schnell zunimmt, und in wenigen Monaten bedeutend wächst. Alsdann nimmt auch die Vascularität der Haut zu, welche ein röthliches, von der Entzündungsröthe durchaus verschiedenes Ansehen bekommt. Wirkliche Entzündung und Ulceration der Fettgeschwülste gehört gewiss zu den Seltenheiten. Wir werden später einen Fall der Art anführen, in welchem ein solches spontan entstandenes Geschwür eine Zeit lang eine lymphatische Flüssigkeit absonderte und sich dann wieder schloss. Tritt Entzündung ein, so ist sie meist Folge von Druck, Stoss oder unzeitiger Anwendung der Aetzmittel. Zuweilen zeigen diese Geschwülste ein täuschendes Gefühl von Fluctuation, welches jedoch nur von der Laxität ihres Gewebes herrührt; während umgekehrt dichtes Zusammengedrängtsein ihrer Substanz ihnen stellenweise eine scheinbare Knorpelhärte giebt. In der Mehrzahl der Fälle ein örtliches Uebel, sieht man es nur sehr selten constitutionell und an vielen Körperstellen zugleich auftreten. Die Zufälle, welche Lipome hervorbringen, sind meist rein örtlicher Natur, wie Schwäche eines Gliedes durch Druck auf seine Nerven, Oedem durch Druck auf Lymphstränge, Dyspnoe durch Druck auf Larynx und Trachea. Das Gewicht dieser Geschwülste kann bedeutend sein, wir haben ein 3½ Pfund schweres Lipom am Halse von Dieffenbach exstirpiren sehen, wir werden den Fall eines am Bauche sitzenden 7 Pfund schweren Lipoms ausführlich mittheilen. A. Cooper[1]) erwähnt eines 14 Pfund 10 Unzen schweren, aus der weiblichen Brust exstirpirten Lipoms. Selten ist das Uebel angeboren, am häufigsten trifft man es in den mittleren Jahren an. Von 28 analysirten Fällen unserer Beobachtungen haben wir es 12 mal an Männern und 14 mal an Frauen beobachtet, in 2 Fällen war das Geschlecht nicht angegeben. Das Geschlecht scheint also keinen bedeutenden Einfluss auszuüben. In 24 Fällen war das Alter angegeben. Hiervon war ein Patient unter 10 Jahren, 3 zwischen 10 und 20, 2 zwischen 20 und 30, 7 zwischen 30 und 40, 7 zwischen 40 und 50, und 4 zwischen 50 und 60 Jahren.

Was den Sitz betrifft, so haben wir Lipome 6 mal auf der Schulter und Scapula, 3 mal auf dem Rücken, 3 mal auf der Hinterbacke, 2 mal auf der Hüfte, 2 mal in der Achselhöhle, 1 mal an der Lippe, 1 mal an der Stirn, 2 mal im Nacken, 2 mal am Halse, 2 mal am Oberarm, 2 mal am Schenkel, 1 mal an der Brustdrüse, und 1 mal an der äusseren Darmwand beobachtet. Ihre Grösse haben wir zwischen der einer Haselnuss und der eines grossen Kopfs eines Erwachsenen schwanken sehen.

Auch für diese Geschwülste ist, wie für Geschwülste im Allgemeinen, in der Excision das einzige Heilmittel zu suchen. Ist die Geschwulst klein, so macht man einen Längsschnitt über der Mitte der Geschwulst, trennt diese dann von allen Seiten und vereinigt die Wunde durch Heftpflaster. Bei etwas grösserer Geschwulst macht man einen Kreuzschnitt, dessen vier Lappen man gehörig lostrennt und dann die Geschwulst vom Grunde her löst. Bei grösseren Tumoren muss man eine gehörige Hautellipse zwischen zwei halbmondförmigen Schnitten mit hinwegnehmen. Tact und richtiges Augenmaass müssen in allen diesen Fällen dem Chirurgen als Compass dienen. Die Blutung ist wegen der starken Gefässentwickelung der Umgegend zuweilen ziemlich

---

[1]) Op. citat. pag. 529.

stark, jedoch gewöhnlich mehr eine parenchymatöse, welche auf Anwendung kalter Umschläge und Torsion kleiner Arterien steht und nur selten mehrfache Unterbindung nöthig macht; da aber diese parenchymatöse Blutung leicht mehrere Stunden nach der Operation wiederkehrt, ist hier das Fortsetzen der kalten Umschläge nöthig. Wir bemerken bei dieser Gelegenheit, dass es gut ist, in allen solchen Fällen die aufzulegenden Compressen recht stark auszudrücken, um mehr die reine Wirkung der Kälte zu haben, da je mehr Feuchtigkeit in denselben zurückbleibt, desto schwerer das Blut in den durchschnittenen Gefässen gerinnt. Mit ausserordentlicher Vorsicht muss man verfahren, wenn Geschwülste der Art sich in der Nähe grösserer Gefässe und Nerven befinden. Muss man in solchen Fällen in der Tiefe operiren, so ist es gut mit dem Zeigefinger der linken Hand gehörig zu sondiren, und dann mit der Scheere vorsichtig die zu lösenden Theile zu trennen. Die Heilung nach Exstirpation selbst grösserer Fettgeschwülste lässt sich selten über 4—6 Wochen erwarten, und nur in sehr seltenen Fällen wandelt sich die Wunde in ein lange Zeit eiterndes Geschwür um. In solchen Fällen entferne man die callösen Wundränder, ätze den Geschwürsgrund und verbinde ihn mit einer starken Salbe aus rothem Präcipitat (ʒj—ʒjβ auf ℥j Fett). Zu bemerken ist endlich noch, dass wenn eine Fettgeschwulst so gelegen ist, dass man den grössten Theil ohne allen Nachtheil entfernen kann, die Ausschneidung eines Theils derselben aber gefährlich ist, wie in der Tiefe des Halses, oder auf dem Bauche nahe am Peritonaeum, man ohne alle Besorgniss einen kleinen Theil dieser Geschwülste übrig lassen kann, und dass dieser entweder als eine unbedeutende, durchaus nicht störende Geschwulst ohne allen Nachtheil fortbestehen kann, oder wenn sie auch allmählig zunimmt, doch nur sehr langsam wächst. Partielle Excision ist hier jedoch nicht wie bei Telangiektasien und Hauthypertrophien nöthig, da man meistens diese Geschwülste in ihrer Totalität entfernen kann, und sie nur höchst selten und selbst dann meist von sehr geringem Umfange im Gesicht vorkommen.

Wir wollen nun an einer Reihe von Beispielen die wichtigsten der erwähnten Bemerkungen anschaulicher machen.

1) Umfangreiches Lipom auf dem linken Schulterblatt.

Eine 39jährige sonst gesunde Frau, seit 7 Jahren verheirathet, hat in dieser Zeit 6 Kinder gehabt, sich übrigens immer wohl befunden. Im Monat April 1840 bemerkte sie zuerst, dass sie eine Geschwulst auf der linken Scapula trug, welche damals sehr platt war. Ein zu Rathe gezogener Arzt erklärte, dass die Kranke nur die eine Schulter höher hätte als die andere. Anfangs wuchs die Geschwulst langsam, jedoch auffallend schneller jedesmal während der Schwangerschaft. Seit den letzten 6 Monaten hingegen hatte sie, trotzdem dass Patientin nicht schwanger war, nicht bloss bedeutend zugenommen, sondern die Haut über derselben und um dieselbe herum fing an sich zu röthen und stark vergrösserte Venen zu zeigen; zugleich wurde der linke Arm schwächer, und so oft die Frau sich stark anstrengte erfolgte in demselben eine, freilich vorübergehende, fast lähmungsartige Schwäche. Die Geschwulst zeigte sich übrigens beim Eintritt in die Klinik (December 1845) deutlich umschrieben, und schon durch die Haut hindurch erkannte man beim Druck ein gelapptes Ansehen; sie fühlt sich übrigens weich, wollartig an. Sie zeigte eine Länge von 9″ 3‴ auf 8″ Breite und 3″ Dicke. Sie bedeckte das ganze Schulterblatt und ragte nach der Achselhöhle und dem hinteren Theil des Oberarms hervor. Schmerzen empfand die Kranke sonst nicht.

Am 16. December operirte ich in der Klinik die Kranke auf folgende Art: durch zwei halbmonförmige Schnitte nahm ich eine grosse Hautellipse weg, löste dann mit dem Bistouri von allen Seiten die ziemlich fest mit den umgebenden Theilen verwachsene Geschwulst, torquirte die spritzenden kleinen Arterien, und bedeckte die Wunde mit kalten Umschlägen. Später wurde die Wunde mit Charpie ausgestopft und die Ränder durch Heftpflasterstreifen genähert. So verkleinerte sich dieselbe immer mehr und war nach 5 Wochen vollkommen geheilt.

Diese Geschwulst bietet den Typus eines Lipoms dar. Ein höchst laxes feines Zellgewebeblatt umhüllt die ganze Geschwulst und giebt jedem einzelnen $\frac{1}{2}$ bis 1 Zoll im Durchmesser zeigenden Lappen eine Zellumhüllung, welche ebenfalls Gefässe, wiewohl in geringer Menge, enthält. Die Fettbläschen liegen dicht aneinander, haben im Durchschnitt $\frac{1}{16}$ Millim. und bieten im Innern der einzelnen Lappen nur wenige Zellgewebefasern und Bündel dar. Ein Theil der Fettbläschen war seines Inhalts beraubt, was den Zellenmembranen ein eigenthümlich gefaltetes, zum Theil von Fettkörnchen bedecktes fächerförmiges Ansehen gab.

2) Sehr grosse, $3\frac{1}{2}$ Pfund schwere, stark mit Zellgewebe durchwachsene Fettgeschwulst durch die Operation vollständig exstirpirt; Heilung.

Wir haben hier einen der merkwürdigsten Fälle vollständiger Exstirpation einer sehr grossen und gefährlich zu operirenden Halsgeschwulst.

Ein 23jähriger kräftiger Bauerbursche aus Schlesien, aus einer gesunden Familie, ist, sein Localübel abgerechnet, immer gesund gewesen. Seit seinem 6ten Jahre fing die Geschwulst am Halse an sich zu entwickeln, und wuchs langsam aber gleichmässig fort, ohne Schmerz und sonst viel Beschwerde zu erregen.

Die Geschwulst sass auf der rechten Seite des Halses und bildete hier eine bedeutende Difformität, da sie beim Eintritt des Kranken in die Klinik (December 1845) die Grösse des Kopfs eines Erwachsenen erreicht hatte. Sie erstreckte sich vom Processus mastoideus bis zur Clavicula und hatte einen Längsdurchmesser von 8 Zoll. Von hinten nach vorn erstreckte sie sich von den Nackenwirbeln bis über die Mittellinie des Halses hinaus, indem sie den Larynx ein wenig nach links gedrängt hatte. Aeusserlich hatte sie von hinten nach vorn 13 Zoll Umfang. Sie hatte eine fast kuglige Gestalt, war jedoch in der Mitte etwas breiter, indem sie sich namentlich nach hinten hin verflachte. Die bedeckende Haut ist auf der Mitte leicht geröthet durch Gefässentwickelung, jedoch ohne alles Zeichen von Entzündung. Die Vena jugularis scheint unmittelbar unter der Haut zu liegen, und quer über den vorderen Theil der Geschwulst zu verlaufen, was man besonders deutlich sieht, wenn der Kranke bei zugehaltener Nase stark exspirirt. Der Musculus sternocleidomastoideus ist nach vorn gedrängt, die Carotis verläuft hinter der Geschwulst in der Tiefe. Zwischen dem unteren Theile der Geschwulst und dem Sternocleidomastoideus liegt ein nicht unbedeutender loser Zellgeweberaum; nach oben berührt dieselbe die ganze linke Submaxillargegend, derselben wie dem Larynx eine convexe Fläche zukehrend. Weder Druck noch Zerren der Geschwulst bewirkten Schmerzen. Auf der Oberfläche fühlt sie sich elastisch an, jedoch in der Tiefe sowohl nach vorn wie in der Mitte zeigt sie eine feste Consistenz, während der nach dem Nacken hin sich ausbreitende Theil weich anzufühlen ist.

Nachdem Prof. Dieffenbach auf die Gefahren grosser Halsgeschwülste aufmerksam gemacht hat, schreitet er am 19. December zur Operation, welche er folgendermaassen ausführt:

Es wird zuerst ein langer Schnitt über die hintere Seite der Geschwulst in ihrer ganzen Länge geführt und alle Zellgewebelagen bis auf die Geschwulst durchschnitten. Hierdurch wird schon ein Theil derselben blossgelegt. Nun wird ein zweiter Schnitt vorn am inneren Rande des Sternocleidomastoideus vom Kiefer bis zum Schlüsselbein geführt, eine spritzende Arterie wird sofort unterbunden. Zwischen diesen beiden Längsschnitten nach aussen und innen die Geschwulst von allen umgebenden Theilen zu trennen, ist nun die Hauptaufgabe der Operation. Mit ausserordentlicher Vorsicht wird der Finger in tieferen Theilen nun überall als Sonde gebraucht, und auf demselben werden die Adhärenzen gelöst, während alles Oberflächliche durch lange Messerzüge kühn und schnell getrennt wird. Zuerst wird so der Weg auf dem mittleren und äusseren Theile der Geschwulst gebahnt. Dann wird dieselbe nach unten und aussen, so wie nach innen gelöst, und überall werden noch übrigbleibende brückenartige starke Zellgewebeadhärenzen mit der Scheere durchschnitten, was dann jedesmal in ziemlichem Umfang Raum schafft. Kein grösseres Gefäss wurde hierbei durchschnitten. Aller Zug und alle gewaltsame Trennung wurden sorgfältig vermieden, um nicht die in laxem Zellgewebe liegenden Halsnerven durch Zerren zu reizen, und um so gefährliche Nachübel nach der Operation zu meiden. Am innern Theile war das Lösen der Geschwulst nicht bloss wegen der hier liegenden edleren Theile schwerer, sondern auch weil hier ein sehniges, fast flechsiges, überaus hartes Zellgewebe die Geschwulst an die übrigen Theile fixirte. Ein gleiches dichtes Gewebe verband dieselbe mit den Halswirbeln.

So wurde mit grosser Vorsicht und doch verhältnissmässig schnell in 25 Minuten diese umfangreiche, $3\frac{1}{2}$ Pfund wiegende Geschwulst, gewiss eine der grössten Halsgeschwülste an welche sich je die Chirurgie gewagt hat, vollständig zwischen den wichtigsten Theilen des Halses herauspräparirt.

Die anatomische Untersuchung zeigt die Geschwulst als ein an seinen verschiedenen Stellen ungleich mit Zellgewebe durchwachsenes Lipom, grösser als es wohl je am Halse beobachtet worden ist, von 8 Zoll Höhe und gegen 26 Zoll transversalen Umfangs; überall ist es von einer deutlichen, gefässreichen Zellgewebeschicht umgeben, welche an der vorderen und inneren Seite fast von balgartiger Dicke ist. Die Oberfläche der Geschwulst ist gelbroth, das Innere blassgelb. Die Consistenz ist nach hinten zu in der am Nacken gelegenen Partie weich, nach vorn hart elastisch, was zum Theil von dem engen Zusammengepresstsein der vielen Lappen des Fettgewebes herrührt, zum Theil von dem hier in ungleich grösserer Menge existirenden dichten Zellgewebe. Unter dem Mikroskop zeigt sich als Hauptelement Fettgewebe mit Zellen von $\frac{1}{10}$—$\frac{1}{7}$ Millim., welche pflanzenzellenartig mit einander verbunden sind, und an vielen Stellen von Bündeln gekräuselter, wellenförmig verlaufender feiner Bindegewebefasern durchsetzt sind. Letztere bilden auch das Hauptelement der umhüllenden Zellhäute, in welchen sie von einer bedeutend grösseren Vascularität begleitet sind, als im Innern des Lipoms. In der hinteren Ausbreitung der Geschwulst herrscht Fettgewebe über Zellgewebe vor, daher die Weichheit, während an anderen Stellen das Gegentheil stattfindet, diese daher auch viel härter sind.

Es knüpfen sich an den Vergleich der Untersuchung der Geschwulst mit den vor der Operation niedergeschriebenen Details über ihre äussere Beschaffenheit mehrere für die Diagnose nicht unwichtige Betrachtungen.

Dass die Geschwulst kein Krebs sein konnte, dafür spricht die sehr langsame Entwickelung derselben, welche seit 17 Jahren bestand; ferner das vortreffliche Allgemeinbefinden, das Isolirtsein der Geschwulst, welche nicht, wie dies doch bei Krebs gewöhnlich der Fall ist, die umgebenden Gebilde in den pathischen Process hineingezogen hatte, und endlich zeigte sich keine Halsdrüse der Umgegend angeschwollen.

Werfen wir nun einen Blick auf die verschiedenen gutartigen Geschwülste, so fallen von vorn herein Enchondrom und Osteoid wegen Sitz und Consistenz der Geschwulst weg. Atherome erreichen nie diese Grösse. Fibrinöse aus Bluterguss entstandene Geschwülste bleiben stationär und nehmen nicht während 17 Jahre beständig zu.

Man hätte die Geschwulst für eine von der Schilddrüse ausgehende Cyste halten können, der Kranke kommt jedoch einerseits aus einer Gegend, in welcher Kropf nicht endemisch ist, er ist noch 14 Meilen vom Fusse des Gebirges in seinem Wohnort entfernt, andererseits bot die Geschwulst dem Larynx deutlich eine convexe, überall von demselben gesonderte Oberfläche dar, und hatte statt die seitlichen Theile nach hinten zu verdrängen, eher von hinten nach vorn sich entwickelnd, den Larynx aus der Mittellinie verdrängt. Endlich konnte es deshalb keine Cyste der Glandula thyreoidea sein, weil nur die Oberfläche der Geschwulst weich und elastisch, die Tiefe aber durchaus hart erschien. An vielen Stellen bot sie deutlich die weiche lappige, baumwollenartige Consistenz der Lipome dar, daher auch an die gleichmässig festen Fasergeschwülste, welche sonst am Halse wohl vorkommen, nicht gedacht werden konnte.

Die Operation war dringend angezeigt, da die Geschwulst sich bereits an der Oberfläche zu röthen und stark zu vascularisiren anfing. Der Erfolg der Operation war über alle Erwartung günstig. Nur unmittelbar nach derselben traten bedenkliche Zufälle ein. Die durch die Geschwulst lange comprimirten Halsgefässe dehnten sich nämlich nun gewaltsam aus und bewirkten bedeutende Kopfcongestionen, welche mehreren Aderlässen, Abführmitteln und kalten Umschlägen wichen. Auch wurde ein leichter Druckverband durch Charpie und eine Binde ausgeübt, der Eiter konnte durch den vorderen und den hinteren Schnitt immer leicht abfliessen, während nach jeder anderen Operationsmethode leicht Eitersenkung eingetreten wäre. Nach ungefähr sechs Wochen war der Kranke vollkommen geheilt, und zeigte einen dünnen gleichmässigen, gut gebauten Hals, während er vorher sehr difform war und ausserdem durch fernere Entwickelung der Geschwulst zu den gefährlichsten Zufällen Veranlassung gegeben hätte.

3) Ein durchwachsenes Lipoma cysticum.

Wir führen diesen Fall an um zu zeigen, wie kleine Lipome zuweilen mit Balggeschwülsten verwechselt werden können, und ganz besonders auch um unsere oben aufgestellte Behauptung zu rechtfertigen, dass wenn man kleine Theile eines Lipoms stehen lässt, diese sich zwar nie zertheilen, aber auch nicht der Keim grosser Geschwülste werden. Der Mann nämlich, welchen wir im Januar 1846 in Dieffenbach's Klinik haben operiren sehen, hatte vor mehreren Jahren an derselben Stelle wie jetzt ein grosses Lipom, welches bis auf einen geringen Rest exstirpirt worden war. Die jetzige Geschwulst sitzt am unteren Theil des Nackens, hat die Grösse einer Haselnuss, ist unter der Haut beweglich, und fühlt sich hart elastisch und deutlich nach allen Seiten abgegrenzt an, wie eine Balggeschwulst. Durch einen Längsschnitt wird die Haut gespalten, mit stumpfen Haken auf die Seite gezogen, dann wird die Geschwulst mit einem spitzen Haken angezogen und exstirpirt. Dieselbe zeigt bei der Untersuchung einen so dichten Balg, dass sie durchaus einer Balggeschwulst ähnlich sah, auf einem frischen Durchschnitt zeigt sie jedoch deutlich ausser der Capsel mit vielem Zellgewebe durchwachsenes Fettgewebe: die ganze Geschwulst hat ein homogenes nicht gelapptes Ansehen und ist regelmässig rund. Die fehlende Fluctuation, die fast elastische Consistenz, das früher exstirpirte Lipom konnten hier die Diagnose sichern. Die mikroskopische Untersuchung setzt die mit Zellgewebe durchwachsene lipomatöse Structur ausser allem Zweifel. In einem ähnlichen Falle haben wir ein grosses Lipom von der Occipitalgegend bis zur Schulter ausschneiden sehen, wobei eine kleine seitliche, tiefer sich erstreckende Ausbreitung derselben stehen blieb, welche nach der Verheilung der Operationswunde, so lange wir den Kranken zu beobachten Gelegenheit hatten, nicht gewachsen war, und später, wenn dies Gewebe sich auch vermehren sollte, nur eine einfache und leichte Operation erfordert, während sie früher die ohnehin schon umfangreiche Exstirpation sehr complicirt hätte.

4) Ein umfangreiches sieben Pfund schweres Lipom an den Bauchdecken; durch Exstirpation vollkommen geheilt.

Ein 19jähriges Mädchen von gesundem Ansehen und kräftiger Constitution ist bis auf das vorliegende Uebel stets gesund gewesen. Als sie ein halbes Jahr alt war, bemerkte ihre Mutter zuerst in der linken Bauchseite eine kleine Geschwulst von der Gestalt eines halben Hühnereies. Diese vergrösserte sich in demselben Maasse, als das Mädchen heranwuchs, und erreichte am Ende einen gewaltigen Umfang, der in der letzten Zeit nicht merklich zugenommen hatte. Bei der Aufnahme der Kranken in die Klinik umfasste sie die ganze linke Seite des Bauches, an dem sie fast einen zweiten Bauch darstellte. Sie hat die Grösse eines grossen Kürbisses. Sie sitzt mit einer sehr grossen Fläche auf, aber die Ränder legen sich überall noch über die Basis herüber, ausgenommen oben, wo sie allmählig in die Bauchdecken übergehen. Ihre Gestalt ist mehr länglich, wenig begrenzt, ihre Oberfläche durchaus gleichförmig, weich, als wäre sie mit Baumwolle ausgestopft; sie lässt sich ohne grossen Widerstand zusammendrücken und ihr Inhalt ist so wenig gedrängt, dass sich beim Anschlage eine wellige Bewegung, fast wie Fluctuation, erhebt. Die Haut über der Geschwulst ist ziemlich normal, jedoch überall verwachsen, so dass man sie nicht in Falten aufheben kann. Der Druck auf die Baucheingeweide ist überaus gering, da die Geschwulst durch ihre Schwere nach unten über die Leistengegend herabgezogen wird, und sie belästigt daher nur durch ihr Gewicht und ihre Masse. Auch das Allgemeinbefinden der Kranken leidet durchaus nicht. Alle Organe zeigen ihre normalen Functionen. Die ganze Gruppe der Erscheinungen charakterisirt demnach die Geschwulst als ein Lipoma diffusum. Wahrscheinlich ist das Uebel angeboren.

Am 13. Januar 1843 machte Dieffenbach die Operation auf folgende Art: Es wurden zwei grosse sich kreuzende Schnitte gemacht, die dadurch gebildeten Lappen vom Lipom abpräparirt, und dieses endlich von seiner Basis abgetrennt, wobei ungefähr noch ein viertel Zoll hoch von der Masse geschont wurde, um die Bauchmuskeln nicht zu verletzen; darauf wurde von jedem Lappen ein hinreichendes Stück entfernt, so dass die Wundfläche eine passende Bedeckung erhielt. Die einzelnen Lappen wurden unter sich durch einige Knopfnähte vereinigt und durch Heftpflasterstreifen an die Wundfläche angedrückt. Ein grosses Handtuch ward endlich zur Compression um den Leib gelegt. Mehrere durchschnittene Arterien waren schon vorher torquirt worden.

Die Untersuchung zeigte die Geschwulst als ein aus vielen Lappen bestehendes Lipom, welches nur durch Druck eine gleichmässige Oberfläche erhalten hatte und 7 Pfund wog.

Wegen des starken Blutverlustes war gegen Ende der Operation eine Ohnmacht eingetreten, welche jedoch dem Trinken eines Glases Wein schnell wich. Die Behandlung war streng antiphlogistisch, wurde aber nach einigen Tagen, als die Ränder der Lappen brandig zu werden anfingen, mit Umschlägen von Chamomillen und innerlichem Gebrauch des Elixirium acid. Halleri (Elixirii acidi Halleri — Syrupi Rubi Idaei ana ʒij — 3mal täglich 10 Tropfen) vertauscht. Nach Abtragung der Wundränder wurde nun auch die Eiterung besser, das Allgemeinbefinden ward ebenfalls befriedigend. Abgerechnet, dass sich ein Abscess in einem der Lappen bildete, machte die Heilung schnelle Fortschritte, blieb aber, bereits weit vorgeschritten, stationär, weshalb rothe Präcipitatsalbe (gr. x auf Axung. ʒij) angewendet wurde. So vernarbte sich denn allmählig die grosse Wundfläche, und nach sechs Wochen war die Heilung vollständig.

5) Geschwür auf dem Schulterblatt in Folge eines vor einem Jahre exstirpirten Lipoms.

Eine 35jährige sonst gesunde Frau hatte sich vor einem Jahre ein auf dem linken Schulterblatt sitzendes Lipom exstirpiren lassen, was auch ohne alle Zufälle vorüberging. Die Aerzte ihrer Gegend konnten jedoch die zurückbleibende Wunde nicht zum Schliessen bringen. Nachdem sie nun während eines ganzen Jahres alle möglichen Mittel versucht hatte, kam sie in die Klinik mit einem Geschwür von 1½ Zoll Länge auf ¾ Zoll Breite. Die Behandlung bestand in wiederholten Abführmitteln aus Calomel und Jalappe, anfangs trockenem Verband mit Charpie und Beiumschlägen von Hafergrütze. Als jedoch die Granulationen immer schlaff blieben, wurde nun Präcipitatsalbe (Hydrarg. praecipitati rubri ℈ij, Ungt. rosati ℥j) zum Verband verordnet, und einen Tag um den anderen mit Lapis infernalis geätzt. Es wurde alsdann ein Emplastrum consolidans Schmuckeri aufgelegt, und so war denn bereits nach 3 Wochen vollkommene Vernarbung des Geschwürs zu Stande gekommen.

6) Sehr grosses Lipom an der Hinterbacke, Ulceration, Entleerung einer lymphatischen Flüssigkeit, Oedem der unteren Extremitäten; Heilung durch die Operation.

Eine 56jährige kräftige Frau von untersetzter Körperstatur zeigt schon auf den ersten Anblick eine deutliche allgemeine Anlage zur Fettbildung, welche nach ihrer Aussage seit ihrer frühesten Jugend bestanden hat. Sie hat sich sonst stets einer guten Gesundheit erfreut, ihre Menstruation war vom 15ten bis 51ten Jahre regelmässig. Sämmtliche innere Organe sind in vollkommener Integrität. Vor ungefähr 20 Jahren bemerkte die Kranke zuerst eine kleine weiche Erhabenheit an der Mitte der rechten Hinterbacke, welche allmählig die Grösse einer grossen Wallnuss erreichte und in dieser Ausdehnung während mehrerer Jahre verblieb, ohne die geringsten Beschwerden zu verursachen. Zur Zeit des Aufhörens der Menstruation fing das Lipom an schnell zu wachsen, und erreichte in wenigen Jahren eine bedeutende Ausdehnung. Die Kranke zeigt bei ihrer Aufnahme in die Klinik auf der rechten Hinterbacke eine Fettgeschwulst, die mit einer sehr breiten runden Basis aufsitzend, in der Gestalt eines Kegels sich zuspitzend, nach unten und links schräg über die Afterspalte verläuft, und alle Charaktere eines Lipoms deutlich an sich trägt. Vor ungefähr zwei Jahren zeigte sich bei der Kranken zuerst ein Oedem der Füsse, welchem bald ein Aufbrechen der Geschwulst an ihrer Spitze mit Ausscheidung einer lymphatischen Flüssigkeit folgte. Bei längerem Bestehen des Geschwürs schwand die wassersüchtige Anschwellung der Füsse gänzlich. Nach ungefähr halbjähriger Dauer der ungehinderten Absonderung aus dem indess nicht sehr vergrösserten Geschwür zog die Kranke einen Arzt zu Rathe, welcher ihr Aloepillen und örtlich Umschläge von Bleiwasser verordnete. Hiernach vernarbte sich denn auch das Geschwür bald, wonach sich aber unmittelbar die vorher zertheilte Anschwellung der Füsse wieder einstellte. Schmerzen hat die Kranke nicht, und nur beim Sitzen und beim Stuhlgang ist ihr die Geschwulst sehr lästig.

Die durchaus nothwendige Exstirpation wurde nun so gemacht, dass die Geschwulst an ihrer Basis durch zwei halbmondförmige Schnitte umschrieben wurde, alsdann trennte man dieselbe überall an ihrer Basis und Umgebung, und vereinigte die Wunde durch einige blutige Hefte. Die Blutung unmittelbar nach der Operation, so wie eine nicht unbedeutende Nachblutung stand auf die Anwendung kalter Umschläge. Die Vereinigung kam nur theilweise zu Stande, und es trat eine anfangs reichliche aber durchaus gutartige Eiterung ein. Später wurde die Vernarbung durch Verbinden mit rother Präcipitatsalbe und Aetzen mit Argentum nitricum sehr beschleunigt. Eine oberflächlich verheilte Hautbrücke, welche in der Tiefe das Durchgehen mit der Sonde gestattete, und sich am unteren Theile der Wunde dicht am After befand, musste durchschnitten werden, wobei eine für die Kranke sehr wohlthätige reichliche Blutung eintrat. Das Oedem der Füsse war mittlerweile ganz geschwunden. Die Heilung machte nun so schnelle Fortschritte, dass die Kranke einen Monat nach der Operation die Anstalt in dem besten Zustande verlassen konnte.

Wir fügen diesen Krankengeschichten noch die Erwähnung einiger Fälle interessanter Veränderungen von Lipomen, so wie sehr ausgedehnter Geschwülste der Art hinzu.

In den Mélanges de chirurgie étrangère [1]) finden wir in einer Uebersetzung des Aufsatzes Abernethy's über Geschwülste, dass derselbe einmal einen Abscess inmitten einer Fettgeschwulst gefunden, ferner dass er Ablagerung erdiger Concremente, ja sogar von Knochensubstanz im Lipom beobachtet habe. Letzteres würde ich nur glauben, wenn die feinere Untersuchung der angeblichen Knochensubstanz mitgetheilt wäre. Er erzählt den Fall eines 14—15 Pfund schweren Lipoms, welches am Schenkel exstirpirt worden war, und er giebt als einen grosse Schwierigkeiten darbietenden Umstand an, dass die Geschwulst am Capselligament des Knies adhärirte. In ähnlichen Fällen, glaube ich, thut man besser, eine geringe Portion der Geschwulst übrig zu lassen, als den Kranken einer gefährlichen Gelenkentzündung auszusetzen.

In den Anmerkungen zu diesem Aufsatz berichtet der Uebersetzer, dass Dr. Maunoir in Genf ein Lipom bei einem 80jährigen Manne operirt habe, welches 3 Fuss im Umfang hatte und auf dem Rücken sass. Es hatte sich dasselbe seit 40 Jahren entwickelt, und erst in der ganz letzten Zeit durch Reiben eines Riemens, welcher die Geschwulst unterstützen sollte, entzündet, und so hatte sich auf der Oberfläche ein jauchiges Geschwür gebildet. Der Kranke wurde durch die Operation vollkommen geheilt.

Ueber fibro-plastische oder sarkomatöse Geschwülste.

Wir kommen hier an eine Klasse der Geschwülste, welche leider noch viel zu wenig von Chirurgen und Physiologen gekannt ist und eine durchaus gesonderte Gruppe gutartiger Geschwülste bildet, von beiden aber oft mit Krebs verwechselt wird.

Die genauere Erkenntniss der Natur dieser Geschwülste ist um so nothwendiger, als gerade sie zu denen gehören, welche in die Lehre über ihre Gut- und Bösartigkeit die meiste Verwirrung gebracht haben.

[1]) Mélanges de chirurgie étrangère. Genève 1825.
Abernethy, essai de classification des tumeurs d'après leur structure anatomique. T. II. pag. 413—539 et notes du traducteur pag. 540—576.

Von den älteren Chirurgen und zum Theil noch von neueren werden die Sarkome zu den sogenannten Polypen gezählt, aber auch hier ist ein unpassend angewandter Name der Deckmantel der Unwissenheit und geistiger Trägheit gewesen. Wer aus der Naturgeschichte sich erinnert, was in der Zoologie ein Polyp ist, der muss sich wundern wie man in der Pathologie hat ein Analogon desselben auffinden können. Und wenn man nun sieht auf wie verschiedene Krankheitsprocesse dieser unpassende Name angewendet worden ist, so findet man hierin um so dringender die Nothwendigkeit, denselben aus der Wissenschaft zu verbannen. Die Polypen der Nasenschleimhaut bestehen aus einer Hypertrophie eines umschriebenen Theils der Schleimhaut und des Unterhautzellgewebes. Einzelne Nasenpolypen so wie die Polypen der Highmorshöhle sind gewöhnlich Fasergeschwülste, selten fibroplastische. Die Ohrenpolypen gehören hingegen meist zu den sarkomatösen Bildungen, die Schleimpolypen des Uterus sind oft nichts als locale Epithelialwucherungen. Es wird also immer dringender nothwendig, die Geschwülste nach ihrer inneren Structur und nicht nach ihrer oberflächlichen Aehnlichkeit zu classificiren, und hierbei den Fortschritten der Wissenschaft in der Classification der Wesen der organischen Natur zu folgen.

Abernethy[1]) hat zwar zuerst den Namen Sarkom in die Wissenschaft eingeführt, unter diesem Namen aber sehr verschiedenartige Geschwülste beschrieben, denen er als gemeinschaftliche Charaktere Zunahme des Volumens und fleischartige Consistenz zuschreibt. Er trennt auch keinesweges gut- und bösartige Geschwülste, und so giebt er von seinem organisirten, vasculären Sarkom an, dass es sich auch im Hoden und in der Brustdrüse bilden könne. Als Ursprung dieser ersten Art der Sarkome giebt er den gelatinösen Theil des Bluts in localer Ablagerung mit Entwickelung von Gefässen in denselben an. Seine zweite Art ist das Fettsarkom, dem Lipom entsprechend, welches gewiss von der ersten Art in jeder Hinsicht verschieden ist. Seine dritte Art ist das pankreasartige Sarkom. Auch hier findet Verwirrung statt, und nach aufmerksamem Lesen der Beschreibung Abernethy's und Maunoir's scheint mir, dass diese Art zwei in ihrer Natur durchaus verschiedene Formen von Geschwülsten in sich fasse; die eine ist ein wirkliches fibroplastisches Sarkom, aus feinen gelbröthlichen Lappen bestehend und in der That dem Pankreas einigermaassen ähnlich; die zweite Form hingegen scheint mir ein Agglomerat kleiner hypertrophischer

---

[1]) Op. citat.

Lymphdrüsen zu sein. Ausserdem vermuthe ich, dass er mitunter die Hypertrophie der Brustdrüse, besonders die partielle, hierher gezählt habe. Die vierte Art der Sarkome nach Abernethy, die cystenhaltigen Sarkome, kommen mit der Müller'schen Beschreibung der Cystosarkome in manchen Punkten überein, und scheinen meistens componirte Cystoide zu sein, also in unsere Klasse der Cystengeschwülste zellgewebigen Ursprungs zu gehören. Die fünfte Art, welche er als brustdrüsenartiges Sarkom der Aehnlichkeit nach beschreibt, und welches er an sehr verschiedenen Körpertheilen beobachtet hat, scheint ebenfalls sehr verschiedene Geschwülste, fibroplastische, fibröse und scirrhöse in sich zu begreifen. Unter seiner sechsten Species, dem tuberculösen Sarkom befinden sich ebenfalls zwei Arten von Geschwülsten, und von den zwei mitgetheilten Fällen scheint der eine sich auf viele kleine subcutane Krebsgeschwülste, der andere auf tuberculöse Lymphdrüsen zu beziehen. Die siebente und achte Species, das Medullarsarkom und das Krebssarkom endlich erklärt Abernethy selbst für bösartig, wiewohl er beide Arten von einander zu trennen sich bemüht; eine unglückliche Idee, welche sich noch heutzutage in vielen, ja den meisten deutschen Lehrbüchern der Chirurgie findet.

Wenn wir die Eintheilung Abernethy's tadeln müssen, so wollen wir uns jedoch hier gleich vor dem Vorwurf, zu streng in unserer Kritik zu Werke zu gehen, verwahren. Abernethy hatte wenigstens das Gefühl der Nothwendigkeit, die Geschwülste nach ihrer inneren Organisation zu classificiren, aber leider fehlten ihm die Hülfsmittel feinerer Untersuchung. Die Verwirrung aber welche sich in seiner Eintheilung findet abgerechnet, ist seine Abhandlung über die Geschwülste voll nützlicher und lehrreicher Bemerkungen, enthält mehrere sehr interessante Krankengeschichten, und ist namentlich in der Uebersetzung, in den Mélanges de chirurgie étrangère von schönen Beobachtungen des noch lebenden Nestors der Genfer Chirurgie, meines verehrten Freundes, J. S. Maunoir, begleitet.

Der Leser wird uns diese kurze Digression verzeihen, da die Arbeiten Abernethy's über die Geschwülste von grosser Wichtigkeit sind, aber viel öfters von den Autoren aus zweiter und dritter Hand citirt, als in ihrer Vollständigkeit gelesen werden.

Da nun keine uns bekannte vollständige Arbeit über gutartige Sarkome, unsere fibroplastischen Geschwülste, existirt, so scheint es uns nothwendig, hier unsere allgemeinen Resultate über das Wesen derselben mitzutheilen, indem wir theils mit neueren Bemerkungen bereichert unsere in der Physiologie pathologique (T. II. pag. 120 et sq.) auseinandergesetzten Ansichten hier anführen, theils neuere Beobachtungen und Krankheitsfälle der Art beschreiben.

Vor Allem schlagen wir auch hier wieder vor, den Namen Sarkom als zu vag durch den das eigentliche Wesen dieser Geschwülste speciell bezeichnenden Namen „fibroplastische Geschwülste" zu ersetzen, da ihr wichtigstes Element metamorphisches, Uebergangs - Bindegewebe ist.

Diese Geschwülste sind gewöhnlich rundlich und haben nur dann eine oblonge längliche Gestalt, wenn sie in Theilen liegen, welche eine rundliche Entwickelung nicht gestatten. So sind die hierher gehörenden sogenannten Ohrenpolypen meist oblong und von fast cylindrischer Gestalt wegen der Form des Ohrcanals. Ihre Oberfläche ist glatt und gleichmässig oder unregelmässig gelappt, die Lappen sind mitunter sehr klein und geben alsdann der Oberfläche ein himbeerartiges Ansehen. Aeusserlich sind sie stets von einer feinen gefässreichen Bindegewebehülle umgeben, welche fest mit der Substanz der Geschwulst zusammenhängt und sich in die Furchen der einzelnen Lappen fortsetzt, welche alsdann auch mit der Gefässvertheilung übereinkommen.

Wir unterscheiden hauptsächlich zwei Formen, zwischen welchen sich aber Uebergänge finden, die sich ebensowohl in ihrer äusseren Gestalt, als auch in ihrem feineren Bau von einander unterscheiden.

Die erste Form besteht aus weichen, gelappten fibroplastischen Geschwülsten, und es ist besonders diese Abart, welche oft mit dem Markschwamm oder dem Gallertkrebs verwechselt wird. Die Consistenz derselben ist in der That zuweilen sehr weich, bei genauer Untersuchung jedoch ergiebt sich, dass man nicht aus diesen weichen fibroplastischen Geschwülsten einen trüben, gelblich weissen, lactescirenden Saft wie aus dem wahren Krebs ausdrücken kann, sondern dass die gutartigen Sarkome entweder gar keinen deutlich darstellbaren Saft enthalten, oder einen durchsichtigen gelblichen in geringer Quantität. Das Gewebe selbst, wiewohl weich, zeigt immer eine deutlich elastische Consistenz, welche sich mehr oder weniger der des Fasergewebes nähert. Bei der Zergliederung leistet dies Gewebe den Instrumenten einen ungleich stärkeren Widerstand als Markschwamm. Die Grösse der Lappen ist sehr ungleich und wechselt zwischen der eines Millimeters und mehrerer Centimeter; sie sind gewöhnlich gelbröthlich, mässig gefässreich, und bieten in ihrem Anblick viel Aehnlichkeit mit dem weichen lappigen Gewebe dar, welches man oft um cariöse Knochen herum antrifft, welches letztere auch wirklich aus ähnlichen mikroskopischen Elementen besteht.

Die einzelnen Lappen oder die Gruppen mehrerer Lappen sind oft von einer Zellgewebehülle umgeben, welche eine ziemlich feste Consistenz erreichen kann. Wichtig zu bemerken ist, dass diese Geschwülste gewöhnlich keine Fettelemente enthalten, welche doch beim Krebs höchst selten fehlen, und meist in bedeutender Menge existiren.

Die zweite Eorm der fibroplastischen Geschwülste entspricht eher der Fleischgeschwulst, dem Sarkom der Autoren. Seine Consistenz ist die des Muskelfleisches oder der carnificirten Lungen. Auf frischem Durchschnitt zeigen sie ein röthliches, ziemlich gleichmässiges, feinkörniges Ansehen und eine feste Consistenz, welche jedoch nicht die der Fasergeschwülste erreicht. Ihre Farbe ist entweder gelbroth, oder von der Röthe des Muskelfleisches, oder selbst dunkler. Zuweilen sieht man zwei verschiedene Färbungen in denselben, die äussere deutlich roth, die innere gelblich; oft wechseln beide indistinct mit einander ab. Da nicht selten einzelne Partien dieser Geschwülste grösstentheils aus Fasergewebe bestehen, sieht man in diesen Fällen in denselben stellenweise ein ganz weisses fibröses Gewebe. In manchen Fällen findet sich in denselben eine eigenthümliche safranähnliche oder gelbgrünliche Färbung, welche von einer besonderen Art Fett herrührt, der ich den Namen Xanthose gegeben habe. Dies gleiche hochgelb gefärbte Fett habe ich auch öfters in der Sarcocele beobachtet. Im Allgemeinen sind diese Art Geschwülste gefässreich und man findet selbst in denselben kleine Blutextravasate und Ekchymosen, jedoch nicht grössere Blutergüsse wie in den apoplektischen Extravasaten, welche in Krebsgeschwülsten keinesweges selten sind. In einer und derselben Geschwulst ist der Gefässreichthum stellenweise oft sehr verschieden. Haben sich Geschwülste der Art im Periosteum oder in der Medullarmembran, oder in der Nähe der Knochen überhaupt entwickelt, so findet man zuweilen Knochennetze in denselben.

Der gewöhnliche Verlauf dieser Geschwülste ist langsam; mit der Zeit aber haben sie die Anlage sich zu entzünden, zu erweichen, ja sogar in seltenen Fällen in Ulceration überzugehen. Diese verschiedenen Zustände erklären sich übrigens leicht durch den Gefässreichthum derselben. Ausserdem werden diese Ausgänge zuweilen durch äussere Gewaltthätigkeiten herbeigeführt. Viele Chirurgen würden diese Entwickelungsphase ein Degeneriren, ein Bösartigwerden nennen, was jedoch durchaus unrichtig ist. Im Anfang können sie in ihrem Umfang zu- und abnehmen, letzteres namentlich unter Einfluss von Druckverband und örtlicher Antiphlogose, später jedoch nehmen sie fortwährend, freilich oft sehr langsam, an Umfang zu. Die Theile, welche diese Geschwülste umgeben, werden zuweilen durch den Druck, den sie während ihrer Entwickelung auf dieselben ausüben, absorbirt, gewöhnlich aber erhalten sie sich ungleich länger als beim Krebs, besonders widerstehen Sehnen und Knochen lange Zeit.

Die mikroskopischen Elemente dieser Geschwülste sind:

1) Vor allem fibroplastische Kugeln oder Zellen in grosser Menge. Sie zeigen eine blasse Zellenwand und einen scharf markirten Kern; erstere hat $\frac{1}{100}$—$\frac{1}{60}$ Millim. Durchmesser, letzterer $\frac{1}{200}$—$\frac{1}{133}$, zuweilen $\frac{1}{100}$ Millim. Die vollständigen Zellen sind sphärisch oder eiförmig, und nur bei oberflächlicher Untersuchung, und namentlich bei gänzlichem Ausserachtlassen der Grössenverhältnisse kann man sie mit Krebszellen verwechseln. Letztere sind viel blasser, gewöhnlich findet man nur ihre Kerne und nur wenige vollständige Zellen. Die Kerne der Krebszellen allein aber sind meist eben so gross und grösser, als vollständige fibroplastische Zellen, und enthalten auch bedeutend grössere Kernkörperchen, welche in den Zellen des gutartigen Sarkoms nur feine, kaum $\frac{1}{300}$ Millim. grosse Punkte darstellen. Ausserdem ist die Zellenmembran der vollständigen Krebszelle bedeutend grösser als die fibroplastische, und meist von durchaus unregelmässigem Umfang und in ihrer Substanz fein punktirt, oft von Fettkörnchen infiltrirt. Krebszellen können wohl zuweilen eine spindelförmige Gestalt haben, aber nie findet man dieselben in so bestimmten Uebergangsformen zur langen und feinen Faser; freilich kommen in Krebsgeschwülsten fibroplastische Bildungen vor, da diese unstreitig zu den häufigsten normalen und pathologischen Bildungen gehören; indessen habe ich, wo beide zusammen vorkommen, sie immer deutlich von einander unterscheiden können. Uebrigens habe ich in wahren fibroplastischen Geschwülsten niemals vereinzeltes Krebsgewebe gefunden. Was selbst in neuester Zeit noch zur grössten Verwirrung über diese gutartigen Geschwülste beigetragen hat, ist der Umstand, dass selbst sehr ausgezeichnete Mikrographen dieselben für Krebsgeschwülste gehalten haben, und daher die Elemente beider für identisch oder zum wenigsten in einander übergehend gehalten haben. Wir werden übrigens in einem besonderen Capitel über Diagnose des Krebses auf alle diese Verhältnisse wieder zurückkommen. Wir halten diesen Gegenstand übrigens für einen der wichtigsten der ganzen Pathologie, da es sich einerseits darum handelt, die wahre und innere Natur dieser verschiedenen krankhaften Bildungen zu bestimmen, andererseits es höchst nothwendig ist immer genauer zu erforschen, welche Geschwülste man durch eine passende Operation so entfernen kann, dass Radicalheilung erfolgt, und welche im Gegentheil tief im

Blute wurzelnd eine bestimmte Tendenz zu Recidiven haben. Locale Recidive finden bei fibroplastischen Geschwülsten oft darin ihren Grund, dass sie eine ganz besondere Neigung haben, nach allen Seiten in der Umgegend sich auszudehnen, und so nach Entfernung der Hauptgeschwulst wegen ihres Gefässreichthums sich schneller weiter zu entwickeln, als viele andere krankhafte Gewebe. Gerade deshalb muss man oft, wenn sie in einer Gliedmasse ihren Sitz haben, das Glied amputiren, und in den Annalen der Wundarzneikunst findet man zahlreiche Beobachtungen vollständiger Heilung durch Amputation von sehr umfangreichen Geschwülsten der Art, welche fälschlich für krebsartig gehalten worden waren. Besonders gilt dies von den sogenannten Osteosarkomen der Extremitäten.

Wir finden ferner in fibroplastischen Geschwülsten folgende durch die mikroskopische Untersuchung wahrnehmbare Elemente:

2) Grosse, diesen Geschwülsten eigenthümliche Mutterzellen, welche bis auf $\frac{1}{12}$ Millim. gross sind und in ihrem Innern 8, 10—12 und mehr fibroplastische Kerne einschliessen, zuweilen findet man in denselben sogar eine viel grössere Menge. Sie sind rund, oval in der Mehrzahl, nicht selten unregelmässig, ja man sieht mitunter umfangreiche Lappen einer ziemlich durchsichtigen Substanz, in welcher man eine Menge sich durch ihre Kleinheit und scharfe Contouren auszeichnende Kerne findet. Diese fibroplastischen Mutterzellen sind sehr charakteristisch, und unterscheiden sich leicht von den Krebsmutterzellen; man erkennt erstere zuweilen schon mit blossem Auge an ihrem im Wasser blättrigen Aussehen, welche an das im Wasser blättrige Zergehen mancher Gewebe aus Epidermidalgebilden erinnert.

3) Sehr häufig findet man in fibroplastischen Geschwülsten spindelförmige Körperchen, welche den ovalen Zellen der gleichen Bildung sehr ähnlich sehen, nur mit dem Unterschiede, dass sie an beiden Enden zugespitzt sind. Viele derselben sind kernlos, und manche gehen schon recht deutlich in Fasern über. Es fragt sich nun: ist die Faser eine letzte Entwickelung dieser Zellen oder nicht? Nach allen unseren bisherigen Untersuchungen über gesunde und krankhafte Gewebebildung scheint es uns wahrscheinlich, dass eine gegebene fibroplastische Zelle nicht diese verschiedenen Bildungsstufen durchläuft, also nicht jede Faser aus einer kleinen Faserzelle oder der Zertheilung einer Mutterzelle in die Fasern eines Faserbündels entstanden sei, sondern dass vielmehr alle diese Elemente sich gleich so wie sie sind aus der fibroplastischen Mutterflüssigkeit niederschlagen, und sich sogleich runde und ovale Zellen, spindelförmige Körper und Fasern neben einander bilden. Wir

wollen übrigens deshalb keinesweges leugnen, dass einzelne Faserzellen diese verschiedenen Formen wirklich als Entwickelungsphasen durchlaufen, nur leugnen wir ihre Nothwendigkeit zur Faserbildung.

4) Man erkennt gewöhnlich deutliche Fasern in diesen Geschwülsten, und stellenweise bilden sie fast reines Fasergewebe, jedoch sind sie meistens mit fibroplastischen Elementen gemischt.

5) In den eigentlichen fleischartigen Sarkomen findet man oft einen grossen Theil des Gewebes aus kleinen Kügelchen von $\frac{1}{200}$—$\frac{1}{150}$ Mlm. zusammengesetzt, und zwar ohne deutliche Zellenmembran, so wie auch ohne Kernkörperchen. Zwischen denselben findet sich dann eine durchsichtige intermediäre Substanz. Wir können noch nicht entscheiden, ob wir es hier mit unentwickelten fibroplastischen Zellen, oder mit einer ganz anderen Kugelbildung zu thun haben. Die Kleinheit dieser Kügelchen, so wie die Abwesenheit wahrer Zellenelemente in denselben unterscheidet sie leicht von den Krebszellen.

Alle diese verschiedenen Elemente finden sich entweder zusammen oder einzeln und in verschiedenen Mischungsverhältnissen in den fibroplastischen Geschwülsten. Auch hier wird der Anblick mit dem blossen Auge durch die mikroskopische Untersuchung aufgeklärt, und wir finden hier wieder Unterschiede für die beiden oben aufgestellten Formen. Die zur ersteren gehörigen Geschwülste bestehen grösstentheils aus fibroplastischen Gebilden, und namentlich aus spindelförmigem Gewebe; es sind dies diejenigen Geschwülste, welche weich elastisch, gelb und gelappt sind. In der zweiten Form, den festen, homogenen, fleischrothen Geschwülsten, findet man gewöhnlich die kleinen Kügelchen dicht neben einander gelagert in einem feinen Fasernetz eingeschlossen; jedoch finden sich auch in diesen stellenweise deutliche fibroplastische Gebilde.

Alle diese Geschwülste sind von einer aus geschwungenen Fasern bestehenden, Blutgefässe enthaltenden Zellgewebeschicht umgeben, welche um dieselben gewissermaassen eine Umhüllungshaut bildet. Einmal haben wir eine solche Geschwulst mit Fettgewebe combinirt angetroffen.

Diese Geschwülste können im Organismus an den verschiedensten Stellen vorkommen. An der Conjunctiva des Auges bilden sie zuweilen kleine, sehr gefässreiche, weiche, rothe Geschwülste. Im Ohrgang bilden sie die sogenannten Ohrpolypen, welche wir bei mehrfacher Untersuchung ganz aus fibroplastischen Elementen zusammengesetzt gefunden haben. Aus den Alveolen wachsen oft die als Epulis fungosa bekannten fleischartigen Geschwülste hervor; auch hier hat uns die mikroskopische Untersuchung zu der bestimmten Ueberzeugung geführt, dass die Epulis nichts anderes als eine gutartige fibroplastische Geschwulst sei. In der Brustdrüse haben wir einmal eine Geschwulst der Art gesehen, welche ein weiches, gelbröthliches, gelapptes Gewebe von elastischer Consistenz und von fibrösen Straten umgeben darbot. In dem Unterhautzellgewebe kommen Geschwülste der Art häufig vor und dehnen sich hier oft so tief zwischen muskulösen und anderen Theilen aus, dass wenn sie umfangreich sind und sich an den Gliedmaassen befinden, die Amputation oft das einzige Hülfsmittel darbietet. Die dichteren, homogenen fibroplastischen Geschwülste finden sich wohl auch im Unterhautzellgewebe, haben aber meist ihren Ursprung in fibrösen Theilen, und zwar nicht selten im Periosteum und der Markhaut der Knochen. Man trifft diese sogenannten Osteosarkome, ein Name, unter dem man gut- und bösartige Geschwülste ohne Sonderung beschrieben hat, nicht bloss an den Knochen der Gliedmaassen, sondern auch nicht selten am Kopf, und namentlich am Oberkiefer. Die Gutartigkeit dieser Oberkiefergeschwülste ist der Grund, weshalb in neuerer Zeit die Exstirpation des Oberkiefers oft mit günstigem Erfolg gemacht worden ist. Wir haben übrigens auch mehrmals wahre Krebsgeschwülste an diesem Knochen beobachtet. An der Dura mater haben wir mehrere male gutartige Geschwülste der Art gesehen, wiewohl wir keinesweges leugnen wollen, dass wahrer Krebs in der Dura mater vorkomme, wovon wir sogar jüngst ein Beispiel gehabt haben; nur hat man die fibroplastischen Geschwülste dieser Faserhaut oft für Krebs gehalten.

Ich habe 27 fibroplastische Geschwülste genau untersucht. Diese hatten folgenden Sitz: auf den Schädelknochen 1 mal, der Dura mater 3, am Augenlied 1, in der Conjunctiva 1, am äusseren Ohr 1, im Ohrgang (Ohrenpolypen) 5, am Oberkiefer 4, wovon einmal eine Epulis, am Unterkiefer 3, alle drei Epulis fungosa, auf der Wange 1, der Zunge 1, der Brustdrüse 1, an dem Collum uteri 1, dem Vorderarm 1, dem Schenkel 1, am Bein 1, in der Umgegend der grossen Zehe 1 mal.

Von den 27 waren 7 Männer und 17 Frauen, bei dreien ist das Geschlecht nicht angegeben. Was das Alter betrifft, so habe ich fibroplastische Geschwülste 2 mal unter dem zehnten Jahre beobachtet, 2 mal zwischen dem zehnten und zwanzigsten, 8 mal zwischen dem zwanzigsten und dreissigsten, 5 mal zwischen dem dreissigsten und vierzigsten, 2 mal zwischen dem vierzigsten und funfzigsten, 2 mal zwischen dem sechzigsten und siebzigsten, 4 mal zwischen dem siebzigsten und achtzigsten; in zwei Fällen ist das Alter nicht angegeben, das häufigste Alter ist also zwischen dem zwanzigsten und dreissigsten Jahre.

Fassen wir nun die Hauptunterschiede zwischen fibroplastischen und krebshaften Geschwülsten zusammen, so kommen wir zu folgenden Merkmalen:

Erstere greifen das Allgemeinbefinden gewöhnlich nicht an, jedoch haben wir hiervon neuerdings eine Ausnahme beobachtet, sie entwickeln sich meist sehr langsam, ziehen die umgebenden Gebilde nur wenig in den Krankheitsprocess hinein, und verändern dieselben hauptsächlich nur durch Druck. Sie haben eine nur sehr geringe Tendenz zur Ulceration. Sie kommen am häufigsten in den besten Jahren des Lebens, besonders zwischen 20 und 30 vor. Sie kommen, wenn sie gehörig operirt worden sind, nicht wieder, und sind nicht von Ablagerungen in entfernten Organen begleitet, namentlich auch nicht von nahe gelegenen Lymphdrüsenanschwellungen. Sie sind nicht von einem trüben lactescirenden Saft infiltrirt, haben im Durchschnitt eine fest elastische Consistenz, und bestehen besonders aus fibroplastischen Elementen, oder aus sehr kleinen Kügelchen, welche in einem Faserstroma eingelagert sind.

Der Krebs hingegen ist ein Allgemeinleiden, eine Krankheit des ganzen Organismus, schon früh stellen sich meist Symptome von Reaction auf den Gesammtorganismus ein, die Kranken bekommen ein kachektisches Ansehen, die nahe gelegenen Theile werden von Krebselementen infiltrirt, es schwellen bald in der Nähe Lymphdrüsen an, es bildet sich Adhaerenz mit der Haut, und in vielen Formen des Krebses deutlich ausgesprochene Tendenz zu fressenden, beständig um sich greifenden Geschwüren. Der Krebs ferner kommt viel häufiger im klimakterischen Alter als früher vor; es bilden sich besonders nach den Operationen nicht bloss locale Recidive, sondern auch Ablagerung in entfernten Theilen; die Operation schafft daher nur mehr oder weniger vorübergehende palliative Hülfe. Im Innern der Krebsgeschwülste erkennt man deutlich einen infiltrirenden milchigen Krebssaft, es weicht endlich der Anblick mit blossem Auge so wie besonders der feinere Bau des Krebses von dem der fibroplastischen Geschwülste in den wichtigsten Punkten ab, wie wir dies oben ausführlich erörtert haben.

Wir wollen nun einige in Bezug auf Nosologie so wie in Bezug auf operatives Verfahren, je nach dem verschiedenen Sitz der fibroplastischen Geschwülste, interessante Beispiele ausführlich auseinandersetzen. Wir enthalten uns deshalb allgemeiner Bemerkungen über das hierbei nothwendige operative Verfahren.

Wir heben hier von den von uns neuerdings beobachteten Fällen nur wenige heraus, da wir in unserer pathologischen Physiologie bereits eine Reihe von Fällen der Art beschrieben haben. Neu und noch nicht in derselben enthalten ist die Bestimmung der Natur der Ohrenpolypen und der Epulis fungosa, so wie die Combination eines seltenen Falls einer fibroplastischen mit einer Fettgeschwulst.

Wir wollen diese drei Punkte, jeden durch ein Beispiel, erläutern.

1) Fibroplastische Geschwulst im Ohrgange.

Eine 76jährige Frau hatte schon seit mehreren Jahren an zunehmender Taubheit des rechten Ohrs gelitten, konnte übrigens über ihren Zustand nur wenig Auskunft geben. Schon vor einiger Zeit hatte sie bemerkt, dass diese Taubheit durch die Entwickelung einer Geschwulst im äusseren Gehörgange unterhalten wurde. Um diese operiren zu lassen kam sie in die Dieffenbach'sche Klinik. Die Extraction wurde mit einer geraden, ziemlich grossen Polypenzange gemacht, der Polyp wurde tief nach hinten an seiner Implantationsstelle mit der Zange fest gefasst und in einem Rucke schnell herausgezogen. Die Operation war schnell und schmerzlos vollbracht. Zur Nachbehandlung wurden erweichende Einspritzungen empfohlen. Die Kranke war nach wenigen Tagen vollkommen geheilt.

Die Untersuchung der Geschwulst ergab Folgendes: Sie war etwa 10''' lang auf 3''' Breite und Dicke, an ihrer Insertionsstelle etwas verengert, sonst fast cylindrisch, mit leicht unebener Oberfläche, welche an manchen Stellen von fleischrother Färbung war, an anderen mehr gelbröthlich, und stellenweise von der Farbe der normalen Haut und hier ein wirklich überhäutetes Ansehen darbietend. Die Consistenz der Geschwulst war mässig hart, fast die des Muskelfleisches. In ihrer Längenaxe durchschnitten zeigt sie im Innern eine gleichmässige blassrothe Färbung und ein ziemlich homogenes Ansehen, und giebt so auf den ersten Blick schon ein fibroplastisches Gebilde zu erkennen. Feine Schnitte dieses Gewebes, welche bereits bei der Zergliederung auf einer Glasplatte eine fibroide elastische Consistenz zeigen, lassen unter dem Mikroskop deutliche Faserbildung, und neben derselben eine Menge fibroplastischer Zellen, Kerne und spindelförmiger Körper wahrnehmen. Nur an wenigen Stellen sieht man deutlich isolirte Fasern; alle Elemente sind durch eine in ziemlicher Menge existirende zähe, durchsichtige Zwischenmasse unter einander verbunden. Die in grosser Menge existirenden fibroplastischen Zellenkerne sind kaum von der Grösse der Blutkörperchen und enthalten zum Theil punktförmige Nucleoli. Runde Zellenwände sieht man nur in sehr geringer Menge, wohl aber viele spindelförmige Körper mit elliptischen Kernen. Die Geschwulst ist von einer deutlichen Epidermisschicht überkleidet, welche ganz an der Oberfläche ältere Blättchen, in der Tiefe jüngere Zellen zeigt.

2) Fibroplastische Geschwulst des Unterkiefers (Epulis fungosa).

Eine 30jährige kräftige, sonst gesunde Frau hatte sich vor mehreren Jahren einen hinteren Backzahn des Unterkiefers ausziehen lassen. Nach und nach war aus der Zahnhöhle ein kleines fleischiges Gewächs hervorgetreten, welches allmählig die Grösse einer Wallnuss erreicht hatte und die nahe gelegenen Zähne bedeckte. Die Geschwulst hatte ein glattes, dunkelrothes, ins Bläuliche spielendes Ansehen, dabei eine elastische, ziemlich feste Consistenz. Dass hier die Operation ohne Verzug gemacht werden musste, verstand sich von selbst. Dieffenbach wandte folgendes allgemein von ihm in solchen Fällen gebräuchliches, leichtes und schnell zum Ziele führendes Verfahren an: die Kranke wurde in eine sitzende Stellung gebracht, der Kopf durch einen Gehülfen nach hinten fixirt, dann der Mund durch zwei stumpfe Haken offen erhalten, von denen der eine in den linken Mundwinkel, der andere auf den mittleren Theil der Unterlippe aufgesetzt wurde. Nun wurde ein breitrückiges meisselartiges Messer erst auf die eine, dann auf die andere Seite der Zahnhöhle aufgesetzt, und durch Daraufschlagen mit dem Hammer tief getrennt, so dass auf diese Art das die Geschwulst tragende Knochenstück ganz herausgenommen wurde, wodurch natürlich die Geschwulst mit ihrer knochigen Einfassung exstirpirt war. Hierauf wurde die Wunde mit dem Glüheisen tief ausgebrannt, theils um die Blutung zu stillen, theils um etwa übrigbleibende Reste zu zerstören. Es wurden erweichende Gargarismen und antiphlogistische Diät, später leichte Abführmittel verordnet, und so kam die Kranke nach wenigen Wochen vollständig geheilt mit einer festen und soliden Narbe wieder, um sich zur Untersuchung und Constatirung der Heilung vorzustellen.

Die Untersuchung der Geschwulst ergiebt Folgendes: Auf einer frischen Durchschnittsfläche sieht man in der Peripherie eine dunkelrothe Färbung, in der Mitte hingegen eine Substanz von gelbgrauem, mattem, speckigem Ansehen. Nirgends kann man eine dem Krebssaft ähnliche Flüssigkeit ausdrücken. Schon mit schwachen Vergrösserungen erkennt man leicht, dass die dunklere Röthe von erhöhter Vascularität und von extravasirtem blutigem Serum herrührt. Wenn man kleine Stücke dieser Geschwulst auf einer Glasplatte zergliedert, so erkennt man in denselben nur sehr wenig Fasern, und ein mehr blättriges Gefüge, die einzelnen Blättchen kann man leicht unter Wasser trennen. Mit stärkeren Vergrösserungen erkennt man fibroplastische Zellen,

Kerne, Spindelkörper, und namentlich eine grosse Menge der charakteristischen fibroplastischen Mutterzellen, welche bis auf $\frac{1}{20}$ Millim. Durchmesser haben, theils rund oder oval, theils von unregelmässigen Umrissen sind, in ihrem Innern 15—20 Kerne von $\frac{1}{200}$ Millim. einschliessen, und in jedem Kerne 1—2 Nucleoli von $\frac{1}{300}$ Millim. zeigen.

In einer anderen viel weniger gefässreichen Epulis habe ich deutlich ein vorherrschend faseriges Gewebe gefunden.

Im Allgemeinen scheinen diese fibroplastischen Geschwülste der Zahnhöhlen dadurch zu entstehen, dass sich beim Ausreissen eines Zahns oder durch spontane Entzündung des Knochengewebes der Alveola ein Theil des Zellgewebes des Knochens vascularisirt und nun eine eigene Nutrition erhält, allmählig aus der Höhle hervorwächst, die umgebenden Theile verdrängt, und so nach einiger Zeit eine deutlich organisirte fibroplastische Geschwulst bildet. Es scheint überhaupt ein ziemlich weit verbreitetes Gesetz in der pathologischen Physiologie zu sein, dass wenn Gefässe keine bestimmte Nutritionsfunction eines Normalgebildes oder eines pathologischen Neugebildes haben, sie eine Flüssigkeit ausscheiden, in welcher sich fibroalbuminöse Zellen bilden, durch Gerinnung des Blastems organisiren und so allmählig ein neues krankhaftes Gewebe bilden. Aus diesen Elementen entsteht z. B das sogenannte wilde Fleisch um Wunden, die lappige Wucherung, welche oft aus den Areolen cariöser Knochen hervorwächst, ferner das elastische Gewebe, welches sich oft in dicken Massen um und in chronisch entzündeten Gelenken ablagert und so schwer rückgängig gemacht werden kann. Dies Gewebe ist es endlich, welches unter mannigfachen Formen und durch die verschiedenen Theile in denen es sich entwickelt, modificirt die sogenannten gutartigen Sarkome, die fibroplastischen Geschwülste bildet.

3) Fibroplastische Geschwulst mit Fettgewebe in der Backe.

Eine 47jährige gesunde, kräftige Frau, unverheirathet, ist von ihrem 14ten bis 45ten Jahre immer regelmässig menstruirt gewesen. Seit zwei Jahren fing sie an eine Geschwulst in der rechten Wange zu spüren, ohne dass sich übrigens für dieselbe ein örtliches oder ein allgemeines Causalmoment angeben liess. Die Geschwulst hatte, als Patientin dieselbe zuerst bemerkte, die Grösse einer Erbse, war beweglich und schmerzlos; sie wuchs nun langsam und hatte allmählig die Grösse einer grossen Mandel erreicht, war noch beweglich und liess sich unter der Haut verschieben; sie war weich elastisch, und zeigte auf den ersten Anblick Aehnlichkeit mit einem Atherom; sie lag im oberen Drittel der

Distanz zwischen Ohrlappen und rechtem Mundwinkel, schief diese Linie durchkreuzend; das Kauen war nicht gehindert, die Umgegend der Geschwulst nicht entzündet, das Allgemeinbefinden liess nichts zu wünschen übrig.

Am 9. Januar 1846 wurde die Geschwulst exstirpirt, die Haut über der Mitte derselben wurde durch einen Längsschnitt gespalten, dann die Geschwulst mit Haken gefasst und von den umgebenden Theilen getrennt. Die Wunde wurde mit Heftpflasterstreifen vereinigt und dann mit kalten Umschlägen bedeckt; am dritten und vierten Tage wurden wegen entzündlicher Spannung Hafergrützumschläge gemacht, dann später die Wunde mit trockener Charpie verbunden, und am zehnten Tage nach der Operation die Kranke als geheilt entlassen.

Die Untersuchung der Geschwulst unmittelbar nach der Operation ergab nun Folgendes: man erkennt in derselben deutlich zwei verschiedene Substanzen, von denen die eine lappig ist und schon mit dem blossen Auge sich als Fettgewebe erkennen lässt, und auch wirklich bei näherer Untersuchung sich aus Fettbläschen mit Zellgewebe durchwachsen zeigt. Die andere Substanz hingegen hat ein mehr homogenes, blassröthliches Ansehen, ist weich elastisch und zeigt in ihrem Gewebe ausser feinen Fasern und spindelförmigen Körperchen blasse Kugeln von $\frac{1}{100}$—$\frac{1}{80}$ Millim., mit kleinen Kernen, von der Grösse der Blutkörperchen, ein bis zwei punktförmige Nucleoli enthaltend. Im Ganzen sieht man viel mehr Zellenkerne als vollständige Zellen. An manchen Stellen sind eine gewisse Anzahl von Kernen in membranösen Lappen enthalten, welche hin und wieder ein fast röhrenförmiges Ansehen zeigen.

Wir gehen nun zu den Fasergeschwülsten über, welche noch viel öfter als Polypen bezeichnet werden als die vorhergehenden. Viele als Steatome beschriebene Geschwülste gehören ebenfalls zu dieser Klasse.

Von den Fasergeschwülsten.

Die Fasergeschwülste gehören mit zu den häufigsten gutartigen Geschwülsten, und wiewohl wir sie auch zuweilen von Chirurgen, welche überall Krebs diagnosticiren, um den Leuten weiss zu machen, dass sie viele Krebse durch die Operation geheilt haben, mit Scirrhus haben verwechseln sehen, so gehören sie doch im Allgemeinen zu den am leichtesten schon mit blossem Auge bestimmbaren Tumoren. Die meisten als fibröse Polypen bezeichneten Geschwülste gehören hierher.

Sie reihen sich histologisch durchaus an die fibroplastischen Geschwülste an, und wenn wir nicht überall den festen Grundsatz verfolgten, nicht auf mikroskopische Untersuchungen allein die Classification der Geschwülste zu basiren, würden wir geneigt sein, beide in eine Klasse zu vereinigen, indessen unterscheiden sich doch Fasergegeschwülste von Sarkomen insofern, dass man wohl im Sarkom fast ausgebildetes Fasergewebe finden kann, aber nicht im Fibrom leicht lappiges, weiches, gefässreiches, gelbröthliches, fibroplastisches Gewebe antrifft. Nie sieht man z. B. im Uterus, in welchem oft eine ziemliche Anzahl von Fasergeschwülsten verschiedener Grösse zugleich sich findet, solche, die deutlich an das gefässreiche Sarkom erinnern. Im Gegentheil zeichnen sich an allen Stellen des Körpers wahre Fasergeschwülste durch Homogenität ihres Gewebes aus, welches höchstens zwischen blassgelb und milchweiss nüancirt ist, und in der Consistenz immer eine charakteristische elastische Härte zeigt, während der Farbengrundton der fibroplastischen Geschwulst gelbröthlich ist, bis ins Violette spielt und in einem und demselben Gewächs oft verschiedene Färbungen nebeneinander zeigt.

Wir haben dem, was wir in unserer Pathologie physiologique über Fasergeschwülste mitgetheilt haben, nicht viel Neues in histologischer Hinsicht hinzuzusetzen; wir wollen daher diesen allgemeinen Theil nur in Kurzem, mit einigen neuen Bemerkungen bereichert, mittheilen, dann aber für chirurgische Praxis wichtige Fälle schwieriger Operationen der Art erzählen. Was den hierher einschlagenden allgemeinen Theil der operativen Chirurgie betrifft, so verweisen wir besonders hierüber auf den Abschnitt der Dieffenbach'schen operativen Chirurgie,[1]) welcher von der Operation der Polypen handelt.

Im Ganzen herrscht bei Fasergeschwülsten die abgerundete Form vor, nur wird diese durch Lagenverhältnisse wie bei grossen Uteruspolypen in der Bauchhöhle, oder bei Fasergeschwülsten des hinteren Theils der Nasenhöhle zufällig gelappt. Theils fein- oder breitgestielt, theils gleichmässig abgerundet hängen diese Geschwülste bald an den umgebenden Theilen, bald sind sie zwischen denselben so eingelagert, dass nach allen Seiten hin Adhärenzen sie mit den benachbarten Gebilden verbinden.

Auch diese Geschwülste können sehr umfangreich werden, und man trifft sie von der Grösse einer Linse bis zum Umfang des Kopfs eines Erwachsenen und darüber an. Zuweilen lässt sich ihr Umfang schwer bestimmen, da sie besonders als Verdickung fibröser oder ten-

---

[1]) Op. citat. T. I. pag. 269—311.

dinöser Theile hin und wieder auftretend, sich in der Basis des Gewebes verlieren, an welchem sie eine locale Hypertrophie bilden. Dies habe ich besonders um das Knie herum und an verschiedenen Theilen der Achillessehne beobachtet; es kann dies auch von manchen fibrösen Osteosarkomen des Unterkiefers gelten, welche nicht selten aus einer diffusen Hypertrophie des Periosteums entstehen.

Was Vascularität betrifft, so bilden die Fasergeschwülste das Gegenstück zu den Angiektasien; während letztere fast ganz aus Gefässen zu bestehen scheinen, findet man in diesen oft auf breiten Durchschnittsflächen nur wenige und kleine Gefässlumina; im Allgemeinen sieht man ihre Blutgefässe mehr auf der Oberfläche; bei gestielten Geschwülsten der Art findet man die Haupternährungsgefässe im Stiel. Zu Ulceration und Entzündung haben sie nur sehr wenig Anlage, und sie können viele Jahre lang bestehen und sich allmählig zu bedeutendem Umfang entwickeln, ohne die geringste Neigung zu zeigen, die sie bedeckenden Hauttheile zu Adhärenzen und Geschwürsbildung zu reizen. Jedoch sind Fälle der Art viel häufiger als krebsartiges Degeneriren der Fasergeschwülste. Ich habe keinen einzigen Fall beobachtet, in welchem ich in einer wirklichen Fasergeschwulst Krebsablagerungen gefunden hätte. Mit dem Ausdruck Degeneriren oder Bösartigwerden wird überhaupt noch entsetzlicher Missbrauch getrieben.

Die Elemente der Fasergeschwülste sind einfach und leicht zu charakterisiren. Faserung, Fasern und Faserbündel bilden das Hauptelement und sind dann oft schon mit blossen Augen zu erkennen. Mit dem Mikroskop findet man alsdann ebenfalls Fasern und Bündel, und zwischen denselben zahlreiche, früher ausführlich beschriebene fibroplastische Elemente. In den Geschwülsten jedoch welche mit blossem Auge ein homogenes weissliches Ansehen darbieten, findet man wenig deutliche abzusondernde Fasern, sondern vielmehr diese, so wie die fibroplastischen Kerne und Spindelkörper in einer amorphen, unter dem Mikroskop halbdurchsichtigen Masse, eingebettet. Diesen Zustand habe ich oft beobachtet, ihn aber in meiner früheren Arbeit nicht besonders beschrieben; jedoch mit vielem Vergnügen habe ich gesehen, dass Vogel in dem ersten Bande seiner neu erschienenen pathologischen Anatomie diese Art der Structur der Fasergeschwülste recht wohl beschrieben hat, wie überhaupt dieses Werk viele und recht treue Naturbeobachtungen enthält.

Die sogenannte Verknöcherung so wie die Verknorpelung dieser Geschwülste besteht, wie wir anderweitig bewiesen haben, weder aus wahrem Knorpel noch Knochenelementen; das knorplige Aussehen rührt von dichter, feinfaseriger, milchweisser Structur her, die scheinbare Verknöcherung hingegen von Ablagerungen von Kalksalzen. Wahre Knochenbildungen in Fasergeschwülsten kommen wohl vor, gehören aber zu den Seltenheiten.

Wir haben 29 Fälle von Fasergeschwülsten genau untersucht, von diesen waren 13 bei Männern und 14 bei Frauen, bei zweien war das Geschlecht nicht angegeben. Bei 21 Individuen haben wir das Alter genau angegeben. Hiervon fallen 6 zwischen dem 10ten und 20ten, 4 zwischen dem 20ten und 30ten, 5 zwischen dem 30ten und 40ten, 5 zwischen dem 40ten und 50ten, und 1 zwischen dem 70ten und 80ten Jahre.

Was den Sitz dieser Geschwülste betrifft, so haben wir dieselben in folgenden Verhältnissen in den verschiedenen Theilen angetroffen: 3 mal in der Augenhöhle, und hier Exophthalmus zur Folge habend; 4 mal in und an der Nase, 4 mal in den Choanen, 1 mal im Antrum Highmori, 1 mal am Ohr, 1 mal an der Zunge, 1 mal am Unterkiefer, 2 mal am Halse, 5 mal im Uterus, 1 mal unter der Brusthaut, 4 mal in der Umgegend des Knies, 2 mal im Neurilem der Ganglien des Nervus sympathicus. Ich habe eine viel grössere Menge Fasergeschwülste beobachtet, aber leider eine grosse Zahl derselben nicht notirt. Bei Pferden habe ich öfters in verschiedenen Theilen kleine, ganz verkalkte Fasergeschwülste gesehen, wovon ich später ein Beispiel anführen werde.

Wir führen hier, wie oben bemerkt, keine allgemeine Operationsregeln für Exstirpation der Fasergeschwülste an, sondern gehen gleich zu den Beispielen und Krankheitsgeschichten über, welche für den Praktiker oft lehrreicher sind als allgemeine Rathschläge und Regeln.

1) Fasergeschwülste in der Nase und Rachenhöhle, in der Orbita und dem Antrum Highmori, Atherom auf dem Kopfe.

Ein 27jähriger junger, kräftiger Mann ist, hartnäckige Wechselfieber abgerechnet, früher immer gesund gewesen. Vor zwei Jahren fing er an mit Mühe durch das rechte Nasenloch zu athmen; diese Beschwerde nahm allmählig zu; vor einem Jahre fing der rechte Augapfel an aus der Augenhöhle hervorzutreten, und erst seit einigen Monaten begann die rechte Wange zu schwellen, alles ohne Schmerzen zu verursachen. So kam der Kranke bei immer zunehmendem Uebel in die Dieffenbach'sche Klinik, wo er beim Eintritt folgende Erscheinungen darbot: auf dem rechten Scheitelbein sitzt eine taubeneigrosse Balggeschwulst, ein Atherom. Der rechte Augapfel ist wohl einen Zoll weit aus der

Augenhöhle hervorgetrieben, daher das obere Augenlied dieser Seite kuglicht gewölbt, das untere in einem Zustand vollkommenen Ektropiums sich befindet. Dieses Hervordrängen des Augapfels ist durch eine fibröse Geschwulst bedingt, die man im unteren Augenliede fühlt und von der ein Theil in der Orbita befindlich ist. Eine ähnliche Geschwulst sitzt in den Weichtheilen der rechten Wange, die rechte Nasenhöhle ist durch eine feste Geschwulst, welche an ihrem unteren Theil bereits in Ulceration übergeht, ausgefüllt. Das Septum ist nach links gedrängt, das Gaumensegel ist nach unten und vorn gedrückt, bei der Berührung hart, indem sich hinter demselben feste, harte Auswüchse befinden, die aus der hinteren Nasenöffnung herabsteigen. Merkwürdig ist, dass trotz der grossen Dehnung, welche sowohl die Muskeln als auch der Nervus opticus erlitten haben, doch nicht allein die Bewegungen des Bulbus, die nach unten abgerechnet, normal sind, sondern auch das Sehvermögen ungestört ist. Aetiologische Momente lassen sich nicht auffinden. Die Operation allein bietet dem Kranken Aussicht auf Heilung dar.

Die Operation verrichtete nun Dieffenbach auf folgende Art: um die Lähmung der rechten Gesichtshälfte zu vermeiden, welche erfolgen würde wenn man bei tiefer Durchschneidung der Wange den Facialis verletzte, und um zugleich freie Einsicht in das ganze Uebel zu gewinnen, spaltet Prof. Dieffenbach zuerst die Nase und die Oberlippe in der Mittellinie, und führt dann einen zweiten Schnitt vom innern Augenwinkel der rechten Seite, der mit dem ersten Schnitte einen rechten Winkel bildet. Den so gebildeten Lappen präparirt er nun von den darunter liegenden Gebilden los, und zwar so von den knochigen Theilen, dass Muskeln, Nerven und Gefässe unversehrt im Lappen bleiben, wobei zugleich die Geschwulst der Wange im Lappen übrig bleibt, die Blutung während der Operation wird durch in kaltes Wasser getauchte Schwämme gestillt, mit der Scheere wird nun die Geschwulst im unteren Augenliede und in der Orbita herauspräparirt, wobei der Bulbus und der Nervus opticus durch den linken Zeigefinger, welcher zugleich die Spitzen der Scheere leitet, geschützt werden; dann wird die Geschwulst in der Wange von der Schleimhaut aus entfernt. Die Operation der Nasen- und Rachengeschwülste wird noch aufgeschoben, da der Kranke während der Operation so viel Blut verloren hat, dass er mehrmals Ohnmachten und Convulsionen bekommt, wogegen Analeptica und liegende Stellung sich nützlich erweisen. Die Wunde wird nun vereinigt, der Lappen mit der umschlungenen Naht angelegt und mit der linken Gesichtshälfte vereinigt. Der Bulbus wird durch Pflasterstreifen in der Orbita zurückgehalten. Es werden kalte Umschläge gemacht und mehrmals einige Tropfen einer Mischung von Laudanum und Aether gereicht. Von Zeit zu Zeit musste der Kranke, um die Respiration nicht zu hemmen, die noch stattfindenden Blutanhäufungen im Munde ausspeien. Es wurde nun antiphlogistisch verfahren, innerlich eine Mixtura nitrosa c. Natro sulphurico verordnet, später Mineralsäuren (Elixirii acidi Halleri, Syrupi Rubi Idaei ana ʒij. S. Dreimal täglich 30 Tropfen) verordnet. Am vierten und fünften Tage wurden die Nadeln entfernt, die oberflächliche Eiterung durch Charpie und Ueberschläge lauer Aq. saturnina behandelt; so kehrte denn der Bulbus allmählig in seine Lage zurück, jedoch mit Hinterlassung eines Strabismus externus. Die Vereinigung der Wangenwunde kam ebenfalls gut zu Stande. Einen Monat später wurde die Extraction der Geschwülste der Nasenhöhle und der Choanen vorgenommen. Der herabgedrückte Gaumen wurde der Quere nach mit dem Messer gespalten, wonach sogleich der Polyp aus der Choane hervortrat; dann wurde er mit der Muzeux'schen Zange gefasst, angezogen, und mit einer langen Cooper'schen Scheere in mehreren Malen abgeschnitten, was ziemlich schwer zu bewerkstelligen war; darauf wurde die Nase mit kaltem Wasser ausgespritzt, und die Gaumenwunde durch vier Nähte vereinigt; die mit Kornzangen gefassten krummen Nadeln wurden beiderseits von oben eingestochen, dann unten der Knoten gemacht. Die Blutung war ziemlich bedeutend. Es traten übrigens keine weiteren Zufälle ein; nach einigen Tagen konnten die Hefte der Gaumennaht entfernt werden, und 14 Tage nach dieser Operation konnte auch das Atherom auf dem Kopf exstirpirt werden, und bald nachher wurde der Kranke vollkommen geheilt und von seinen vielfachen, durch ihren Sitz sehr gefährlichen Geschwülsten vollkommen befreit, entlassen.

2) Fasergeschwulst des Oberkiefers von der Grösse eines Kindskopfs; Heilung durch Exstirpation.

Ein 42jähriger Landmann, welcher trotz seines umfangreichen Uebels ein ziemlich gutes Aussehen hatte, will, ausser an einem Wechselfieber, an keiner erheblichen Krankheit gelitten haben. Vor sechs Jahren bekam er einen kleinen Auswuchs unter dem Zahnfleisch der oberen Kinnlade, in der Gegend der vorderen linken Backenzähne. Die Geschwulst wurde täglich grösser, so dass er zweimal in der Folge daran operirt werden musste. Trotzdem war seit zwei Jahren ein Recidiv der Geschwulst eingetreten, und dieselbe hat sich seitdem so ausgedehnt, dass sie allmählig den Umfang eines kleinen Kindskopfes erreicht hat. Die

Geschwulst ist auf der äusseren Oberfläche von der normal gefärbten Gesichtshaut bedeckt, fühlt sich weich und elastisch an, erstreckt sich über die ganze linke Gesichthälfte und droht das linke Auge zu überdecken. Nach innen erstreckt sie sich über den innern Alveolarrand, über den harten Gaumen bis tief in den Rachen und füllt auch die Nasenhöhle aus. Die äussere Haut lässt bedeutende Blutgefässe durchschimmern, und ist ungefähr auf der Mitte des halbkugelförmigen Umfangs der Geschwulst ulcerirt, und durch diese Oeffnungen ragen weisse schwammige Wucherungen hervor, aus denen beständig eine eiterähnliche seröse Flüssigkeit abgesondert wird. Schmerzen fühlt der Kranke nur beim Druck auf die Geschwülste. Das Uebel hat einen zu grossen Umfang erreicht, und bedroht zu wichtige Organe, um nicht schleunige operative Hülfe zu verlangen.

Die Operation wurde nun auf folgende Art ausgeführt: zuerst wurden zwei Ovalärschnitte auf der Mitte der Geschwulst gemacht, dann die Haut zu beiden Seiten abpräparirt, hierauf wurden mit Säge und Knochenzange die Adhärenzen am Oberkiefer gelöst, dann die Basis der Geschwulst aus dem Grunde der Highmorshöhle, oben bis zur unteren Augenhöhlenwand, unten bis zum knöchernen Gaumen, seitlich bis zur unversehrten nur etwas verbogenen Nasenscheidewand abpräparirt, und die Höhle mit Charpie ausgefüllt. Alsdann wurden die Hautlappen einander entsprechend conformirt und mittelst mehrerer Knopfnähte vereint, so dass zu der mit Charpie ausgefüllten Höhle nur vom Munde aus zu gelangen war; die verschobene Nase stellte sich nun gerade und das Auge konnte ungehindert geöffnet und geschlossen werden. Die exstirpirte Geschwulst hatte die Grösse eines Kindskopfes, ihr Inneres war ziemlich fest und bestand ganz aus verdichtetem sehnichtem Fasergewebe mit äusserer sehnichter Hülle, es war durch und durch eine Fasergeschwulst, ohne fremdartige Beimischung. Die entzündliche Reaction nach der Operation war mässig, da der Blutverlust vor derselben nicht unbedeutend gewesen war; die Vereinigung der Wundränder kam zum Theil zu Stande, es blieb noch eine Zeit lang in der Backe eine Zoll lange Oeffnung, aus welcher der Eiter ausfliessen konnte, allmählig füllte sich jedoch die Wunde mit guten Granulationen und kam zu vollkommener Vernarbung, nachdem vorher noch theils zur Hebung der Difformität, theils zur Schliessung dieser Oeffnung durch Hinwegnehmen der Wundränder operativ eingeschritten worden war, so dass der Kranke sechs Wochen nach der Operation vollkommen geheilt war.

3) Umfangreiche gestielte Fasergeschwulst der hinteren Nasenhöhle.

Wir theilen diesen bereits in unserer Physiologie pathologique beschriebenen Fall hier noch einmal mit, weil er nicht bloss in operativer Hinsicht interessant ist, sondern auch ein deutliches Bild der histologischen Verhältnisse der sogenannten Polypen der hinteren Nasenhöhle und Choanen giebt.

Ein 17jähriger junger Mann aus dem Dorfe Veyrossaz im Canton Wallis (Schweiz) kam im Frühjahr 1841 zu mir, um mich wegen einer Geschwulst zu consultiren, welche oberhalb des Gaumensegels ihren Sitz hatte und dieses stark nach unten drückte. Die Geschwulst schien am innern und hinteren Theil der Nasenhöhle ihren Ursprung zu nehmen. Der Kranke hatte wegen des tief herabgedrückten weichen Gaumens bedeutende Mühe zu schlucken, zu sprechen und zu athmen; häufige Blutflüsse aus der Nasenhöhle erschöpften die Kräfte des Kranken und hatten ihm ein anämisches, bleiches Aussehen gegeben.

Am 14. Juni 1841 machte ich mit meinem Collegen, Dr. Bezencenet, die Exstirpation der Geschwulst. Alle Versuche, dieselbe an ihrem Implantationsstiele zu unterbinden, waren vergeblich. Nun wurde die Geschwulst mit der Muzeux'schen Zange gefasst, stark nach unten gezogen und mit der Cooper'schen Scheere, so weit man zu ihrer Basis gelangen konnte, abgeschnitten. Der Blutfluss war bedeutend, stand aber nach dem Tamponiren der rechten Nasenhöhle. Wenige Tage nach der Operation war der Kranke vollkommen geheilt, und konnte wieder ohne Hinderniss athmen und schlucken. Die Kräfte stellten sich anch schnell wieder her.

Die Geschwulst war mit einem 4 Centimeter langen Stiele am Vomer fixirt, von welchem ein Theil bei der Operation am Stiele sitzen geblieben war. Durch diesen gingen die Nutritionsgefässe der Geschwulst. Diese hatte 9 Centimeter Länge auf 16 Millim. bis 4 Centimeter Breite und bestand aus mehreren ungleichen Lappen, welche von einer gemeinschaftlichen fibrösen Umhüllungshaut umgeben waren, welche stellenweise ein band- und sehnenartiges Ansehen hatte. Die Substanz des Gewächses war überall gefässarm Die Fasern derselben waren so dicht gedrängt, dass man sie kaum einzeln unterscheiden konnte; wo man sie isolirt, haben sie $\frac{1}{800}$ Millim. Breite. Zwischen denselben befinden sich unregelmässige, feinkörnige Blättchen. Diese verschiedenen Elemente waren durch eine Zwischensubstanz von feinkörniger Structur mit einander verbunden, und zwischen denselben fanden sich einzelne kleine, blasse Kügelchen. Am Stiel hingen Lappen von Schleimhaut, mit Cylinder- und Flimmer-Epithelium.

4) Exophthalmos in Folge einer Fasergeschwulst der Orbita; Heilung durch Exstirpation des Bulbus.

Eine 24jährige Frau von kräftiger Constitution versichert von Jugend auf gesund gewesen zu sein, bis sie vor 1½ Jahr von Schmerzen in der Tiefe des rechten Auges, vorzüglich in der Infraorbitalgegend, befallen wurde, welche in der ersten Zeit periodisch auftraten, und zwar in den Nachmittagsstunden, wo sie sich bis zu einer gewissen Höhe steigerten und dann allmählig wieder abnahmen, so dass sie die Nacht und den folgenden Vormittag frei davon blieb. Ein solcher Anfall dauerte anfangs ungefähr eine Stunde, nach längerem Bestehen des Uebels verlängerten sich jedoch die Anfälle und traten auch zuweilen des Nachts ein, wo sie dann die ganze Nacht hindurch anhielten. Die Schmerzen waren dabei reissend und klopfend, beschränkten sich immer auf das Auge und die Infraorbitalgegend, und verursachten starkes Thränen. Ein zu Rathe gezogener Arzt verordnete Quecksilbereinreibungen in die Umgegend des Auges. Das Leiden nahm jedoch zu, und allmählig fing der Augapfel an aus der Orbita herauszutreten, was immer mehr zunahm. Zugleich gesellten sich zu den Augenschmerzen halbseitige Kopfschmerzen. Die Kranke suchte daher in der Dieffenbach'schen Klinik Hülfe. Sie zeigte bei ihrer Aufnahme den Bulbus stark nach dem äusseren Augenwinkel hervorgetrieben, so dass die Augenlieder kaum noch zureichten, ihn ganz zu bedecken. Die Conjunctiva war stark entzündet, auf der Hornhaut zeigte sich ein Geschwür, die Augenlieder waren entzündlich angeschwollen und stark geröthet. Die Schmerzen waren heftig, die Nächte schlaflos.

Nachdem die heftigen Schmerzen durch beruhigende Mittel und Bleiumschläge gestillt worden waren, wurde zur Operation geschritten, und zwar der Bulbus mit der den Exophthalmus bewirkenden, einer das Auge nach aussen drängenden und dasselbe comprimirenden Fasergeschwulst, welche ihren Sitz in der Orbita hatte, exstirpirt. Die Reaction nach der Operation war mässig, es stellte sich eine gutartige Eiterung ein, allmählig schwollen die Augenlieder ab, und nach einigen Wochen konnte die Kranke als geheilt entlassen werden.

5) Sehr umfangreiche Fasergeschwulst von der Grösse eines Kindskopfs; mit vollem Erfolge aus dem Uterus exstirpirt.

Die Kranke, eine sonst rüstige 31jährige Frau von gesundem Ansehen, litt seit einiger Zeit an Blutungen aus den Genitalien, deren Grund sich nicht recht erkennen liess. Der Uterus fühlte sich durch die Bauchbedeckungen hindurch aufgetrieben wie im schwangeren Zustande an. Der eingeführte Mutterspiegel zeigte im Muttermunde einen bläulichrothen Körper von der Grösse einer Orange und einer ziemlich glatten gleichförmigen Oberfläche, die sich auch durch die Finger umschreiben liess. Dass hier nur in der Operation Hülfe zu suchen war, versteht sich von selbst. Diese führte nun Dieffenbach auf folgende Art aus: mit Fingern und stumpfen Haken wurden die Schamlippen auseinandergehalten, dann mit der Muzeux'schen Hakenpincette der Theil des Polypen, der in die Scheide herabgestiegen war, gefasst und hervorgezogen. Ein Druck auf den ausgedehnten Uterus über der Symphyse fixirte die Geschwulst noch mehr nach unten. Mit der Cooper'schen Scheere wurden die seitlichen Adhärenzen am Mutterhalse gelöst und mit der Hakenzange das so eben Hervorgezogene gleich wieder höher gefasst, und so ebenfalls noch mehr hervorgezogen. Mehreremal riss dabei der Polyp ein, was das Wiedererfassen desselben um so schwieriger machte; zuletzt legte man Schlingen um den in einzelnen Theilen herausbeförderten Polypen, wodurch man noch kräftiger anziehen konnte; allmählig dehnte sich der Muttermund bis zum Durchmesser von 2 Zollen aus, was den Austritt zwar etwas erleichterte, doch musste der Polyp fortwährend durch die Scheere in seiner Continuität getrennt, gleichsam herausgewickelt werden, denn der Muttermund konnte die ganze Masse nicht auf einmal durchpassiren lassen. Die Operation war ausserordentlich schwierig, jedoch gelang es endlich durch fortgesetzte Wiederholung dieser Manöver in vier Partien eine ungleichmässige, unförmige, sehnige Masse von über 1½ Pfund Gewicht herauszufördern. Die Blutung dabei war unbedeutend, die Scheide hatte gar nicht gelitten. Nach der Operation liess sich der vorher angeschwollene Uterus über der Symphyse kaum noch durchfühlen, der Muttermund war frei, und nur im Fundus uteri mochten noch einige unbedeutende, zu hoch liegende, durch zu feste Adhärenzen fixirte Reste zurückgeblieben sein.

Die herausgenommene Geschwulst bot folgende Charaktere dar: die ganze Masse zusammengenommen hatte ungefähr die Grösse eines

Kindskopfs, ihr vorderer Theil, welcher vorgelegen hatte, war dunkelroth gefärbt, das übrige aber erschien weiss, mit einem leichten Stich ins Rothe, ganz im Innern aus dichten, sich nach allen Richtungen kreuzenden Faserbündeln zusammengesetzt, von fast atlasglänzender Glätte und bedeutender Festigkeit, so dass sich das Gewebe nur schwer schneiden und gar nicht zerreissen liess. Es war dies also offenbar eine Fasergeschwulst des Uterus.

Da die Kranke durch die lange und schwierige Operation erschöpft war, bekam sie zuvörderst Analeptica, wonach sich auch bald ein durchaus befriedigender Zustand einstellte. Während der Convalescenz traten häufig Kopfschmerzen, öfters Erbrechen, beides aber mehr nervöser Natur, ein, und da die Kranke durch frühere, vor der Operation stattgehabte Blutverluste sehr anämisch war, wurden bald Nervina und Tonica, besonders Eisen, in Anwendung gebracht. So verliess denn die Kranke nach wenigen Wochen die Anstalt auf dem Wege vollkommener Genesung.

Ueber die sogenannten Schleimpolypen.

Wir haben uns schon früher über den Werth des Ausdrucks Polyp ausgesprochen. Wir haben ihn hier hauptsächlich deshalb als Ueberschrift eines Paragraphen gewählt, weil man ziemlich allgemein sich dieses Ausdrucks in allen chirurgischen Werken bedient. Viel besser würde man freilich diese Art von Geschwülsten als Schleimhautexcrescenzen bezeichnen. In der That ist diese Art von Polypen den Schleimhäuten durchaus eigen, während dies keineswegs von den sogenannten Faser- und Fleischpolypen gilt.

Was nun die Natur und Entstehung der sogenannten Fleischpolypen betrifft, so hat man die widersprechendsten Ansichten hierüber ausgesprochen. Die Einen sahen sie als mit Schleim gefüllte Blasen an, und gaben einer Form derselben auch den Namen Blasenpolyp (Polype vésiculeux der Franzosen); Andere sahen sie als Vergrösserung von Schleimhautdrüsen an. Während ein sonst recht hochgeschätzter Autor von den Schleimpolypen sagt, dass sie den Sumpfpflanzen ähnlich, nur in der Feuchtigkeit gedeihen, drückt sich ein anderer nicht minder ausgezeichneter Wundarzt über dieselben dahin aus, dass sie in alle Furchen und Falten hineinzukriechen die Tendenz haben. Eine solche metaphorische Sprache giebt dem ernsten Styl wissenschaftlicher Darstellung eine gewisse Lebhaftigkeit, ja sogar etwas Pittoreskes, belehrt aber leider nur sehr wenig über die wahre Natur des Uebels. Ueber diese aber sind mir auf dem so weiten Felde, in der viel zu reichen Literatur der Wundarzneikunst keine genauen Untersuchungen bekannt. Wenn ich daher keinesweges die Absicht habe, die Pathologie und Therapie dieser Geschwülste erschöpfend abzuhandeln, so, glaube ich, wird es doch nicht ganz uninteressant sein, meine freilich nur sehr fragmentarischen Untersuchungen über diesen Gegenstand mitzutheilen und an einigen Beispielen zu erläutern.

Wir unterscheiden drei Hauptformen von Excrescenzen der Schleimhäute, welche den drei vorzüglichsten Elementen des Schleimhautsystems entsprechen.

Die erste Form besteht aus den durch Epithelialhypertrophie gebildeten Schleimpolypen. Wir haben dieselbe hauptsächlich am Collum uteri beobachtet, und zwar theils unter der Form eines mehr pflasterförmigen Epitheliums, theils unter der des Cylinderepitheliums. Diese Geschwülste können alsdann mehr ein geschichtetes, aus membranösen Epithelialausbreitungen bestehendes Gefüge haben, oder mehr ein gleichmässiges, homogenes, sarcomatöses Ansehen darbieten. Die genaue Kenntniss der Formen des normalen Epitheliums leitet sicher bei der feineren mikroskopischen Untersuchung, um die innere Natur dieser Geschwülste zu bestimmen. Mit blossem Auge kann man sie ebenfalls diagnosticiren, da sie, wie gesagt, ein blättriges, oder noch öfter ein gleichmässiges weich-elastisches Gefüge zeigen. Ihre Färbung ist röthlich; nichts Krebshaftähnliches lässt sich aus ihrer Substanz ausdrücken, sie sind meist länglich, an ihrer Basis verdünnt, selten gestielt. Mit Scirrhus kann man sie so wenig wie mit Markschwamm verwechseln. Grosse Aehnlichkeit bieten sie in ihrem äusseren Ansehen mit homogenen fibroplastischen Geschwülsten, oder mit denjenigen Schleimhautexcrescenzen, in welchen ein Theil dieser Membranen in seiner Totalität hypertrophisch geworden ist. Da jedoch in allen diesen Fällen die Hinwegnahme nothwendig ist, hat ein Irrthum der Diagnose in diesen Fällen weiter keine nachtheiligen Folgen.

Die zweite Form der Schleimpolypen ist die häufigste und kommt ganz besonders oft auf der Nasenschleimhaut vor. Sie besteht ihrer Natur nach aus einer mehr oder weniger allgemeinen Hypertrophie sehr umschriebener Schleimhautpartien. Die Epithelialschicht ist wohl auch hier vermehrt, indessen bei weitem nicht in solchem Maasse als in der ersten Form. Man unterscheidet deutlich Cylinder- und Flimmerepithelium, beide pallisadenartig aufrecht stehend, und unter ihnen jüngere Schichten eines noch rundlichen Epitheliums mit grossen Kernen, welches sich später in die beiden eben erwähnten Formen umwandelt.

Unter dieser Oberhautvergrösserung befindet sich eine ebenfalls bedeutend verdickte Schleimhautschicht, welche das dreifache, vierfache und darüber ihrer normalen Dicke erreichen kann; in manchen Fällen sind auch zahlreiche Schleimhautfollikel in bedeutender Menge in der tieferen Schleimhautschicht stark entwickelt. Gewöhnlich nimmt auch das Unterhautzellgewebe an der Hypertrophie mehr oder weniger Antheil, und so kommt es denn, da das Uebel gewöhnlich deutlich umschrieben ist, wenn auch auf mehreren Punkten der Nasenschleimhaut zugleich sich zeigend, dass die einzelnen Excrescenzen sich beutelförmig verlängern und in das Lumen sonst freier Höhlen hineinragen.

Hat nun die Hypertrophie mehr in dem submucösen Zellgewebe ihren Sitz, welches sich dann örtlich bedeutend vermehrt, und während seines Wachsthums die Schleimhaut und Epithelialschicht über sich ausdehnt und wie einen Handschuhfinger als Hülle nimmt, so kommen wir zur dritten Form der Schleimhautpolypen, welche dann, wenn die Geschwulst isolirt, sehr verlängert und einigermaassen umfangreich ist, den Uebergang zu den Fasergeschwülsten bildet, welche letztere jedoch häufiger von den fibrösen Theilen, namentlich vom Periosteum ausgehen.

Wenn die Aufstellung dieser drei Formen sich sowohl dem äusseren Anblick wie der inneren Structur nach rechtfertigen lässt, so müssen wir jedoch hier bemerken, dass sich zwischen denselben alle möglichen graduellen Uebergänge finden.

Vergleichen wir nun die Schleimhautgeschwülste mit denen der äusseren Haut, so finden wir allerdings manche Aehnlichkeit, und die drei eben aufgeführten Formen entsprechen der Hypertrophie der Epidermis, der Cutis und des Unterhautzellgewebes. Jedoch finden auch bedeutende Unterschiede statt. Die reinen Epithelialgeschwülste entsprechen freilich der localen Verdichtung und starken Ablagerung von Epidermis, jedoch fehlen auf den Schleimhäuten die Analoga der Papillar- und Warzengeschwülste; ein Gleiches gilt auch für die Telangiektasien, welche sich meist nur an den Grenzen der äusseren Haut auf die Schleimhaut mehr durch Continuität übergehend zeigen. Die Hauthypertrophie ist gewöhnlich bedeutend umfangreicher als die Schleimhauthypertrophie, die sich gewöhnlich auf kleine sehr umschriebene Theile beschränkt. Ein Gleiches gilt für die Hypertrophie des Unterhautzellgewebes. Den Drüsengeschwülsten der Haut entsprechen wohl Schleimhautfollikelgeschwülste, jedoch haben diese mit den Schleimhautpolypen durchaus keine nähere Beziehung. Für die Schleimhäute endlich gilt wie für die äussere Haut, in Bezug auf Krebs, das Gesetz, dass auch hier das submucöse Zellgewebe ungleich häufiger der Sitz der pathischen Ablagerung ist, als das Schleimhautgewebe selbst. Im Unterschleimhautzellgewebe endlich lagern sich viel häufiger wahre Tuberkeln ab, als im Unterhautzellgewebe.

Im Allgemeinen sind also die Schleimhautexcrescenzen, welche man als Polypen beschreibt, nichts als locale Hypertrophien der verschiedenen Elemente der Schleimhäute einzeln für sich, oder mehrerer dieser Elemente zugleich.

Was nun die Entstehung dieser sogenannten Schleimpolypen betrifft, so ist es höchst wahrscheinlich, dass namentlich in der Nasenschleimhaut chronische Entzündung ein sehr häufiger Grund ihrer Ausbildung ist. In der That gehen denselben oft lange chronische Katarrhe der Schleimhaut voraus, und bei aufmerksamer Untersuchung findet man nicht bloss in verschiedenen Fällen, sondern selbst auf dem gemeinschaftlichen Boden mehrerer polypösen Excrescenzen alle Uebergänge zwischen einfach chronisch entzündeten Schleimhautpartien und wahren Geschwülsten. Daher kommt es auch, dass das Uebel nicht selten zugleich in beiden Nasenhöhlen auftritt, und dass wie beim chronischen Katarrh diese Kranken sich bei trockenem warmem Wetter erleichtert fühlen, während sie bei feuchter und kalter Witterung mehr leidend sind, weil im ersteren Falle der Säftetrieb mehr nach der äusseren Haut, in letzterem mehr nach den Schleimhäuten geht. Aus demselben Grunde endlich finden wir diese Polypen immer in einem bedeutend hyperämischen Zustande. Wir wollen jedoch hier keinesweges exclusiv behaupten, dass diese Geschwülste nur durch chronische Entzündung entstehen können. Wenn es einerseits eine ziemlich häufige Erscheinung ist, Hypertrophie in Folge von Entzündung entstehen zu sehen, so gehört doch andererseits reine Nutritionshypertrophie, eine solche, in welcher eine vermehrte locale Ernährung nicht von entzündlichen Symptomen begleitet ist, keinesweges zu den Seltenheiten. Alle drei oben angeführten Formen der Schleimhautexcrescenzen können daher aus reiner idiopathischer Hypertrophie sich bilden, wiewohl die Entstehung aus chronischer Entzündung die häufigere ist.

In der Nasenschleimhaut, namentlich im vorderen Theile derselben, kommen alle diese Excrescenzen am häufigsten vor; demzunächst folgt die Schleimhaut des Collum uteri, besonders seiner äusseren Vaginaloberfläche. Nicht selten endlich sind sie auf der Schleimhaut der Gedärme, namentlich des Dünndarms, wo ich sie immer mit Melanose, zuweilen auch mit tuberculösen Ablagerungen combinirt beobachtet habe. In der Nasenschleimhaut können sie den grössten Umfang erreichen, hier zuweilen beide Nasenhöhlen fast ganz ausfüllen, und so nicht bloss das Athmen sehr hindern, sondern fast alle Sinne: Geschmack, Geruch, ja selbst das Gesicht durch unzureichenden, fast unmöglichen Thränenabfluss in ihren Functionen stören.

Was das Alter betrifft, so haben wir es in 20 Fällen genau notirt, und die Nasenpolypen, von denen hier besonders die Rede ist, 11 mal zwischen dem 20ten und 30ten, 4 mal zwischen dem 30ten und 40ten, 2 mal zwischen dem 10ten und 20ten, 2 mal zwischen dem 50ten und 60ten, und einmal zwischen dem 40ten und 50ten Jahre beobachtet. Von diesen 20 waren 12 bei Männern, 8 bei Frauen.

Die Heilung der Schleimhautexcrescenzen ist einzig und allein durch Hinwegnahme derselben, wo dieselben zugänglich sind, zu bewirken. Nasenpolypen müssen ausgerissen werden, am besten durch eine gerade, einfache, starke Polypenzange; meist sind mehreremal wiederholte Operationen nöthig, die Blutung steht auf Einathmen kalten Wassers. Tamponiren der Nasenhöhle ist meist unnöthig. Sitzt die Geschwulst am Eingang mit breiter oder fester sehniger Basis auf, so ist der Schnitt dem Ausreissen vorzuziehen. Aetzen, Brennen, Unterbinden der Nasenpolypen sind Methoden, welche nur in höchst seltenen Fällen nöthig sind, und hier dem Tact des Wundarztes überlassen, sonst als veraltete Irrthümer mehr in die Geschichte als in die Praxis der Chirurgie gehören. Schleimhautpolypen des Uterus müssen ebenfalls excidirt werden, und wenn ein grösserer Theil der Schleimhaut des Mutterhalses der Sitz polypöser Excrescenzen ist, so ist in der Amputatio colli uteri allein Hülfe und Aussicht auf vollkommene Heilung zu suchen.

Wir wollen nun aus unseren Krankengeschichten eine Reihe von Beispielen wählen, um obige Bemerkungen zu erläutern.

Die beiden ersten Beispiele beziehen sich besonders auf die erste Form der Schleimhautexcrescenzen, welche besonders aus Epithelialhypertrophie bestehen. Wir theilen sie hier nur in kurzem Auszuge mit, da wir sie schon anderweitig beschrieben haben.

1) Epithelialgeschwulst der Oberfläche des Uterus.

Eine junge Frau trug am äusseren Muttermunde eine ziemlich fest aufsitzende längliche Geschwulst von der Grösse einer Bohne. Aeusserlich war sie von mehreren Schichten membranöser Umhüllungshäute umgeben, von denen die äusserste ganz aus grossen Zellen von Pflasterepithelium bestand, welche bis auf $\frac{1}{25}$ Millim. Durchmesser hatten, sehr flach waren und einen ziemlich grossen Kern enthielten. Die mehr inneren Schichten zeigten, ausser weniger deutlichen Epithelien, Fasern und fibroplastische Elemente. Zwischen den häutigen Schichten und der inneren mehr homogenen Masse der Geschwulst zeigten sich deutliche Gefässe, und stellenweise Infiltration von blutigem Serum. Wir haben also hier gewissermaassen ein Gemisch von Sarkom und Epithelialexcrescenz, indem die Gefässe, welche sich zwischen den aus Epithelien zusammengesetzten Häuten vertheilten, der Sitz fibroplastischer Aussonderung geworden sind.

2) Epithelialgeschwülste am Collum uteri.

Wir haben diesen Fall bereits in dem Capitel dieses Werkes, welches von Warzengeschwülsten handelt, in der dritten Krankengeschichte ausführlich mitgetheilt. Wir wiederholen hier die Beschreibung der anatomischen Structur dieser verschiedenen Gebilde, da sie durchaus zu der ersten Form der Epithelialexcrescenzen gehören. Es ist dies ein höchst lehrreicher Fall für die Bedeutung dieser reinen Epithelialgeschwülste. Eine 37jährige, sonst gesunde Frau war in die Klinik gekommen, um sich eine etwa einen Zoll lange Excrescenz des Collum uteri ausschneiden zu lassen. Dies geschah ohne die geringste Schwierigkeit; die Untersuchung der Geschwulst ergab ausser Blutgefässen als alleiniges Element cylinderförmige Epithelialzellen, und zwischendurch rundliche jüngere Zellen des gleichen Gebildes. Einen Monat später kam die Kranke mit einer ähnlichen Geschwulst wieder, die ebenfalls aus denselben Elementen bestand. Nach drei Monaten meldete sich die Kranke wieder zu einer neuen Operation, und da sich auf dem Collum uteri mehrere ähnliche kleinere Excrescenzen zerstreut zeigten, wurde die Amputation des Collum uteri gemacht. Nun ergab die genaue anatomische Untersuchung, dass unter diesen verschiedenen Auswüchsen sich alle Uebergänge der verschiedenen Polypenformen fanden. Einzelne zeigten reine Epithelialhypertrophie; ältere und jüngere Zellen von Cylinderepithelium waren hier vermittelst Gefässe zu einer gleichmässigen, ziemlich festen, fleischartigen Masse verbunden. Andere Excrescenzen zeigten gleichmässige Hypertrophie der Epithelialschicht und der Schleimhaut selbst, in noch anderen endlich stülpte sich hypertrophisches Zellgewebe in die kleinen beutelförmigen polypösen Massen der Schleimhauthypertrophie ein. In einem anderen Falle, welchen ich in den Pariser Spitälern beobachtete, und über welchen ich leider in meinen Notizen nur sehr unvollkommene Angaben finde, fand ich ebenfalls einen Polypen der Oberfläche des Collum uteri aus hypertrophischer, gefässreicher Schleimhaut und darunter liegendem hypertrophischen Zellgewebe zusammengesetzt.

3) Excrescenzen der Nasenschleimhaut; mit ihrer Basis entfernt.

Ein junges Mädchen war bereits vor mehreren Monaten an Polypen der Nasenschleimhaut operirt worden, welche sich als abgerissene Stücke hypertrophischer Schleimhautpartien ergeben hatten. Es war nur höchst unvollkommene Erleichterung eingetreten. Bei erneuerter Operation wurde nun der ganze Boden, welcher die polypösen Excrescenzen trug, vermittelst einer starken Traction mit einem Stücke der Nasenmuschel, auf welcher er aufsass, entfernt. Die Untersuchung dieses Stücks ergab Folgendes: auf allgemein hypertrophischer Schleimhaut befanden sich vier Excrescenzen, von denen die kleinste rundlich und von der Grösse einer Erbse war, die anderen länglich, die grösste von der Form einer Bohne mittlerer Grösse. Auf den ersten Anblick sahen sie halb durchsichtig, fast gallertartig aus, und entsprachen ganz der Beschreibung der blasigen Schleimpolypen. Nun wurden Oberfläche und innere Structur genau mikroskopisch untersucht, und es ergab sich, dass die Oberfläche derselben aus einer ziemlich dichten Schicht von Flimmerepithelium bestand, während ihr Hauptelement verdickte Schleimhaut war, unter welcher sich nur wenig submucöses Zellgewebe befand. Dieser und der vorhergehende Fall bieten also sehr schöne Beispiele der Genese und der histologischen Elemente der polypösen Schleimhautexcrescenzen dar, und zeigen auf recht anschauliche Art, wie dieselben pathologischen Bildungen selbst auf scheinbar sehr verschiedenem Boden doch die grösste Analogie behalten.

4) Schleimhautexcrescenz der Nase mit stark vergrösserten Schleimdrüsen.

Ein ziemlich umfangreicher, gelappter und verästelter Nasenpolyp, welcher nach der gewöhnlichen Methode ohne sonderliche Schwierigkeiten entfernt worden war, zeigte eine mässig hypertrophische Schleimhaut als äusseren Ueberzug; in dem aus Fasern und Kügelchen zusammengesetzten Gewebe derselben fand sich ein ziemlich grosser Gefässreichthum. Am Rand der mikroskopischen Präparate erkennt man einen deutlichen Ueberzug von aufrecht stehendem Flimmerepithelium, deren Bewegung noch fortdauert; in ihrem Innern erkennt man Kerne. Unter dem ausgebildeten Epithelium sieht man eine Lage jüngerer, runder, grosskörniger Epithelialzellen. In der tieferen Schleimhautschicht sieht man viele einfache und gelappte Schleimhautdrüsen, welche einen mehr oder weniger langen, erweiterten, bei den einfachen Drüsen sehr kurzen Ansführungsgang zeigen, aus einer fibro-cellulären Membran bestehen und einen feinkörnigen Inhalt zeigen. Unter der Schleimhaut befindet sich eine Lage von verdicktem, hypertrophischem, weisslichem Zellgewebe, in welchem man deutliche Faserbündel, die sich in verschiedenen Richtungen durchkreuzen, erkennt, ein gelblicher durchsichtiger Saft infiltrirt dieses Gewebe. Wir haben es also hier mehr mit einer Hypertrophie des submucösen Zellgewebes zu thun, an welcher Schleimdrüsen, Schleimhaut und Epithelialüberzug ebenfalls Theil genommen haben. An diesen Fall schliesst sich ein anderer an, welchen ich bereits in meiner Physiologie pathologique beschrieben habe, in welchem ein Nasenpolyp von dünner Schleimhaut bedeckt, mit verengerter Basis ganz aus Zellgewebefasern und einem reichlichen gelben Saft, welcher viele fibroplastische Elemente enthielt, bestand. Diese Geschwulst nun bildet also den Uebergang zu den wahren Fasergeschwülsten. Wir haben also an Beispielen gezeigt, wie Nasenpolypen stets aus dem einen oder anderen Element der Schleimhäute bestehen, aber verschiedene Formen darbieten, jenachdem Epithelium, Schleimhaut, submucöses Zellgewebe einzeln oder in verschiedenen Combinationsverhältnissen der Sitz hypertrophischer Entwickelung sind. Der letzte Krankheitsfall, welchen wir hier anführen werden, ist weniger in histologischer Hinsicht, als durch den bedeutenden Umfang des Uebels und den vollkommenen Erfolg der Operation interessant.

5) Sehr umfangreiche Nasenpolypen; durch mehrmalige Operationen vollkommen entfernt.

Ein 42jähriger Mann hat bereits seit seiner Jugend an Nasenpolypen gelitten; hierzu kam noch, dass er vor fünf Jahren durch einen Schlag auf die Nase eine heftige Erschütterung derselben erlitt. Seit dieser Zeit stellte sich ein habituelles, lästiges Trockensein in der Nase ein, worauf er jedoch wenig achtete. Als er später einen Arzt consultirte, fand dieser, dass die ganze Nasenhöhle beider Seiten mit Polypen ausgefüllt war. Es wurde zwar die Extraction derselben vorgenommen, diese gelang jedoch nur sehr unvollkommen wegen der heftigen Blutungen. Nach sehr vorübergehender Erleichterung nahm das Uebel allmählig so zu, dass beide Nasenhöhlen ganz vollkommen von den Excrescenzen ausgefüllt waren, und dass sogar die Processus nasales des Oberkiefers von ihrer Verbindung mit den Nasenknochen sich zu trennen angefangen hatten. Es ist hierdurch eine bedeutende Difformität der Nase herbeigeführt worden, so wie eine gänzliche Verstopfung der Nasenhöhle eingetreten, so dass der Patient durch den Mund zu athmen gezwungen ist. Die Sprache ist ebenfalls alienirt und der Geruchssinn vollkommen aufgehoben. In der Operation allein ist Hülfe zu suchen. Zu diesem Zwecke war der Kranke in die Dieffenbach'sche Klinik gekommen.

Es wurde durch eine erste Operation eine bedeutende Masse extrahirt, jedoch waren Erschöpfung, Schmerz und Blutung zu bedeutend, um Alles mit einemmale zu entfernen. Eine sehr bedeutende Erleichterung war aber allerdings eingetreten; er konnte wohl durch die Nase ein wenig athmen, die Auftreibung der Nasenhöhle war aber dieselbe geblieben. Nach zehn Tagen wurden von Neuem polypöse Massen mit der Zange entfernt, und nun die Nasenhöhle fast ganz wegbar gemacht. Nach mehreren Wochen wurde noch eine dritte Operation gemacht, und nun schien der Kranke ganz geheilt, ist auch seitdem nicht wiedergekommen. Jedoch ist es immer schwer zu bestimmen, ob die Heilung selbst nach scheinbar durchaus gelungener Operation vollständig ist oder nicht.

Ueber Hypertrophie und Tuberculosis der oberflächlichen Lymphdrüsen, besonders der des Halses.

Ueber Hypertrophie der Lymphdrüsen existiren nur höchst unvollkommene, ja fast keine genauen histologischen Untersuchungen, und die Erkenntniss selbst exstirpirter, bedeutend hypertrophischer Lymphdrüsen muss wohl bei dem Fehlen genauer Anhaltspunkte für die Diagnose nicht ganz leicht sein, da ich öfters sehr ausgezeichnete Chirurgen solche Geschwülste als Encephaloid habe exstirpiren sehen. Die Tuberculosis der Lymphdrüsen ist zwar besser gekannt, jedoch existiren auch hier über das Verhältniss zwischen Scropheln und Tuberkeln, über die verschiedenen Phasen und die pathologische Bedeutung der sogenannten scrophulösen Drüsengeschwülste sehr divergirende, zum Theil recht falsche Ansichten.

Es ist daher an der Zeit, einmal die beiden häufigsten chronischen Krankheiten oberflächlich gelegener Lymphdrüsen, namentlich der des Halses, die Hypertrophie und die Tuberculosis genauer zu besprechen.

Da wir uns im Allgemeinen in diesem Werke mehr mit den durch Operationen heilbaren äusseren, sogenannten chirurgischen Krankheiten beschäftigen, wollen wir die tiefer gelegenen Drüsengeschwülste, namentlich die der Bronchial- und der Mesenterialdrüsen hier ganz ausser Acht lassen, und uns hier mehr mit den oberflächlichen Drüsen beschäftigen.

Wir wollen zuerst von der Hypertrophie der Lymphdrüsen sprechen, und dann die Tuberculosis abhandeln.

Die örtlichen Erscheinungen der Hypertrophie der Lymphdrüsen sind folgende: eine oder mehrere, in seltenen Fällen ein ganzes Convolut von Lymphdrüsen schwellen an, nehmen aber nur sehr langsam zu und behalten dabei anfangs eine weiche, später eine mehr feste, elastische Consistenz an, wobei zuweilen ein täuschendes Gefühl von Fluctuation wegen ihrer Weichheit den Beobachter über ihren Inhalt täuschen kann. Ganz charakteristisch hierbei ist, dass diese Drüsen durchaus weder Tendenz zur Entzündung, noch zur Abscessbildung haben. Es findet sich daher in ihrer Umgegend weder Röthe, noch Härte, noch erhöhte Temperatur, das Uebel verläuft schmerzlos und besteht hauptsächlich in einem vermehrten Zufluss der Ernährungsflüssigkeit; es bilden sich daher im Umkreis solcher Drüsen meist keine festen Adhärenzen, und diese entstehen ausnahmsweise erst, wenn sie eine bedeutende Grösse erreicht haben, welche im Durchschnitt zwischen dem Umfang einer kleinen Bohne und dem eines Hühnereies schwankt, selten diesen überschreitet.

Untersucht man solche exstirpirten hypertrophischen Drüsen, so findet man gewöhnlich ihre äussere Oberfläche glatt, roth und gefässreich, ein ziemlich homogenes Ansehen darbietend. In ihrem Innern erkennt man ausser Blutgefässen und viel schwerer darzustellenden Lymphgefässen in den kleineren ein homogenes, blassrothes Gefüge, welches bei mehr fortschreitender Hypertrophie gefässarmer wird, und dann mehr ein gelbliches Ansehen bekommt; das Gewebe selbst ist von einer geringen Menge eines durchsichtigen, mit Blutelementen gemischten Saftes infiltrirt. Im Innern findet man ein mehr oder weniger entwickeltes Stroma von Zellgewebefasern, welche meist sehr fein, $\frac{1}{1000}$ bis $\frac{1}{300}$ Millimeter breit, nicht zu Bündeln geordnet, sich in verschiedenen Richtungen durchkreuzen und durchweben, und an vielen Orten von einer homogen erscheinenden Zwischenmasse eingeschlossen sind. Das charakteristischste Element dieser, so wie der Drüsenhypertrophien überhaupt, sind kleine, $\frac{1}{120}$—$\frac{1}{100}$ Millim. grosse, runde, blasse Zellen, deren Zellenmembranen man nur in geringer Zahl vollständig sieht, in grosser Menge aber zeigen sich ihre scharf contourirten von $\frac{1}{200}$ bis $\frac{1}{140}$ Millimeter grossen, ziemlich sphärischen Kerne, in deren Innern man meist undeutlich einen oder zwei Nucleoli, und zuweilen einen feinkörnigen Inhalt wahrnimmt. Diese Kügelchen und Kerne haben Aehnlichkeit mit den fibroplastischen Gebilden, unterscheiden sich jedoch von denselben durch die vollkommene Abwesenheit verlängerter, geschwänzter, spindelförmiger Körper, durch die mehr runde als elliptische Beschaffenheit der Kerne und weniger deutliche Kernkörperchen. Von Eiterzellen unterscheiden sie sich durch Seltenheit vollkommener Zellen, bedeutendere Grösse des scharf contourirten Kerns. Ob diese sowohl in normalen, wie in hypertrophischen Drüsen sich zeigenden Körperchen Epithelien oder eigentliche Parenchymkügelchen sind, wage ich nicht zu entscheiden. Charakteristisch für diese hypertrophischen Drüsen ist die Abwesenheit der mikroskopischen Elemente des Fetts, des Eiters, der Tuberkeln, so wie überhaupt jeder fremdartigen Beimischung. Es ist jedoch hier ausdrücklich zu bemerken, dass, wenn auch die Drüsenkügelchen und die fibroplastischen Elemente von einander verschieden sind, dennoch oft erstere fast ganz verschwinden und letztere durchaus vorherrschen, ja die ganze Hypertrophie ausgedehnter Drüsengeschwülste oft durch fibroplastische Ablagerungen bedingt zu sein scheint.

Diese pathologische Neubildung zieht, wie leicht begreiflich, als solche keine nachtheiligen Folgen nach sich, und giebt sich nur durch örtliche Symptome, den Sitz, die Form, den Umfang und die Consistenz der Geschwulst zu erkennen. Ich habe bis jetzt keinen Fall der Art beobaehtet, in welchem das Uebel später in Entzündung und Eiterung übergegangen wäre.

Einfluss auf den Gesammtorganismus übt es ebenfalls nicht, nur in dem Falle, in welchem Hypertrophie der Lymphdrüsen mit Scrophulosis combinirt ist, finden die allgemeinen Erscheinungen jener dyskrasischen Blutkrankheit statt. Keinesweges ist jedoch einfache Hypertrophie ein Zeichen scrophulöser Diathese, und man trifft jene eben so oft mit als ohne diese an; zugleich macht aber auch der Umstand, dass beide Zustände der Lymphdrüsen, Hypertrophie und Tuberculosis, in einem und demselben Individuum sich zeigen können, insofern im Urtheile vorsichtig, als man nicht gleich jede Anschwellung mit Verhärtung der Lymphdrüsen unbedingt für scrophulöse Tuberkelablagerung erklärt.

Die Aetiologie der einfachen Hypertrophie ist daher dunkel, Scrophulosis kann ihre Entwickelung begünstigen, ist sie aber nicht vorhanden, so lässt sich für die starke Entwickélung einzelner Drüsen kein bestimmter, deutlich nachweisbarer Grund angeben.

Die Diagnose geht aus den oben beschriebenen örtlichen Erscheinungen vor der Operation und aus den angegebenen Merkmalen der Elementarbestandtheile, welche man nach der Exstirpation genau untersuchen kann, leicht hervor. Dass man sich mitunter durch die weichelastische Consistenz täuschen lassen kann, und die hypertrophische

Drüse für eine in ihrem Innern vereiterte halten kann, davon werde ich später ein Beispiel anführen. Die vor der Parotis liegenden Convolute vergrösserter Drüsen konnten für eine Hypertrophie der Parotis gehalten werden, indessen ihre oberflächliche Lage, das Getrenntsein einzelner Lymphdrüsen, die Umgrenzung, das Verhalten der umgebenden Theile sichern die Diagnose.

Was die Behandlung betrifft, so ist wohl meist nur in der Operation Heil zu suchen. Wenn solche Drüsen an Körpertheilen liegen, an welchen sie nicht entstellen, wenn sie nur langsam wachsen, nur einzeln existiren, so kann man sie unangetastet der Natur überlassen. Ein Gleiches wird zur Nothwendigkeit, wenn in seltenen Fällen eine allgemeine Anlage zur Drüsenhypertrophie existirt, und eine gewisse Menge von Lymphdrüsen verschiedener Körpertheile zugleich ergriffen sind. Ist das Uebel aber umschrieben, so kann man immer erst zertheilende Einreibungen mit Quecksilbersalbe oder mit Kali hydroiodicum (ʒj pro ℥j), oder Jodureti plumbi, in gleicher Dose, versuchen. Das kräftigste Resorption fördernde Mittel in solchen Fällen aber ist das Jodquecksilber (Deuto - Jodureti hydrargyri gr. x — Axungiae ℥j). Diese Salbe reizt die Haut und bewirkt nach einigen Einreibungen eine oberflächliche Entzündung mit Abschuppung, jedoch keine tiefe Eiterung. Man ist alsdann gezwungen für einige Tage auszusetzen, fährt aber mit den Einreibungen fort, sobald die Haut wieder geheilt ist. Die Exstirpation endlich geschieht nach den bekannten Regeln: Spalten der äusseren Bedeckungen, Abpräpariren der mit Haken angezogenen Geschwulst, wobei man sich immer dicht an die Geschwulst hält, dann Vereinigung durch Heftpflasterstreifen und passende Leitung der Nachbehandlung.

Wir wollen nun einige Beispiele von Lymphdrüsenhypertrophie anführen:

1) Hypertrophisches Lymphdrüsenconvolut in der Gegend der Parotis; durch die Operation geheilt.

Ein zwanzigjähriger junger Mann von scheinbar guter Constitution, ohne äussere Zeichen der Scrophulosis, hat seinen Vater an einem Lungenblutsturz, wahrscheinlich Tuberculosis, verloren, seine Mutter lebt noch und befindet sich wohl. Er hat zwei gesunde Geschwister. Seit seiner frühesten Kindheit hat er an Drüsenanschwellungen an verschiedenen Stellen des Halses gelitten, welche übrigens nie abscedirten und nach der Beschreibung des Kranken aus nicht sehr umfangreichen knotigen, kleinen Geschwülsten bestanden, sich aber immer allmählig wieder zertheilten. Seit zehn Jahren fing er bereits an hinter dem linken Ohre eine solche Drüsenanschwellung wahrzunehmen, welche allmählig wuchs, ohne jedoch weder spontan, noch in Folge von Druck schmerzhaft zu sein. Nur so oft er sich erkältete, schwoll die Geschwulst vorübergehend stärker an, kam aber bald wieder auf ihren primitiven Umfang zurück. Vom Mai 1840 an gebrauchte er während anderthalb Jahre mit geringen Unterbrechungen Leberthran, wonach denn auch die Drüsen fast ganz schwanden. Sobald jedoch das Mittel ausgesetzt wurde, fingen sie wieder zu wachsen an. Die Drüsenaffection abgerechnet erinnert sich der Kranke nur in seiner Kindheit an einer hartnäckigen chronischen Augenentzündung (scrophulöser Natur?) gelitten zu haben. Eiternde Wunden und Geschwüre hat er nie gehabt, auch nicht an der Brust gelitten.

Bei seinem Eintritt in die Dieffenbach'sche Klinik, im Januar 1846, bot er, wie schon erwähnt, ein ziemlich gesundes Aussehen dar, und ausser der Drüsenanschwellung keine krankhaften Erscheinungen. Die Geschwulst hatte ihren Sitz hinter dem linken Ohr und auf der linken Backe, und zeigte in ihren verschiedenen Richtungen einen Durchmesser von anderthalb bis zwei Zoll. Sie war weich, von normaler Haut bedeckt, unter derselben eine ungleiche Oberfläche darbietend und schon durch dieselbe hindurch ein verschiebbares Lymphdrüsenconglomerat zeigend. Er behauptet auf dem linken Ohre schlechter zu hören, als auf dem rechten, sonst bietet sein Zustand weder örtlich noch allgemein etwas Abnormes dar.

Die Exstirpation wurde so gemacht, dass durch einen Längsschnitt die Haut, welche die Geschwulst bedeckte, getheilt wurde, dann fasste man diese mit spitzen Haken, während die Haut mit stumpfen Haken auseinandergezogen wurde. So wurde denn das Drüsenconvolut hinweggenommen und dabei drei spritzende Arterien unterbunden. Die Wunde wurde durch Heftpflaster vereinigt und heilte auch in wenigen Tagen; es trat jedoch Anschwellung der tiefer liegenden Theile ein, welche zum Theil der Jodtinctur (3 mal täglich 10 Tropfen) wich. Wahrscheinlich waren noch vergrösserte Lymphdrüsen in der Tiefe sitzen geblieben, da das Uebel jedoch zum grössten Theil gehoben und die Wunde vernarbt war, so verliess der Kranke am 11. Februar scheinbar geheilt die Anstalt. Die langsame Entwickelung des Uebels, die nicht ganz vollständige Exstirpation, der Umstand, dass sein Vater an einer Brustkrankheit gestorben ist, würden mich jedoch hier eine zweifelhafte Prognose stellen lassen.

Die Geschwulst selbst untersuchte ich unmittelbar nach der Operation und fand Folgendes: sie bestand aus einem Conglomerat hypertrophischer Lymphdrüsen, von denen die einzelnen ungefähr die Grösse und die Form kleiner Bohnen hatten und unter einander durch Zellgewebe verbunden waren, aus dem sie sich leicht einzeln herauspräpariren liessen. Sie waren zum Theil von nierenförmiger Gestalt und zeigten ziemlich allgemein eine röthliche homogene Oberfläche. Ihre Consistenz war, trotz dem dass mehrere von ihnen halb durchsichtig schienen, ziemlich fest, und auch beim Durchschnitt ziemlich solid. Untersucht man sie mit schwachen Vergrösserungen, so erkennt man an der Oberfläche feine Capillargefässe, und sieht, dass ihr Inneres zum grossen Theil aus einem Stroma von Bindegewebe zusammengesetzt ist; bei Untersuchung mit stärkeren Vergrösserungen sieht man auch sich in allen Richtungen kreuzende, geschlängelte Bindegewebebündel, und zwischen ihnen die Kerne der Drüsenzellen mit fibroplastischen Elementen gemischt. Es ist dies übrigens einer der Ausnahmefälle, in welchem die Faserstructur in den hypertrophischen Drüsen ein solches Uebergewicht gewonnen hat, dass verhältnissmässig nur sehr wenige eigentliche Drüsenelemente zu erkennen sind. Bemerkenswerth ist, dass selbst die aufmerksamste Untersuchung nirgends Tuberkelstoff in diesen Drüsen abgelagert zeigt.

2) Hypertrophie einer Lymphdrüse, wegen scheinbarer Fluctuation für einen Abscess gehalten.

Ein 15jähriger Knabe von schwächlichem Aussehen, von übrigens gesunden Eltern, litt seit mehreren Jahren an verschiedenen scrophulösen Uebeln, einer chronischen Hüftentzündung, welche durch theilweise Anchylose getheilt war und Schwäche und Abmagerung im Gliede zurückgelassen hatte, mehreren kalten Abscessen, einer Nekrose des linken Schlüsselbeins, von dem ich mehrere Sequester entfernt hatte. Am rechten Arme trug er zwei Geschwülste, die eine von der Grösse eines kleinen Apfels, deutlich fluctuirend, die andere von der Grösse einer grossen Haselnuss, von elastisch weicher Consistenz, scheinbar eine dunkle Fluctuation zeigend. Die grössere Geschwulst eröffnete ich durch einen langen Schnitt, und entleerte eine ziemliche Menge eines dünnen Serums, in dem nur wenig Eiterelemente enthalten waren, die übrigen schienen resorbirt zu sein. Diese Wunde eiterte eine Zeit lang, es kamen mehrere kleine Knochensplitter aus derselben hervor, und so schloss sie sich nach einigen Wochen.

Durch die scheinbare Fluctuation getäuscht machte ich nun auch in die kleinere Geschwulst des Oberarms einen Einschnitt; aus der Schnittfläche aber trat statt Eiter eine weiche, schwammige, homogene, gelbröthliche Masse hervor. Ich sah sogleich meinen Irrthum ein, erweiterte den Schnitt und exstirpirte nicht ohne Mühe die sich viel tiefer als es geschienen hatte erstreckende Geschwulst, welche sich bei der Untersuchung durchaus als eine hypertrophische Lymphdrüse zu erkennen gab und aus Gefässen, Intercellularsubstanz und kleinen Drüsenkügelchen bestand, welche im Durchschnitt kaum $\frac{1}{120}$ Millim. Durchmesser hatten und in ihrem Innern mehrere feine Molecularkörnchen zeigten. Ich unterhielt die Eiterung während 14 Tagen, cauterisirte die Oberfläche, und so trat denn Vernarbung und Heilung ein.

3) Hypertrophische Lymphdrüse aus der Gegend der Parotis.

Ich habe diesen Fall bereits in meiner Physiologie pathologique mitgetheilt, führe ihn hier aber besonders noch deshalb an, um dem Leser ein Bild der histologischen Verhältnisse einer bedeutenden hypertrophischen Lymphdrüse zu geben, welche einerseits das Interessante darbietet, dass hier besonders fibroplastische und Faserelemente die Hauptbestandtheile der Hypertrophie bilden, andererseits der sie exstirpirende französische Chirurg sie für krebshaft erklärt hatte.

Die Geschwulst hatte ihren Sitz in der Gegend der Parotis. Sie bestand aus mehreren bedeutend vergrösserten Lymphdrüsen, welche so durch Zellgewebe mit einander verbunden waren, dass sie wie Lappen einer und derselben Geschwulst aussahen, sich aber durch Zergliederung von einander trennen liessen. Die ganze Masse hatte bis auf 55 Millimeter im Längsdurchmesser, bis auf 47 Breite und 25 Dicke. Die conglomerirten Lymphdrüsen schwanken zwischen der Grösse einer kleinen Erbse und der einer Haselnuss, oder vielmehr einer Bohne, da sie eine mehr längliche Gestalt haben. Sie sind von fest elastischer Consistenz, lassen sich jedoch unter dem Finger zerdrücken, selbst zerbrechen. Auf der Durchschnittsfläche zeigt die Geschwulst eine gelbe, glänzende, theilweise halbdurchsichtige, feinkörnige Structur, stellenweise ist die Färbung fast citronengelb, und an anderen Orten milchweiss, von der Beschaffenheit des Fasergewebes. Als Hauptbestandtheile des Gewebes erkennt man feine, gekrümmte, sich in allen Richtungen durchkreuzende Fasern, und zwischen diesen eine feinkörnige Zwischensubstanz, so wie eine Menge fibroplastischer Elemente, welche wir um so genauer beschreiben, da sie die Gutartigkeit der Geschwulst bestimmt nachweisen. Besonders sieht man viele runde und elliptische Kerne von $\frac{1}{133}$—$\frac{1}{100}$ Millim., die elliptischen nur von $\frac{1}{200}$ Breite; nur wenige der Kerne zeigen eine Zellenmembran, welche dann bis auf $\frac{1}{80}$ Millim.

Durchmesser hat, in den Kernen selbst sieht man 1 bis 2 sehr kleine, feine, punktförmige Kernkörperchen. Man sieht ausserdem viele geschwänzte und keulenförmige Zellen; Fettelemente finden sich in der Geschwulst fast keine. Am Rande mehrerer einzelner Lymphdrüsen erkennt man deutlich Lymphgefässe in grösseren Stämmen und in sehr feinen Verzweigungen. Eigentliche Drüsenkügelchen und Kerne sieht man fast nicht.

Allgemeine Bemerkungen über Tuberculosis der Halsdrüsen.

Wir kommen nun zur Beschreibung der Tuberkelablagerung in den Halsdrüsen, so wie in den übrigen oberflächlich gelegenen Lymphdrüsen.

Tuberculosis oberflächlicher Lymphdrüsen.

Wenn die meisten bisher abgehandelten Krankheiten fast rein örtliche Uebel sind, so können wir keineswegs ein Gleiches von den tuberculösen Geschwülsten sagen. Diese sind im Gegentheil in der Mehrzahl der Fälle die locale Ablagerung eines Uebels, welches in einer krankhaften Veränderung der Blutmasse ihren letzten Grund hat. Selbst die seltenen Fälle, in welchen eine solche tuberculöse Ablagerung ein rein örtliches Uebel zu sein scheint, sind hiervon keine eigentliche Ausnahmen, da die Anlage zur Tuberkelablagerung in quantitativ sehr verschiedenen Verhältnissen bestehen kann, wie wir dies besonders bei Lungentuberculosis sehen, welche zuweilen tödtlich, ja auch zuweilen nur in einer sehr wenig umfangreichen tuberculösen Ablagerung besteht.

Diese Drüsengeschwülste, welche besonders am Halse häufig vorkommen, werden noch häufiger als scrophulös bezeichnet, und wurden namentlich früher als Prototyp der Scrophelkrankheit angesehen. Dies ist jedoch nur in einem gewissen Sinne richtig, da freilich zwischen Scrophulosis und Tuberculosis eine bedeutende Affinität stattfindet, ohne dass man jedoch beide durchaus als identisch ansehen könnte. Eigentliche Scrophulosis besteht nämlich nach meinen vielfachen anderweitig mitzutheilenden Untersuchungen über diesen Gegenstand in einer Blutkrankheit, einer fehlerhaften Blutmischung sui generis, welche sich nicht bloss durch Störungen im Allgemeinbefinden, sondern ganz besonders auch durch örtliche suppurative und ulcerative Entzündungen kundgiebt, die zu gleicher Zeit oder nach und nach sich in verschiedenen, oft nicht mit einander in Continuitätsverbindung stehenden Systemen und Organen zeigt; so sieht man oft bei einem und demselben Individuum

Hautentzündungen, Ophthalmien, Caries verschiedener Knochen, Tumor albus mehrerer Gelenke hintereinander auftreten, oder zu gleicher Zeit bestehen. Nun ist es freilich wahr, dass man bei einem und demselben Individuum nicht selten scrophulöse Entzündungen und Verschwärung ohne specifisch durch das Mikroskop nachweisbares Element mit tuberculösen Ablagerungen in inneren Organen oder ganz besonders in den äusseren Lymphdrüsen, des Halses namentlich, antrifft. Ferner ist auch das Factum nicht selten, dass von mehreren Individuen einer und derselben Familie die Einen an scrophulöser Caries und Ophthalmien, also chronischen specifischen Entzündungen leiden, während Andere mit Tuberkelablagerung in den Halsdrüsen behaftet sind oder an Lungentuberculosis zu Grunde gehen. Auf der anderen Seite aber beobachtet man oft Lungenphthisis und andere Tuberkelprocesse ohne die allergeringsten scrophulösen Elemente in Aetiologie und in den Erscheinungen. Tuberculosis kann also ohne Scrophulosis vorkommen, Scrophulosis kann Jahre lang bestehen, ohne dass sich im Verlaufe Tuberkelablagerungen zeigen. Oft jedoch combiniren sich beide Krankheitsklassen mit einander oder wechseln mit einander ab. Eine bedeutende Affinität zwischen beiden muss daher jeder aufmerksame Beobachter anerkennen. Sie jedoch für identisch zu halten, wie dies in neuerer Zeit so oft geschehen ist, geht offenbar über die Grenzen des Wahren hinaus.

In den Lymphdrüsen ist Tuberkelablagerung eine häufige Krankheit, und wird in denselben ungleich häufiger beobachtet als einfache Hypertrophie oder suppurative Entzündung. Von Anfang an vergrössern sich hierbei die ergriffenen Drüsen, jedoch ist dies keine Hypertrophie, sondern im Gegentheil die normalen Elemente werden allmählig durch die pathischen verdrängt, welche aber oft schnell abgelagert werden und daher erstere bedeutend ausdehnen, wobei sie jedoch später zum grossen Theil verschwinden. In seltenen Fällen geschieht das Tuberkeldepot unter der Form der halbdurchsichtigen grauen Granulationen von der Grösse eines Stecknadelknopfs bis zu der einer kleinen Linse. Gewöhnlich zeigt hier der Tuberkel gleich anfangs sein gelbes, käsiges Ansehen. Da mehrere der Gefässe der Lymphdrüse zu gleicher Zeit den Tuberkelstoff ausscheiden, so beginnt die Ablagerung oft an mehreren Punkten derselben zu gleicher Zeit; hierdurch erhält die so afficirte Lymphdrüse auf der Oberfläche ein fast marmorirtes Ansehen, indem hyperämische Partien hochgeröthet mit den mattgelben Tuberkeln abwechseln. Auf der Durchschnittsfläche dieser Drüsen findet man alsdann einen ähnlichen Anblick, nur ist hier die Röthe blässer, mehr eine rösige. Da aber immer neues Tuberkelblastem ausgeschieden wird, nehmen Drüse und Tuberkeldepots immer mehr zu, und letztere fliessen immer mehr zusammen. So erhält die Drüse bald ein gleichmässiger gelbes, anfangs noch glänzendes, aber bald im Innern immer matter und immer mehr käseartig werdendes Ansehen. Dadurch, dass die Drüse sich nicht in dem Maasse ausdehnt als Tuberkelnachschübe stattfinden, geschieht es, dass die so zusammengedrängte krankhafte Masse eine härtere Consistenz bekommt und äusserlich das Gefühl einer wahren Verhärtung (als scrophulöse Drüsenverhärtung bezeichnet) erhält. So bleibt am Ende von der Drüse zuweilen nichts als ein zelliger Gefässe enthaltender Balg übrig, und noch ganz kürzlich habe ich so aus einer ulcerirten Halsdrüse einen vollständigen Tuberkel von der Grösse und Form einer grossen Bohne extrahirt, in welchem nichts als homogene Tuberkelmasse und keine Spur von Drüsenelementen mehr vorhanden war. In nicht seltenen Fällen finden sich zu gleicher Zeit Tuberkelablagerungen in inneren Organen, Lungen, Bronchial- und Mesenterialdrüsen, Gehirn etc. statt, und führen so früher oder später den Tod der Kranken herbei. In der Mehrzahl der Fälle, namentlich auf dem Lande (in grossen Städten scheint das Verhältniss anders zu sein), ist die Halsdrüsentuberculose von keiner bedeutenden inneren Tuberkelablagerung begleitet, und sehr gross ist die Zahl der Fälle, in welchen ich vollkommene und dauerhafte Heilung solcher Fälle habe erfolgen sehen. Es hat mir im Gegentheil oft geschienen, dass diese äussere Ablagerung des Krankheitsstoffes gewissermaassen schützend, wenigstens in so manchen Fällen, für innere wichtige Organe wirkte.

Die Ausgänge der Tuberculosis in Lymphdrüsen sind folgende 1) in Verhärtung; ihr Umfang nimmt nur in sehr geringem Maasse ab, und in diesem Zustande können solche Drüsen während des ganzen Lebens hindurch bestehen. Oft verkalkt dann ein Theil der Tuberkelmasse. Die Haut oberhalb dieser Geschwülste bleibt unverändert, ohne mit derselben zu verwachsen. 2) In Erweichung; diese haben wir wohl in der Mitte tuberculöser Drüsen allein angetroffen, gewöhnlich aber ist sie von Eiterung des sie umgebenden Drüsengewebes begleitet. Eine intelligente Elimination krankhafter Stoffe aus dem Organismus anzunehmen, wäre offenbar eine Uebertreibung. Der Grund der Entzündung, Eiterung und Elimination dieser Tuberkeln scheint uns vielmehr folgender zu sein: theils sind die Gefässe, welche das Krankheitsproduct aussondern, der Sitz vermehrten Blutandrangs, theils auch werden durch die Ablagerung eine gewisse Menge Gefässe gleichsam verdrängt, also die gleiche Blutmasse auf eine geringere Menge von Blutleitungsröhren vertheilt. Dahin ist der allegorische Ausdruck, dass die Tuberkeln als fremde Körper reizen, zu deuten. Genug, durch die beiden angeführten Ursachen treten in Folge der Hyperämie diejenigen Phänomene der Blutstase ein, welche man unter dem Namen Entzündung bezeichnet; diese geht bald in Ausschwitzung und Eiterung über, die Hautbedeckungen verwachsen mit den tieferen Theilen, die immer weiter sich ausdehnende Circulationsstörung bewirkt Röthung, starke Eiterung, Abscessbildung und Durchbruch, und so entstehen die tuberculösen Drüsengeschwüre, welche die Haut miniren, die kranke Drüse mit der Luft in Berührung bringen und so immer stärker reizen, und allmählig durch erhöhte Wärme, vermehrte Flüssigkeit, Zersetzung durch die Luft, vielleicht auch chemische Veränderung des Tuberkelstoffes durch Eiter, ganze Massen der Tuberkelablagerung theils erweicht und mit vielem Eiter, zuweilen mit Kalkconcrementen gemischt, entleeren, theils selbst grössere Stücke von mit Tuberkelstoff infiltrirtem Faserstroma der Drüsen zu Tage fördern. Verhärtung mit oder ohne Verkalken, Erweichung meist mit Vereiterung und Verschwärung sind also die Hauptausgänge dieser Geschwülste, und bestimmen die Art des operativen Eingreifens, sobald dieses nöthig wird. Ist nun ein grosser Theil des Tuberkelstoffes so ausgeeitert, die Haut hierbei in einem gewissen Umfang zerstört, so bilden sich alsdann zur Verheilung schreitende Granulationen, in Folge welcher sich die bekannten nach innen gezogenen, dünnen, faltigen, adhärirenden, difformen, scrophulösen, oder richtiger tuberculösen Narben bilden.

Der in den Lymphdrüsen abgelagerte Tuberkelstoff zeigt durchaus dieselben Elemente wie in anderen Organen, ganz mit der Beschreibung übereinkommend, welche ich seit 1843 in der neuen Ausgabe des Werks Louis' über Lungenschwindsucht (Paris 1843), in Müller's Archiv (1844), und in meiner Physiologie pathologique (1845) von diesem Krankheitsdepot gegeben habe. Vielfach habe ich seit jener Zeit die Richtigkeit dieser meiner früheren Beobachtungen bestätigen können.

Das wichtigste Element des Tuberkelstoffes sind die von mir zuerst beschriebenen Tuberkelkörperchen. Diese sind selten ganz rund, was von ihrem engen Aneinanderliegen herrührt. Ihre Contouren sind unregelmässig, oft eckig, mit stumpfen, abgerundeten Ecken. In ihrem Innern erkennt man einen ungleichmässigen fleckigen Inhalt, in dem weder wahre Kerne, noch Kernkörperchen sichtbar sind, wohl aber erkennt man in demselben unregelmässig zerstreut sehr kleine Molecularkörnchen. Der Durchmesser der Tuberkelkörperchen wechselt zwischen $\frac{1}{200}$ und $\frac{1}{130}$ Millim., der der Molecularkörnchen zwischen $\frac{1}{800}$ und $\frac{1}{200}$

Millim. Wasser, Aether und Essigsäure alteriren diese Körperchen nicht, concentrirte Mineralsäuren und Alkalien lösen sie auf. Diese Körperchen sind durch eine theils halbdurchsichtige, theils feinkörnige Zwischensubstanz eng mit einander verklebt. Bei der Erweichung trennen die Körperchen sich zum Theil von einander, und dehnen sich ein wenig durch Einsaugung von Flüssigkeit aus, bleiben jedoch immer kleiner als Eiterkörperchen, von denen sie ausser der Grössenverschiedenheit noch die Abwesenheit der Kerne, sowie die Unantastbarkeit durch Essigsäure leicht unterscheiden lässt. Zwischen diesen Tuberkelelementen trifft man in den Drüsen noch Drüsenelemente, Fasern, Zellenkerne etc. an; zuweilen auch Cholestearin-Täfelchen, feine Kalksalz-Moleküle etc. Tritt nun Eiterung ein, so findet man Eiter- und Tuberkelkörperchen in den verschiedensten Verhältnissen mit einander gemischt, und es scheint, als wenn letztere durch den Eiter schneller zersetzt würden.

Die Beschreibung der allgemeinen Erscheinungen der Scrophulosis und Tuberculosis gehört offenbar nicht hierher. Wir bemerken hier nur, dass wenn die inneren Organe gesund bleiben, und wenn der Tuberkelstoff nicht in übergrosser Menge in sehr kurzer Zeit abgelagert wird, der Antheil des Gesammtorganismus nur ein sehr geringer ist. Es können selbst grössere Drüsenpartien vereitern, ohne dass, eine geringe Vermehrung der Pulsfrequenz abgerechnet, eigentliche Fiebererscheinungen eintreten. Auch die Schmerzen sind nicht bedeutend; freilich beobachtet man mitunter, wenn der Schmelzungsprocess mit Abscessbildung schnell eintritt, ein viel stürmischeres Einwirken auf den Gesammtzustand und das Fieber. Die harte Consistenz, der Sitz, die Multiplicität der Geschwülste in vielen Fällen, die Anamnese, das Allgemeinbefinden, die Consistenz scrophulöser oder tuberculöser Krankheiten in anderen Theilen, das Alter der Krankheit, Kindheit, Zeit der Pubertät, oder zum wenigsten die erste Lebenshälfte, sichern in allen Fällen die Diagnose.

Die Erfahrung lehrt, dass Drüsentuberculose vielleicht eine chronische Krankheit der Kindheit ist, da sie doch viel häufiger ohne Tuberculose innerer Organe, als mit derselben existirt. Die Aerzte, welche sich sehr viel mit pathologischer Anatomie des kindlichen Alters beschäftigt haben, könnten hier den Einwand machen, dass man in den meisten Fällen bei Kranken, in deren Leichen man Tuberculosis der Halsdrüsen findet, auch zugleich Tuberkeln in den Lungen, den Bronchialdrüsen und anderen inneren Theilen antrifft. Dies habe ich selbst in meinen vielfachen Leichenöffnungen im Pariser Kinderhospital bestätigt. Und doch hat dieser Einwand nur sehr wenig Gewicht, denn die meisten an Halsdrüsen-Tuberculosis leidenden Patienten haben ihr Uebel wohl Jahre lang, genesen aber doch zuletzt, und nur die Minderzahl derselben stirbt, weil sie innere Tuberkelablagerung hat. Von denen aber, welche nicht sterben, hat mich die genaueste physikalische Untersuchung in meinem Hospitale in Lavey an einer grossen Menge von Kranken, welche ich zum Theil während mehrerer Jahre hindurch beobachten konnte, überzeugt, dass die Annahme einer inneren Tuberculose ohne objective Erscheinungen eine durchaus grundlose Hypothese für solche Fälle wäre.

Es geht aus dem eben Gesagten die Prognose dieser Krankheiten hervor, welche letal ist, wenn innere Tuberculosis stattfindet, günstig, wiewohl nur äusserst langsame Heilung versprechend ist, wenn keine innere Tuberkelablagerung stattfindet, und wenn die concomitirenden scrophulösen Erscheinungen eine gute Prognose zulassen, was z. B. bei Ophthalmie, bei Ausschlägen, bei Caries der Fall ist; das Gegentheil jedoch findet statt, wenn diese in Caries vertebralis mit Congestionsabscessen, in ausgedehntem Tumor albus grösserer Gelenke besteht. An und für sich also ist die Prognose der Halsdrüsen-Tuberculose nicht ungünstig.

Ihre Behandlung durch pharmaceutische Mittel, Jod, Leberthran, Goldpräparate, Eichelkaffe, Salz- und Mutterlaugenbäder gehört hier nicht her, so wenig wie die verschiedenen zur Zertheilung solcher Geschwülste empfohlenen Salben, Pflaster und Umschläge. Wir wollen hier nur beiläufig bemerken, dass wenn Salben überhaupt wenig auf die Zertheilung wirklich tuberculöser Drüsenanschwellung einwirken, die nach meiner Erfahrung noch am kräftigsten, zuweilen auffallend günstig wirkende die von Jod-Quecksilber ist (Deuto-Jodureti hydrargyri gr. vi—x auf ℥i Fett) mit Beobachtung der oben angegebenen Vorsichtsmaassregeln.

Ein nicht genug zu beherzigender Rath, wenn Drüsengeschwülste der Art vereitern, und die sie bedeckende Haut in einem gewissen Umfange zerstört ist, ist die Regel, alle Hautpartien, welche nicht fest an den darunter liegenden Theilen haften, und in einer gewissen Ausdehnung decollirt sind, so weit als möglich mit der Cooper'schen Scheere oder dem Bistouri wegzunehmen, und alle nur möglicherweise anzugreifenden brückenförmigen Hautpartien über solchen scrophulösen und tuberculösen Hautdrüsen zu durchschneiden. Durch diese beiden kleinen operativen Eingriffe verhütet man das Stagniren jauchigen Eiters, und bewirkt gesunde Granulationen, und später gleichmässige gute

Vernarbung. Die beiden besten dahin wirkenden Mittel sind Verband mit rother Präcipitatsalbe (ʒi auf ℥i Fett) und alle zwei Tage Aetzen der ganzen Wundfläche mit Höllenstein.

Wir kommen nun an die Indication der Exstirpation tuberculöser Halsdrüsen. Hier sind besonders zwei Umstände zu beobachten, zuerst, ob die angeschwollenen tuberculösen Halsdrüsen durch Druck auf Nerven und Gefässe Störungen hervorbringen. Dieser Fall ist selten, findet er jedoch statt, so indicirt er die Operation. Die zweite Haupt-Indication für die Exstirpation ist, wenn äusserlich nicht vereiterte Halsdrüsen, verhärtet, mit Tuberkelmasse, welche freilich oft im Innern erweicht, und selbst mit Eiter gemischt ist, gefüllt sind und mehr die Ueberreste einer scrophulös-tuberculösen Krankheit als die Haupt-Efflorescenz derselben bilden, mit einem Worte, wenn die sonst allgemeine Affection nur noch ein örtlicher Ueberrest der im Organismus zum grössten Theil erloschenen Dyskrasie ist. Alsdann kann man sogar nach und nach eine gewisse Menge solcher Drüsen mit dem besten Erfolg exstirpiren. Vorsichtig sei man in der Hinwegnahme sehr umfangreicher, tuberculöser Drüsenconvolute am Halse, da an diesem gefässreichen Orte in der Regel um alle Pseudoplasmen oder Hypertrophien herum, sich eine bedeutende Vascularität entwickelt, und selbst bei Schonung aller grösserer Venen und Arterien gefährliche Blutungen während oder nach der Operation eintreten können. Oft wird der Chirurg aufgefordert, tuberkulöse Drüsen hinwegzunehmen, weil sie die Patienten, besonders junge Mädchen entstellen, oder weil sie als Zeichen einer Krankheit sichtbar sind, welche man gewöhnlich zu verbergen bemüht ist. Hier erwäge man wohl, ob wirklich die Opportunität der Operation vorhanden ist, und lasse sich nicht durch blosses Zureden der Kranken zu derselben verleiten. Zu bemerken ist übrigens, dass Ausschneidung nicht sehr umfangreicher Geschwülste der Art weder eine schwere noch gefährliche Operation ist, man bedenke aber, dass wenn der Gesammtorganismus noch nicht in hinreichend gutem Zustande ist, und sich noch immer neue Tuberkelablagerungen in den Drüsen bilden, die Operation zum wenigsten eine unnütze ist.

Die Operation selbst wird so ausgeführt, dass durch einen Längsschnitt, oder bei grösseren Geschwülsten und Drüsenmassen durch einen Kreuzschnitt die Drüsen blossgelegt werden, meistens jedoch kann man sie aus Längsschnitten mit Haken herausziehen. Die Haut werde immer mit stumpfen Haken auseinandergezogen, die einzelnen Drüsengeschwülste mit einfachen oder doppelten spitzen Haken gefasst, und so aus dem umgebenden Zellgewebe gelöst, dass die Klinge des Bistouris immer hart an der Geschwulst bleibt. Sind so eine oder mehrere Drüsen vollständig entfernt, so wird nach Unterbindung der Gefässe, welche nicht selten nothwendig wird, die Wunde durch Heftpflaster vereinigt, und nach allgemeinen Grundsätzen behandelt. Es ist gut, immer in solchen Fällen zur Nachcur Jod, oder Leberthran, oder Mutterlaugenbäder zu verordnen, um erneuten Tuberkelablagerungen vorzubeugen. Eine Vorsichtsmaassregel, welche wir der vollen Beherzigung der Wundärzte empfehlen, ist die: bei Exstirpation solcher Geschwülste aus der Gegend der Parotis eine Verletzung des Nervus facialis zu vermeiden, was hier freilich nicht immer möglich ist. Wir werden einen Fall der Art anführen, welchen wir in dem Journal der Dieffenbach'schen Klinik gefunden haben.

Wir wollen nun in Kurzem einige Krankheitsfälle anführen, welche die mitgetheilten Bemerkungen näher erläutern werden.

1) Exstirpation tuberculöser, erweichter, nicht in Eiterung übergegangener Halsdrüsen.

Ein Mädchen von 29 Jahren, von scheinbar guter Gesundheit, hatte während ihrer Kindheit an scrophulösen Augenentzündungen und an Geschwüren an mehreren Theilen des Körpers gelitten. Seit acht Jahren hat sie angefangen, tuberculöse Anschwellungen der Halsdrüsen zu haben. Schon vor fünf Jahren wurden ihr im Klinikum mehrere derselben exstirpirt. Seit jener Zeit bildete sich jedoch am Winkel des Unterkiefers in der Tiefe eine neue Drüsengeschwulst, welche, da sie, ein wenig Kurzathmigkeit abgerechnet, nicht von anderen Krankheitserscheinungen des Gesammt-Organismus begleitet war, exstirpirt werden konnte. Die Kranke bot übrigens nichts Abnormes dar, sie war regelmässig menstruirt, und in ihrer Familie waren sonst weder bei ihren Eltern noch Geschwistern scrophulöse oder tuberculöse Krankheiten vorgekommen.

Die Geschwulst wurde im Februar 1846 in der Dieffenbach'schen Klinik exstirpirt, ein Querschnitt legte sie bloss, sie wurde alsdann mit Haken gefasst und so herausgeschnitten, dabei wurde eine verletzte Arterie unterbunden. Die Vereinigung wurde durch Heftpflasterstreifen versucht, und in kurzer Zeit war die Kranke vollkommen hergestellt.

Die Geschwulst bestand aus zwei Drüsen, welche ich frisch, unmittelbar nach der Operation untersuchte. Die eine hatte den Umfang einer grossen Bohne, die andere den einer Haselnuss. Im Innern waren beide mit Tuberkelstoff angefüllt, in welchem sich übrigens nirgends verkalkte Stellen zeigten. Um dieselben fand sich noch gesundes Drüsengewebe. In einer der Drüsen befinden sich mehrere von einander durch gesunde Drüsensubstanz gesonderte Tuberkeln von gelbweisser Färbung, auf der Schnittfläche eine glatte Oberfläche zeigend. In der anderen sind die Tuberkelmassen vereinigt, erweicht, und bieten hier eine breiige Consistenz dar, nirgends aber findet sich hier Eiter zwischen den erweichten Massen, wie ich dies in einem Falle beobachtet hatte, in welchem ich drei Halsdrüsen exstirpirt, deren eine äusserlich intact, in ihrem Centrum ein Gemisch von Eiter und erweichter Tuberkelmasse enthielt. Das Hauptelement in diesen frisch erstirpirten tuberculösen Drüsen waren die charakteristischen unregelmässigen Kügelchen oder Körperchen von $\frac{1}{200}$ bis $\frac{1}{130}$ Mlm. mit ungleichmässigem Inhalt und Einschluss mehrerer Molecularkörnchen. Im nicht erweichten Tuberkel waren sie durch feinkörnige Zwischenmasse eng mit einander verklebt, im erweichten hingegen waren die einzelnen Tuberkelkörperchen nur sehr lose mit einander verbunden, und ein wenig aufgedunsen.

2) Exstirpation tuberculöser Drüsen in der Hals- und Achselgegend.

Ein 20jähriger junger Mann, von einer gesunden Mutter geboren, hat seinen Vater im mittleren Lebensalter am Magenkrebs verloren. Er selbst ist bis zu seinem 15ten Jahre gesund gewesen. Seit jener Zeit fing er an, in der Hals- und Backengegend der rechten Seite Drüsenanschwellungen zu bemerken, welche ihm übrigens keine Schmerzen, noch sonstige unangenehme Symptome verursachten. Der Kranke unterzog sich lange keiner regelmässigen ärztlichen Cur, und so nahmen denn auch die Drüsengeschwülste zu. Es waren drei Jahre vergangen, bevor der Kranke sich einer regelmässigen Cur unterwarf. Er gebrauchte nun mehrere Monate hindurch Leberthran, später wiederholt Zittmann'sches Decoct mit nachfolgender Hungercur, und so trat denn auch momentan Stillstand, ja Verminderung der Drüsengeschwülste der rechten Seite ein. Aber bald nachher zeigten sich Drüsengeschwülste auf der linken Seite des Halses und in der Achselgrube. So gebrauchte denn der Kranke während zwei Jahre nichts Ordentliches gegen dieses Uebel, und kam dann in die Dieffenbach'sche Klinik, um sich die Drüsen zum Theil exstirpiren zu lassen.

Bei seiner Aufnahme zeigte er einen zwar gracilen, aber sonst gesunden Körperbau, und bot ausser seinem örtlichen Uebel keine besonderen Krankheitserscheinungen dar. In der rechten Backen- und Halsgegend fühlte man eine gewisse Menge ziemlich fester, länglich runder Drüsenanschwellungen; auf der linken Seite ist die Geschwulst bedeutender, überall jedoch ist die Haut intact, es befinden sich auch tuberculöse Drüsen in der Achselgrube.

Es wurden nun zunächst zwei der umfangreichsten Drüsen der rechten Halsgegend exstirpirt; die kleineren liess man stehen, da eine vielfache Operation zu tiefe Eingriffe nöthig gemacht hätte. Die exstirpirten Drüsen zeigten im Drüsengewebe zahlreiche Tuberkelmassen abgelagert. Die Wunde wurde mit Charpie ausgefüllt, heilte durch Granulationsbildung, und dabei bekam der Kranke innerlich Jodtinctur. Nach einigen Wochen wurde auf der linken Seite des Halses ebenfalls die umfangreichste der Drüsengeschwülste entfernt. Es wurde endlich noch nach Heilung dieser Operationswunde eine taubeneigrosse Geschwulst aus der linken Achselhöhle entfernt. So war denn, nachdem auch diese Wunde vernarbt war, der Theil der Drüsen entfernt worden, welcher am meisten Difformität und Unbequemlichkeit durch ihren Sitz hervorgebracht hatte.

3) Exstirpation einer umfangreichen Drüsengeschwulst des Halses; Durchschneidung des Nervus facialis, Lähmung des Gesichts auf der Seite des durchschnittenen Nerven.

Ein seit seiner frühesten Kindheit scrophulöses Kind von 5 Jahren hatte unterhalb des horizontalen Astes des Unterkiefers eine Drüsengeschwulst, welche allmählig immer grösser geworden war, und zuletzt die Grösse einer Mannsfaust erreicht hatte. Sie fühlte sich zwar weich, schmerzlos an, Veränderung der Hautfarbe und Temperatur war nicht eingetreten, in ihrem Innern aber fühlte man deutlich verhärtete tuberculöse Drüsen von verschiedener Grösse und Form.

Die ganze Geschwulst wurde exstirpirt. Die Operation bot nur das Merkwürdige dar, dass wegen der tiefen Lage und des Umfangs der Geschwulst eine Verletzung des Nervus facialis nicht vermieden werden konnte. Das Kind konnte daher sein Auge nicht recht schliessen; die Blutung wurde durch Druckverband und Tampons gestillt. Die Wunde heilte auf dem Wege der Eiterung und Granulationsbildung. Da diese im Verlauf der Vernarbung in einen bedeutenden Erschlaffungszustand verfallen war, so wurden Ueberschläge mit einer Chinaabkochung und Liquamen Myrrhae mit Erfolg verordnet. Während der Behandlung bekam das Kind den Keuchhusten, gegen welchen Calomel, Flor. zinci mit Digitalis und Extr. Belladonnae angewendet wurden; so liess denn der Husten allmählig nach. Die Schliessung der Operationswunde war zwar nach einigen Wochen vollkommen, aber die linke Gesichtshälfte blieb in ihren Bewegungen partiell gelähmt und oedematös angeschwollen, sonst befand sich das Kind bei seiner Entlassung aus der Anstalt wohl.

Wir wollen nun noch zwei Beispiele anführen, um zu zeigen, dass die sogenannten käsigen Massen, welche man aus scrophulösen Drüsen herausdrückt, nichts sind, als wahrer Tuberkelstoff; zugleich werden wir an dem ersten der beiden Fälle sehen, welche Veränderungen diese Substanz durch die Eiterung erleidet, und wie sehr das Hinwegnehmen aller nicht fest mit dem Abscesse oder Geschwürsgrunde zusammenhängenden Haut die Elimination der Tuberkelmassen begünstigt.

4) Tuberculöse Drüsengeschwülste am Halse, Hinwegnahme der Geschwürsränder, Eliminirung des Tuberkelstoffs; vollkommene Heilung.

Ein 24jähriges Mädchen von blühendem Aussehen, scheinbar kräftigem Körperbau, aus einer Familie, in welcher nach ihrer Aussage weder Scropheln noch Phthisis herrschen, war bis zu ihrem 13ten Jahre vollkommen gesund gewesen. Zu jener Zeit bemerkte sie zuerst unter dem Kinn eine Drüsenanschwellung, welche während anderthalb Jahre in dem Zustande einer einfachen Verhärtung blieb, dann aber abscedirte und aufbrach. Um diese Zeit trat die Menstruation ein, welche seitdem immer regelmässig blieb, wiewohl stets schwach, in unzureichender Menge. Die Drüse unter dem Kinn eiterte nur während zwei Jahre und verheilte dann. Die Kranke blieb bis zu ihrem 21ten Jahre von neuen Drüsenanschwellungen verschont; jetzt aber trat das Uebel wieder mit erneuerter Heftigkeit auf, und es bildete sich nach einander auf der linken Seite des Halses eine Succession von tuberculösen Drüsenanschwellungen, welche in Abscesse und Geschwüre übergingen. Am 5. Juni 1845 kam die Kranke in das Hospital von Lavey. Bei ihrer Aufnahme zeigte sie das Aussehen einer vollkommenen Gesundheit, nahm man aber das Tuch hinweg, welches ihren Hals bedeckte, so konnte man sich schnell überzeugen, dass die Patientin noch an einer bedeutenden Tuberculosis der Halsdrüsen litt. In der linken Parotisgegend fanden sich mehrere tuberculöse Anschwellungen, von denen die eine in Eiterung übergegangen war, und hier bestand ein Geschwür von der Grösse eines halben Batzens. Unter dem Kinn existirten ebenfalls tuberculöse Geschwüre; hier, so wie unter dem linken Ohre waren die Geschwürsränder in weitem Umfange von dem Grunde losgelöst, und hatten ein livides, violettes Ansehen; unter ihnen zeigte der Geschwürsgrund ein gelbgrünes, speckartiges, mit Eiter und Tuberkelmasse infiltrirtes Gewebe. Ich nahm nun in weitem Umfange alle losen Hautpartien weg, liess die Geschwüre mit einfachem Ceratverband bedecken, und alle zwei Tage mit Höllenstein ätzen, verordnete innerlich abwechselnd Jodkali und Leberthran, und liess die Kranke Schwefel und Mutterlaugenbäder gebrauchen. So zertheilten sich denn durch Vereiterung die Drüsengeschwülste zum grossen Theil, die Eiterung in den Geschwüren dauerte unter verbesserter Absonderung fort. Die sorgfältigste Untersuchung zeigte fortdauernd die Brust- und Bauchorgane in gutem Zustande. Im Laufe des Herbstes und Winters vernarbten sich allmählig die eiternden Wundflächen, und Anfangs Februar 1846 war scheinbar vollkommene Heilung eingetreten. Dies dauerte aber nicht lange, und bald bildete sich eine Drüsengeschwulst oberhalb des linken Schlüsselbeins, welche anfangs sehr hart war, schnell zunahm, und gegen Ende März zu abscediren anfing. Nun bildete sich ein Gemisch von Drüsenverhärtung, schlecht aussehenden Geschwüren und weit ausgedehnter Unterminirung der Haut aus, welche einen viel schlimmeren Anblick darboten, als die vorjährige Drüsengeschwulst. In diesem Zustand kam die Kranke am 30. Juni 1846 wieder in das Lavey'er Hospital. Die Eiterung war sehr copiös und jauchig, das Allgemeinbefinden der Kranken hatte gelitten, sie hatte öfters Fieber, war sehr reizbar geworden, hatte aber sonst ein gutes Aussehen behalten. Nun nahm ich vor allen Dingen überall grosse losgetrennte Hautpartien hinweg, wodurch ein tiefes umfangreiches, mehrere Zoll im Durchmesser habendes Geschwür, übrigens von unregelmässiger Peripherie blossgelegt wurde. Im Grunde desselben befanden sich überall speckartige, gelbe, dicke zäh-elastische Massen. Das Schlüsselbein lag im Grunde des Geschwürs, noch nicht ganz entblösst, aber ausser dem Periosteum nur von einer geringen Schicht von Zellgewebe und Granulationen bedeckt. Nach einigen Tagen durchschnitt ich eine dicke Hautbrücke, welche den oberen grösseren Geschwürstheil von dem unteren kleineren trennte; hierbei spritzten mehrere durchschnittene kleine Arterien; die Blutung stand durch Anwendung kalter Umschläge. Später nahm ich noch einen Theil der speckigen Massen des Geschwürsgrundes hinweg, um sie genau mikroskopisch zu untersuchen. Ich fand in denselben sehr deutlich Tuberkelkörperchen als Hauptelement, diese jedoch zum Theil schon von einander getrennt, ein wenig aufgedunsen, durch Essigsäure leichter angreifbar, als im Cruditätszustande. Ueberall war diese Masse von Eiter und Eiterkügelchen infiltrirt. Nun verband ich das Geschwür mit rother Präcipitatsalbe, touchirte alle zwei Tage wieder mit Höllenstein, verordnete dabei eine innere Behandlung von Jod und Thran, liess Schwefelbäder nehmen, und so kam denn nach 6 Wochen vollkommene Heilung dieses so umfangreichen Geschwürs zu Stande. Die tuberculösen Massen wurden theils dadurch alienirt, dass der Eiter, in dem sie macerirten, sie gewissermaassen verflüssigte und zersetzte, theils dadurch, dass ihre Verbindungen mit dem Grunde des Geschwürs immer lockerer, und durch Bildung guter Granulationen abgestossen wurden. Ob nun die jetzt eintretende Heilung dauerhaft sein wird oder nicht, das kann kein gewissenhafter Arzt vorher bestimmen.

5) Sehr ausgedehnte Tuberculosis der Halsdrüsen mit Vereiterung und Elimination grosser Tuberkelmassen.

Ein 17jähriger junger Mensch, welcher seinen Vater an Lungenphthise verloren hat, dem ferner zwei Brüder und zwei Schwestern in früher Kindheit verstorben sind, von einer noch gegenwärtig gesunden Mutter geboren, war bis zu seinem 15ten Jahre vollkommen gesund. Ohne besonders nachzuweisende Ursache fing er damals an, Drüsenanschwellungen an der linken Seite des Halses zu verspüren; nach zwei Monaten ging diese erste Geschwulst in Eiterung über, nun bildete sich eine Drüsenanschwellung oberhalb des Schlüsselbeins, welche ebenfalls aufbrach. So entstanden nach und nach auf der linken Halsseite eine Reihe von tuberculösen Anschwellungen, Abscessen und Geschwüren mit bläulich-braunen Rändern und speckigem tuberculösem Grund. Das Allgemeinbefinden hatte anfangs nicht gelitten, jedoch war der Puls immer beschleunigt. In Folge eines sechswöchentlichen Aufenthalts im Hospital von Lavey hatte sich eine Verbesserung des örtlichen Uebels eingestellt, welche theils der allgemeinen Behandlung, theils der Hinwegnahme aller losgetrennten Hautpartien zuzuschreiben war. Während fünf Monate schien die Krankheit rückgängig zu sein, dann trat aber eine neue sehr ausgedehnte Tuberculosis der Halsdrüsen ein, und es bildete sich hintereinander eine ziemliche Menge von tuberculösen Anschwellungen, Abscessen und Geschwüren. Der Kranke magerte sehr ab, und bekam ein kachektisches Ansehen. In diesem Zustande kam er Anfangs Juli 1846 wieder ins Spital, und zeigte bei seinem Eintritt auf der linken Seite des Halses vom Ohr bis zum Schlüsselbein und in der Submaxillargegend einen Anblick scheusslicher Verheerung durch Tuberculosis. Trotz seiner Magerkeit und Pulsfrequenz, trotzdem, dass er in der letzten Zeit oft gehustet hatte, zeigte doch die sorgfältigste Untersuchung der Brust keine Lungentuberculose, wiewohl es mir wahrscheinlich ist, dass diese nicht ausbleiben wird. Was mich nun in diesem Falle, in welchem in therapeutischer Hinsicht nicht viel zu hoffen ist, besonders interessirt hat, war die Elimination der Tuberkelmassen. Nicht bloss ganze Stücke dieser Substanz mit Eiter infiltrirt konnten bei den Verbänden herausgezogen werden, sondern einmal konnte ich sogar einen ganzen bohnengrossen Tuberkel von sehr regelmässiger Form herausziehen, welcher ganz die Gestalt einer Lymphdrüse hatte, und gewissermaassen deren inneren Abdruck, dem Steinkern der Petrefacten vergleichbar, darstellte. In ihrem Gefüge zeigte diese Masse nichts als sehr charakteristische Elemente des Tuberkels, welche nur wenig durch beginnende Erweichung alterirt war; Eiterelemente enthielt sie nicht. Wir sehen also in dieser, sowie in der vorhergehenden Beobachtung Beispiele der Art und Weise, wie der Organismus den in äusseren Drüsen abgelagerten Tuberkelstoff theils zu zersetzen, theils auszustossen sucht.

Anhang. Ueber Hypertrophie der Tonsillen.

Die Hypertrophie der Tonsillen ist eine durchaus nicht seltene Krankheit, welche sowohl der Arzt oft als Grund verschiedenartiger pathischer Zustände erkennt, als auch der Wundarzt als örtliches Uebel zu behandeln aufgefordert wird. Ich habe die Exstirpation der Mandeln oft in Hospitälern machen sehen, und in meiner Praxis mehrmals auszuführen Gelegenheit gehabt; und da ich keine Gelegenheit habe vorübergehen lassen, um die Structur dieser hinweggenommenen Theile genauer zu untersuchen, dürfte es nicht ohne einiges Interesse sein, einige Bemerkungen über diesen Gegenstand mitzutheilen.

Die Tonsillen gehören bekanntlich zu den agminirten Drüsen, und bestehen aus dicht zusammengedrängten traubenförmigen, durch bedeutend entwickelte Zellgewebebündel und Balken von einander getrennten Drüsen, welche übrigens nicht leicht darzustellen sind. Sie münden nicht in einen gemeinschaftlichen Ausführungsgang, sondern auf die convexe freie Oberfläche der Mandeln vermittelst vieler von einander gesonderter Oeffnungen. Eine verhältnissmässig reiche Vascularität wird der Grund ihrer copiösen Schleimabsonderung. Im Innern der Tonsillen findet man überall die gleich näher zu beschreibenden Drüsenzellen und Kerne, von denen ich noch nicht weiss, ob sie Epithelien, Secret- oder Parenchymkügelchen sind, wiewohl ihre epitheliale Natur mir die wahrscheinlichste ist.

Die Hypertrophie der Tonsillen, selten angeboren, kann eine idiopathische sein, die Mandeln nehmen allmählig an Umfang zu, und bilden zuletzt durch ihre Ausdehnung ein nothwendig durch die Operation hinwegzunehmendes oder vielmehr zu verkleinerndes Organ. Meistentheils aber ist die Hypertrophie Folge wiederholter anginöser Entzündungen, nach welchen jedesmal vermehrte Blutzufuhr zurückbleibt, wodurch am Ende eine bedeutende Vermehrung des Volumens eintritt. Es tritt nun erhöhte Röthung der bedeckenden umgebenden Schleimhaut ein, das Organ selbst zeigt schon auf den ersten Anblick Erweiterung der Drüsenöffnungen und der sie umgebenden Flächen und vasculären Zellgewebebalken. Bald ist die Hypertrophie einfach, bloss auf einer Seite bestehend, bald doppelt, und in solchen Fällen habe ich zuletzt beide Tonsillen sich fast berührend gefunden, bei eintretender Entzündung die gefährlichsten Suffocations-Erscheinungen, öfters durch Abscessbildung aufhörend, beobachtet, und als höchst wichtigen Reflex auf das Allgemeinbefinden, ein Umstand, der die volle Aufmerksamkeit des Arztes verdient, habe ich gesehen, dass nicht bloss die Sprache eine eigenthümliche Veränderung erleidet, sondern auch bedeutende Störungen in den Athmungsorganen entstehen. Noch in diesem Jahre habe ich zwei Fälle der Art beobachtet, der eine betrifft ein junges Mädchen, welchem ich im Lavey'er Hospital die rechte Mandel exstirpirte, und welche dadurch von bedeutenden Athmungsbeschwerden befreit wurde, da vorher die beiden Mandeln sich fast berührten. Da ich diese Kranke jedoch vorher nicht kannte, so hat dieser Fall viel weniger beweisende Kraft für mich als der andere, welcher ein junges, blühendes Mädchen von 17 Jahren betrifft, dessen Gesundheitszustand ich seit seiner frühen Kindheit kannte. Bei sonst kräftiger Constitution und habituellem Wohlbefinden litt die junge Kranke seit vielen Jahren von Zeit zu Zeit an immer heftiger werdenden Halsentzündungen, welche die letzten Male in Eiterung übergegangen waren. So hatte sich nach und nach eine so bedeutende Hypertrophie der Mandeln ausgebildet, dass beide Tonsillen sich berührten, es war seit einigen Monaten ein trockener lästiger Husten eingetreten, das Athmen war erschwert, und besonders beim Bergsteigen sehr beklommen; es fand ausserdem starker Blutandrang nach dem Kopfe statt. Genaue Würdigung aller Krankheitserscheinungen brachte mich bald zu der Ueberzeugung, dass die Mandelhypertophie der Hauptgrund aller Symptome war; ich exstirpirte zuerst die eine, dann vier Wochen nachher die andere Mandel, und ohne einen Gran Arzenei zu verschreiben, schwanden alle Respirationsbeschwerden schnell, schon nach der ersten Operation. Solche Fälle verdienen die grösste Aufmerksamkeit des praktischen Arztes besonders in diagnostischer Hinsicht, denn die Operation selbst, sobald man ihre Nützlichkeit erkannt hat, ist leicht auszuführen.

Was nun die Structur hypertrophischer Tonsillen betrifft, so findet man in denselben eine ziemlich bedeutende Vermehrung und Ausbreitung nach allen Richtungen des fasrigen Stromas und Balkengewebes, welches die einzelnen Drüsenelemente von einander trennt. In sehr grosser Menge erkennt man die Drüsenzellen und Kerne; letztere von $\frac{1}{200}$ Millim. Durchmesser mit feinkörnigem Inhalt, und 1 bis 2 Nucleolis von $\frac{1}{300}$ bis $\frac{1}{600}$ Millim. Manche dieser Kerne sind von einer eng anschliessenden, andere von einer weiteren Zellenwand umgeben. Uebergang in spindelförmige Körper und Uebergangszellgewebe zeigt sich in denselben nicht.

In nicht seltenen Fällen findet man in diesen hypertrophischen Mandeln gelbe, bröckliche Massen von käsichter Consistenz, welche ich für Tuberkelmasse habe halten sehen, und die, wenn ich nicht irre, auch als solche beschrieben worden ist; es ist dies aber weiter nichts, als ein feinkörniges Drüsenfett, dem Sebum analog; in demselben finden sich mitunter steinichte Concretionen, und da solche aus den Mandeln kommende Massen dem Auswurf beigemischt werden können, und hier zuweilen als ausgeworfener Tuberkelstoff angesehen worden sind, so ist vor diesem Irrthum zu warnen. Wir haben übrigens an einem anderen Orte bewiesen, dass wahrer Tuberkelstoff im Auswurf nicht vorkommt. Man findet in hypertrophischen Tonsillen zuweilen alveoläre, cystenartige Räume, welche mit einer schmierigen gelbgrauen oder grünlichen Substanz angefüllt sind, und bei der mikroskopischen Untersuchung sich ganz aus oben beschriebenen Drüsenzellen zusammengesetzt zeigen.

Von 19 Fällen von Mandelhypertrophie, über welche ich genaue statistische Notizen sammeln konnte, zeigten sich 11 bei Männern und 8 bei Frauen; 16 bestanden in der Blüthe der Jugend, 4 zwischen 5 und 10, 6 zwischen 10 und 20, 8 zwischen 20 und 30 Jahren, und ein Fall im 35ten Jahre. Das Alter giebt hier nicht die Zeit der Entstehung, sondern die der Hinwegnahme des Uebels an.

Was nun die Behandlung dieser Krankheit betrifft, so hat sich auch hier der menschliche Geist in mannigfacher Verirrung gezeigt. Sollte man z. B. glauben, dass man nicht bloss vorgeschlagen, sondern versucht hat, hypertrophische Mandeln durch die Ligatur zu entfernen? Nur bei leichter Auftreibung ist energisches, alle 3—4 Tage wiederholtes Aetzen mit Höllenstein in Substanz nützlich. Ich lasse die Kranken hiernach nicht gurgeln, weil das Wasser in diesen Fällen den applicirten Höllenstein auflöst und von den zu ätzenden Orten wegspült. Die Ausschneidung ist bei nur einigermaassen umfangreicher Hypertrophie das sicherste, am schnellsten zum Ziele führende, am wenigsten quälende Mittel. Ein Gehülfe fixirt den Kopf nach hinten. Zwischen den hintersten Backenzähnen kann man ein Korkholz einschieben, jedoch ist dies meist unnöthig, mit einer Cooper'schen Scheere, einem Spatel oder dem Zeigefinger drückt man die Zunge herab. Nun giebt es zwei gleich gute Operationsmethoden. Der Geübtere kann die erste wählen, welche Dieffenbach vorzieht, man fasst nämlich mit Doppelhaken die Mandel, und schneidet mit einem engen geknöpften Bistouri die Mandel entweder mit einem Schnitte von hinten nach vorn, oder erst von oben nach unten bis an die Mitte, und dann von unten nach oben ab. Am bequemsten aber ist die zweite Methode, und besonders selbst bei denjenigen Patienten sicher und leicht anzuwenden, welche Berührung des hinteren Mundtheils zu Vomituritionen reizt; sie besteht in der Anwendung der sogenannten Mandelguillotine Ein spitzer, gerader Pfeil fasst die Mandel, diese wird dann durch einen vorn angebrachten Ring nach innen gezogen, und zieht so die Mandel in ein metallenes Oval, in dem ein Bistouri caché steckt; ist nun die Mandel gehörig fixirt, so wird dies ovalförmige Bistouri hervorgezogen und schneidet in einem Zuge die Mandel glatt durch. Es versteht sich ganz von selbst, dass die Mandel immer nur theilweise resecirt wird, was meist hinreicht, eine bedeutende Zusammenziehung des Uebrigbleibenden zu bewirken und oft den Kranken vor Rückkehr neuer Halsentzündungen sichert. Sollen beide Mandeln hinweggenommen werden, so ist es gut 14 Tage bis drei Wochen Zwischenraum zwischen beiden Operationen zu lassen. Die Nachbehandlung ist einfach; Blutung tritt nur in unbedeutendem Grade ein und steht nach kaltem Mundausspülen; nachher reicht Gurgeln mit einer Hafergrütz- oder Leinsamabkochung zur Mässigung der Entzündung hin, natürlich müssen die Kranken während einiger Tage nur flüssige Nahrung zu sich nehmen.

Ueber Knorpelgeschwülste.

Diese erst in neuerer Zeit durch die ausgezeichneten Arbeiten Müller's über Enchondrom genauer bekannt gewordenen Geschwülste gehören keineswegs zu den Seltenheiten, und sind um so interessanter zu erforschen, als sie eine der am besten charakterisirten Gruppen homöomorpher Geschwülste bilden. Sie stellen durchaus nur ein im Normalzustande vielfach vorkommendes Gebilde dar, und durchlaufen in diesem Zustande alle die verschiedenen Phasen, welche der gesunde Knorpel in seiner embryonalen Entstehung, in seiner Regeneration und Umwandlung in Knochengewebe zeigt. Freilich findet man bald den einen, bald den andern dieser verschiedenen Zustände und Formen überwiegend; überall sind aber diese Gewächse nur durch ihre Menge und ihren abnormen Sitz eigentlich krankhaft.

Werfen wir einen kurzen Ueberblick auf die Entwickelung und Structur des normalen Knorpelgewebes und der Art seiner Umwandlung in Knochen, so finden wir, dass er überall aus einem zuerst flüssigen Blastem entsteht, welches bald zu einer gelblichen Gallerte gerinnt, und schon seit seiner ersten Bildung den specifischen Charakter des Knorpels in sich birgt; sehr früh sehen wir auch die charakteristischen Knorpelkörperchen in grosser Menge in dieser immer fester werdenden Gallerte erscheinen. Nun entwickeln sich zuerst die Knorpelzellen immer mehr, die umgebende Zwischensubstanz bleibt entweder matt durchsichtig, milchweiss, aber homogen, oder gewinnt ein streifiges Ansehn. Je fester der Knorpel wird, desto mehr geht die primitive gelbliche Gallerte in den harten bläulichweissen Knorpel über. Die Knorpelkörperchen sind in den verschiedenen Thierklassen in ihrer Entwickelung verschieden. Gross und zusammenstossend sind sie in der Chorda dorsalis des Embryo der Fische und der Reptilien, hier enthalten sie bald einen Kern, bald sind sie kernlos; ersteres beobachtete man z. B. bei der Entwickelung der Wassersalamander, letzteres bei der der Frösche. Grosse, fast zusammenstossende Zellen mit Kernen und Kernkörperchen beobachtet man in der Entwickelung der Kopf- und Kieferknochen der Frösche, kleine Knorpelkörperchen, comprimirt, deformirt, durch hyaline Zwischenmasse von einander getrennt, deutliche Kerne zeigend, sieht man in den sich bildenden Knorpeln und Knochen der Vögel und Säugethiere. Am meisten aber kommt mit der Structur des Enchondroms, und namentlich der Form desselben, welche zur Ossification tendirt, der Knorpel- und Knochenbildungsprocess bei der Callusbildung überein. Hier sieht man bei Kaninchen z. B., an denen ich hauptsächlich experimentirt habe, schon am sechsten Tage nach der Fractur Knorpelzellen von $\frac{1}{30}$—$\frac{1}{40}$ Millim., rund oder oval, einen $\frac{1}{100}$ Millim. grossen, im Innern feinkörnigen Kern einschliessend. Schon um diese Zeit erkennt man um diese Körperchen herum in der Zwischensubstanz die Anlage von Canälen, und hin und wieder Ablagerung von Kalksalzen. Bald, am zehnten Tage, erscheinen nun im Knorpel eine Menge mattgelber Flecke, wahre Ossificationspunkte, in welchen man mit phosphorsaurer und kohlensaurer Kalkerde angefüllte Knochennetze findet; ringsherum ist der ganze Knorpel von ähnlichen anastomisirenden Canälen durchzogen, in welchen noch keine Knochenerde abgelagert ist, aus ersteren kann man sie um diese Zeit durch Salzsäure noch leicht extrahiren. So werden natürlich die Knochenkörperchen theils in Gruppen, welche in den maschigen Zwischenräumen der Canäle liegen, zusammengedrängt, theils bedecken sie die Wände dieser Canäle selbst. Im Innern der Knorpelkörperchen, namentlich in den Kernen, werden nun auch feinkörnige Kalksalze abgelagert, und so schrumpfen diese zusammen und wandeln sich allmählig in die unregelmässig strahligen Knochenkörperchen um. Es schreitet dann die Umwandlung des Knorpels in Knochen immer weiter vor, wir verfolgen sie hier aber jetzt nicht weiter, da die angegebenen Data zum Verständniss der Structur des Enchondroms hinreichen, und ausserdem diese Geschwülste selten weiter in der Knochenbildung vorschreiten, als zur Bildung zahlreicher Knochennetze inmitten der Knorpelsubstanz. Oft sogar bleibt diese, wie wir gleich sehen werden, auf einer ganz embryonalen Entwickelungsstufe stehen.

Nehmen wir diese kurze Skizze der Knorpelbildung als Ausgangspunkt für das Verständniss der Entstehung und der Fortentwickelung des Enchondroms, so können wir uns leicht überzeugen, dass letzteres eine durchaus homöomorphe, in sich nichts dem gesunden Organismus primitiv Heterogenes einschliessende Bildung ist, und also in seinem innersten Wesen nichts anderes als eine locale Nutritionsanomalie darbietet.

Wenn durch die Arbeiten Müller's diese Geschwulstform zuerst als eine bestimmte, vorher nur höchst unvollkommen gekannte pathologische Neubildung aufgestellt worden ist, wenn Valentin's, Gluge's, Vogel's und meine eigenen Untersuchungen über diesen Gegenstand zu genauerer Kenntniss derselben beigetragen haben, so sehen wir jedoch mit Bedauern, dass bisher die Beschreibung dieser Krankheit mehr in den Händen der Physiologen, als der praktischen Chirurgen geblieben ist. Die genauere Würdigung derselben in der chirurgischen Praxis näher zu begründen, ist der Hauptzweck dieser Arbeit.

Man hat verschiedene Formen von Enchondrom zu unterscheiden versucht, und dies lässt sich auch wohl rechtfertigen, nur muss man immer sich erinnern, dass Formen und Species in der Pathologie nicht abgegrenzt sind, wie im Thier- und Pflanzenreich, sondern dass sie nur als Modificationen identischer Bildungen auf dem gleichen Boden, dem lebenden Organismus, auftreten, zwischen sich alle möglichen Uebergänge zeigen, ihre Unterschiede mehr quantitative sind, und theils durch das Mengeverhältniss der einzelnen Elemente, theils durch verschiedenen Sitz modificirt werden.

Wie wir schon oben erwähnt haben, ist Callusbildung von zu Ossification tendirender enchondromatöser Ablagerung hauptsächlich durch die äussere Ursache der gewaltsamen äusseren Einwirkung beim Knochenbruch und durch den weiter fort sich entwickelnden Verknöcherungsprocess verschieden. Die oft an den Gelenkenden sich ablagernden Knorpelelemente, welche sich theils in stalaktitenartige Knochensubstanz umwandeln, theils sich blumenkohlartig auf der inneren Gelenkoberfläche des Knochenendes absetzen, gehören ebenfalls hierher. Selbst die scheinbar fremden Körper, welche man nicht selten im Kniegelenk, und zuweilen auch in anderen Articulationen antrifft, zeigen ebenfalls als Grundsubstanz Knorpel, und sind oft mit Knochennetzen durchzogen. Es scheint daher, dass sie nichts anderes als auf der Oberfläche des Knochenendes gebildete Knorpelwucherungen sind, welche am Ende sich von ihrem Entstehungsort lösen, und nun frei in das Gelenk hineinfallen. Es möchte denen, welche immer nach scharf abgegrenzten pathologischen Entitäten suchen, auffallend erscheinen, dass ich die Analogie dieser Bildungen mit Knorpelsubstanz nachzuweisen suche; indessen scheint es mir nothwendig, dass man sich immer bei allen diesen Fragen streng an die reine Naturbeobachtung halte. Eine zweite Form der abnormen Knorpelablagerung ist die in der Continuität der Knochen, und zwar ist diese bald mehr an der Oberfläche, bald mehr aus der Tiefe her abgesetzt. Im ersteren Falle bietet das Enchondrom eine blumenkohlartige Form dar, eine Menge rundlicher, höckeriger Erhabenheiten sitzen auf einer gemeinschaftlichen Basis auf, und bestehen theils aus milchweissem oder gelbröthlichem Knorpel, theils aus junger Knochensubstanz, und zeigen besonders beide, Knorpel und Knochenelemente, mit einander gemischt und in einander eingesprengt. Tritt nun die Knorpelablagerung tiefer aus der Substanz der Continuität des Knochens hervor, weshalb man übrigens noch keineswegs berechtigt ist, diese Bildung als eine centrale, vom Centrum des Knochens ausgehende, anzusehen, so tritt die höchst merkwürdige, von Joh. Müller bereits gründlich gewürdigte Erscheinung ein, dass die Knorpelgeschwulst von einer Knochenrinde deutlich umgeben ist. Es hat in diesem Falle der neu sich bildende Knorpel gewissermaassen die Knochensubstanz der Oberfläche vor sich her aufgetrieben, und so eine feste, knöcherne Schale erhalten, welche freilich auch später, sobald die Geschwulst eine grosse Ausdehnung gewinnt, zuerst stellenweise durchbrochen wird, alsdann nur noch ein Knochennetz an der Oberfläche bildet, und selbst allmählig ganz verschwinden kann. Die von dieser Knochenrinde eingeschlossene Substanz kann auch in ihrem Innern ossificiren, bringt es aber im Verknöcherungsprocess alsdann selten weiter als zur partiellen Ablagerung einer Menge feiner Knochennetze. Eine letzte höchst interessante Form des Enchondroms endlich ist seine Entstehung inmitten von Weichgebilden, theils in der Nähe knorpliger und knochiger Theile, theils in der Substanz selbst drüsiger Organe. Letztere Form gehört jedoch im Allgemeinen zu den seltensten pathologischen Neubildungen.

Die Grösse des Enchondroms ist sehr verschieden. Die Knorpelablagerungen in den Gelenkenden und die aus Knorpelsubstanz bestehenden Körper in den Gelenken abgerechnet, findet man die Knorpelgeschwulst meist deshalb von einem gewissen Umfang, weil sie äusserst schmerzlos, oft in tief gelegenen Theilen sich entwickelnd, erst dann zur Kenntniss des Kranken und des Arztes kommt, wenn sie eine Zeit lang bestanden hat. Die kleinste Geschwulst der Art welche ich beobachtet habe, ist die eines Enchondroms auf einem der Nasenflügel, einem Atherom gleichend, von der Grösse einer kleinen Haselnuss. Sonst habe ich es von der Grösse eines Hühnereies, von der eines Puteneies, von der Form eines mässig grossen Apfels oder einer Citrone (letztere beide Formen bei umgebender Knochenschale), selbst von der Grösse eines Kindskopfes gesehen. Auf einem blumenkohlartigen Enchondrom des Humerus zeigte sich in der Richtung der Längsaxe eine tiefe Furche vom Eindruck der Arteria brachialis herrührend; ein Beweis, wie weich und nachgiebig die Knorpelsubstanz im Anfang ihrer Bildung sein kann.

Wir haben gesehen, dass die Oberfläche des Enchondroms theils eine harte Knochenschale sein kann, theils eine fibrocellulöse Verdichtung des Periosteums mit darunter liegender reiner Knorpelsubstanz bilden kann; diese dichte Zellgewebehülle findet sich auch beim Enchondrom der Weichgebilde. So recht aber kann man erst den wahren Anblick und die innere Natur des Enchondroms auf den Durchschnittsflächen erkennen. Diese können einen verschiedenartigen Anblick darbieten. Ist der Knorpel weich, dem ersten embryonalen Entstehen sich nähernd, so hat er eine weiche, gallertartige Consistenz und eine gelbliche Farbe, welche zuweilen bei bedeutender Gefässentwickelung mehr oder weniger roth und fleischfarben wird und dann fast Fleischconsistenz annehmen kann, was leicht zu diagnostischen Irrthümern verleiten könnte, da alsdann die Knorpelgeschwulst im Innern einem Sarkom gleicht. Sobald jedoch die äussere Oberfläche eine Knochenschale ist, kann kein

Zweifel mehr über die wahre Natur des Uebels obwalten. Ist der Knorpel fester, so hat er die bekannte, ihm eigene Consistenz, und entweder eine weissgraue, eine milchweisse, oder eine mattweisse Farbe, in welcher man alsdann gelbe, harte Flecken von inselartig eingesprengter Knochensubstanz sieht. In seltenen Fällen zeigt sich im Innern der Maschenräume dieses verknöcherten Knorpels ein diploëartiges, fettiges Knochenmark.

Suchen wir uns nun nach dieser mehr äusserlichen Beschreibung von den Elementarbestandtheilen des Enchondroms Rechenschaft zu geben, so finden wir, wie allgemein in der pathologischen Anatomie, dass die äusseren Formverschiedenheiten nichts anderes als das Resultat, der Reflex von Verschiedenheiten der Grundelemente, und namentlich ihrer Gruppirung, sind.

In dem hyalinen, gallertartigen, wie in dem festen, milchweissen Knorpel zeigen sich als am meisten charakteristisches Element die Knorpelzellen, deren reinen Urtypus man seltener antrifft, als ihre deformirten Gestalten. Erstere ist eine runde oder ovale Zelle von $\frac{1}{80}$ — $\frac{1}{30}$ Millimeter, mit blasser, sehr regelmässiger Wand, einen schärfer contourirten runden Kern von $\frac{1}{60}$ Millim. mit einem oder zwei Kernkörperchen von $\frac{1}{400}$ Millim. zeigend, also der Schwann'sche Urtypus der Zelle. Meist jedoch ist die Zellenwand unregelmässig oval, der Kern etwas zusammengeschrumpft und in seinem Innern mit einer feinkörnigen Masse angefüllt, welche wahrscheinlich aus in demselben abgelagerten Kalksalzen besteht. Diese Knorpelzellen sind im gallertartigen Knorpel einzeln, ziemlich regelmässig, nahe aneinanderliegend und ohne sich zu berühren eingestreut, selten findet man auf dem mikroskopischen Präparate einzelne, isolirte Zellen. Im mehr dichten, milchweissen Knorpel liegen sie oft gruppenförmig zu 3 oder 4 beisammen. Die Zwischensubstanz hat alsdann mehr ein gestreiftes oder ein aus netzförmig anastomosirenden feinen, halbdurchsichtigen Canälen bestehendes Ansehen. In diesen, so wie in den Kernen der Knorpelzellen, lagern sich die Kalksalze bei der Verknöcherung als feinkörnige Masse, ganz ähnlich wie im verknöchernden Callus, ab. Aus solchen Knochennetzen bestehen dann die in der Knorpelsubstanz zerstreut liegenden mattgelben Verknöcherungspunkte. Jenachdem die Geschwulst mehr oder weniger gefässreich ist, nähert sich die Färbung der Röthe; bedeutende Vascularität gehört jedoch bei Enchondrom zu den seltenen Ausnahmen.

Vergleichen wir nun diese Bestandtheile mit denen des embryonalen Knorpels, so lässt sich gewiss nicht leugnen, dass zwischen der primitiven Bildung, der Regeneration und der pathologischen Neubildung der Knorpel und Knochen eine grosse Analogie stattfindet. Aber man geht offenbar zu weit, wenn man die Bildung des Enchondroms als eine embryonale Rückbildung des Knochens ansehen will. Nur das geht aus diesen Untersuchungen bestimmt hervor, dass, so wie es für den menschlichen Organismus im Allgemeinen nicht eine besondere Physik, Mechanik, Hydraulik etc. von den allgemeinen physikalischen Gesetzen abweichend, giebt, so auch keinesweges die Ur- und Grundgesetze pathischer Bildungen, von denen der physiologischen Entwickelung, Umwandlung, Ernährung und Erhaltung so verschieden sind, als es bisher die noch sehr unnaturhistorische Pathologie annimmt. Die chemischen Bestandtheile des Enchondroms sind wichtig zu kennen, da in manchen Fällen zweifelhafter Diagnose diese Analyse ein entscheidendes Urtheil zu fällen erlaubt. Müller hat nämlich im Knorpel den sogenannten Knorpelleim, Chondrin, entdeckt, welcher sich von dem gewöhnlichen Leim, Colla, unterscheidet. Diese Materie wird durch 12 bis 18stündiges Kochen erhalten, und wird durch Alaun, schwefelsaure Thonerde, Essigsäure, essigsaures Bleioxyd und schwefelsaures Eisenoxyd gefällt, während diese Substanzen den gewöhnlichen Leim nicht im geringsten trüben. Für nähere Kenntniss über diesen so wichtigen Punkt verweisen wir auf die hierauf bezügliche Stelle Müller's in seinem Werke über Geschwülste.[1]) Bei Enchondrom der weichen Theile fand Müller bald Chondrin, bald gewöhnlichen gelatinirenden Leim. Dass, wenn Enchondrom die milchweisse mit Knochennetzen durchsetzte Substanz darbietet, wohl keine Verwechselung leicht möglich ist, leuchtet ein. Wohl aber kann ein Irrthum stattfinden, wenn man die Formen gefässreicher weicher Substanz oder gelblicher, fast zitternd gallertartiger Knorpelmasse vor sich hat, welche theils in den mikroskopischen Zellen, theils im ganzen Ansehen mit manchen Formen des Krebses Aehnlichkeit hat. In solchen Fällen kann das durch langes Kochen erhaltene Chondrin mit seinen charakteristischen Reactionen alle Zweifel lösen.

In der Mehrzahl der Fälle treten die Knorpelgeschwülste nur an einer Stelle des Körpers bei einem und demselben Individuum auf, und sind so theils durch ihr locales Auftreten, theils durch gänzliche Abwesenheit aller Reaction auf den Gesammtorganismus höchst unschädliche Uebel. Zuweilen findet man mehrere Geschwülste der Art bei einem und demselben Individuum, und zwar entweder zerstreut, oder

[1]) Müller, über den krankhaften Bau der Geschwülste. Berlin 1838. pag. 36—40.

an einem und demselben Gliede, was besonders an den Händen und Füssen der Fall sein kann. Der gänzliche Mangel allgemeiner Krankheitserscheinungen, die runde, knollige, auf einzelne Phalangen beschränkte Form der Geschwülste, die oft existirende knöcherne Schale, das Intactsein der umgebenden Gebilde, der langsame Verlauf, die höchst geringe Tendenz zu Erweichung, Entzündung und Verschwärung zeigen jedoch auch in solchen zweifelhaften Fällen, dass man es mit gutartigen Geschwülsten zu thun habe.

Der Verlauf des Enchondroms ist im Allgemeinen sehr langsam. Selten bekommt es der Arzt vor einem Jahre nach der Entstehung zu sehen; ein einziges Mal habe ich eine solche erst seit 10 Monaten gebildete Geschwulst zur Operation kommen sehen. Gewöhnlich aber ist der Verlauf äusserst langsam; die Fälle sind nicht selten, in denen das Uebel sich seit 5, seit 10, seit 15 Jahren ausgebildet hat, und in Müller ist ein Fall citirt, in dem es seit 25 Jahren bestanden hatte. Charakteristisch ist es, dass es die umgebenden Theile, Sehnen, Muskeln, Knochen etc. auffallend verschont, und dass es nicht umwandelnd auf diese wirkt, wenn sich dieselben nach langer Dauer der Geschwulst etwas in ihrer Structur verändern. Der Grund solcher Veränderung ist dann theils ein mechanischer, Atrophie und Schwinden durch Druck, oder Folge functioneller Störungen, wie die Fettinfiltration nahe liegender Muskeln, sobald diese in ihren freien Bewegungen und in ihrer Action für längere Zeit gehindert sind. In sich selbst trägt das Enchondrom viel mehr den Keim zu physiologischer Fortbildung, namentlich Anlage zu Verknöcherung, als die zu pathologischen Veränderungen. So treten Erweichung und Aufbrechen nur sehr selten, und eigentlich nur dann ein, wenn die Ernährung der zu gross gewordenen Geschwulst unmöglich ist, und so oberflächliche, später um sich greifende Verschwärung bewirkt. Sonst kann auch wohl äussere Gewaltthätigkeit, Schlag und Stoss, Anlass zu wirklicher Entzündung und Ulceration werden. Dass aber selbst in diesen Fällen diese mit Degeneration, mit Bösartigwerden der Geschwulst im Entferntesten nichts zu thun habe, beweist die vollkommene und dauerhafte Heilung des Individuums nach der Operation. Innere Vereiterung mit Nekrose haben wir ein einziges Mal bei Enchondrom des Fusses beobachtet, jedoch sind uns über die wahre Natur dieses Falles Zweifel geblieben, da die chemische Analyse, welche einen entscheidenden Ausschlag hätte geben können, nicht gemacht worden ist, und sonst viele Erscheinungen für Krebs sprachen.

Was den Sitz des Enchondroms betrifft, so ist dieser meistens in den Knochen, und nur selten in den Weichtheilen. Wenn ich mich nur hier auf die von mir beobachteten Fälle berufe, so sind von 14 Fällen zwei in den Weichtheilen vorgekommen; in dem einen sass die Geschwulst zwischen zwei Lungenlappen, in dem anderen sass sie auf der Nase unter der Haut, aber ausser allem Zusammenhang mit den Nasenknorpeln. Von den 12 Fällen, in welchen das Enchondrom sich in knöchernen Theilen zeigte, waren 4 am Unterkiefer, 3 an den Fingern, 2 am Humerus, 1 am Schulterblatt, 1 am Schienbein, und 1 am Fusse. Müller[1]) hat von 36 Fällen 4 in den Weichtheilen beobachtet, hiervon einen in der Parotis, einen in der Brustdrüse, und zwei in den Hoden. Unter den Fällen von Enchondrom der Knochen wurden drei Fälle am Unterschenkel, einer am Oberschenkel, einer am Darmbein, einer an der Basis cranii, einer an den Rippen, die übrigen an den Mittelhandknochen und Fingern beobachtet. Fassen wir Müller's 36 und meine 14 Fälle zusammen, so haben wir von 50 Beobachtungen 6 Fälle von Enchondrom der Weichtheile. Unter 44 Fällen von Knorpelgeschwulst der Knochen 28 an den Handknochen und Fingern, 4 am Unterkiefer, 3 am Unterschenkel, 2 am Oberarm, und an jedem der übrigen erwähnten Theile einen Fall.

In eilf Fällen habe ich das Alter genau notirt; hiervon waren 9 zwischen dem 10ten und 30ten Jahre, 4 zwischen 10 und 20, 5 zwischen 20 und 30 Jahren. Nur einmal zeigte sich das Uebel zwischen dem 40ten und 50ten, und einmal zwischen dem 60ten und 70ten Jahre.

Die Diagnose des Enchondroms geht aus den vorhergehenden Angaben leicht hervor. Es geht in der Mehrzahl der Fälle vom Knochen aus, entsteht im jugendlichen Alter, hat eine feste, harte Consistenz, ist ein durchaus locales Uebel, wenn auch mehrere Geschwülste der Art ausnahmsweise in einem und demselben Individuum vorkommen können Die umgebenden Theile werden sehr wenig verändert, Neigung zu Ulceration und Erweichung ist fast nicht vorhanden, der Verlauf der Krankheit ist sehr langsam, und nach sehr langer Dauer noch durch die Operation sicher heilbar. Die Knochenrinde der Oberfläche, das deutlich knorpelartige Ansehen bei nicht mit einer Schale versehenen Enchondromen, die gallertartige oder feste milchweisse Consistenz des Innern, die im Knorpel oft vorkommenden Knochennetze, die charakteristischen mikroskopischen Knorpelknörper, und endlich die Leim gebende, besonders Chondrin beim langen Kochen darbietende chemische Beschaffenheit dieser Pseudoplasmen sichern die Diagnose, und

[1]) Müller, op. citat. pag. 33,

wenn auch der eine oder der andere dieser Charaktere fehlen sollte, so kann man dennoch durch Zusammenstellen mehrerer der übrigen erwähnten Merkmale das Uebel meist sicher erkennen. Die Aetiologie des Enchondroms ist bisher noch ziemlich im Dunkeln. Aeussere Verletzungen sind wohl nur occasionelle Ursachen, so wie das kindliche Alter ebenfalls nur ein prädisponirendes Moment liefert. Man muss offenbar eine eigenthümliche Anlage zu vermehrter Knorpelerzeugung annehmen, und so wie bei anderen homöomorphen Geschwülsten eine bestimmte Anlage zu vermehrter Fettablagerung an umschriebenen Stellen (Lipom), oder zu vermehrter Pigmentablagerung (Melanose) etc. angenommen werden kann, so hat wohl auch das Enchondrom seinen letzten Grund in einer wahren Hyperchondrose, in einer Anlage des Blutes, mehr Knorpelsubstanz abzulagern, als zur Ernährung und zum Wachsthum der Knorpel und Knochen nothwendig ist. Deshalb werden auch Knorpelgeschwülste oft sehr umfangreich, können sich an mehreren Orten zugleich ablagern, und sich sogar mitten in Weichgebilden entwickeln.

Dass man bei der Behandlung des Enchondroms durch Salben und innere Mittel zu keinem Resultate gelangen kann, leuchtet von selbst ein; es ist daher hier nur auf operativem Wege Hülfe zu suchen. Hat das Uebel seinen Sitz an einer Phalange, oder an der ganzen Hand in mehrfachen Geschwülsten, oder am Fusse, so ist theils die partielle Exstirpation, die Amputation eines Fingergliedes oder des ganzen Fingers nothwendig, theils bei mehr umfangreichem Uebel die Amputation des ganzen Gliedes. Bildet das Enchondrom eine umschriebene Geschwulst an einem Knochen, so kann man nach Blosslegung der Geschwulst dieselbe mit einer starken Knochenzange hinwegnehmen, wenn sie klein ist, oder wenn sie einen grösseren Umfang darbietet, sie nach der Dieffenbach'schen Methode mit einem messerartigen Meissel, oder einer Handsäge entfernen. Bei ausgedehntem Enchondrom des Unterkiefers hat Dieffenbach sogar die mehrmalige partielle Exstirpation mit jedesmaliger Resection eines Theils des Kiefers vorgenommen, und so eine höchst umfangreiche Geschwulst zum grössten Theil exstirpirt. Das Uebrigbleibende von geringem Umfang hat sich dann verknöchert, und so ist ziemlich vollkommene Heilung zu Stande gekommen. Wir werden diesen Fall unten ausführlicher mittheilen. Es ist dies wieder ein neuer Beweis für die Gutartigkeit dieser Geschwülste, da die bösartigen durchaus keine mehrmaligen partiellen Exstirpationen zulassen.

Nach diesen allgemeinen Bemerkungen über Enchondrom wollen wir eine Reihe von Beobachtungen und Krankengeschichten mittheilen, unter welchen sich freilich mehrere schon früher von uns in der Physiologie pathologique mitgetheilte Facta befinden, deren Wiederanführen aber hier nothwendig wird, um dem Leser an Beispielen die hauptsächlichsten verschiedenen Typen dieser noch bei weitem nicht hinreichend allgemein bekannten Geschwülste zu zeigen.

1) Enchondrom des rechten Oberarms.

Ein 14jähriger Knabe von gesunden Eltern, und welcher selbst stets gesund gewesen ist, hatte vor einem Jahre, als er sich waschen wollte, bemerkt, dass er am oberen inneren Theile des Oberarmes eine ungefähr taubeneigrosse Geschwulst trug, welche seitdem immer schmerzlos geblieben war, aber allmählig bis zur Grösse eines Puteneies zugenommen hatte. Abgerechnet, dass er den Arm nicht gut nach aussen bewegen konnte, fühlte er sonst nicht die geringste Unbequemlichkeit. Die Ernährung des kranken Armes war durchaus normal, das Allgemeinbefinden gut. Die Geschwulst fühlte sich hart an, und liess durch die äusseren Bedeckungen eine unregelmässige, höckerige Oberfläche durchfühlen. Ihre ziemlich breite Basis war zwischen dem Musculus biceps und den hinteren Armmuskeln gelegen. Die Arteria brachialis ging mitten über die Oberfläche hinweg und war nicht bloss deutlich fühlbar, sondern die Pulsationen waren schon dem Auge sichtbar. Von den umliegenden Weichtheilen schien keiner mit der Geschwulst eng verwachsen.

Dass hier nur die Operation helfen konnte, versteht sich von selbst. Dieffenbach führte sie folgendermaassen aus: es wurde ein Längsschnitt von der Achselhöhle bis zur Mitte des Oberarms geführt, alle Theile bis auf die Geschwulst theils aus freier Hand, theils auf der Hohlsonde durchschnitten, und dabei die Ränder der Wunde, in deren oberem sich die Armarterie befand, mit stumpfen Haken auseinandergezogen. So wurde die Geschwulst nach allen Seiten hin blossgelegt, und alsdann von verschiedenen Seiten von der Basis durch Klopfen mit messerartigen Meisseln und durch Sägen mit einer kleinen Handsäge gelöst. Die Wunde wurde durch Heftpflasterstreifen vereinigt und mit Charpie bedeckt. Die entzündliche Reaction war heftig, wich aber dem antiphlogistischen Heilverfahren, und so bot denn die bald in reichliche und gutartige Eiterung übergehende Wunde in ihrer Heilung nichts Bemerkenswerthes dar.

Die von mir nach der Operation vorgenommene Untersuchung der Geschwulst ergab Folgendes: an ihrer Oberfläche hatte sie ein unregelmässiges, höckeriges, wie gelapptes Ansehen; an ihrem oberen Theile hatte sich die Armarterie eine flache Rinne gegraben; ein dichter Zellgewebeüberzug umkleidete die Geschwulst von allen Seiten. Die einzelnen Höcker waren von der Grösse einer grossen Bohne bis zu der einer Wallnuss; die Farbe der Oberfläche war milchweiss, ins Graue spielend. Die Consistenz war auf dem äusseren Theile nicht sehr hart, denn man konnte schon mit dem Nagel Eindrücke machen, und mit dem Messer ziemlich tiefe Schnitte führen, stiess jedoch dann auf Knochennetze. Auf der unteren Fläche war die Geschwulst ganz knochenartig, und zeigte hier ein netzartiges Ansehen mit Diploë in den maschigen Zwischenräumen. Wenn man die Geschwulst in der Mitte durchsägt, so sieht man etwa zwei Drittel derselben aus ziemlich compakter Knochenmasse bestehend, während man in dem oberflächlichen Drittel besonders mit wenigen Knochennetzen durchsetzte Knorpelmasse wahrnimmt.

Die mikroskopische Untersuchung zeigt in der reinen Knorpelmasse, namentlich an deren äussersten, also den zuletzt abgesonderten Theilen, Knorpelzellen, welche in einer halb durchsichtigen hyalinen Zwischenmasse eingelagert sind; frei herumliegende Zellen sieht man nicht. Die Grösse derselben wechselt zwischen $\frac{1}{30}$ und $\frac{1}{25}$ Millimeter; ihre Form ist oval; die Kerne haben zum Theil eine rundliche, zum Theil eine unregelmässig verlängerte Gestalt, erstere von $\frac{1}{60}$ bis $\frac{1}{40}$ Millim. Durchmesser, letztere auf die gleiche Länge etwa die Hälfte an Breite darbietend. Im Innern der Kerne sind eine Menge Molecularkörnchen, von denen ich nach meinen früheren Beobachtungen glauben möchte, dass sie aus Kalksalzen bestehen. Eigentliche Nucleoli erkennt man nur noch in sehr wenigen Kernen. Viele Zellen enthalten zwei Kerne.

Verfolgt man nun die Substanz des Knorpels nach den verknöcherten Theilen hin, so erkennt man schon mit schwachen Vergrösserungen ein gleichmässig vertheiltes Netzwerk von Canälen, die theils maschicht und gleichförmig, theils langgestreckt sind, und in ihren Zwischenräumen wohlerhaltene oder schon deformirte Zellenelemente zeigen. Zwischen den noch reinen durchsichtigen Knorpelcanälen und den schon mit feinkörnigen Kalksalzen angefüllten verknöcherten Canälen findet man alle möglichen Uebergänge. Je mehr man nach der Tiefe hin untersucht, desto deutlicher treten die bekannten Charaktere deutlich ausgebildeter Knochensubstanz hervor.

2) Enchondrom des linken Oberarms.

Ein dem vorigen sehr ähnlicher Fall war im vorigen Semester vorgekommen, und da Dieffenbach diesen Knaben zu seinem Jokey gemacht hatte, so war es leicht, ihn genauer zu untersuchen.

Es war dies ein kräftiger Bauerknabe von 12 Jahren, welcher an der inneren Seite des linken Oberarms eine der vorigen ähnliche Geschwulst trug, die von der Grösse eines Hühnereies war, und mit ziem lich breiter Basis auf dem Humerus aufsass. Die Haut über der Geschwulst wurde gespalten und abpräparirt, worauf die Masse von blu menkohlartiger Gestalt, mit einem sehr verdickten Periosteum überzogen, vorlag. Mit einer Messersäge und einem messerartigen Meissel wurde nun die Geschwulst allmählig von ihrer Basis gelöst, indem sie nach und nach von diesen Instrumenten nach allen Seiten umgangen wurde, und so konnte sie denn völlig entfernt werden, ohne dass ein bedeutendes Stück von dem Knochen weggenommen wurde. Ein antiphlogistisches Verfahren, Venäsection und Aderlass wurden sogleich als Nachbehandlung eingeleitet; die Reaction blieb aber so stark, und der Gefässsturm so heftig, dass der Aderlass am folgenden Tage wiederholt werden musste, was eine grosse Milderung der Erscheinungen hervorbrachte. Am folgenden Tage brach plötzlich ein starkes aber normal verlaufendes Scharlachfieber aus, was wohl die Erscheinungen des vergangenen Tages veranlasst hatte. Bei mässigen Dosen von Calomel und passender Diät machte Patient die Stadien des Exanthems sehr günstig und normal durch. Die Abschuppung erfolgte vollständig und zur gehörigen Zeit, die Wunde secernirte dabei mässig, aber ein etwas wässeriges Secret, was sich mit dem Aussetzen des Calomels bedeutend verbesserte. Die Granulationsbildung durch warme Kataplasmen unterstützt, war regelmässig und gut, und ging der Heilung entgegen. Verband mit trockener Charpie und Cauterisation mit Höllenstein förderten endlich den Ueberhärtungsprocess, und so konnte der Kranke gegen Ende October als geheilt entlassen werden. Die exstirpirte Geschwulst zeigte deutlich die Charaktere des Enchondroms.

3) Knorpelgeschwulst mit Knochenschale am Zeigefinger.

Ein junger Mann von 25 Jahren trug seit mehreren Jahren an der ersten Phalange des Zeigefingers eine knochenharte, mit der Phalange zusammenhängende Geschwulst, welche allmählig so zugenommen hatte, dass sie die Bewegungen des Fingers sehr störte, so dass die Operation nothwendig wurde. Nach Durchschneiden der äusseren Bedeckungen wurde die Geschwulst blossgelegt, und mit einer starken Knochenzange von dem sie tragenden Knochen entfernt. Diese Geschwulst hatte drei Centimeter Länge auf zwei Breite, und anderthalb Centimeter Dicke. Der Patient trug noch zwei andere ähnliche aber viel kleinere Geschwülste zu beiden Seiten des Daumens an derselben Hand.

Aeusserlich besteht die Geschwulst aus einem Ueberzug von Periosteum mit darunter liegender deutlicher, glatter, dünner, gleichmässiger Knochenschale. Das Innere derselben besteht aus einer rothen, leicht zerdrückbaren, gefässreichen Substanz, welche einen lappigen, papillenförmigen Anblick darbietet. Das Hauptelement dieser Substanz ist unregelmässig streifig und feinkörnig, und schliesst eine grosse Menge von Zellen ein, im Durchschnitt von $\frac{1}{50}$—$\frac{1}{33}$ Millim., mit blasser Zellenwand, von ovaler oder birnförmiger Gestalt, mit einem feinkörnigen dunklen Kern von $\frac{1}{100}$—$\frac{1}{80}$ Millim. Dieses gefässreiche, weiche Knorpelgewebe bietet noch das Sonderbare dar, dass die Knorpelkörperchen nicht gruppenweise beisammen liegen, sondern überall einzeln von feinkörniger streifiger Zwischenmasse umgeben sind. Die Rinde der Geschwulst zeigt einen maschichten Bau mit sehr deutlichen feinstrahligen Knochenkörpern. Die Röthe des Gewebes hat ihren Grund in dem bedeutenden Gefässreichthum, und man findet im Allgemeinen wohl selten eine so weiche, fleischrothe, durchaus nicht gallertartige Knorpelmasse, welche man ohne die mikroskopische Untersuchung und die dann sich zeigenden Knorpelkörperchen schwerlich als solche erkannt hätte.

4) Enchondrom mit Knochenschale an einem Mittelhandknochen.

Ein dem vorigen ähnlicher Fall ist der eines fast 12 Zoll langen Enchondroms des ersten Mittelhandknochens, welchen ich durch die Güte meines Freundes Prof. Valentin im Jahre 1843 bei meiner Durchreise in Bern untersuchte. Auch hier bestand noch unter den bedeckenden Weichtheilen, Haut und Periosteum, eine freilich sehr verdünnte und an vielen Stellen unterbrochene, schon resorbirte Knochenrinde. Das Innere aber war nicht wie in der vorigen Geschwulst weich, roth und gefässreich, sondern reiner, milchweisser, mit feinen Knochennetzen durchsetzter Knorpel, in welchem das Mikroskop eine feinfaserige Structur uns deutliche Kuochenkörper nachwies.

Ich glaube, man würde zu weit gehen, wenn man diese Form des Knorpels nur als eine weiter fortentwickelte Form der vorigen ansehen wollte; beide scheinen mir vielmehr Varietäten der gleichen Grundbildung zu sein, und mehr Modificationen in dem Gefässreichthum und Leimgehalt zu bilden.

5) Enchondrom des Daumens.

Eine 67jährige Frau, mittlerer Grösse, von kräftiger Constitution, war seit ihrer frühesten Jugend mit Ausnahme eines sich zweimal wiederholenden intermittirenden Fiebers stets vollkommen gesund gewesen. Die Geburten von 10 Kindern waren leicht und regelmässig verlaufen. Auch war das Ausbleiben der Menstruation im 55ten Jahre von keinen Beschwerden begleitet gewesen. Vor sechs Jahren zeigte sich bei ihr auf dem Rücken der zweiten Phalanx des linken Daumens eine kleine schmerzlose Geschwulst von der Grösse einer Erbse, welche von der Kranken für eine Warze gehalten wurde. Die vermeintliche Warze erreichte aber nach Verlauf von zwei Jahren die Grösse eines Hühnereies, wobei sie sich zugleich über das vordere Glied des Daumens erstreckte, und dessen Flexion verhinderte, übrigens stets auch beim Druck schmerzlos blieb. Erst jetzt sah sich Patientin nach ärztlicher Hülfe um. Der behandelnde Arzt spaltete die Geschwulst der Länge nach, und legte mit reizender Salbe bestrichene Charpie ein, und einige Zeit hernach wurden sogar Nadeln kreuzweis hineingestochen, wahrscheinlich um durch die hervorzurufende Entzündung einen Resorptions- und Schmelzungsprocess zu bewirken. Die Operation war sehr wenig schmerzhaft, die Wunde vernarbte bald, ohne dass die gewünschte Wirkung erzielt wurde; es blieben seit der Zeit einige Stellen der Geschwulst offen, welche Eiter in geringer Menge absonderten. Das Wachsthum der Geschwulst nahm nun trotz aller Salben, Pflaster und Fomente stets zu, so dass sich bald die Geschwulst um das Doppelte vermehrt hatte. Als die Kranke in die Dieffenbach'sche Klinik kam, hatte das Pseudoplasma die Grösse eines Kindskopfs erreicht; es fühlte sich hart an, war an seiner Oberfläche etwas abgeplattet, voll kleiner Vertiefungen und Unebenheiten, und von einer dünnen, glatten, blassrothen Haut bedeckt. An mehreren Orten, vorzüglich in der Gegend der Insertionsstelle gegen die Hand hin, zeigen sich fistulöse Oeffnungen, von denen vier dünnflüssigen Eiter in geringer Menge absondern. Das Nagelglied des Daumens steht unverletzt aus der Geschwulst heraus, und an dieser, sowie an ihrer Insertionsstelle ist die Geschwulst seit 2 Jahren beim Berühren schmerzhaft, an ihrem übrigen Umfange, namentlich auf der oberen Seite völlig schmerzlos.

Der ganze Daumen wurde mit der Geschwulst durch einen Ovalärschnitt entfernt, die Wunde durch Heftpflaster vereinigt, und so kam denn auch bald Heilung zu Stande.

Die nach der Operation untersuchte Geschwulst zeigte deutlich die Charaktere des Enchondroms, milchweissen Knorpel mit nur noch weniger Knochenrinde an der Oberfläche; diese war wahrscheinlich durch die enorme Entwickelung der Geschwulst resorbirt worden.

6) Enchondrom des Fusses.

Vorliegender Fall gehört zu denjenigen, in welchen selbst aufmerksame Untersuchung mir nicht erlaubt hat, zu einer ganz sicheren Diagnose zu gelangen, und noch jetzt bleiben mir Zweifel, ob es ein Fall von Knochenkrebs oder von Enchondrom gewesen sei. Leider habe ich die chemische Analyse nicht machen können, und diese hätte wahrscheinlich die Zweifel gelöst, da, wenn die gallertartige Substanz beim Kochen Leim oder Chondrin gegeben hätte, die Diagnose für Enchondrom hätte gestellt werden müssen, während die Annahme eines Knochenkrebses zu statuiren gewesen wäre, wenn die Reactionsversuche diese Substanz als einen besonders eiweisshaltigen Körper nachgewiesen hätten. Auf der anderen Seite ist dieser Fall eben gerade deswegen der Mittheilung werth, weil die Diagnose zweifelhaft ist, denn dem aufmerksamen Forscher kommen in der Naturbeobachtung viel öfters solche zweifelhafte Fälle vor, als der Arzt, welcher die Krankheiten mehr in Büchern studirt, glauben könnte.

Eine 42jährige Frau von ziemlich gesundem Aussehen hatte bis vor fünf Jahren eine ziemlich gute Gesundheit gehabt. Ohne eine besondere veranlassende Ursache angeben zu können, fing sie damals an, über Schmerzen im Fusse zu klagen, welche ungefähr ein Jahr dauerten, ohne dass man äusserlich die geringste Veränderung wahrnahm; dann aber bildete sich um den äusseren Malleolus herum eine Geschwulst, welche während vier Jahre langsam zunahm, so dass sie nach und nach den ganzen Rücken und die Seiten des Fusses einnahm, und eine höckerige Oberfläche, sowie ein täuschendes Gefühl von Fluctuation darbot. Seit anderthalb Jahren waren die Bewegungen des Fusses immer beschwerlicher geworden, und die Kranke litt oft an heftigen Schmerzen. Ein vor einigen Monaten gemachter Einschnitt in die Geschwulst hat als einziges Resultat das Herauswachsen einer fungösen Excrescenz aus der Schnittfläche gehabt. Die Venen des Beins entwickelten sich stark, das ganze Bein magerte in dem Maasse ab, als der Fuss zunahm, die Kranke wurde schwach und verlor die nächtliche Ruhe. Appetit und Aussehen blieben im guten Zustande, die

Kranke magerte im Allgemeinen auch nicht sehr ab. Das Bein wurde amputirt und von Dr. Würchow in Berlin, dem es zur Untersuchung übergeben war, mir gefälligst mitgetheilt. Dr. Würchow hielt es für Enchondrom, mir blieben jedoch immer bedeutende Zweifel, das Uebel könnte wohl ein Knochenkrebs gewesen sein. Das amputirte Glied zeigte Folgendes: Das Bein, wiewohl mager, enthielt dennoch eine gewisse Menge Fett im Unterhautzellgewebe. Die Muskeln des Beins waren an ihrem unteren Theile bedeutend mit Fett infiltrirt, was ihnen einen gelben speckigen Anblick gab. Der Fuss war besonders auf seinem oberen Theile difform, und der ganze Raum zwischen dem Fussgelenk und den Zehen war von einer kindskopfgrossen, höckerigen Geschwulst eingenommen, und in dem grössten Theil seiner Ausdehnung von einer zwar sehr verdünnten aber normalen Haut bedeckt. Die höckerigen Stellen waren weich, elastisch, fast fluctuirend, an manchen Orten bläulich durchschimmernd. Auf einer der beiden Seiten des Fusses fanden sich zwei Ulcerationen von über einem halben Zoll Durchmesser und mit weicher fungöser Oberfläche. Nachdem die Haut überall sorgfältig abpräparirt war, sah man die darunter liegenden Theile, Sehnen, Muskeln, Ligamente, Nervenäste fast in normalem Zustande, nur bedeutend abgeplattet. Die Festigkeit der Ligamente war zum Theil der Grund, weshalb das krankhafte, weiche Gewebe eine lappige Gestalt angenommen hatte. Schneidet man nun die Geschwulst selbst der Länge nach ein, so kommt man auf eine gelbröthliche, weichelastische, durchaus gallertähnliche Masse, welche in den tiefern Theilen mit einem festeren, mattweissen Gewebe abwechselt und noch tiefer in diesem feine Knochennetze zeigt. In der That war das Uebel von den Tarsalknochen ausgegangen. In der Tiefe zwischen den Tarsal- und Metatarsalknochen fand sich ein Eiterdepot von ziemlich normaler Farbe, und mitten in diesem Eiter ein von allen Seiten gelöster Sequester. In den gallertartigen Massen zeigte das Mikroskop sehr blasse, feine Zellen, welche von einer fast durchsichtigen, feinkörnigen Zwischensubstanz umgeben sind. Die Zellen haben eine runde oder meist ovale Gestalt, im Mittleren $\frac{1}{30}$ Millim. einen aus wenigen feinen Körnchen bestehenden fast hyalinen Inhalt, und einen bis zwei Kerne von $\frac{1}{100}$ Millim. mit einem kleinen Nucleolus. Auch die Zellenkerne, deren man keine isolirt sieht, haben sehr blasse Umrisse. Ich gestehe, dass ich nach den Charakteren dieser Zellen nicht hätte entscheiden wollen, ob es junge Knorpelzellen von eigenthümlicher Form, oder Krebszellen seien; für letztere waren sie im Durchschnitt zu regelmässig, die Kerne nicht genug ohne Zellenwand auftretend, zu schwach contourirt, die Nucleoli zu klein und zu wenig markirt; ferner sprach gegen die Krebsnatur der Zellen die vollkommene Abwesenheit der Fettelemente; sonst existirten mit Krebszellen freilich in diesen Kügelchen viele gemeinschaftliche Charaktere. In der tieferen milchweissen Knorpelsubstanz erkennt man, ausser sehr unvollkommen ausgebildeten Knochennetzen, ebenfalls den vorigen ähnliche junge Knorpelzellen und eine fast durchsichtige Zwischenmasse, welche eine schwache Cohäsion und ein fast lamellöses Gefüge zeigt; zwischen dieser Substanz findet sich in vielen Areolen obige weiche gallertähnliche Substanz eingelagert; an manchen Stellen endlich zeigt der Knorpel neuer Bildung sehr deutlich alle seine physikalischen und mikroskopischen Eigenschaften, und in seiner Substanz Knochennetze mit deutlichen Canälen und Knochenkörpern. Die Kranke starb in Folge der Amputation; bei der Leichenöffnung fand Dr. Würchow am Femur eine kleine, aus Knorpelsubstanz bestehende Geschwulst, und nirgends Ablagerungen von Krebsmasse, welche übrigens selbst bei wirklichen Krebsgeschwülsten auch oft fehlen.

Die beiden von mir in Weichtheilen beobachteten Fälle von Enchondrom sind der eine der einer Knorpelgeschwulst zwischen zwei Lungenlappen, bereits von mir früher beschrieben, der andre ein neuerer von Enchondrom in den Weichtheilen der Nase. Der Vergleich der Structur beider Geschwülste unter einander und mit den übrigen Knorpelgeschwülsten dürfte nicht ohne Interesse sein.

7) Enchondrom zwischen zwei Lungenlappen entwickelt.

Diese interessante Geschwulst ist mir im Iahre 1844 von Herrn Barth in Paris zur Untersuchung gebracht worden. Sie war bei einer Leichenöffnung im Hôtel-Dieu zufällig zwischen 2 Lungenlappen gefunden worden, und man hatte sie anfangs für eine trockene Bronchialdrüse gehalten. Auf der Oberfläche der Geschwuslt fanden sich noch Fragmente von Lungengewebe. Sie hatte drei Centimeter Länge auf 2 Breite und Dicke. Aeusserlich war sie von einer glatten, rothen, gefässreichen Zellgewebemembram umgeben, durch welche inselförmige gelbe Flecke von Knorpelsubstanz durchschimmerten; die Gestalt war rundlich und unregelmässig höckerig. Auf der Durchschnittsfläche zeigen sich zwei Substanzen, die eine milchweiss, stellenweise roth und gefässreich, ziemlich homogen, schon beim ersten Anblick durchaus der Knorpelsubstanz gleichend. Die andre Substanz ist hart, gelb, stellenweise geröthet und zeigt eine maschenförmige Structur. In den Maschenräumen zeigt sich, wiewohl noch nicht eigentliche Verknöcherung in der Geschwulst stattgefunden hat, wirkliches, fettartiges Knochenmark, welches auch die umgebende Knorpelsubstanz zum Theil infiltrirt, und sich selbst im Innern der Knorpelzellen findet. Die Intercellularsubstanz des Knorpels besteht aus einem feinen Fasernetz, und zwischen diesem finden sich viele Hohlräume von verschiedenen Dimensionen, welche ganz mit Zellen angefüllt sind, welche gruppenartig bei einander liegen. Die Hohlräume selbst variiren in ihrem Durchmesser von $\frac{1}{25}$ bis $\frac{1}{12}$ Millim.; die einzelnnen Zellen haben $\frac{1}{40}$ bis $\frac{1}{30}$ Millim. und zeigen im Innern unregelmässige, $\frac{1}{80}$ Millim. grosse, mit feinen Körnchen gefüllte Kerne. In vielen der Zellen erkennt man nicht die Kerne. Im Innern der kernlosen, so wie der kernhaltigen zeigen sich hin und wieder deutliche Fettbläschen. In der gelbrothen Substanz, welche den milchweissen Knorpel umgiebt, zeigen sich neben den gleichen Elementen viele Gefässe und namentlich ungleich mehr Fettbläschen und Körnchen.

8) Enchondrom der Nase, von den knorpligen Theilen der Nase unabhängig.

Ein 23jähriger junger Mann von schwächlichem Aussehen, hatte von seinem siebenten Jahre an an Drüsenanschwellungen des Halses gelitten, welche theils entzündlicher, theils tuberculöser Natur gewesen zu sein scheinen, da die einen bald nach der Abscedirung und Eröffnung zuheilten, während die andren lange eiterten. Die obere Halsgegend linker Seite zeigt auch in ziemlichem Umfange die charakteristischen Narben scrophulöser und tuberculöser Drüsenkrankheiten. Sonst hat der Kranke nie ein andres Localübel gehabt; in ganz letzter Zeit haben sich wieder neue Drüsenanschwellungen um das linke Ohr herum gezeigt. Der Kranke sieht bleich, mager und kachektisch aus.

Was nun die Entstehung der Geschwulst an der Nase betrifft, so berichtet der Kranke hierüber Folgendes: Vor ungefähr zehn Monaten erschien am untern Theil des rechten Nasenflügels eine kleine röthliche Erhabenheit, welche das Ansehen einer Finne hatte. Wahrscheinlich war es schon von Anfang an ein hartes Knötchen. Nach und nach nahm die kleine Geschwulst immer mehr an Umfang zu, und jemehr sie wuchs, desto mehr trat ihre harte Consistenz als prädominirender Charakter hervor. Die Geschwulst hatte vor der Operation die Grösse einer kleinen Haselnuss erreicht. Die Haut darüber war gespannt und geröthet, was zum Theil darin seinen Grund hatte, das die ohnehin schon straff gespannte Haut der Nase einer viel geringeren Ausdehnung fähig ist, als die der meisten übrigen Körpertheile. Die Geschwulst selbst ist unter der Haut nur wenig verschiebbar, sie sitzt an ihrer Basis fest auf. Die Consistenz ist sehr hart.

Die Exstirpation dieser Geschwulst wurde in der Dieffenbach-schen Klinik von Dr. Bock aus Kopenhagen gemacht. Ein längliches Ellipsoid nahm einen Theil der die Geschwulst bedeckenden Haut hinweg. Nun wurde die an den umgebenden Theilen stark adhärirende balgartige Einhüllung derselben mit einem feinen Scalpell getrennt; ein spitzer Haken wurde in die Geschwulst eingestochen, um sie in die Höhe zu heben, mit stumpfen Haken wurde die Haut zu beiden Seiten auseinandergezogen und so das Enchondrom entfernt. Die Wunde wurde durch drei Nadeln mit umschlungener Naht vereinigt. Nach 2 Tagen wurde die oberste, die beiden andern Nadeln am 3. Tage weggenommen und nach wenigen Tagen war die Vereinigung vollständig zu Stande gekommen.

Die von mir nach der Exstirpation vorgenommene Geschwulst zeigt ausser der sie gleichmässig eincapselnden fibro-cellulösen Hülle im Inneren ein mattweisses homogenes Gewebe, welches in seiner Mitte einen deutlichen Knochenkern von der Grösse einer Linse enthält, während das umgebende Gewebe sich durch seine Färbung und Consistenz deutlich als Knorpelgewebe zu erkennen giebt. In dem Knochengewebe, welches, den centralen Kern abgerechnet, das ganze Gewebe netzförmig durchzieht, zeigen sich sehr distincte Knochenelemente, Knochencanälchen mit maschenförmigen Zwischenräumen, streifig blättrige Substanz und feinstrahlige Knochenkörper. Im Knorpel selbst erkennt man feine Fasern, hyaline Zwischenmasse, und sehr schön ausgebildete Knorpelzellen, welche denen des Embryonalzustandes niederer Wirbelthiere gleichen. Die Zellen haben $\frac{1}{30}$ Millim., sind regelmässig rund, haben einen Kern von $\frac{1}{100}$ — $\frac{1}{80}$ Millim. mit einem oder zwei Kernkörperchen. In manchen grösseren Mutterzellen erkennt man 4 — 5 solcher Kerne. An manchen Stellen umgeben concentrische Streifen und Fasern die Querdurchschnitte von Knorpelsubstanz mit durchsichtigen Knorpelcanälen. Die Knorpelzellen bildeten übrigens weder ein continuirliches Gewebe, noch lagen sie gruppenförmig bei einander, sondern sie waren einzeln ohne sich zu berühren in der Zwischensubstanz eingelagert.

Es ist höchst merkwürdig ein Enchondrom an dieser Stelle anzutreffen; noch auffallender aber ist es, dasselbe eingecapselt und nicht mit den umgebenden Knorpeltheilen zusammenhängend zu finden. Aehnliches ist freilich auch für isolirte Knochengeschwülste in der Umgegend von Knochen beobachtet worden.

9) Sehr umfangreiches Enchondrom des Unterkiefers; durch mehrmalige partielle Excision vollkommen geheilt.

Es ist dies einer der merkwürdigsten Fälle von Exstirpation einer höchst umfangreichen Geschwulst des Unterkiefers durch mehrmalige Operation, und um so interessanter, da eine vollkommene Heilung der Erfolg der kühnen und geistvollen operativen Eingriffe Dieffenbach's in einem Falle war, welchen alle früheren Chirurgen für unheilbar erklärt hatten, da das Uebel ihnen zu umfangreich schien, um eine Operation zu wagen.

Ein 13½jähriges Mädchen von kräftiger Constitution hatte vor sechs Jahren zuerst eine Geschwulst an der Mitte des Unterkiefers bemerkt, welche allmählig so zugenommen hatte, dass sie sich über den ganzen vorderen Theil desselben erstreckte, bis zur Mitte der Brust hinabreichte und ungefähr den Umfang eines plattgedrückten starken Kindskopfs erreicht hatte. Trotz der ausserordentlichen Entwickelung dieser Geschwulst hatte dieselbe weder Schmerzen verursacht, noch das Allgemeinbefinden getrübt. Nach den Seiten hin dehnte das Uebel sich bis zum Winkel des Unterkiefers aus, war jedoch auch hier nicht scharf abgegrenzt; an diesen Stellen fühlte sich die Geschwulst hart und knochenartig an, während sie nach der Mitte und nach vorn mehr prall und elastisch schien und nur noch unregelmässige Knochenplatten als Ueberreste der früher existirenden, an vielen Stellen durchbrochenen Knochenschale zeigte. An manchen Orten ist die Geschwulst ganz weich und nachgiebig anzufühlen. Die hintere Seite ist völlig hart und fest. Durch die Zerstörung der Alveolen fielen die Zähne theils aus, theils haften sie noch locker in der Masse selbst, stehen aber nicht mehr in einer Reihe, sondern sind, die einen nach vorn, die andern nach hinten ausgewichen. Die die Geschwulst umgebenden Weichgebilde befinden sich in vollkommener Integrität. Die Functionen der benachbarten Organe, die Deglutition und Respiration sind völlig ungestört. Theils wegen der langen Dauer des Uebels, theils wegen der Ungestörtheit des Allgemeinbefindens, theils wegen der völligen Schmerzlosigkeit, theils endlich wegen der Integrität der benachbarten Organe ist die Natur des Uebels als gutartig erkannt und als Enchondrom vor der Operation diagnosticirt worden.

Die erste partielle Exstirpation wurde nun folgendermaassen ausgeführt: Dieffenbach machte 1½ Zoll unter dem Munde einen Horizontalschnitt von 4 Zoll Länge und löste von diesem aus die Hautlappen nach oben und unten, nach oben bis in den Mund hinein, nach unten bis halb um die Geschwulst herum. Dann wurde mit der Hand säge ungefähr ein Drittel der Geschwulst weggesägt, und mit der Knochenzange wurde alsdann noch so viel als thunlich von den nun hervorstehenden Knochenrändern abgekniffen, so dass im Ganzen etwas mehr als die Hälfte weggenommen war. Nun musste man mit der Operation innehalten, da Patientin schon zu viel Blut verloren hatte. Es wurden die Hautränder durch einige Suturen vereinigt, Pflasterstreifen und hierauf ein gelinder Charpiedruckverband angelegt.

Die Geschwulst bestand aus einem sehr weichen Knorpelgewebe, welches zum Theil noch gallertartig in Knochenzellen vorhanden war; die neugebildeten Knochennetze waren so zart, dass man dieselben mit dem Messer schneiden und mit dem Finger eindrücken konnte.

Am Tage nach der Operation war das Wundfieber ziemlich stark, weshalb eine Potio nitrosa verordnet wurde. Man trug Sorge, das Wundsecret täglich einigemale durch Einträufeln von Camillenthee zu entfernen; die Wunde wurde mit einfacher Charpie verbunden. Da die Kräfte der Kranken durch den Blutverlust sehr heruntergekommen waren, erhielt sie China und Eisen, was auch nach einiger Zeit die Kräfte gewünschtermaassen hob. Nach und nach hatte sich die ganze Wundfläche des Enchondroms mit gesunden Granulationen bedeckt, welche auch bald mit den entsprechenden Hautdecken zu verkleben begannen. Vierzehn Tage nach der Operation bestand nur noch ein nicht sehr umfangreicher Wundcanal hinter der Unterlippe, der sich in der unteren Wundspalte öffnete. Fünf Wochen nach der Operation waren die Schnittwunde und die Wundfläche des Knochens mit der Lippe verwachsen. Durch den fortgesetzten Gebrauch der China und der Tinct. ferri pomati hatten sich nach drei Monaten die Kräfte soweit wiederhergestellt, dass eine neue Operation gewagt werden konnte. Es wurde nun zuerst ein Hautschnitt vom rechten Winkel des Unterkiefers an hart an dessen unterem Rande und parallel mit der schon bestehenden Narbe geführt. Darauf wurde die Narbe, welche den oberen Wundrand ausmachte, ausgeschnitten und nach Lösung der Weichtheile der rechte Unterkiefer in einem grossen Umfang blossgelegt. Von dessen Knochenmasse entfernte man nun so viel, dass das übrigbleibende Stück ungefähr die Form eines normalen Unterkiefers hatte und vereinigte dann die zurückgeschlagenen Weichtheile durch die geknöpfte Naht. Die Patientin ertrug die Operation gut, nur bekam sie während und nach derselben heftige Vomituritionen. Das losgelöste Knochenstück zeigte ein festeres Knochengewebe mit vielen Zellen, in welchen eine graue gallertartige Knorpelsubstanz deponirt war. Trotz des ziemlich bedeutenden Blutverlustes befand sich Patientin bald nach der Operation ziemlich wohl, das Wundfieber verlief normal, der Vernarbungsprocess kam in wenigen Wochen durch Granulationsbildung zu Stande. Eisenmittel wurden wieder zur Hebung der Kräfte mit gutem Erfolg angewendet.

Nach zwei Monaten endlich wurde auch auf der linken Seite die gleiche Operation wie auf der rechten Seite ausgeführt, das linkerseits stehengebliebene Stück des enchondromatösen Unterkiefers wurde auf ähnliche Weise wie das der rechten Seite abgetragen, es wurde wieder ein Schnitt über die Geschwulst hinweggeführt, die Haut beiderseits abpräparirt, dann mit Säge, Zange, Messer und Scheere der Rest der Geschwulst hinweggenommen. Die Wundhöhle ward mit Charpie ausgefüllt und die Wunde dann geschlossen. Die Heilung kam ohne alle üble Zufälle zu Stande, und so konnte die Kranke nach sechsmonatlicher Behandlung und dreimaliger Operation, von ihrer sehr grossen Geschwulst und der bedeutenden Entstellung befreit, geheilt entlassen werden.

Drittes Capitel.

Ueber Diagnose des Krebses, nebst Krankengeschichten von Krebsaffectionen.[1])

Wir kommen hier auf einen Gegenstand der Chirurgie, über welchen die Wissenschaft noch viel zu wünschen übrig lässt, über welchen die widersprechendsten Ansichten herrschen, die heterogensten Hypo-

---

[1]) Anmerkung. Diese Abhandlung war bereits im Herbst 1846 abgefasst. Meine seitdem fast ununterbrochen über Krebs angestellten klinischen, statistischen, anatomischen und therapeutischen Untersuchungen, letztere namentlich über die mit Krebs verwechselten Krankheiten, werde ich später in einer grossen Monographie über Krebs bekannt machen. In diesem Werke werde ich auch die neuerdings über Krebs erschienenen Arbeiten von Dr. Würchow in Berlin und die von Dr. Bruch in Heidelberg zu besprechen Gelegenheit haben.

Was die letztere Arbeit betrifft, so muss ich schon im Voraus bemerken, dass ich nicht bloss viele der Meinungen des Autors durchaus nicht theile, sondern auch seine Art der Darstellung keinesweges billige. Namentlich hat er an manchen Stellen meine Beobachtungen auf eine so gehässige und bittere Weise angegriffen, dass ich eine solche Art zu discutiren als einen Verstoss gegen die Objectivität und die anstandsvolle Ruhe, welehe in wissenschaftlichen Discussionen herrschen sollen, erklären muss.

Für meine Meinungen bettle ich nicht um Nachsicht und werde sie stets zu vertheidigen wissen. Sie aber mit Höflichkeit anzuführen, selbst anzugreifen, wenn man es sonst für gut findet, das kann ich von jedem wohlerzogenen Menschen fordern. Es wäre mir am Ende ein Leichtes auf bittere und beissende Bemerkungen mit noch schärferen Sarkasmen zu antworten. Aber wohin würde eine solche Argumentationsweise führen? Wir haben leider solcher Skandale in der gelehrten Welt schon zu viele.

Nicht minder befremdet hat mich die Verächtlichkeit, mit welcher Herr Bruch von der französischen Wissenschaft spricht. So von dem Lande zu reden, in welchem noch vor wenigen Jahren Cuvier und Dupuytren gelehrt haben, in welchem noch jetzt die Medicin und Chirurgie durch Andral, Louis, Cruveilhier, Royer, Velpeau, Roux, die Naturwissenschaften durch Arago, Leverrier, Pouillet, Dumas, Boussingault, Milne Edwards etc. vertreten sind, von dem Lande, in welchem noch in neuester Zeit deutsche Gelehrte wie Strohmeyer, Bischoff, Vogt, Preise als Zeichen der Anerkennung ihrer schönen wissenschaftlichen Leistungen erhalten haben, ist nicht nur ungerecht, sondern auch ein unangenehmer Anklang aus der verschollenen Zeit internationaler Vorurtheile.

Auch für die „sogenannte praktische Medicin" hegt Herr Bruch nicht geringe Verachtung, was wohl daher rühren mag, dass er sich wenig mit

thesen in Umlauf sind, und dessen Studium bereits viele sonst recht gründliche Forscher auf halbem Wege entmuthigt hat. Hier begegnen wir wieder zweien noch zu wenig convergirenden Parteien, den Praktikern und den Physiologen. Die einen haben mehr die auszuführende Operation und den brillanten Erfolg im Auge, und erklären gern eine nicht krebshafte Geschwulst für bösartig, um den Ruhm zu haben, recht viel Krebsgeschwülste durch die Operation geheilt zu haben. Und ist selbst ihr Bestreben weniger äusserlich und auf Erfolg berechnet, so vernachlässigen sie doch auch dann noch die gehörige gründliche Erforschung der innersten Natur der verschiedenen Pseudoplasmen, welche sie auf operativem Wege zu heilen berufen sind. Die Physiologen hingegen sehen im Gegentheil nur die Geschwulst und nicht den Kranken, während die Praktiker gar oft über den Kranken die Natur der Geschwulst übersehen. Die Physiologen und Anatomen zergliedern und sehen durchs Mikroskop, und machen auch wohl gar chemische Reactionen und Analysen, aber die klinische Beobachtung entgeht ihnen, und so wird ihre scheinbare Unparteilichkeit zur Einseitigkeit. Mit Schärfe und Tiefe ergründen sie vereinzelte Elemente des pathischen Processes, können aber die eigentliche Beobachtung der Entstehung, des Verlaufs und der Symptome des Uebels von ihrem Laboratorium aus nicht ergründen; vor den Krankensälen haben sie aber leider oft eine vornehme Scheu. So ist denn auch kein Zusammenwirken zwischen den geistvollen und genauen Arbeiten der Physiologen und Naturforscher und der mehr directen Beobachtung des Lebens und seiner physischen Abnormitäten, wie sie der praktische Arzt beobachtet, auf diesem Wege möglich.

Und gerade beim Studium der Krebsgeschwülste ist es unumgänglich nothwendig, sich nicht auf vage Eindrücke zu stützen, um Doctrinen

---

derselben befasst hat. So hat er unter anderem von den Kranken, deren Krebsgeschwülste er untersucht hat, gar nicht selbst die Krankheitsgeschichten angefertigt und dieselben höchst wahrscheinlich im Leben nicht mit einiger Vollständigkeit beobachtet. Und doch können viele der wichtigsten, in dem Werke des Herrn Bruch besprochenen Punkte, wie die der Krebsdyskrasie, die, ob Krebs ein Allgemeinleiden sei oder nicht, auf anatomischem Wege allein nicht entschieden werden, und verlangen die gründlichste klinische Krankenbeobachtung.

Wenn es einerseits wünschenswerth ist, dass die Aerzte sich immer mehr eine gründliche naturwissenschaftliche Bildung anzueignen suchen, so ist es andererseits doch auch an der Zeit, dass die für Praxis und Wissenschaft wichtigsten pathologischen Fragen nicht von Leuten entschieden werden, welche die praktische Ausübung der Arzneikunst weder kennen, noch zu schätzen wissen.

zu bauen, aber auch nicht mit dem Mikroskop und der chemischen Analyse allein pathologische Ansichten begründen zu wollen. Der Zweck dieser Arbeit ist, zu zeigen, dass nur durch genaue Würdigung aller Erscheinungen, nur durch gründliche Prüfung aller Elemente, auf welche ein entscheidendes Urtheil basirt werden kann, die Diagnose des Krebses möglich ist. Die naturhistorische Methode ist eine sehr schöne und lobenswerthe in der Medicin, zu weit getriebene Analogien aber führen wieder auf die Irrwege der Naturphilosophie zurück. Im menschlichen Organismus giebt es in der Mehrzahl der Krankheiten nicht so getrennte Genera und Species, wie im Pflanzen- und Thierreich. Die Säfte und festen Theile desselben Organismus erleiden verschiedene chemische, physikalische und functionelle Veränderungen, welche durch vielfache Verkettung, Combination und Complication in einander übergreifen. Es giebt daher meist nicht so bestimmte typische Verschiedenheiten zwischen den Krankheitsprocessen und pathischen Ablagerungen wie zwischen den Species eines Genus im Thier- oder Pflanzenreich. Deshalb muss man daher nicht auf einzelne Charaktere Doctrinen gründen, sondern in der Würdigung sämmtlicher Erscheinung, in der Gruppirung und der Coordination des Werths jedes Elementes das wahre Eintheilungsprincip suchen.

Wir wollen hier zuerst eine allgemeine Skizze der hauptsächlichsten Merkmale der Krebsgeschwülste geben. Hier können wir das in unserer Physiologie pathologique über Krebs Mitgetheilte zu Grunde legen, da wieder während zwei Jahre eifrig fortgesetzte Untersuchungen über Krebs den grössten Theil unserer früheren Beobachtungen bestätigt und zu denselben neue hinzugefügt haben.

Wir werden alsdann die Krebsgeschwülste mit den Producten der Entzündung und Verhärtung, mit Warzengeschwülsten, localer Hauthypertrophie, Telangiektasie, Balggeschwülsten, Fettgeschwülsten, fibrinösen Geschwülsten, melanotischen, fibroplastischen, fibrösen Geschwülsten nebst Polypen, Drüsenhypertrophie, Knorpelgeschwülsten, Knochengeschwülsten und Tuberkelablagerungen vergleichen. Wir werden dann vom Krebs wie von jeder einzelnen dieser Geschwülste den Umfang, die Oberfläche und Form, den Sitz im Allgemeinen, das Verhältniss zu den umgebenden Geweben, das innere Gefüge mit blossem Auge, mit dem Mikroskop und chemisch untersuchen, und den Einfluss auf den Gesammtorganismus, die locale Entwickelungsgeschichte, Dauer und Verlauf, Alter und Geschlecht, und besonders Prädilection für bestimmte Theile und Organe vergleichen. Es wird sich alsdann einerseits ergeben, welche die wichtigen oder weniger wichtigen Charaktere sind, und andererseits, welche die den Krebs von anderen bestimmt unterscheidenden Merkmale ausmachen. Einige ausgewählte Krankengeschichten werden die allgemeinen Bemerkungen vervollständigen.

§. 1. Ueber die Natur des Krebses.

Der Krebs ist ein heteromorphes Product. Nichts seiner innersten Natur Identisches findet sich im normalen Organismus. Zwischen vermehrt abgelagerten Normalelementen, wie Fasern, Fett und Blutgefässen, bildet er ein fremdes Element, durch eigenthümlichen Krebssaft und charakteristische Krebszellen und Zellenkerne individualisirt. Dieser Krebssaft ist im halbflüssigen Emulsionszustande oder weich geronnen das Hauptelement der Krebsgeschwülste, zwischen feinen und dünnen, oder zwischen einem dichten und harten Stroma von rigiden Fasern eingebettet und mit vielen anderen mehr unwesentlichen Elementen gemischt. Aus der ganzen Blutmasse sich allmählig eliminirend, greift der Krebs so um sich, dass er seine Umgebung zerstört und an von einander entfernten, in keinem directen Continuitätsverhältniss stehenden Orten zugleich oder successiv auftreten kann. Jede örtliche Krebsablagerung aber tendirt nicht bloss ihre Umgebung zu vernichten, sondern zerstört sich auch mit der Zeit in sich selbst, daher apoplektische Blutergüsse und Unkenntlichwerden der Krebszellen im Innern, Erweichung und Aufbrechen nach aussen. Krebs ist also eine zuerst mit örtlicher Ablagerung und einem eigenthümlichen, specifischen Elemente auftretende allgemeine Blutkrankheit, welche zuerst die nächste Umgegend des Ablagerungsheerdes und dann später den ganzen Organismus zu zerstören die ausgesprochene Tendenz hat, und hier wahrscheinlich nicht bloss durch Beeinträchtigung wichtiger Functionen, sondern auch durch immer mehr zunehmende Verderbniss aller Fluida, besonders des Blutes, tödtet.

Wir kommen nun zur Beschreibung der einzelnen wichtigsten Charaktere des Krebses.

I. Der Umfang der Krebsgeschwülste ist den allergrössten Verschiedenheiten unterworfen. Von der Grösse eines Nadelknopfes bis zu der des Kopfes eines Erwachsenen, finden sich alle Zwischenstufen. Die sehr kleinen Krebsgeschwülste trifft man meist nur als secundäre Krebsablagerungen in Leber, Lunge, Pleura, Peritonaeum, Drüsen, Venen etc. an. Selten wird der Chirurg für eine Krebsgeschwulst consultirt, die nicht bereits den Umfang einer kleinen Nuss, einer Mandel erreicht hat. Im Mittleren haben die Krebsgeschwülste, wenn sie zur

Operation kommen, 2—3 Zoll im Umfang, ausgedehnter, aber weniger tief, wenn sie bereits in Ulceration übergegangen sind. Der mehr weiche Krebs, der Markschwamm, bildet die grössten localen Ablagerungen, und diese Geschwülste sind es besonders, welche die Grösse eines Kindskopfes und darüber erreichen, aber diese Geschwülste sind es auch, welche man bei allgemeiner Infection in den kleinsten Massen abgelagert findet, zuweilen ein kleines mit Krebssaft im halbgeronnenen Zustande gefülltes Bläschen, als wenn ein Tropfen von Krebssubstanz flüssig durch Capillargefässe ausgeschieden, sich an seiner Oberfläche zu einem festen, feinfaserigen Gewebe gestaltet hätte, in dessen Innerm die Krebszellen sich eben frisch aus dem Krebsblastem niedergeschlagen haben. Die Krebsgeschwülste mittlerer Grösse zeigen auch meist eine bedeutendere Härte, gehören mehr der Form des Scirrhus an, und hier hat gewissermaassen die feste Fasermasse die eigentliche Krebssubstanz auf einen geringeren Raum zusammengedrängt. Der Gallertkrebs kann sich, wie der Markschwamm, in grösseren Massen zeigen, oft aber erscheint er, namentlich auf dem inneren Theile mehr röhriger Organe, wie die Därme, als zwar weit ausgedehntes aber flaches wenig dickes Pseudoplasma. Zuweilen trifft man auch gerade den Gallertkrebs traubenförmig, aus einer Menge kleiner Geschwülste bestehend, in ziemlicher Ausdehnung auf serösen Häuten, namentlich dem Peritonaeum. Wir wollen hier übrigens gleich im Voraus bemerken, dass zwischen allen Formen des Krebses sich Uebergänge finden, und so zwar verschiedene Typen von Krebs existiren, alle zusammen aber dieselbe Grundkrankheit bilden.

Auch die Organe, in denen die Krebsgeschwülste abgelagert werden, üben einen entschiedenen Einfluss auf die Grössenverhältnisse derselben aus. So finden sich in drüsigen Organen die bedeutendsten Krebsablagerungen. In der Brustdrüse und im Hoden sehen wir sehr bedeutende, einzeln bestehende Geschwülste, mitunter bilden auch Bronchial-, Mesenterial- und äussere lymphatische Drüsen bedeutende, aus einer Geschwulst bestehende Krebsablagerungen, meistens aber finden sich hier mehr conglomerirte Krebsgewächse, und mehrere zugleich von dem Uebel afficirte Drüsen sind nach und nach in eine Geschwulst verschmolzen.

II. Die Oberfläche und die Form der Krebsgeschwülste hat ebenfalls nichts Bestimmtes. Mit Unrecht hat man die unebene höckerige Oberfläche als einen Hauptcharakter der Krebsgeschwülste angesehen. Wohl findet diese sich, namentlich am vorgerückten Brustkrebs, und hier giebt die höckerige Gestalt der Geschwulst, von rother adhärirender, oder zum Theil schon ulcerirter Haut bedeckt, schon auf den ersten Blick ein charakteristisches Bild. Im Hoden aber trifft man ebenso oft, vielleicht noch häufiger glatte, gleichmässige, pralle Krebsgeschwülste an, als unebene, höckerige. Ueberhaupt hindern fibrotendinöse Hüllen diese höckerige Entwickelung der Oberfläche. Auch an der Brustdrüse selbst kommen viele glatte, gleichmässig sich anfühlende Scirrhen und Markschwämme vor. In den Lymphdrüsen sind diese Geschwülste ebenfalls glatt, wenn die ergriffene Drüse von andern naheliegenden isolirt ist. Knochen- und Gebärmutter-Krebs existirt oft in der Form krebsartiger Infiltration, und kann so ohne bedeutenden Vorsprung nach aussen existiren, was jedoch nicht immer der Fall ist. Im Magen, namentlich dem Pylorus, bildet der Krebs wohl harte und ungleiche, aber selten höckerige Geschwülste. In der Leber findet man manchmal schon bei der Untersuchung durch die Bauchdecken eine ungleiche, höckrige Oberfläche, jedoch oft haben gerade in der Leber die Krebsdepots eine besonders in der Mitte retrahirte Oberfläche, der ähnlich, welche man in grösserem Maassstabe auf stark entzündlichem Blute, namentlich in der Crusta phlogistica von acutem Gelenkrheumatismus findet. Die einzelnen höckerigen Theile des Krebses sind zuweilen fast beinhart, zuweilen aber auch so weich, dass der Ungeübte glaubt, es mit einem Abscesse zu thun zu haben, in welchen er das Bistouri einsticht, und aus dessen Schnittwunde dann später ein Krebsschwamm hervorwächst. Das umgebende Zellgewebe der Krebsgeschwülste bildet wohl ausnahmsweise um dieselben eine Balgverdichtung, meist aber ist es mehr diffus verhärtet und mit Krebssubstanz infiltrirt.

III. Die Consistenz des Krebses kann ebenfalls eine sehr verschiedene sein, und auch hier findet man alle Zwischengrade zwischen der Cohärenz eines fast zerfliessenden Breis und Knorpel- oder fast Knochenhärte. So findet man ihn halbflüssig von der Consistenz einer zitternden Gallerte, halbdurchsichtig in einzelnen Formen des Colloidkrebses, von der Dichtigkeit der Gehirnsubstanz oder auch mehr fest, elastisch, fast von Muskelfleischconsistenz in den verschiedenen Gradationen des Markschwamms, endlich hart, dicht, faserig, unter dem Scalpell sich mit Geräusch durchschneidend beim harten Krebs, dem Scirrhus. Diese Verschiedenheit der Dichtigkeit hängt ganz besonders von der mehr oder minder starken Entwickelung des Fasergewebes in Bezug auf Härte, und von der Menge des infiltrirenden Krebssaftes ab, welcher mehr die Weichheit der Geschwulst bewirkt. Blut- und gefässreicher Krebs ist weicher als blutarmer, mit vielen Blut- und Faserstoffergüssen durchsäeter Krebs ist von mittlerer Consistenz. Auch der primitive Dichtigkeitsgrad der Organe, in welchen diese krankhaften Bildungen sich absetzen, modificirt ihre Weichheit oder Härte. So findet man oft eine bedeutende Dichtigkeit in dem Krebse, welcher zwischen den Elementen und dem umgebenden Zellgewebe der Brustdrüse, zwischen den Fasern der Cutis oder in dem submucosen Zellgewebe des Pylorus abgelagert ist, während der Krebs der Lymphdrüsen mehr elastisch, der der Leber und Lungen meist weich ist. Wenn der Consistenzgrad in seinen äussersten Formen den Typus des harten und weichen Krebses, des Scirrhus und des Markschwamms rechtfertigt, wenn auch der letztere sich durch seine Undurchsichtigkeit von dem Gallertkrebs unterscheidet, so findet man jedoch alle Zwischenstufen. So habe ich unter andern in der Dieffenbach'schen Klinik eine aus der Orbita exstirpirte Krebsgeschwulst untersucht, in welcher manche Theile die Härte des Scirrhus, andere die Consistenz und Färbung des Markschwamms hatten, ein grosser Theil des Gewebes sogar die allerdeutlichsten Charaktere des Colloidkrebses zeigte, und schon früher beschrieb ich einen Fall von Gallertkrebs des Coecum, in welchem die alveoläre halbdurchsichtige gallertartige Masse von bestimmt encephaloidem Boden emporgewuchert war.

IV. Die verschiedenen Formen des Krebsgewebes, wie man es mit blossem Auge beobachtet, reduciren sich hauptsächlich auf folgende Typen: a) Auf den frischen Durchschnittsflächen sieht man ein weisses Fasernetz von unregelmässigem Gefüge, welches auch noch in die nächste Umgebung der Geschwülste Ausläufer sendet. Zuweilen hat dies Fasernetz eine weissgraue oder gelbliche, selten röthliche Farbe, meist ist diese mattweiss. In den Maschen dieser Fasern liegt eine zweite Substanz, durch welche sich ebenfalls noch feine, jedoch mit blossem Auge weniger deutlich sichtbare Fasern ziehen. Dieses Gewebe ist ziemlich weich, mattgelb, ins Graue spielend, zuweilen blassroth, halbdurchsichtig, oft von feinkörnigem Ansehen. Nebst dem festen Faserstroma und der weicheren Krebszellensubstanz findet man endlich noch mehr oder weniger entwickelte Vascularität, welche aber meist ungleich durch die Geschwulst vertheilt ist. Diese eben beschriebene Form ist besonders der Scirrhus. Bei allgemeiner Krebsinfection haben wir diese Form mehrmals unter der Gestalt von kleinen weissen platten Geschwülsten auf der Pleura beobachtet. Beim Krebse des Pylorus zeigt sich dies Gewebe ebenfalls als mehr gleichmässige, weisse, homogene Substanz; die gelblichgraue weiche Zwischenmasse fehlt; indessen hier, wie in allen den vorhergehenden und folgenden Formen, drückt man leicht den charakteristischen Krebssaft aus, auf dessen genauere Beschreibung wir später zurückkommen werden. Im Krebse der Brustdrüse findet man auch ausser den zwei beschriebenen Substanzen und den Gefässen, eigenthümliche netzförmige, blasse, mattgelbe Flecken von sehr feinkörnigem Gefüge, auf deren Existenz Müller seine Species des Reticularkrebses begründet hat. Jedoch finden sich diese netzförmigen Figuren in allen möglichen Krebsgeschwülsten und auch sogar in gutartigen Geschwülsten. Farbestoff kommt im Krebs theils als gelbes, theils als schwarzes melanotisches Pigment vor, hat aber ebenfalls nur einen untergeordneten diagnostischen Werth. Uebrigens kommt auch weicher Krebs in der Brustdrüse nicht selten vor. b) In der Form des Krebses, welche man als Markschwamm oder Encephaloid bezeichnet, findet man eine mehr homogene, weiche, gelbe oder gelbröthliche Substanz von einer bedeutenden Quantität trüben, dicklichen, lactescirenden Krebssaftes infiltrirt; der Gefässreichthum ist hier zuweilen sehr bedeutend, die Fasergrundlage meist weniger entwickelt, tritt, namentlich beim Anblick mit dem blossen Auge, gewöhnlich viel weniger hervor. Die gelbe Substanz ist zuweilen so weich, dass sie fast zerfliessend erscheint; die hier mehr ausgesprochene Tendenz der lappigen Gruppirung der Elementargebilde giebt dem Ganzen bei genauer Ansicht ein feinkörniges Ansehen, und nicht selten tritt dies gelappte Wesen sehr deutlich in Form grösserer und kleinerer Läppchen hervor; zwischen den grösseren derselben finden sich alsdann nicht selten fibröse Intersectionen. Der infiltrirende reichliche Krebssaft ist entweder mattgelb, mehr ins Weisse spielend oder mehr dunkelgelb, fast eiterähnlich, aber vom Eiter sich auf den ersten Anblick durch die Abwesenheit der übrigen die Eiterbildung begleitenden Erscheinungen, so wie durch seine mikroskopischen Elemente unterscheidend. Die Consistenz dieser Lappen ist gewöhnlich viel weicher, als die, welche man in den fibroplastischen Geschwülsten antrifft. Man findet das Markschwammgewebe besonders unter drei verschiedenen Formen: α) weiches, feinkörniges Gewebe, fast zerfliessend mit sehr geringem Faserstroma, in Lunge, Leber, in kleinen isolirten Krebstuberkeln, zuweilen in Lymphdrüsen, selten in der Brustdrüse sich findend; β) festeres, homogenes, stellenweise gefässreiches, gelbes, feinkörniges Gewebe, oft reticuläre Figuren enthaltend und beim Druck eine bedeutende Menge Krebssaft entleerend. In diesem Gewebe findet man zuweilen tuberkelartige Infiltrationen, welche, wie wir später sehen werden, aus einer eigenthümlichen Fettinfiltration bestehen. Auch in diesem Gewebe trifft man gelbe und schwarze Pigmentablagerung an; γ) weiches, lappiges, gefässreiches, gelbröthliches Gewebe mit vielem Krebssaft und oft apoplektischen und fibrinösen Ergüssen mitten in seiner Substanz; δ) gleichmässig feinlappige, pankreasartige Form; ε) weiche, graue, halbflüssige, nur stellenweise mehr feste Infiltration, im Uterus oft vorkommend; ζ) mehr käsiges, gelbweisses, tuberkelartiges, gleichmässiges Gewebe vom Gemisch fibrinöser, fetthaltiger und Krebselemente herrührend. Im Allgemeinen ist der Markschwamm gefässreich, und wenn man vom sogenannten Blutschwamm die gar nicht wirklich krebsartigen Geschwülste deducirt, so bleiben für den sogenannten Fungus haematodes keine andren Geschwulstformen, als sehr gefässreiche Markschwammformen übrig. c) Beim Gallertkrebs findet man eine Menge ziemlich weitmaschiger, areolärer Räume, welche mit einer halbdurchsichtigen gallertartigen Substanz angefüllt sind; die Krebszellen sind theils oft dieser letztern beigemischt, theils befinden sie sich in einer Krebssubstanz, welche, dem eben beschriebenen Markschwammgewebe ähnlich, eine hellgraue oder mehr röthliche Färbung und viel infiltrirenden Krebssaft zeigt.

Wir sehen also, dass der Krebs aus fasrigem Stroma, im Scirrhus deutlich, in andren Formen weniger sichtbar, und aus weicher, von vielem Krebssaft, welcher die Krebszellen in Suspension erhält, infiltrirter Substanz mit Beimischung von Fett, Pigment, Blutgefässen und gallertartiger Substanz besteht. Harter Faserkrebs ist Scirrhus, weicher saftreicher Krebs Markschwamm, sehr gefässreicher Markschwamm sogenannter Blutschwamm, viel schwarzes Pigment enthaltender Krebs ist melanotischer, viel gallertartige Substanz enthaltender Colloidkrebs. Krebs ist also eine sich immer in seiner innersten Natur gleiche Grundkrankheit, welcher die verschiedenen, mehr unwesentlichen Elemente, je nach ihrer verschiedenartigen Entwickelung, unter sich unähnliche äussere Formverschiedenheiten geben, zwischen welchen sich jedoch alle möglichen Uebergänge deutlich verfolgen lassen.

V. Durch das Mikroskop wahrnehmbare Elemente des Krebses. Auch hier haben wir grösstentheils unsre älteren Beobachtungen bestätigen können, und wollen daher diese mittheilen und ihnen die Resultate unsrer neuesten Beobachtungen hinzufügen.

1) Auf das Bestimmteste können wir uns von Neuem dahin aussprechen, dass der Krebs ein ihm eigenthümliches Element, die Krebszelle besitzt. Unrichtige Würdigung der Natur gutartiger Geschwülste, Mangel fester klinischer und pathologischer Anhaltspunkte, Untersuchungen mit nicht hinlänglich starken Vergrösserungen, Unterlassung der hier immer genau anzustellenden Messungen aller Zellenelemente jeder Geschwulst, haben sehr ausgezeichnete Physiologen zu dem bi-

zarren Ausspruch verleitet, dass der Krebs nichts ihm Eigenthümliches enthalte. Freilich ist es oft nicht leicht, die in manchen Geschwülsten zum grossen Theil zersetzten oder durch Fettinfiltration deformirten Krebszellen zu erkennen. Dennoch aber kann ich versichern, dass es mir bisher fast immer, wenn auch ausnahmsweise mit Mühe, gelungen ist, die Krebszellen und ihre eigenthümlichen Charaktere in allen Krebsformen, welche ich ganz frisch untersucht habe, zu erkennen; und dies Letztere ist die unumgängliche Bedingung, denn nach bereits faulenden oder in Weingeist aufbewahrten Präparaten die Krebsnatur einer Geschwulst bestimmen zu wollen, ist ein eitles Unternehmen, und ebenso wenig bewahrt derjenige, welcher die Schwierigkeiten solcher Untersuchungen selbst unter den günstigsten Bedingungen kennt, den Respect vor den Aufschriften auf den Gläsern der Museen und Sammlungen. Die meisten älteren Materialien über Krebs sind überhaupt hier wenig zu brauchen, und die Ansichten über diese schreckliche Krankheit bleiben grösstentheils zu reconstruiren.

Die Krebszelle besteht aus einer Zellenmembran, aus Zelleninhalt, einem Kern und Kernkörperchen. Da dies der Grundtypus vieler Zellen ist, so liegt hierin allein nichts Charakteristisches, wohl aber in den besondern Eigenschaften, in der eigenthümlichen Beschaffenheit dieser einzelnen Theile der Zelle.

Die Zellenwand ist oft ganz unregelmässig, sonst rund oder länglich, im Mittleren von $\frac{1}{50}$ — $\frac{1}{30}$ Millm. Durchmesser. In seltenen Fällen beträgt er nur $\frac{1}{60}$ Millm., zuweilen erreicht er bis $\frac{1}{20}$ Millm. Meist ist die Zellenwand platter als der Kern, zuweilen wie eingefallen und runzlich. Gewöhnlich zeigt sie ein feinkörniges, selten ein glattes und gleichmässiges Ansehen. In gar nicht seltenen Fällen ist der Zelleninhalt so mit kleinen Fettmolekülen und Fettbläschen angefüllt, dass darüber der Kern unsichtbar wird und die ganze Krebszelle den Aggregatkugeln der Entzündung gleicht. Auch melanotische Substanz kann als feinkörniges braunes oder schwarzes Pigment in dem Krebszelleninhalt abgelagert sein, und bildet so nach unseren neueren Untersuchungen das Gewebe der melanotischen Krebsgeschwülste. Die Zellenwand kann mitunter sehr dick sein, sich fast wie die Wand der Pflanzenzellen durch Substanzansatz verdichten; so haben wir sie bis $\frac{1}{200}$ Millm. Dicke beobachtet, während sie gewöhnlich so dünn ist, dass sich ihre Dicke schwer messen lässt. In manchen Fällen umgeben mehrere concentrische, ovale oder sphärische Zellenwände den Kern oder die Kerne mit ihrem Inhalt. Es sind endlich nicht selten in einem bis $\frac{1}{20}$ Millm. grossen Krebskügelchen 4—5 Kerne zu sehen. Schon früher und beson-

spindelförmigen Krebszellen unterscheiden. Mit vielem Vergnügen habe ich in Vogel's neuestem Werk über pathologische Anatomie gesehen, dass auch er diese verschiedenen Formen des Uebergangs-Zellgewebes für durchaus unwesentlich im Krebse hält. Im Allgemeinen überhaupt haben alle im Krebse vorkommenden Zellgewebebildungen nichts specifisch Charakteristisches.

3) Fett kommt im Krebse meist in bedeutender Menge vor und, die mit nichts Anderm zu verwechselnden Lipome abgerechnet, in viel grösserer Quantität als sonst in gutartigen Geschwülsten. Zuweilen und in manchen Organen, besonders in der Brustdrüse, enthält der Krebs eine solche Menge Fett, dass hierdurch die eigentlichen Krebselemente ganz maskirt werden. Man findet das Fett unter der Form von Fettmolecülen, Fettbläschen und Fetttröpfchen in und um die Krebszellen, in letzteren bald zwischen Zellenwand und Kern, bald im Kerne selbst. Krystallinisches Fett, besonders Cholestearine, ist eins der häufigsten, fast constanten Elemente des Krebses, ist jedoch durchaus nicht charakteristisch, da es sich auch viel in gutartigen Geschwülsten, in Tuberkeln und in Entzündungsproducten findet. Die mit Fettkörnchen infiltrirten Krebszellen gleichen sehr den Aggregatkugeln der Entzündung, und diese sowie die mit zusammengeflossenem Fett infiltrirten Krebskerne würden ganz unkenntlich sein, wenn zwischen ihnen und ihren deutlichen Urtypen nicht eine Menge Uebergänge sich meist in einer und derselben Geschwulst fänden. Die mit Fett infiltrirten Krebskerne bilden das tuberkelähnliche, gelbe, käseartige Gewebe, welches man gar nicht selten in Krebsgeschwülsten antrifft.

4) Ausser den mit Fett infiltrirten Krebszellen finden sich im Krebs wirkliche agminirte Kugeln, welche aus einer einfachen Zellenmembran und körnigem Inhalt bestehen und wahrscheinlich zum grossen Theil aus Eiweiss und Fett zusammengesetzt sind. Sie sind von weissgelblicher Färbung, kugelrund und von $\frac{1}{50}$—$\frac{1}{33}$ Millim. Durchmesser. Sie können in allen möglichen Formen des Krebses vorkommen und zwar gleichmässig durch die ganze Geschwulst vertheilt, oder in netzförmig aussehenden Gruppen, welche dann nach Müller ein Hauptmerkmal seines Carcinoma reticulare ausmachen. Mit einiger Mühe kann man zuweilen ganze Gruppen dieser reticulären Figuren ausschälen.

5) Schwarzer Farbestoff, melanotische Substanz, findet sich gar nicht selten im Krebs, und zwar unter drei verschiedenen Formen, als einkörnige diffuse Pigmentinfiltration, als Melanose aus eignen Pigmentkugeln bestehend, in welchen das feinkörnige braune oder schwarze Pigment in Zellen von $\frac{1}{100}$—$\frac{1}{50}$ Millim. enthalten ist, oder endlich als

Melanose, deren Körnchen in den Krebszellen selbst abgelagert sind; letztere Form habe ich erst in neuerer Zeit zu beobachten Gelegenheit gehabt, und hier zwar das Pigment theils im Zelleninhalt zwischen Zellenwand und Kern, theils in letzterem abgelagert gefunden. Die am meisten angefüllten Zellen und Kerne werden dadurch unkenntlich, in den weniger vollen erkennt man jedoch noch sowohl den Kern als die Kernkörperchen. Man hat übrigens unter dem Namen melanotischer Krebs zwei sehr verschiedene Krankheiten verwechselt, die constitutionelle Melanose und den starkpigmentirten Krebs. Erstere zeigt bei genauer Untersuchung nichts als hypertrophisches Zellgewebe, mit Pigment, aber ohne Krebszellen und Krebsgewebe. In seltenen Fällen kann die simultane Ablagerung einer grossen Menge melanotischer Geschwülste an vielen Orten und in Organen stattfinden, deren Functionsstörung böse Folgen nach sich zieht, Kachexie und Tod herbeiführt; nichts jedoch berechtigt, hierauf allein die Diagnose auf Krebs zu stellen; wir werden übrigens auf diesen Punkt noch zurückkommen. Was nun den stark schwarz pigmentirten wirklichen Krebs betrifft, so ist man ebenfalls nicht berechtigt, ihn als eine eigene Species anzusehen, da wir einerseits Melanose in allen Formen gesehen und anderseits in den verschiedenartigsten Organen angetroffen haben. So haben wir Melanose im Krebs der Lymphdrüsen, der Pleura, des Pancreas, des Magens, des Auges, der Schamlefzen und des Rectums gefunden. Das schwarze Pigment ist also im Krebs als ein unwesentliches Element anzusehen.

6) Nicht selten habe ich im Krebs ein eigenthümliches safrangelbes oder orangenfarbenes Pigment angetroffen, welches ich unter dem Namen Xanthose beschrieben habe. Es findet sich dasselbe in unregelmässigen Flecken und scheint aus einem eigenthümlichen Fett oder Oel zu bestehen. Besonders häufig, fast constant, habe ich dies Pigment im Markschwamm des Hodens angetroffen, ausserdem aber auch in dem der weiblichen Brust, des Auges und der Wange. Ich habe mich auf das Bestimmteste überzeugen können, dass ich es hier nicht mit bloss verändertem Blutfarbestoff zu thun hatte.

7) Zuweilen sind mir nadelförmige prismatische Krystalle in Krebsgeschwülsten vorgekommen, über deren chemische Beschaffenheit ich mir jedoch kein Urtheil erlaube. Ich habe sie im Krebs der Brustdrüse, des Oesophagus, des Uterus, des Mesenterium gefunden. Auch diese Krystalle haben einen nur höchst untergeordneten Werth bei der Bestimmung der Bestandtheile des Krebses.

8) Mineralische, amorphe oder knochenähnliche Concretionen gehören im Krebs nicht zu den Seltenheiten; meist haben sie ein mehr kalk-

artiges Ansehen; und selbst wenn sie dem Knochen sehr gleichen, findet man doch meist keine wahren Knochenelemente in denselben. Dass im Knochenkrebs wahre Knochensubstanz sich neu gebildet, in feinen Blättchen und Nadeln findet, hat nichts Auffallendes.

9) Was endlich die Gefässe des Krebses betrifft, so findet sich auch hier kein specifischer Charakter. Sie können in höchst verschiedenen Graden existiren; zwischen dem fast gefässlosen Krebs und dem von Blut strotzenden Fungus haematodes finden sich alle möglichen Zwischenstufen. Sehr häufig sieht man Blutergüsse in Krebsgeschwülsten, wobei das Blut selten flüssig, häufiger geronnen ist; zuweilen findet man das geronnene Blut zum grossen Theil decolorirt, mehr als fibrinöse Substanz. Ob letztere aus Blutergüssen nothwendig entstanden, oder auch zuweilen aus einer fibrinösen Transsudation ohne Gefässruptur seinen Ursprung herleiten kann, bin ich noch nicht zu entscheiden im Stande, wiewohl letztere Meinung mir wahrscheinlich ist. Es haben sehr glaubhafte und gründliche Beobachter behauptet, dass im Krebse nur arterielle Gefässe und keine Venen sich vorfänden. Bérard und Schröder van der Kolk stützen diese Ansicht auf sorgfältig gemachte Injection; J. Müller und andere glaubwürdige Beobachter haben Venen und Arterien in Krebsgeschwülsten injiciren können. Es ist immer leichtsinnig, Facta wie die ersterwähnten deshalb leugnen zu wollen, weil sie mit andren Facten und den Resultaten andrer Beobachter nicht übereinstimmten. Als ich meine Physiologie pathologique schrieb, habe ich diese Meinungsverschiedenheiten angeführt, konnte aber zu keiner vereinigenden Ansicht kommen; seitdem aber scheint mir die Möglichkeit, beide Resultate zu erklären und als richtig anzusehen, durchaus nicht mehr eine paradoxe. Es wäre sehr wohl möglich, dass im Anfang der Krebsgeschwülste eine venös-arterielle Circulation stattfinde, dass aber stets mehr Ernährungsstoff zu diesen Geschwülsten geführt, als Substanz aus denselben durch die Venen zurückgeleitet wird, beweist ihr schnelles Wachsthum. Nun kann recht wohl ein Zeitpunkt eintreten, wo die immer mehr sich ausdehnenden Geschwülste dem regelmässigen Kreislauf bedeutende Hindernisse bieten. Die so häufigen Blutergüsse in Krebsgeschwülsten sprechen offenbar zu Gunsten dieser Ansicht. Wird nun der Kreislauf immer schwieriger, so ist es natürlich, dass der Blutabfluss, die venöse Bahn leichter gestört und unterbrochen wird, als die von der Druckkraft des Herzens und der Contractilität der Arterien einen viel stärkeren Impuls erhaltende arterielle Bahn. So kann es wohl dahin kommen, dass die Venen fast ganz veröden und die Arterien sich erhalten. Hiermit hängt

das zuweilen vorkommende Brandigwerden der Krebsgeschwülste und die so häufig eintretende Verschwärung derselben wahrscheinlich zusammen. Es sind daher von Neuem zahlreiche und recht sorgfältige Injectionen von Krebs aus allen Stadien und Organen anzustellen und keinesweges diese wichtige Frage leichtsinnig zu entscheiden. In der letzten Zeit habe ich öfters in Krebsgeschwülsten Venen und Arterien injiciren können. Die Hanptregel hiebei ist, die Capillargefässe mit einer sehr feinen Substanz zu injiciren, wie Terpentin mit Berliner Blau oder Chromblaue und erst dann eine festere Masse für die grössern Gefässe nachzuspritzen.

Werfen wir nun einen Blick auf alle die angegebenen Elemente der Krebsgeschwülste, so finden wir in den Krebszellen und dem Krebssaft allein einen specifischen Charakter für dieselben. Der Fettreichthum ist eins von den secundär wichtigen Elementen, welches die grösste Aufmerksamkeit verdient; die übrigen Elemente, Fasern, Gefässe, Concretionen, Krystalle, Farbestoff und Gallertsubstanz sind zu grossen Schwankungen unterworfen, um für sich allein einen entscheidenden Werth zu haben.

10) Ein Element welches alle Aufmerksamkeit verdient und sich in manchen Krebsgeschwülsten, wie namentlich im Colloidkrebs, in sehr bedeutender Menge findet, ist die gallertartige Substanz; sie besteht aus einer halbdurchsichtigen amorphen Masse, aus feinen Fasern, welche eine areoläre Anordnung zeigen, aus feinen blassen $\frac{1}{100}$ — $\frac{1}{80}$ Millim. grossen mit feinen Körnchen gefüllten Kugeln und schliesst übrigens auch viele Krebszellen in sich ein. Nach Müller's chemischen Untersuchungen besteht diese Substanz aus eiweissartigen Körpern und nicht aus wahrer leimgebenden Gallerte.

11) Man findet endlich nicht selten in Krebsgeschwülsten Eiter, theils in umschriebenen Abscessen, theils als Eiterinfiltration.

VI. Die chemische Analyse hat bis jetzt nichts Specifisches im Krebse nachgewiesen. Dies liegt jedoch wahrscheinlich an der Unvollkommenheit unsrer Untersuchungsmethoden. Die eigenthümliche Form der Krebszellen, ihr Mangel an Reaction gegen Essigsäure und Alkohol macht dies wahrscheinlich; sie sind übrigens von Neuem einer genauen mikrochemischen Analyse zu unterwerfen. Sonst scheint nach Müller's Untersuchungen das Eiweiss, durch Kochen unlöslich, einen Hauptbestandtheil des Krebses zu bilden. Leim findet sich in demselben in geringer und sehr schwankender Menge und rührt wahrscheinlich von dem in demselben enthaltenen Faserstoff her. Casein findet sich nicht bloss im Krebse der Brustdrüse, sondern auch in dem andrer Organe. Die Substanz der reticulirten Figuren scheint grösstentheils aus Eiweiss mit einiger Fettbeimischung zu bestehen. Phosphorhaltiges Fett und Cholestearien finden sich häufig in denselben. Alles dieses enthält also wenig diagnostisch Wichtiges. Auch die Blutanalysen bei Krebskranken haben ausser Abnahme der Blutkügelchen in ihrer Menge, und später, sobald entzündliche Reaction eintritt, Zunahme des Faserstoffes, sonst nichts nachgewiesen.

VII. Von ungleich grösserer Wichtigkeit für die Diagnose ist die Reaction der Krebsgeschwülste auf die umgebenden Gebilde. Selten eingekapselt und so abgesondert zeigen die Carcinome meist schon früh eine diffuse Infiltration in ihrer Umgegend. Dass hiebei entzündliche Reizung eine Rolle spielt, lässt sich nicht leugnen; jedoch haben genaue anatomische Untersuchungen mich überzeugt, dass hier schon früh wirkliche Krebsinfiltration stattfindet. So entstehen schon frühzeitig Adhärenzen mit allen umgebenden Gebilden, mit den darunter liegenden Muskeln wie mit der bedeckenden Haut. Zwischen Zellgewebe und Muskeln wird namentlich bald der Krebssaft mit seinen Krebszellen in solcher Menge abgelagert, dass bald die eigenthümlichen Organelemente (ein Gleiches findet auch bei Knochenkrebs statt) gewissermaassen erstickt und verdrängt werden. Neuerdings haben wir zuweilen Krebszellen im Innern von Muskelcylindern abgelagert gefunden, namentlich im Zungenkrebs. Die Tendenz alle umgebenden Gebilde in den krankhaften Process hineinzuziehen, ist eins der charakteristischsten Merkmale des Krebses, und dies geschieht gewöhnlich mit diffuser Infiltration, daher die Adhärenz, der enge Zusammenhang mit den Nachbargebilden.

Was die verschiedenen Formen des Krebses betrifft, so wollen wir hier jetzt nicht näher auf dieselben eingehen, und verweisen ihre genauere Beschreibung auf die Physiologie pathologique. Wir haben übrigens bereits genug von denselben angegeben, um uns später bei der genaueren Fixirung der Diagnose des Krebses auf die angeführten Data stützen zu können.

VIII. Auch die Entwickelung des Krebses bietet manche wichtige Eigenthümlichkeit dar. Wenn er auch in vielen Fällen in seinem ersten Entstehen als scheinbar örtliches Uebel auftritt, so zieht er doch meist, wie wir eben gesehen haben, gleich von Anfang an die umgebenden Theile vielmehr in den pathischen Process hinein, als andre Geschwülste. Primitiv bald hart, bald weich, bald von mittlerer Consistenz ist der Krebs meist früh durch Adhärenzen und Infiltration mit allen Nachbargebilden eng verbunden. Eine mehr oder weniger thätige Nutrition und Circulation vergrössert zuerst das krankhafte Gebilde, wird aber bald unvollkommen, daher theils entzündliche Blutstase, theils Ergüsse verschiedener Art im Krebsgewebe; so röthet sich denn der bedeckende Theil, wird allmählig verdünnt und erweicht, und bietet bald ein Geschwür mit zackigen harten Rändern, jauchig-eitriger Absonderung und speckigem gelben Grunde dar. Es würden die so vereiternden Krebsgeschwülste sich zum Theil eliminiren können, wie wir dies bei Tuberculosis der Drüsen beobachten, wenn nicht immer neue Absonderungsnachschübe kämen und das vereiterte Krebsgewebe durch neues ersetzten. Was den Eiter der Krebsgeschwüre betrifft, so bietet er nichts diagnostisch Specifisches dar, nur zuweilen finden sich in demselben Krebszellen, kleine Stücke von Krebsgewebe, oder Fragmente von Faserstroma. Keine Art der gutartigen Geschwülste, die Warzengeschwülste abgerechnet, hat eine so ausgesprochene Tendenz zur Vereiterung und Verschwärung als Krebs, wiewohl auch hier Verschiedenheiten, je nach den Organen stattfinden. So hat z. B. der Krebs der Hoden, der der Leber, selbst der der Lymphdrüsen eine ungleich geringere ulcerative Tendenz, als der Krebs der Brustdrüse.

IX. Der Einfluss des Krebses auf den Gesammtorganismus ist ebenfalls ein sehr entschiedener. Oft geht Entkräftung, Mattigkeit, schlechtes Aussehen dem ersten örtlichen Erscheinen des Uebels vorher. Hiermit hängt schon eine allgemeine Blutalteration zusammen und zwar scheint das Blut in einem seiner wichtigsten Elemente, in den Blutkügelchen eine Abnahme der Quantität zu erfahren. Oft freilich leidet scheinbar das Allgemeinbefinden im Anfang der Krebskrankheit nur wenig und dies ist einer der Gründe, weshalb sonst verdienstvolle Wundärzte die paradoxe Ansicht ausgesprochen haben, dass der Krebs nur ein Localübel sei. Hiebei finden denn gewöhnlich zwei Irrthümer statt. Einerseits exstirpiren die Wundärzte eine Menge Geschwülste als krebshaft, welche es in Wirklichkeit durchaus nicht sind, anderseits kommen gar nicht selten in die Hospitäler Kranke mit noch ziemlich frischem Aussehen, welche eine ziemlich bestimmt localisirte Krebsgeschwulst tragen. Diese wird exstirpirt, der Kranke erholt sich schnell und wird nach einiger Zeit als geheilt entlassen. In der Privatpraxis kommen ähnliche Fälle vor, und tritt hier Rückfall ein, so glauben gar nicht selten die Kranken, dieser sei die Schuld des Arztes und nicht der Krankheit; sie suchen daher anderweitig Hülfe. Kann man aber eine gewisse Menge an Krebs scheinbar mit Erfolg Operirter längere Zeit hindurch beobachten und den Verlauf ihres Uebels einige Jahre lang verfolgen, so beobachtet man meistens nach den scheinbar günstigsten Erfolgen

ders auch in der letzten Zeit habe ich endlich noch folgende Zustände der Zellenumgebung des Kerns beobachtet: a) der Kern war von feinen Kernen umgeben, wie in dieselben eingehüllt; b) der Kern war von unregelmässigen lappigen Ausbreitungen umgeben; c) viele solcher Kerne lagen in solcher membranartig ausgebreiteten feinkörnigen Zellenwandsubstanz.

Die Zellenkerne der Krebskügelchen finden sich in vielen Krebsgeschwülsten in so bedeutender Menge, dass man sie für das Hauptelement derselben halten kann. Erst ganz in neuerer Zeit habe ich durch Anwendung sehr starker Vergrösserungen gesehen, dass selbst diese Kerne viel häufiger vollständige Zellen sind, als man auf den ersten Anblick glauben sollte, da sie nicht selten von einer feinen, sie eng umschliessenden Zellenmembran umgeben sind. Ihre Form ist rund oder elliptisch, ihre Contouren sind im Allgemeinen scharf markirt und zeigen einen deutlichen Schlagschatten. Ihr mittlerer Durchmesser beträgt $\frac{1}{100}$ Millim. oder $\frac{1}{100}$ — $\frac{1}{80}$ Millim. Länge auf $\frac{1}{120}$ Millim. Breite. Sie erreichen eine Grösse bis auf $\frac{1}{30}$ Millim., so wie man sie auch ausnahmsweise von $\frac{1}{200}$ — $\frac{1}{120}$ Millim. Durchmesser findet. Zuweilen sind diese Kerne von einer zu beiden Seiten zugespitzten spindelförmigen Zelle umgeben, jedoch unterscheidet die Breite, der deutlich markirte grosse Kern leicht die geschwänzte Krebszelle von den geschwänzten Körpern fibroplastischer Gebilde. Auch machen wir hier auf einen leicht möglichen Irrthum aufmerksam. Wenn nämlich die Krebszellen, deren Wand gewöhnlich ziemlich flach, und oft wie zusammengefallen erscheint, auf der Kante schwimmen und so nur im Profil gesehen werden, gewinnen sie leicht das Ansehen viel mehr langer als breiter Zellen. Auch die Zellenkerne können durch Infiltration unkenntlich werden, und zwar feinkörniges oder homogenes, confluirendes Fett oder schwarze Pigmentkörnchen im Innern enthalten.

Die Kernkörperchen der Krebszellen sind ebenfalls charakteristisch und ungleich grösser als die andrer pathologischer Gebilde. Sie sind vollkommen rund, von $\frac{1}{400}$ — $\frac{1}{300}$ Millim. zuweilen bis $\frac{1}{200}$ Millim. Grösse und enthalten zuweilen secundäre Nucleoli in ihrem Innern. Man trifft bald einen, bald zwei und selbst mehrere dergleichen Zellenkerne an.

Die Krebszellen scheinen ein dem Krebs specifisch eigenthümliches Element zu sein, sowie die Tuberkelkörperchen das charakteristische Element des Tuberkels bilden. Wenn die chemische Analyse in beiden noch nicht Specificität nachgewiesen hat, so liegt dies theils in der Unvollkommenheit des gegenwärtigen Standpunktes der pathologischen Chemie überhaupt, theils besonders in der fehlerhaften Art, wie solche

Analysen angestellt werden, da man immer die ganze Krebsgeschwulst mit allen unwesentlichen Elementen und nicht den blossen Krebssaft besonders analysirt hat. Der Krebssaft ist das Blastem, welches wahrscheinlich in rein flüssigem Zustande aus den Capillargefässen ausgesondert wird, und in welchem sich dann die Zellenkerne gleich als solche entweder mit gleichzeitig oder erst später entstehenden Nucleolis bilden, um welche dann später sich unregelmässige oder regelmässige Hüllen als Zellenwände anlegen.

In jeder Krebsgeschwulst, die seit einiger Zeit gedauert hat, findet man übrigens Zellen vom verschiedensten Alter, Zellenkerne, junge Zellen, ausgebildete Zellen, mit Fett oder Farbestoff infiltrirte, und endlich eine Menge in Zersetzung begriffener Kerne und Zellen ähnlich wie die Schuppen der Epidermis und des Epitheliums Zellen sind, deren Kern und Zellenwand ihre primitiven Charaktere zum grossen Theil verloren haben. Im sehr harten Krebs findet man gewöhnlich vollständigere, feinkörnige Zellen mit kleinerem Kern, während im weichen Krebs sich sowohl die Zellenwand als auch die Kerne, und in diesen die Nucleoli viel bedeutender entwickeln können. Uebrigens finden sich auch hier alle möglichen Zwischenformen in beiden Krebstypen.

Wenn die Krebszellen das charakteristische Element des Krebses bilden, so giebt es in demselben noch andere, zwar minder wichtige, aber stets genau zu prüfende Elemente.

2) Unter diesen ist vor allen das Zell- und Fasergewebe zu erwähnen. Dies ist theils das hypertrophische Zellgewebe des Organs in welchem der Krebs abgelagert ist, theils wirklich neu abgesondertes und ausgebildetes Bindegewebe. Im harten Krebs, im Scirrhus scheint dies das vorwiegende Element, daher man auch sogar diese Form Faserkrebs genannt hat. Hier bildet es alsdann ein Fasernetz von rigiden markirten Fasern mit deutlich hervortretenden Contouren, welche dann oft bündelförmig bei einander liegen und so von einem Bündel zum andern anastomosiren. Diese Fasern sind breiter und weniger geschwungen als gewöhnliche Zellgewebefasern, ihre mittlere Breite beträgt $\frac{1}{100}$ Millim. In manchen Organen, besonders in der weiblichen Brust, sieht man noch ausserdem viele elastische Fasern. Im weichen Krebse, dem Markschwamme, sind die Fasern dünner, feiner, blasser, in geringer Menge und nicht bündelförmig angeordnet; jedoch finden sich auch hier Ausnahmefälle, in denen das Fasergewebe dicht und bündelförmig angeordnet ist. Häufig findet man im Krebs geschwänzte oder spindelförmige Faserzellen, welche den in andern pathischen Gebilden vorkommenden in allen Stücken gleichen und sich leicht von

und den am besten ausgeführten Operationen Rückfälle und sieht am Ende die Kranken elend zu Grunde gehen. Der Krebs ist in der That eine fürchterliche Krankheit. Er übt einen doppelt bösartigen Einfluss auf den Organismus aus, durch örtliche Ablagerung und durch allgemeine Verderbniss des Bluts und der wichtigsten physiologischen Functionen. Nicht bloss entstehen nach Operationen Rückfälle an Ort und Stelle und an entfernten Organen, sondern auch an und für sich hat der Krebs die ausgesprochene Tendenz zu mehrfacher Ablagerung. Oft kann sich freilich während langer Zeit aller Krebsstoff auf eine Geschwulst concentriren, und diese immer mehr vergrössern, und es ist durchaus nöthig zu wissen, dass man bei an anderen acuten Krankheiten verstorbenen Krebskranken trotz der bestimmten Krebscharaktere des Localübels, dennoch alle andern Organe frei von Krebsablagerung finden kann. Sonst hat eine Krebsgeschwulst die grösste Tendenz in loco oder im Organismus nach Exstirpation wieder zu erscheinen und selbst ohne Operation hat das in der Blutmasse wurzelnde Uebel die bestimmte Tendenz ausser am primitiven Sitz, noch anderweitig sich abzulagern. Vor Allem spielen hier die Lymphdrüsen die Hauptrolle. So zeigen sich die der Achselhöhle, der Brust und selbst des Halses bei Brustkrebs, mit Krebssaft infiltrirt, so zeigt sich beim Krebs des Magens und der Leber das Lymphdrüsensystem des Mesenteriums vom gleichen Uebel afficirt. So ist endlich auch von inneren Drüsen die Leber das Organ, in welchem wir die meisten secundären Ablagerungen gefunden haben. Nicht selten lagert sich in Folge von Brustkrebs das Uebel im Knochensystem ab, welches übrigens auch in gar manchen Fällen der primitive Sitz des Uebels wird.

Was nun den Einfluss auf den Gesammtorganismus auf mehr indirectem Wege betrifft, so leidet vor allem die Nutrition; die Kranken werden mager und schwach, ein eigenthümlich strohgelbes Aussehen bildet den Grundton des Teints; die Verdauung leidet und es tritt gar nicht selten Dyspepsie ein, die Schmerzen sind hier gewöhnlich ungleich stärker als bei andern Geschwülsten, lancinirend, bohrend, brennend. Eine allgemeine Unruhe und Aufregung des ganzen Nervensystems mit Verlust des Schlafs, mit Niedergeschlagenheit und Entmuthigung in Folge der verzweiflungsvollen Aussicht auf tiefe und lange dauernde Leiden, bemächtigt sich der Kranken, und so gehen sie am Ende nach lang ersehntem Tode in dem Zustande vollkommener Hectica zu Grunde. Auch hier, wie bei andern chronischen Krankheiten schliesst oft ein acutes Leiden, nicht selten Pleuritis mit Erguss, die Jammerscene. Wer den Ausgang andrer örtlicher Geschwülste mit diesem traurigen Ende so vieler Krebskranken vergleicht, muss offenbar einer paradoxen Hypothese die genaue Naturbeobachtung und den gesunden Sinn opfern, wenn er den Krebs als ein örtliches Uebel und Krebsinfection für nichts anderes als Resorption des Krebsstoffes mit hektischem Fieber ansieht.

X. Was Dauer und Verlauf des Krebses betrifft, so finden auch hier bedeutende Abweichungen von allen gutartigen Geschwülsten statt. Während diese nämlich meist Jahre lang zu ihrer Entwickelung brauchen, beendet der Krebs seit seinem ersten Auftreten, bis zum Ende in viel kürzerer Zeit seine verschiedenen Phasen und führt in der Regel in einem Zeitraume, welcher zwischen 6 Monaten und 2 Jahren schwankt, den Tod herbei. Mitunter ist dieser Verlauf noch schneller und schon nach 3 — 4 Monaten beendet der Tod diese Fülle intenseren Leidens. Von 57 Fällen, in denen die Dauer der Krankheit genau angegeben werden konnte, war sie in 18 Fällen von 1 — 6 Monaten, in 15 Fällen von 6 Monaten bis zu einem Jahre, in 8 Fällen von 1 — 1½ Jahren, in 7 Fällen von 1½ — 2 Jahren, in 5 Fällen von 2 — 3 Jahren, in 3 Fällen von 3 – 4 und in einem von 10 Jahren. Ich spreche hier natürlich nur von solchen Geschwülsten, deren Krebsnatur ich selbst habe bestätigen können. Die Rückfälle nach der Operation treten im Mittleren zwischen 6 und 15 Monaten ein, zuweilen erst nach 2, 3 und mehrern Jahren, in seltenen Fällen gar nicht.

XI. Auch der Sitz des Krebses bietet bemerkenswerthe Eigenthümlichkeiten dar. Am häufigsten ist er in der Brustdrüse und im Uterus bei der Frau, in Leber und Darmcanal, so wie im Knochensystem bei beiden Geschlechtern. Der Hodenkrebs ist beim Manne ungleich seltener als der Brustkrebs bei der Frau. Bei Kindern ist der Prädilectionssitz des Krebses das Auge. Jedoch kann der Krebs in allen festen und weichen Theilen auftreten. In 1, 2, 7 Fällen habe ich den Hauptsitz des Krebses notirt und hiebei diejenigen Krankheitsfälle, in denen Krebs zugleich in mehrern Organen vorkam, nur unter dem Organ aufgeführt, welches mir der Ausgangsheerd des Uebels zu sein schien. So fand sich der Krebs in folgendem Verhältniss zu den verschiedenen Körpertheilen.

In der Brustdrüse	34 mal
Im Magen (den Pylorus mitgerechnet) .	11 -
Im Uterus	10 -
Im Knochensystem, besonders dem Kiefer	9 -
In der Leber	7 -
In der Zunge	6 -
Im Hoden	5 -
In der Haut	3 -
Im Gaumen	3 -
In der Lunge	3 -
Im Auge	3 -
In der Parotis	3 -
In der Lippe	3 -
Im Penis	3 -
Im Rectum	3 -
In den Venen	2 -
In den Nieren	2 -
In den Bronchialdrüsen	2 -
In den Halsdrüsen	2 -
In den Mesenterialdrüsen	2 -
In der Pleura . . . . , ...	2 -
In der Vagina	2 -
Im Oesophagus	2 -
Im Coecum . . . . , ...	1 -
In den Leistendrüsen	1 -
Auf der Brustwand	1 -
Auf der Bauchwand	1 -
Auf dem Rücken	1 -
Summa	127 mal

XII. Das Geschlecht übt in so fern einen Einfluss auf den Krebs aus, als die Brustdrüse das am öftersten ergriffene Organ ist. So stellt sich denn das Verhältniss nach meinen Beobachtungen heraus, dass wenn bei Männern der Krebs in andern Organen als in der Brustdrüse, ungefähr um ein Drittel häufiger ist als bei Frauen, doch Brustkrebs und Gebärmutterkrebs mit eingerechnet Carcinom im Ganzen bei Frauen ungefähr um ein Drittel häufiger vorkommt als bei Männern.

XIII. Das Alter hat einen entschiedenen Einfluss auf den Krebs. Im ersten kindlichen Alter ist Krebs selten und zeigt sich hier häufiger im Auge als Markschwamm, als in andern Organen. Nun tritt eine Pause durch die Entwickelungsjahre hindurch bis zum 35. Jahre ein, in dieser Zeit zeigt sich der Krebs nur selten. Vom 35. bis 60. Jahre ist die hauptsächlichste Entwickelungsperiode des Krebses, der Moment, in welchem sich der Mensch in dem verderblichen Wendekreis des Krebses befindet. Hier sind die Perioden zwischen 35 und 40 und zwischen 55 und 60 die bösesten. Von 60 bis 65 Jahren nimmt der Krebs ab und fängt an selten zu werden. Nach dem 55. und 60. Jahre ist allgemeine Krebsinfection häufiger; jedoch ist diese an kein Alter gebunden.

Ich habe in 91 Fällen das Alter genau notirt, und bin hier zu folgenden Resultaten gelangt:

Zwischen	1	und	5	Jahren	zeigte	sich	der	Krebs	4	mal	
-	5	-	10	-	-	-	-	-	0	-	
-	10	-	15	-	-	-	-	-	0	-	
-	15	-	20	-	-	-	-	-	1	-	
-	20	-	25	-	-	-	-	-	1	-	
-	25	-	30	-	-	-	-	-	4	-	
-	30	-	35	-	-	-	-	-	7	-	(5 hievon hatten fast das 35. Jahr erreicht.)
-	35	-	40	-	-	-	-	-	12	-	
-	40	-	45	-	-	-	-	-	10	-	
-	45	-	50	-	-	-	-	-	10	-	
-	50	-	55	-	-	-	-	-	18	-	
-	55	-	60	-	-	-	-	-	11	-	
-	60	-	65	-	-	-	-	-	7	-	
-	65	-	70	-	-	-	-	-	3	-	
-	70	-	75	-	-	-	-	-	1	-	
-	75	-	80	-	-	-	-	-	1	-	
-	80	-	85	-	-	-	-	-	1	-	
								Summa	91	mal	

Die Statistik des Krebses ist ein bis jetzt sehr vernachlässigter Theil der medicinischen Forschungen, und wenn wir die wenigen und unvollkommenen Arbeiten über diesen Gegenstand mit den vielen schönen Forschungen über Verbreitung, Aetiologie und Statistik der Tuberculosis vergleichen, so drängt sich uns unwillkürlich der Gedanke auf, dass die Chirurgen sich bisher vielmehr mit dem operativen und mechanischen Theile ihrer Kunst, als mit dem wissenschaftlichen physiologischen und pathologischen beschäftigt haben. Fern von uns ist der Gedanke, dass ein bloss Bücher studirender oder Leichen zerschneidender und Geschwülste untersuchender Wundarzt höher steht, als der in dem Ausführen chirurgischer Operationen ergraute Praktiker. Gewiss ist practisches Wirken und Anwendung des Erlernten zur Heilung oder Erleichterung der Leiden unsrer Mitmenschen immer der wichtigste Zweck des Arztes. Die bisherige Vernachlässigung aber des höheren wissenschaftlichen Theils der Chirurgie erinnert jedoch zu sehr an ihren etymologischen Ursprung. (χειρουργὸς, ein mehr mit den Händen als mit dem Kopfe arbeitender Arzt.)

Ich benutze daher eine sich darbietende sehr günstige Gelegenheit, um einigermaassen diese Lücke in der Statistik auszufüllen. Durch die gütige Mittheilung meines Freundes Dr. Marc d'Espines in Genf habe ich sehr reichliche und sehr genaue Documente über die Mortalität in Genf benutzen und hier namentlich sehr kostbare Materialien über die Sterblichkeit am Krebs in diesem Schweizercanton sammeln können. Ich halte die Arbeiten des Dr. d'Espines unstreitig für die ausgezeichnetsten und gründlichsten, welche auf dem Gebiete der medicinischen Statistik gemacht worden sind.

Zuerst will ich nun wörtlich die folgende Stelle aus einem Manuscript mittheilen, welches Dr. d'Espines über die Sterblichkeit in Genf in den Jahren 1838 und 1839 angefertigt hat, an diese werde ich dann Auszüge aus seinen spätern Forschungen anreihen.

1) Mittheilung aus dem Manuscript des Dr. d'Espines: „Recherches statistiques sur les causes générales de la mortalité." 1838 et 1839.

Sitz des Krebses.	1839.	1838.	Beide Jahre zusammen.
Mund	2	1	3
Oesophagus	0	1	1
Magen	33	35	68
Darmcanal	3	1	4
After	0	1	1
Leber	14	18	32
Gebärmutter	15	7	22
Weibliche Brust und Ribben	2	5	7
Halsdrüsen	2	0	2
Hoden	1	0	1
Knochen	1	0	1
Allgemeine Diathese	1	0	1
Summa	74	69	143

Es existirt die grösste Analogie zwischen diesen beiden Jahren, sowohl im Allgemeinen, wie in der Häufigkeit des Sitzes in verschie denen Theilen.

Im Jahre 1838 betrug die Sterblichkeit am Krebs 0,062, 1839 betrug sie 0,067, im Mittleren beider Jahre 0,064 der Gesammtmortalität beider Jahre.

Leider kann ich wegen der fehlerhaften Classification der Mortalität in England keinen Vergleich über diesen Punkt anstellen. 1228 Fälle werden wohl unter dem allgemeinen Titel Carcinom ohne Bestimmung des Sitzes für das zweite Semester 1837, und 2448 Fälle unter dem gleichen Titel für 1838 angegeben, aber es ist wahrscheinlich, dass der grösste Theil der auf ein einziges Organ beschränkten Fälle von Krebs mit andern Krankheiten dieses Organes unter der Statistik desselben angeführt ist. Man könnte hier, ohne einen grossen Irrthum zu begehen, die Fälle von Tod durch Krankheit der weiblichen Geschlechtsorgane und die Hälfte der an Krankheiten der Leber Verstorbenen hinzufügen; man käme dann wohl der wahren Zahl näher. Jedoch bliebe dann noch der Krebs des Mundes, des Magens, der Knochen etc. ausgeschlossen. Man käme alsdann für 1837 zu der Zahl 0,015 und zu 0,012 für 1838 für die Gesammtsterblichkeit in England, eine offenbar hinter der Wirklichkeit zurückbleibende Zahl.

Das Verhältniss der Stadt- und Landbewohner ist:

für 1839 44 in der Stadt und 30 auf dem Lande,
- 1838 37 - - - - 32 - -

Also grössere Sterblichkeit in der Stadt. Freilich sind hier die Documente besser und vollständiger, und es bleibt ungewiss, in wie weit dies auf die Gesammtzahlen Einfluss haben konnte.

Es waren 1839 29 Männer und 45 Frauen,
1838 22 - - 47 -

Von 1200 im Jahre 1838 in England an Krebskrankheiten zu Grunde Gegangenen waren 321 Männer und 879 Frauen. Es ist dies Verhältniss dem in Genf sehr ähnlich und beweist die grössere Prädisposition der Frauen für Krebskrankheiten. Die Autoren sind übrigens hierüber einig. Chomel sagt in dem Artikel Cancer des Dictionnaire de Méde cine „Vielleicht sind die Frauen häufiger vom Krebse ergriffen als die Männer"; und Littré drückt sich viel bestimmter aus, indem er die grössere Prädisposition der Frauen als ein anerkanntes Factum annimmt. Die Vertheilung des Todes durch Krebs auf die verschiedenen Monate ergiebt Folgendes:

	1839.	1838.	Beide Jahre.
Januar .	6	5	11
Februar .	6	3	9
März . .	4	4	8
April . .	4	6	10
Mai . .	6	5	11
Juni . .	6	8	14
Juli . .	7	8	15
August .	7	7	14
September	12	7	19
October .	7	7	14
November	4	5	9
December	5	4	9
Summa	74	69	143

Fasst man dieses Resultat nach den Jahreszeiten zusammen, so kommt auf den

	1839.	1838.	Beide Jahre.
Winter .	16	12	28
Frühjahr	16	19	35
Sommer	26	22	48
Herbst .	16	16	32
Summa	74	69	143

Aus dem Ueberblick über beide Jahre geht also hervor, dass der Sommer eine besonders nachtheilige Einwirkung auf die Sterblichkeit der Krebskranken ausübt. Das Gegentheil findet für den Winter statt, dann nimmt die Sterblichkeit im Frühjahr wieder graduell gegen den Sommer hin zu und im Herbst gegen den Winter hin graduell ab.

Das mittlere Alter der am Krebs Verstorbenen war für 1839 von 55,6 Jahren und für 1838 von 57,9. Das mittlere Alter nach den Geschlechtern getrennt ergiebt:

1839 57,4 für Männer und 54,5 für Frauen,
1838 61,7 - - - 56,1 - -

Alle diese Resultate sind durchaus convergirend und beweisen, dass Krebsübel besonders gegen das Ende des reifen Alters wüthen, und zwar etwas früher bei Frauen als bei Männern.

Vertheilung nach dem Alter,

	1839.	1838.	Beide Jahre.	Verhältniss d. Sterblichkeit in jed. Alter.
0— 1 Jahre	0	0	0	0,000
1— 3 -	0	0	0	0,000
3— 10 -	0	0	0	0,000

		1839.	1838.	Beide Jahre.	Verhältniss d. Sterblichkeit in jed. Alter.
10— 20	-	0	1	1	0,006
20— 30	-	4	2	6	0,031
30— 40	-	7	4	11	0,053
40— 50	-	14	8	22	0,137
50— 60	-	15	19	34	0,173
60— 70	-	21	22	43	0,150
70— 80	-	9	9	18	0,059
80— 90	-	4	3	7	0,041
90—100	-	0	1	1	0,045

Diese Tabelle zeigt, dass die Krebskrankheiten vor dem 20sten Jahre selten sind, dass sie dann desto häufiger werden, je mehr das Alter herannaht, dass nun aber wieder bis zum vorgerücktesten Alter hin die Häufigkeit abnimmt. Es ist nöthig zu bemerken, dass wiewohl in den Jahren 1838 und 1839 die grösste Sterblichkeit zwischen 60 und 70 Jahren vorkommt, doch die verhältnissmässig grösste Sterblichkeit zwischen 50 und 60 Jahren ist.

In England war dieses Sterblichkeitsverhältniss folgendes:

Geschlecht.	Jahre. 0 bis 5	5 bis 10	10 bis 20	20 bis 30	30 bis 40	40 bis 50	50 bis 60	60 bis 70	70 bis 80	80 bis 90	90 bis 100	Total.
Männer . .	3	3	4	5	21	42	69	89	65	17	3	321
Frauen . . .	9	2	9	15	66	175	250	198	118	36	1	879
Summa	12	5	13	20	87	217	319	287	183	53	4	1200

2) Auszug aus den übrigen Notizen des Dr. d'Espines über Statistik des Krebses.

Einer Tabelle der Sterblichkeit am Krebs während der Jahre 1838 bis 1843, also während 6 Jahre, entnehmen wir folgende Resultate:

Die mittlere Zahl der jährlich in Genf, Stadt und Land mit einbegriffen, Gestorbenen war 66 auf eine Bevölkerung, die für den ganzen Canton während der Jahre 1842 und 1843 nach den publicirten Mortalitätstabellen des Dr. d'Espines auf 61871 angegeben ist, also ungefähr $\frac{1}{937}$ der ganzen Bevölkerung ausmacht. In den Jahren 1842 und 1843 war die Gesammtmortalität im Canton Genf 2705, was nicht ganz für jedes Jahr $\frac{1}{46}$ der ganzen Bevölkerung ausmacht. Die für die beiden Jahre auf diese Zahl kommenden Todesfälle an Krebskrankheiten betragen 125, also nicht ganz $\frac{1}{22}$ der Gesammtmortalität beider Jahre, und nehmen wir die aus 6 Jahren sich ergebende mittlere Zahl 66 für jedes der beiden Jahre an, so kommen wir zu dem Schlusse, dass im Canton Genf der zwanzigste Theil der Gesammtmortalität jährlich auf Krebs kommt, während auf Tuberculosis nach den gleichen Documenten der siebente Theil gerechnet werden muss, also dreifach grössere Sterblichkeit für Tuberculosis wie für Krebs. Bei den Tuberkeln waren die skrophulösen Krankheiten mit eingerechnet.

Von den 66 jährlichen Todesfällen an Krebs kamen im Mittleren von den 6 Jahren 38 auf die Stadt und 28 auf das Land, 23 auf Männer und 43 auf Frauen. Das mittlere Alter in den 6 Jahren war 60,4 für Männer, 58,5 für Frauen und 59,2 für beide. Die mittlere Sterblichkeit nach den Jahreszeiten berechnet war 16 im Winter, 17 im Frühjahr, 19 im Sommer, 14 im Herbst.

Was das Alter betrifft, so waren die in den 6 Jahren vorgekommenen 394 Fälle folgendermaassen vertheilt:

0— 10 Jahre	0
10— 20 -	1
20— 30 -	8
30— 40 -	28
40— 50 -	60
50— 60 -	91
60— 70 -	113
70— 80 -	68
80— 90 -	23
90—100 -	2
Summa	394

Die Sterblichkeit ist also am bedeutendsten in Genf zwischen dem 60 und 70sten Jahre, und im Allgemeinen in der zweiten Lebenshälfte zwischen 40 und 80 Jahren wohl 9mal häufiger als vor dem 40sten Jahre. Im Allgemeinen kommen diese Resultate mit den unsrigen überein, jedoch ist die Longaevität in dem gesundgelegenen, zwischen den Alpen und dem Jura sich befindenden, Genf grösser und die Sterblichkeit am Krebs später als in grossen Städten, besonders als in Paris und London.

Die Dauer des Verlaufs der Krebskrankheit ist nur in 14 Fällen in den die Tabellen begleitenden Noten angegeben worden, hiervon trat 2mal der Tod in 6 Monaten ein, 1mal in 8 Monaten, 1mal in 18 Monaten, 6mal in zwei Jahren, 1mal in 3 Jahren, also 10mal auf 14 in weniger als 3 Jahren, 1mal in 6, 1mal in 10 und 1mal in 20 Jahren. Letzteres scheint mir unwahrscheinlich.

Nehmen wir zu den angeführten 6 Jahren noch 1845 hinzu, über welches Jahr wir sehr genaue Notizen vorgefunden haben, so sind die so zusammenkommenden 471 Fälle folgendermaassen auf die verschiedenen Organe vertheilt:

Krebs des Magens	209
- - Uterus	72
- der Leber	59
- - weiblichen Brust	44
- des Darmcanals	14
- der Halsdrüsen	12
- des Mastdarms	10
Allgemeine Krebsdiathese	9
Krebs des Oesophagus	8
- - Mundes	6
- der männlichen Geschlechtsorgane	5
- - Knochen	4
- verschiedener, nicht genau dem Sitz nach bestimmter Theile	19
Summa	471

Wir führen nun noch im Auszuge die detaillirten Sterblichkeitsverhältnisse des Jahres 1845 nach Dr. d'Espines Documenten an.

Es waren im Ganzen 72 Fälle vorgekommen, diese waren folgendermaassen numerisch vertheilt:

Krebs des Magens	26
- - Uterus	12
- der Brust	11
- - Leber	10
- des Darmcanals	4
- - Oesophagus	3
- der Drüsen	3
Allgemeine Krebsdiathese	3
Summa	72

1) Von den 26 Fällen von Magenkrebs kamen 13 auf die Stadt und 13 aufs Land, es waren 14 Männer und 12 Frauen. Dem Alter nach waren 3 zwischen 30 und 40, 1 zwischen 40 und 50, 6 zwischen 50 und 60, 10 zwischen 60 und 70, 4 zwischen 70 und 80, 2 zwischen 80 und 90 Jahren.

2) Gebärmutterkrebs 12, von denen 7 aus der Stadt, 5 auf dem Lande; 3 zwischen 30 und 40, 1 zwischen 40 und 50, 3 zwischen 50 und 60, 3 zwischen 60 und 70 und 2 zwischen 70 und 80 Jahren.

3) Von den 11 Fällen von Brustkrebs kommen 10 auf Frauen und

1 Mann; 7 auf die Stadt, 4 für das Land. 3 zwischen 40 und 50, 3 zwischen 60 und 70, 3 zwischen 70 und 80 und 2 zwischen 80 und 90 Jahren.

4) Leberkrebs von 10 Fällen 6 Männer und 4 Frauen, 8 Stadtbewohner und 2 vom Lande; 1 zwischen 30 und 40, 2 zwischen 50 und 60, 4 zwischen 60 und 70 und 3 zwischen 70 und 80 Jahren.

5) Krebs des Darmcanals: 4 Frauen, von denen 2 in der Stadt und 2 auf dem Lande; 2 zwischen 60 und 70, 2 zwischen 70 und 80 Jahren.

6) Krebs des Oesophagus: 1 Mann und 2 Frauen, 1 Städter und 2 Landbewohner; 1 zwischen 30 und 40, 1 zwischen 60 und 70 und 1 zwischen 70 und 80 Jahren.

7) Krebs der Drüsen: 3 Fälle, 3 Männer, 2 Städter, 1 auf dem Lande; 2 zwischen 40 und 50, 1 zwischen 70 und 80 Jahren.

8) Krebsdiathese: 3 Fälle, 1 Mann, 2 Frauen; 2 Städter, 1 auf dem Lande; 1 zwischen 20 und 30 Jahren, 1 zwischen 70 und 80 und 1 zwischen 80 und 90.

Wenn die Beobachtungen des Dr. d'Espines auf einer grossen Menge von Fällen beruhen, und so ein imposantes Document für Statistik des Krebses liefern, so können wir uns doch der Bemerkung nicht enthalten, dass, da bisher noch so vieles mit Krebs verwechselt wird, was nach unsern Untersuchungen vom Krebse zu trennen ist, vielleicht in diesem Punkte die Zahlen ein wenig über die Wirklichkeit hinausgehen. Für die von uns angeführten 124 Beobachtungen können wir einstehen, da wir in jedem einzelnen Falle durch die genaueste Untersuchung die Existenz des Krebses bestimmt und viele Pseudokrebse eliminirt haben.

Fassen wir nun zum Schlusse die von Dr. d'Espines und die von uns beobachteten Fälle dem Alter der Kranken und dem Sitze des Uebels nach zusammen, so kommen wir zu folgenden Resultaten:

1) Alter.

1—10	Jahre	4
10—20	-	2
20—30	-	13
30—40	-	47
40—50	-	80
50—60	-	120
60—70	-	123
70—80	-	70
	Latus	459

	Transport	459
80 — 90 Jahre	. . . . .	24
90 — 100 -	. . . . .	2
	Summa	485

2) Sitz.

1) Magen	220
2) Gebärmutter	82
3) Weibliche Brust	78
4) Leber	66
5) Lymphdrüsen, äussere und innere .	22
6) Mund, Lippe, Gaumen, Zunge . .	18
7) Darmcanal	15
8) Männliche Geschlechtstheile . . .	13
9) After	13
10) Knochensystem	13
11) Oesophagus	10
12) Allgemeine Diathese	9
13) Haut	3
14) Unterhautzellgewebe	3
15) Auge	3
16) Lunge	3
17) Vagina	2
18) Venen	2
19) Pleura	2
20) Nieren	2
21) Sitz unbestimmt	19
Summa	598

Am häufigsten kommt also Krebs in den Verdauungsorganen, Magen, Leber und Darmcanal vor, demzunächst in den Geschlechtsorganen, namentlich den weiblichen, die Brustdrüsengegend mit eingerechnet. Diese beiden Organsysteme machen fast $\frac{5}{6}$ der Gesammtzahl aus. Alsdann folgen, wiewohl in ungleich geringerer Häufigkeit: Lymphdrüsen, Unterhautzellgewebe, Haut und Annexa, Knochensystem und allgemeine Diathese. In einzelnen Fällen aber kann der Krebs in jedem Organe des menschlichen Körpers vorkommen. Vom Krebs des Gehirns und seiner Häute habe ich hier nicht gesprochen, da ich öfters gefunden habe, dass fibroplastische Geschwülste dieser Theile für Krebs gehalten werden.

§. 2. Unterscheidungsmerkmale der Krebsgeschwülste von andern Geschwülsten.

Wir kommen nun an den Vergleich des Krebses mit denjenigen andern Krankheitsproducten, mit welchen man ihn verwechseln kann.

1) Entzündungsproducte. Dass Niemand einen acuten Entzündungsprocess mit Krebs verwechseln kann, versteht sich ganz von selbst. Es sind aber besonders zwei von Entzündung ausgehende Zustände, welche hier zu berücksichtigen sind, die entzündliche chronische Verhärtung und Hypertrophie einerseits, und die auf verhärtetem Boden wurzelnde Ulceration auf der andern Seite.

Die Broussais'sche Schule, welche man heut zu Tage mit Recht als eine nur noch historisch merkwürdige Aberration von der gesunden hippokratischen Medicin ansieht, spukt noch in vielen Köpfen, namentlich in Frankreich und selbst in seiner sich der grössten Aufgeklärtheit rühmenden Hauptstadt. Wenn ich es nicht selbst erlebt hätte, würde ich es kaum glauben, welchen heftigen Angriffen im Jahre 1843 meine Entdeckung eines eigenthümlichen Elements in den Tuberkeln ausgesetzt war, und wie mir in der Pariser anatomischen Gesellschaft von allen Seiten streitig gemacht wurde, die Tuberkelelemente von den Producten der Entzündung und namentlich dem Eiter unterscheiden zu können. Und was giebt es wohl Verschiedeneres als Tuberculosis und Entzündung? So hat während langer Zeit in Paris die Ansicht ziemlich allgemein geherrscht, und hat noch jetzt viele Anhänger, dass jede chronische Entzündung degeneriren, in Krebs übergehen könne. Wir werden hierauf bald näher zurückkommen. Wir wollen hier nur vor Allem gegen das durch und durch Falsche des möglichen Ueberganges der Entzündung in Krebs, als gegen eine durch nichts bewiesene Hypothese protestiren.

Die entzündliche Verhärtung besteht ihrem Umfange und ihrer Grösse nach aus nicht gewölbt hervortretender Geschwulst, sondern aus diffuser, flacher, harter Masse, welche in ihrem Umfang und ihrer Grösse sehr variiren kann, aber niemals sich als ein heterogenes, individualisirtes Gebilde zeigt. Daher im Allgemeinen viel weniger Vorsprung und namentlich Abwesenheit einer höckrigen Oberfläche. Nur bei acut entzündlicher Verhärtung, bei welcher die Anamnese jeden Zweifel hebt, ist die bedeckende Oberfläche geröthet, zuweilen ödematös, letzteres, wenn in der Tiefe sich Eiterung bildet. Der Uebergang in die umgebenden Gebilde ist ein unmerklicher. Die Consistenz ist weder von der Weichheit des Markschwamms, noch von der Beinhärte des Scirrhus, sondern hat immer eine mehr gleichmässige, etwas teigichte Härte, welche nur dann eine wirkliche Knochenhärte zeigt, wenn die Exsudatmassen der Entzündung sich um oder unter dem Periosteum ablagern. Hier sichert die Lage der Theile die Diagnose, und höchstens könnte man eine entzündliche Periostalanschwellung mit einer Knochensubstanzwucherung, einer Exostose, aber nicht mit Knochenkrebs verwechseln, welcher neben harten und festen auch viele weiche und elastische Theile enthält.

Untersucht man eine chronisch verhärtete entzündliche Geschwulst, so findet man ausser dem Zellgewebe und den Gefässen, mehr eine gleichmässig aussehende Masse von geronnenem Faserstoff, welcher sich von der weichen, gelbgrauen, halbdurchsichtigen Substanz des beim Scirrhus im Faserstroma eingelagerten, weichen Gewebes auf den ersten Blick unterscheidet, und in seinem inneren Bau die vollkommenste Abwesenheit von Krebszellen und ihren Kernen zeigt. Hier findet man alsdann die umgebenden Theile nicht in Pseudoplasma umgewandelt, wie beim Krebs, sondern nur durch den ausgeschwitzten Faserstoff mit Eiweiss verklebt, oder seine Elementargewebe ein wenig auseinander gedrängt. Da, wie v. Walther sehr richtig bemerkt, in der entzündlichen Verhärtung mehr das Product eines pathischen Processes als die Fortdauer, das Fortwirken desselben existirt, werden auch natürlich die Theile, in welchen die Entzündung bestanden hat, vielmehr durch allmählige Resorption der die Verhärtung bildenden Exsudatmassen wieder zum Normalzustande zurückgeführt, während die Theile, in denen Krebsmasse abgelagert ist, immer mehr sich vom Normalzustande entfernen und zuletzt ganz dem Pseudoplasma ihren Platz einräumen. Die entzündliche Härte kann daher höchstens, wenn sie nicht zur Heilung tendirt, stationär bleiben, während der Krebs stets Alles in seinem Umkreise zu zerstören sucht. Durch die entzündliche Verhärtung, wenn sie nicht mechanisch die Functionen eines wichtigen Organs stört, wie z. B die der Trachea bei entzündlicher Verhärtung der Schilddrüse, wird das Allgemeinbefinden höchst wenig betheiligt, namentlich bleibt die Constitution, das Aussehen, der Kräftezustand, die Verdauung, die Innervation des Kranken im vollkommensten Normalzustande, was beim Krebs durchaus nicht der Fall ist. Im Verlaufe eines localen Krebsübels schwellen allmählig naheliegende Lymphdrüsen an und wandeln sich in Krebsgeschwülste um, während rein entzündliche Verhärtung die nahen Lymphdrüsen intact lässt. Alter und Geschlecht haben endlich nicht bedeutenden Einfluss auf diese gutartige Verhärtung, sie hat weder für ein besondres Lebensalter, noch für bestimmte Organe, noch für ein Geschlecht eine eigene Vorliebe.

Das aus chronischer Entzündung ohne Pseudoplasma entstehende Geschwür unterscheidet sich ebenfalls durch eine Menge Charaktere vom Krebsgeschwür. Selten haben gutartige Geschwüre, wenn sie nicht von einer äusserlichen Beschädigung, wie z. B. Verbrennung, herrühren, einen so bedeutenden Umfang als Krebsgeschwüre, welche stets um sich zu fressen und sich auszudehnen streben, während skrophulöse, nicht tuberculöse Halsgeschwüre oder atonische Fussgeschwüre weder nach der Tiefe noch nach der Fläche so um sich fressen, als ulcerirtes Carcinom. Der Boden solcher Geschwüre ist wohl hart, aber meist ungleich dünner als Krebsgeschwürsboden, daher auch selbst callöse harte Ränder eine geringere Dicke bei der gewöhnlichen Ulceration darbieten. Ferner dienen zur Diagnose des entzündlichen Geschwürs Abwesenheit in der Umgegend angeschwollener Lymphdrüsen, und Abwesenheit tiefer Gewebsalterationen. Der Krebsboden zeigt Muskeln, Sehnen, Knochen, Alles angefressen und zerstört, während das gutartige Geschwür diese Theile alle meistens unter dem Geschwürsboden intact zeigt. Das Allgemeinbefinden bleibt ungestört und leidet nur, wenn starke Eiterung einen bedeutenden Säfteverlust zur Folge hat. Schmerzen existiren fast nicht. Der Verlauf ist chronisch und langsam, kann sich selbst überlassen, Jahre lang dauern, so wie passend behandelt, zur vollkommenen Vernarbung gelangen. Beides findet beim Krebs nicht statt. Haut und Schleimhaut, so wie das unter ihnen befindliche Zellgewebe sind der Hauptsitz des entzündlichen Geschwürs, während seinem Sitz nach der Krebs an kein Organ und kein Gewebe bestimmt gebunden ist, sondern sie alle ergreifen kann. Entzündliche Geschwüre sind in der ganzen Jugendzeit häufig und zeigen sich auch im späteren Alter, während, wie wir gesehen haben, Krebs in der hauptsächlichsten Entwickelungszeit des Lebens selten ist.

Was nun das sogenannte Degeneriren und Krebsartigwerden entzündlicher Verhärtung und gutartiger Geschwülste betrifft, so begegnen wir hier noch allgemein in der Wissenschaft höchst vagen und ungenauen, unrichtigen Ansichten. Weder Tuberkeln noch Krebs können je in irgend einem Stadium ihrer Entwickelung aus einem anderen Uebel entstehen, als aus ihrem primitiven Keime. Eine kleine Krebsgeschwulst kann sich ausdehnen und in Ulceration, in ein Krebsgeschwür, übergehen, hier aber findet man immer das Krebsgewebe als Basis. Ob nun in einer chronisch entzündlichen Anschwellung oder einer homöomorphen gutartigen Geschwulst Krebs so gut wie in einem gesunden Theil deponirt werden und sich hier fortentwickeln kann? das ist sehr möglich, und das will ich keinesweges leugnen. Jedenfalls muss dies aber wohl nicht so häufig der Fall sein, als viele Autoren es leichtsinnig annehmen, da ich dies bei meinen vielen Untersuchungen noch nie beobachtet habe. Wohl habe ich oft gesehen, dass Krebs, sowie Tuberkeln, in seiner Umgebung Entzündung erregte, noch keinen Fall aber habe ich beobachtet, in welchem ich mit Bestimmtheit hätte nachweisen können, dass ein Theil sich zuerst entzündet habe und dass sich dann Krebs in diesem Theile deponirt habe. Es ist möglich, dass ich in Zukunft diesen Zustand direct beobachten werde, bis jetst ist dies aber noch nicht der Fall gewesen. Wir sprechen uns daher hier dahin aus, dass ein Geschwür gar keine eigenthümliche Krankheit, sondern nur eine allgemeine, vielen verschiedenen pathischen Processen gemeinschaftliche Krankheitsphase sei. In Ulceration kann jede mögliche entzündliche und neoplastische Geschwulst übergehen, dies als Degeneriren und Krebsartigwerden anzusehen, ist dann oft ein in Oberflächlichkeit und Gedankenlosigkeit wurzelnder Irrthum, und nur dann eine Wahrheit, wenn das Geschwür auf wirklichem Krebsboden, welcher von Anfang der Geschwulstentwickelung an Krebsgewebe war, beruht.

2) Warzengeschwülste. Wir haben im Anfange dieses Werks die Warzengeschwülste und ihr Verhältniss zum Krebs so ausführlich besprochen, dass wir uns hier auf einige kurze diagnostische Bemerkungen beschränken können.

Der Umfang und die Grösse der nicht ulcerirten Warzengeschwülste ist meist klein, zwischen dem einer Erbse und einer Maulbeere schwankend. Ueber der Haut stark hervorragend, von ungleicher warziger Oberfläche, von elastischer, weder sehr weicher noch harter Consistenz mit Gefässen umgeben, bietet das Warzengewächs schon im Anfang und mit blossem Auge einen eigenthümlichen Anblick dar. Noch mehr vom Krebs abweichend sind diejenigen Warzengeschwülste, welche gar keine gemeinschaftliche Hülle mehr besitzen, sondern aus einem blumenkohlartigen Aggregat hypertrophischer Papillen bestehen. Auch die Ulceration der Warzengeschwulst ist eine eigenthümliche. Mit einem Riss, einer Schrunde, anfangend, dehnt sie sich bald aus und sondert auf ihrer Oberfläche Crusten ab, welche aus Epidermis und Eiter bestehen, und nimmt man diese hinweg, so sieht man auf dem Geschwürsgrund statt von gelbem Exsudate bedeckter sammetartiger glatter Granulation, die charakteristischen rothen, glatten, länglichen cylinder- oder keulenförmigen, hypertrophischen und von Blut strotzenden Papillen der Haut. Wenn Krebs häufiger seinen Sitz im Unterhautzellgewebe der Haut hat, als im Gewebe der letzteren, so hat die Warzengeschwulst im Gegentheil in dem zwischen Epidermis und Lederhaut befindlichen Papillarkörper ihren Sitz. Selbst wahrer Hautkrebs zeigt das eigenthümliche Krebsgewebe nicht direct unter der Oberhaut, sondern im Gewebe der Lederhaut zwischen den Hautfasern abgelagert.

Die mikroskopischen Elemente der Warzengeschwülste sind von denen des Krebses verschieden. Hier jedoch kommt schon viel auf das Urtheil und die Sachkenntniss des Beobachters an. Niemand wird die ausgebildete Krebszelle oder ihren Kern mit ausgebildeten Epidermiszellen verwechseln, aber einzelne Formen junger Epidermiszellen mit grossen Kernen und Nucleolis können wohl den Krebszellen ähnlich sehen, indessen zwei Momente sichern hier die Diagnose. Erstens befindet sich um den Kern der Epidermiszelle oft eine zweite durch einen Halo bezeichnete Wand und findet man zwischen der jungen Epidermiszelle und der verhornten Epidermisschuppe alle möglichen Uebergänge, andererseits löst concentrirte Essigsäure die Zellenwand der Epithelien zum grössten Theil auf, während sie auf die der Krebszellen fast keinen Einfluss äussert. In Krebsgeschwülsten finden sich ferner sehr viele Fettelemente und viele isolirte Nuclei, welche in Papillargeschwülsten fehlen; in letzteren hingegen finden sich die aus Epidermiszellen zusammengesetzten kugel- oder kugeldurchschnittsartigen Körper, welche im Krebs nicht vorkommen. Im Krebse hingegen finden sich die Zellen in Faserstroma und in der Zwischensubstanz eingebettet, während in ersteren die Zellen und Blättchen sich einander unmittelbar berühren.

Genaue chemische Untersuchungen existiren von Warzengeschwülsten nicht, hier aber können die bekannten Reactionserscheinungen der Epidermis im Allgemeinen so wie ihre chemische Zusammensetzung bei diagnostischen Versuchen leiten.

Die Warzengeschwülste, welche sich stark entzünden, verschwären besonders durch unpassende reizende Behandlung, die Umgegend verhärtet sich wohl auch, aber dies ist die oben charakterisirte Entzündungshärte mit Abwesenheit von krebsartig angeschwollenen Ganglien. Nur ausnahmsweise können Warzengeschwüre in einem späteren Stadium sich sehr ausdehnen, schmerzhaft werden, umgebende Theile zerstören und durch Schmerz und Säfteverlust störend auf den Gesammtorganismus einwirken. Dies ist jedoch wie gesagt Ausnahme und sobald das Messer oder Aetzmittel selbst ausgedehnte Geschwüre der Art erreichen und wegschaffen können (und dies ist fast immer im Anfang möglich), tritt gewöhnlich vollkommene Heilung ein, während nach dem Krebs meist bösartige Rückfälle sich zeigen, welche, wenn sie bei Warzengeschwülsten eintreten, in unvollkommener Operation ihren Grund haben, und nach wiederholter Operation am Ende doch zur Heilung kommen.

Der Verlauf der Warzengeschwülste ist ein höchst chronischer, lang samer, ihr Sitz der Papillarkörper der Haut. Geschlechtliche Einflüsse existiren hier nicht. Im Evolutionsalter sind sie aber häufiger als in den Blüthejahren.

Im Allgemeinen existiren also eine hinlängliche Menge von Charakteren, um, wenn auch einzelne Berührungspunkte und Aehnlichkeiten nicht fehlen, den wahren Hautkrebs von den gutartigen papillaren Warzengeschwülsten, dem Pseudocancer der Haut zu unterscheiden.

3) Circumscripte knollige Hauthypertrophie. Der Krebs kann wohl kaum mit ausgebreiteer Hypertrophie der Haut verwechselt werden. Jedoch giebt es Fälle, in denen umschriebene Hauthypertrophie von knolligen Geschwülsten begleitetauf, den ersten Anblick mit Krebs verwechselt werden könnte. Hiebei sichern folgende Momente die Diagnose. Zwischen knolligen Geschwülsten finden sich umfangreiche Partien einfach hypertrophischer Haut; sie sind mit darunterliegenden muskulösen Theilen nicht verwachsen; sie sind von gleichmässig elastischer Härte, von runder oder ovaler Form, nicht bei einander liegend und so eine höckrige Oberfläche darbietend; auf der Durchschnittsfläche zeigen sie ein gelbröthliches homogenes Gewebe, in welchem mitunter mattgelbe Fettinfiltrationen eingesprengt sind. Der Druck entleert kein dem Krebssaft ähnliches Fludium. Ich habe bereits früher dies Gewebe, als ein gelbes, homogenes, speckartiges, von mässiger Vascularität gleichmässig durchzogenes beschrieben. Das Hauptelement dieser knolligen Geschwülste ist fibroplastisches Uebergangszellgewebe, auf welches wir bei dem Vergleich des Krebses mit dem gutartigen Sarkom gleich näher zurückkommen werden. Chemische Analysen solcher Geschwülste sind mir nicht bekannt. Sind sie als Leontiasis über grössere Körperflächen verbreitet, so schwindet sogleich jeder Zweifel. Existiren sie nicht in bedeutender Menge, so leidet das Allgemeinbefinden nicht, und ist selbst dieses der Fall, so treten ganz andere Erscheinungen auf als die der Krebskachexie. Diese Geschwülste sind von keiner Drüsenanschwellung umgeben, haben nicht die geringste Tendenz zur Verschwärung, einen sehr langsamen Verlauf, sind in unsern Klimaten ungleich seltner als Krebs und weder an Alter noch Geschlecht gebunden.

4) Telangiektasien. Man hat eine eigne Form des Krebses als Blutschwamm aufgestellt. Es sind jedoch viele der besten Pathologen unsrer Zeit damit einverstanden, dass die als Blutschwamm beschriebene Krebsform meist nichts andres sei, als ein sehr gefässreicher Markschwamm. Viele Autoren sind noch der Meinung, dass eine reine Angiektasie mit der Zeit in Krebs übergehen und degeneriren könne. Auch dies scheint uns eine durchaus unbewiesene Hypothese. Beide Krankheiten sind so weit von einander verschieden, dass man gar nicht begreift, wie über diesen Gegenstand noch so bedeutende Irrthümer herrschen können.

Vergleichen wir die oben beim Krebs aufgestellten 13 Hauptcharaktere mit denen der Telangiektasie, so finden wir a) für den Umfang und die Grösse, dass sie bei der Blutgefässgeschwulst im Durchschnitt zwischen der einer Erbse und der eines Taubeneis schwankt, während sie beim Krebs oft die einer Faust, ja die eines Kindskopfs erreicht. Die Angiektasie ist meist ziemlich bestimmt umschrieben, nicht so der Krebs. b) Die Oberfläche der Angiektasie ist glatt und gleichmässig, nur um wenige Linien meistens über der Haut hervorragend, von ziemlich gleichmässiger violetter oder dunkelrother Färbung, von stets sich der runden nähernden Form. c) Die Consistenz ist eine weich-elastische und durch Druck kann man momentan die Geschulst fast entleeren, da das in den Gefässerweiterungen sich befindende Blut durch Druck in die nahe liegenden Gefässstämme zurückgedrängt wird. Nie findet etwas Aehnliches beim Krebs statt. d) Beim Anblick mit blossem Auge zeigt die Gefässgeschwulst deutlich Zellgewebe, Fett und Muskelgewebe, je nach den Theilen, in denen die Geschwulst sitzt; ausserdem eine Menge durchschnittener Gefässlumina; übrigens entleeren sich nach der Exstirpation die Blutgeschwülste meist dergestalt, dass sie fast gar kein heterologes Ansehen mehr zeigen. Nie findet sich in denselben eine dem Krebssaft ähnliche Flüssigkeit. e) Die mikroskopische Untersuchung zeigt in den Gefässgeschwülsten ein Netz erweiterter Capillargefässe oder sehr kleiner Gefässstämmchen, und zwischen denselben ein meist ausgebildetes Zellgewebe mit mehr oder weniger fibroplastischen Elementen. Das Fett findet sich in denselben in der Form eines continuirlichen Fettgewebes, die naheliegenden Nerven und Muskeln werden nicht bloss nicht absorbirt, sondern finden sich nicht selten in hypertrophischem Zustande. f) Chemische Untersuchungen derselben sind mir nicht bekannt. g) Die umgebenden Theile leiden wenig mit, selten tendirt die Gefässerweiterung sich im Umkreise auszudehnen, und wie wir eben gesehen haben, sind diese naheliegenden Theile eher in einem Zustande üppiger Ernährung, als in dem der Atrophie und Absorption; also grade das Gegentheil vom Krebs. h) Hiermit ist die Frage negativ beantwortet, ob Telangiektasie die nahen Theile in ihre eigne Substanz umzuwandeln strebt. i) Der Einfluss der Angiektasie auf den Gesammtorganismus ist null und nichtig. Dass Telangiektasie, wenn sie in seltenem Ausnahmsfalle eine bedeutende Gefässwucherung erreicht hat, und was noch seltener ist, nicht operirt werden kann, alsdann durch Blutverlust Anämie und Tod herbeiführen kann, ist möglich, aber Tod durch Anämie und Tod durch Krebskachexie sind gewiss sehr verschiedene pathische Processe. Ob sich im spätern Verlauf in der Angiektasie Krebsgewebe deponiren kann oder nicht, darüber fehlt es mir an Beobachtungen und scheint dies mir sehr unwahrscheinlich. In den Fällen, in welchen dies behauptet worden ist, hat wohl meistens ein Irrthum in der Diagnose obgewaltet. k) Dauer und Verlauf sind höchst chronisch bei Gefässgeschwülsten. Das meist angeborene Uebel kommt oft erst im 10ten, 15ten, 20sten Jahre und noch später zur Operation, und oft gar nicht. Die Congeneität ist hier ein höchst wichtiger Anhaltspunkt. l) Der Sitz der Angiektasie ist meist in dem oberflächlichen Gefässnetz der Cutis, unter der Epidermis, während Hautkrebs mehr im Maschengewebe der Lederhaut seinen Sitz hat. In seltenen Fällen ist das Uebel subcutan, aber auch hier sichern Weichheit, Umschriebenheit, Pulsiren, Intactsein der Umgegend und des Allgemeinbefindens vor der Operation, so wie besonders der aus Gefässen und Zellgewebe allein zusammengesetzte Bau der Geschwulst die Diagnose nach der Operation. Der Kopf in seinen Hauttheilen, und die Uebergänge der Haut in Schleimhaut, wie am Munde und an der Vagina, selten die Extremitäten, sind der Hauptsitz des Uebels, während der Krebs alle innerenund äusseren Theile ergreifen kann. m) Während das Alter der Kranken beim Krebs in die zweite Hälfte des Lebens fällt, ist die Angiektasie durchaus an die erste gebunden, und wie gesagt meist angeboren, höchst selten durch Stoss und Schlag erzeugt. n) Was das Geschlecht endlich betrifft, so kommt zwar Gefässgeschwulst bei kleinen Mädchen häufiger vor als bei Knaben; hier ist jedoch die Diagnose immer leicht.

5) Balggeschwülste. Mit Balggeschwülsten wird Krebs wohl selten verwechselt; jedoch können Fälle vorkommen, in denen die Diagnose schwer ist. So habe ich öfters ulcerirte entzündete Balggeschwülste für Krebsgeschwüre halten und unter anderem ein kleines Atherom der Brustdrüse mit beginnendem Scirrhus verwechseln sehen. Es ist also

allerdings der Mühe werth, auch hier einige der Hauptpunkte beider Krankheiten mit einander zu vergleichen, da, wenn es sich um Diagnose handelt, zu grosse Genauigkeit jedenfalls nützlicher ist, als Unvollständigkeit. Gehen wir also einzelne der Vergleichspunkte durch: die Grösse der Balggeschwülste schwankt zwischen der einer Erbse und der eines kleinen Eis, zwischen ¼ und 1 — 2 Zoll Durchmesser. Die Form ist abgerundet, die Consistenz elastisch, deutlich fluctuirend, zuweilen stellenweise harte Concretionen durchfühlen lassend, aber immer im nicht ulcerirten Zustande von der Consistenz des Krebses verschieden. Ulcerirte Balggeschwülste sind überhaupt selten und hier erkennt man in der Regel die wahre Natur der Geschwulst an dem langen Bestehen als Balggeschwulst vor dem Aufbruch und der Entzündung, an der Nachweisbarkeit eines äussern reizenden Einflusses, an dem hier gewöhnlichen Sitz auf den behaarten Theilen des Kopfes und bei der Zergliederung an der Abwesenheit der Krebselemente; hingegen findet man in diesen Balggeschwülsten Producte der Entzündung, zuweilen einer fibroplastischen Bildung. Bei gewöhnlichen nicht aufgebrochenen Balggeschwülsten ist die Abwesenheit eines innern festen Gewebes, das in der Höhle des Balges Freiliegen des aus Epidermis und Fett bestehenden Inhalts, ein sichrer Anhaltspunkt für die Unterscheidung. Die auf ihrer inneren Wand mit Haaren und Haarbalgdrüsen versehenen Balggeschwülste haben vollends gar keine Aehnlichkeit mit Krebs. Die umgebenden Theile in allen diesen Fällen sind gesund, das Allgemeinbefinden gut, und sollte ein Balggeschwür durch profuse Eiterung, umgebende Entzündung und heftige Schmerzen auch den Krebssymptomen ähnliche Erscheinungen hervorbringen, so hilft doch auch hier gehörig umfangreiche Operation und führt vollkommene Heilung herbei. Ich bin überzeugt, dass bereits mancher Kranke das Opfer einer falschen Diagnose in solchen Fällen geworden ist, da der das Uebel für ausgedehnten Krebs haltende Wundarzt natürlich nicht so leicht sich für die Operation entscheidet, als wenn er von der Gutartigkeit des Uebels überzeugt wäre.

Die chemische Analyse weist in Balggeschwülsten Kalk-, Talk- und Natronsalze, Alcoholextract, Wasserextract, Fette, Eiweiss und Buttersäure nach, ein von der Analyse des Krebses durchaus abweichendes Resultat. Die Dauer der Balggeschwülste ist sehr lang und ihr Verlauf sehr langsam. Viele Kranke tragen sie ihr Leben lang, ohne von denselben incommodirt zu werden. Der Sitz ist die Haut und besonders der behaarte Kopftheil, Gesicht und Hals, Theile, an denen wahrer Krebs selten ist. Das Alter ist mehr das mittlere des Lebens, und was endlich das Geschlecht betrifft, so sind Balggeschwülste bei Männern häufiger, während Krebs sich bei Frauen öfter zeigt.

6) Fettgeschwülste. Diese werden ebenfalls nicht leicht mit Krebs verwechselt. Ihre Grösse ist meist bedeutender als die des Krebses, ihre Consistenz ist die eigenthümliche baumwollenartige, wie wenn die Haut mit Baumwolle ausgestopft wäre; beim Spannen der Haut erkennt man schon durch dieselbe hindurch ihre Grösse und ihren weichgelappten Bau. Abwesenheit aller umgebenden Drüsenanschwellung, Intactsein der umgebenden Theile und des Allgemeinbefindens, höchst langsame Entwickelung, sehr seltene Tendenz zu Ulceration sichern die Diagnose vor der Operation, und nach derselben kann unmöglich ein Zweifel übrig bleiben, da das blosse Auge sowie ein Blick durch das Mikroskop sogleich das eigenthümliche Fettgewebe als Grundelement dieser Geschwülste zu erkennen geben.

7) Fibrinöse Geschwülste, d. h. solche, welche aus einem Bluterguss entstanden sind und von dem nur ein geringer Theil resorbirt worden ist, können in seltenen Fällen mit Krebs verwechselt werden, Grösse, Umfang und Form können mit den bösartigen Geschwülsten Aehnlichkeit haben, indessen ist die Consistenz immer die festelastische eines Blutpfropfs oder coagulirten Faserstoffs, und weder die weichfluctuirende Consistenz des Markschwamms, noch die scirrhöse Härte. Jedoch lassen der Mangel an Theilnahme der umgebenden Gebilde, sowie die sonstige Integrität der Gesundheit die Gutartigkeit des Uebels erkennen, und sollte nach der Operation einer solchen Geschwulst noch Zweifel bleiben, so entscheidet der Anblick mit dem blossen Auge, sowie die mikroskopische Untersuchung die Frage vollkommen. Einerseits fehlen hier nämlich die Elemente des Krebses, andererseits erkennt man deutlich Blutkügelchen und geronnenen Faserstoff als Hauptelemente fibrinöser Geschwülste. Ich habe eine Brust als krebshaft amputiren sehen und bei der Untersuchung nichts als eingekapselte, aus Blutcoagulis bestehende Geschwülste gefunden.

8) Melanotische Geschwülste sind für Krebs in vielen Fällen gehalten worden. Zu diesem Irrthum hat der Umstand verleitet, dass Melanose constitutionell sein kann, und sich dann in mehreren Organen zu gleicher Zeit manifestirt. Melanotischer Krebs kann sich, wie Krebs überhaupt, ebenfalls an mehreren Orten zu gleicher Zeit zeigen, aber deshalb constitutionelle Melanose für krebshaft zu halten, ist offenbar ein Irrthum. Syphilis, Skropheln und Tuberkeln können auch constitutionell sein und sind doch weit vom Krebse unterschieden. Ueberdies zeigt die Untersuchung solcher melanotischer Geschwülste

die Abwesenheit der Krebszellen; sie bestehen aus hypertrophischem Zellgewebe mit Pigmentkörnchen und Zellen. Selten sind solche melanotischen Geschwülste umfangreich; es zeigt sich keine consecutive Drüsenanschwellung; es tritt überhaupt Melanose, als ein locales Uebel in der bei weitem grössten Mehrzahl der Fälle auf; die Gesundheit leidet sonst nicht, aber freilich kann Melanose Tuberkeln und Krebs begleiten; in solchen Fällen wird zwar das Grundübel tödtlich, die Complication mit Melanose bleibt aber eine durchaus unschuldige. Ich habe öfters Melanose theils als Infiltration, theils als Geschwülste in Thieren, und namentlich bei Pferden beobachtet; besonders zeigen Schimmel dieselbe viel häufiger als schwarze Pferde. Auch bei diesen comparativ-pathologischen Untersuchungen habe ich mich überzeugen können, dass das Hauptelement dieser Geschwülste nichts als Pigment sei. Ich habe sogar Geschwülste der Art beobachtet, in denen trotz ziemlich fester Consistenz gar kein Zellgewebe, sondern das Pigment durch eine structurlose Zwischenmasse zusammengehalten war. Es fällt übrigens Niemandem ein, Melanose für eine Form der Tuberculose anzusehen, es scheint mir daher ebenso falsch, sie für Krebs zu halten, da sie zwar zuweilen mit demselben zusammen vorkommt, gewöhnlich aber weder in ihrem Bau noch in ihren Erscheinungen die Charaktere des Krebses zeigt.

9) Mit Drüsenhypertrophie kann Krebs in manchen Fällen um so leichter verwechselt werden, als das Drüsensystem im Ganzen viel leichter vom Krebs afficirt wird als in den Zustand der Hypertrophie übergeht. Wir werden von der wichtigsten, hierbei in Betracht kommenden Hypertrophie, der der Brustdrüse, in einem besondern Abschnitt über die Geschwülste dieses Organs handeln. Hier wollen wir über Hypertrophie der äussern Lymphdrüsen und über Krebs derselben nur einige Bemerkungen beibringen.

Es ist selten, dass viele Lymphdrüsen zugleich hypertrophisch sind, und wenn dies der Fall ist, so bilden sie meist ein traubenförmiges, pankreasartiges Conglomerat, welches mit Krebs nicht verwechselt werden kann. Existirt eine einzige hypertrophische Lymphdrüse, so zeigt sie gewöhnlich eine gleichmässige, ovale Oberfläche und Form, hat eine mässig feste Consistenz, adhärirt wenig mit den umgebenden Theilen. Krebs der Lymphdrüsen hingegen ist entweder symptomatisch, und dann zeigt sich in der Nähe derselben ein mehr oder weniger tief vom Krebs ergriffenes Organ, oder Lymphdrüsenkrebs ist primär, was selten der Fall ist, und dann beschränkt er sich gewöhnlich nicht auf eine oder mehrere Drüsen, sondern tritt zu gleicher Zeit in einer grösseren Zahl derselben auf. In letzterem Zustande ist das Allgemeinbefinden tief ergriffen, bei blosser Hypertrophie gar nicht. Was nun den Bau dieser gutartigen Drüsengeschwülste betrifft, so erkennt man in denselben ein mehr oder weniger gefässreiches, selten sehr hartes Faserstroma, zwischen welchem eine speckartige Substanz sich befindet, welche ganz aus kleinen, feinen Drüsenzellen und Kernen, oder mit diesen zugleich aus fibroplastischen Elementen besteht. Mit einiger Aufmerksamkeit kann man also immer eine Drüsenhypertrophie vom Drüsenkrebs unterscheiden.

10) Mit dem gutartigen Sarkom, der fibroplastischen Geschwulst, kann Krebs am leichtesten verwechselt werden; hier ist es also wieder sehr wichtig, eine scharfe Diagnose zu begründen.

a) Der Umfang und die Grösse der fibroplastischen Geschwülste bieten kein wesentliches Element für die Diagnose dar. Man findet sie klein, von mittlerer Grösse und sehr umfangreich. b) In der Form jedoch findet man bereits Unterschiede. Im Durchschnitt ist dieselbe glatt beim Sarkom, entweder ganz gleichförmig oder lappig, aber nie höckerig, wie im Scirrhus, hier also bliebe noch die Verwechselung mit Markschwamm übrig. Dieser letztere aber hat meist eine diffusere, mehr in die Umgegend sich verlierende Form. c) In der Mehrzahl der Fälle findet sich eine weichere, mehr markähnliche Consistenz beim Markschwamm, während die fibroplastische Geschwulst eher prall elastisch ist. d) Der innere Bau des gutartigen Sarkoms zeigt schon mit dem blossen Auge bedeutende Unterschiede von dem des Krebses. Vor allem entleert man nie aus demselben einen trüben, milchigen Saft, wie aus dem Krebse; entweder ist die Durchschnittsfläche trocken oder man sieht auf derselben eine nur geringe Menge eines durchsichtigen gelblichen Saftes. Das fibroplastische Gewebe zeigt eine viel gleichmässigere Vascularität. Ist seine Substanz gefässreich und homogen, so zeigt er mitunter nicht geringe Aehnlichkeit mit der Consistenz und Färbung des Muskelfleisches. Ist das Sarkom weich und lappig, so zeigen sich selbst noch die Lappen verschieden, saftleer, fest elastisch, schwer zu zerreissen und zu zerdrücken, und viel mehr homogen als Krebslappen. Die fibroplastische Geschwulst ist meist von einem deutlich zu trennenden fibrocellulären Balge umgeben. Ist sie auf ihrer Schnittfläche nicht homogen, so kann man hier keineswegs wie im Krebs ein eingesprengtes halbdurchsichtiges Gewebe zwischen einem mehr oder weniger festen Faserstroma erkennen, sondern man sieht vielmehr Faserzellen in verschiedener Gewebeentwickelung, gefässreiches, röthliches, weiches aber elastisches Gewebe, festeres mehr gefässarmes, gelbes Gewebe, milchweisses Fasergewebe, zuweilen gelben, fast schwarzen Faserstoff. Rothes, mattgelbes, ockergelbes und mattweisses Gewebe könnte also in verschiedenen Mischungsverhältnissen hier mit einander abwechseln. e) Höchst wichtig und nicht oft genug zu wiederholen ist es, dass die mikroskopischen Elemente beider Klassen von Geschwülsten bestimmt von einander unterscheidbar sind. Dies ist freilich nicht möglich, wenn man nicht mit guten starken Vergrösserungen arbeitet, wenn man nicht genaue und vielfache Messungen anstellt, wenn man nicht genaue mikroskopische Untersuchungen in Bezug auf Physiologie und Pathologie anzustellen gewohnt ist. Aber unterscheidet denn der Chemiker zwei verschiedene Körper bloss durch Geruch und Geschmack, nimmt er nicht Wage, Reaction, Verbrennung etc. zu Hülfe, um zu einem genauen Resultate zu kommen? Unterscheidet der Zoolog zwei kleine Species von Käfern oder Schnecken ohne genaue Untersuchung aller Körpertheile mit Loupe, Mikroskop und durch Zergliederung? Und in der Medicin will man keine Unterscheidungsmerkmale gelten lassen, weil sie auf feiner, genauer, recht naturhistorischer Untersuchung beruhen?! Es ist leicht begreiflich, dass zwischen zwei verschiedenen Elementarzellen nicht Unterschiede stattfinden, welche in die Augen fallen, wie die zwischen einem Veilchen und einer Rose. Aber man studire genau die Grösse, die Form, den Inhalt, die Entwickelungsphasen, die Gruppirung, die chemischen Reactionen der Elementarzellen, und man wird bald ihre Verschiedenheiten und ihre charakteristische Individualität erkennen und so die Zellentheorie aus dem Chaos cellulare herausreissen und zu schöner, praktischer, nützlicher Anwendung fördern.

In der fibroplastischen Geschwulst kommen ausser nicht sehr charakteristischen Fasern, einfache Zellen, Mutterzellen und geschwänzte Körperchen vor. Diese sind auch in Krebsgeschwülsten vorhanden, werden hier manche Forscher erwiedern. Aber einerseits finden sich zwischen wahren Krebselementen und fibroplastischen Zellen bestimmt zu unterscheidende Charaktere, andrerseits sieht man in der fibroplastischen Geschwulst kein Krebsgewebe; wo aber im wahren Krebs einzelne fibroplastische Elemente als zufällige Beimischung sich zeigen, kann die Diagnose nicht schwankend bleiben. Wir wollen also nun vor allen Dingen die Zellen des Krebses und der fibroplastischen Geschwülste parallelisiren.

Die vollständige fibroplastische Zelle ist im Durchschnitt von $\frac{1}{100}$ Millim., also fast um das Doppelte kleiner als die Krebszelle. Sie hat eine regelmässige runde oder ovale blasse, homogene Zellenwand, während die Krebszelle selten eine regelmässige und dann meist eine feinpunktirte Zellenwand zeigt. Der Inhalt der fibroplastischen Zelle ist homogen, während der der Krebszelle feinkörnig, mit Fett oder Pigment angefüllt sein kann und nur höchst selten ganz homogen erscheint. Also Unterschied der Grösse, der Ausdehnung und des Inhalts der Zellenwand. Bei beiden kommen viele Kerne ohne Zellenwand vor. Diese Kerne sind aber ebenfalls unterscheidbar. Vor Allem was die Grösse betrifft, so ist das Maximum der fibroplastischen Kerne $\frac{1}{200}$—$\frac{1}{133}$ Millim., das Minimum der Krebszellenkerne, welche eine mehr als doppelte Grösse erreichen können. Beide können rund oder elliptisch sein; in der Regel aber sind die Kerne der Krebszellen schärfer contourirt, zeigen einen charakteristischen Schlagschatten am Rande und sind nicht bloss grösser, sondern auch dicker. Concentrische Zellen sind in Krebsgeschwülsten nicht selten, finden sich aber niemals im Sarkom. Die Kerne der Krebszellen zeigen oft in ihrem Innern ausser den Kernkörperchen körniges oder zusammenfliessendes Fett und zuweilen Farbestoff. Der Inhalt des fibroplastischen Kerns ist gleichmässig oder höchstens zuweilen sehr feinkörnig. Die Kernkörperchen der Krebszellen sind mindestens $\frac{1}{100}$ Millim. gross, erreichen $\frac{1}{200}$ Millim. und darüber, zeigen im Innern noch zuweilen secundäre Nucleoli, während die fibroplastischen Kernkörperchen selbst bei starken Vergrösserungen nur als scharf markirte schwarze Punkte erscheinen. Also sind die Kerne kleiner, dünner, mit mehr gleichmässigem Inhalt und ungleich kleineren Nucleolis, als beim Krebs. Wo man fibroplastische, runde Zellen mit Kernen findet, trifft man nicht bloss ovale und in die Länge gezogene Zellen, sondern auch eine grosse Menge geschwänzter Körper von ungleicher Länge, $\frac{1}{200}$ Millim. Breite, mit einem länglichen, dünnen, comprimirten Kern und einem oder zweien punktförmigen Nucleolis an. Dies ist die Regel, und meist trifft man sogar noch ganz zusammengedrückte, geschwänzte Körperchen mit allen Uebergangsformen in Fasern an. Nur selten zeigt die Krebszelle eine an beiden Seiten zugespitzte Zellenwand, alsdann aber sichern die grössere Breite, das feinpunktirte Ansehen, der grosse Kern und die sehr deutlich hervortretenden Kernkörperchen die Diagnose als Krebs. In beiden Arten von Geschwülsten kommen Mutterzellen vor. Indessen auch hier finden deutliche Unterschiede statt. Die fibroplastischen Mutterzellen sind viel flacher, blattartiger und enthalten oft eine ziemliche Menge kleiner vollständiger runder oder geschwänzter fibroplastischer Zellen, und wenn beide Arten von Mutterzellen auch nur Kerne enthalten, so ist auch dann noch der Unterschied leicht zu finden, da die fibroplastischen viel mehr Kerne zeigen und zwischen diesen Kernen, die dann meist keine Nucleoli enthalten, und denen der Krebsmutterzellen die gleichen Unterschiede stattfinden, wie zwischen den freien Kernen beider Gebilde. Also findet in Summa nicht bloss Unterschied in den einzelnen constituirenden Theilen der Zellen statt, sondern auch in den verschiedenen Formen und Typen dieser beiden Zellenarten. Wir sind übrigens deshalb leichter zu diesen bestimmten Resultaten gelangt, als unsre Vorgänger, da wir ausser der mikroskopischen Untersuchung möglichst viele andere pathologische Anhaltspunkte gesucht haben. Wenn wir z. B. in einer gewöhnlichen Caries, in einer fibroplastischen, gewiss gutartigen Wucherung der Conjunctiva nach der Schieloperation, in der aus chronischer Entzündung entstandenen Gewebemasse, und an sogenanntem Tumor albus leidenden Gelenken die gleichen Elemente gefunden haben, nie in fibroplastischen Geschwülsten, so können wir sie hiernach für gutartig und für nicht krebshaft erklären. Auf der andern Seite haben wir als Ausgangspunkt unserer Studien über die Structur des Carcinoms unzweifelhafte Krebsgeschwülste gewählt, wie z. B. Sarcocele mit Markschwammmassen im Unterleib, ulcerirten, selbst recidivirten Krebs der Brustdrüse mit gleichzeitiger Affection der umgebenden Lymphdrüsen. Mit einem Worte, diese Resultate sind nicht das Ergebniss vereinzelter Forschungen, sondern sehr zahlreicher, viele Jahre hindurch fortgesetzter und möglichst allseitiger Untersuchungen über Gut- und Bösartigkeit der Geschwülste.

f) Chemische Untersuchungen über fibroplastische Geschwülste fehlen, sind aber nothwendigerweise anzustellen und werden hoffentlich auch ihren Beitrag zur Sicherung der Diagnose liefern. g) Zu den umgebenden Theilen zeigt die fibroplastische Gesehwulst ein ganz anderes Verhältniss, als der Krebs; dieser zerstört sie und setzt sich an ihre Stelle, während erstere dieselben meist nur sehr wenig stören und angreifen; und selbst wenn die Geschwulst bedeutend an Umfang zunimmt, drängt sie sich nur zwischen Muskeln, Sehnen und andere Theile, ohne ihre Nutrition und Structur zu beeinträchtigen. Aus demselben Grunde zeigen diese Geschwülste, wenn sie sich in grossem Umfange an einer Gliedmasse zeigen, leicht Recidive, da solche gewissermaassen versteckte Theile leicht zurückbleiben und der Ausgangspunkt einer neuen Geschwulst werden. In zweifelhaften Fällen der Art ist die Amputation des Gliedes der sehr schwierigen, oft unvollkommenen Exstirpation vorzuziehen. h) Der Einfluss auf den Gesammtorganismus ist bei diesen Geschwülsten unbedeutend, und kann höchstens ausnahmsweise durch Sitz und grosse Ausdehnung bedeutendere Beschwerden herbeiführen. Angeschwollene Lymphdrüsen finden sich nicht in ihrer Umgebung; mehrfache Geschwülste der Art in einem und demselben Individuum gehören ebenfalls zu den seltnen Ausnahmen. i) Dauer und Verlauf sind in der Regel sehr langsam, und nur durch unvollständige Exstirpation werden sie erst zu rascherer Entwickelung gereizt. k) Der Sitz dieser Geschwülste bietet nur in so fern sichere Anhaltspunkte dar, als sie an den Theilen, an welchen Krebs am häufigsten ist, Brustdrüse, Hoden, Uterus und Magen, nur sehr selten vorkommen. Im Knochensystem und im Unterhautzellgewebe finden sich beide Affectionen nicht selten. l) Was endlich das Alter betrifft, so sind fibroplastische Geschwülste mehr den Blüthejahren eigen, was, wie wir gesehen haben, bei Krebs durchaus nicht der Fall ist.

11) Fasergeschwülste haben zu charakteristische Merkmale, um sich nicht leicht vom Krebs unterscheiden zu lassen. Sie können sehr gross werden, haben aber meist eine runde oder ovale Form, welche nur dann unregelmässig wird, wenn die Theile in und neben welchen sie entstehen, ihrer regelmässigen Formentwickelung bedeutende Hindernisse entgegenstellen. Ihre Consistenz ist hart elastisch, ihr innerer Bau zeichnet sich aus durch merkwürdige Homogenität, mattweisse, gleichmässige, oft ins Gelbe ziehende, gefässarme Schnittfläche, aus welcher sich nichts Krebssaftähnliches herausdrücken lässt. Ihre mikroskopische Structur zeigt Bindegewebebündel, frei oder in einer halbdurchsichtigen, zuweilen fast gallertartigen Masse eingelagert und nur wenige, meist sehr charakteristische, fibroplastische Elemente, nie so grosse Zellen wie Krebs. Zuweilen kommen albuminöse, reticuläre Figuren in ihnen vor. In chemischer Hinsicht zeichnen sie sich durch ihren bedeutenden Leimgehalt aus. Die umgebenden Theile bleiben intact, das Allgemeinbefinden leidet nur, wenn sie die Functionen sehr wichtiger Organe stören oder bedeutende Blutflüsse in ihrer Umgegend erzeugen, wie z. B. die Fasergeschwülste des Uterus. Ihr Verlauf ist ein höchst langsamer, ihr Ausgangspunkt lockeres oder dichtes Zellgewebe, Unterhautzellgewebe, Uterus, Periosteum. Am Kiefer habe ich sie öfters wegen der vor und nach der Operation höchst oberflächlich oder gar nicht angestellten Untersuchung als Krebs hinwegnehmen sehen. Sie sind an kein bestimmtes Alter gebunden. Nur einige Aufmerksamkeit kann sie fast immer vom Krebs unterscheiden lassen.

12) Mit Polypen lassen sich Krebsgeschwülste wohl nicht verwechseln, wenn man nicht unter diesem überhaupt unpassenden Namen die heterogensten Dinge zusammenwirft, wie dies noch so häufig

geschieht. Versteht man aber unter Polypen Schleimhautexcrescenzen, wie besonders die der Nasenschleimhaut, und wie wir dieselben in einem besonderen Paragraphen abgehandelt haben, so sind Sitz, Oertlichkeit, Bau, äussere Form, alle so vom Krebs verschieden, dass keine Verwechselung möglich ist. Wir hätten auch diesen Punkt hier ganz übergangen, wenn nicht noch häufig von bösartig gewordenen Polypen die Rede wäre. Dieser Irrthum aber hat darin seinen Grund, dass man fast alle in die Nasenhöhlen, in den Gaumen oder in die Umgebung dieser Theile hineinragenden Geschwülste als Polypen bezeichnet und so in blasige, fleischige, faserige etc. gesondert hat. Nun kommt wirklicher Krebs namentlich am Oberkiefer vor, und da er sich von der Tiefe der Knochensubstanz aus entwickelt, so ist in solchen Fällen die Entwickelung und Anamnese oft unklar, und man glaubt dann leicht, dass ein Krebsübel aus einer dieser verschiedenen Polypenarten entstanden sei, während in Wirklichkeit das Uebel von Anfang an krebshaft war. Ich habe öfters Geschwülste der Art zu untersuchen Gelegenheit gehabt und mich überzeugen können, dass in denselben keinesweges die Combination aus einer gutartigen und bösartigen Geschwulst stattfand, sondern dass die Geschwulst durch und durch ein Krebs war und seit ihrem ersten Entstehen gewesen sein musste.

13) Knorpelgeschwülste können wohl nur ausnahmsweise mit Krebs verwechselt werden, jedoch die Möglichkeit dieses Irrthums nöthigt uns, über die genaue und scharfe Diagnose solcher zweifelhaften Fälle einige Bemerkungen zu machen.

Wenn Enchondrom direct vom Knochen ausgeht und entweder mit einer knöchernen Schale versehen ist, oder wenn diese auch fehlen sollte, ein deutlich knorpliges matt milchweisses Ansehen hat, erkennt man leichter seine Natur, und doch ist diese Geschwulst bis zu Joh. Müller's vortrefflicher Arbeit über diesen Gegenstand, selbst von den grössten Wundärzten verkannt worden. Findet sich aber die Knorpelgeschwulst in Weichtheilen, oder besteht sie aus einer mehr gallertartigen, oder aus einer gefässreichen, sarkomartigen Geschwulst, dann kann selbst der Geübte zweifeln. Hier nun sind alle auf Diagnose bezüglichen Momente zu berücksichtigen. Ferner ist vor der Operation gar oft die Diagnose schwierig. Was Umfang und die Grösse betrifft, so hat das Enchondrom oft eine mehr runde Form sowohl in Weichtheilen als an den Knochen der Hände und Füsse, nicht wie Markschwamm diffus und höckerig, sondern sphärisch und oval. Zuweilen jedoch, wenn das Enchondrom seinen Sitz in der Mitte eines grösseren Knochens hat, ist die Oberfläche unregelmässig, höckerig, blumenkohlartig, hier kommt man ins Klare durch den langsamen Verlauf des Uebels, die Härte, den bestimmt zu verfolgenden Ausgangspunkt am Knochen, die Integrität der umgebenden Theile, sowie das Allgemeinbefinden des Kranken. Dieselben Momente sichern die Diagnose, wenn ein sehr consistentes Enchondrom in den Weichgebilden seinen Sitz hat, und ohne diese unterscheidenden Merkmale, zu denen die Abwesenheit angeschwollener Lymphdrüsen in der Umgegend hinzuzufügen ist, könnte man solche Geschwülste wohl für scirrhös halten, besonders wenn sie sich in Theilen wie die Parotis oder die Brustdrüse zeigen.

Der innere Bau der exstirpirten Geschwulst kann Zweifel übrig lassen, wenn das Gewebe roth und gefässreich, oder wenn es gallertartig und halbdurchsichtig ist. In beiden Zuständen fehlt der Krebssaft, in beiden findet sich eine bei Krebs gewöhnlich nicht stattfindende Homogenität; in beiden endlich giebt das Kochen hauptsächlich Leim, während das Kochen des Krebsgewebes einen eiweisshaltigen Körper zeigt.

Gewöhnlich sind im mikroskopischen Bau die Krebs- und die Knorpelzellen sehr verschieden, erstere sind frei im Safte schwimmend, letztere in einer festeren Substanz eingesprengt, erstere meist von grosser unregelmässiger Zellenwand mit grossem runden deutlichen Kern und grossen Kernkörperchen, letztere mit gleichmässig comprimirter Zellenwand und einem deformirten feinkörnigen Kern. Nun aber habe ich in Knorpelgeschwülsten wohl Zellen angetroffen, welche vollständig ausgebildet, scheinbar frei, denen des Krebses sehr ähnlich sahen. Einerseits ist dies eine seltene Ausnahme, und die ausserordentliche Blässe, Regelmässigkeit, der Mangel des Zelleninhalts gäben schon wenn gleich nicht hinreichende Unterscheidungsmerkmale. Sollte aber auch in diesen Ausnahmefällen ein einzelnes Merkmal unzureichend sein, so bleiben noch genug andere übrig, um ins Klare zu kommen. Enchondrom lässt die umgebenden Theile intact, während Krebs sie zerstört, es hat zu Ulceration sehr wenig Anlage, keine Drüse schwillt in seiner Nähe secundär an. Der im Krebs so quälende Schmerz, die heftigen lancinirenden Stiche in der Geschwulst fehlen hier in der weitaus grössten Mehrzahl der Fälle. Nichts der Krebskachexie Aehnliches ist Folge des Enchondroms. Es hat eine lange Dauer und einen äusserst langsamen Verlauf und kann viele Jahre ohne bedeutende Störung bestehen. Selten in drüsigen Weichtheilen oder im Unterhautzellgewebe sitzend, geht Enchondrom gewöhnlich vom Knochen aus, während Krebs in Weichtheilen ungleich häufiger ist, als im Knochensystem. Das Geschlecht spielt beim Enchondrom keine Rolle. Seine grösste Häufigkeit ist zwischen dem 10ten und 30sten Jahre, während Krebs nur zuweilen in der ersten Kindheit, im Durchschnitt aber erst um das 35ste Jahr herum auftritt. Wir wiederholen hier, dass wenn Krebsdiagnose nicht immer aus einem der wichtigen Merkmale der Geschwülste möglich ist, die Summe aller Erscheinungen den vorurtheilsfreien nachdenkenden Arzt in der Mehrzahl der Fälle zur genauen Diagnose des Krebses, wenigstens der äussern Organe führt.

14) Knochengeschwülste unterscheiden sich gewöhnlich durch ihre Härte und ihren Sitz leicht vom Krebs, und ihre Structur, wenn man die hinweggenommene Geschwulst zu untersuchen Gelegenheit hat, lässt über die sie bildenden Knochenelemente keinen Zweifel. Es ist nur eine Art von Knochengeschwülsten, bei welcher die Diagnose einige Schwierigkeiten darbieten kann; es sind dies nämlich die von Müller [1]) als ossificirende Schwämme oder Osteoide beschriebenen Geschwülste, welche ich aber selbst zu wenig zu beobachten Gelegenheit gehabt habe, um über ihre wahre Natur mir ein Urtheil zu erlauben. Wir ziehen es daher vor, über diesen Punkt die Meinung Müller's (Archiv 1843. pag. 424—25.), wie er sie in der citirten Arbeit ausspricht, hier wörtlich mitzutheilen. „Die Osteoide setzen eine gewisse allgemeine Disposition zu vegetativer Irritation voraus. Der Modus dieser Irritation ist wesentlich ein knochenbildender, aber gänzlich verschieden von der zuweilen allgemeinen Tendenz zur Ossification der vorhandenen natürlichen Gebilde durch destructive, planlose, von dem Typus der gesunden Gewebe abweichende Productionen, welches in die krebsartige Plastik übergreift."

„Die Krankheit entwickelt sich zuerst meist an den Knochen, und nachweisbar in einzelnen Fällen nach äusserer Verletzung. Vermöge der an den Knochen entwickelten vegetativen Irritation entsteht in der Regel das erste Osteoid. Diese vegetative knochenbildende Irritation kann aber durch Fortpflanzung der Zustände der Gewebetheilchen auf andere Knochen und zuletzt auf Weichgebilde übergehen. Dabei leidet die Vegetation überhaupt, und es entwickelt sich schleichendes Fieber, zuweilen auch ein hydropischer Zustand, welche die Kranken aufreiben, wenn sie nicht schon früher durch den Druck der Osteoide auf wichtige, zum Leben nothwendige Organe, wie die Lungen, ihr Ende finden."

„Offenbar haben diese Vegetationen in ihrem allgemeinen Charak-

[1]) Müller's Archiv. Berlin 1843. Heft V.

ter Aehnlichkeit mit den Carcinomen, und es kann davon die Rede sein, ob sie nicht als eine Form des Carcinoms, als Carcinoma osteoides anzusehen sind. Sie theilen mit den Carcinomen den allgemeinen und einzig wesentlichen Charakter aller Carcinome, dass sie in ihrer Umgegend alle specifischen Gewebe aufheben und in Neubildung hineinziehen, sie theilen mit ihnen die Wiederkehr nach der Amputation. Sie theilen mit ihnen sogar die Absetzung neuer Massen im Innern der grossen Blutgefässe. Sie völlig mit den Carcinomen zu identificiren, verhinderten für jetzt noch zwei Umstände, erstens, dass die Erweichung der Osteoide als nothwendiges Entwickelungsstadium derselben, wie es bei den Carcinomen der Fall ist, meist fehlt, und zweitens, dass man die Abwechselung der Osteoide als Aequivalente mit anderen Carcinomen, so dass nach Amputation von Carcinomen der Brust, Osteoide in anderen Theilen, oder nach Amputation von Osteoid Carcinom gefolgt wäre, nicht sicher kennt."

In den Osteoid-Geschwülsten hat Müller durchaus kein Krebsgewebe gefunden, sondern nur zwischen den Knochennetzen eine leimgebende Fasermasse; also im Bau ist das Osteoid vom Krebs ebenfalls verschieden. Mit einem Worte, beide Krankheiten scheinen mir, so viel mir bisher über dieselben bekannt ist, verschiedene, zu sondernde Krankheitsprocesse zu bilden. Jedenfalls werde ich bei künftigen Untersuchungen diesen Punkt scharf ins Auge fassen.

Es bleibt nun endlich noch ein Krankheitsprocess mit dem Krebs zu parallelisiren, nämlich

15) Tuberculosis. Diese scheint uns, so wie der Krebs, eine Blutkrankheit zu sein. Beide haben die Tendenz, an verschiedenen Orten aufzutreten, tief auf den Gesammtorganismus einzuwirken, erstere besonders sich sogar hereditär durch das Blut fortzupflanzen; dennoch aber finden zwischen beiden bedeutende Unterschiede statt.

Die Tuberkeln haben nur höchst ausnahmsweise die Tendenz, als localisirte einzige Geschwulst aufzutreten. Gewöhnlich zeigen sie sich in gewisser Menge zu gleicher Zeit, so in den Lungen, in der pia mater, in den Lymphdrüsen etc. Selten haben daher tuberculöse Geschwülste einen bedeutenden Umfang, und wo dies auch zufällig der Fall sein sollte, da erkennt man bei genauer Untersuchung leicht, dass man es gewöhnlich mit einem Conglomerat tuberculöser Lymphdrüsen zu thun hat, wie in den Lymphdrüsen des Halses, der Achseln, der Inguinal-Gegend, in den Bronchial- und Mesenterial-Drüsen.

Die Consistenz des Tuberkels ist anfangs eine mässig harte, jedoch mehr teigigte als knorplige oder Bein-Härte. Später tritt Erweichung mit Fluctuation ein, was darin seinen Grund hat, dass hier die Erweichung von Abscessbildung begleitet ist. Der Krebs hingegen entzündet sich, erweicht, geht in Verschwärung über, ohne jedoch in der Mehrzahl der Fälle in seinem Innern Abscesse zu bilden; die Eiterbildung findet hier gewöhnlich erst nach dem Aufbruch, nach der Geschwürsbildung statt. Die Tuberkeleiterung tendirt zu fistulösem Aufbruch und zu mehr unterminirten Geschwüren; das Krebsgeschwür tendirt hingegen nach weiter Flächenausdehnung und zeigt schon früh eine grössere Oberfläche und harte, umgeworfene Ränder. Beim Tuberkel nämlich entzündet sich die Umgegend, um ihn zu eliminiren, er selbst als gefässlos, kann sich nicht entzünden. Der Krebs hingegen als eine mit Kreislauf und eigener Nutrition versehene Neubildung entzündet sich in sich selbst, und wirkt secundär auf die umgebenden Theile. Der Tuberkel bietet auf der frischen Durchschnittsfläche ein mattes, gelbes, käsiges, homogenes Ansehen, im Krebse hingegen unterscheidet man ausser den Gefässen die Faserelemente und das eigentliche Krebsgewebe, mit seinem charakteristischen Krebssaft. Das eigenthümliche Element des Tuberkels ist ebenfalls von der Krebszelle sehr verschieden. Das Tuberkelkörperchen ist gar keine vollständige Zelle, sondern ein Kügelchen von regelmässiger Form oder ein Körper von unregelmässigen, meist eckigen Umrissen, im Durchschnitt viel kleiner als selbst der Kern der Krebszelle, von $\frac{1}{200}$ — $\frac{3}{400}$ Millim. Durchmesser. Im Innern erkennt man nur eingesprengte feine Körnchen, aber keinesweges regelmässige Kernkörperchen. Eine feinkörnige Zwischenmasse verbindet die Tuberkelkörperchen zu gleichmässiger Substanz.

Der Tuberkel ist ein dem Organismus stets fremd bleibender Körper, der nicht wächst, sondern nur durch neue Tuberkelausscheidung grösser werden kann und mit den umgebenden Theilen nur in Berührung, aber nicht in Verbindung steht. Deshalb existirt auch verhältnissmässig der Tuberkel viel öfter im Zustande der Infiltration als der Krebs. Unsere chemischen Kenntnisse über den Tuberkel sind zu unvollständig, als dass sie in zweifelhaften Fällen die Diagnose sichern könnten. Der Tuberkel zerstört zwar auch die ihn umgebenden Theile, dies geschieht indessen hauptsächlich nur dadurch, dass er als fremder Körper in seiner Umgebung Entzündung und Vereiterung erregt, während das Krebsgewebe als solches zwischen den Elementartheilen gesunder Gewebe deponirt wird, und durch seine eigene Parasitenentwickelung die Ernährung der normalen Theile unmöglich macht. Ist Tuberkelstoff in ganz äusserlichen Theilen abgelagert, wie in den Halsdrüsen, so kann er, wenn keine inneren Tuberkelablagerungen bestehen, selbst in zahlreichen Drüsen ausgebreitet, Jahre lang bestehen, auseitern und der Kranke kann genesen. Krebs aber ist dem Organismus ebenso feindlich in den Lymphdrüsen, in der weiblichen Brust, im Hoden wie in Leber, Magen und Lunge. Tuberkeln tödten besonders, wenn sie in grosser Menge existiren, wenn sie Organe von hoher Dignität in ihren Functionen stören und in ihrem Bau vernichten. Krebs aber tödtet oft ohne ein für das Leben wichtiges Organ zu ergreifen, ohne innere Ablagerung, ohne Multiplicität der Geschwülste. Der Krebs muss also für den Organismus ein ungleich gefährlicheres Gift sein, als Tuberkel. Nichts schwankt mehr als der Verlauf der Tuberculose, und wenn sie auch zuweilen in wenigen Monaten tödtet, so ist selbst bei Lungentuberculose der Fall nicht selten, dass der Kranke mit derselben Jahre lang lebt, ja selbst spontane Heilungen innerer Tuberculose kommen so gar nicht selten vor. Spontane Krebsheilung hingegen ist eine unerhörte Seltenheit, und selbst langsamer Verlauf des Krebses nur eine Ausnahme von der Regel. Das Geschlecht hat bei Tuberculosis fast keinen Einfluss. Der Sitz ist bei derselben zum mindesten ein ebenso allgemeiner als bei Krebs, indessen finden auch hier in der Frequenz Unterschiede statt. Während Krebs z. B. in der Brustdrüse, im Hoden, im Uterus häufig ist, zeigt er sich selten in den Lymphdrüsen als primitiver Krebs, selten in den Lungen, in denen Tuberkeln häufig sind, während sie in den ersterwähnten Organen durchaus nicht oft vorkommen. Was das Alter endlich betrifft, so wissen wir, dass Tuberkeln gar häufig in den Blüthejahren die Kranken hinwegraffen, während eben dieses Alter viel eher vom Krebse verschont bleibt. Sonst finden sich Tuberkeln in allen Lebensaltern. Dass sich übrigens beide Krankheitsprocesse nicht ausschliessen, wie man behauptet hat, habe ich schon früher zu beweisen gesucht und wieder durch neue Beobachtungen bestätigt. Wir finden also eine Menge der bestimmtesten Unterscheidungsmerkmale zwischen Tuberkeln und Krebs. Werfen wir nun einen Blick auf alle in diesem Aufsatze mitgetheilten Facta, so gelangen wir zu der Ueberzeugung, dass die Beherzigung aller der erwähnten Merkmale in der weitaus grössten Mehrzahl der Fälle die wahre Natur der Krebsgeschwülste festzustellen im Stande sind. Nur können wir nicht genug darauf bestehen, dass man nie einem einzelnen Merkmal, selbst dem besten und charakteristischsten, einen zu absoluten Werth beilegen soll. Mit einem Worte, wenn der denkende Arzt auf Ungewissheit und Zweifel stösst, können Gründlichkeit und Allseitigkeit mit einander gepaart, so manches dem vulgus profanum unzugängliche Räthsel lösen. Wir wollen nun noch unserem klinischen

Gesichtspunkte getreu, einige Krankengeschichten mittheilen, durch welche viele der Hauptmerkmale der Krebse sich deutlicher und anschaulicher dem Geiste einprägen werden. Wir bemerken hierbei, dass wir keine Beobachtungen über Brustkrebs anführen, da wir mehrere der neuerdings von uns über diese Krankheit beobachteten Fälle in dem Aufsatze über Brustdrüsengeschwülste mittheilen werden.

1) Umfangreicher Krebs der Augenhöhle.

Ein Kind von 2 Jahren war bis vor einem Jahre vollkommen gesund gewesen. Damals fingen die Eltern an, unter dem unteren Augenlide eine kleine erbsengrosse Geschwulst hervortreten zu sehen, welche so schnell zunahm, dass sie nach vier Monaten bereits die Grösse eines Taubeneies erreicht hatte. Nun wurde ein Chirurg zu Rathe gezogen, welcher die Geschwulst exstirpirte. Es schien alles Krankhafte hinweggenommen zu sein und die Wunde vernarbte. Schon nach drei Monaten jedoch zeigte sich ein Recidiv, und nun nahm die Geschwulst noch schneller als das erste Mal an Umfang zu und hatte sich namentlich in den letzten Wochen bedeutend vermehrt, so dass dieselbe, als das Kind in der Dieffenbach'schen Klinik vorgestellt wurde, bereits die Grösse einer Mannesfaust erreicht hatte. Das Kind war bleich und mager und bot ein kachektisches Ansehen dar. Die Geschwulst, welche aus der Orbita hervortretend die ganze Gegend des linken Auges verdeckte, bestand aus einer Menge kugelförmiger, höckeriger Lappen. Die Consistenz war abwechselnd weich und fest elastisch, die Oberfläche stellenweise roth und gefässreich, an andern Orten ulcerirt und mit Eitercrusten bedeckt. Vom Auge selbst war nichts zu sehen; jedoch war dies nach der Aussage der Eltern nicht der Ausgangspunkt der Geschwulst gewesen. Auch ergab sich dies bei der Operation als richtig. Von Zeit zu Zeit war die Oberfläche der Geschwulst der Sitz leichter Blutungen. Ueber die Symptome, Schmerzhaftigkeit, Störung des Allgemeinbefindens, über den Zustand der Verdauungsorgane konnte ich mir keine nähere sichere Auskunft verschaffen, da das Kind zu jung war, als dass die Eltern über diese Punkte hätten genaue Rechenschaft geben können.

Die Geschwulst wurde in der Art exstirpirt, dass ein Theil des über dieselbe hinweggehenden Augenlides zur Bildung eines späteren unteren Augenlides erhalten wurde. Nun wurde die Geschwulst selbst an ihrer Basis aus der Orbita mit Messer und Scheere entfernt, wobei das Kind in Folge von Blutverlust mehrere tiefe Ohnmachten hatte, aus denen es nach Einflössung von Wein erwachte. Es wurde sodann der durch die Geschwulst nach hinten gedrängte Augapfel nach vorn gezogen und durch eine Naht fixirt, das Augenlid wurde ebenfalls wieder angenäht, dann die Wunde mit Charpie verbunden und diese vermittelst eines Tuchs fixirt.

Die Wunde vernarbte nach und nach; ein Theil des untern Augenlides war brandig geworden, so dass hier keine Heilung per primam intentionem, sondern durch Granulationsbildung zu Stande kam.

Die Untersuchung der exstirpirten Geschwulst zeigt Folgendes: Sie ist eine höchst merkwürdige Zwischenform zwischen Gallertkrebs und Markschwamm, überall von reichlichem Krebssaft infiltrirt. In den mehr colloiden Theilen zeigt sich das Gewebe unter der Form einer durchsichtigen gelbgrünen, gallertartigen Substanz, stellenweise eine bedeutende Vascularität darbietend. In einzelnen kugelförmigen Lappen der Geschwulst ist die gallertartige Masse mehr decolorirt, an manchen Stellen wechselt sie mit mattem, weissem Gewebe ab, und in anderen grösseren Lappen hat das Gewebe die gelbliche, stellenweis röthliche Färbung, die Consistenz und den Saftreichthum des reinen Markschwamms. In allen Theilen der Geschwulst bildeten ein feines Faserstroma und Krebszellen die Basis des Krebsgewebes. Stellenweise sah man grosse vollständige Zellen von $\frac{1}{40}$—$\frac{1}{25}$ Millim. mit deutlichen Kernen von $\frac{1}{100}$—$\frac{1}{60}$ Millim. Viele der Kerne lagen frei im Gewebe ohne Zellenwand; in ihrem Innern sah man ein bis zwei grosse Kernkörperchen. Die Zellenkerne zeigten zum Theil sehr verdickte Wandungen. Manche der vollständigen Zellen waren von feinen Fettkörnchen infiltrirt. Das Faserelement bildete in den gelben Markschwammmassen ein dichtes Netz, existirte aber in viel geringerer Menge in der Colloidsubstanz; und hier fand sich noch ausserdem eine ziemliche Quantität durchsichtiger, amorpher, feinkörniger Zwischenmasse.

Wir haben in diesem Falle einen neuen Beweis, dass alle verschiedenen Krebsformen nur von einem Grundübel deriviren und sich nicht bloss in einem und demselben Individuum, sondern sogar in derselben Geschwulst Zwischenstufen zwischen denselben finden können.

2) Krebs des Inneren des Augapfels.

Ein vierjähriger Knabe von zarter Gesichtsfarbe, sonst blühendem Aussehen und gut genährt, von frühzeitig entwickelten Geistesanlagen, hatte ausser dem Krebsleiden des Auges durchaus kein sonstiges Zeichen einer Krankheit an sich. Auch die Eltern sind gesund, und es lässt sich ebenfalls nicht in einer äussern Verletzung das geringste aetiologische Moment für die Entwickelung des Uebels auffinden. Nach der Erzählung der Mutter zeigte sich vor einem Jahre bei dem Kranken in der Tiefe des linken Auges eine weissliche Trübung, die anfangs auf einen kleinen Punkt beschränkt, bald die ganze Pupille einnahm, und als die Mutter darauf aufmerksam wurde, bereits das Sehvermögen des Auges vernichtet hatte. Mit der Ausdehnung der weissen Trübung schwollen der Augapfel und die Augenlider an, und das Kind litt an heftigem Kopfweh, Appetitlosigkeit, unruhigem Schlafe und allgemeiner Niedergeschlagenheit. Nach und nach bildete sich in Folge der in der Tiefe des Bulbus vorhandenen Krankheit eine so heftige Chemosis aus, dass die Cornea von der angeschwollenen Conjunctiva wallförmig umgeben war und die Augenlider den Bulbus nicht mehr vollständig bedecken konnten. Nach und nach war der Augapfel zu der Grösse einer Wallnuss angeschwollen, aus der Orbita hervorgedrängt, und die Augenlider konnten ihn nur zum kleinen Theil bedecken. Die einzelnen Gebilde des Auges waren in eine rothe entzündete Masse verschmolzen, die Augenlider ebenfalls entzündlich angeschwollen, und der Raum, der früher beim Oeffnen der Augenlider der Luft ausgesetzt war, in eine ausgedehnte eiternde Fläche umgewandelt. Der Schmerz im Auge war weniger bedeutend als der Kopfschmerz.

Die Exstirpation des Bulbus war dringend angezeigt, und wurde auf folgende Art von Dieffenbach ausgeführt. Der Patient wurde auf den Operationstisch gelagert, der Kopf in passender Stellung fixirt, die Augenlider vermittelst Augenlidhalter nach oben und unten auseinandergezogen. Nun wurde der äussere Augenwinkel mit einem feinen Scalpell durch einen Schnitt von innen nach aussen einen halben Zoll weit getrennt. Der Bulbus wurde darauf durch eine Muzeux'sche Zange gefasst und angezogen, ein spitzes Bistouri in den inneren Augenwinkel tief eingestossen, und der Augapfel durch sägende Schnitte, welche vom innern Augenwinkel am oberen Orbitalrand entlang zum äussern Augenwinkel und von da am unteren Orbitalrande entlang bis zum innern Augenwinkel geführt wurden, getrennt, darauf der Sehnerv und die den Bulbus noch festhaltenden Gewebe mit einer Cooper'schen Scheere durchschnitten, und so aus seiner Höhle entfernt. Einzelne noch sitzengebliebene Fett- und Zellgewebestücke wurden ebenfalls mit der Scheere fortgenommen, und die Blutung durch Ausfüllen der Orbita mit Charpie und Festdrücken derselben durch ein um den Kopf gebundenes Tuch gestillt. Darüber wurden kalte Umschläge angewandt, welche jedoch wegen Oedem der Augenlider ausgesetzt werden mussten. Es stellte sich bald normale Eiterabsonderung und gute Granulationsbildung ein, und so war nach einem Monat Vernarbung eingetreten.

Die Geschwulst hatte sich bei der mikroskopischen Untersuchung unzweifelhaft als Markschwamm ergeben, bot übrigens in ihrem Bau nichts von der gewöhnlichen Krebsstructur Abweichendes dar.

3) Zungenkrebs.

Ein Mann von 52 Jahren, von ältlichem kachektischem Aussehen, ziemlich mager, ist erst seit vier Monaten krank. Er behauptet nämlich, dass sein Uebel daher rühre, dass anfangs ein Zahnstumpf die Zunge gereizt, in Folge dessen sich entzündliche Anschwellung und ein Geschwür gebildet habe. Es geht jedoch in diesen Fällen wie beim Brustkrebs. Mit Recht oder Unrecht sucht jede daran leidende Frau den letzten Grund des Krebses in einem Schlage oder Stosse auf die Brust. So suchen auch die an Zungenkrebs Leidenden den Grund des Uebels in einem Zahnstumpf oder in einer Bisswunde, einer Gräte etc. Der Grund liegt aber viel tiefer. Der im Blut seine letzte Wurzel habende Krebs, localisirt sich in der Zunge, hier entstehen Anschwellung und Verhärtung, und nun kann wohl die so ausgedehnte Zunge auf einen Zahnstumpf stossen und durch diesen noch mehr gereizt werden. Dies scheint bei unserm Kranken der Fall gewesen zu sein. Der Zahn wurde entfernt, das Uebel aber heilte nicht, sondern nahm immer mehr zu, und so kam denn der Kranke in die Klinik mit einem wohl einen Quadratzoll grossen Geschwür auf der linken Seite der Zunge, mit umgeworfenen harten callösen Rändern und rissigem hartem, mit Jauche bedecktem Grunde. Lymphdrüsenanschwellung war am Halse nicht vorhanden, so wie auch keine sonstigen Krankheitserscheinungen. Die Exstirpation dieses Krebses wurde nun auf folgende Art vorgenommen: Die Zunge wurde durch einen in Form eines Haarseils angelegten Faden von einem Gehülfen angezogen, wobei ein andrer Assistent mit der Muzeux'schen Zange half. Es wurde darauf mit einem langen, beträchtlichen Längsschnitt alles Krankhafte der Zunge entfernt, und um die Blutung schleunigst zu stillen, die Wundfläche mit dem glühenden Eisen cauterisirt. Etwanigen ferneren Blutungen wurde durch Einlegen von Charpiebäuschen vorgebeugt. Es wurde dem Kranken empfohlen, immer eiskaltes Wasser im Munde zu halten und ihm eine Dosis Laudanum von 10 Tropfen gereicht. Es trat bald Eiterung ein und nun spülte der Kranke bis zu seiner nach wenigen Tagen erfolgten Heilung den Mund häufig mit einem schwachen Kamilleninfusum aus. Nach der Vernarbung machte er eine Cur mit Zittmannschem Decoct durch, und um ein Recidiv zu vermeiden, wurde ihm angerathen, lange Zeit hindurch abwechselnd Kali hydroiodicum und Leberthran zu brauchen und dabei eine milde reizlose Diät zu beobachten.

Die exstirpirte Geschwulst zeigte auf einem frischen Durchschnitte ein mattweisses, ins Gelbliche ziehendes Gewebe, welches eine mässige Quantität Krebssaft und ausser der Krebssubstanz alterirtes und entfärbtes Muskelgewebe enthielt. Im Krebsgewebe sieht man Krebszellen von $\frac{1}{50}$ — $\frac{1}{33}$ Millim. mit Kernen von $\frac{1}{100}$ — $\frac{1}{50}$ Millim. und Kernkörperchen von $\frac{1}{400}$ — $\frac{1}{300}$ Millim. Sowohl die Wände der Zellen, als auch die der Zellenkerne zeigen eine bedeutende Verdichtung und in manchen bis $\frac{1}{200}$ Millim. Wanddicke, bei manchen ist diese Verdickung partiell und nur auf einer Seite sichtbar. An vielen Stellen sieht man membranöse feinkörnige Stücke, welche eine Menge Krebskerne ohne Zellenwand einschliessen. Eine höchst merkwürdige Erscheinung, welche ich nur dieses eine Mal beobachtet habe, ist der Umstand, dass mehrere der deutlich sichtbaren Muskelbündel-Cylinder Krebszellen in ihrem Innern enthalten, welche gewöhnlich sonst in den Zwischenräumen der Cylinder abgelagert werden.

4) Zungenkrebs.

Ein 60jähriger Mann von kräftigem Körperbau, aber von bleichem, bereits ein wenig kachektischem Aussehen, hatte bis vor sechs Monaten einer guten Gesundheit genossen. Um diese Zeit bemerkte er zuerst eine Verhärtung in der Mitte der linken Seite der Zunge, für deren Entstehung er durchaus kein schädliches Causalmoment anzugeben weiss. Trotz innrer und localer Behandlung nahm das Uebel schnell zu und so wurde schon nach drei Monaten die Operation nothwendig, diese scheint jedoch unvollkommen gemacht worden zu sein, und kurze Zeit nach derselben zeigte sich bereits an derselben Stelle ein Rückfall. Es wurden jetzt verschiedene Aetzmittel angewendet, jedoch statt abzunehmen, wuchs das Uebel täglich. So kam der Kranke ungefähr sechs Monate nach dem ersten Auftreten der Geschwulst an der Zunge, nach Berlin, um sich von Dieffenbach operiren zu lassen. Ich wohnte der Operation bei und fand vor derselben das locale Uebel in folgendem Zustande: Auf der linken Seite der Zunge befand sich ein über einen Zoll grosses carcinomatöses Geschwür, mit umgeworfenen Rändern und fungöser Oberfläche. Nach vorn erstreckte es sich über die Mitte der Zunge hinaus und war von verhärtetem Gewebe umgeben;

nach aussen berührte es die hinteren Backzähne. Nach oben und innen erstreckte sich das krankhafte Gebilde bis über das äusserste Drittel der Zunge, nach unten und hinten hatte der Krebs bereits mit allen umliegenden Theilen Adhärenzen einzugehen angefangen und schon in denselben Krebsgewebe deponirt. Besonders war ein Theil des linken Gaumensegels in den pathischen Process hineingezogen; der übrige Theil desselben war geröthet und hyperämisch. In der letzten Zeit hatte der Kranke viel Angst und Unruhe gehabt, die Schmerzen waren noch nicht bedeutend; Schlingbeschwerden fingen erst an sich zu zeigen, seit das Gaumensegel krankhaft afficirt war.

Die Operation wurde nun folgendermaassen ausgeführt. Die Zunge wurde mit einer Muzeux'schen Zange mittlerer Stärke gefasst und ganz nach rechts hinübergezogen, wodurch sich schon auf den ersten Anblick zeigte, dass das Uebel nach unten und hinten sich weiter ausdehnte, als dies anfangs schien. Mit einem feinen Pott'schen Bistour wurde nun der ganze kranke Theil umschnitten und so im gesunden Gewebe operirt. Es mussten tief und hinten im Gaumen liegende Theile mit hinweggenommen werden. Während der Operation konnte die nur sehr mässige Blutung durch Schwämme in den gehörigen Schranken gehalten werden und so wurde sie schnell vollendet. Nun wurde sämmtliches coagulirtes Blut aus dem Munde entfernt, und dann mit dem olivenförmigen glühenden Eisen die ganze Wundfläche tief und umfangreich gebrannt. Die Untersuchung des Exstirpirten zeigte Folgendes: Auf der Geschwürsoberfläche bedeutende Capillargefässentwickelung, daher ein rothes schwammartiges Ansehen. Das Innre der Geschwulst zeigt jedoch auf der Durchschnittsfläche ein gelbes, saftreiches Gewebe, theils continuirlich, theils in Form von Krebstuberkeln zwischen der Muskelsubstanz der Zunge eingesprengt. Krebssaft lässt sich überall in bedeutender Menge herausdrücken. Die Zellen haben eine höchst unregelmässige Form und man sieht daran nur wenige, welche eine abgerundete Zellenmembran haben; in ihrem Innren erkennt man einen, zwei oder mehrere Kerne von $\frac{1}{80}$ — $\frac{1}{33}$ Millim., mit grossen Nucleolis versehen. Viele der Kerne liegen frei und sind zum Theil von feinkörniger Substanz umgeben. Faserelemente finden sich in diesem Krebs nur in geringer Menge, so wie auch wenig Fett. Wir erwähnen bei dieser Gelegenheit noch eines exstirpirten Zungenkrebses welchen mir Professor Dieffenbach zuschickte. Er kam von einer Frau, welche zum dritten Mal operirt worden war; das letzte Recidiv hatte sich vier Monate nach der Operation ausgebildet. Das Stück selbst bestand aus einem weissen, weichen, mit vielem Krebssaft infiltrirten Markschwammgewebe. Höchst auffallend in demselben war die ausserordentliche Grösse der Zellen, welche im Mittleren $\frac{1}{30}$ — $\frac{1}{18}$ Millim. Durchmesser hatten, eine blasse Zellenwand mit homogenem Zelleninhalt zeigten und grosse Zellenkerne von $\frac{1}{80}$ — $\frac{1}{60}$ Millim. enthielten, in deren Innerem man 1 — 2 $\frac{1}{300}$ Millim. grosse Nucleoli deutlich sah. Manche Zellen enthielten vier bis fünf, alsdann weniger voluminöse Kerne. Um mehrere der Zellen findet sich ein eigenthümlicher, blasser Halo. Wir haben also hier Krebszellen, welche mit Epithelium einige Aehnlichkeit haben, und doch hat das Uebel alle Charaktere des Krebses. Von einer unvollkommenen Operation, als Grund der Recidive kann vollends gar nicht die Rede sein, denn wo Auge und Messer hin können, und dies ist beim gewöhnlichen Zungenkrebs meist in seiner ganzen Ausdehnung der Fall, da lässt Dieffenbach gewiss nichts von dem Krankhaften sitzen. Man sieht aber hier wieder, dass wenn jedes einzelne Element einen bedeutenden Werth für die Diagnose hat, es dennoch ungleich besser ist, aus dem Vergleich aller Erscheinungen die Diagnose hervorgehen zu lassen, als einer einzigen einen zu grossen absoluten Werth beizulegen.

5) Krebs des weichen Gaumens.

Eine achtzigjährige Frau hatte sich bis vor 3½ Monat einer guten Gesundheit erfreut, als sie zuerst damals lanzinirende Schmerzen im weichen Gaumen fühlte. Da sie grade vorher Fische gegessen hatte, glaubte sie, dass sie eine Gräte verschluckt habe, und dass die Spitze derselben im Gaumen stecken geblieben sei. Bald jedoch schwand dieser Schmerz und ungefähr 14 Tage nachher zeigte sich eine kleine Geschwulst am weichen Gaumen. Es ist merkwürdig, wie die Kranken eine wahre Manie haben, die Schuld auf äussre Zufälligkeiten zu schieben, was Folge eines constitutionellen Fehlers, einer Erkrankung der ganzen Blutmasse ist.

Die Geschwulst nahm zu, die angewandten Mittel, namentlich Gurgelwasser aller Art halfen nichts. So erreichte dieselbe in Zeit von drei Monaten einen solchen Umfang, dass Erstickungstod zu befürchten war.

Vor der Operation bot die Kranke folgenden Zustand dar: Sie ist ziemlich mager und sagt, dass sie erst in den letzten drei Monaten so abgemagert sei, so wie auch ihre Kräfte seit jener Zeit geschwunden wären. Ihr sehr altes Gesicht mit den fast zahnlosen Kiefern zeigt übrigens keine kachektische, strohgelbe Farbe.

Die Geschwulst nimmt den ganzen, weit nach hinten ausgedehnten, nach unten herabgedrückten weichen Gaumen ein, und zeigt den Umfang und die Form einer mässig grossen Birne, fast die Zungenwurzel berührend. Die Gaumenhaut, über welcher die Geschwulst liegt, ist mit derselben innig verwachsen, dunkel, fast violet geröthet, gefässreich.

Die Consistenz der mit dem Finger nicht genau zu umgehenden Geschwulst ist fest elastisch. Die Kranke hat grosse Mühe zu sprechen, kann fest gar nicht mehr schlucken, und hat solche Mühe zu athmen, von Erstickungsanfällen begleitet, dass sie dringend um die Operation bittet. Auf der linken Seite des Halses sind zwei Drüsengeschwülste dicht hinter dem Ohr vorhanden, die grössere von dem Umfange einer Haselnuss, die kleinere von dem einer Bohne. Beide haben sich erst seit dem Entstehen der Gaumengeschwulst gezeigt und fortentwickelt.

Wenn gleich das Zusammengewachsensein der Geschwulst mit der Schleimhaut des Velums, ihre nicht zu umschreibende Ausdehnung, das hohe Alter der Kranken Contraindicationen gegen die Operation bildeten, so musste hier doch operirt werden, da, wie sich Prof. Dieffenbach sehr treffend ausdrückte, die Geschwulst an der Pforte des Lebens sass, und ihre Fortentwickelung durch Hindern des Essens und Athmens unfehlbar bald würde den Tod herbeigeführt haben.

Die Operation wurde nun folgendermaassen ausgeführt: Die ganze Geschwulst wird mit Zangen und Haken gefasst und an der Verbindung des weichen mit dem harten Gaumen zuerst mit einem Messer tief eingeschnitten und dann mit einer Cooper'schen Scheere überall von den umliegenden Theilen getrennt. Nachdem nun ein grosser Theil so in Masse weggenommen war, wurden die Reste noch überall mit der Scheere weggeschnitten. Die Blutung war nicht bedeutend und stillte sich von selbst. Die Erleichterung für Sprechen und Athmen war unmittelbar und sehr bedeutend.

Bevor wir das Ergebniss der Untersuchung der frischen Geschwulst hier mittheilen, wollen wir nur bemerken, dass schon nach wenigen Wochen ein Recidiv im Gaumen sich ausbildete, an welchem die Kranke nach zwei Monaten zu Grunde ging; die Leichenöffnung war nicht gestattet worden.

Untersuchung der Geschwulst. Die Adhärenz zwischen Gaumenschleimhaut und Geschwulst war so fest, dass die letztere höchst wahrscheinlich in der Dicke des weichen Gaumens selbst entstanden, und nicht, aus der hinteren Nasenöffnung hervorgetreten, erst später mit dem Velum Verbindungen eingegangen ist.

Auf der Durchschnittsfläche zeigt das krankhafte Gewebe eine mattgelbe, weissliche, gleichmässige Färbung und eine sehr geringe Vascularität. Ihre Consistenz ist ziemlich weich, und der leichteste Druck, so wie das blosse Darüberstreichen mit dem Scalpell reicht hin, eine Menge dicklichen, milchigtrüben Krebssafts herauszudrücken. Es ist dies der Typus des weichen, homogenen, encephaloiden Gewebes.

Unter dem Mikroskop sieht man nebst einer geringen Menge feiner, blasser Fasern eine grosse Menge Kerne der Krebszellen, von denen eine ziemliche Anzahl von einer theils regelmässigen, theils unregelmässigen Zellenmembran umgeben ist. Viele der Zellen enthalten zwei Kerne. Der mittlere Durchmesser der vollständigen Krebszellen ist hier $\frac{1}{50}$ — $\frac{1}{30}$ Millim. Die Mehrzahl der mikroskopischen Elemente hingegen besteht aus Krebskernen, und hier haben wir die interessante Beobachtung gemacht, dass wenn man dieselben mit starker Vergrösserung (800 — 1000 Diameter mit einem bedeutend vergrösernden Linsensystem von Nachet in Paris) untersucht, sich bei vielen eine um den Kern eng anliegende Zellenmembran zeigt. Im Durchschnitt haben diese Nuclei $\frac{1}{100}$ Millim., einige bis $\frac{1}{80}$ andre nur $\frac{1}{150}$ Millim. Ein leichter Schlagschatten lässt ihren Rand deutlich hervortreten, während die compacten grossen Nucleoli von $\frac{1}{300}$ Millim. von einem helleren Halo umgeben sind. Nirgends finden sich spindelförmige Körper, noch fibroplastische Elemente.

Ich habe zweimal bisher wahren Krebs im weichen Gaumen, ausser dem eben erwähnten Falle gesehen. In beiden war die Krebsgeschwulst eingebalgt, und deshalb ungleich weniger gefährlich und schnell verlaufend, als im vorliegenden Falle, in welchem das Uebel, eben weil es nicht umschrieben war, sich so schnell entwickelt hatte und nach der Operation in kurzer Zeit mit tödtlichem Ausgang wiedergekommen war.

6) Krebs des Oberkiefers.

Eine 45jährige Frau von guter Constitution, welche jedoch in der letzten Zeit durch ihr Localübel Kräfte und gutes Aussehen zum Theil verloren hattte, Mutter von 12 Kindern und noch regelmässig menstruirt, hatte bis vor 6 Jahren eine gute Gesundheit genossen. Damals fing sie an, ziehende Schmerzen in der linken Gesichtshälfte zu spüren, welche trotz aller angewandten Mittel nicht nachliessen, und bald eine andauernde Anschwellung der linken Backe mit heftigen Zahnschmerzen herbeiführten. Fin hinzugerufener Zahnarzt zog einen Zahn aus, welchen er für den Ausgangspunkt des Uebels hielt, und durchbohrte die entsprechende Alveole; es entstand eine ziemlich heftige Blutung, jedoch ohne Erleichterung für die Kranke. Ein später consultirter Wundarzt erkannte eine Geschwulst des vorderen Theils des linken Oberkiefers und exstirpirte dieselbe. Danach trat für einige Monate Besserung ein, dann jedoch zeigten sich wieder ziehende Schmerzen im Gesicht und Anschwellung der Wange. Es musste zu einer neuen Operation geschritten werden, und so wurden deren 9 in Verlauf von 3 Jahren vorgenommen. Die Kranke kam nun nach Berlin, um Dieffenbach zu consultiren. Dieser nahm sorgfältig alles Krankhafte hinweg und wandte dann das glühende Eisen an, dennoch trat nach einem Jahre wieder ein Rückfall ein; nun wurde ausser den Weichgebilden eine bedeutende Portion des Oberkiefers mit hinweggenommen und wieder gebrannt. Dennoch kam das Uebel wieder, so dass eine neue Operation nöthig wurde. Es wurde ein Schnitt vom unteren Rande der Augenhöhle bis zum Munde an der Nase entlang geführt, der ganze Lappen lospräparirt, nach aussen zurückgeschlagen und nun die ganze vordere Fläche des Oberkiefers, auf welcher die Geschwulst wurzelte, von dem Hundszahne bis zum zweiten Backenzahne durch Knochenzange, Meissel und Säge herausgenommen. Der Gaumen wurde hiebei wenig verletzt. Die Wunde vernarbte wie gewöhnlich, nach der Vernarbung fühlte man nirgends die Spur einer Geschwulst. Wie lange diese Heilung andauern wird, das wird die Folge lehren.

Die frisch untersuchte Geschwulst zeigt als ihre Basis die Knochensubstanz des Oberkiefers; das Gewebe derselben ist gelbroth, sehr gefässreich, sogar an manchen Stellen in seiner Substanz Blutergüsse zeigend. Krebssaft existirt in derselben nicht in bedeutender Menge. Ausser Gefässen und spindelförmigen Körpern erkennt man in derselben deutliche grosse Krebszellen, und ist besonders zu bemerken, dass diese spindelförmigen Körper keinesweges fibroplastischer Natur sind, sondern auch Krebselemente zeigen, sie sind breit, feinkörnig und lassen in ihrem Innren deutlich einen bis zwei über $\frac{1}{100}$ Millim. grosse Kerne mit grossen Kernkörperchen wahrnehmen.

Wir sehen also hier eine bösartige Geschwulst lange ein Localübel bleiben und trotz umfangreicher Exstirpation locale Recidive herbeiführen. Man würde hier offenbar zu weit gehen, wenn man annähme, dass unvollständige Operation und Unmöglichkeit die Basis derselben zu erreichen der Grund der Rückfälle sei. Einerseits war besonders unmittelbar nach den letzten von Dieffenbach ausgeführten Operationen nicht die Spur von Geschwulst in der Operationswunde zu finden, anderseits sehen wir ja Brustkrebs in der Narbe wiederkehren, wenn auch tief und weit alles Krankhafte hinweggenommen worden war. In solchen Fällen nimmt man zwar die ganze Geschwulst weg, aber der Keim des Uebels bleibt im Blute und die zu seiner Ausscheidung bestimmten Gefässe existiren noch in der Umgegend, nach der vollständigen Hinwegnahme des Localleidens.

7) Melanotischer Krebs der Vagina.

Wir haben diesen Fall bereits bei den Warzengeschwülsten als Gegenstück derselben, als wahren Hautkrebs beschrieben. Wir halten es jedoch in anatomischer Hinsicht für nützlich, die Beschreibung der am Eingang der Vagina exstirpirten melanotischen Geschwülste hier mitzutheilen, da dies einer von den Fällen ist, welcher über die wahre Natur des melanotischen Krebses die genügendste Auskunft giebt und namentlich zeigt, dass dieser nichts Andres ist, als gewöhnlicher Krebs, in welchem schwarzes Pigment in und zwischen den gewöhnlichen Elementen des Krebses abgelagert ist.

Das Uebel sass auf der rechten äussren Schamlippe am Uebergange zwischen Haut und Schleimhaut. Man sieht eine grössere und eine kleinere erst im Entstehen begriffene Geschwulst, erstere hat einen Zoll Länge auf 6 bis 8 Linien Breite und ungefähr eben so viel Dicke. Ihre Oberfläche ist theils braunroth, theils schwarz. Die kleinere Geschwulst ist kaum von der Grösse einer kleinen Linse und ganz schwarz. Beide bestehen übrigens aus denselben Elementen. Eine Durchschnittsfläche der grösseren Geschwulst zeigt ein gelbröthliches, mit brauner Färbung abwechselndes Ansehen. Man kann zwischen Oberhaut und Haut keine bestimmte Grenze erkennen. Die Consistenz des Gewächses ist die des weichen Markschwamms; sein ganzes Gewebe ist mit braungefärbtem Krebssaft infiltrirt. Ein feines Faserstroma durchzieht die Geschwulst nach allen Richtungen und schliesst in seinen Maschen mehr einen dickflüssigen Krebssaft ein, als das zum Theil aus dessen Gerinnung entstehende Krebsgewebe. Die Krebszellen haben ihre deutlichsten Charaktere. Die in geringer Menge existirenden vollständigen Zellen haben $\frac{1}{30}$ Millim. In grösserer Menge sieht man Krebskerne, welche meist elliptisch $\frac{1}{80}$ — $\frac{1}{50}$ Millim. Länge auf $\frac{1}{100}$ — $\frac{1}{80}$ Breite haben, und ein bis zwei Kernkörperchen von $\frac{1}{200}$ Millim. einschliessen. Ueberall zeigt sich um den Nucleolus ein durchsichtiger Halo. Höchst interessant ist die Untersuchung des melanotischen Elements. Es besteht dies nämlich aus Zellen von $\frac{1}{80}$ — $\frac{1}{40}$ Millim., welche zum Theil dicht mit kleinen schwarzbraunen Kernchen angefüllt sind. Eine grosse Anzahl derselben jedoch zeigt eine viel geringere Pigmentmenge und so kann man sich durch alle möglichen Uebergänge überzeugen, dass diese Zellen nichts andres sind, als in verschiedenem Grade mit Pigment infiltrirte Krebszellen. Bei einigen findet sich das Pigment mehr zwischen Zellenwand und Kern, bei andern mehr zwischen Kern und Kernkörperchen, letztere sind in vielen pigmentirten Zellen deutlich zu erkennen.

8) Krebs des Mastdarms.

Ein 53jähriger Mann war bis vor acht Monaten gesund gewesen; damals fing er zuerst an über Stuhlbeschwerden zu klagen. Das Uebel wurde lange als Hämorrhoidalleiden behandelt. Der Kranke hatte abwechselnd Stuhlverstopfung und Durchfall, bedeutende Schmerzen im Mastdarm und oft Blutabgang. Dabei nahmen die Kräfte des Kranken ab und er bekam ein schlechtes kachektisches Aussehen. Nun wurde das Rectum explorirt, und es fand sich in demselben oberhalb des Sphincter eine knollige, höckerige, ungleiche Geschwulst, mehr auf der linken Seite gelegen. Das Uebel war übrigens spontan entstanden, und kein aetiologisches Moment bestimmt nachzuweisen. Die Schmerzen im Mastdarm waren allmählig beständig geworden. Da das Uebel mit dem Finger zu erreichen war und im Ganzen ungefähr die Grösse eines Apfels hatte, so wurde die Operation beschlossen. Diese wurde nun so ausgeführt, dass der Kranke vor dem Operationstisch mit auf demselben übergebeugtem Oberkörper stand. Ein Assistent hielt beide Hinterbacken auseinander. Nun wurde zuerst auf dem Zeigefinger der linken Hand geleitet ein geknöpftes Fistelmesser so eingeführt, dass es mit Schonung der Urethra zuerst gegen die Raphe dann gegen das Os coccygis hin den Sphincter ani durchschnitt. Die Geschwulst lag nun, nach weit auseinander gezogenen Hinterbacken, sichtbar da, wurde mit einer Muzeux'schen Zange gefasst und mit einer geraden stumpfspitzigen Scheere abgeschnitten. Während der Operation spritzte man der Blutung wegen einigemale kaltes Wasser ein, und zu grösserer Vorsicht wurde nach der Operation das Ferrum candens auf die durchschnittenen Theile applicirt. Zu diesem Zwecke stopfte man, um die gesunden Partien zu schonen, Charpie in den obern Theil des Rectums, legte nasse Tücher zu beiden Seiten um den Eingang des Rectums und cauterisirte mit einem knopfförmigen, nussgrossen Eisen einigemal die Wunde, worauf die Blutung vollständig aufhörte. Die Wundhöhle wurde nun mit Charpie ausgefüllt. Der Sphincter ani externus, sowie der rechte Theil des Rectums waren erhalten, die ausgeschnittene Masse mochte die Grösse einer Faust haben, und wurde von Prof. Joh. Müller untersucht und für Carcinoma reticulare erklärt.

In der nach der Operation folgenden Nacht hatte der Kranke ziemlich heftige Schmerzen im Rectum, Mühe den Harn zu lassen, und war sehr entkräftet; am anderen Morgen jedoch ging es besser. In den nächsten Tagen musste der Kranke oft katheterisirt werden, da er nur sehr wenig spontan uriniren konnte; es trat ziemlich heftige Fieberreaction ein. Eine Dosis Ricinusöl verschaffte mehrere flüssige Stuhlausleerungen und minderte die eingetretene Schmerzhaftigkeit und Aufgetriebenheit des Bauchs. Im Rectum bestanden ab und zu immer heftige Schmerzen; es wurden Injectionen und Fomentationen von Chamilleninfusum mit Erleichterung der Schmerzen angewendet. Die Wunde selbst bot kein übles Aussehen dar. So dauerte der Zustand des Kranken bis zum 24sten Tage nach der Operation fort. Dann aber traten Frostanfälle ein, der Puls wurde schwach, die Haut trocken, die Kräfte nahmen plötzlich bedeutend ab. Es wurde innerlich Chinin verordnet. Die gleichen Zufälle dauerten übrigens fort, es traten täglich mehrere Frostanfälle ein, die Beine fingen an ödematös zu werden. Hierzu gesellten sich Athembeschwerden und bald die Vorboten des Todes. So starb der Kranke am 7ten Tage nach dem ersten Frostanfall und einen Monat nach der Operation.

Die Leichenöffnung ergab als Ursache des Todes Eiterinfection und um die Operationsstelle herum Krebsablagerungen.

Die rechte Lunge war an ihrer Spitze, an ihrer hinteren und unteren Seite durch Adhärenzen an die Pleura costalis befestigt, sie war ziemlich blutreich. Im linken Pleurasack findet sich ein ziemlich bedeutendes Exsudat von schmutzig eitriger Farbe, auf dem hinteren Theile der rechten Lunge sieht man eine dicke, grünlich gelbe pseudomembranöse Exsudatschicht. Die linke Lunge ist an ihrem oberen Theile mit der Pleura costalis verwachsen, das Parenchym blutreich, und im unteren Lappen finden sich drei bis vier haselnussgrosse Abscesse ohne verdichtetes Lungengewebe in ihrer Umgebung.

Das Herz ist mürbe; im rechten Ventrikel viel dunkelrothes, flüssiges, aufgelöstes Blut, der linke blutleer. Die Leber ist im rechten Lappen in ihrem Volumen vermehrt, im oberen Theile des rechten Lappens ist ein hühnereigrosser Abscess, dessen Wandungen von dem sehr blutreichen Leberparenchym umgeben werden.

Die Milz mürbe, ziemlich blutreich, die Nieren normal. Der Dünndarm war von Luft ausgedehnt, der Dickdarm mit festen Fäcalmassen angefüllt. Der Peritonäalüberzug des Dick- und Mastdarms war verdickt, von bläulicher Farbe und an vielen Stellen mit den umgebenden Theilen verwachsen. Das Rectum, soweit es noch vorhanden, war überall von carcinomatösen Massen von weisser Farbe und weicher Consistenz umgeben. Im kleinen Becken fand sich viel jauchig eitrige Flüssigkeit. Das Periosteum des Os sacrum war zum Theil verschwunden, der Knochen hier rauh anzufühlen. Die Blase war zusammengezogen und leer, sonst normal.

Mehrere unserer noch übrig bleibenden neueren Untersuchungen über Krebs, namentlich über den der Brustdrüse, werden wir in der nächstfolgenden Abhandlung über die Geschwülste der Brustdrüse mittheilen. Wir wollen hier nur noch eine für die Pathologie und pathologische Anatomie des Krebses interessante Beobachtung aufführen, welche mir von meinem Freunde Dr. Cossy, der sie während seines langen Aufenthalts in Paris als Assistenzarzt von Louis in dessen Krankensälen gemacht hat, mitgetheilt worden ist.

9) Gallertkrebs der Gebärmutter nebst allgemeiner Krebskachexie.

Eine 38jährige Frau von ursprünglich kräftigem Körperbau, Mutter von 6 Kindern, hat ihre Mutter im 43sten Jahre an einer Krankheit des Uterus mit bedeutenden Metrorrhagien (höchst wahrscheinlich Krebs des Uterus) verloren. Seit dem 14ten Jahre regelmässig menstruirt, hat sie sechs Schwangerschaften und Geburten ohne den geringsten Unfall gehabt. Während der siebenten Schwangerschaft hatte sie viel Kummer, und so abortirte sie denn 2 Monate vor dem natürlichen Ende der Schwangerschaft. Damals, sieben Jahre vor der jetzigen Krankheit, litt sie nach dem Abortus an sehr starken Mutterblutflüssen. Erst nach einem Jahre war sie wieder vollkommen hergestellt. Nun genoss sie einer vollkommenen Gesundheit bis zum Monat Mai 1842, ungefähr 18 Monate vor ihrem Tode. Zu jener Zeit begann wieder die Disposition zu den Blutflüssen, welche von Zeit zu Zeit aufhörten, aber dann immer wiederkamen. Im Januar 1843 wurde ihr in mehreren Malen eine Geschwulst am Collum uteri (ein Polyp?) entfernt. Die Farbe des Operirten war rosenroth, die Consistenz weich; die Kranke vergleicht die Beschaffenheit dieses Gewebes mit Kälbermilch. Sie wurde auch mehrmals cauterisirt. Nun fühlte sie sich wohl vorübergehend besser, aber dies dauerte nicht lange und im September 1843 kam sie in das Hospital Beaujion in einen der Krankensäle Louis'. Sie war schwach, abgemagert, bleich, sonst mit ziemlich normaler Respiration und Verdauung. Aus der Scheide hatte sie einen häufigen rothen Ausfluss mit Blutpfropfen gemischt, häufige Uterinkoliken, Schmerzen in der linken Darmbeingegend, keine Schmerzen im Kreuz, aber oft an der inneren und vorderen Seite der unteren Gliedmaassen. Der Puls war regelmässig, 80 Pulsschläge in der Minute. Vom 10. September bis zum 17. November, dem Tage ihres Todes, hatte sie oft Metrorrhagien, oft lancinirende Schmerzen im Unterleibe, besonders in der linken Inguinalgegend, oft auch weissen Fluss. Alauneinspritzungen und innerer Gebrauch von Mutterkorn, sowie kalte Umschläge auf den Unterleib schafften nur sehr vorübergehende Erleichterung. Der Puls wurde allmählig beschleunigt und sehr schwach, das rechte untere Gliedmaass schwoll ödematös an, die Kräfte schwanden, und so starb die Kranke am 17. November 1843.

Bei der Leichenöffnung fand sich ausser in den Beckenorganen und in der Scheide nichts Krankhaftes. Der hintere Theil der Blase war stark injicirt, und nach hinten und seitlich fanden sich in derselben ungefähr 20 kleine, ovale, weissliche, 2 — 3 Millim. grosse Vorsprünge, von denen einzelne gestielt, die Schleimhaut durchbrochen haben. Diese weichen weissen Körper können leicht hinweggenommen werden. Es scheinen dies kleine beginnende Krebstuberkeln zu sein; mehrere derselben sind rosenkranzförmig an einander gereiht.

Der Uterus hatte bedeutend an Umfang zugenommen und zeigte eine Länge von 15 Centimetern, besonders ist das Collum uteri bedeutend geschwollen, an vielen Orten mit den umliegenden Theilen verwachsen und mit dickem grünlichen Schleim bedeckt; er hat auf 5 bis 7 Centimeter Breite 3 — 4 Centimeter Länge. Die Höhle des Körpers des Uterus zeigt auf einem Durchschnitt einen homogenen Eiter, seine ganze innere Oberfläche bedeckend, sonst ist dieser Theil der Gebärmutter gesund. Im Mutterhalse aber findet sich hauptsächlich das Krebsübel; seine Wand hat bis auf 4 Centimeter Dicke und besteht ganz aus einem gelblichen areolären Gewebe, in welchem Fasern von unregelmässiger Anordnung sich so miteinander durchkreuzen, dass eben ovale Maschen, im Mittleren von 4—5 Millim. Durchmesser, gebildet werden, welche ganz von einer zitternden, gallertartigen, fast durchsichtigen, fest mit den Areolen verbundenen Masse ausgefüllt sind. Wenn man diese Substanz zerdrückt, so hat man das Gefühl, wie wenn man ein weiches feinkörniges Gewebe zwischen den Fingern zerreibt, dem Parenchym reifer Früchte ähnlich. Bei leichterem Druck entleert man aus der Geschwulst eine schleimige, im Wasser unlösliche Masse. In dem krankhaften Gewebe erkennt man weder Blutgefässe noch Blutergüsse. Nach aussen ist das Gewebe durch ein festes Gewebe abgegrenzt, nach innen ist es bloss stellenweise von einem dünnen Häutchen bedeckt. Nach oben hin werden die Maschen enger und die Gallertsubstanz zeigt sich dort in geringerer Menge. In die Höhle des Collum uteri ragt an vielen Stellen das Gallertkrebsgewebe hinein, an andern bedeckt es eine zum Theil zerstörte, aufgewulstete Schleimhaut. Nur stellenweise ist das Gallertgewebe grünlich und undurchsichtig. Die Vaginaloberfläche des Collum uteri ist ganz in den pathischen Process hineingezogen und von ihrem primitiven Gewebe fast nichts mehr zu sehen. Im Eingang der Scheide ist eine flache, ungefähr 5 Centimeter grosse Krebsgeschwulst, mit schwammichter Oberfläche, von weissgelblicher und stellenweise röthlicher Farbe, dem Gewebe des Collum uteri ähnlich, aber keine Gallertsubstanz enthaltend. Eine rundliche Geschwulst von der Grösse eines Hühnereies findet sich unter dem Rande des Psoas-Muskels, von weissgelblicher Farbe, sehr weicher Consistenz, dichtmaschiger als der Krebs des Uterus, jedoch auch in den Maschen das beschriebene halbdurchsichtige Gewebe enthaltend.

Ueber die Geschwülste der weiblichen Brust.

Wir haben diese Arbeit zum grossen Theil schon in französischer Sprache der medicinischen Section der Schweizer Naturforscher-Versammlung in Genf am 12. August 1845 vorgelesen und später auf Verlangen in der Schweizer medicinischen Zeitschrift (Jahrgang 1845. Viertes Heft.) bekannt gemacht. Da wir jedoch seitdem noch manche interessante Beobachtung, namentlich über Brustkrebs, zu machen Gelegenheit gehabt haben, und überdies Aufsätze in Zeitschriften nur ein ephemeres Interesse erregen, so glauben wir, durch die bisherige günstige Aufnahme dieses Aufsatzes ermuntert, denselben und namentlich die zwei wichtigsten Geschwulstformen der Brustdrüse, die gutartige partielle Hypertrophie und den so bösartigen Brustkrebs, hier nicht ohne Nutzen ausführlicher abzuhandeln. Die übrigen selteneren gutartigen Geschwülste der Brust werden wir nur, um sie mit diesen beiden Krankheitsformen zu vergleichen, mit einigen Bemerkungen erwähnen.

Die Geschwülste der weiblichen Brust gehören zu den Leiden, gegen welche die Chirurgen am häufigsten zu Rathe gezogen werden und zu deren Diagnose, Prognose und Behandlung ein scharfes Urtheil und gründliche Kenntnisse unumgänglich nöthig sind. Man weiss allgemein, welche Bestürzung man in eine Familie bringt, wenn man bei einer dieser Geschwülste, welche, gleichviel ob sie gutartig oder bösartig sind, von den Frauen doch immer als ein sehr beunruhigendes Leiden angesehen werden, das Wort Krebs ausspricht. Und wie sieht man nicht auf der andern Seite die Frauen zu neuem Lebensmuth erwachen, wenn man sie nach einer gründlichen Untersuchung vollkommen über die Natur und die möglichen Folgen ihres Uebels beruhigen kann; denn häufig genug bestehen solche Geschwülste nur in einer theilweisen Hypertrophie der Brustdrüse und werden von den Aerzten sowohl als von den Kranken fälschlich für krebsartig angesehen. In zweifelhaften Fällen der Art ist daher der Entscheid des Chirurgen von der allerhöchsten Wichtigkeit.

Und doch, betrachtet man nur ein wenig das Verfahren der ersten Wundärzte unserer Zeit, so überzeugt man sich leicht, wie schwankend die Lehre dieser Geschwülste ist, wie wenig sie auf genauer Beobachtung und auf einer gründlichen Würdigung aller Erscheinungen beruht, welche diese Geschwülste begleiten.

Uebrigens muss man gestehen, dass die Wissenschaft über diesen Gegenstand weniger zurück ist, als die Praxis, und dass seit einigen Jahren die Lehre von den Geschwülsten der Brustdrüse, weit entfernt Fortschritte gemacht zu haben, eher wieder rückwärts gegangen ist.

Die Werke von A. Cooper und A. Bérard enthalten gewiss sehr schöne Materialien zu einer genaueren Kenntniss der Diagnose dieser krankhaften Gebilde; namentlich bewundert man in den Beschreibungen und Beobachtungen des grossen englischen Chirurgen den Scharfsinn und die Genauigkeit, mit welcher er ebenso richtige als naturgetreue und für praktische Anwendung nützliche Unterschiede aufgestellt hat. Jedoch finden wir leider in seinen Abhandlungen zu kurze und zu aphoristische Beschreibungen, zu wenig detaillirte Beobachtungen, welche in uns eher den Eindruck als die Ueberzeugung von ihrer Richtigkeit und Wahrheit hinterlassen.

Die Verhandlungen, welche im Frühjahr 1844 in der Pariser Akademie der Medicin über die damals von Cruveilhier auf eine höchst curiose Art als fibröse Körper der Brustdrüse (corps fibreux de la mamelle) bezeichneten Geschwülste stattgefunden haben, sind uns ein Beweis, wie lückenhaft in der Wissenschaft die Kenntnisse und Doctrinen über diesen Gegenstand sind, und wie hier so gut wie für die meisten andern Gegenstände der Pathogenie vage Eindrücke der Praktiker und Professoren sowie unsichere Erinnerungen und hierauf basirte, mit vieler Sicherheit ausgesprochene Meinungen der treuen Naturbeobachtung und den nur auf diese basirten Schlussfolgerungen vorgezogen werden.

In den folgenden Seiten wollen wir übrigens durchaus keine vollständige und erschöpfende Arbeit über alle in der Brustdrüse vorkommenden Geschwülste liefern, sondern vielmehr das mittheilen, was für den Praktiker am wichtigsten ist, ihm Unterschiede über gut- und bösartige Geschwülste angiebt und ihm zeigt, wie man in vielen Fällen, ja in den meisten bei genauer Untersuchung und umsichtsvollem Urtheil bestimmen kann, ob eine Geschwulst durch die Operation entfernt, vollkommene Heilung hoffen lässt oder nicht, mit einem Worte, ob sie krebsartig ist oder nicht.

1. *Gutartige Geschwülste der Brustdrüse.*

Die Brustdrüse ist unstreitig von allen drüsigen Organen des Körpers dasjenige, welches am meisten zu Geschwülsten geneigt ist. Fast alle Arten von Neubildungen können in ihr vorkommen, die häufigste ist leider der Krebs, ihr zunächst kommt, wiewohl viel weniger häufig, die partielle Brustdrüsenhypertrophie. Alle anderen Geschwülste sind in der Brustdrüse selten.

Die ursprünglich rein entzündlichen Geschwülste übergehen wir hier ganz, da sie dem Plan unsrer Arbeit fern liegen. Sie mögen übrigens acut, subacut oder chronisch verlaufen, so können sie bei gehöriger Aufmerksamkeit gewöhnlich als Entzündungsproduct leicht diagnosticirt werden. Tief liegende, von verhärtetem Gewebe umgebene Cysten können wohl mitunter mit Brustdrüsenhypertrophie, ja selbst mit Brustkrebs verwechselt werden, jedoch kann einerseits genaue Untersuchung oft die Zweifel heben, anderseits die explorative Punction, und wo dies selbst wegen der tiefen Lage und der Dicke der Wände nicht möglich ist, da muss die Operation Aufklärung über die Natur des Uebels geben. Cystenbildung und Hypertrophie sind übrigens gar nicht selten mit einander complicirt.

Wir wollen uns hier übrigens nicht näher bei den pathognomonischen Merkmalen dieser Cysten, tiefer Abscesse etc. weiter aufhalten, da dies mehr in eine Monographie der Krankheiten der Brustdrüse, als in eine Abhandlung über einige wichtige Punkte in der Geschichte derselben gehört. Nur bemerken wir hier, dass alle unsere vergleichenden Untersuchungen über Entzündung, über homöomorphe und krebsartige Geschwülste uns zu der festen Ueberzeugung geführt haben, dass nie die Entzündung als solche in einen krebsartigen Zustand übergeht, worauf wir bei der Erörterung des Brustkrebses noch zurückkommen werden.

Mit Ausnahme der durch Entzündung entstehenden haben wir unter den gutartigen Brustdrüsengeschwülsten besonders vier verschiedene Klassen, von denen die Hypertrophie die weitaus wichtigste und erste ist. Hier findet nur Volumenzunahme der normalen Elemente der Drüse im Anfange statt, später aber treten solche Veränderungen ein, dass wenn man nicht im Allgemeinen dieses Uebel genetisch verfolgt hat, man über seine wahre Natur sehr im Dunkeln sein kann. Die zweite Klasse gutartiger Brustdrüsengeschwülste umfasst diejenigen, welche Folge eines Blutergusses sind, die faserstoffigen Geschwülste. Die dritte ist aus den homöomorphen accidentellen Geweben zusammengesetzt, die vierte begreift die parasitischen Erzeugnisse in sich, von denen in der Brustdrüse die Blasenentozoen, welche Echinococci enthalten, vorkommen. Von allen nicht krebsartigen Geschwülsten ist, wie gesagt, die Hypertrophie die häufigste, viel seltener sind die Faserstoffgeschwülste, und noch weniger häufig trifft man die beiden letzten Klassen, wie adipöse, cartilaginöse, Knochen- und Hydatidengeschwülste an. Wir gehen also zur Hypertrophie der Brustdrüse über.

I. Hypertrophie der Brustdrüse.

Bevor wir auf die pathologische Beschreibung dieses Uebels näher eingehen, wollen wir zuerst eine kurze Skizze über den anatomischen Bau der Brustdrüse vorausschicken.

Ohne weiter auf den allgemein bekannten Bau der Brustwarze und der äussern Theile der weiblichen Brust einzugehen, bemerken wir hier nur, dass die aus 15—18 Hauptlappen zusammengesetzte Milchdrüse äusserlich von einer feinen fibro-cellulären Schicht, einer Art Umhüllungsmembran, so eingeschlossen ist, dass diese so zusammengehaltenen Lappen eine mehr homogene plattrunde Scheibe bilden; ausserdem sind noch die einzelnen Hauptlappen durch Zellgewebe mit einander verbunden. Aus jedem Hauptlappen führt ein Ausführungsgang das Secret nach einem Sinus in der Brustwarze befindlich, durch deren äussere Oeffnung die abgesonderte Milch austritt. Ausführungsgang und Drüsenlappen zertheilen sich oder entstehen aus secundären, tertiären und noch weiter gehenden Theilungen. Jeder Lappen zerfällt in Läppchen, die wieder aus kleineren Läppchen bestehen, und so kommt man zuletzt auf die primitiven Drüsenläppchen, welche man ziemlich unpassend als Drüsenbläschen bezeichnet hat. Die Gefässvertheilung folgt dieser Theilung der Drüsensubstanz und die letzten Gefässendigungen verbreiten sich bogenförmig oder netzförmig auf den primitiven Läppchen. Ueber die Verbreitung der Lymphgefässe fehlt es mir an eignen Untersuchungen. Die Endläppchen der Milchdrüse haben $\frac{1}{12}$ bis $\frac{1}{8}$ Millim. Durchmesser, ein längliches, flaschenartiges, blindsackig endigendes Aussehen. Man kann deutlich an ihnen eine structurlose

Membrana propria und im Inneren derselben eine feine Epithelialschicht unterscheiden, welche theils aus vollständigen blassen $\frac{1}{100}$—$\frac{1}{80}$ Millim. grossen rundlichen Zellen mit einem Kern besteht, theils aus einer Menge nicht von Zellenmembran umgebener Kerne von $\frac{1}{150}$ — $\frac{1}{120}$ selten $\frac{1}{100}$ Millim. Durchmesser von rundlicher oder ovaler Form zusammengesetzt ist, und in deren Innerem man einen feinen, punktförmigen Nucleolus erkennt. Die Brustdrüse ist also eine traubige, sehr fein sich verästelnde, von vielem Zellgewebe umgebene und zusammengehaltene Drüse, in deren Endbläschen man ausser Gefässen eine structurlose Umhüllungshaut und eine innere feine, sie auskleidende Epithelialschicht beobachtet, deren Inhalt, wie der der meisten Drüsen, an Fetttheilen sehr reich ist.

Gehen wir nun zu der näheren Beschreibung der Brustdrüsenhypertrophie über, so sehen wir, dass diese Krankheit zwar von mehreren Autoren, aber nur sehr unvollständig, beschrieben worden ist, und im Allgemeinen hat man ihre wahre Natur meist nur dann erkannt, wenn das Uebel die Totalität der einen oder beider Brustdrüsen einnahm. Indessen finden wir in Schriften die Beschreibung von verschiedenen Geschwülsten der Brustdrüse, welche nichts anderes sind, als eine theilweise Hypertrophie derselben in verschiedenen Entwickelungsgraden, als solche sehen wir z. B. die von A. Cooper beschriebene chronische Brustdrüsengeschwulst an; das Cystosarcoma mammae von Müller, mehrere Formen von Tumor mammae hydatides der englischen Chirurgen, die hängende Brust der englischen und deutschen Autoren, einige Arten der irritablen Brustdrüse, eine Affection, bei der nach wiederholtem, periodischem Blutandrang oft eine eigentliche Hypertrophie entsteht. Zu dieser partiellen Hypertrophie endlich gehört auch die Geschwulst, die Cruveilhier als fibröse Masse (corps fibreux de la mamelle) bezeichnet, wie wir uns auch haben überzeugen können, als wir den über diesen Gegenstand in der Akademie der Medicin von Paris gehaltenen Verhandlungen beiwohnten und später, als wir die Bulletins dieser gelehrten Gesellschaft durchlasen, eine Sammlung, welche die ganze merkwürdige Discussion enthält. Und wenn auch Cruveilhier sich über die Beschaffenheit dieser Affection, welche weit entfernt ist, eine einfache fibröse Geschwulst darzustellen, getäuscht hat, so hatte er doch ganz Recht auf die Wichtigkeit, die grosse Klasse der gutartigen Geschwülste von den wahrhaft krebshaften zu unterscheiden, aufmerksam zu machen, eine Diagnose, die selbst von sehr verdienstvollen Chirurgen nicht immer mit der nothwendigen Bestimmtheit gestellt wird.

Die Hypertrophie der Brustdrüse kann allgemein oder partiell sein. Diejenige, welche die Totalität der einen oder beider Brüste einnimmt, ist im Ganzen leicht zu erkennen aus der Vermehrung des Umfanges und der Consistenz dieser Drüse und aus dem unverletzten Zustande der Umgebungen (die Bedeckungen und besonders die Haut zeigen eine zuweilen sehr bedeutend ausgebreitete Ausdehnung der Gefässe); dabei leidet die Gesundheit nicht im Geringsten. Wir lassen uns nicht in eine ausführliche Beschreibung dieser Affection ein, die immer leicht zu diagnosticiren und überdies von A. Cooper, A. Bérard, Fingerhuth, Cober und Andern sehr gut erörtert worden ist. Hiergegen wollen wir in den folgenden Seiten die partielle, umschriebene Hypertrophie der Brustdrüse genauer abhandeln, da wir besonders diese Affection häufig mit Brustkrebs haben verwechseln sehen, und sie zu erkennen für die Praxis von höchster Wichtigkeit ist.

Wenn auch in einzelnen Ausnahmen mehrere Geschwülste dieser Art in einer und derselben Drüse vorkommen, so ist doch dieses Merkmal den tuberculösen Geschwülsten eigenthümlicher, während die partielle Hypertrophie meistens eine einzige, genau begrenzte Stelle einnimmt. Der Sitz dieser Affection ist entweder das Drüsengewebe oder das umgebende Faserzellgewebe oder beide zugleich. Im ersten Falle umfasst die Geschwulst einen oder mehrere grössere Lappen der Drüse, besonders im Umfange derselben, selten an deren vorderem, mittlerem und hinterem Theile. Diese letztere Form, die wir zu beobachten Gelegenheit hatten, kann für die Diagnose einige Schwierigkeiten darbieten.

Im Allgemeinen sind diese Geschwülste nicht von grossem Umfange und können während mehrerer Jahre bestehen, ohne das Volumen einer Haselnuss zu überschreiten; sie erreichen die Grösse eines Taubeneies und mehr. Man erkennt deren Natur aus ihrer Lage, aus der deutlich fühlbaren Lappenform und ziemlichen Härte, die jedoch die Consistenz des Scirrhus nicht erreicht; ferner aus deren Beweglichkeit, die fast immer allseitig ist; sie lassen die bedeckende Haut und die Brustwarze und die unter ihnen befindlichen Muskeln unversehrt, und die allgemeine Gesundheit leidet dabei nicht im Geringsten.

Die damit behafteten Frauen sind meist jung, zwischen 20 und 35 Jahren, und wenn man diese Affection bei im Alter vorgerückten wahrnimmt, so geht doch ihr Anfang auf mehrere Jahre zurück. Es können diese Geschwülste einige Jahre lang bestehen, ohne dass die mit denselben Behafteten es wahrnehmen, und oft werden sie nur ganz zufällig bemerkt. Meist ist diese Form von Geschwulst mit Unregelmässigkeit in den Functionen der Geschlechtsorgane im Zusammenhange, also z. B. bei nicht verheiratheten, unregelmässig und wenig menstruirten Weibern. Daher können sich diese Affectionen zurückbilden, wenn die Menstuation wieder normal wird, oder eine Schwangerschaft und Lactation eintritt. Die meisten dieser Bedingungen vereinigen sich bei der zweiten und dritten Form der partiellen Brustdrüsenhypertrophie; aber die äusseren Charaktere und ihre anatomische Structur, die wir später erörtern werden, sind viel complicirter.

Die Hypertrophie des Zellgewebes, das die Lappen der Drüse umgiebt, findet sich selten allein vor; meist ist das Drüsengewebe mit afficirt. In diesem Falle ist die Geschwulst im Allgemeinen nicht lappenförmig oder doch nur theilweise im Umfange. Da frühzeitig das Zellgewebe sich um die Lappen und Läppchen herum verdichtet, so wird die Oberfläche ziemlich gleichförmig von elastischer, jedoch eher fester Consistenz; die Geschwulst bildet mit der Drüse entweder eine Masse oder trennt sich allmählig von ihr und steht dann nur durch einen Stiel mit ihr in Verbindung. Diese Art von Geschwulst hat immer die Neigung voluminös zu werden, viel mehr als diejenige, die sich ganz auf das Drüsengewebe beschränkt, und viel mehr als der Brustdrüsenkrebs. Wir haben sie ein Gewicht von 650 Grammes und ein Volumen, welches dasjenige von zwei Fäusten übersteigt, erreichen sehen; mehrere Schriftsteller beschreiben solche Geschwülste, die einige Pfund wogen, und es bildet diese für die Kranke immer sehr lästige Schwere derselben ein unterscheidendes Merkmal.

Ihre Entwicklung geht sehr langsam vorwärts; jahrelang bleiben sie fast auf dem gleichen Punkte, um dann in kurzer Zeit ziemlich voluminös zu werden, worauf sie nichts desto weniger häufig von neuem stationär bleiben. Wenn sie einen bedeutenden Umfang erreichen, so bilden sich zuweilen Cysten in ihrem Innern, was stellenweise ein Gefühl von Fluctuation hervorbringt. Die Haut, die sich mehr und mehr ausdehnt, zeigt wohl eine Entwicklung ihrer Venen, allein nur nach einer langen Dauer und bloss in wenigen Ausnahmefällen verwächst sie mit der Oberfläche der Geschwulst, wo sie dann zuweilen ulceriren und dadurch einige Aehnlichkeit mit dem Brustkrebse darbieten kann; aber selbst in diesen seltenen Fällen giebt die anatomische Untersuchung Aufschluss über die Natur der Krankheit und die darauf begründete Diagnose wird vollkommen durch den glücklichen Erfolg der unter solchen Umständen unternommenen Operation bestätigt. Gewiss ist, dass die meisten durch die Operation geheilt sein sollenden Krebsgeschwülste nichts anders waren, als eine partielle Hypertrophie der Drüse.

Was den Schmerz betrifft, so sind diese Geschwülste im Allgemeinen indolent, namentlich beim Druck; in der Folge können sie auf Augenblicke empfindlich und selbst der Sitz von lancinirenden, sogar anhaltenden Schmerzen werden, besonders, wenn sie schnell wachsen. Es ist dieser Schmerz oft durch den Druck bedingt, den die Geschwulst auf einige Nervenfädchen ausüben kann; andere Male hat der lebhafte und anhaltende Schmerz seine Ursache in der Hypertrophie der Nervenzweige, die sich in den Drüsenlappen vertheilen, ein Fall, von dem wir uns einmal bei der Section einer dieser Geschwülste, deren jeglicher Lappen voluminöse, hypertrophirte Nerven empfing, haben überzeugen können. Die Menstruationszeit vermehrt oft sowohl das Volumen, als den Schmerz. Die Lymphdrüsen der Achseln schwellen in dieser Krankheit nicht an, und nur in einigen wenigen Fällen beobachtet man eine vorübergehende Reizung derselben, und wenn auch eine sympathische Entzündung entsteht, so zertheilt sie sich immer nach der Operation. Diese Abwesenheit von Drüsenanschwellungen und krankhaften Lymphgefässen um die Geschwulst ist für diese Art von Leiden charakteristisch und namentlich zur Unterscheidung von Krebs von grosser Wichtigkeit. Wir haben schon bemerkt, dass der allgemeine Gesundheitszustand durch diese Geschwülste nicht leidet; nicht nur die Gesichtsfarbe, der Ausdruck der Augen und das gesunde Aussehen erhalten sich, sondern auch namentlich der Kräftezustand bleibt ganz normal, und wir geben viel auf dieses Zeichen, da wir so oft das Auftreten von Schwäche allen andern Zeichen einer beginnenden tuberculösen oder cancrösen Affection haben vorausgehen sehen. Obschon alle Kranken, die mit einer Brustdrüsengeschwulst behaftet sind, über die Natur ihres Uebels sich beunruhigen, so wirkt doch die Furcht bei diesen gutartigen Geschwülsten viel weniger auf die allgemeine Gesundheit ein, als bei denjenigen, die krebsartiger Beschaffenheit sind; und so sehr der Verdauungszustand und der Schlaf bei diesen letzten Formen leidet, so wenig wird er durch die erstere gestört.

Bei mehreren mit solchen gutartigen Geschwülsten Behafteten haben wir ausgesprochene hysterische Leiden beobachtet, die aber nichts Charakteristisches darbieten und sich leicht aus den Functionsstörungen des Uterus, welche gewöhnlich der Entwickelung dieser Geschwülste vorausgehen oder sie begleiten, erklären lassen. Im Allgemeinen haben die Kranken bei diesen Affectionen, wenigstens nach unsern Beobachtungen, keine ausgesprochene tuberculöse oder scrophulöse Diathese.

Die anatomische Structur dieser partiellen Hypertrophien zeigt uns so charakteristische Eigenthümlichkeiten, dass selbst wenn vor der

Operation ein Chirurg über die Beschaffenheit der Geschwulst sich getäuscht hätte, oder im Zweifel gewesen wäre, doch die aufmerksame Zergliederung derselben, ihm ganz unbestreitbare Merkmale für die gutartige Natur derselben und also auch für die in solchen Fällen so wichtige Prognose liefert.

Beschränkt sich die Hypertrophie auf das Drüsengewebe, so ist dieses immer von einer dünnen, faserig-zelligen Haut umgeben, die sich leicht vom Gewebe der Drüse lostrennen lässt. Dieses letztere ist aus mehr oder weniger grossen Lappen zusammengesetzt, die in Läppchen getheilt sind, welche sich unter dem Mikroskop wieder selbst als aus ganz kleinen, im Durchschnitt zwischen $\frac{1}{4}$ und $\frac{1}{8}$ Millim. Breite auf ein wenig grösserer Länge haltenden Läppchen bestehend zeigen. Diese letztern erscheinen dem unbewaffneten Auge in ihrer Vereinigung unter einer körnigen Form; die Farbe der Lappen oder Läppchen variirt zwischen gelblich-weiss und röthlich-weiss; die Gefässentwickluug ist nicht sehr stark in denselben; indessen haben wir mehrere Male unter dem Mikroskope Gefässbogen bis in das Innere der kleinsten Läppchen verfolgen können. Gewöhnlich ist die Endigung der Läppchen abgerundet, zuweilen in der Substanz des Drüsengewebes selbst leicht ausgeschnitten. Man erkennt stellenweise eine faserige und strahlenförmige Structur, welche vielleicht in Längsfaltung ihren Grund hat und als constantes Hauptelement eine feinkörnige Masse, die sehr feine Zellen enthält, deren Durchmesser zwischen $\frac{1}{100}$ und $\frac{1}{70}$ Millim. variirt; die Umhüllungswandungen sind sehr blass, zart und homogen. Diese Kügelchen schliessen einen Kern ein, dessen Umrisse bestimmter sind, als die Zellenwandungen; er misst nicht viel mehr, als $\frac{1}{200}$ Millim. Was die Gefässe betrifft, die man in diesen kleinen Läppchen entdeckt, so sehen wir sie bald an der Oberfläche sich ausbreiten, bald sich im Innern derselben verzweigen.

Die Geschwülste, die zugleich hypertrophisches Drüsengewebe und hypertrophisches Faserzellengewebe enthalten, lassen die Läppchen nicht so gut sehen, weil diese nicht von einander getrennt sind und mit der Faserzellenmasse wie in eins verwachsen erscheinen; indessen erkennt man dieselben bei einiger Aufmerksamkeit selbst mit unbewaffnetem Auge. Natürlich muss man dazu die Geschwulst in ganz frischem Zustande untersuchen, ganz feine Durchschnitte nehmen und sie gegen das Licht haltend betrachten; man findet dann viele blasse Granulationen, die in einem weissgelblichen, ein wenig glänzenden und leicht durchsichtigen Gewebe zerstreut sind. In solchen unter dem Mikroskope mit der schwachen Vergrösserung von 50 Durchmessern untersuchten feinen Durchschnitten erkennt man auf ganz unzweifelhafte Art die vereinigten Drüsenläppchen, wie wir sie oben beschrieben haben, allein gewöhnlich mit einem fibrösen Gewebe umgeben, dessen sehr feine Fasern concentrisch gegen die Gruppen von Läppchen hinlaufen und in ihrem Zwischenraume zahlreiche moleculäre Körperchen enthalten. Dieses hypertrophirte Zellgewebe hat nicht dieselbe Regelmässigkeit und Anordnung in seiner Structur, wie das eigentliche Fasergewebe.

Solche Geschwülste sind meist wenig gefässreich. Wenn sie fortfahren sich zu entwickeln, so geht das Zellgewebe, welches deren Hauptelement bildet, ziemlich merkwürdige Umwandlungen ein, von denen man alle Zwischengrade und ihre Coexistenz mit der Drüsenhypertrophie kennen muss, um ihre eigentliche Natur zu begreifen.

Die fibroplastische Flüssigkeit, die das Hauptelement in der Hypertrophie dieses fibro-cellulösen Gewebes liefert, kann in sehr starker Menge ausgeschieden werden. Man erkennt dann zwischen diesen Fasern viele spindelförmige Kügelchen, und alle Zwischenformen zwischen diesen und den Fasern; die feinen und gewundenen Fasern sind in diesem Falle weiter auseinanderstehend; das ganze Gewebe ist von einer durchsichtigen, gelblichen und klebrigen Flüssigkeit durchdrungen, was diesem Zellgewebe ein gallertartiges Ansehen giebt, daher wir es auch Fibro-colloid nennen. Eine solche Geschwulst haben wir als Colloidkrebs exstirpiren sehen. Anstatt dass das Zellgewebe überall sich infiltrirt, kann ein Theil seiner Fasern sich zu einer Cyste verdicken und eine klare, gelbe und klebrige Flüssigkeit einschliessen, welche selbst zuweilen eine röthliche oder Chocoladefarbe annimmt, wenn sich mit ihr kleine blutige und faserstoffige Ausschwitzungen vermischen. Nicht selten trifft man in den partiellen Brustdrüsenhypertrophien solche Cysten in ziemlich bedeutender Grösse an. Ziemlich häufig auch ist die Flüssigkeit, statt eine allgemeine oder umschriebene Infiltration zu bilden, vielmehr in zahlreichen kleinen Zwischenräumen des Zellgewebes, die später eigentliche Zellenräume von der Grösse einer Linse bis zu derjenigen einer Haselnuss bilden, enthalten. Diese Flüssigkeit ist gewöhnlich klebrig und enthält zuweilen Krystallformen, sowohl prismatische als rhomboidale Blättchen von Cholestearin.

Wollen wir nun die Pathogenie dieser Art von Neubildung zusammenfassen, so können wir die über diesen Gegenstand handelnde Stelle in unserm Werke über pathologische Physiologie, II. vol. pag. 201 und 202 anführen.

„Ein Theil der Brustdrüse, ein oder mehrere Lappen derselben, werden zum Sitze eines Blutzuflusses, einer localen Congestion; dadurch entsteht vor allem eine thätigere Ernährung ihres Gewebes, die bald zu einer übertriebenen, zur Hypertrophie wird. Die Lappen fahren fort sich zu entwickeln, und nachdem sie ein gewisses Volumen erreicht haben, erheben sie sich immer mehr über die Peripherie der normalen Drüse und ragen auf einer Seite derselben, am öftersten auf der äussern hervor. Erreicht diese Hypertrophie eines Lappens noch ein grösseres Volumen, so kann es geschehen, wie A. Cooper es sehr richtig bemerkt hat, dass die Geschwulst nur noch durch einen Stiel und am Ende gar nicht mehr mit der Drüse in Zusammenhang zu stehen scheint. Der Congestionsprocess, der um dieses mit Blut überfüllte und hypertrophirte Gewebe herum vor sich geht, bewirkt bald, dass das umgebende Zellgewebe sich zu einer Art seröser Umhüllungsmembran verdichtet und am Ende die Geschwulst in einen Balg einschliesst"

Wir wissen, dass das die Brustdrüse umgebende Faserzellgewebe ziemlich dicht und resistent ist; auch dieses wird fast beständig hypertrophisch, wenn die Vergrösserung das Volumen einer Mandel oder einer Nuss übersteigt; und wenn es sich alsdann in viel grösserer Portion entwickelt als das Drüsengewebe selbst, so kann die Geschwulst das Ansehen einer fibrösen bekommen, die, ist sie mit einer plastischen, gallertartigen Flüssigkeit stark durchdrungen, einem Colloid gleicht. Die Flüssigkeit kann sich in den Zwischenräumen des fibrösen Gewebes ablagern und Maschen bilden, die sich später in kleine Cysten umwandeln, deren Kügelchen sich durch Imbibition bedeutend verändern können. Finden sich diese Cysten in grosser Anzahl in der Geschwulst vor, so haben wir die Form des Tumor mammae hydatides, die man wohl von den serösen Hydatiden unterscheiden muss und von denjenigen, welche Blasenwürmer (Echinococci) einschliessend, auch zuweilen in der Brustdrüse gefunden werden.

„Unsre Beobachtungen bestätigen, was man bereits über diese Geschwülste gesagt hatte, dass sie nämlich eine bedeutende Grösse erreichen können, sich besonders bei jungen Frauen zeigen, den allgemeinen Gesundheitszustand nicht verändern, dass sie namentlich keine Verwachsungen mit der umgebenden Haut eingehen und die Brustwarze unversehrt lassen."

Die Prognose der partiellen Hypertrophie der Brustdrüse ist im Ganzen günstig zu stellen. Die Geschwulst zertheilt sich zuweilen von selbst, wie wir oben bemerkt haben; in andren Fällen hat sie einen so langsamen Verlauf, und ist so wenig schmerzhaft, dass man dieselbe sich selbst überlassen darf, und keine Operation nöthig ist. Diese wird nur dann erfordert, wenn die Krankheit rascher fortschreitet und durch ihre Ausdehnung und die Schmerzen, die sie erzeugen kann, lästig wird. In diesen Fällen bietet die Operation alle Wahrscheinlichkeit einer radicalen Heilung dar, abgesehen von den unmittelbaren Gefahren, mit denen jeder grössere operative Eingriff verbunden ist. Die Operation muss in gehörig weiter Ausdehnung gemacht werden, damit nicht eine consecutive Hypertrophie einiger benachbarter Lappen, die zur Zeit der Exstirpation nur wenig krank waren, später auftreten.

Was die Blutentleerungen in der medicinischen Behandlung der Krankheit betrifft, bevor man zur Exstirpation sich entschliesst, oder wenn man hofft, diese überhaupt vermeiden zu können, so schreiben wir derselben nur dann Wirksamkeit zu, wenn die begleitenden Symptome einen activen Blutzufluss und einen wahrhaft entzündlichen Zustand zeigen, nämlich Schmerz, Spannung, Hitze, Schwere, Anschwellung, erhöhte Empfindlichkeit beim Druck, Beschleunigung und Härte des Pulses. Alsdann aber schreite man energisch ein; man mache zuerst einen Aderlass von 12 Unzen am Arme der Seite der kranken Brustdrüse, verordne Ruhe im Bette und dann 20 Blutegel in der Umgegend der angeschwollenen Drüse. Man lasse bei kräftigen Subjecten im warmen Bade, oder durch Auflegen von Leinmehl-Kataplasmen während mehrer Stunden reichlich nachbluten, und wiederhole die örtliche Blutentziehung den Umständen gemäss nach 24 bis 48 Stunden. Im Allgemeinen ist in Drüsen die Circulation verlangsamt und durch bedeutende Windungen der Gefässe erschwert; hierauf beruht zum Theil der Mechanismus der Absonderung. Schwache Blutausleerungen schaden daher mehr als sie nützen, da sie als örtliches Uebel reizen und nicht die zu entleerenden Gefässe erreichen. Der Praktiker weiss übrigens, dass der Haupterfolg der örtlichen Blutentziehung sich erst nach einem, zwei und mehreren Tagen zeigt, denn dieselben wirken nicht wie die Entleerung einer Seitenröhre bei einem mit Flüssigkeit gefüllten Röhrensystem, sondern durch die Verschiedenheit der Bewegungsursachen in Venen und Arterien; in den Stämmen und in den Capillaren sind die Verhältnisse viel complicirter und das Gleichgewicht daher nur langsamer herzustellen. Bei diesen Geschwülsten ist von regelmässiger Compression viel zu hoffen, sie muss gleichmässig auf alle Theile der Geschwulst angewendet, gehörig lange fortgesetzt und sorgfältig beobachtet werden, damit sich nicht entzündliche Reizung und Abscesse in Folge des Druckverbandes ausbilden. Ich glaube nicht, dass je ein Krebs durch Druckverband geheilt worden sei, die in dieser Hinsicht von Recamier und Andren citirten Fälle beziehen sich wohl zum grössten Theil auf das uns hier beschäftigende Uebel. Durch Druck lange dauernde umfangreiche hypertrophische Geschwülste der Brustdrüse heben wollen, ist offenbar unmöglich, diese Behandlungsweise, so wie diejenige durch auflösende innre und äussre Mittel passen mehr für den Beginn der Krankheit. Innerlich kann man abwechselnd Abführmittel, Jodkali und Quecksilber anwenden; beim Jodgebrauch muss man sich jedoch vor Jodintoxicaton hüten, welche mit Beschleunigung des Pulses, Aufregung und Magerwerden anfängt; eben so ist beim Gebrauch des Calomel Speichelfluss zu meiden. Von der so beliebten Cicuta habe ich selbst bei guter pharmaceutischer Bereitung wenig Nutzen gesehen. Von Jodsalben kann man Jodblei, Jodkali und Jodquecksilber anwenden. Ich gebe dem letzteren den Vorzug (Deuto-Joduret. hydrargyri gr. vj — x, Axungiae ℥j. Einmal täglich eine Bohne gross einzureiben). Dieses Mittel reizt stark die Oberhaut, welche sich röthet, ein wenig nässt und dann abschuppt. Jedesmal wenn dieses eintritt, setze man für einige Tage aus, lasse sich aber hiedurch nicht abschrecken, da diese oberflächliche erythematöse Entzündung sich nicht tief erstreckt und nicht mit Eiterung und Abscessbildung endet, im Gegentheil die Resorption der zu schmelzenden Theile bedeutend erhöht. Wir haben einige Male gesehen, dass mit Vorsicht angewandte Douche eine beginnende, beschränkte Hypertrophie zur Zertheilung gebracht hat. Die Menstruation ist jedenfalls zu reguliren, da sie bei dieser Krankheit nur selten im Normalzustande bleibt und meist zu gering, die Congestionen nach der Brustdrüse begünstigt. Von Zeit zu Zeit ein Aderlass am Fusse, einige Blutegel an die äussren Geschlechtstheile applicirt, warme, aromatische Sitzbäder, salz- und salpetersaure Fussbäder, der innerliche Gebrauch des Borax, des Infusum Sabinae oder Rutae graveolentis, des Mutterkornes, der Eisenpräparate, der Aloë, der Drastica, wie Pillen aus Aloë, Rhabarber, Calomel und Colocynthis können je nach den besonderen hier nicht näher zu erörternden Indicationen sehr nützlich sein. Es versteht sich von selbst, dass wenn alle diese Mittel nichts helfen, die Geschwulst zunimmt, der Kranke über ihre Existenz und Natur unruhig wird, wenn Antiphlogistica, Resolventia, Compression und Emmenagoga ohne Erfolg angewandt worden sind, alsdann in der Operation allein Heil zu suchen ist, für welche wir nur bemerken wollen, das sie das ganze Krankhafte, nicht aber die ganze Brustdrüse wegnehmen muss, dass Hautersparniss anzurathen ist, und dass unmittelbare Vereinigung nach der Operation immer wenigstens versucht werden soll.

Bevor wir nun einzelne Krankheitsfälle anführen, wiederholen wir hier noch einmal, als den wichtigsten Punkt unserer Beobachtungen über diesen Gegenstand, dass wir in allen uns hievon vorgekommenen Fällen immer auf das Bestimmteste haben nachweisen können, dass diese lappenförmigen Geschwülste ausschliesslich aus Elementen zusammengesetzt waren, die in der normalen Brustdrüse vorkommen. Von allen Schriftstellern, die von dieser Affection gehandelt haben, hat gewiss A. Cooper die Natur derselben am besten erkannt. Indessen bleibt er doch ziemlich schwankend und spricht sich nicht deutlich aus, ob die Geschwulst eine Hypertrophie sei, oder ob sie nur ihren Ursprung in den Drüsenlappen nehme. Wir finden in seiner Abhandlung darüber folgende Stelle. „Die herausgeschnittene Geschwulst scheint beim ersten Anblick aus einer Vereinigung von voluminösen Lappen, denjenigen der Drüsen ähnlich, zu bestehen. Geht man aber in der Zergliederung weiter, so entdeckt man, dass sie aus einer Menge immer kleiner werdender Läppchen zusammengesetzt ist, die in ihrer Grösse variiren, aber in ihrer Form sich gleichen, und sich nach einer kurzen Maceration leicht trennen lassen."

Wir finden übrigens die gleiche Unbestimmtheit in den mitgetheilten Krankengeschichten, wie in der allgemeinen Beschreibung, und doch ist es von grosser Wichtigkeit, genau und scharf die innre Structur und Beschaffenheit obiger Geschwülste, die ungeachtet ihres verschiedenen Ansehens sich als Varietäten einer und derselben, gutartigen Alteration darstellen, zu bestimmen.

Wir wollen nun einige interessante Krankheitsfälle aus unseren eigenen Beobachtungen mittheilen, welche wir übrigens schon in unserer Physiologie pathologique beschrieben haben, und wir werden dann diesen Aufsatz über Brustdrüsenhypertrophie mit der Uebersetzung der von A. Cooper mitgetheilten Fälle beschliessen.

1) Hypertrophie eines kleinen Theils der Brustdrüse.

Eine siebenunddreissigjährige Frau von guter Constitution und gesundem Aussehen, verheirathet, aber kinderlos, seit ihrem zwölften Jahre menstruirt, hat immer eine gute Gesundheit gehabt, abgerechnet vorübergehende Magenbeschwerden und Leukorrhoe. Seit einigen Monaten hatte sie etwas geschwollene Füsse, eine Anlage, die in ihrer Familie erblich ist. An Krebskrankheiten erinnert sie sich unter ihren Verwandten nicht.. Vor fünf Jahren bemerkte sie zuerst, dass sie in der linken Brust eine kleine schmerzlose, haselnussgrosse Geschwulst trug. Bis vor einem Jahre war dieselbe schmerzlos, seitdem jedoch ist sie der Sitz stechender Schmerzen geworden.

Bei ihrem Eintritt in das Pitié-Hospital in Paris, wo ich die Kranke beobachtete, hatte die Geschwulst die Grösse einer Mandel; sie lag auf der äussren Seite der Brustdrüse, war unter der Haut deutlich zu fühlen, aber an ihrem unteren Theile nicht deutlich mit den Fingern zu umschreiben. Sonst bot die Kranke durchaus nichts Abnormes dar.

Die Hautbedeckungen über der Geschwulst wurden durch einen einfachen Schnitt getrennt, die Geschwulst dann mit einem Haken gefasst, von ihrer Umgebung lospräparirt, und so vollkommen exstirpirt.

Die frisch untersuchte Geschwulst fand ich von einer fibrocellulösen Hülle eingeschlossen, und nach Hinwegnahme derselben aus zwei Lappen bestehend, von denen sich der eine von der Grösse einer Haselnuss, der andre von der einer Bohne zeigte. Die Hauptlappen bestehen wieder aus einer Menge kleinerer, mehrere Millimeter grosser Lappen, und diese wieder aus secundären Läppchen, welche mit blossem Auge betrachtet, unter der Form feiner Granulationen erscheinen. Die Geschwulst ist nicht sehr gefässreich, indessen kann man einzelne Gefässschlingen bis in den Grund der secundären Läppchen verfolgen. Die Farbe des Gewebes ist gelbröthlich, der Anblick der ganzen Oberfläche hat dem Baue nach etwas Himbeerähnliches. Die kleinsten Läppchen mit einer schwachen Vergrösserung untersucht, schwanken zwischen $\frac{1}{7}$ und $\frac{1}{4}$ Millim. Breite auf etwas grösserer Länge, einige zeigen an ihrem Ende einen eingekerbten Rand. Mit stärkeren Vergrösserungen erkennt man im Innren dieser Läppchen ein strahliges Ansehen, mit Divergenz der Strahlen nach dem Grunde hin; auch sieht man deutliche Zellen von $\frac{1}{100}$ — $\frac{1}{70}$ Millim. mit Kernen von $\frac{1}{140}$ Millim., jedoch viel mehr Kerne als vollständige Zellen.

2) Partielle Brustdrüsenhypertrophie mit Cystenbildung.

Eine 32jährige Frau von kräftigem und blühendem Aussehen war während ihrer Kindheit immer gesund gewesen. Sie hatte in ihrem achtzehnten Jahre zum ersten Male ihre Regeln. Später verheirathete sie sich, ist aber nie schwanger gewesen. In ihrem 19ten Jahre hatte sie einen Abscess am Bein, und nach ihrer Aussage einen Carbunkel im Gesicht, wovon sich jedoch keine Spur von Narbe findet.

In ihrem 20sten Jahre fing sie an, die Entwickelung einer Geschwulst in der Brustdrüse wahrzunehmen. Ein Jahr später fing die Geschwulst an schmerzhaft zu werden, und es traten besonders zur Zeit der Regeln stechende Schmerzen in derselben ein, welche zwar nicht ihren Schlaf störten, sie jedoch bei Tage am Arbeiten hinderten. Die Geschwulst nahm schnell an Umfang zu, und seit dem 24sten Jahre ist sie nicht mehr bedeutend gewachsen. In den letzten 6 Monaten vor der Operation waren die Schmerzen heftig und anhaltend geworden.

Nach Anwendung verschiedener Behandlungsmethoden, namentlich Compression und Jodgebrauch, war nicht die geringste Besserung eingetreten; so entschloss sich denn Hr. Lenoir, der die Kranke behandelte, zur Operation, und nahm die Frau in einem seiner Krankensäle im Hôpital Necker in Paris auf, wo ich die Kranke sah.

Bei ihrer Aufnahme zeigte sie ein gutes Aussehen, ein sanguinisches Temperament, sie war trotz der Schmerzhaftigkeit des Uebels durchaus nicht mager geworden. Das örtliche Uebel, sowie Schmerz und Schlaflosigkeit abgerechnet, sind alle übrigen Körperfunctionen in gesundem Zustande. Die rechte Brustdrüse ist doppelt so gross als die linke und hängt durch ihre Schwere herab. Die sie bedeckende Haut ist gesund, durchaus ohne alle Adhärenzen mit den umgebenden und darunter liegenden Gebilden. Selbst durch sorgfältiges Befühlen konnte man keine deutlich umschriebene abgesonderte Geschwulst wahrnehmen, und die kranke Brustdrüse fühlte sich wie einfach hypertrophisch und verhärtet an. Trotz der heftigen spontanen Schmerzen ist dennoch der Druck nicht schmerzhaft gewesen.

Die Operation wurde nun auf folgende Art gemacht. Zwei krummlinige, eine Hautellipse umfassende Schnitte umschreiben die Geschwulst, auf deren Mitte sich die Brustwarze befindet; ihre Richtung ist schief von oben nach unten und von aussen nach innen. Die Operation wird dadurch erschwert, dass die Geschwulst nicht deutlich umschrieben ist, es muss daher die rechte Brustdrüse in ihrem ganzen Umfange hinweggenommen werden. Die Vereinigung per primam intentionem wurde versucht, die Wunde durch Nähte und Heftpflaster vereinigt, bald jedoch zeigte sich ein Erysipel, welches die unmittelbare Vereinigung hinderte; es trat Eiterung und gute Granulationsbildung ein, und so verliess die Kranke das Hospital nach wenigen Wochen geheilt.

Die Untersuchung der hinweggenommenen Geschwulst zeigt in derselben ein der Structur der Brustdrüse durchaus ähnliches Gefüge, sie hat eine rundliche Gestalt, ist besonders in transversaler Richtung entwickelt, bietet eine glatte Oberfläche und einen lappenförmigen Bau dar. Mit den umgebenden Theilen ist sie nur durch Zellgewebe verbunden. Die Färbung der Oberfläche zeigt auf weissem Grunde eine Menge 1 — 3 Millim. grosse grünliche Flecken. Wenn man durch dieselben einen Schnitt führt, so erkennt man in ihnen kleine Höhlen, welche mit einer rostfarbenen oder grünlichen, klebrigen Flüssigkeit gefüllt sind. Die ganze hypertrophische Brustdrüse ist von solchen Höhlen, mit Flüssigkeit gefüllt, durchsetzt. Die Zergliederung zeigt ferner, dass die Geschwulst sich am hinteren Theile der Brustdrüse entwickelt und den nicht hypertrophischen Theil derselben nach vorn gedrängt und so abgeplattet hat, dass sie kaum 4 — 5 Millim. Dicke hat; ein Theil der Drüse jedoch, welcher nach oben und aussen gedrängt worden ist, hat seine normale Dicke erhalten.

Höchst merkwürdig ist der Umstand, den ich zur Zeit bei der Beschreibung dieses Falls in der Gazette médicale erwähnt, aber in meiner Physiologie pathologique anzuführen vergessen habe, dass nämlich eine Menge hypertrophischer Nerven zu der Geschwulst gehen, und dass so jeder grössere Lappen einen kleinen Nervenstamm und die secundären Lappen Nervenäste erhalten. Hierdurch erklärten sich die bedeutenden continuirlichen Schmerzen in der Geschwulst vor der Operation.

Die frisch herausgenommene Geschwulst wog 650 Gramm. Das Gewebe derselben mikroskopisch untersucht, zeigt bei schwachen Vergrösserungen einen deutlich drüsigen, lappigen Bau aus grösseren und kleineren abgerundeten länglichen Lappen zusammengesetzt; man erkennt übrigens in den Gruppen der Läppchen keine regelmässige Theilung, sondern die Läppchen von $\frac{1}{10}$ — $\frac{1}{5}$ Millim. liegen zusammen. Die Contour jedes Läppchens ist sehr deutlich. Ihr Inneres ist von einer sehr schönen Zellenschicht, wahrscheinlich Epithelium, ausgekleidet, in welcher man deutlich Kerne und Kernkörperchen, aber nur wenig vollständige Zellen erkennt. Die vollständigen Zellen haben $\frac{1}{100}$ Millim. Grösse, die Wand ist blass und gleichmässig, die Kerne sind rund oder elliptisch von $\frac{1}{200}$ — $\frac{1}{150}$ Millim., die Kernkörperchen feine Punkte von $\frac{1}{800}$ bis $\frac{1}{600}$ Millim.

Das Drüsengewebe ist überall von einer dichten Zellgewebeschicht umgeben, und die von körniger Zwischenmasse umgebenen Fasern haben im Allgemeinen eine concentrische Richtung in Bezug auf die Gruppen der Drüsenläppchen. Es ist dies deutlich hypertrophisches Zellgewebe. Die Flüssigkeit, welche in den kleinen Höhlen des Gewebes enthalten war, enthielt eine Menge rundlicher oder eiförmiger Körper von $\frac{1}{100}$ — $\frac{1}{25}$ Millim. mit einem kleinen Kern von $\frac{1}{200}$ Millim. Die Flüssigkeit selbst war dicklich, feinkörnig und enthielt viele Rudimente dieser Zellen im Zustande der Zersetzung. Dieselben boten übrigens nicht die geringste Aehnlichkeit mit denen der Krebsgebilde dar, mit welchem sie zur Zeit nur ungenaue und oberflächliche Untersuchung verwechseln konnte, was ich damals (Anfangs 1845) in der Gazette médicale ausführlich dargethan habe.

3) Hypertrophie der Brustdrüse mit fibro-colloider Umwandlung eines Theils derselben.

Eine 40jährige kräftige Frau, verheirathet, Mutter von 2 Kindern, seit ihrem 16ten Jahre regelmässig menstruirt, hat immer einer guten Gesundheit genossen. Vor 6 Jahren bemerkte sie zuerst eine kleine Geschwulst in der linken Brustdrüse, welche mehrere Jahre hindurch nur sehr langsam wuchs und durchaus nicht schmerzhaft war. Seit 2 Jahren jedoch nahm sie schneller an Umfang zu und wurde schmerzhaft. Die Kranke kam nun nach Paris ins Hôtel Dieu, um sich operiren zu lassen. Die Geschwulst hatte den Umfang zweier Fäuste und ihren Sitz auf der äusseren Seite der Brustdrüse. Die bedeckende Haut war verdünnt, zeigte deutlich ausgedehnte Venen, aber nirgends eine Spur entzündlicher Reizung. Die Geschwulst war unter der Haut beweglich, und trotzdem, dass die Kranke sehr wohlbeleibt war, bildete sie eine bedeutende Hervorragung und verursachte der Kranken das Gefühl höchst lästiger Schwere.

Die von Herrn Blandin ausgeführte Operation bot keine Schwierigkeit dar, während derselben wurde eine Cyste geöffnet, aus welcher eine dunkelfarbige klebrige Flüssigkeit ausfloss. Die Geschwulst von dem umgebenden Fettgewebe getrennt, wog zwei Pfund. Der hintere Theil derselben zeigte da, wo er den grossen Brustmuskel berührte, eine Cyste, welche ihren unteren Theil bedeckte, in den Balg hineinragte, ohne ihn jedoch durchbrochen zu haben. Hier zeigte die Geschwulst deutlich einen lappigen Bau und eine Menge kegelförmiger Hervorragungen. Ein dichtes Faserzellgewebe umgab dieses ganze Gewächs. Die Farbe seiner kegelartigen Hervorragungen war gelblich und bot einen blumenkohlartigen Anblick dar. Das Gewebe derselben war wenig gefässreich, ziemlich fest, weissgelblich. Am oberen Theile der Geschwulst zeigte sich deutlich die Brustdrüse, von der jene ein durch starke Entwickelung sich allmählig gelöst habender Theil war. Bevor wir die Structur derselben näher beschreiben, wollen wir hier nur bemerken, dass die Kranke nach der Operation an einer Brustentzündung zu Grunde ging. Die Leichenöffnung wies ausser derselben nichts Krankhaftes nach.

In den Lappen der Geschwulst fand sich die oben beschriebene

Structur dieser Drüse; ausserdem aber bestand der äussere Theil des Gewebes aus einem theils mattweissen, theils aus halbdurchsichtigem colloidartigem Gewebe. Dieses scheint eine Menge Höhlen zu enthalten, bei genauer Untersuchung jedoch zeigt sich, dass sie von durchsichtiger saftreicher Substanz ausgefüllt sind. Die mikroskopischen Elemente der Geschwulst sind hauptsächlich fibroplastische und zeigen alle Zwischenformen zwischen Zellen und Fasern. Ausserdem sieht man eine grosse Menge sich durchkreuzender deutlicher Fasern als Basis dieses Gewebes. In der durchsichtigen Substanz, welche Fasern und intermediäre Zellbildung mit einander verbindet, finden sich keine deutlich mikroskopisch wahrnehmbaren Formelemente.

Was die von A. Cooper mitgetheilten Fälle betrifft, so sind sie in kurzem Auszuge folgende:

1) Eine junge 27jährige unverheirathete Dame, welche eine oberflächliche, bewegliche Geschwulst von geringem Umfang in der Brustdrüse trug. Fünf Jahre früher war ihr eine ähnliche Geschwulst exstirpirt worden. Die Geschwulst wurde exstirpirt, und zeigte eine lappige Structur, wie die der Brustdrüse, mit welcher sie durch Fasergewebe und eine Verlängerung von Drüsengewebe zusammenhing.

2) Eine verheirathete Dame, welche mehrere Kinder gehabt hatte, trug seit 2 Jahren eine ähnliche lappige Geschwulst in der Brustdrüse; sie hatte auf dieser Seite nicht die Brust geben können; sie liess die Exstirpation machen, weil die Geschwulst von Zeit zu Zeit schmerzhaft wurde und im Arme ein Gefühl von Zusammenziehung bewirkte.

3) Eine Dame, welche seit 2 Jahren eine solche Geschwulst, die jedoch keine Fortschritte zu machen schien, in der Brust trug. Ihre Schwester hatte ein ähnliches Uebel gehabt, welches durch Calomel-Pillen und ein Pflaster von Mercur mit Ammoniak abgenommen hatte.

4) Eine Dame, welche eine solche lappige Geschwulst von der Grösse einer Nuss hatte. Die Geschwulst wurde exstirpirt und zeigte sich ganz aus grösseren und kleineren Lappen zusammengesetzt.

5) Eine Dame, welche von einer ähnlichen Geschwulst durch den Gebrauch von Cascarille, Rheum und Natron geheilt wurde.

6) Eine 22jährige junge Dame hatte vor ihrer Verheirathung eine solche Geschwulst, welche von selbst verschwand, nachdem die Kranke ein Kind bekommen hatte, welches sie selbst nährte.

7) Eine 42jährige Dame hatte seit 2 Jahren eine harte unregelmässige Geschwulst in der rechten Brustdrüse; keine Achseldrüse war angeschwollen. Die Geschwulst wog 1½ Pfund. Die Kranke genas voll-

kommen nach der Operation; sie war verheirathet, hatte jedoch keine Kinder. Noch 10 Jahre nach der Operation befand sie sich vollkommen wohl.

8) Eine 33jährige Dame trug in der rechten Brust seit 7 Jahren eine nussgrosse Geschwulst, welche man durch die Haut hindurch als gelappt fühlen konnte. Sie war zuweilen schmerzhaft, besonders zur Zeit der Regeln, und die Schmerzen erstreckten sich bis zur Schulter. Ueber den Ausgang der Geschwulst ist nichts mitgetheilt.

9) Eine 34jährige unverheirathete Dame trug in der rechten Brustdrüse am oberen Theile derselben eine kleine Geschwulst, welche exstirpirt wurde und sich ganz aus brustdrüsenähnlicher Substanz zusammengesetzt zeigte; sie war in fibrocellulöses Gewebe eingebalgt und hing mit der Brustdrüse durch eine Verlängerung des Drüsengewebes zusammen.

10) Eine Dame, welcher Sir A. Cooper im Jahre 1814 eine Brustdrüsengeschwulst exstirpirt hatte, und die einige Monate später an einer Anschwellung des rechten Ovariums zu leiden anfing, consultirte ihn wieder im Jahre 1828 wegen eines Uebels am Arm. Bei dieser Gelegenheit konnte er die Heilung der Eierstocksgeschwulst und das Nichteingetretensein eines Recidivs in der Brustdrüse constatiren.

II. Gutartige homöomorphe Geschwülste der Brust.

Was die zweite Klasse der Brustdrüsengeschwülste, die gutartigen, homöomorphen, nicht rein hypertrophischen, betrifft, so wollen wir über diese, sowie über die Parasiten und über die Blutergussgeschwülste der Brust nur einige kurze Bemerkungen mittheilen, um dann wieder länger beim Krebse der Brustdrüse als leider der häufigsten und zugleich gefährlichsten Geschwulstform zu verweilen.

1) Die Warzengeschwülste sind auf der Haut der Brustdrüsengegend selten. Ich habe sie auf der vorderen Seite der Brust beobachtet, aber ohne Zusammenhang mit den unter der Haut liegenden Geweben, deutlich durch ihre papillare Oberfläche, ihr reines Localsein und ihre Entstehung charakterisirt, und namentlich selbst in ihrem oberflächlichen Sitze ausser allem näheren Zusammenhange mit der Brustdrüse.

2) Erectile gutartige Geschwülste, reine Angiektasien oder Telangiektasien habe ich nur im kindlichen Alter in der Gegend der Brust gesehen, aber auch dieses sind reine Hautgeschwülste und haben mit dem sogenannten krebsartigen Blutschwamme eigentlich nichts zu thun,

können daher überhaupt gar nicht zu den Krankheiten der Brustdrüse gezählt werden.

3) Bei Gelegenheit der Balggeschwülste habe ich einen Fall citirt, in welchem ein haselnussgrosses Atherom in der Gegend der Brustwarze sass und für einen beginnenden Scirrhus gehalten wurde. Solche Fälle kommen auch nur sehr selten vor, und genaue Untersuchung, die Kleinheit, das Abgerundetsein, der Sitz des Uebels in der tiefern Hautschicht, die Abwesenheit beunruhigender localer und allgemeiner Erscheinungen sichern die Diagnose.

4) Fibroplastische, sarkomatöse Geschwülste kommen ebenfalls nicht häufig in der Brustdrüse vor. Ich habe einen Fall der Art beobachtet und ihn bereits in meiner Physiologie pathologique mitgetheilt. Es ist dies folgender:

Gutartige fibroplastische Geschwulst der Brustdrüse, in ihrem äusseren Ansehen Aehnlichkeit mit Markschwamm zeigend.

Eine 40jährige verheirathete Frau von kräftiger Constitution, ist nie ernstlich krank gewesen. Kein Mitglied ihrer Familie hat eine Krebskrankheit gehabt. Seit dem 14ten Jahre ist sie menstruirt gewesen, sie hat 5 Kinder und einmal Abortus gehabt. Jedesmal nach der Entbindung fehlte durchaus das Milchfieber, und ihre von Natur kleinen Brüste schwollen nur sehr wenig an und sonderten fast keine Milch ab. Drei Monate nach ihrer letzten Entbindung zeigte sich in der Brust der linken Seite eine kleine härtliche Geschwulst von der Grösse einer Haselnuss, welche gegen Berührung empfindlich und unter der normal gebliebenen Haut leicht verschiebbar war. Zuweilen spürte die Kranke Eingeschlafensein und Schmerzen in der Achsel und im Arme. Nach ungefähr 3 Monaten hatte die Geschwulst die Grösse eines Taubeneies erreicht. Die Kranke kam in das Hôtel-Dieu in die Krankensäle des Herrn Roux. Hier wurden Einreibungen mit Jodkali und Compression angewendet. Die Geschwulst nahm ab, und so verliess die Kranke das Hospital, um die Behandlung zu Hause fortzusetzen. Bald jedoch wuchs die Geschwulst von Neuem und nun kam sie wieder ins Spital, um sich operiren zu lassen.

Vor der Operation hatte die Geschwulst 3—4 Centimeter Länge, 2—3 Centimeter Breite und $1\frac{1}{2}$ Cent. Dicke. Sie hatte eine schiefe Richtung und fühlte sich uneben und höckerig an; sie war beweglich, die bedeckende Haut normal, Berührung war nicht schmerzhaft, jedoch zeigten sich zuweilen spontan stechende Schmerzen. Nirgends in der

Umgegend bestand eine Drüsenanschwellung. Die Lage der Geschwulst war nach aussen und etwas höher als die Brustwarze und schien in einem Theile der Brustdrüse ihren Ursprung genommen zu haben. Wenn man diese drückte, so kam aus der Brustwarze eine durchsichtige klebrige Flüssigkeit heraus; nach innen fühlte man eine Verlängerung der Geschwulst bis zur Warze hin. Der allgemeine Zustand der Gesundheit war gut.

Die Operation bot nichts Bemerkenswerthes dar.

Die Untersuchung der Geschwulst zeigt vor Allem in der erwähnten, nach der Warze hingehenden Verlängerung einen erweiterten, verdickten Milchgang mit dichter, fibröser Wand, welcher eine durchsichtige, zähe, klebrige Substanz enthält. Das Gewebe der Geschwulst selbst besteht aus weiten fasrigen Maschen, deren Umgrenzungen mehrere Millimeter dick sind, von weisser Farbe, fester Consistenz, ein weiches, lappiges, ziemlich gefässreiches Gewebe einschliessend. Im Maschengewebe sieht man besonders Fasern, in dem weichen Gewebe fibroplastische Elemente, Zellen mit Kernen, verlängerte Zellen, geschwänzte Körper mit und ohne Kerne, als bindende Masse eine feinkörnige, halbdurchsichtige Substanz, nirgends Fett, stellenweise die Normalelemente der Brustdrüsenelemeute.

5) Die Zellgewebebalggeschwülste der Brustdrüse gehören keineswegs zu den grossen Seltenheiten und kommen wohl von den gutartigen Geschwülsten, die partielle Hypertrophie abgerechnet, von welcher, wie wir oben gesehen haben, die Cystenbildung oft nur eine Complication ist, hier am häufigsten vor. A. Cooper hat die einfachen Zellencysten sehr gut unter dem Namen Zellenhydatiden beschrieben. Sie treten, wenn sie einfach sind, als umschriebene Geschwülste auf, welche oft im Umkreise von verhärtetem Zellgewebe umgeben sind, was im Anfange ihr Erkennen erschwert; später jedoch, wenn sie sich mehr ausdehnen, fühlt man die Fluctuation deutlicher, sie bieten dann alle den Cystengeschwülsten eigenthümliche Charaktere dar, und können durch die Anhäufung der Flüssigkeit ein sehr bedeutendes Volumen erreichen, so dass sie die bedeckende Haut ausdehnen, die Venen derselben erweitern und varicös machen. Eine explorative Punction wird alle Zweifel heben, wenn man nicht genau weiss, ob man es mit einem kalten Abscess oder mit einer Cyste zu thun hat. In einzelnen seltenen Fällen, wovon A. Cooper ein Beispiel anführt, kann die Flüssigkeit den umhüllenden Balg so ausdehnen, dass dieser am Ende berstet und eine seröse oder schleimige Flüssigkeit ausleert. Zuweilen verdanken diese Cysten den Resten eines Blutergusses ihren Ursprung und

können auch in der Hypertrophie des interstitiellen Zellgewebes der Brustdrüse vorkommen. Was bei solchen Cysten selbst in späteren Stadien die Diagnose erschweren kann, ist der Umstand, dass die Wände der Cyste sich verdichten und successiv aus dichtem fibrösen Gewebe, aus scheinbar fibrocartilaginösem, und später aus pseudoossificirtem Gewebe durch Ablagerung von Salzen und Concretionen bestehen können.

Die von Nelaton und Bérard gut beschriebenen multiloculären Cysten der Brustdrüse bieten zwei Varietäten dar, von denen die eine, von A. Cooper, Cumin und Warren bereits beschrieben, aus einer soliden Cyste besteht, in deren Wand von einander unabhängig sich secundäre Cysten bilden, welche theils Flüssigkeit, theils solideres Fasergewebe enthalten können. Zuweilen bilden sich sogar auf der inneren Wand der Hauptcyste traubenförmige Auswüchse secundärer Cysten. Diese Geschwülste können sehr umfangreich werden. A. Cooper hat eine von 9 Pfund und eine andere von 35 Zoll im Umfange exstirpirt, und Warren citirt die Operation einer solchen Geschwulst, welche 13 Pfund wog. Diese Geschwülste können durch die übergrosse Ausdehnung der Theile an der Oberfläche ulceriren, zeigen jedoch Abwesenheit aller Drüsenanschwellung in der Umgegend. Ausser einfachen und multiloculären Cysten können sich endlich einfache Cysten von ziemlichem Umfang in derselben Brust in einer gewissen Anzahl vorfinden. Velpeau hat sie als Kystes séro-sanguins beschrieben und leitet sie meist von einer äusseren Gewaltthätigkeit ab.

Als diagnostische Merkmale führt Bérard [1]) für diese verschiedenen Arten von Cysten hauptsächlich folgende an: Unregelmässige Oberfläche, langsame Entwickelung, Unabhängigkeit von der Menstruation, Intactbleiben der allgemeinen Gesundheit, erst dunkle, dann deutliche Fluctuation, Entstehen aus einer umschriebenen kleinen Geschwulst. Explorative Punction und Anamnese sind oft genau anzustellen, um zu einer sichern Diagnose zu gelangen, was nicht immer leicht ist.

6) Fettgeschwülste findet man nur selten in der Brustdrüse. Dr. Bécourt in Thann, im Elsass, zeigte mir auf der Durchreise im Frühjahr 1843 eine solche Fettgeschwulst, welche er aus der Brustdrüsengegend exstirpirt hatte. Ich untersuchte die Geschwulst und fand sie ganz aus mit wenigem Zellgewebe durchwachsener lipomatöser Masse zusammengesetzt. A. Cooper erwähnt einer solchen exstirpirten Geschwulst, welche 14 Pfund und 10 Unzen wog. Bald homogen und

[1]) Bérard Diagnostic des tumeurs du sein. Paris 1842, pg. 75 et 76.

glatt, bald von mehr unebener Oberfläche, charakterisiren sich diese Geschwülste durch die bekannten Zeichen, welche Lipome im Allgemeinen erkennen lassen, so wie durch die Abwesenheit von sympathischer Drüsenanschwellung und von Mitleiden des Allgemeinbefindens. Diejenige Form, welche wir als Cholesteatom beschreiben, findet sich selten in der Brustdrüse als idiopathische Geschwulst; aber man kann Anhäufungen von Cholestearin in Balggeschwülsten, in partieller Hypertrophie, sowie im Krebs als accidentelles Element antreffen.

7) Fibröse Geschwülste finden sich sehr selten in der Brustdrüse. Unter den zahlreichen Geschwülsten dieses Organs, welche wir 'untersucht haben, fand sich kein einziges Beispiel davon, und mehrere von den Autoren angeführte Fälle der Art scheinen uns nichts anderes zu sein, als Zellgewebehypertrophie oder partielle Brustdrüsenanschwellung

8) Knorplige oder knochige Geschwülste sind einige Male in der Brustdrüse beobachtet worden. A. Cooper citirt ein solches Beispiel (pag. 523. der französischen Ausgabe seiner Werke). Die Geschwulst war hart und besonders beim Annähern der Menstruation schmerzhaft; ihre Entwickelung war langsam vor sich gegangen; die damit behaftete Person war nur 32 Jahre alt; die Achseldrüsen waren vollkommen normal, der allgemeine Gesundheitszustand sehr gut. Die Zergliederung der Geschwulst zeigte als Hauptelement Knorpelgewebe, von welchem ein Theil ossificirt war. Joh. Müller in seiner vortrefflichen Abhandlung über Enchondrom führt ebenfalls einen Fall von Knorpelgeschwulst der Brustdrüse an. Velpeau hat mehrere Fälle der Art mit theilweiser Verknöcherung beobachtet. Bérard citirt in seinem Werke über Brustdrüsengeschwülste (pag. 103.) mehrere Fälle von Knochengeschwülsten, die von Morgagni, Wolff, Bidloo und Bonnet beschrieben worden sind, und hat ausserdem selbst folgenden Fall beobachtet:

„Eine devote Nonne lebte in tiefer Traurigkeit und führte eine elende Existenz wegen anhaltender Respirationsbeschwerden. Sie war immer von Furcht vor einem Brustkrebse geplagt. Ihre Brüste waren in dem Grade verhärtet, dass sie beim Anfühlen die Härte des Steins hatten und die Haut der Brust so sehr gespannt, dass sie durch diese Spannung den Ringen eines Fasses ähnlich sah. Obschon das junge Mädchen gegen ihr Uebel viele Mittel angewendet hatte, so war doch der tödtliche Ausgang nicht abzuwehren. Neugierig zu wissen, was in den Brustdrüsen vorgegangen war, untersuchte ich dieselben nach dem Tode, indem ich die Haut dem Sternum parallel spaltete und von den Schlüsselbeinen bis zum Schwertfortsatze trennte. Sogleich zog sie sich zurück, wie die Saite eines abgespannten Bogens und das Brustbein befand sich plötzlich bedeutend entblösst. Die Brustdrüse sammt der Geschwulst, welche ihr die abnorme Gestalt und Schwere gab, vom Thorax getrennt, stellte eine ganz knöcherne Halbkugel dar, die so hart war, dass man sie mit einem scharfen Scalpell nicht durchschneiden konnte. Diese Knochengeschwulst war mit der umgebenden Haut so innig verwachsen, dass man sie durchaus nicht von ihr trennen konnte."

Die dritte Klasse der gutartigen Brustdrüsengeschwülste, die Parasiten, sind besonders thierischen Ursprungs. Bis jetzt hat man, so viel ich weiss, nur unter lebenden Wesen Hydatiden nachgewiesen, welche Blasenwürmer (Echinococci) enthalten, wie fast in andern Theilen und Organen, aus halbdurchsichtigen hydatidösen Membranen, welche in ihrem Inneren eine seröse Flüssigkeit und viele secundäre Hydatiden einschliessen, zusammengesetzt waren, und deren Inhalt aus einer klaren Flüssigkeit und einer ziemlich grossen Zahl kleiner weisslichen Körnchen bestand, welche unter dem Mikroskope sich aus Echinococcen-Gruppen zusammengesetzt zeigten. Diese belebten Hydatiden erregen meist um sich herum eine exsudative Entzündung, so dass sie von einem verhärteten Gewebe umgeben werden, und deshalb nicht eine so deutliche Fluctuation darbieten, als man a priori annehmen könnte; diese ist vielmehr in der Regel tief und central, von diffuser Verhärtung umgeben. A. Cooper führt einen höchst merkwürdigen Fall lebender Hydatiden in der Brustdrüse an, in welchem die Entzündung in Eiterung und Ulceration übergegangen war, und so der ganze Hydatidensack ausgestossen wurde. Das Präparat dieses Krankheitsfalles ist in der Sammlung des St. Thomas-Spitales in London aufbewahrt. Indessen besitzt die Wissenschaft noch nicht hinreichend zahlreiche Fälle, um ganz genügende, unterscheidende Merkmale für eine sichere Diagnose dieser Affection zu liefern. Eine interessante Krankengeschichte dieses Uebels, welche Bérard erzählt, haben wir in unsrer Physiologie pathologique mitgetheilt.

Die vierte Klasse der gutartigen Geschwülste der Brustdrüse endlich besteht aus denjenigen, welche das Product eines Blutergusses sind, den fibrinösen, den Blutergussgeschwülsten. Sie können spontan entstehen und in dem Bersten eines oder mehrerer Gefässe ihren Grund haben, was durch einen Congestionszustand, der gewöhnlich mit unregelmässiger Menstruation zusammenhängt, bedingt wird. Man trifft sie in der Mehrzahl der Fälle bei unverheiratheten Frauen an. Man erkennt sie leicht an der elastischen Spannung und der bläulichen ekchymotischen Färbung, die sie namentlich im Anfang darbieten. In der Mehrzahl der Fälle aber haben sie ihren Grund in einer Contusion, sei es durch einen Schlag oder einen Fall, oder einer sonstigen äussern Gewalt. Selten kommt man dazu, solche Geschwülste in ihrem Beginnen zu beobachten; oft sind schon mehrere Jahre verflossen, und daher sieht man denn auch keine Spur mehr von äusserer Ekchymose. Die bedeckende Haut ist vollkommen unversehrt, so auch die Brustwarze; weder die eine noch die andere zeigen anomale Verwachsungen. Gewöhnlich sitzt die Geschwulst auf der Oberfläche der Drüse und bietet beim Anfühlen eine elastische Consistenz dar, sowie das Ansehen einer vollkommen abgerundeten Beule. Da sie sich ebenso gut bei alten wie bei jungen Frauen vorfindet, so kann sie in ersterem Falle den Verdacht von Krebs erregen; ihre Consistenz indessen, das Fehlen von Verwachsungen, ihre vollkommene Indolenz, sowie auch die Abwesenheit von allgemeinen Symptomen, der gute Kräftezustand, das gesunde Aussehen, das Nichtangegriffensein der Nervenfunctionen und der Verdauung, alles dies lässt in denselben leicht die gutartige Natur erkennen. Und doch haben wir eine Geschwulst dieser Art als Encephaloid exstirpiren sehen. Untersucht man die Structur dieser Geschwülste näher, so sieht man, dass sie aus vielen nebeneinander liegenden Cysten bestehen, die nicht mit einander communiciren; ihre Hülle ist fibrös oder fibro-cellulös, ihr Inhalt elastisch consistent, von gelber bis zu dunkelrother Färbung, zuweilen von röthlicher Flüssigkeit umgeben. Meist kann man den Inhalt leicht von seiner Umhüllung trennen. Durch das Mikroskop entdeckt man darin folgende Elemente: ein fibrinöses Gewebe, Blutkörperchen in coagulirten Faserstoff eingehüllt, körnige Körperchen und Cholestearinkrystalle, die zwei letzteren Elemente verdanken wahrscheinlich einem Congestionszustande, der in den Wandungen der Cysten sich bildet, ihren Ursprung; vielleicht sind sie auch directes Product der Blutcoagulation selbst.

2. *Von den heteromorphen Geschwülsten der Brustdrüse.*

Hierher gehören die tuberculösen und die krebsartigen Geschwülste. Wir wollen hier nicht in die Beschreibung der ersteren näher eingehen, da die tuberculösen Blutdrüsengeschwülste fast immer mit der allgemeinen tuberculösen Diathese im Zusammenhange, sich leicht aus der Tuberkelablagerung in anderen Organen und aus dem Alter der Kranken, welche sich in der Kindheit oder dem Anfange der Pubertät befinden, erkennen lassen. Diese Geschwülste sind beweglich und gehen keine Verwachsungen mit der Haut und Brustwarze ein, gleichen aber zuweilen den Krebsgeschwülsten, wenn der Tuberkelstoff durch Infiltration abgelagert ist. Nicht selten erweichen sie sich am Ende und die Tuberkelmaterie wird durch Eiterung ausgeschieden. Zuweilen gehen diese Geschwülste in eine kreidige Masse über und bleiben dann das ganze Leben hindurch umschrieben, hart, beweglich und indolent. Auch scheint uns die Beobachtung durchaus nicht die Meinung zu bestätigen, dass die tuberculösen Geschwülste der weiblichen Brust im kritischen Alter der Sitz einer krebsartigen Entartung werden könnten, Selten erfordern sie chirurgische Hülfe; zuweilen aber giebt es in ihnen tiefe Eiterungen, und nicht immer ist die Diagnose und Eröffnung solcher Abscesse leicht. Haben diese Geschwülste noch nicht lange bestanden, so würden wir ausser allgemeiner Jodbehandlung Einreibungen mit der Salbe des Deutojoduretum mercurii (gr. vj — x pro ℥j Axungiae) empfehlen, welche uns in der Behandlung der tuberculösen Halsdrüsen gute Dienste geleistet hat, da sie, während sie die äusseren Bedeckungen stark reizt, sehr die Resorption befördert, ohne Eiterung hervorzurufen.

Nach dieser kurzen Digression gehen wir zur näheren Beschreibung des Brustkrebses über.

Von dem Brustkrebse.

Der Brustkrebs ist also, wie wir schon oben bemerkt haben, die häufigste aller Brustdrüsengeschwülste. Wenn es erlaubt ist, hier eine Hypothese zu wagen, so möchten wir den Grund hiervon darin suchen, dass der Krebs nach unserer Ansicht und unseren Untersuchungen eine Blutkrankheit ist und in einer specifischen Veränderung dieser Mutterflüssigkeit des menschlichen Körpers seinen letzten Grund hat, diese aber offenbar in Schwächung des ganzen Organismus ein bedeutendes Moment der Prädisposition findet. Wenn das junge Mädchen nach der ersten Pubertätsentwickelung viel schöner und blühender ist, als der gleichalterige Jüngling, so findet sich dieser scheinbare Vorzug bedeutend dadurch compensirt, dass der Mann noch lange im Besitze seiner vollen Kräfte und seines guten Aussehens bleibt, wenn schon längst die Reize der gleichalterigen Frau verwelkt sind. Die Frau hat in der That ein physisch härteres Dasein als der Mann. Schwangerschaft und Geburt, abwechselndes Ausdehnen und Erschlaffen vieler Theile ihres Körpers, die damit nothwendig verbundenen Schwankungen und Verschiedenheiten in der Blutvertheilung führen hier offenbar frühes Abgenutztsein aller zur Fortpflanzung nöthigen Theile und frühere Schwächung des ganzen Körpers herbei. Bei der Frau beschränkt sich daher die Zeugungsfähigkeit kaum auf die Hälfte, bei dem Manne auf mehr als drei Viertel der Lebensdauer. Mit der durch diese grösseren Angriffe auf den ganzen Organismus entstandenen Schwäche, besonders in der zweiten Hälfte des Lebens, fällt nun auch die fast doppelt so grosse Prädisposition für Krebs bei Frauen in Vergleich mit den Männern zusammen, und unter den besonders prädisponirten Organen der Frau sind auch diejenigen, welche in ihren Functionen so vielfach in Anspruch genommen werden (Gebärmutter und Brustdrüse) die traurigen Electionsorgane der Krebsablagerung. Die Brustdrüse scheint nun noch besonders prädisponirt zu sein, da sie viel weniger bei der Fortpflanzung in Anspruch genommen, für das ganze Leben einen Mechanismus des Kreislaufs, der Ernährung und Absonderung hat, welcher im Verhältniss zum Uterus ungleich weniger in Anspruch genommen wird. Wir wissen durch unsere Untersuchungen über den Kreislauf in den Drüsen, so weit wir ihn in lebenden Thieren, namentlich in der Zunge des Frosches, haben untersuchen können, dass eine der Hauptbedingungen der Absonderung eine Verlangsamung des Kreislaufs durch grösseres Gewundensein der Gefässe ist, weil je langsamer das Blut durch die Gefässwandungen strömt, desto leichter auch Stoffe durch dieselben hindurch siekern. Ein Organ, das also wie die Brustdrüse durchaus für die Absonderung organisirt ist, aber während der grössten Zeit des Lebens ausser aller Function ist, wird dadurch schon mehr als viele andere geeignet, krankhafte Stoffe in örtlicher Ablagerung aus dem Blute auszuscheiden.

Wie in allen andren Organen machen die verschiedenen Krebsformen, die man in der Brustdrüse antrifft, eine einzige krankhafte Affection aus, und wir verwerfen als der Erfahrung durchaus widersprechend die Lehre der Autoren, welche von Scirrhus sprechen, der in Krebs übergehe, und welche den Medullarschwamm der Brustdrüse als vom Krebse verschieden ansehen. Zahlreiche Untersuchungen über den Krebs haben uns gezeigt, dass eine Krebsgeschwulst immer von Anfang, von ihrer ersten Bildung an mit allen nothwendigen Elementen, die den ganz ausgesprochenen Krebs charakterisiren, versehen ist. Ausserdem haben wir alle Zwischengrade, was die Consistenz, Vascularität, Ausdehnung etc. betrifft, zwischen scirrhösem und encephaloidem Krebs angetroffen. Wir haben endlich die Beobachtung mehrer neuen Autoren vollständig bestätigt gefunden, dass nämlich, wenn eine scirrhöse Geschwulst sich in der Brustdrüse entwickelt hat, man oft Encephaloidgeschwülste in andren Organen antrifft, im Fall die Krankheit die Periode der allgemeinen Krebsinfection erreicht hat. Die Unterscheidung zwischen hartem, nicht ulcerirtem Scirrhus, und dem ulcerirten Krebs, Cancer apertus, bezeichnet nichts, als die verschiedenen Entwickelungsphasen einer und derselben krankhaften Affection. Wenn wir nun physiologisch nur eine Krebsart annehmen, so wollen wir doch für den Praktiker den harten und weichen Krebs der Brustdrüse, da er in seinem ersten Auftreten Verschiedenheiten darbietet, trennen.

Der harte Krebs, Scirrhus, beginnt in der Brustdrüse unter der Form eines harten Knötchens, welches meist in seiner Entwickelung erst dann erkannt wird, wenn es die Grösse einer Haselnuss oder einer Mandel erreicht hat. Ganz zu Anfang ist diese Geschwulst noch beweglich, die Haut darüber normal, die Schmerzen gering, das Allgemeinbefinden leidlich, wiewohl es Fälle giebt, in denen Schwäche, Magerkeit und Allgemeinleiden schon früh eintreten, der Localisation des Uebels vorhergehen. Nun dehnt sich die kleine Geschwulst aus, sie erreicht successiv die Grösse einer Wallnuss, eines Hühnereis etc. Im Anfange behält sie hier noch eine abgerundete Gestalt. Jetzt aber fängt die Beweglichkeit derselben an abzunehmen; mit den umgebenden Theilen in engerem Zusammenhange bewegt man die ganze Brustdrüsengegend, wenn man die Geschwulst bewegen will. Das erste Entdecken einer solchen Geschwulst fällt nicht selten mit der Menstruation zusammen, da die während derselben stattfindenden Congestionen nach der Brustdrüse in dieser Zeit auch grössere Empfindlichkeit und namentlich Schmerzhaftigkeit in der Krebsgeschwulst selbst erregen; durch Blutzufluss ausgedehnt drückt sie natürlich stärker auf die umliegenden Nervenfasern. Der Grund, weshalb nun die Geschwulst nicht mehr unter der Haut, über dem Brustmuskel und gegen die Brustdrüse hin frei verschoben werden kann, liegt darin, dass einerseits der Krebs Entzündung in seiner Umgebung, namentlich bei seinem ersten Auftreten verursacht, anderseits und ganz besonders aber darin, dass der Krebs aus dem Blute diffus und durch eine gewisse Menge von Gefässen zugleich abgelagert wird; deshalb ist er auch von Anfang an mehr infiltrationsartig abgesetzt und bildet nicht wie ein Atherom, eine Fasergeschwulst, eine einzige Masse, welche endogen wächst, sondern das Wachsthum des Krebses ist durchaus exogen der Unregelmässigkeit der Gefässausbreitung entsprechend, nicht schichtenförmig, unregelmässig und diffus. So erklärt es sich denn auch leicht, weshalb die primitiv runde Form nun unregelmässig und höckerig wird, weshalb man so oft Irradiationen in verschiedenen Richtungen um die Krebsgeschwülste herum antrifft. Es hat diese Formveränderung noch einen mechanischen Grund. Da nämlich das Gewebe der Brustmuskeln fest, auch das der Brustdrüse von ziemlich solider Consistenz ist, drängt die Krebsgeschwulst die weniger resistenten Theile auseinander, wie das Zellgewebe zwischen den einzelnen Theilen der Brustdrüse, oder vor sich her, wie das laxe Gewebe der Haut dieser Gegend. Sehr gross wird der Scirrhus selten. Meist schwankt er zwischen ein und 5 bis 6 Centimeter in seinen verschiedenen Durchmessern, selten erreicht er die Grösse einer Faust, und dies hauptsächlich nur, wenn er vom Centrum der Brustdrüse ausgehend, gewissermaassen die ganze Brustdrüse eingenommen zu haben scheint. Jedoch ist in solchen Fällen nicht Alles was man angeschwollen fühlt, Krebs, sondern der centrale Scirrhus hat die Lappen der Brustdrüse auseinandergetrieben, welche noch eine Zeit lang als solche fortbestehen, dann aber allmählig vom Krebs infiltrirt und verdrängt werden. Zuweilen ist auch bei fetten Frauen der Scirrhus dadurch scheinbar umfangreich, dass er inmitten von vielen Lappen von Fettgeweben gewissermaassen eingebettet ist. Gewöhnlich ist der Scirrhus der Brustdrüse, selbst wenn er ausgedehnt ist, mehr in der Fläche wie in der Höhe entwickelt und die ausgedehntesten Fälle von Brustscirrhus, welche ich gesehen habe, hatten in der Regel nur wenige Centimeter Dicke. Die Consistenz des Brustscirrhus ist gewöhnlich sehr hart, fast wie Faserknopel, indessen habe ich zwischen dieser harten Consistenz und der weichen des Markschwamms im Brustkrebs alle möglichen Zwischenstufen angetroffen, was mich zwar nicht den praktisch wichtigen Typus des weichen Brustkrebses verkennen lässt, aber mir wieder zeigt, wie selten in der Diagnose ein einziges Zeichen absoluten Werth hat.

Bevor wir nun den weiteren Verlauf des Brustkrebses beschreiben, wollen wir noch das erste Auftreten des Markschwamms näher beschreiben. Hier müssen wir vor Allem bemerken, dass die Chirurgen im Ganzen die beiden Haupttypen des Krebses, den weichen und den harten Krebs viel zu sehr im Auge haben und zu wenig auf die vielen Mittelformen zwischen beiden Rücksicht nehmen.

Wenn der Markschwamm im Anfange als eine weiche rundliche Geschwulst auftritt, so nimmt er doch auch bald eine gelappte Form und Oberfläche an. Von weicher oder elastischer Consistenz wächst er schneller als der Scirrhus und wir haben ihn in der Brustdrüse die Grösse eines Kinderkopfs erreichen sehen. Im Allgemeinen sind diese Geschwülste ungleich grösser als die scirrhösen, da die Krebsmasse durch ein viel weniger dichtes und festes Fasernetz zusammengehalten wird. Die ganz grossen, mehrere Pfund schweren Geschwülste der Brustdrüse sind gewiss höchst selten krebshaft. Weich und in Lappen getheilt bietet oft der Markschwamm das Gefühl einer dunklen Fluctuation dar, die man wohl kennen muss, um nicht verwegenerweise den vermeintlichen Abscess eröffnen zu wollen, da dies den traurigen Ausgang des Uebels bedeutend beschleunigt. Zuweilen haben wir in diesen Geschwülsten, wie gesagt, eine fest elastische Consistenz angetroffen, welche dieselben der der fibrösen Geschwülste näherte. Die Brustwarze bleibt länger beim Encephaloid als beim Scirrhus unversehrt, wird aber doch oft, besonders im späteren Verlauf ergriffen, und wenn sie einmal ulcerirt ist, so hat das Geschwür eine Neigung, sich rasch auszudehnen, schwammig zu wuchern, und öftere, zuweilen starke Blutflüsse zu veranlassen. Zuweilen ist das Encephaloid der Brustdrüse eingekapselt, gewöhnlich aber diffus und schlecht umschrieben.

Verfolgen wir nun die weitere Entwickelung des Brustkrebses im Allgemeinen, und namentlich des Scirrhus, so sehen wir, dass je mehr krankhafte Masse abgelagert wird, je mehr diese durch Juxtaposition wächst, desto bestimmter die schon früh aufgetretenen Schmerzen sich zeigen und immer heftiger werden. Die Schmerzhaftigkeit und die Abmagerung, welche der Krebs mit sich führt, so wie die widerlich aussehende Geschwürsfläche im Ulcerationsstadium, sind der Grund, weshalb selbst Laien das Uebel als ein so fürchterliches ansehen. Zuerst wenn die Geschwulst noch klein und noch nicht fest adhärent ist, fühlen die Kranken nur ab und zu wie Nadelstiche, welche schnell vorübergehen. Bald aber kommen diese häufiger wieder und dauern längere Zeit an, und wenn sie auch in seltenen Ausnahmefällen gering sind oder gar fehlen, so werden sie jedoch immer heftiger und nehmen erst später wieder ein wenig ab, wenn eine weite Geschwürsfläche die Geschwulst bedeckt. Ich habe Kranke, trotz der Anwendung des Opiums und Morphiums, jedes ruhigen Moments und der Nachtruhe fast völlig beraubt gesehen. Da der Krebsstoff diffus abgelagert wird, so wäre es wohl möglich, dass die Schmerzen zum Theil darin ihren Grund haben, dass Krebsstoff um die Nervenzweige herum abgelagert wird und so dieselben durch Druck zum Schmerz reizt; was um so mehr der Fall sein kann, da die Nerven zu den Theilen gehören, welche selbst der Krebsdegeneration am längsten widerstehen; dass die Krebssubstanz die Nerven vielleicht noch specifisch reizt, ist wohl möglich, aber nicht wahrscheinlich.

Sobald der Krebs eine gewisse Ausdehnung erreicht hat, zieht er nicht bloss alle umliegenden Gebilde in den pathischen Process hinein, sondern bewirkt auch die so charakteristischen Anschwellungen der Lymphdrüsen. Was den Sitz dieser betrifft, so haben sie ihn gewöhnlich zuerst in der Achselhöhle, dann am Rande, unter derselben und auf der Oberfläche des Pectoralmuskels, zuweilen auch am Halse oberhalb des Schlüsselbeins. In einzelnen Fällen ist die Zahl der so erkrankten Drüsen ziemlich gross und dieselben können sich auch in der Achselhöhle der andren Seite, ja selbst in der Leistengegend finden. In letzterer Gegend bewirken sie oft durch Druck auf die Venen bedeutende oedematöse Anschwellung und durch Druck auf die Nerven entweder Eingeschlafensein oder bedeutende Schmerzhaftigkeit, wahrscheinich je nachdem Empfindungs- oder Bewegungsfasern durch Druck gereizt werden. Ueber die Natur dieser Drüsenanschwellung hat man verschiedene Meinungen aufgestellt. Die einen hielten sie für sympathisch gereizte, entzündlich angeschwollene Drüsen, die andren für bald entzündete, bald krebskranke Drüsenganglien. Für letztere Meinung stellte man die Ansicht auf, dass der Krebsstoff von den dem Brustkrebse nahen Lymphgefässen resorbirt und nun in den Lymphdrüsen deponirt würde. Vor Allem will ich bemerken, dass ich bei wahrem Brustkrebs immer wirklichen Krebsstoff in diesen Drüsen angetroffen habe, und dieser war gewöhnlich so vollkommen organisirt, dass er oft deutlicher die Krebszellen zeigte als der Brustkrebs selbst und dass er durch Gefässe innig mit dem Gewebe der Lymphdrüse zusammenhängt. Nun begreife ich nicht, wie dieser Krebsstoff durch Resorption in die Drüsen gekommen sein soll. Die primitive Krebsgeschwulst nimmt immer durch neue Secretionsnachschübe an Umfang zu und wächst noch bedeutend, während die Drüsen erkranken. Sollten nun die Lymphgefässe den Krebsstoff weiter fortleiten, so können wir uns, wenn wir nicht die zu absurde, unphysiologische Hypothese aufstellen wollen, dass ein offen in den Krebs mündendes Lymphgefäss offen in die Lymphdrüse eingehend, dieser den Krebsstoff mittheilt, gewiss diese Resorption so erklären, dass ein Lymphgefäss mit intacten Wänden nur die Flüssigkeit des Krebses ohne alle Zellen endosmotisch aufnehme und nun in der Lymphdrüse wieder homogen und zellenlos exsudire.

Wie reimt sich aber mit einer solchen vielfachen Filtration des Krebsstoffs der Umstand zusammen, dass die Lymphdrüsen ihn zum mindesten so vollkommen organisirt zeigen, als die primitive Geschwulst? Kann man ferner nach vollkommner umfangreicher Operation die localen Recidive durch Resorption erklären? Es scheint uns daher ungleich wahrscheinlicher, dass wie in der Brustdrüse und ihrer Umgegend, so auch in den Lymphdrüsen, der Krebsstoff primitiv aus dem Blute ausgesondert werde, also weder sympathische Anschwellung, noch Resorption im Spiele sei. Mit dem Worte Sympathie aber ist in der physischen, wie in der moralischen Welt bedeutender Missbrauch getrieben worden, und ist dies vielmehr ein kranker, als ein Krankheit bezeichnender Ausdruck.

Wenn nun der Brustkrebs sich immer mehr in den umgebenden Theilen ausgebreitet hat, wird die Brustwarze zuerst adhärent, dann nach innen gezogen und gefurcht und gefaltet, nun röthet sich die Umgegend der Warze und entweder auf der Warze selbst, oder auf einer andren Stelle der Brustdrüse, wenn der Krebs eine mehr peripherische Lage hat, bildet sich eine oberflächliche Excoriation, die Epidermis scheint nur einfach losgestossen, bald aber dehnt sich über die ganze geröthete oder dunkel gefärbte Stelle diese oberflächliche Excoriation aus, gewinnt an Weite und Tiefe und schon wenige Wochen nach jenen ersten Ulcerationserscheinungen finden wir das charakteristische Krebsgeschwür, dem diese Krankheit ihren Namen verdankt, da das Geschwür nicht mehr vorwärts, nach der Oberfläche hin zur Heilung und Vernarbung tendirt, sondern gewissermaassen rückwärts sich ausbreitend, immer tiefer und weiter alles Umgebende ergreift und zerstört. Dieses Geschwür zeigt umgeworfene, harte, callöse Ränder, einen unebenen, zuweilen kraterförmig sich vertiefenden Grund, der mit grünlichem Exsudat oder gelbgrauem stinkendem Eiter bedeckt ist, in dem nur wenig Eiterkügelchen intact sind, und sich noch Faserbündel, Krebszellen und Vibrionen vorfinden.

Um diese Zeit ist es, wo dann die häufigen Blutflüsse aus der Oberfläche der Wunde eintreten, welche besonders in der die Ulceration und Granulationsbildung begleitenden neuen Gefässbildung ihren Grund haben. Das Geschwür frisst nun immer tiefer, erreicht zuerst die Brustmuskeln, dehnt sich dann, sich selbst überlassen, und in solchen Fällen kann von der Operation wenig mehr die Rede sein, auf das Sternum und die Rippen aus, und erreicht so zuweilen das vordere Mediastinum und die Pleura, welche ausser den secundär durch allgemeine Infection entstehenden Ablagerungen und Geschwülsten, direct von dem primitiven Brustdrüsenkrebs angegriffen werden können.

In seltenen Fällen und namentlich bei im Alter sehr vorgerückten Frauen sieht man zuweilen den Brustkrebs sich nicht sehr weit ausdehnen, sondern im Gegentheil gewissermaassen zusammenschrumpfen und auf ihrer Oberfläche eine runzlige nach innen gezogene Einsenkung zeigend, auf dessen Grunde eine kleine, wenig eitrige Flüssigkeit, mehr Krusten und Borken bildend, abgesondert wird. Dieser scheinbar gutartige Verlauf lässt dennoch die Prognose eben so wenig günstig stellen, wie wenn, was auch zuweilen stattfindet, eine grosse Markschwammmasse der Brustdrüse brandig abstirbt und nun das Geschwür scheinbar vernarbt. Hier erscheint der Krebs bald in loco wieder mit allen seinen bösartigen Erscheinungen, während bei dem mehr zusammengeschrumpften Brustkrebs meist sich an anderen Orten Krebsgeschwülste bilden, welche bald den Tod des Kranken herbeiführen. So hatte ich eine 78jährige Dame seit längerer Zeit an Hüftschmerzen behandelt, deren continuirlicher Charakter mich auf eine locale Läsion schliessen liess, welche mir jedoch in ihrer Natur schwer zu bestimmen schien. Eines Tages befragte mich die Kranke, was ich ihr riethe als Verband auf ein kleines Geschwürchen zu legen, welches sie seit mehreren Jahren hatte. Bei näherer Untersuchung fand ich, dass dies ein solcher zusammengeschrumpfter Brustkrebs war, und so wurde mir denn klar, dass die heftigen und fortwährenden Kreuz- und Rückenschmerzen in Knochenkrebs ihren Grund hatten; der fernere Verlauf, die genaue Untersuchung und die fürchterlichen Schmerzen, unter denen die Kranke nach wenigen Monaten zu Grunde ging, bestätigten die Diagnose.

In dem Maasse nun, als die Krebsgeschwulst in der Brust sich fortentwickelt, nimmt immer mehr der Gesammtorganismus an dem Uebel Theil, und hiervon giebt es nur wenige und seltene Ausnahmen. Vor Allem leidet das Aussehen der Kranken. Die gesunde Gesichtsfarbe schwindet und macht einem gelben Grundton des Teints Platz. Dieser jedoch hat zuweilen auch einen leicht ikterischen Anflug, was nicht selten von Krebsablagerungen in der Leber herrührt. Die Kranken werden mager, verlieren die Kräfte. Das Nervensystem wird aufgeregt, selbst die Leiden, welche die Schmerzen bewirken abgerechnet, bemächtigt sich der Kranken eine allgemeine Unruhe des Gemüths, Bangigkeit, Trübsinn, muthloses Vorhersehen schwerer Leiden, hier das Gegentheil, wie bei Phthisis tuberculosa, erfüllen das Gemüth dieser Unglücklichen. Auch die Verdauung leidet, und der Appetit schwindet. Lästige quälende Schmerzen in den Gliedern nehmen zuweilen die Form des Rheumatismus an, beruhen aber oft auf Krebsablagerung im Knochensystem. Der Schlaf wird unruhig und am Ende durch immer stärkere Gaben Opium kaum erzwungen. Oft werden am Ende auch die Respirationsorgane ergriffen, das Athmen wird beschwerlich, es tritt trockner oder von Auswurf begleiteter Husten, Stiche etc. ein. Diese Symptome haben theils in der Fortentwickelung des Uebels nach der Pleura hin, theils in der Entwickelung von Krebsgeschwülsten in der Brusthöhle, theils in einer Complication mit Tuberkeln ihren Grund. Der

Blutumlauf wird beschleunigt, der Puls ist gewöhnlich auf 100, am Abende noch frequenter. Die obere Extremität der Seite, auf welcher die Geschwulst sich befindet, wird zuweilen ödematös und setzt sich das Oedem mitunter über den Hals und den Kopf weg, zuweilen wird auch die obere Gliedmasse der andren Seite und in manchen Fällen der ganze Körper ödematös. Die Lymphdrüsen der Achselhöhlen, in denen sich schon frühzeitig Krebsstoff abgelagert hat, werden immer stärker ergriffen. Immer endigt der Tod diese traurige Symptomenreihe.

Wir können also beim Brustkrebs drei Entwickelungsphasen unterscheiden. Die erste besteht in dessen örtlicher Bildung, die Ausscheidung des plastischen Krebssaftes, in dem sich dann die Krebszellen bilden, während der Rest eine gelatinöse oder fibröse Consistenz annimmt. Die Krebsmaterie wird ursprünglich von den Ernährungsgefässen der Brustdrüse und der umgebenden Theile ausgeschieden; aber bald entwickeln sich Gefässe von neuer Bildung in dem Pseudoplasma und werden nun ihrerseits die Ernährungsgefässe der Krebsgeschwulst. Hat dann die Geschwulst ein gewisses Wachsthum erreicht, so wird die Circulation unregelmässig, es bilden sich zuweilen Blutergüsse mitten in der Geschwulst, oder was viel häufiger ist, es entsteht an der Oberfläche der Geschwulst eine von Erweichung begleitete Entzündung, die, sich immer mehr ausdehnend, mit Verschwärung endigt, deren Tendenz sich auszubreiten und alles Umliegende zu zerstören wohl bekannt ist.

Die drei Entwickelungsperioden sind also folgende: 1) die örtliche Ablagerung der Geschwulst mit Zellen- und Gefässentwickelung; 2) die entzündliche Erweichung; 3) die zerstörende Ulceration von allgemeiner Krebsinfection begleitet.

Werfen wir nun einen kurzen Ueberblick auf die pathologische Anatomie der örtlichen und allgemeinen Erscheinungen des Brustkrebses, so finden wir zuerst im Scirrhus ein festes, weisses, maschenförmiges Netz, in dessen Zwischenräumen eine weiche, halbdurchsichtige gelbe oder grauröthliche, aus cancrösen Kügelchen zusammengesetzte Substanz sich befindet. Ueberdies entdeckt man darin die netzförmigen Figuren von körnigen Körpern, welche nur ein ganz secundäres Element ausmachen, und aus welchen Müller den Charakter zu einer eignen Species, dem Reticularkrebs nehmen wollte. Bei derselben Frau haben wir deren Existenz im Scirrhus der linken Brust und ihr Fehlen in einem Krebse der rechten Brust constatirt. Oft trifft man im Brustdrüsenkrebs eine solche Menge Fett an, dass man die Krebszellen darüber schwer erkennt. Ueberdies findet man in ihm viele elastische Fasern und sehr oft Milchgänge, die in der Krebsmasse eingeschlossen sind, und an ihrer Röhrenform und ihrem weisslichen Gewebe erkannt werden; sie sind gewöhnlich mit deformirten Krebskügelchen und verschiedenen fettigen Substanzen angefüllt. Nie haben wir mitten in dem Gewebe des Brustdrüsenkrebses deutlich Gewebe der Brustdrüse erkennen können.

Was also die Krebsgeschwülste in der Mamma, wie in allen anderen Theilen charakterisirt, ist der trübe, milchige Krebssaft, den man aus ihnen in reichlichem Maasse ausdrücken kann, und dessen Hauptelement die Krebskügelchen sind, welche wir oben ausführlich beschrieben haben und deren wichtigsten Charaktere kurz zusammengefasst folgende sind: Zellen von $\frac{1}{60}$ — $\frac{1}{33}$ Millim. Durchmesser, von runder, eiförmiger oder unregelmässiger Gestalt, einen Kern mit scharfen Contouren von $\frac{1}{120}$ — $\frac{1}{50}$ Millim. einschliessend, von runder oder elliptischer Form. Oft sieht man in den Krebsgeschwülsten nur wenig vollständige Zellen und fast nur Zellenkerne. Im Kerne finden sich so wie um denselben in dem Zelleninhalt, körnige Substanzen, und ausserdem in seinem Inneren 1 — 3 und mehr Nucleoli von $\frac{1}{400}$ — $\frac{1}{200}$ Millim. Grösse, welche zuweilen noch secundäre Nucleoli enthalten.

Ueber die Verschiedenheit der Form und der Veränderungen der Krebszellen haben wir in dem vorigen Aufsatze ausführliche Beobachtungen mitgetheilt.

Das Aussehen des encephaloiden Gewebes in der Brustdrüse ist homogener als dasjenige des Scirrhus, und dies begreift sich leicht, da Encephaloid vom Scirrhus sich hauptsächlich nur quantitativ durch die geringere Entwickelung des Fasergewebes und die stärkere Entwickelung des Krebssaftes unterscheidet. Zuweilen hat es wirklich Aehnlichkeit mit der Gehirnmasse und verdient so seinen Namen, zuweilen aber zeigt es auch weisse Fasermaschen inmitten des sehr weichen Gewebes; andremale ist es homogen gelb und von elastischer Consistenz. Die Fasern im Markschwamm sind blass und fein. Die Kügelchen bieten die ausgezeichnetsten Merkmale der Krebszellen dar. Die spindelförmigen Elemente, welche der Faserformation angehören, sind zuweilen zahlreich in demselben, die fettigen Bestandtheile variiren in ihrer Menge, selten fehlen die Cholestearinkrystalle. Zuweilen schliesst das Encephaloid Netzfiguren (Figures réticulées) ein; einmal haben wir steinige und kreideartige Concretionen im Markschwamm der Brust gefunden. Die Anlage zu allgemeiner Infection des ganzen Organismus ist dem Encephaloid und dem Scirrhus gemeinsam, aber das Encephaloid greift gewöhnlich nicht in dem Maasse wie der Scirrhus den Brustmuskel, das Brustbein und die Rippen an.

Wir haben mit ganz besonderer Aufmerksamkeit die Art untersucht, wie der Scirrhus die umliegenden Gebilde ergreift, und haben gefunden, dass man sich sehr ungenau ausdrückt, wenn man behauptet, der Krebs wandle andere Gebilde in seine eigne Substanz um. Nie haben wir die geringste Spur von Umänderung und Uebergang eines Zellgewebes oder einer Muskelfaser, eines Knorpel- oder einer Knochenkörperchens in Krebszellen oder in Krebsgewebe beobachtet. Es wird dies letztere nur in den Zwischenräumen aller Primitivelemente abgelagert und bei seiner Entwickelung macht es dieselben durch Druck und Absorption verschwinden. Das Zellgewebe wird zuerst afficirt, darauf der Brustmuskel, in welchem wir nicht bloss die Krebskügelchen und Fasern, sondern auch die körnigen Klümpchen und Netzfiguren constatirt haben. Später erstreckt sich der Scirrhus auch auf die Knochen. Wir haben ihn die Rippen durchbrechen und die Pleura erreichen sehen, andremale ist mehr das Brustbein angegriffen oder von Krebssaft infiltrirt, und wird durch Filtration auf seiner hinteren Seite der Sitz von Krebsablagerungen.

In den Drüsenanschwellungen, welche den Brustkrebs begleiten, haben wir fast alle Formen des Krebsgewebes, Markschwamm, harten Krebs, Reticularkrebs, melanotischen Krebs beobachtet. Gallertkrebs haben wir in denselben nicht gesehen, so wie auch nicht die gefässreiche Form des Markschwamms, welche man unpassend unter dem Namen Blutschwamm beschrieben hat.

Die von mehreren Autoren geleugnete Coincidenz von Krebs und Tuberkeln ist freilich örtlich für die Brustdrüsengeschwülste richtig, und die in denselben das käsichte, mattgelbe, homogene Aussehen des Tuberkels darbietenden Gewebemassen, sind nach unseren Untersuchungen nichts anderes, als mit vielem Fett infiltrirte Krebselemente. Indessen haben wir allerdings mehrmals auf das Bestimmteste in Leichenöffnungen das gleichzeitige Bestehen äusserer und innerer Krebsgeschwülste mit Tuberculose verschiedener Organe gefunden. In dem Journal der Dieffenbach'schen Klinik in Berlin (Manuscript) haben wir auch noch den Fall einer 44jährigen Frau gefunden, welche am Brustkrebs operirt, nach 14 Tagen starb, und deren Leichenöffnung Tuberkeln in der Lunge, in der Leber, in der Milz, im Mesenterium und im Ovarium zeigte.

Wenn die pathologische Anatomie der Krebsgeschwülste der weiblichen Brust genauer über die physicalischen Zeichen Auskunft giebt, welche die Diagnose des örtlichen Uebels sicher stellen, so erklärt sie bei der Oeffnung der an diesem Uebel zu Grunde Gegangenen nicht minder die Erscheinungen der allgemeinen Infection.

Wir haben uns mit besonderer Aufmerksamkeit mit diesem in der Geschichte des Brustkrebses noch wenig bekannten Punkte beschäftigt. und Gelegenheit gehabt, eine gewisse Zahl von Leichen zu öffnen, welche diese Krankheit darboten.

Bevor wir nun in wenigen Worten das Resultat unserer eignen Untersuchungen über diesen Gegenstand mittheilen, wollen wir vorerst bemerken, dass die von Andral und Gavarret constatirte Verminderung der Blutkügelchen im Blute der Krebskranken mit der Abnahme der Kräfte und des Körpervolumens zusammenfalle und von derselben einigermaassen Rechenschaft gebe.

Die Verdauungsstörungen sind freilich anfangs mehr nervöser Natur, erklären sich aber später aus den häufigen Krebsablagerungen in der Leber und zuweilen im Pylorus, was öfters nach operirtem Brustkrebs vorkommt.

Das Ergriffenwerden der Respirationsorgane hat wohl in manchen Fällen Tuberculose zu Grunde, meist jedoch findet es seinen Grund in den Geschwülsten, welche wir an der hinteren Seite des Sternums, in dem vorderen Mediastinum und in den Krebsablagerungen, welche wir auf der Pleura beobachtet haben. Ausserdem wirkt das Ergriffensein und die Zerstörung der Rippen ebenfalls nachtheilig auf das Athmen.

Was die Drüsengeschwülste betrifft, so haben wir von den Orten, an welchen sie sich zeigen und von ihrem Inhalt bereits gesprochen. Wir wollen hier nur noch bemerken, dass wenn sie in der Achselhöhle in gewisser Menge existiren, sie durch Compression der Venen, Oedem des entsprechenden Arms bewirken. Dieses Oedem haben wir jedoch auch durch Krebsablagerung in der absteigenden Kopfvene, der Jugularis interna, der Subclavia und der Brachialis gefunden. Die rheumatischen Gliederschmerzen finden zuweilen in Knochenkrebs oder durch Druck von Krebsgeschwülsten auf grössere Nervenstämme ihren Grund. Nicht selten endlich findet man einen serösen oder eitrigen Erguss in den Pleurasäcken.

Wir sehen also hier wieder, wie wichtig und nothwendig pathologische Anatomie uud Physiologie sind, um die Erscheinungen am Lebenden erklären zu helfen.

Was die Aetiologie des Brustkrebses betrifft, so kann nicht geleugnet werden, dass Erblichkeit, scrophulöse oder überhaupt dyskrasische

Constitution, Erschöpfung durch wiederholte Wochenbetten und Nähren des Kindes, anhaltender Kummer etc., prädisponirende Momente sein können, indessen wir treffen gewiss eben so viele an Brustkrebs leidende Frauen an, bei denen kein solches ätiologisches Moment mit Bestimmtheit nachgewiesen werden könnte. Viele Frauen glauben, dass ein Schlag, eine Contusion oder sonst irgend eine äussere Gawaltthätigkeit der Grund des Krebsübels sei, allein man kann in der Würdigung dieser die Aetiologie betreffenden Thatsachen nicht streng genug sein, und wir haben öfters bei näherer Befragung der Kranken uns überzeugen können, dass diese als Ursache angeklagte äussere gewaltsame Einwirkung, so wenig im Zusammenhange mit dem ersten Auftreten der Geschwulst gewesen war, dass man ihr durchaus keinen grossen Einfluss zuschreiben konnte. So sehen wir auf eine ähnliche Weise, mit einer langen Reihe von scrophulösen Uebeln behaftete Kranke immer einfache Erkältung als Ursache einer Krankheit anklagen, die durchaus auf einer besonderen Blutalteration beruht. Wir wollen also lieber zugestehen, dass wir den letzten Grund des Brustkrebses, so wie des Krebses im Allgemeinen nicht kennen, dass wir aber keinesweges der Ansicht sind, ihn als ein primitiv rein örtliches Uebel anzusehen. Die Neigung zu Rückfällen, selbst nach frühzeitig und gut ausgeführten Operationen, die Anlage zu Drüsenanschwellung, zu Ablagerungen in entfernten Theilen des Körpers und zu allgemeiner Infection des ganzen Organismus machen es höchst wahrscheinlich, dass der Krebs von Anfang an eine Blutkrankheit sei. Wenn in seltenen Fällen Krebs der Brust nicht recidivirt, so kann, wie Tuberkelstoff in geringer Menge im Blute zu existiren und in loco sich zu erschöpfen im Stande ist, auch die Krebskrankheit nur wenig das Blut afficirt haben, und so sich in einer örtlichen Ablagerung erschöpfen. Gewiss aber ist es, dass viele von den Autoren als geheilte Fälle von Brustkrebs angeführte Krankengeschichten auf einem Irrthume der Diagnose beruhen, und dass dann die Wundärzte eine gutartige Brustdrüsengeschwulst für krebsartig gehalten haben.

Dass bei Männern, wenn auch sehr selten, Brustkrebs vorkomme, ist allgemein bekannt.

Selten haben wir beim Brustkrebs eine so lange Dauer und einen so langsamen Verlauf, wie bei gutartigen Geschwülsten angetroffen. Nach unseren Beobachtungen erfordert er im mittleren Durchschnitt die Operation in einem Zeitraum von 15 Monaten nach seinem ersten Auftreten, zwischen sechs Monaten und zwei Jahren schwankend; jedoch ist zuweilen der Verlauf schneller, in andren Fällen viel langsamer.

In 24 Fällen, in denen dieser Umstand genau erforscht wurde, meldeten sich zur Operation:

nach 4 — 6 Monaten	5	Frauen
- ½ — 1 Jahre	4	-
- 1 — 2 -	8	-
- 2 — 3 -	3	-
- 3 — 4 -	3	-
- 10 Jahren	1	-
Summa	24	Frauen

Eine 83jährige Frau starb am Brustkrebs, nachdem das Uebel angeblich 23 Jahre gedauert hatte.

Ein ganz ähnliches Verhältniss findet für das Recidiv nach der Operation statt und es ist im Allgemeinen selten, dass ein wahrer Brustkrebs nicht nach Verlauf von zwei bis vier Jahren nach seinem ersten Auftreten den Tod nach sich zieht.

Was das Alter betrifft, in welchem der Brustkrebs auftritt, so haben wir in 34 Fällen, in denen wir es genau notirt haben, folgende Resultate erhalten:

Zwischen	25	und	30	Jahren	1
-	30	-	35	-	2
-	35	-	40	-	6
-	40	-	45	-	7
-	45	-	50	-	6
-	50	-	55	-	6
-	55	-	60	-	2
-	60	-	65	-	2
-	65	-	70	-	1
-	75	-	80	-	1
				Summa	34

Nach diesen Beobachtungen ist Brustkrebs also vor dem 35sten Jahre selten und kommt zwischen dem 35. und 55sten Jahre in den angeführten Lustris in ziemlich gleicher Häufigkeit vor, wird dann aber wieder nach dem 55sten Jahre seltener.

Durch die Güte unseres Freundes Dr. Marc d' Espines in Genf, dessen ausgezeichneten und gründlichen medicinisch-statistischen Forschungen wir nicht genug rühmen können, haben wir auch über die Mortalität des Brustkrebses im Kanton Genf, sowohl Stadt wie Land interessante Documente erhalten, welche deshalb von den unsrigen ein wenig abweichen, weil er die Sterblichkeit, wir die Operationszeit für jedes Alter angeführt haben. Im Allgemeinen scheint es mir auch, dass das Vorkommen des Krebses geringer und die Sterblichkeit an demselben in dem gesund gelegenen Genf um einige Jahre später ist, als in grossen Hauptstädten.

Ich habe aus den Documenten des Dr. d' Espines für 7 Jahr 44 Fälle von Brustkrebs gefunden, also etwas über 7 jährlich, was, da die allgemeine Mortalität des Krebses in Genf jährlich nach einer mittleren Zahl von 6 Jahren 66 ist, ungefähr $\frac{1}{9}$ der an Krebs Sterbenden für Brustkrebs ausmacht, und da die im Mittleren auf Krebs etwas mehr als der einundzwanzigste Theil der Gesammtmortalität kommt, so ergiebt dies ziemlich genau für Brustkrebs $\frac{1}{193}$ der jährlichen Sterblichkeit der ganzen Bevölkerung.

Von den 44 Fällen kamen 2 auf Männer und 42 waren Frauen. In 18 Fällen war das Alter genau angegeben:

Zwischen	35	und	40	Jahren . . .	2
-	40	-	45	-	1
	45	-	50	-	2
-	50	-	55	-	5
-	60	-	65	-	4
-	65	-	70	-	1
-	70	-	75	-	1
-	80	-	85	-	1
-	90	-	95	-	1
				Summa	18

Das mittlere Alter, welches sich aus meinen 34 Fällen ergiebt, ist 49 $\frac{24}{34}$ Jahr und aus den 52, die 18 des Dr. d'Espines mit inbegiffen, 51 $\frac{26}{52}$. In 37 Fällen hat Dr. d'Espines angegeben, ob die Fälle aus der Stadt oder vom Lande waren; es kamen von den 37, 22 auf die Stadt und 15 für das Land, also grössere Sterblichkeit des Brustkrebses in der Stadt als auf dem Lande.

Nach der Auseinandersetzung aller dieser Erscheinungen kann also die Diagnose in der grössten Mehrzahl der Fälle nicht leicht zweifelhaft bleiben, und sollte auch das eine oder das andere der Phänomene nicht genau zutreffen, so bleibt doch eine hinreichend grosse Gruppe von Symptomen noch übrig, welche das Uebel nicht verkennen lassen. Auf erster Linie stehen 1) harte bald höckerig werdende, unbewegliche adhärente Geschwulst beim Scirrhus, oder weiche, fast fluctuirende, umfangreiche, homogene oder grosslappige Geschwulst mit erst später eintretenden Adhärenzen beim Encephaloid. 2) Anschwellung der nahe liegenden Lymphdrüsen. 3) Gewöhnlich stattfindende grosse Schmerzhaftigkeit des Uebels. 4) Früh eintretende Neigung zu Ulceration und zu fressenden, leicht blutenden Geschwüren. 5) Ergriffensein des Gesammtorganismus in seinem äussren Aussehen, Schwinden der Kräfte und der Wohlbeleibtheit, späteres Ergriffensein verschiedener der wichtigsten zum Leben nöthigen Functionen, Verdauung, Athmen, Innervation etc. 6) Verhältnissmässig viel schnellerer Verlauf des Brustkrebses als aller anderer Brustdrüsengeschwülste. 7) Vorkommen im klimakterischen Alter. Von minderer Wichtigkeit sind 8) die Erblichkeit. 9) Die Multiplicität der Geschwülste in verschiedenen Körpertheilen. 10) Die verhältnissmässig viel grössere Häufigkeit des Krebses als irgend einer anderen Geschwulst in der weiblichen Brust. 11) Ist man selbst bis zur Operation zweifelhaft geblieben, so entscheidet die Untersuchung der Geschwulst, das charakteristische Krebsgewebe und der nur im Krebse vorkommende, eigenthümliche, milchige Saft. 12) Endlich das gewöhnlich nach nicht gar langer Zeit eintretende Recidiv. Die Prognose ist daher beim Brustkrebs immer eine ungünstige. Das Uebel führt gewöhnlich den Tod herbei und zwar, wie wir gesehen haben, im Mittleren nach 2 — 4 Jahren. Der Markschwamm scheint im Anfang weniger schnell zu verlaufen, als der Scirrhus, tödtet aber verhältnissmässig schneller, wenn einmal Ulceration oder nach der Operation Recidiv eingetreten ist. Besser und Aussicht auf Lebensverlängerung durch die Operation gebend stellt sich die Prognose, wenn das Uebel noch nicht lange bestanden, wenn die Kranke über das 55ste Jahr hinaus ist, wenn das Uebel sich noch nicht örtlich sehr ausgebreitet hat und nicht ulcerirt ist, wenn noch wenig Drüsenanschwellungen da sind und das Allgemeinbefinden leidlich und ohne schwere Krankheitscomplication ist. Ohne zu operiren ist die Prognose günstiger im vorgerückten Alter und bei sehr langsamen Verlauf. Durchaus ungünstig und selbst die Operation contraindicirend ist die Prognose, wenn das Uebel als ein weites tief ausgebreitetes adhärentes Geschwür besteht und mit Drüsenanschwellungen, bereits eintretender Krebskachexie und grosser, besonders andauernder Schmerzhaftigkeit verbunden ist; diese Erscheinungen kündigen oft einen schnelleren Verlauf der Krankheit an. Sehr schlimm wird die Prognose, wenn zugleich Krebsgeschwülste in anderen Organen vorkommen, oder wenn die Krankheit mit Lungentuberculosis complicirt ist, oder endlich, wenn sie den knöchernen Brustkorb durchbrochen und so die Brusthöhle erreicht hat. Wir finden also für die grösste Mehrzahl der Fälle eine nur traurige Prognose.

Die Behandlung muss zum grössten Theil eine chirurgische sein, und trotz der Häufigkeit der Rückfälle ist, wenn die Kranke nicht in sehr vorgerücktem Alter ist und besonders, wenn das Uebel seinen gewöhnlichen Verlauf nimmt, in der Operation allein Heil zu suchen.

Diese muss sich nun ganz nach dem Umfange des Uebels richten, und es wäre eben so thöricht, wegen einer kleinen Krebsgeschwulst die ganze Mamma zu exstirpiren, als es ungeschickt wäre, bei einer grossen Geschwulst krankhafte Portionen übrig zu lassen.

Bei kleinen Geschwülsten mit vollkommen intacter Haut, macht man einen Längsschnitt in diese, zieht die Geschwulst mit Haken hervor, nimmt wo möglich überall in der Umgegend etwas vom gesunden Gewebe mit weg, und vereinigt nach gestillter Blutung mit Heftpflasterstreifen, um Heilung per primam intentionem zu versuchen.

Selten bekommt man aber so kleine Brustkrebsgeschwulst zu operiren, gewöhnlich haben sie bereits die Grösse eines Hühnereies und darüber erreicht, sind adhärent, und zeigen harte Stränge in ihrer Umgegend. Alsdann umschreibt man mit vernünftiger Hautersparniss die Geschwulst durch ein Ellipsoid, dessen Gestalt sich meist nach der Form der Geschwulst oder des Geschwürs richtet, dem man aber, wenn man die Wahl hat, am besten eine schiefe, der Richtung der Fasern des Brustmuskels entsprechende Lage giebt. Mit langen Messerzügen trennt man nun nach diesen ersten tiefen Schnitten alle Adhärenzen, besonders am unteren Theile und kann hier den Theilen gemäss mit Messer und Scheere operiren. Alles Verdächtige muss sorgfältig hinweggenommen werden. Besonders gilt dies für die angeschwollenen Lymphdrüsen. Diejenigen, welche den Wundrändern nahe liegen, können durch Verlängerung der Schnitte erreicht werden, sonst mache man über denselben einen besonderen Schnitt, ziehe sie mit spitzen Haken an und schäle sie so aus. Die Blutung stillt man theils durch Unterbindung, theils durch Auflegen von in kaltes Wasser getauchten Schwämmen, welche, wo Nachblutung zu befürchten ist, noch einige Stunden auf der Wundfläche liegen bleiben können. Man vereinige immer so viel wie möglich mit Heftpflasterstreifen und wo man eine schnelle Vereinigung erreichen kann, ist dies gewiss einer langwierigen Eiterung vorzuziehen. Man bedecke die mit Heftpflastern, vereinigte Wunde mit Charpie, Compressen und einer Brustbinde oder einer gewöhnlichen Circularbinde. Wichtig ist es den Verband nicht zu fest anzulegen. Tritt keine Nachblutung ein, so lässt man ihn bis zum dritten oder vierten Tage liegen, bis Eiterung eingetreten ist, und behandelt dann die Wunde nach den allgemeinen Regeln. Antiphlogose ist in den ersten Tagen durchaus nothwendig, wenn Entzündungserscheinungen namentlich von Seiten der Respirationsorgane eintreten.

Ganz dieselbe Behandlung und frühzeitiges Operiren rathen wir bei den Rückfällen.

Zur Nachbehandlung empfehlen wir besonders die von Dieffenbach in seinen klinischen Vorträgen angerathene: Eine leicht verdauliche mässige Diät mit Vermeidung von gesalzenen und gewürzten Speisen, von Hülsenfrüchten, von starkem zu gutem Fleisch, von Spirituosis. Ferner ist Oleum jecoris aselli mit Jodkali lange abwechselnd zu nehmen; zwei Monate hintereinander der Leberthran, Morgens und Abends einen Esslöffel und dann wieder für einen halben Monat Jodkali (ʒj auf ℥jv Wasser) Morgens und Abends einen Esslöffel. Alle diese Mittel sind jedoch vor der Operation unnütz oder schädllich. Wir fügen noch hinzu, als ein gutes Prophylacticum eine Fontanelle mit mehreren Erbsen, Jahre lang offen zu halten.

Durch diese Behandlung können die Recidive, wenn nicht ganz gehindert, doch vielleicht für einige Zeit hinausgeschoben werden.

Wir wollen nun noch einige Beispiele von Brustkrebs mittheilen, um an denselben dies Uebel mit den wichtigsten seiner mannigfachen Erscheinungen zu zeigen.

1) Markschwamm der Brust.

Eine 40jährige schwächlich und kachektisch aussehende Frau hat vor dem jetzigen Uebel immer einer guten Gesundheit genossen. In ihrer Familie ist ihr kein Fall von Krebs bekannt. Die Kranke war von ihrem 16ten Jahre an regelmässig menstruirt. Seit 18 Jahren verheirathet, hat sie 6 Kinder gehabt, das jüngste vor 4 Jahren, zwei derselben sind sehr jung während des Zahnens gestorben, die andern befinden sich wohl. Sie hat noch ihre Regeln.

Vor 15 Monaten fühlte sie zuerst ein klein wenig oberhalb der Brustwarze der rechten Seite unter der Haut eine kleine bewegliche Geschwulst von der Grösse einer Erbse. Nach vier Monaten hatte die Geschwulst bereits die Grösse einer Wallnuss erreicht, und nach acht Monaten die eines Hühnereies. Die Geschwulst wurde nun vollständig exstirpirt. Nach sechs Wochen war die Wunde vernarbt, aber schon damals stellte sich eine Verhärtung in der Narbe ein. Die zuerst operirte Geschwulst war steinhart; die nun sich ausbildende hingegen weich; sie wuchs schnell und war von Anfang an schmerzhaft; zuerst besonders beim Witterungswechsel; es zeigten sich dann Schmerzen in der Brust und in dem Arme derselben Seite. Dann traten immer mehr andauernde nadelstichähnliche lancinirende Schmerzen ein. Es entwickelte sich ferner eine Drüsenanschwellung am Rande des Brustmuskels, welche auch sehr schnell an Umfang zunahm. Die Oberfläche des Brustkrebses war intensiv geröthet und bot die charakteristische encephaloide Fluctuation dar. Die Kranke sah bleich und erdfahl aus und war sehr schwach. Mager ist sie zwar immer gewesen, jedoch ist sie in der letzten Zeit noch magerer geworden. Verdauung, Athmung und Respiration blieben regelmässig, das Nervensystem aber war sehr afficirt, und Angst und Unruhe hinderten sie mehr am Schlafe als der Schmerz.

Durch ein schiefes Ellipsoid wurde die hühnereigrosse Encephaloidgeschwulst umschrieben, dann von unten getrennt, sodann wurde die Drüsengeschwulst herausgenommen, die Blutung durch Auflegen von nassen Schwämmen gestillt und dann die Wundränder durch Heftpflaster möglichst einander genähert und ein Verband mit Charpie, Compressen und Rollbinden angelegt. Ein Aderlass war am anderen Tage nöthig, da die Kranke Mühe zu athmen und Stiche in der Brust hatte. Die Eiterung war später mässig, und nach 6 Wochen die Vernarbung vollkommen.

Die Geschwulst selbst war weich und zeigte auf der Durchschnittsfläche ein gelbes, speckartiges Gewebe, welches von sehr vielem Krebssaft infiltrirt war. Vollständige Krebszellen mit Zellenwandungen waren wenige zu sehen, diese hatten dann $\frac{1}{80}$—$\frac{1}{60}$ Millim., indessen sehr viele Krebskerne von $\frac{1}{100}$ Millim., einige viel kleiner, waren das Hauptelement des Saftes; in jedem Kerne sah man einen verhältnissmässig sehr grossen Nucleolus. Viele der Kerne waren mit feinkörniger Masse angefüllt. Dasselbe encephaloide Gewebe fand sich in der Lymphdrüsengeschwulst.

2) Harter, eingekapselter Brustkrebs.

Eine 37jährige Frau von schwächlichem Aussehen hat ihre Mutter an Altersschwäche, ihren Vater an Lungenphthisis verloren. Krebskrankheiten sind in ihrer Familie nicht vorgekommen. Sie war seit ihrem 18ten Jahre menstruirt, während der ersten zwei Jahre unregelmässig und schwach, seit dem 20sten Jahre aber normal. Seit $2\frac{1}{2}$ Jahren verheirathet, hat sie vor $1\frac{1}{2}$ Jahren ein gesundes Kind geboren. In Folge des Wochenbetts soll eine verhärtete Geschwulst im Unterleibe zurückgeblieben sein, welche ich jedoch, trotz aufmerksamer Untersuchung, nicht im Stande war aufzufinden. Vor drei Jahren bemerkte sie zuerst eine kleine, haselnussgrosse Geschwulst in der linken Brustdrüsengegend. Diese wuchs in den ersten zwei Jahren nur langsam, dann aber entwickelte sie sich schneller und war besonders beim Witterungswechsel der Sitz stechender Schmerzen. Die Spannung abgerechnet, welche das sich immer mehr ausdehnende Uebel in allen umgebenden Theilen verursachte, litt die Kranke nicht sehr, sie magerte jedoch ab, wurde schwach und bekam ein kachektisches Aussehen. Die Menstruation dauerte jedoch regelmässig fort. Die seit dem ersten Auftreten des Uebels eingetretene Schwangerschaft und Entbindung haben auf die Entwickelung desselben keinen beschleunigenden Einfluss gehabt, jedoch hatte sie zu wenig Milch, um nähren zu können. Appetit, Verdauung und Stuhlgang blieben regelmässig. Im letzten Jahre war ihr Nervensystem sehr reizbar geworden. Sie hatte viel Angst, Niedergeschlagenheit, aufgeregte und schlaflose Nächte, ohne dass diese durch die Schmerzen verursacht worden wären. Athemorgane und Kreislauf blieben ungestört. In dem letzten Jahre sind die Schmerzen immer häufiger und andauernder geworden. Die Geschwulst war noch nicht mit der bedeckenden Haut verwachsen, sie war faustgross. Krebshaft degenerirte Ganglien existirten im Umkreise nicht. Die Leber überragte den Rand der falschen Rippen drei Finger breit, bot jedoch keine Krankheitssymptome dar.

Die Geschwulst wurde durch eine schiefe Ellipse entfernt, die Brustdrüse blieb grösstentheils verschont, die Wunde wurde vereinigt, eiterte jedoch, war aber nach sechs Wochen vollkommen vernarbt. Es zeigte sich aber schon ein Recidiv, eine Geschwulst im Sternum oberhalb der Operationsstelle, und da dem Sitze nach diese schnell zunehmende Geschwulst nicht operirt werden konnte, musste die Kranke ihrem traurigen Schicksale überlassen werden.

Die Geschwulst, von Fettgewebe umgeben, zeigt eine feste scirrhöse Consistenz und ist von einer soliden Zellgewebeverdichtung wie eingekapselt; ihr Gewebe ist wenig gefässreich, von blassgelber, ziemlich gleichmässiger Farbe; stellenweise erkennt man deutlich ein weisses fibröses Stroma, und an andern Stellen die von Müller beschriebenen Reticular-Figuren. Ein dicker, milchiger, trüber Krebssaft infiltrirt überall das Gewebe.

Die miskroskopische Untersuchung weist in der Geschwulst folgende Elemente nach: 1) Ein Faserstroma aus steifen, bündelförmig zusammenliegenden Fasern bestehend und überall in seinen Zwischenräumen Krebszellen zeigend. 2) Viele Krebszellenkerne von $\frac{1}{60}$—$\frac{1}{50}$ Mill. und nur wenige vollständige ein- oder zweikörnige Zellen. In den Kernen sieht man um die $\frac{1}{100}$ — $\frac{1}{300}$ Millim. grossen Nucleoli einen deutlich markirten hellen Halo. 3) In den Reticular-Figuren erkennt man besonders granulöse Kügelchen, welche nichts anderes sind, als mit feinkörniger Masse dicht angefüllte Krebszellen. 4) Ueberall in der Geschwulst viele Fettelemente.

3) Ulcerirter Brustkrebs.

Eine 28jährige Frau, deren eine Schwester bereits am Brustkrebs operirt worden war, war bis vor vier Monaten ganz gesund gewesen. Damals zeigte sich zuerst eine Geschwulst in der rechten Brustdrüse, welche gleich von Anfang an sehr schmerzhaft war und die Kranke des Schlafs völlig beraubte. Nachdem das Uebel kaum drei Monate gedauert hatte, während welcher die Geschwulst schnell an Umfang zunahm, brach dieselbe auf, es bildete sich in kurzer Zeit ein oväläres, ziemlich tiefes Geschwür, welches zur Zeit der Operation etwa andert-halb Zoll Breite auf einen Zoll Länge erreicht hatte; seine Ränder waren wie scharf abgeschnitten, der Grund des Geschwürs mit grünen eitrigen Exsudatmassen bedeckt, es sonderte in grosser Menge einen stinkenden jauchigen Eiter ab. Die Kranke war sehr abgemagert und so nervös geworden, dass vor der Operation an ein gründliches Krankenexamen gar nicht zu denken war.

Prof. Dieffenbach, welcher diese Kranke in Berlin operirte, lud mich ein, der Operation beizuwohnen. Der geringe Muth der Kranken und ihre beständigen Bewegungen erschwerten die Exstirpation sehr.

Es wurde ein schiefer Ovalärschnitt so gemacht, dass er am Pectoralrande der Achselhöhle anfing, und unten etwa drei Finger unterhalb der Brustwarze endigte. Das Geschwür und alles die Geschwulst umgebende verhärtete Gewebe waren in diesem Schnitt mit inbegriffen. Die Adhärenzen mit den umgebenden Theilen waren überall sehr stark, und so musste denn viel mit der Scheere getrennt werden. Die Blutung war nicht unbedeutend, mehrere Arterien mussten unterbunden werden, die parenchymatöse Blutung wurde durch Auflegen kalter Schwämme gestillt. Nach vollständiger Sistirung derselben wurden die Wundränder einander mit Heftpflaster genähert und ein gewöhnlicher Verband angelegt. Die Heilung kam ohne besondere Zufälle zu Stande.

Das Gewebe der exstirpirten Geschwulst war sehr hart, fast von Knorpelconsistenz, von schmutzig gelbgrauer Färbung aus weisslichen Zellfasernetzen und dazwischen liegendem gelben weichen Krebsgewebe bestehend, ferner matte, reticuläre Figuren, sowie eine Menge rother Punkte, durchschnittene Gefässe zeigend. Der trübe Krebssaft infiltrirte die Geschwulst in ziemlicher Menge.

Unter dem Mikroskop zeigt die nicht geschwürige Krebsmasse ein Faserstroma von steifen, nicht gekräuselten Fasern, ferner viele äusserst blasse, elliptische Krebskugeln, welche Krebszellenkerne sind und auf $\frac{1}{66}$ Millim. Länge $\frac{1}{100}$ Millim. Breite haben und deutliche grosse Kernkörperchen einschliessen. Vollständige Zellen sieht man nur in geringer Zahl. Viele granulöse Kugeln bilden die Reticularfiguren; Fett findet sich in allen Theilen der Geschwulst in bedeutender Menge. Auf der Geschwürsfläche zeigen sich neben wenigen wohl erhaltenen viele zersetzte Eiterkörperchen und einzelne Krebszellen.

4) Brustdrüsenkrebs, welcher ein Gemenge von Scirrhus und Markschwamm zeigt.

Patientin, 34 Jahr alt, unverheirathet, von schwächlichem Aussehen, hat, mehrere acute Krankheiten abgerechnet, eine leidliche Gesundheit genossen. Sie war gut und regelmässig menstruirt. Vor zwei und ein halb Jahren bemerkte sie zuerst eine kleine Geschwulst an der inneren Seite der linken Brust. Während der ersten zwei Jahre nahm die Geschwulst nur langsam zu und machte sehr wenig Beschwerden. In den letzten Monaten aber war sie schneller gewachsen und hatte angefangen, sich an der Oberfläche zu erweichen. Die Schmerzen waren auch allmählig sehr heftig geworden, und beraubten sie oft des Schlafs. Die Brustwarze war adhärent und ein wenig nach innen gezogen. Die Kranke war sehr schwach, ihre Verdauung hatte gelitten. Die Schmerzen waren nicht bloss auf die Brustdrüsengegend beschränkt, sondern verbreiteten sich auf den Arm und die ganze linke Seite. Athmen, Kreislauf und überhaupt die übrigen Functionen schienen normal. Die Geschwulst wurde nach der gewöhnlichen Methode exstirpirt, die Operation sowie die Nachbehandlung boten weiter nichts Merkwürdiges dar, als dass die Kranke nach der Operation das Scharlachfieber bekam, welches sie übrigens glücklich überstand.

Die Geschwulst hatte ungefähr die Grösse einer Faust; an ihrem oberen Theile fand sich eine wallnussgrosse Stelle, an welcher sie erweicht und dem Aufbruche nahe war. Rings um die Geschwulst herum zeigte sich hypertrophisches Zellgewebe.

Schon mit blossem Auge unterscheidet man in ihrem Gewebe drei verschiedene Substanzen. Der äusserste Theil der Masse besteht aus rein scirrhösem Gewebe, einer harten, fasrigen Substanz mit eingesprengten Reticularfiguren; dann zeigt sich mehr nach innen eine weichere Krebsmasse, welche alle Charaktere des Markschwamms trägt. Ganz nach innen, in dem Centraltheile der Geschwulst endlich sieht man eine käsige, tuberkelähnliche Masse, welche viel gelbes Pigment, Xanthose, enthält.

Ueberall ist das Gewebe von vielem Krebssaft infiltrirt und zeigt als Hauptelement grosse Krebszellen von $\frac{1}{50}$ — $\frac{1}{30}$ Millim. mit deutlichen schönen Kernen von $\frac{1}{80}$ Millim. und grossen Nucleolis. Im Innern vieler Zellen finden sich feine Körnchen. In der fettartigen, käsigen Substanz der Mitte erkennt man unter dem Mikroskop Cholestearinkrystalle in grosser Menge. Die Faserung ist im scirrhösen äusseren Gewebe rigid, dicht, und die Fasern zeigen deutliche, scharfe Contouren, sie sind blass und in geringer Menge in der mittleren Encephaloid-Masse und fehlen in der centralen käsigen Substanz.

Wir wollen nun noch vier Krankengeschichten mit Leichenöffnungen hinzufügen, um an Beispielen die verschiedenen hauptsächlichsten Affectionen zu zeigen, welche Brustkrebs in dem Organismus hervorbringt. Wir entnehmen dieselben aus unserer Physiologie pathologique (Art. Cancer du sein), da dieselben uns hier durchaus am Platze scheinen.

5) Aufgebrochener scirrhöser Brustkrebs; allgemeine Krebs-Infection, Tod; Krebs in der Pleura und in den Lungen; Lungentuberkeln.

Eine 60jährige Frau war in das Hospital der Salpêtrière zu Paris gekommen, an einer allgemeinen Krebs-Infection leidend, welche sich in Folge eines ulcerirten Brustkrebses ausgebildet hatte. Wir bemerken bei dieser Gelegenheit, dass die an unheilbarem Krebs Leidenden nach der Salpêtrière geschickt werden, wo sie zum grossen Theile in den Krankensälen des Herrn Manec mit vieler Sorgfalt behandelt werden. Hier sieht man so manche Patientin am Recidiv des Brustkrebses zu Grunde gehen, welche in den Pariser Hospitälern mit momentanem Erfolg operirt worden ist. Als ich diese Kranke sah, war sie ihrem Ende so nah, dass ich sie nicht genau untersuchen konnte, was übrigens für den Zweck dieser Mittheilung weniger wichtig ist.

Diese Frau hatte auf der linken Brustdrüsengegend ein enormes Krebsgeschwür, welches auf scirrhösem Boden aufsass. In der rechten Brust fühlte man ebenfalls eine harte, noch wenig ulcerirte Krebsgeschwulst, welche die Brustwarze ganz nach innen gezogen hatte und nur auf ihrer Oberfläche eine seichte Ulceration von der Grösse eines Zweifrankenstücks darbot.

Um beide Brustdrüsengegenden fanden sich zahlreiche Lymphdrüsen mit Krebsstoff gefüllt und auf der Schambeingegend eine kleine Krebsgeschwulst in der Haut. In dem unter der Pleura befindlichen Zellgewebe sah man eine Menge kleiner, mehrere Millimeter grosser, flacher, weisslich grauer Platten, welche bei der mikroskopischen Untersuchung sich deutlich als Krebsablagerungen ergaben.

In der linken Lunge fand sich ein kleiner, erbsengrosser, perlartiger Körper. In der Spitze beider Lungen sah man ein Gemisch von tuberculöser und krebsiger Infiltration. In den Nieren fanden wir mehrere grosse seröse Cysten, eine im hohen Alter häufige Erscheinung. Die Geschwulst der rechten Brustdrüsengegend hat mehr als einen Decimeter Durchmesser. Auf einem senkrechten Durchschnitte erkennt man ein gelbes speckartiges Gewebe, in welchem mattweisse Flecken und Netze eingesprengt sind. Wenn man die Schnittfläche mit dem Messer schabt, so erkennt man auf derselben ausser Krebssaft viel Fett. Die Fasern des Gewebes sind sehr rigid, wie gewöhnlich beim Scirrhus; ausserdem nimmt man viele elastische Fasern wahr. Die Krebszellen sind in diesem Gewebe mit so vielem Fett untermengt, dass man nur schwer ihre Hauptcharaktere deutlich erkennen kann.

Die krebshaft afficirten Achseldrüsen zeigen auf einer frischen Schnittfläche ein weisses, festes Fasernetz, in dessen Maschen sich ein gelbgraues, weiches Krebsgewebe befindet; ihre Consistenz ist hart; Fett und Reticularfiguren finden sich ebenfalls in denselben in ziemlicher Menge. Unter den Faserelementen finden sich auch fibroplastische. Die Krebszellen sind hier deutlicher sichtbar, als in dem Brustkrebse. Im Centrum einer der Achseldrüsen befindet sich eine melanotische Masse von 2 Millimetern Durchmesser, welche ganz aus schwarzen Pigmentkörnchen besteht. Der Eiter des kleinen Geschwürs der rechten Brustdrüse zeigt deformirte Eiterkügelchen, viele Fettbläschen und Fragmente von Fasern.

Die linke Brustdrüse, welche der Sitz eines so umfangreichen Geschwürs war, ist von gelblichem Eiter bedeckt, und ruht auf einem harten Krebsgewebe, in welchem man ebenfalls ein Faserstroma bemerkt, das eine gelbe, speckartige Substanz einschloss. An manchen Stellen bietet das Gewebe eine orangegelbe Farbe dar und ist von dem Pigmente infiltrirt, welches wir unter dem Namen Xanthose beschrieben haben. Die Krebszellen des Gewebes haben $\frac{1}{50}$ — $\frac{1}{33}$ Millim. Durchmesser, einen Kern von $\frac{1}{100}$ — $\frac{1}{80}$ Millim. und deutliche Nucleoli. In diesem Theile des Krebses sieht man sie ungleich deutlicher, als in dem Brustkrebs der andern Seite.

Der Eiter des Geschwürs ist sehr körnig, zeigt nur wenige defor mirte Eiterkügelchen und viele deformirte Krebszellen, ferner ganze Fasermassen, ein recht anschauliches Bild, wie der Krebs durch den Ulcerationsprocess zersetzt wird, was aber leider dem Organismus wenig zu statten kommt, da vom Blute aus, von unten her immer neue Nachschübe von Krebsstoff ausgesondert werden.

Die oben erwähnten Krebsplatten der Lunge dringen mehrere Millimeter tief in das Gewebe der Lunge ein, indem sie ihre Elemente auseinanderdrängen, selbst aber zwischen den Zellfasern unter der Pleura abgelagert sind; in manchen derselben zeigen sich melanotische Elemente, in noch anderen Reticularfiguren, in allen sehr deutlich erkennbare Krebszellen.

Der oben beschriebene perlartige Körper, welchen wir in einer der Lungen gefunden haben, besteht aus concentrischen Schichten eines feinen, faserigen, opalescirenden Gewebes.

In der Spitze der linken Lunge finden sich mehrere erweichte Tuberkeln und ein Gemisch von Krebs- und Tuberkelinfiltration, wie wir schon oben erwähnt haben. In den Tuberkeln erkennt man deutlich die ihnen eigenen so charakteristischen Körperchen; im Krebse ausser den gewöhnlichen Zellen grosse concentrische Zellen bis $\frac{1}{20}$ Millim., von runder oder ovaler Form; ferner granulöse Kugeln und Cholestearin-Krystalle.

Unter den Miliartuberkeln der Lunge befinden sich mehrere im Zustande der Verkreidung. Das sie umgebende Lungengewebe ist verhärtet und chronisch entzündet.

Die Krebsinfiltration der Lunge unterscheidet sich schon mit blossem Auge von der tuberculösen, durch die Abwesenheit käsiger, krümliger, leicht zerreibbarer Substanz; man erkennt in derselben vielmehr ein röthliches, faseriges, feinkörniges Gewebe, in welchem das Mikroskop viele Krebszellen nachweist.

6) Ulcerirte Brustkrebs bis zur Achselhöhle ausgedehnt, Krebsinfiltration des Sternums; Oedem des Arms, Tod; Krebsgeschwulst im Mediastinum und in der Leber.

Eine 58jährige Frau hatte seit mehreren Jahren eine Krebsgeschwulst in der Brustdrüsengegend, welche ulcerirt war und mit allen umgebenden Theilen Adhärenzen eingegangen war. Der Verlauf ihrer Krankheit bot sonst nichts Merkwürdiges dar. In der letzten Zeit ihres Lebens war zuerst die rechte Hand, die auf der Seite des Krebses, und nach und nach die ganze obere Extremität ödematös angeschwollen. Die Schmerzen waren in der ganzen Brustdrüsengegend heftig. Die allgemeine Kachexie hatte schnelle Fortschritte gemacht, und zu derselben hatten sich noch in der letzten Zeit bedeutende Athembeschwerden und trockner Husten gesellt.

Bei der Leichenöffnung fanden wir, dass die krebsige Masse sich bis in die Achselhöhle hin ausgedehnt hatte, selbst die Menge der kranken Lymphdrüsen abgerechnet. Der grosse und kleine Brustmuskel waren an vielen Stellen vom Krebse infiltrirt und verhärtet. Mehrere Rippen waren durchbrochen und zum Theil absorbirt, und der Krebs hatte fast die Oberfläche der Pleura erreicht. Die Venen des angeschwollenen Arms waren bis nach oben hin zur Vereinigung der Vena subclavia mit der Jugularis interna normal, hier aber waren sie dermaassen durch die harten Krebsmassen comprimirt, dass dieselben, ohne obliterirt zu sein, dem Blute nur schwer den Durchgang gestatteten. Die Leber enthielt mehrere in derselben zerstreute Krebsgeschwülste. In den Venen, welche das linke Ovarium umgeben, befanden sich eine ziemliche Menge kleiner Steine, Phlebolithen. An der äusseren Oberfläche des Colons existirte eine kleine Fettgeschwulst, welche durch einen langen und dünnen Stiel an der äusseren Fläche der Eingeweide befestigt war.

Das Krebsgewebe, welches die Basis des sehr ausgebreiteten ulcerirten Krebses bildete, hatte kaum einen Zoll Dicke. Es war sehr faserig, hart, reticulär und von Melanose infiltrirt. Deutlich erkennt man bei der mikroskopischen Untersuchung die Elemente des Krebses. Man findet sie auch, wiewohl zum Theil zersetzt, im Eiter des Geschwürs. In dem Brustmuskel war die eigenthümliche Muskelstructur fast ganz verschwunden, und die Krebsinfiltration bestand in demselben in so bedeutender Menge, dass man hier die Krebselemente verhältnissmässig besser untersuchen und erkennen konnte, als in dem eigentlichen Brustkrebse. Nirgends erkennt man die geringste Zwischenform zwischen den Elementen des Krebses und denen des Muskels. Die des letzteren schwinden gewissermaassen erstickt von der reichlichen Krebsabsonderung, welche ihr parasitisches Leben der normalen Ernährung des Muskels substituirt hatte.

Die Krebsmassen der Leber schwanken zwischen der Grösse einer Erbse und der einer Kastanie. Sie zeigen auf ihrer Oberfläche einen Eindruck, wie wir denselben oft beim Krebse der Leber bemerkt haben. Sie scheinen ihren Ursprung von dem Zellgewebe, das sich unter dem Peritonäal-Ueberzuge der Leber befindet, genommen und sich auf diese Art tiefer in die Substanz der Leber erstreckt zu haben. Sie sind von einer starken Gefässinjection umgeben. Auf einer frischen Durchschnittsfläche bieten sie folgenden Anblick dar: ein weisses Fasernetz wechselt mit einer weichen Substanz ab, in welcher man als Hauptelement Krebszellen von $\frac{1}{50}$ Millim. mit Kernen von $\frac{1}{100}$ Millim. erkennt, und in letzteren 1 — 3 Kernkörperchen. Die granulösen Kügelchen sind viel grösser und mit feinkörniger Masse angefüllt. Die Zellen der Lebersubstanz sind zum grossen Theile mit Fett infiltrirt. Das scirrhöse Gewebe dieser Leber ist viel gefässreicher als der Krebs in den übrigen Theilen.

7) Scirrhus der Brustdrüse; allgemeine Krebsinfection; scirrhöse Infiltration des Brustbeins; Krebsgeschwulst im Mediastinum; Lungentuberkeln.

Eine 55jährige Frau hatte seit mehreren Jahren angefangen, am Brustkrebs zu leiden. Sie war im Hôtel-Dieu operirt worden, nachdem die Krebsgeschwulst in Ulceration übergegangen war. Funfzehn Monate später jedoch war ein Recidiv eingetreten, und es entwickelte sich eine bösartige Geschwulst in der Brustdrüse der anderen Seite. Diese neue Geschwulst ging bald mit allen umgebenden Theilen Adhärenzen ein, die Brustwarze wurde nach innen gezogen, die Geschwulst ging in Verschwärung über, das Geschwür breitete sich schnell aus, die Eiterung wurde sehr copiös; die Lymphdrüsen schwollen nicht bloss auf der entsprechenden Seite, sondern auch in der anderen Achselhöhle an, und, was noch besonders merkwürdig ist, die Drüsen beider Inguinalgegenden wurden ebenfalls krebshaft afficirt. Nun traten alle Erscheinungen einer allgemeinen Krebskachexie ein. Die Kranke magerte ab, verlor die Kräfte, hatte beständiges Fieber, die Schmerzen wurden sehr heftig, das Athmen beschwerlich, und so ging die Kranke, nachdem sie viel gelitten hatte, gegen Ende Februar 1843 zu Grunde.

Das Brustbein hatte an Umfang zugenommen und zeigte in seinem Inneren eine allgemeine Krebsinfection, seine Consistenz war so verringert, dass man es bequem mit dem Messer schneiden konnte. Auf seiner inneren Seite in dem Mediastinum fand sich zwischen den beiden an Umfang verminderten Lungen eine bedeutende Krebsgeschwulst. Das Gewebe der Lungen war compact, schwarzgrau. In ihrer Spitze fanden sich auf beiden Seiten Tuberkeln. In der Brusthöhle bestand ein ziemlich bedeutender Erguss einer citronengelben serösen Flüssigkeit. Die anderen Organe zeigten nichts Abnormes.

In mehreren grossen Gefässen fanden sich graue krebsähnliche Coagula, in denen jedoch das Mikroskop nichts Krebshaftes und nur Faserstoff und sonstige Blutelemente nachwies. Der Eiter des Krebsgeschwürs zeigte fast keine Eiterkügelchen, sondern Körnchen und zersetzte Elemente, was wir übrigens beim Eiter der Krebsgeschwüre oft beobachtet haben. Ausserdem fanden sich grosse granulöse Kugeln und Fettelemente in denselben; und viele deutlich erkennbare Vibrionen (Vibrio lineola Ehr.), dieselben, welche wir öfters im Eiter sehr verschiedener Geschwüre beobachtet haben.

Die Haut sass überall so fest auf der Krebsgeschwulst der Brust, dass man sie nicht von derselben trennen konnte. Das Krebsgewebe ist gelb, speckartig, stellenweise hart, an anderen Orten elastisch, selbst ziemlich weich und von vielem Krebssaft infiltrirt, welchen man leicht durch Druck aus demselben entleert. An manchen gefässreicheren Stellen sieht man eine mehr blassröthliche Färbung. Unter der Loupe erkennt man ein Fasernetz mit weicher, körnig aussehender Zwischensubstanz, welche an vielen Stellen überwiegt, an einzelnen safranartig erscheint. In den Achseldrüsen der rechten Seite erkennt man neben den Krebselementen deutlich die der Tuberculose. In der Krebsgeschwulst des Mediastinum befindet sich ebenfalls viele eingesprengte Tuberkelmasse.

In dem Fasergewebe des Brustkrebses erkennt man viele elastische Fasern. Die Krebszellen sind in demselben sehr durch Fett maskirt; bei genauer Untersuchung jedoch erkennt man sie deutlich und in mannigfacher Formverschiedenheit. In dem Krebse der Achseldrüsen und des Mediastinums erkennt man sie noch besser, als in dem der äusseren Brust. Die eigenthümliche safrangelbe Färbung besteht aus einem eigenthümlichen gelben Fett, welches in Fettbläschen enthalten ist; vielleicht eine Art Oel.

Die Geschwulst des Mediastinums hat die Grösse eines Truteneies und zeigt, wie gesagt, eine Mischung von scirrhösem Gewebe und käsigem Tuberkelstoff.

Im Sternum erkennt man viele Krebszellen und stellenweise eine Ablagerung von scirrhösen Fasern. Die Knorpel sind gelb gefärbt; man sieht in denselben jedoch keine Krebselemente.

Es ist in diesem Falle wahrscheinlich, dass der äussere Brustkrebs sich durch das Sternum hindurch, indem er dieses infiltrirte, das Krebsübel bis in das Mediastinum fortgepflanzt habe.

8) Ulcerirter Brustkrebs; Krebs der Vena cava superior, der Vena subclavia und der Vena axillaris der rechten Seite.

Eine 40jährige Frau von einer ursprünglich kräftigen Constitution war bis vor zwei Jahren gesund gewesen. Damals bemerkte sie zuerst, ohne einen Grund für ihre Entstehung angeben zu können, eine Geschwulst von geringem Umfange in der rechten Brust, welche nur bei starkem Drucke schmerzhaft war. Verschiedene Mittel wurden zuerst nutzlos angewendet. Dann consultirte sie einen Wundarzt, der ihr auf die Geschwulst ein Causticum, eine Paste von schwärzlicher Farbe applicirte, vielleicht eine Präparation von dem Rousselot'schen Arsenikpulver oder von dem Canquoin'schen Chlorzink.

Die Kranke beschreibt in den energischsten Ausdrücken die Heftigkeit der Schmerzen, welche sie 30 Stunden hindurch nach der Anwendung dieses Causticums empfand. Nach dieser Wirkung bot die Geschwulst den Anblick einer schwärzlichen harten Masse dar, welche nach wenigen Tagen leicht entfernt werden konnte. Die Wunde vernarbte langsam, blieb aber nur drei Wochen hindurch geschlossen, dann brach sie von Neuem auf und nun bildete sich immer bestimmter ein bösartiges carcinomatöses Geschwür aus, welches einen dünnen serösen Eiter absonderte.

Während der Anwendung des Causticums war auch die linke Brustdrüsengegend schmerzhaft geworden, schwoll an und wurde hart, während die Brandwunde vernarbte. Dies war jedoch nur eine entzündliche Anschwellung, welche sich später wieder zertheilte, ohne ein bestimmtes Afterproduct wahrnehmen zu lassen.

Das Geschwür der rechten Brust dehnte sich nun immer mehr aus und hatte schon nach wenigen Monaten die Linke erreicht. So bestand seit einem Jahre eine sehr copiöse seröse stinkende Eiterung und während dieser Zeit verschwanden beide Brustdrüsen vollkommen.

Zwei Monate vor ihrem Eintritt ins Spital, wo sie mein Freund Ch. Robin (im Hôpital des cliniques) beobachtete, fing an den Händen, besonders an der rechten eine oedematöse Anschwellung an, welche sich bald über die ganzen oberen Gliedmaassen ausbreitete, dann sich bald bis zum Halse und Thorax, später über den ganzen Körper erstreckte, viel stärker jedoch an ihrem oberen, als am unteren Theile war.

Die Kranke wurde am 19. Januar 1845 ins Hospital aufgenommen. Sie bot damals folgenden Zustand dar: man sah ein sehr ausgebreitetes Geschwür an der vorderen Seite des Thorax, besonders in transversaler Richtung, ein wenig ausgedehnter nach links als nach rechts hin. Das Geschwür ruhte auf einem harten, callösen, an der Oberfläche stellenweise weichen, fungösen, an anderen Stellen rothbraunen und sehr gefässreichen Grunde. Die Ränder sind scharf abgeschnitten, und bestehen aus einem knorpelharten, dicken Wulst. Die Haut, welche das Geschwür umgab, war gefurcht, wie nach innen durch die harten Geschwürsränder gezogen. Die Bewegungen erregten heftige Schmerzen und zerrten die Ränder der Wunde, was die Kranke zwang, sich nach vorn übergebeugt zu halten. Die umgebende ödematöse Infiltration liess den Geschwürsgrund noch vertiefter erscheinen. Seine serös-eitrige Absonderung von gräulicher Färbung bot den charakteristischen Gestank der Krebsjauche dar. Nirgends fand man in den Achselhöhlen angeschwollene Drüsen; wegen des Oedems konnte man dieselben übrigens nicht sehr genau untersuchen. Wir haben bereits dieses weit ausgebreiteten Oedems erwähnt, welches sich nun noch in den letzten Tagen, wiewohlin geringem Grade auf das Gesicht ausgedehnt hat. Seit 5 —6 Tagen hat sich auf dem linken Vorderarm und der Hand ein Erysipel ausgebildet, welches allen diesen Theilen eine gleichmässige rothe Färbung giebt. Der Schmerz war sehr lebhaft, die Spannung theils durch das Erysipel, theils durch das Oedem so bedeutend, dass auf dem Rücken der Hand die Geschwulst aufgebrochen ist. Seit drei Tagen fliesst aus dieser Oeffnung eine ziemliche Menge einer serös-eitrigen Flüssigkeit. Das Fieber ist sehr intensiv, der Puls auf 100; Durst lebhaft, keine Esslust. Die Kranke ist sehr schwach, das Athmen beengt, mühsam; Durchfall. Die Schwäche der Kranken und die Geschwulst hindern die Brust genau durch Auscultation zu untersuchen.

Diese Symptome nehmen zu, besonders das Fieber und die Athembeschwerde. Das Erysipel dehnte sich bis nach der Schulter hin aus. So starb die Kranke am 23. Januar, zehn Uhr Morgens.

Leichenöffnung vierzig Stunden nach dem Tode.

Aeusserlich dieselbe Infiltration, wie vor dem Tode, stärker an den niedrig liegenden Körpertheilen; an diesen allein bleibt von der erysipelatösen Röthe einige Spur übrig.

Unter der Haut sieht man die Läppchen des Fettzellgewebes durch eine Menge Serosität auseinandergetrieben. Vor der Eröffnung des Thorax werden die Venae jugulares internae und die subclaviae auf beiden Seiten blossgelegt. Die Lungen sind überall mit der Pleura costalis verwachsen; ihr Gewebe zeigt nichts als hypostatische Anschwellung. Es finden sich in denselben keine Tuberkeln. Am vorderen Rande sieht man einige oberflächliche Krebsmassen von der Grösse einer Erbse bis zu der einer Nuss. Am hinteren Theile des Brustbeins finden sich ebenfalls Krebsmassen, auf welche wir später zurückkommen werden.

Das Herz ist umfangreich, bietet aber keine bemerkenswerthen Läsionen dar. In den linken Höhlen finden sich ziemlich feste Coagula, in ihrer Gesammtmasse von der Grösse eines Hühnereies. Im rechten Ventrikel, so wie im rechten Herzohr finden sich ebenfalls Coagula. Aus letzterem verlängert sich ein solcher Blutpfropf in die Hohlvene, welche an ihrem Durchgange durch das Diaphragma sehr umfangreich erscheint. Nach der Seite der oberen Hohlvene hin hat dieser Blutpfropf einen Centimeter Länge und hört hier, wie abgeschnitten auf. Er ist übrigens ein wenig adhärent, aber ohne directe Verbindung mit einer härteren, dunkleren Masse, welche den übrigen Theil der unteren Hohlvene, die Venae subclaviae, die axillares und die tiefen Armvenen ungefähr bis zum Niveau des Musculus brachialis anterior ausfüllt. Diese Substanz dehnt die Vene so aus, dass sie einen grösseren Umfang als der Daumen hat, von ihr gehen Verlängerungen in die linke Vena cephalica, welche in ihrem übrigen Verlauf von Pfröpfen und von Serosität angefüllt ist; welche man oft nach den verschiedensten Krankheiten antrifft. Ein Gleiches findet für die äussere und innere linke Jugularvene statt, auch auf der rechten Seite bieten diese Venen nichts Besonderes dar. Da wo diese Venen in die obere Hohlvene und in die rechte Schlüsselbeinvene einmünden, hört dieser Pfropf plötzlich auf und findet sich nur in Berührung, aber nicht in Verbindung mit der Krebssubstanz in der Hohlvene. Die kranken Venen sind von einem knorpelharten, weissen Zellgewebe umgeben, welches allmählig in das gesunde Zellgewebe übergeht. Die Vena subclavia hängt durch dasselbe mit der ersten Rippe zusammen, welche jedoch selbst nicht krank ist.

Das Geschwür sitzt auf einer Basis von Krebsgewebe, welches an manchen Stellen alle Theile bis zum Sternum und den Rippen durchgefressen hat.

Die Ansatzpunkte des grossen Pectoralmuskels sind durch die Ulceration zerstört, die zunächst gelegenen Theile vom Krebse infiltrirt. Nirgends findet sich eine kranke Lymphdrüse. In den übrigen Organen zeigt sich nichts Abnormes.

Das Gewebe der kleinen Krebsgeschwülste an der hinteren Seite des Sternum ist weich und besteht aus einer Zellgewebemembran und im Inneren aus weichem saftreichem Gewebe voll Krebszellen. Der Krebs der Venen ist fest, mit ihrer inneren Wandung verwachsen, weich, an der Oberfläche und an manchen Stellen im Inneren gefässreich; an anderen Stellen ist die Substanz weisslich und besonders in den Centraltheilen zeigt sich das Encephaloid mit allen seinen Charakteren. Die Krebszellen zeigen alle Uebergänge zwischen ihrer reinen Urform und dicht mit Körnchen angefüllten, granulösen Kugeln. Man sieht besonders viele freie Zellenkerne mit 2 — 3 Kernkörperchen, deren mehrere von einer hellen durchsichtigen Zone umgeben sind. Der Krebs dieser Vene zeigt also auf das Bestimmteste alle dem Krebse eigenthümlichen, anatomischen und mikroskopischen Charaktere. Derselbe ist hier wahrscheinlich durch die Ernährungsgefässe der Wände der Vene auf der inneren Wand derselben ausgesondert worden, und hat, nachdem er einen gewissen Umfang erreicht hatte, hier den Blutdurchgang gehindert. Die Krebsgeschwülste an der hinteren Brustbeinwand scheinen direct durch Krebssaftinfiltration des Sternums entstanden zu sein.

Viertes Capitel.

Fragmente zur Statistik der Geschwülste.

Wenn wir auch die Statistik der Geschwülste keineswegs als einen Gegenstand von grösster Wichtigkeit für die genaue Kenntniss und richtige Würdigung dieser krankhaften Erzeugnisse halten, so haben wir doch auf der anderen Seite die Ueberzeugung, dass eine genauere Kenntniss ihrer statistischen Verhältnisse für Wissenschaft und Praxis mannigfachen Nutzen darbieten könne.

Wir wollen daher im Nachfolgenden die Ergebnisse unserer Forschungen, welche wir bereits in den einzelnen Aufsätzen zerstreut mitgetheilt haben, zusammenstellen, und die aus diesem Ueberblicke hervorgehenden Resultate mittheilen und kritisch prüfen.

1) Warzen- oder Papillargeschwülste.

Wir bemerken für diese, wie für die nachfolgenden überhaupt, dass wir hier nur die Fälle mittheilen, welche wir nach genauer Prüfung unbefangen diagnosticirt haben.

Wir haben 19 Warzengeschwülste in unseren Beobachtungen analysirt.

Diese waren dem Alter nach folgendermaassen vertheilt:

zwischen	20	und	30	Jahren . . .	3
-	30	-	40	-	3
-	40	-	50	-	8
-	50	-	60	-	1
-	60	-	70	-	2
				Summa	17

In zwei Fällen war das Alter nicht genau angegeben. In 18 Fällen, von denen das Geschlecht genau notirt wurde, kamen 11 auf das männliche und 7 auf das weibliche Geschlecht.

In allen 19 Fällen war der Sitz, welcher histologisch immer in dem oberflächlichen Theile der Cutis, in den Hautpapillen und der Epidermidalschicht stattfindet, genau angegeben, und findet sich folgendermaassen vertheilt:

an der Unterlippe	7 mal
an der Nase	3 -
an der Schläfe, auf der Brust, auf dem Bauche, in der Schambeingegend, auf der Hand und dem Fusse, an jedem dieser Theile einmal . . .	6 -
Epithelialgeschwulst des Uterus	2 -
Epithelialgeschwulst der Zunge	1 -
Summa	19 mal

Die Dauer der Krankheit ist 15 mal notirt und ergiebt:

1 bis 2 Jahre	4 mal
2 - 3 -	4 -
4 - 6 -	3 -
7 - 12 -	4 -
Summa	15 mal

Es ergiebt sich also aus diesem Ueberblick: 1) dass diese Geschwülste bei Männern häufiger sind, als bei Frauen, womit auch die Beobachtungen Mayor's übereinstimmen; 2) dass ihre grösste Häufigkeit sich zwischen dem 40. und 50sten Jahre zeigt, dass sie aber zwischen dem 20. und 40sten Jahre häufiger sind, als nach dem 50sten. Das mittlere Alter aus 17 erwähnten Fällen ist 46 Jahre. 3) Die mittlere Dauer der Entwickelung dieser Geschwülste ist 4½ Jahre, sie dauern ungleich öfter länger, als weniger, als 2 Jahre; 4) die Unterlippe ist der Theil, in welchem sie sich verhältnissmässig am häufigsten zeigen. Dann kommt der Häufigkeit nach, die Nase. Sie zeigen sich sonst in der Haut auch auf verschiedenen Theilen des Gesichts, des Stammes und der Extremitäten. Epithelialgeschwülste scheinen besonders in der Nähe solcher Theile vorzukommen, in denen Haut und Schleimhaut sich berühren (Uterus, Zunge).

2) Hauthypertrophie.

Diese krankhafte Neubildung haben wir 9 mal zu beobachten und zu untersuchen Gelegenheit gehabt. Von diesen kommen 7 auf Frauen und 2 auf Männer. Dem Alter nach:

zwischen	10	und	20	Jahren	5
-	20	-	30	-	2
-	30	-	40	-	1
-	40	-	50	-	1
				Summa	9

Die Dauer des Uebels ergiebt folgende Verhältnisse:

0 — 1 Jahr	. . .	1
1 — 2 -	. . . .	4
6 -	. . . .	1
8 -	. . . .	1
19 -	. . . .	1
12 -	. . . .	1
	Summa	9

Dem Sitze nach fanden sich:

am Beine	. .	3 mal
Bein und Unterschenkel		3 -
Hand	. . .	1 -
Finger	. . .	1 -
Gesicht	. . .	1 -
	Summa	9 mal

Die Zahl der Beobachtungen ist hier zu klein, als dass die Resultate grossen Werth haben könnten. Diese sind nun folgende: 1) Das Uebel scheint beim weiblichen Geschlecht häufiger vorzukommen, als beim männlichen. 2) Es gehört mehr der ersten Lebensperiode, und zwar der Zeit der Entwickelung, der Pubertät und den zunächst nach dieser folgenden Jahren an. Das mittlere Alter der 9 Fälle war $20\frac{5}{9}$. 3) Der Verlauf ist sehr langsam, meist gegen 2 Jahre und oft darüber. In Fällen, deren ich mich recht wohl erinnere, über die ich aber keine genaue Notizen gemacht habe, hat das Uebel über 15, ja 20 Jahre gedauert. Jedoch haben wir auch 2 Fälle beobachtet, in denen es sich in dem einen an der Hand in 8 Monaten, und in 13 Monaten in dem anderen Falle im Gesichte zu einer bedeutenden Ausdehnung ausgebildet hatte. In dem einen Falle wurde die Amputation nöthig, in dem anderen führte Prof. Dieffenbach fast vollkommene Heilung durch mehrfache partielle Excision herbei. 4) Dem Sitze nach scheinen Bein und Unterschenkel am oftesten ergriffen zu sein. In diesen Theilen kommt es auch am häufigsten in Brasilien und auf der Insel Barbados vor. An der Hand ist es ebenfalls öfters beschrieben worden. Im Gesichte seltener, nimmt es hier zugleich die Form der knolligen Hypertrophie (Leontiasis) neben der diffusen an.

3) Blutgefässgeschwülste (Telangiektasien).

Ich habe 38 Fälle derselben notirt, von denen 37 bestimmt angeboren waren. In dem 38sten wurde angegeben, dass das Uebel in

Folge eines Schlages entstanden sei. Von den 38 kamen 12 auf Knaben oder junge Männer, 26 auf das weibliche Geschlecht.

Was das Alter betrifft, in welchem die Kranken operirt wurden, so ergiebt sich Folgendes:

4	Monate	3
6—9	-	6
1—2	Jahre	15
2—3	-	3
6	-	1
10—20	-	6
20—30	-	4
	Summa	38

Ueber den Sitz dieser Geschwülste ergiebt sich:

Gesicht 25	1) Unter der Haut am oberen Augenliede	1
	2) In dem Gewebe der Haut selbst:	
	Oberlippe	6
	Wange	4
	Ohrläppchen	3
	Unterlippe	2
	Augenlieder	3
	Stirn	2
	Nase	2
	Schläfe	1
	Kieferwinkel	1
Stamm, Extremitäten und äussere Geschlechtsorgane 13	Gaumen	1
	Hals	1
	Brust	2
	Rücken	1
	Bauch	1
	Scrotum	1
	Vagina	1
	Oberarm	1
	Vorderarm	1
	Daumen	1
	Oberschenkel	1
	An mehreren Orten zugleich, Gesicht, Hals, Rücken	1
Summa 38	Summa	38

Es ergeben sich nun aus dieser Zusammenstellung folgende Resultate: 1) Das Uebel ist gewöhnlich angeboren. 2) Es ist bei Kindern weiblichen Geschlechts ungleich häufiger als bei Kindern männlichen Geschlechts. 3) Man kann bereits bei Kindern von 4 Monaten die Exstirpation ohne nachtheilige Folgen vornehmen. Es ist im Gegentheil gut, sie vor Ablauf des ersten Jahres zu machen, da die Geschwulst die Neigung hat, mit dem Alter zu wachsen. 4) Wir haben gesehen, dass trotz der Congeneität des Uebels doch 6 Individuen sich erst zwischen dem 10ten und 20sten, und 4 zwischen dem 20sten und 30sten Jahre operiren liessen, was wieder ein neuer Beweis ist, wie wenig Neigung diese Geschwülste haben, zu degeneriren und krebsartig zu werden, und wie Telangiektasie nicht sorgfältig genug vom gefässreichen Markschwamm (Fungus haematodes) getrennt werden kann. Damit wollen wir aber die Möglichkeit nicht läugnen, dass wo die Anlage zum Krebs im Körper vorhanden ist, dieser sich so gut in dem telangiektatischen Gewebe wie in anderen Theilen localisiren könne. Wir haben jedoch nichts dem Aehnliches beobachtet. 5) Was endlich den Sitz betrifft, so kommen diese Geschwülste selten in dem Unterhautzellgewebe, gewöhnlich in der oberflächlichen Gefässschicht der Cutis vor. Für das Gesicht haben sie eine besondere Vorliebe (25 mal auf 38). Am häufigsten kommen sie an den Lippen, Wangen, Augenliedern, Ohrläppchen vor; weniger häufig an der Stirn, der Nase, der Schläfe, der Kiefergegend. Am Stamme, Hals, Brust und Bauch, an den oberen Gliedmaassen, an den äusseren Genitalien, am Scrotum und an der Vagina kommen sie jedoch seltener vor.

4) Einfache und zusammengesetzte Hautdrüsen- und Schleimhautdrüsen-Geschwülste (Balggeschwülste).

Von 63 Fällen ist 52 mal das Geschlecht bestimmt; hievon 32 Männer und 20 Frauen. Die Dauer ist meist nicht angegeben; der Verlauf war immer sehr langsam, und die meisten Kranken sagten, dass sie diese Geschwülste seit mehreren Jahren trügen. Das Alter ist in 50 Fällen angegeben; es ergiebt folgende Verhältnisse:

0—10	Jahre . .	8
10—20	- . .	2
20—30	- . .	18
30—40	- . .	13
40—50	- . .	6
50—60	- . .	2
60—70	- . .	1
	Summa	50

Dem Sitze nach finden wir Folgendes:

Behaarte Kopftheile		7
Gesicht 28	Oberes Augenlied	9
	Unteres Augenlied	4
	Stirn	5
	Schläfe	2
	Wange	2
	Fossa canina	1
	Nase	2
	Vor der Glandula lacrymalis	1
	Kinn	1
	Unterlippe	1
Am Halse		13
Auf der Schulter		1
Auf der Brust		2
In der weiblichen Brust		1
Auf dem Bauch		3
Auf der Hinterbacke		1
Schleimhautdrüsengeschwülste an der Lippe		5
- - - . in der Vagina		2
	Summa	63

Es ergiebt sich hieraus: 1) die grössere Häufigkeit beim männlichen als beim weiblichen Geschlecht, was wahrscheinlich mit der vermehrten Haarentwickelung beim ersteren zusammenhängt. 2) Wiewohl numerisch nicht genau begründeter, doch bestimmt stattfindender höchst langsamer Verlauf. 3) Grösste Häufigkeit zwischen dem 20sten und 40sten Jahre; Vorkommen bereits in der ersten Kindheit ($\frac{1}{4}$ und $\frac{1}{2}$ Jahr); seltenes Vorkommen nach dem 50sten Jahre. Das mittlere Alter aus 50 Fällen ist $28\frac{38}{50}$ oder 28,76. 4) Hauptsitz im Gesichte, hier namentlich an der Augenliedgegend und der Stirn; ferner Häufigkeit am behaarten Theile des Kopfes, dann am Halse; minder grosse Häufigkeit auf Brust, Rücken und Bauch; Seltenheit an den Extremitäten.

5) Fettgeschwülste (Lipome).

Von 28 Fällen ist in 26 das Geschlecht angegeben; es kommen 12 auf Männer und 14 auf Frauen. Was die Dauer betrifft, so ist sie nach unseren Beobachtungen im Mittleren über 5 Jahre, ehe die Kranken sich zur Operation melden; oft ist der Verlauf viel langsamer.

Das Alter ist in 24 Fällen notirt.

1—10	Jahre	1
10—20	-	3
20—30	-	2
30—40	-	7
40—50	-	7
50—60	-	4
	Summa	24

Dem Sitze nach ergiebt sich Folgendes:

Schultergegend	6
Rücken	3
Hinterbacken	3
Hüfte	2
Achselgegend	2
Nacken	2
Hals	2
Lippe	1
Stirn	1
Oberarm	2
Schenkel	2
Brustdrüse	1
Aeussere Darmwand	1
Summa	28

Es ergiebt sich hieraus: 1) Ziemlich gleiches Vorkommen in beiden Geschlechtern. 2) Höchst langsamer Verlauf, im Mittleren wenigstens 5 Jahre, ehe die Kranken die Operation verlangen. 3) Grösste Häufigkeit zwischen dem 30sten und 50sten Jahre, mässige Häufigkeit zwischen dem 10ten und 30sten, so wie zwischen dem 50sten und 60sten Jahre; grosse Seltenheit während des kindlichen Alters. 4) Grössere Häufigkeit in der Schultergegend, dem oberen Theile des Rückens, als an den Extremitäten, Seltenheit am Kopfe.

6) Fibroplastische Geschwülste (Sarkome).

Diese Geschwülste kamen in 27 Fällen 7mal bei Männern und 17mal bei Frauen vor; 3mal war das Geschlecht nicht angegeben. Der Verlauf war in der Regel langsam, gewöhnlich über 2 Jahre.

Dem Alter nach haben wir beobachtet:

1—10 Jahre	. .	2
10—20 -	. .	2
20—30 -	. .	8
30—40 -	. .	5
40—50 -	. .	2
60—70 -	. .	2
70—80 -	. .	4
	Summa	25

In 2 Fällen ist das Alter nicht angegeben. Dem Sitze nach finden wir:

Schädelknochen	1
Dura mater	3
Augenlied	1
Conjunctiva	1
Aeusseres Ohr	1
Ohrgang (Ohrenpolypen) . .	5
Oberkiefer	4
Unterkiefer (Epulis)	3
Wange	1
Zunge	1
Brustdrüse	1
Collum uteri	1
Vorderarm	1
Schenkel	1
Bein	1
Umgegend des grossen Zehen	1
Summa	27

Es ergiebt sich hieraus Folgendes: 1) fibroplastische Geschwülste kommen bei Frauen häufiger vor als bei Männern. 2) Ihr Verlauf ist langsam, gewöhnlich über 2 Jahre. 3) Sie kommen in jedem Alter, am häufigsten aber zwischen dem 20sten und 30sten Jahre vor. 4) Sie kommen an allen möglichen Theilen ohne besondere Prädilection vor.

7) Fasergeschwülste (Fibrome).

Wir haben 29 Fälle beobachtet, 13 bei Männern, 14 bei Frauen, in 2 Fällen war das Geschlecht nicht angegeben. Der Verlauf war im Mittleren zwischen 2 und 6 Jahren. Bei 21 war das Alter notirt:

10—20 Jahre	. .	6
20—30 -	. .	4
30—40 -	. .	5
40—50 -	. .	5
70—80 -	. .	1
	Summa	21

Der Sitz der Geschwülste ist in 29 Fällen notirt:

Augenhöhle (Exophthalmos)	3
Nase	4
Choanen	4
Antrum Highmori	1
Am Ohr	1
An der Zunge	1
Unterkiefer	1
Hals	2
Uterus	5
Unter der Haut der Brustgegend	1
Umgegend des Knies	4
Neurilem der Ganglien des N. sympathicus .	2
Summa	29

Resultate. 1) Das Geschlecht hat keinen besonderen Einfluss. Bei Frauen haben die Fasergeschwülste eine besondere Neigung, sich zwischen den Muskelfasern des Uterus zu entwickeln. 2) Ihr Verlauf ist langsam, 2—6 Jahre im Mittleren. 3) Schon zwischen dem 10ten und 20sten Jahre häufig, erhalten sie sich fast in den gleichen Quantitätsverhältnissen bis zum 50sten Jahre, entwickeln sich aber selten nach diesem Alter. 4) Ihr Lieblingssitz ist die Haut, das Unterhautzellgewebe, Unterschleimhautzellgewebe, Periosteum, Nähe der knochigen, knorpligen und ligamentösen Theile. Für den Uterus, den hinteren Theil der Nasenhöhle und die Orbita haben sie eine gewisse Prädilection.

8) Schleimhautgeschwülste (Polypen).

Diese Geschwülste hängen vom Geschlechte wenig ab und kommen bei Männern und Frauen ziemlich in gleicher Häufigkeit vor. Uteruspolypen habe ich 2mal unter der Form reiner Schleimhautexcrescenzen beobachtet. Unter 20 Nasenpolypen kamen 12 auf Männer und 8 auf Frauen, also die beiden vorigen Fälle mit eingerechnet auf

12 Männer und 10 Frauen. Der Verlauf ist langsam und sehr chronisch. Das Alter ergiebt für die 20 Fälle von Nasenpolypen:

10—20 Jahre	. .	2
20—30 -	. .	11
30—40 -	. .	4
40—50 -	. .	1
50—60 -	. .	2
	Summa	20

Wir finden also, dass 1) das Geschlecht keinen Einfluss hat. 2) Dass der Sitz besonders die Schleimhaut der inneren Nasenhöhlen, seltener die Schleimhaut des Collum uteri, zuweilen die der Gedärme ist. 3) Dass der Verlauf langsam. 4) Die grösste Häufigkeit zwischen dem 20sten und 30sten und dem zunächst zwischen dem 30sten und 40sten ist. Vor dem 20sten und nach dem 40sten Jahre sind diese Schleimhautexcrescenzen selten.

Anhang. Hypertrophie der Tonsillen.

Von 19 Fällen kamen 11 bei Knaben oder jungen Männern und 8 bei Frauen vor. Dem Alter nach finden wir:

5—10 Jahre	. .	4
10—20 -	. .	6
20—30 -	. .	8
30—40 -	. .	1
	Summa	19

1) Das Geschlecht scheint keinen merklichen Einfluss zu üben. 2) Da die angegebenen Jahre die Zeit der Operation und nicht des ersten Erscheinens bestimmen, so kann man, da das Uebel meist in der Kindheit erscheint, seinen Verlauf als sehr chronisch ansehen. 3) Es kommt im Allgemeinen öfter vor, dass bloss die eine Mandel hypertrophisch ist, als beide. 4) Oft in der Kindheit sich entwickelnd, ist das Uebel mehr den Blüthejahren eigen, und kommt nach dem 30sten Jahre fast nicht mehr vor.

9) Enchondrom (Knorpelgeschwulst).

Wenn ich hier bloss die von mir selbst beobachteten und analysirten Fälle in Betracht ziehe, so beläuft sich deren Zahl auf 14, von denen nur in 10 Fällen das Geschlecht genau notirt worden ist. Es war 7mal das männliche und 3mal das weibliche. Der Verlauf war nur 1mal von 10 Monaten, sonst ist selbst ein Verlauf von 2—3 Jahren, bevor die Kranken sich zur Operation melden, selten, und man kann fast einen Verlauf von 5—10 Jahren als gewöhnlich annehmen. Zuweilen ist derselbe noch viel langsamer. In den Weichtheilen kommt diese Geschwulst ungleich seltener als in den festen Theilen vor. Unsere Beobachtungen ergeben für den Sitz Folgendes:

In Weichtheilen	Zwischen zwei Lungenlappen .	1
	Unter der Haut der Nase . .	1
In Knochen	Unterkiefer	4
	Finger	3
	Oberarmbein	2
	Schulterblatt	1
	Schienbein	1
	Fuss	1
	Summa	14

Das Alter ist in unseren Beobachtungen in 11 Fällen notirt:

10—20 Jahre	. .	4
20—30 -	. .	5
40—50 -	. .	1
60—70 -	. .	1
Summa		11

Resultate: 1) Enchondrom kommt also öfter bei Männern vor, als bei Frauen. 2) Sein Verlauf ist höchst chronisch, 5—10 Jahre. 3) Sein Sitz ist gewöhnlich an knochigen Theilen, besonders am Unterkiefer, an den Händen und Füssen. In seltenen Fällen kommt es mitten in Weichgebilden vor. 4) Dem Alter nach ist diese Geschwulst der Jugend eigen und wird besonders zwischen dem 10ten und 30sten Jahre beobachtet.

10) Krebsgeschwülste (Cancer).

Auch hier wollen wir jetzt die schönen Ergebnisse, welche wir aus den Manuscripten des Dr. d'Espines zusammengestellt haben, unberücksichtigt lassen, sowie wir beim Enchondrom auch nicht die Müller'sche Statistik erwähnt haben, da uns vor Allem daran liegt, nur die Fälle in diese statistischen Fragmente aufzunehmen, in welchen wir nach genauer Prüfung die Diagnose selbst gestellt haben. Dies ist namentlich für Krebs nothwendig, da wir gesehen haben, wie vag und ungewiss die Meinungen der Pathologen über die Definition des Krebses sind.

In 124 Fällen haben wir das Geschlecht so vertheilt gefunden, dass Krebs um ein Drittel häufiger bei Frauen ist, als bei Männern.

In 57 Fällen ist die Dauer genau notirt; es ergiebt sich Folgendes:

bis 6 Monate . .	18
½— 1 Jahr . . .	15
1 — 1½ - . . .	8
1½— 2 - . . .	7
2 — 3 - . . .	5
3 — 4 - . . .	3
10 - . . .	1
Summa	57

Die Recidive nach der Operation treten im Mittleren zwischen 6 und 15 Monaten ein, zuweilen viel früher, in manchen Fällen erst nach 2—3 Jahren und selbst später, in ganz seltenen Fällen gar nicht.

Das Alter ist in 91 Fällen genau notirt:

1— 5 Jahre . .	4
5—10 - . .	0
10—15 - . .	0
15—20 - . .	1
20—25 - . .	1
25—30 - . .	4
30—35 - . .	7
35—40 - . .	12
40—45 - . .	10
45—50 - . .	10
50—55 - . .	18
55—60 - . .	11
60—65 - . .	7
65—70 . .	3
70—75 - . .	1
75—80 - . .	1
80—85 - . .	1
Summa	91

Der Sitz ist natürlich in allen unsern 124 Beobachtungen genau notirt. Es ergiebt sich für denselben Folgendes:

Brustdrüse	34
Magen	11
Uterus	10
Knochensystem . . .	9
Leber	7
Zunge	6
Latus	77

Transport	77
Hoden	5
Haut	3
Gaumen	3
Lunge	3
Auge	3
Parotis	3
Lippe	3
Penis	3
Venen	2
Nieren	2
Bronchialdrüsen . . .	2
Mesenterialdrüsen . .	2
Halsdrüsen	2
Pleura	2
Vagina	2
Oesophagus	2
Coecum	1
Leistendrüsen	1
Brustwand	1
Bauchwand	1
Rücken	1
Summa	124

Resultate. 1) Krebs kommt beim weiblichen Geschlecht häufiger vor als beim männlichen. 2) Sein Verlauf ist im Mittleren bis zur Operation zwischen 6 Monaten und 2 Jahren, und 2 — 4 Jahre vom Anfang bis zum tödtlichen Ausgange. 3) Krebs hat immer die Neigung zu recidiviren und so den Tod des Kranken herbeizuführen. 4) Krebs kommt im kindlichen und Blüthealter selten vor, wird im hohen Alter wieder seltener, gehört aber besonders dem Ende der Blüthejahre und der ersten Hälfte des reiferen Alters (35 — 60 Jahre) an. 5) Dem Sitze nach hat Krebs eine besondere Vorliebe für die Verdauungsorgane und ihre annexen Theile, beim weiblichen Geschlecht für Brustdrüsengegend und Gebärmutter. Im Knochensystem, im Lymphdrüsensystem besteht ebenfalls eine Prädisposition für Krebsablagerung. Krebs kann aber auch in allen übrigen Theilen des Körpers auftreten. 6) Wo auch wahrer Krebs sich primitiv zeigen mag, tendirt er immer zur Infection des Gesammtorganismus und zur Destruction des Lebens.

Fassen wir nun alle diese statistischen Ergebnisse zusammen, so kommen wir auf folgende fünf

Gesammt-Resultate.

1) Von 392 von mir untersuchten und beobachteten Geschwülsten waren 268 gutartige, homöomorphe und 124 bösartige, also das Verhältniss von $2\frac{1}{5}:1$. Wie man sich aber in den vorhergehenden Seiten hat überzeugen können, habe ich viele Geschwülste aus meinen Forschungen nicht angeführt, und zwar besonders gutartige. Zählt man alle diese hinzu, so kommt ungefähr das Verhältniss $2\frac{1}{2}$—3:1 heraus.

Die Vertheilung war nun in den verschiedenen Klassen der Geschwülste der Zahl nach folgende:

1) Krebsgeschwülste	124	Bösartige
2) Haut- und Schleimhautdrüsengeschwülste (Atherom)	63	Gutartige 268
3) Blutgefässgeschwülste (Telangiektasie)	38	
4) Fasergeschwülste	29	
5) Fettgeschwülste	28	
6) Fibroplastische Geschwülste (Sarkome)	27	
7) Schleimhautgeschwülste (Polypen)	22	
Anhang: Hypertrophie der Tonsillen	19	
8) Warzengeschwülste	19	
9) Enchondrom	14	
10) Hauthypertrophie	9	
Summa	392	

2) Was die Dauer der Geschwülste betrifft, so haben alle gutartigen Geschwülste im Durchschnitt einen doppelt und dreifach langsameren Verlauf als Krebs, eine ungleich geringere Tendenz zu Ulceration, zu mehrfacher Ablagerung und zu Störung des Allgemeinbefindens.

3) Der Einfluss des Geschlechts ist nach unseren Beobachtungen folgender:

a) Häufiger bei Männern als bei Frauen sind: Warzengeschwülste, Hautdrüsengeschwülste und Knorpelgeschwülste.

b) Bei Frauen häufiger sind: Hauthypertrophie, Blutgefässgeschwülste und fibroplastische Geschwülste.

c) Bei beiden Geschlechtern ziemlich gleich häufig kommen vor: Fettgeschwülste, Fasergeschwülste, Schleimhautgeschwülste (und Mandel-Hypertrophie).

d) Krebs kommt bei Frauen bestimmt häufiger vor als bei Männern.

4) Dem Sitze nach bieten die Geschwülste folgende Verschiedenheiten dar:

a) Warzengeschwülste kommen besonders häufig an der Unterlippe und Nase vor, dann aber auch, wiewohl weniger häufig, an andern Theilen des Gesichts, am Stamm und an den Extremitäten.

b) Hauthypertrophie kommt besonders an den Extremitäten vor, am Beine, am Oberschenkel, an der Hand, seltener im Gesicht.

c) Blutgefässgeschwülste finden sich besonders im Gesicht, namentlich an den Lippen, Wangen, Augenliedern und Ohrläppchen, am Stamm und an den Extremitäten kommen sie vor, aber seltener.

d) Hautdrüsengeschwülste (Atherom) haben ebenfalls eine entschiedene Vorliebe für das Gesicht, besonders für die Augenlieder und Stirngegend, kommen aber auch häufig an den behaarten Theilen des Kopfes vor, sowie auch am Halse, seltener auf Brust, Rücken und Bauch, sehr selten auf den Extremitäten. Schleimhautdrüsengeschwülste zeigen sich besonders an den Lippen und der Vagina.

e) Fettgeschwülste kommen besonders am Stamme, im Nacken, auf der Schulter, dem Schulterblatt, der Achselgegend, dem Rücken, der Brust und den Extremitäten vor; sehr selten am Kopfe.

f) Fibroplastische Geschwülste kommen an allen möglichen Theilen vor, da sie eine Art Uebergangs-Zellgewebe als Basis ihrer Substanz haben, und dieses sich in allen Theilen erzeugen kann, in denen Zellgewebe existirt. Wir reden hier übrigens besonders von den äussern Körpertheilen.

g) Fasergeschwülste entwickeln sich im Unterhautzellgewebe, im Unterschleimhautgewebe, in der Haut, im Periosteum, zwischen der Muskelsubstanz.

h) Schleimhautexcrescenzen (Polypen) kommen besonders an der Nasenschleimhaut und am Collum uteri vor.

i) Knorpelgeschwülste finden sich am häufigsten an knochigen Theilen, namentlich an dem Unterkiefer, den Extremitäten, besonders den Händen und Füssen, seltener in Weichtheilen.

k) Krebs kommt in allen möglichen äusseren und inneren Theilen vor, besonders häufig aber in den Verdauungsorganen mit ihren Annexen, in den weiblichen Geschlechtsorganen, in den Lymphdrüsen und Drüsen überhaupt, im Unterhaut- und Unterschleimhaut-Zellgewebe und im Knochensysteme.

Prädilection für Kopf und Gesicht haben also: Warzengeschwülste, Blutgefässgeschwülste, Hautdrüsengeschwülste, und für die Schleimhaut der Höhlen des Gesichts die Polypen oder Schleimhauthypertrophien. Für den Stamm haben besonders die Fettgeschwülste, für die Extremitäten Hauthypertrophie und Knorpelgeschwülste eine ausgesprochene Prädilection. In sehr verschiedenen Körpertheilen endlich kommen vor: fibroplastische und Fasergeschwülste von den gutartigen, Krebs von den bösartigen.

5) In Bezug endlich auf das Alter finden wir:

a) Nur die Blutgefässgeschwülste entschieden angeboren.

b) In der Pubertätszeit um die erste Zeit der Blüthejahre, zwischen dem 10ten, 20sten und 30sten Jahre kommen besonders Hauthypertrophie, Schleimhautexcrescenzen, Hypertrophie der Tonsillen, Knorpelgeschwülste und fibroplastische Geschwülste vor.

c) In der ganzen Dauer der Blüthejahre zwischen dem 20sten und 40sten Jahre zeigen sich besonders die Hautdrüsen- und Schleimhautdrüsengeschwülste.

d) Von vor der Pubertät an bis zum klimakterischen Alter, vom 10ten bis 50sten Jahre, kommen die Fasergeschwülste im Mittleren am häufigsten vor.

e) Gegen Ende der Blüthejahre nach dem kritischen Alter zu, zwischen dem 30sten und 50sten sind Fettgeschwülste häufiger als in jedem anderen Alter.

f) Im kritischen Alter zwischen dem 40sten und 50sten Jahre kommen Warzengeschwülste häufiger vor als in jedem anderen Alter.

g) Krebs kommt besonders häufig zwischen dem 35sten und 60sten Jahre vor, und häufiger nach 60 als vor 35.

Wir können uns zum Schlusse der Bemerkung nicht enthalten, dass wir alle diese Ergebnisse dem Leser nur als Resultat unserer eigenen Untersuchungen geben, und dass wir keinesweges die Prätension haben, hier allgemeine Gesetze aufstellen zu wollen.

Ueberhaupt betrachten wir alle unsere Studien über Geschwülste nur als Fragmente zu einer späteren, rationelleren Lehre über diesen so wichtigen Gegenstand der Chirurgie.

Fünftes Capitel.

Klinische Beobachtungen über Schusswunden, und über einige andere Verwundungen.

Ich habe diesen Aufsatz bereits zum Theil in den Archives générales de médecine bekannt gemacht, habe ihn jedoch hier noch einmal wiedergegeben, da einerseits meine Materialien über diesen Gegenstand sich vermehrt haben, anderseits die in Zeitschriften zerstreuten Arbeiten nur in sehr wenige Hände kommen, und dann später meist nur im Auszuge bekannt bleiben.

Die Wissenschaft besitzt bereits sehr ausgezeichnete Arbeiten über Schusswunden. Wundärzte vom grössten Verdienst, wie A. Paré, John. Hunter, Percy, Larrey und Dupuytren haben dieselben zum Gegenstande ihrer scharfen Beobachtungen und ihrer tiefen Forschungen gemacht.

Wenn wir nun auch in den Arbeiten der erwähnten Schriftsteller die wichtigsten Punkte der Zeichenlehre und Behandlung der Schusswunden bereits angeführt finden, so sind doch die Umstände, unter welchen diese grossen Wundärzte ihre Beobachtungen gemacht haben, von der Art gewesen, dass die grosse Menge der Verwundeten ihnen mehr zu allgemeinen, gewiss sehr wichtigen Regeln verholfen, als ihnen die klinische Detailbeobachtung dieser Verwundungen erlaubt hat.

Ohne auch nur im Geringsten meine Beobachtungen und Untersuchungen mit denen meiner berühmten Vorgänger vergleichen zu wollen, glaube ich doch, dass es nicht ohne Interesse sein dürfte, einige Facta von Feuerwaffen-Verwundungen dem Leser vorzulegen, welche ich sowohl als Militärarzt, wie in meiner Privatpraxis als Wundarzt in einer Gegend zu beobachten Gelegenheit gehabt habe, in welcher der Gebrauch der Feuerwaffen, namentlich der Karabiner von der ersten Jugend an allgemein ist und daher auch häufige Verwundungen verursacht. Wir werden daher diese Wunden mit mehreren anderen, namentlich denen durch Hieb und Stich und mit denen von entzündlichem Gas vergleichen.

Besonders habe ich Gelegenheit gehabt, eine grosse Menge von Schusswunden im Frühjahr 1844 während des damaligen Bürgerkrieges im Wallis zu beobachten. Diese Wunden waren im Allgemeinen gefährlich wegen der Wuth, mit welcher gekämpft wurde, der Nähe der Kämpfenden und ihrer Geschicklichkeit im Gebrauche der Feuergewehre, da diese Bergbewohner meist sehr gute und geübte Scheibenschützen und Jäger sind.

Kürzlich bevor ich die Schweiz verliess, um mich in Paris niederzulassen, habe ich wieder Gelegenheit gehabt (October 1846), in Genf eine ziemliche Menge Schusswunden zu beobachten, wo zu den erwähnten Verhältnissen noch der Umstand hinzukam, dass hier mit Munitionsgewehren, Karabinern, Jagdflinten, Kartätschen und Kanonenkugeln geschossen wurde, also eine noch grössere Mannigfaltigkeit der Verwundungen stattfand.

Am 19. Mai 1844 befand ich mich in der Nähe des Kampfes beim Eisenwerke zu Ardon und leistete hier als Wundarzt Hülfe. Später kehrte ich nach Lavey zurück, wo ich ein Hospital unter meiner Leitung hatte, und traf sogleich Anstalten, um für die Verletzten eine Ambulance, ein Militärhospital einzurichten, damit die Verwundeten beider Parteien auf neutralem Boden Schutz und Pflege fänden. Nachdem ich so die ersten Einrichtungen getroffen hatte, kam mein College Dr. Bezencenet aus Aigle, der Oberarzt der auf dem Wadtländischen Ufer der Rhone stationirten Truppen, nach Lavey, und war mir in der Organisirung der Ambulance sehr behülflich. Die Regierung sanctionirte die von mir getroffenen Maassregeln, und ernannte mich zum Oberarzt des improvisirten Militärhospitals und Dr. Curchod aus Lausanne zum Unterarzt, welcher sich während der ganzen Zeit mit vielem Eifer der Pflege der Verwundeten annahm. Noch muss ich erwähnen, dass ausserdem nicht bloss alle sich meldenden Verwundeten, welche zu uns getragen wurden, unmittelbar in die Ambulance aufgenommen wurden, sondern dass wir auch mehrere der jüngeren Chirurgen auf das Schlachtfeld mit den gehörigen Vorrichtungen schickten, um die Verwundeten aufzulesen und zu uns zu bringen. Und das that Noth, denn die Erbitterung war so gross, dass selbst nach beendigtem Kampfe noch mehrere der am Boden liegenden Verwundeten schwer gemisshandelt und einige sogar todt geschlagen wurden.

Ich will nun zuerst die interessantesten Fälle von Verwundungen ausführlich mittheilen und dann die allgemeinen Resultate, welche aus den gesammelten Beobachtungen hervorgehen, auseinandersetzen.

Für ganz besonders wichtig halte ich es von den schwereren Verwundungen, welche tödtlich geendet haben, Krankengeschichten mit ausführlichem Detail über die Leichenöffnungen anzuführen, da diese für die Wirkungsweise der Schusswunden in den verschiedenen Theilen sehr belehrende Materialien bisher in der Wissenschaft selten sind.

Erster Theil.

Krankengeschichten.

Mittheilung des Resultates der Leichenöffnungen.

1) Schusswunde im Schädel; Bruch des Hinterhauptbeins, Zerreissung der Gehirnhäute; Tod nach 75 Stunden.

Ein 40jähriger Mann von kräftiger Constitution, war am Morgen des 21 sten Mai an der Brücke des Trient verwundet worden. Er wurde am Nachmittag ins Spital gebracht.

Er war im Delirium und es war nicht möglich etwas Zusammenhängendes oder irgend eine bestimmte Antwort von ihm zu erhalten. Sein Gesicht war stark geröthet, der Puls klein und ziemlich schnell, 96, die Pupillen stark contrahirt.

Er hatte eine Schusswunde am Hinterhauptsbein bekommen, etwa sieben Centimeter über der Protuberantia occipitalis, etwa einen Finger breit von der Mittellinie nach links. Die äussere Wunde der Weichtheile hatte eine T förmige Gestalt, welche übrigens Folge der bereits auf dem Schlachtfeld gemachten Operation war, um die Kugel heraus zu ziehen. Diese hatte die äussere Tafel des Knochens durchbrochen, war aber in demselben sitzen geblieben. Sie schlug mit einer solchen Gewalt gegen den harten Knochen, dass sie sich in zwei Theile spaltete, welche jedoch noch zusammenhielten. Die Schädelknochen dieses Individuums waren, wie der Schädel, den ich aufbewahrt habe, zeigt, sehr dick. Man konnte deutlich die Hirnhäute im Grunde der Wunde fühlen, Knochensplitter waren nicht wahrzunehmen.

Es wurde ihm wiederholt stark zur Ader gelassen, eine Mixtur von Tartarus stibiatus (grvj auf ℥vj) verordnet und zum Getränk Thee von

Queckenwurzel mit Nitrum gegeben. Während der ersten 24 Stunden zeigte sich eine leichte Besserung, das Delirium nahm ein wenig ab. Wenn man den Kranken ruhig liess, blieb er jedoch, die Momente des Deliriums abgerechnet, im Stupor liegen. Der Puls hatte sich etwas gehoben und war ein wenig langsamer geworden. Diese leichte Besserung war übrigens nur vorübergehend. Es trat eine wenig starke capilläre Blutung durch die Wundränder ein, mit Entleerung eines schwarzen pechartigen Blutes. Nach Hinwegnahme des Blutes sah man deutlich im Grunde der Wunde die Pulsationen des Gehirns.

Der Stupor machte in der letzten Nacht einer grossen Aufregung Platz; der Kranke wollte mehrmals aufstehen und fortgehen. Sein Delirium war übrigens nicht geräuschvoll. Am Morgen des dritten Tages machte die Aufregung einem comatösen Zustande Platz, es trat Todesröcheln ein und nach kurzer Agonie starb der Kranke am Morgen um 9 Uhr, 75 Stunden nach der Verwundung.

Die Leichenöffnung wurde im Verlauf des Tages gemacht. Während man die Schädelhöhle mit der Säge öffnet, sieht man aus der Wunde schwärzliches Blut tropfenweise aussikern. Die äussere Knochenwunde hat 13 Millimeter Durchmesser, ist kreisrund, grösser als die entsprechende Wunde der inneren Knochentafel, von welcher ein dreieckiger Splitter abging, der an seiner Basis fest aufsass, und an derselben 24 Millim. auf eine Höhe von 22 Millim. zeigte. Mehrere kleine unregelmässige, dünne, ganz losgelöste Splitter bedecken die Oberfläche der harten Hirnhaut. Diese, so wie die darunter liegenden Hirnmembranen, sind zerrissen. Der Riss hat 18 Millim. Länge. In einem Umfange von 6 Centimetern sind die Hirnhäute, so wie die Oberfläche der Gehirnsubstanz stark entzündet. Die Entzündungsröthe abgerechnet, sieht man einzelne Stücke von Gehirnmasse, ganz losgetrennt, ferner kleine Blutcoagula. Von dieser Stelle scheint die im Leben beobachtete Capillarhämorrhagie ihren Ursprung genommen zu haben. Die breiartige, eingedrückte Gehirnsubstanz an der Stelle des Risses, ist abwechselnd gelbröthlich und braunroth. Die ganze hintere Hälfte des grossen Gehirnlappens ist stark injicirt und erweicht. Eine ziemliche Quantität des Pfropfens der Ladung war durch die zerrissenen Gehirnhäute bis auf die Oberfläche des Gehirns gelangt. Die Seitenventrikel enthielten eine geringe Menge röthlichen Serums.

Die erweichte Gehirnsubstanz zeigt, mikroskopisch untersucht, wenige Gehirnfasern erhalten, man sieht nur eine diffuse körnige Substanz und viele granulöse Kügelchen von $\frac{1}{100}$ Millim., ferner viel Blutkügelchen; nirgends Eiterkörperchen. Wenn man die gesunde Gehirnsubstanz zuerst untersucht, und dann allmählig der kranken sich nähert, so sieht man alle Uebergänge zwischen wohlerhaltenen, zerrissenen und diffluirenden Gehirnfasern.

Wenn ich einerseits bedauerte, in diesem Falle nicht trepanirt zu haben, so glaube ich doch auf der andern Seite, dass die Zerreissung der Gehirnhäute, die Läsion des Gehirns an seiner Oberfläche, der zwischen den Häuten und dem Gehirn sich befindende Pfropfen dennoch höchst wahrscheinlich den Tod herbeigeführt hätten, wenn auch der Splitter, welcher die Zerreissung hervorgebracht hatte, hinwegzunehmen gewesen wäre.

2) Schusswunde in der Brust; Tod 60 Stunden nach der Verwundung.

Ein 35jähriger Mann von untersetztem, aber sehr kräftigem Bau, hatte am Trient einen Schuss in die Brust bekommen; die Kugel war an der oberen linken Seite der Brust, drei Finger breit nach innen von der Schulter, eingedrungen und konnte hinten einen Finger breit unter dem Schulterblatt gefühlt werden. Nachdem ich die Haut und die bedeckenden muskulösen Theile getrennt hatte, konnte ich die Kugel, ohne viel Mühe, herausziehen. Es war eine ziemlich grosse ringsherum gestreifte Karabinerkugel, welche an einem Theile ihrer Oberfläche ihre Sphäricität verloren hatte, hier rauh anzufühlen und mit ein wenig Blut und sehr kleinen Knochenstückchen einer der Rippen bedeckt war. Von der Stelle an, wo vorn die Kugel in den Thorax eingedrungen war, in der ganzen Achselgegend bis an die Stelle, wo ich sie herausgenommen, existirte eine so bedeutende Anschwellung, dass es unmöglich war, die Rippen genau zu untersuchen. Indessen der blosse Anblick der Kugel deutete bestimmt auf einen Bruch derselben, was auch die Leichenöffnung bestätigte. Man konnte auf der ganzen linken Seite der Brust das Athmen nicht hören. Der Kranke bot die charakteristische Kälte dar, welche man in den ersten Stunden nach schweren Schusswunden beobachtet, und war ausserdem sehr abgespannt und entmuthigt. Das Athmen war sehr beschwerlich und keuchend. Der Puls, bei seiner Aufnahme 108 Schläge in der Minute darbietend, stieg bald auf 120 und darüber, war sehr klein und unregelmässig. In den ersten 48 Stunden wurden zwei starke Aderlässe gemacht, jedoch ohne die geringste Erleichterung. Die Brustwunde konnte natürlich nicht sondirt werden, der Kranke hustete wenig und warf kein Blut aus. Die Wunden wurden einfach mit Plumasseaus und einer Brustbinde verbunden. Da jedoch bald die Tödtlichkeit der Wunde erkannt wurde, die allgemeinen Symptome immer schlimmer wurden und der Kranke wegen der bedeutenden Athemnoth sehr litt, so wurde ihm nur zweistündlich eine Dosis von 10 Tropfen Laudanum gereicht, welche ihm auch vorübergehende Erleichterung gewährte. Nach kurzer Agonie verschied der Kranke, 60 Stunden nach der Verwundung.

Die Leichenöffnung wurde 16 Stunden nach dem Tode gemacht.

Er war Hypospadiäus und ist nicht verheirathet gewesen. Bei jeder Bewegung der Leiche fliesst aus der vorderen Schussöffnung röthliche Serosität aus. Die umgebenden Weichgebilde sind schwarz und stinkend. Das Unterhautzellgewebe ist emphysematös und von einer röthlichen Serosität infiltrirt. Die vordere Wunde befindet sich äusserlich zwischen der zweiten und dritten Rippe, 11 Centimeter in diagonaler Richtung von der Spitze der Schulter, es ist hier ein vollkommen rundes Loch von 18 Millim. Durchmesser mit scharf abgeschnittenen Rändern. Der Schusscanal hat 2 Centim. Tiefe, bevor er in die Brust dringt. Die vierte Rippe ist zerbrochen und die Kugel ist durch dieselbe hindurchgegangen. Es ist wahrscheinlich, dass der Schuss von oben aus den nahen Bergen gekommen war, da der Eingang ins Fleisch sich zwischen der zweiten und ditten Rippe, der in die Brusthöhle in der vierten und der Ausgang unter dem Schulterblatte befindet. Sobald die Brusthöhle eröffnet war, floss eine bedeutende Menge chokoladenfarbenes Blut, etwa zwei Quart, eher mehr als weniger aus; Lappen seiner Kleidung fanden sich noch immer zwischen den Intercostalmuskeln. Die fünfte Rippe war ebenfalls an ihrem oberen Theile zerbrochen, jedoch viel weniger beschädigt, als die vierte. Ueberall in der Umgegend zeigen sich deutlich die Spuren einer frischen Pleuresie, der untere Theil des oberen Lappens der linken Lunge, so wie der obere Theil des unteren Lappens, sind, ohne von der Kugel beschädigt zu sein, etwa in dem dritten Theil jedes der Lappen in deutlich apoplektischem Zustande. Die Kugel, welche die vierte und fünfte Rippe zerbrach, war dann, nachdem sie die Lungenapoplexie durch die heftige Erschütterung verursacht hatte, auf der inneren Seite der sechsten Rippe entlang bis zum Intercostalraum, zwischen der sechsten und siebenten Rippe, gekommen und hier fanden sich noch Fetzen der Kleidungsstücke vor, welche durch die vordere Oeffnung bis hierher vorgedrungen waren. Dann war die Kugel noch eine kleine Strecke unter dem Schulterblatt fortgegangen, und einen Fingerbreit unter demselben stecken geblieben, nachdem sie zwischen der sechsten und siebenten Rippe aus der Brusthöhle herausgekommen war. Die linke Lunge war kleiner als im Normalzustande und durch den bedeutenden Bluterguss nach oben und hinten, gegen die Wirbelsäule hin, zurückgedrängt worden. Das apoplektische Lungengewebe zeigte sich dicht und compact, aber das demselben zunächst liegende, wiewohl stark congestionirt, crepitirte noch.

Die Pleura ist überall, wo die Kugel sie berührt hat, schwarzroth und ekchymotisch. Der Bluterguss kam wahrscheinlich aus einer der Intercostalarterien. Aus der Lunge konnte er nicht kommen, da in derselben keine Verwundung wahrzunehmen war. Dieser Erguss, so wie die Lungenapoplexie, geben von der während des Lebens beobachteten Abwesenheit des Athmungsgeräusches auf der linken Seite der Brust Rechenschaft.

3) Schusswunde in der Brust; Gangrän des Sternum Rippenbruch; Bluterguss; Tod am 10ten Tage nach der Verwundung.

Ein 44jähriger Mann aus Outre-Viège bei Monthey war am 21. Mai am Trient verwundet worden. Da er der Partei der Altschweizer (Vieux-Suisse, die Regierungspartei) angehörte, so war er in das Bergthal Salvan transportirt worden. Von hier wurde er erst am 4ten Tage nach der Verwundung, am 25sten Mai in das Spital von Lavey von Dr. de Montet befördert, welcher nach Martigny und in die Berge geschickt worden war, um die gehöriger Pflege mangelnden Verwundeten in das Lavey'er Hospital zu bringen.

Bei seiner Aufnahme fanden wir zwischen der zweiten und dritten Rippe nahe am Sternum rechts, eine Schusswunde, welche von schwarzen, brandigen, den Knochen und den Weichtheilen angehörigen Theilen umgeben war. Bei jedem starken Ausathmen kommt durch diese Oeffnung die Luft mit Geräusch hervor, und mit hinreichender Kraft, um ein auf dieselbe gelegtes Stück Papier in die Höhe zu heben. Der Kranke hustet häufig und bei jedesmaligem Husten dringt aus der Wunde eine röthliche, schaumige Flüssigkeit. Dieses mit Luft gemischte Blut verbreitet einen aashaften brandigen Gestank. Bei seiner Ankunft fanden wir die Blase sehr ausgedehnt, er konnte nicht uriniren. Durch Einführen des Katheters wird ungefähr ein Quart Harn zur Erleichterung des Kranken entleert. Die Haut war heiss, das Gesicht bot einen Ausdruck von Angst und Leiden dar; das Athmen ist beschwerlich, jedoch nicht im Verhältniss zu der Gefährlichkeit und Ausdehnung der Verwundung. Nirgends kann man eine Ausgangsstelle der Kugel sehen, noch diese unter den Weichgebilden fühlen. Die vorsichtig angestellte Untersuchung mit der Sonde und mit dem Finger liess ebenfalls die Kugel nicht fühlen, führte aber auf die Extraction von Knochensplittern und Fetzen der Kleider, jedoch ohne Erleichterung. Der Puls ist auf 108, nicht sehr voll, noch hart. Später war das Ausathmen von einem cavernösen Röcheln begleitet, welches während mehrerer Tage bis zum Tode fortdauerte. Der äussere Brand machte täglich Fortschritte. Alle Weichtheile waren von Luft infiltrirt und crepitirten. Der Gestank wurde täglich unerträglicher. Zuerst war Chlorkalk aufgestellt, dann der ganze Saal mit Essig durchräuchert worden, und da gegen alle Wahrscheinlichkeit dieses Uebel sich noch für einige Tage in die Länge zu ziehen schien, so musste der Kranke auf ein besonderes Zimmer gelegt werden, da offenbar diese stinkenden Brandemanationen den anderen Verwundeten des Krankensaals schaden mussten. Das Athmen blieb während der letzten Tage röchelnd. Der Kranke fiel in einen Zustand von Betäubung und Koma, jedoch ohne Delirium. Sobald man ihn aus seiner Betäubung erweckte, antwortete er ordentlich auf die an ihn gerichteten Fragen. Der Fanatismus dieses unglücklichen Menschen war so gross, dass er noch kurze Zeit vor seinem Tode sagte, dass er ruhig sterbe, da er drei Feinde getödtet habe.

Unter diesen dreien befand sich sein eigner Neffe an einer tödtlichen Verwundung in dem benachbarten Krankensaale liegend.

Dass bei so schweren Verletzungen nicht von einer eingreifenden Behandlung die Rede sein konnte, sondern mehr die Indicationen der Euthanasie zu erfüllen waren, versteht sich von selbst. Desinfection der Luft, grosse Reinlichkeit, erfrischendes Getränk, täglich mehrmals gute Fleischbrühe, für die Nacht mässige Dosen Laudanum, sorgfältiges Abhalten der Luft von der Wunde waren die einzigen in Anwendung gezogenen Mittel. Der Kranke starb erst am 10ten Tage nach der Verwundung.

Die Leichenöffnung wurde am Nachmittage desselben Tages vorgenommen, da die schnelle Zersetzung der Leiche eine schleunige Beerdigung nöthig machte.

Das Brustbein war nahe an seinem Gelenke mit dem rechten Schlüsselbeine zerbrochen. Das obere Bruststück, welches noch mit dem Schlüsselbein durch das Gelenk zusammenhielt, bot eine rauhe Oberfläche dar, war von schwarzer Farbe, sehr zerbrechlich, von bedeutend verminderter Consistenz und roch sehr übel, was von der schwarzen jauchigen Flüssigkeit herrührte, welche alle seine Areolen ausfüllte. Wir finden hier mit einem Worte alle Charaktere der so seltenen Affection, des wahren Knochenbrandes, welchen man oft, wiewohl gewiss fälschlich mit Necrose verglichen hat. Die zweite Rippe ist gebrochen. Die rechte Brusthälfte enthielt eine bedeutende Menge einer stinkenden schwärzlichen Flüssigkeit, von zersetztem Blute herrührend. Auf der Mitte des vorderen Theils des oberen rechten Lungenlappens sieht man eine Rinne, eine Art Halbcanal von 4 Centimeter Länge, die Stelle an welcher die Kugel die Lungensubstanz oberflächlich gestreift hat. Von hier kam die Luft, welche bei jeder Expiration aus der Wunde heraustrat. Das Gewebe, welches diese Stelle umgiebt, ist brandig und an seiner Oberfläche mit Pseudomembranen bedeckt, welche bereits organisirt sind. Die Lunge selbst ist verdichtet, etwa auf die Hälfte ihres normalen Volumens reducirt und durch die grosse Menge des ergossenen Blutes nach oben gedrängt. Nachdem nun die Kugel die Lunge in diesem Halbcanal gestreift hatte, so war sie nach rechts und hinten gegangen, hatte den Axillartheil der zweiten und dritten Rippe rechter Seits fracturirt, und war am Rande des Schulterblatts und am hinteren Rande der Achselhöhle aus der Brusthöhle herausgetreten; sie war alsdann um den Rand des Knochens herumgegangen, und unter der Spina des Schulterblattes liegengeblieben, wo ich sie bei der Leichenöffnung fand.

Es ist also höchst wahrscheinlich, dass auch in diesem Falle der Bruch der Rippen und die Verletzung einer Intercostalarterie den Bluterguss und die gefährlichsten unter den Symptomen herbeigeführt haben, da die Verletzung der Lunge nicht bedeutend gewesen war. Freilich hätte der Brand des Knochens und der Weichtheile allein schon höchst wahrscheinlich den Tod herbeigeführt.

Merkwürdig war es, dass die verwundete Lunge nirgends durch frisch gebildete Adhärenzen mit dem vorderen Theile des Sternums und mit den Rippen zusammenhing.

4) Penetrirende Schusswunde im Bauche durch ein difformes Stück Blei; Tod nach 68 Stunden.

Ein 20jähriger junger Mann, von schmächtiger Gestalt, und schwächlichem Körperbau, hatte am 21sten Mai Morgens zwei Schusswunden in der Schlacht am Trient erhalten. Die eine war nicht gefährlich und hatte den Daumen weggerissen. Um der Wunde ein regelmässiges Ansehen und Leichtigkeit zur Heilung zu geben, war die Desarticulation im Gelenke der ersten Phalanx mit dem Os metacarpi gemacht worden, wodurch ein regelmässiger Stumpf gebildet wurde. Viel gefährlicher aber war die zweite Wunde. Es war ein Schuss, der durch die Bauchdecken gegangen war und keine zweite Ausgangsöffnung ge macht hatte. Da die Därme eine Hernie durch die Wundränder bildeten, so wurde nach gehöriger Reposition die Naht angelegt. Der Verwundete kam erst am dritten Tage Nachmittags ins Hospital und zwar mit allen Zeichen einer sehr heftigen, schnell tödtlichen Peritonitis. Der Leib war gespannt, aufgetrieben, beim Drucke sehr schmerzhaft, der Puls klein und sehr beschleunigt. Das Gesicht bot den Ausdruck tiefen Schmerzes und schon Spuren der Facies hippocratica dar.

Nachdem in den letzten Stunden die Kräfte schnell abgenommen hatten, starb er am 24sten Mai um zwei Uhr Morgens, zwölf Stunden nach seiner Aufnahme ins Spital.

Die Leichenöffnung wurde 10 Stunden nach dem Tode gemacht. Eine Hand breit vom Nabel nach auswärts auf der linken Seite befindet sich eine vier Centimeter lange Wunde, welche nicht ganz von dem Bleistück herrührte, sondern zum Theil auch von dem nöthigen Erweiterungsschnitt, um die vorgefallenen Gedärme zu reduciren. Um den Verlauf der Kugel genau zu erforschen, machten wir zuerst einen Ovalschnitt um die ganzen Bauchdecken, und heben diese sorgfältig in die Höhe. Vor allem stossen wir auf eine grosse Menge ergossenen Bluts, welches sich theils im Zellgewebe zwischen den verschiedenen Lagen der Bauchwandungen, theils in der Höhle des Peritonäums befindet. Die Blutinfiltration der äusseren Bedeckungen war so bedeutend, dass sie auf einem senkrechten Schnitte sechs Centimeter Dicke hatten. In dem Theile des Peritonaeums, welcher die obere Seite der Blase überzieht, befindet sich ein sehr grosses Blutcoagulum, von röthlicher Serosität umgeben. Nach Hinwegnahme desselben kommt man auf ein Stück Tuch der Bekleidungen, welches durch das Bleistück vor demselben her in die Bauchhöhle hineingetrieben und zwischen zwei Darmwindungen sitzen geblieben war. Unter diesem Stücke Tuch ist die Wand des Darms, auf welchem dasselbe aufliegt, weich, grau und brandig. Der grösste Theil der Darmwindungen ist durch frische Ausschwitzungen mit einander verklebt, und zeigt ganz allgemein an seiner Oberfläche eine intense inflammatorische Röthung, welche stellenweise mit sphacelösen Flecken abwechselt. Diese haben einen grauen Grund und einen schwarzröthlichen Rand. Das Peritonäum selbst scheint in seiner ganzen Ausdehnung entzündet. Bei der Zergliederung der die Wunde umgebenden Darmtheile fanden wir, inmitten eines voluminösen Blutpfropfs, ein Stück Blei von 28 Millim. Länge, auf 15 Breite und 3 — 8 Millim. Dicke in seinen verschiedenen Theilen; auf der einen Seite ist das Bleistück abgerundet, auf der anderen unregelmässig gezähnt, fast schneidend. Nach Hinwegnahme der Gedärme stiessen wir nach hinten auf einen phlegmonösen Eiterherd, in welchem grünlich-gelber Eiter von guter Consistenz enthalten ist, der seinen Sitz im Zellgewebe vor der Symphysis sacro-iliaca hat, welche eine rauhe Oberfläche darbot und mehrere kleine Knochensplitter fühlen liess. Es ist wahrscheinlich, dass hier in den Bauchdecken die Arteria epigastrica geöffnet worden war, dass dann die Eingeweide zuerst eine starke Contusion beim Durchgang des Bleistücks erlitten haben, dass dieses ferner durch die Elasticität der Gedärme und durch seine unregelmässige Gestalt in seiner Impulsionskraft geschwächt, die Symphysis sacro-iliaca erreicht habe, hier aber zurückgeprallt und so zwischen zwei Darmwindungen liegen geblieben sei. Selten hat man Gelegenheit, eine so frische und nicht von eitrigem Exsudat begleitete Peritonitis durch Leichenöffnung zu untersuchen.

5) Penetrirende Säbelstichwunde in den Bauch; chronische Peritonitis mit bedeutendem Eitererguss; Tod am 37sten Tage nach der Verwundung.

Ein 22jähriger, blasser, magerer, schwächlicher, junger Mann hatte am Morgen des 21sten Mai in der Schlacht am Trient einen Säbelstich in den Unterleib bekommen, ein wenig unter dem Nabel nach auswärts. Die Wunde hatte über fünf Centimeter Länge und es waren aus derselben ein Stück Epiploon und eine Darmschlinge hervorgetreten. Die Verwundung hatte um 6 Uhr Morgens stattgefunden; nachdem der Verwundete mehrere Stunden auf dem Schlachtfelde liegen geblieben war, wurde er dann in ein Haus des nahen Dorfes Vernayaz gebracht, wo ihn Dr. Thomas, einer unserer zum Transport der Verwundeten ausgeschickten Feldärzte, um Mittag, etwa sechs Stunden nach der Verwundung sah, Epiploon und Gedärme reducirte und die Wunde durch die Naht vereinigte.

Bei seiner Ankunft in Lavey im Laufe des Nachmittags bot der Verwundete folgenden Zustand dar: Der Bauch war aufgetrieben, gegen Druck sehr schmerzhaft, der Puls klein, 104, die Zunge trocken. Das Gesicht bot eher einen Ausdruck tiefer Niedergeschlagenheit, als den starker Leiden dar. Der Kranke war seit zwei Tagen verstopft. Spontane Schmerzen hatte er wenige und klagte überhaupt nicht. Die übrigen Functionen schienen normal.

Nachdem der Patient sich einige Stunden in der Ambulance von der Ermüdung des Transports und den Gefahren und Schmerzen dieses unglücklichen Tages ausgeruht hatte, traten die inflammatorischen Erscheinungen deutlicher hervor, und es wurden ihm 20 Blutegel auf die Umgegend der Wunde applicirt, ferner innerlich eine halbe Unze Ricinusöl und erweichende Klystiere verordnet. Es traten vier breiige Stühle ein, der Kranke fühlte sich erleichtert und vom 21 sten bis zum 23 sten Mai hatten allmählig die Schmerzen und die Spannung des Bauches nachgelassen; nur beim Drucke blieb dieser noch in einer geringen Ausdehnung um die Wunde herum schmerzhaft. Der Puls war 96, voller, natürlicher, weniger deprimirt und abdominal geworden. Die Zunge war weisslich belegt, die Haut heiss, das Athmen ein wenig beengt (neue Application von 16 Blutegeln um die Wunde herum).

Am 24. Mai hatte das Fieber nachgelassen, der Athem war frei geworden, aber der Leib war von Neuem hart und gespannt, und seit der Abführung war wieder Verstopfung eingetreten. (Verordnung: 12 blutige Schröpfköpfe auf den Bauch; abführendes Klystier mit einer halben Unze Natron sulphuricum.) Am Abend wurde eine neue Anwendung der Schröpfköpfe nothwendig; die Nacht war hierauf gut und der Patient fühlte sich sehr erleichtert, der Leib zeigte viel weniger Spannung, der Puls schlug 84 mal in der Minute, fast normal.

Am 26. Mai war ohne anzugebenden Grund der Bauch wieder viel stärker gespannt, bedeutender Meteorismus, der Puls stieg auf 100, Langsamkeit in den Antworten, Anlage zu Stupor und soporösem Zustande. (Verordnung: 3 mal täglich ein Gran Calomel, Mercurialeinreibungen auf den Bauch; der Kranke bleibt auf der Viertelskost [quart de régime].) In der Nacht traten 7 reichliche Stuhlausleerungen ein, Spannung und Meteorismus des Bauchs hatten bedeutend nachgelassen, er fühlte sich viel wohler; Puls 96 ziemlich voll, der Leib fast nicht mehr schmerzhaft, bei der Percussion jedoch noch immer einen tympanitischen Ton darbietend. (Fortsetzung der gleichen Behandlung.) Am 28. Mai fühlte sich der Kranke noch wohler, er hatte vier breiige Calomelstühle gehabt, der Leib war ziemlich zusammengefallen; Puls 72, Appetit und Schlaf ziemlich gut. Während zweier Tage dauert die Besserung fort, dann aber treten die früheren Erscheinungen wieder hervor, nahmen aber unter dem Einfluss mehrerer Applicationen blutiger Schröpfköpfe wieder ab.

Am 1. Juni tritt eine neue Erscheinung ein, ein sehr häufiges Bedürfniss zu uriniren, wobei jedesmal nur höchstens 2 bis 3 Unzen Harn entleert werden. Das Katheterisiren zeigt kein Hinderniss in der Urethra, aber eine spasmodische Zusammenziehung des Blasenhalses und die Blase so contrahirt, dass man mit der Spitze des Katheters den Grund derselben fühlt. Vermuthung der Entzündung des Peritonäalüberzuges eines Theils der Blase. (Verordnung: Leinsaamen = Thee und Klystiere, Fortsetzung der Breiumschläge.)

Diese Symptome sich in die Länge ziehender Peritonitis dauern mit abwechselnder Besserung und Verschlimmerung fort, der Puls bleibt auf 108 Schläge, der immer schmerzhafte und gespannte Leib giebt besonders vom Nabel abwärts einen matten Percussionston. Da es wahrscheinlich wurde, dass eitrige Ausschwitzung eingetreten sei, durfte natürlich nicht zu streng antiphlogistisch verfahren werden. Es wurden Breiumschläge, Quecksilbereinreibungen, Klystiere, hin und wieder kleine Dosen von Calomel und Ricinusöl, wenn Verstopfung eintrat, angewendet, dabei eine leichte nahrhafte Kost, Fleischbrühe und etwas gebratenes Fleisch gereicht. Vom 10. bis zum 23. Juni hatten die Erscheinungen von Blasenreizung und die früher eingetretenen Magenschmerzen nachgelassen, aber es war ein leuco-phlegmatischer Zustand eingetreten; Oedem der Füsse, der Beine und des Gesichts. In der Gegend der linken Parotis bildete sich ein phlegmonöser Abscess, der eröffnet vorübergehende Besserung sowie Minderung des Gesichtsoedems zur Folge hatte. Der Leib war aufgetrieben, wiewohl wenig schmerzhaft, der Puls klein und häufig. Der Kranke klagte nicht über Frostanfälle. In den letzten Tagen wurde das Athmen beschwerlich, der Kranke hatte häufige Anfälle eines trocknen Hustens. Am Morgen des 27. Juni verlor er das Bewusstsein, und nach einer Agonie von wenigen Stunden starb er früh um 11 Uhr, 37 Tage nach der Verwundung.

Die Leichenöffnung wurde 30 Stunden nach dem Tode gemacht.

Im Kopfe nichts Besonderes, der Abscess in der Gegend der Parotis beruhete auf keinem tuberculösen Gewebe.

Die linke Lunge bietet normale Dimensionen, aber, ohne gerade Abscesse zu zeigen, ist ihr Gewebe an vielen Stellen erweicht und von gelbgrauer Farbe, ein Ansehen darbietend, wie wenn sie mit Eiter infiltrirt wäre. An der Oberfläche beider Lungen, in dem unter der Pleura befindlichen Zellgewebe existiren mehrere wohl isolirte verkalkte Tuberkeln. Mehrere der Bronchialdrüsen um die Bifurcation der Trachea herum, sind ebenfalls von verkreidetem Tuberkelstoff erfüllt. Die rechte Lunge, welche ebenfalls an ihrer Oberfläche einige Tuberkeln und an mehreren Stellen ihrer Substanz Eiterinfiltration zeigt, ist etwa auf die Hälfte ihres Volumens reducirt, nach oben gedrängt, in ihrem Gewebe verdichtet und ziemlich intensiv geröthet. Der Grund dieses Zurückgedrängtseins liegt nicht, wie man zuerst bei Eröffnung der Brusthöhle hätte vermuthen können, in einem pleuritischen Ergusse, sondern, wie wir gleich sehen werden, in einer sehr umfangreichen, eingekapselten Eiteransammlung, welche sich zwischen der convexen Fläche der Leber und dem Zwerchfell gebildet hatte. An mehreren Stellen hing diese Lunge durch frische Adhärenzen mit der Rippenpleura zusammen.

In der Bauchhöhle finden wir so bedeutende pathologische Veränderungen, dass wir kaum begreifen können, wie der Kranke noch 37 Tage nach der Verwundung hat leben können. Die Gefährlichkeit der Verwundung, sowie die tuberculöse Diathese, welche wir übrigens schon während des Lebens des Patienten vermuthet hatten, geben von der Ausdehnung und der Complication der verschiedenen Affectionen Rechenschaft. Hierzu kommen noch folgende Umstände vor seiner Aufnahme ins Hospital. Er war in der Schlacht am Trient gefangen genommen worden, hatte sich ergeben und dennoch stiess ihm einer der Feinde, in deren Gewalt er gefallen war, den Säbel so tief in den Leib, dass, wie wir gesehen haben, ein bedeutender Darm- und Epiploonvorfall die Folge davon war. Er fiel wie todt zu Boden, wurde nun sämmtlicher Kleidungsstücke beraubt, und lag in diesem hülflosen Zustande wohl 6 Stunden, und als die Leute des nächsten Dorfs ihm Hülfe bringen wollten, litt er solche Schmerzen, dass er sie dringend bat, sie möchten seinem Leben ein Ende machen. Bald nachher kam er in die Hände eines unserer Feldärzte, und wir haben von seinem weiteren Schicksale die gehörigen Details mitgetheilt.

Kommen wir nun wieder auf das Ergebniss der Leichenöffnung zurück, so sehen wir, dass überall die Bauchdecken durch organisirte Adhärenzen mit dem Peritonäalüberzuge der Gedärme zusammenhängen; besonders ist dies in der Umgegend der Wunde der Fall, welche wohl an ihrer Oberfläche vernarbt, an ihrem unteren inneren Theile aber mit Pseudomembranen und Eiter bedeckt war, das ganze Peritonäum, sowohl das der Bauchdecken als der Theil desselben, welcher die Oberfläche der Gedärme überzieht, ist von schiefergrauer Farbe, verdickt und erweicht. Die Blase, die Gedärme, die Leber, das Diaphragma, alle diese Theile sind mit den sie umgebenden Geweben durch frische Adhärenzen und feste Pseudomembranen verklebt. In den Falten (doublures) des Peritonäums, sowie im Becken findet sich eine sehr grosse Menge eines serösen, blassgelben Eiters, jedoch ohne alle Mischung mit Fäcalmaterien. Die merkwürdigste Erscheinung in der Bauchhöhle ist die Bildung eines Eitersacks von der Grösse eines Fötuskopfs, im Innern von einer neugebildeten pyogenen Membran von mehreren Millimetern Dicke ausgekleidet. Der Sitz des Eitersackes ist, wie bereits erwähnt, an der oberen Leberfläche, er hat das Diaphragma dermaassen in die Höhe getrieben, dass, wie gesagt, die rechte Lunge ganz nach oben hinaufgedrängt ist.

Die Leber war von normalem Umfange, ihre Substanz, wiewohl sehr mürbe und weich, zeigt dennoch kein Eiterdepot. Die Gallenblase ist umfangreich und von hellgelber Galle angefüllt. Der derselben zunächst gelegene Theil des Peritonäums ist ganz von Eiter infiltrirt. Der Magen bietet keine besonderen Veränderungen dar. Der Dünndarm zeigt an mehreren Stellen Röthe und starke Gefässinjection, jedoch nirgends Erweichung und Verdickung der Schleimhaut. Auch der Dickdarm war im Normalzustande, die Blase jedoch verdickt und äusserlich mit allen umgebenden Theilen verwachsen; ihre Schleimhaut war übrigens gesund. Die linke Niere war gesund, die rechte stellenweise stark injicirt, besonders um die Kelche herum.

Der Vater des Verwundeten hat mir über die frühere Gesundheit seines Sohnes angegeben, dass derselbe, wiewohl von scheinbar nicht sehr kräftigem Bau, doch stets gesund gewesen und namentlich nie lange, noch auffallend gehustet habe; und doch haben wir die bestimmten Spuren einer früher vorhandenen, wiewohl wenig ausgedehnten Tuberculosis, welche latent geblieben, mit Naturheilung geendet hatte. Fälle der Art sind übrigens nicht sehr selten.

Die mikroskopische Untersuchung der verschiedenen Exsudate zeigt wenig vollständige Eiterkügelchen, sondern hauptsächlich die von mir als pyoide Kügelchen beschriebenen Zellen, welche kernlos sind.

Die Eitermembran des Eitersacks zwischen Leber und Zwerchfell zeigt als Hauptsubstanz Faserstoffverdichtung und in demselben neugebildete Gefässe, welche von denen der umgebenden Normalgebilde herkommen. An manchen Stellen sieht man auf der inneren Fläche derselben kleine prismatische, längliche Krystalle mit stumpfem Ende, und um dasselbe deutliche Facetten.

6) Schusswunde im Ellbogengelenk; Bruch des Olecranon und des unteren Theils des Humerus; Amputation; Tod am 22sten Tage nach der Verwundung in Folge von Phlebitis und Eiterinfection.

Ein 22jähriger junger kräftiger Mann bekam am 21. Mai Morgens zwischen 5 und 6 Uhr einen Schuss in das Ellbogengelenk des linken Arms. Schon 2 Stunden nach der Verwundung wurde er nach Lavey transportirt. Er war der erste Verwundete, welcher aufgenommen wurde. Bei seiner Aufnahme in die zur Zeit noch provisorische

Ambulance war er bleich, kalt, sein Blick matt und wie schläfrig; sein Gesicht zeigte einen gemischten Ausdruck von Schmerz und tiefer Abspannung. Die Verwundung geschah durch ein höchst difformes Bleistück, welches auf der inneren Seite des Ellbogengelenks eingedrungen war und zuerst den oberen Theil des Cubitus und den Condylus internus humeri zerbrochen hatte, wie dies bei der ersten Untersuchung die Extraction mehrerer Knochensplitter, welche noch mit Gelenkknorpel bedeckt waren, zeigte. Die Impulsionskraft der Kugel war so stark, dass durch die Heftigkeit der Erschütterung der Humerus vier Centimeter oberhalb der Schusswunde schief gebrochen war, übrigens mit glatter Bruchoberfläche und ohne Zersplitterung. Das Bleistück, denn Kugel kann man es kaum nennen, war nun zwischen dem Cubitus und Radius auf dem Ligamentum interosseum sitzen geblieben, wo es nach der Amputation gefunden wurde. Die Weichtheile waren zerrissen, der Arm schon bei seiner Ankunft geschwollen. Sobald der erste Eindruck der Schusswunde, die Kälte und der Stupor vorüber waren, trat eine so schnelle und heftige Reaction, Geschwulst, Schmerz, Fieber etc. ein, dass die Amputation des Oberarms ohne Verzug gemacht werden musste. Einige Stunden hernach wurde ein Aderlass gemacht, um die heftige Reaction zu mässigen. Der erste Verband wurde erst nach 3 Tagen gewechselt. Die durch Zusammenziehen vermittelst Heftpflasterstreifen versuchte unmittelbare Vereinigung war nicht zu Stande gekommen; der Operationsstumpf blieb geschwollen und schmerzhaft; der Puls auf 108, das Athmen beengt. (Neuer Aderlass von 10 Unzen.) Am 5ten Tage fing die Eiterung an copiös zu werden, ohne dass jedoch trotz des sorgfältigsten Verbandes der Zustand des Stumpfes besser wurde. Dieser war besonders an seinem inneren Theile roth und geschwollen. Vom 27. bis zum 31. Mai schien sein Zustand günstiger zu sein, als wir bemerkten, dass die musculösen Theile sich zurückzogen und der Knochen in der Wunde einen bedeutenden Vorsprung bildete. Der Granulationsprocess machte nun keine Fortschritte mehr, es traten heftige oft sich wiederholende Schüttelfröste ein. Der Athem wurde sehr beengt. Zu bemerken ist, dass der Kranke bedeutende Diätfehler begangen hatte, da man ihm heimlich sehr unverdauliche Dinge zu essen gegeben hatte; es traten nun auch Leibschmerzen, Meteorismus und Durchfall ein, das Fieber wurde immer heftiger. Die Anfälle von Schüttelfrost vermehrten sich und kamen täglich 4—5mal wieder, er magerte schnell ab, es trat Delirium mit Stupor abwechselnd ein, die Zeichen von Eiterinfection waren nun unzweifelhaft geworden, und so ging der Kranke am 22sten Tage nach der Verwundung, am 12. Juni, zu Grunde. Da er sich durch Diätfehler zugleich eine starke Magen- und Darmreizung zugezogen hatte, konnten ihm keine Tonica und Excitantia gereicht werden; Antiphlogose war nicht mehr angezeigt. Man musste sich daher auf ein expectatives Verfahren und die palliative Hülfe durch Opium beschränken.

Die Leichenöffnung wurde 16 Stunden nach dem Tode gemacht. Die Weichtheile um den Stumpf herum waren von Eiter infiltrirt und mehrere kleine Venen der Umgegend waren voll von demselben; in den grösseren Gefässstämmen des Arms fanden sich keine Spuren von Entzündung.

In der Brusthöhle, besonders in dem rechten Pleurasacke, fand sich ein sero-purulentes Exsudat von mehr als einem Quart. Die rechte Lunge war von zum Theil adhärirenden Pseudo-Membranen bedeckt. Beide Lungen waren von metastatischen Abscessen durchsäet, um welche herum das Lungengewebe sich theils im Zustande der Hyperämie, theils in dem der Hepatisation befand. Die Leber war von Pseudomembranen und Eiter bedeckt und enthielt in ihrer Substanz zahlreiche metastatische Abscesse. Im Peritonäum existirte ebenfalls ein eitriger Erguss, und die Gedärme waren zum Theil durch frische Adhärenzen mit einander verklebt. Im Dünndarm fanden sich mehrere stark entzündete Stellen.

Der Eiter, welcher in den metastatischen Abscessen der Lungen und der Leber eingeschlossen war, war grünlich-gelb und zeigte blasse, körnige, fast kernlose Kügelchen (kachektische Pyoid-Kügelchen). Es waren in diesem Eiter viel Fett und viele Molecularkörnchen.

Die Lungenabscesse haben wohl die Bronchialenden aber nicht die Lungenfasern zerstört. Der Eiter scheint, mehr in ihren Interstitien abgelagert, die letzteren mehr auseinander gedrängt zu haben. In der Leber traf man alle Uebergänge von einer einfachen, umschriebenen, starken Gefässinjection zu einem im Centrum gelblichen Entzündungspunkte, zu einer ausgebreiteten Eiterinfiltration und zu Stellen in denen das Lebergewebe zerstört erschien, aber doch noch unter dem Mikroskope deutliche Leberzellen wahrnehmen liess. Die Leber enthielt Abscesse bis in die Wände der Gallenblase. Wir haben hier eine unserer früheren Beobachtungen bestätigt gefunden, nämlich einen eigenthümlichen, schimmelartigen Geruch der metastatischen Leberabscesse. Von der Mitte des Markcanals des bei der Amputation durchsägten Oberarmknochens hatte sich eine schwammartige Wucherung entwickelt, welche wir schon während des Lebens beobachten konnten. Sie war dunkelroth, weich an der Oberfläche, aber sehr hart in ihrem Inneren. Die weiche äussere Substanz bestand aus Blutgefässen, einer gallertartigen, fibroiden, geschichteten Substanz, vielen geschwänzten Zellen und deformirten Eiterkörperchen. Die harte Substanz des Centrums dieses Schwammes aber war aus sehr wohlorganisirtem neugebildeten Knochengewebe mit Knochennetzen, Knochenkanälchen und Knochenkörperchen zusammengesetzt. Es geht aus diesem Factum deutlich hervor, dass die Markmembran des Knochens noch Knochensubstanz absondern und bilden kann, wenn auch das Periosteum oder vielmehr seine Gefässe hieran keinen Antheil mehr nehmen können.

Das Blut dieses Individuums bot blasse, deformirte Kügelchen dar, es war wenig gerinnbar, und im Herzen sowohl wie in den grossen Gefässen zeigten sich nur sehr wenige fibrinöse Coagula.

Im linken Hoden hatte er eine angeborene Hydrocele. Die Albuginea des Hodens war von sehr ungleicher Dicke und an mehreren Stellen so verdünnt, dass ihre Dicke von 3—4 Millimetern auf kaum einen Millimeter reducirt war. Dies Factum macht begreiflich, wie sich, wenn dieselbe stellenweise durch Maceration geschwunden ist, Saamenthierchen aus dem Hoden in die Flüssigkeit der Hydrocele ergiessen können, was durch neuere Untersuchungen in vielen Fällen ausser Zweifel gesetzt ist.

7) Zwei Schusswunden, die eine im Kniegelenk, die andere in der Wade; Contusionen in Folge von Gewehrkolbenschlägen auf den Kopf; Tod nach 23 Tagen; Verjauchung der Umgegend der Wunden.

Ein 35jähriger kräftiger Mann war am 21. Mai am Trient stark verwundet worden. Zuerst hatte er einen Schuss durch die Wade und dann einen zweiten durch das Kniegelenk, beide auf der rechten Seite, und dann als er schon gefallen war, mehrere Gewehrkolbenschläge auf den Kopf bekommen. Als er am Nachmittag in die Ambulance gebracht worden war und ich mich hatte überzeugen können, dass die Gelenkkapsel geöffnet war, schlug ich die Amputation vor, indessen meine anwesenden Collegen widersetzten sich und bezweifelten nicht, dass man den Patienten ohne Verstümmelung würde heilen können.

Der Schuss durch die Wade zeigte durchaus nichts Gefährliches; er war hinten durch die Mitte derselben gegangen und hatte weder grosse Gefässe, noch Nervenstämme, noch Knochen verletzt. Die Verwundungen am Kopfe bestanden in einfachen Contusionen.

Ungleich gefährlicher aber war die Wunde am Knie. Die Kugel war an der äusseren Seite am unteren Theile der Kniescheibe in das Gelenk gedrungen, hat dasselbe durchsetzt und war auf der inneren Seite der Kniescheibe wieder hervorgekommen. Mehrere Knochensplitter wurden herausgezogen. Sie gehörten theils der Kniescheibe, theils dem Kopfe des Schienbeins an, und eins der Knochenstücke war deutlich vom Gelenkknorpel bedeckt. Das Knie war bei der Aufnahme des Verwundeten nicht sehr geschwollen, die Schmerzen waren auch nicht heftig, der Puls 104.

Während der nächsten 48 Stunden nach der Verwundung wurden 2 Aderlässe gemacht und successiv 80 Blutegel an das Knie gesetzt. Das Widerstreben des Verwundeten, sowie die Abneigung der in den ersten Tagen anwesenden übrigen Militairärzte verhinderte die Amputation, und der wirklich glückliche Erfolg eines ähnlichen Falls unter diesen Verwundeten liess uns im Anfang einen glücklichen Ausgang hoffen.

Am 23. Mai war auch in der That der Puls auf 84 Schläge in der Minute gefallen, die Haut war nicht mehr heiss, das Gesicht hatte die Fieberröthe verloren, der Kopf war mässig frei, das Knie war wohl noch viel wärmer als das der gesunden Seite, aber ungleich geringer als früher, die Geschwulst war fast unbedeutend; auch die Geschwulst des Schenkels hatte abgenommen; die Eiterung fing an einzutreten. Nach zwei Tagen bedeutender Besserung traten die Entzündungserscheinungen im Knie wieder deutlicher hervor, es wurden von Neuem 20 Blutegel verordnet. Die Kopfschmerzen wurden viel heftiger, die gelbliche und violette Färbung um das linke Auge und die Nase, welche jetzt eintraten, zeigten, dass die Schläge auf den Kopf stark gewesen sein mussten. Das Knie fuhr fort anzuschwellen und deutliche Fluctuation zu zeigen, was von der Mischung des Eiters mit der Synovia im Gelenk herrührte. Die Gehirnsymptome, welche um diese Zeit an Intensität zunahmen, wurden durch Antiphlogose, kalte Umschläge und inneren Gebrauch kleiner Dosen von Calomel bekämpft. Nun trat wieder während 2 Tage Besserung ein, auch das Knie war weniger geschwollen, da die im Gelenke enthaltene eitrige Synovia sich durch eine der Schussöffnungen hatte Ausgang verschaffen können. Die gelbe Färbung, welche von Ekchymose herrührend, nun sich ebenfalls im Schenkel und Beine zeigte, deutete darauf hin, dass auch hier die Resorption des Blutes anfing, welches in und unter der Haut ergossen war. Die Kopfschmerzen aber dauerten trotz energischer Antiphlogose fort.

Am 31. Mai trat ein Frostanfall ein, welcher eine halbe Stunde dauerte und uns die Prognose als sehr schlimm stellen liess. Das Fieber wurde immer anhaltender und heftiger, die Frostanfälle wiederholten sich zwei-, drei- bis viermal des Tages, die Eiterung im Knie wurde profus und jauchig; die Antiphlogose konnte nun natürlich nicht fortgesetzt werden; es wurden Chininum sulphuricum dreimal täglich zwei Gran, Abends Laudanum, später Analeptica verordnet, dennoch aber hatte die Krankheit ihren Verlauf und am 23sten Tage nach der Verwundung einen tödtlichen Ausgang.

Bei der nach 20 Stunden angestellten Leichenöffnung fand ich zu meinem grossen Erstaunen nirgends metastatische Eiterablagerung, keine inneren Abscesse; die Gehirnhäute waren stark congestionirt aber enthielten keinen eitrigen Erguss. Die inneren Organe der Brust und Bauchhöhle waren durchaus in normalem Zustande. Das linke Kniegelenk war voll Eiter, die Kniescheibe, in der Mitte fracturirt, zeigte nicht die Spur von Callusbildung. Das ganze untere Drittel des Schenkels war in schwärzliche, brandige, von Jauche infiltrirte Masse umgewandelt, und zeigt die musculösen Theile zersetzt und kaum erkennbar. Die grossen Gefässe sind jedoch gesund geblieben.

Wir hatten also hier alle Zeichen von Eiterinfection im Leben, ohne dass die Leichenöffnung metastatische Ablagerungen zeigte.

Wir beschliessen hier diesen ersten Theil unserer Beobachtungen, in welchem wir durch die Leichenöffnung verschiedenartige, durch Schusswunden hervorgebrachte primitive und secundäre Verletzungen haben genau erforschen können und gehen zu den zahlreichen Beobachtungen über, welche einen glücklichen Ausgang hatten. Wir werden freilich noch Fälle erwähnen, welche tödtlich abgelaufen sind; in diesen haben wir aber die Leichenöffnung entweder gar nicht oder nur unvollständig gemacht. Wir werden übrigens die nachfolgenden Beobachtungen in gedrängter Kürze mittheilen, um besonders diejenigen Punkte hervorzuheben, welche einiges Interesse darbieten.

8) Leichte Verwundung am Kopfe und am Arme; Streifschuss durch die Kleidungsstücke der Brust, ohne diese zu berühren.

Ein 26jähriger kräftiger Mann hatte mehrere Gewehrkolbenschläge auf den Kopf und den Arm bekommen, welche am Kopfe die Haut gespalten und an demselben wie an dem Arme bedeutende Ekchymosen und Geschwulst hervorgebracht hatten, übrigens aber nichts Gefährliches darboten, und durch antiphlogistische Diät und kalte Umschläge geheilt wurden. Dieser Verwundete bot aber ein anderes, höchst merkwürdiges Factum dar. Ein ganz in der Nähe abgefeuerter Schuss war durch das Wehrgehäng, in welchem ein Loch vom Durchmesser der Kugel zu sehen war, und dann in den sehr stark wattirten Rock (capotte) gegangen, hatte das Hemde zerrissen und war zwei Decimeter von der Eintrittsstelle durch Hemde und Rock wieder herausgekommen, ohne den Kranken zu verletzen, und ohne auch nur die Haut zu berühren. Offenbar war hier die Kugel nicht bloss durch das Leder des Wehrgehänges, sondern besonders durch die starke Wattirung des Uniformrockes in ihrer Impulsion so geschwächt worden, dass sie für den Kranken ganz unschädlich blieb.

9) Schusswunde durch die Rückenmuskeln am unteren und hinteren Theile des Thorax.

Ein 53jähriger Bergbewohner von Unter-Wallis, der Partei der Altschweizer angehörend, hatte am 21. Mai am Trient einen Schuss in der Gegend der zehnten Rippe am hinteren, unteren Theile des Thorax bekommen; der Schusscanal hatte eine fast genau horizontale Richtung, war unter den Rückenmuskeln entlang gegangen und hatte etwa einen Decimeter Länge. Die Haut, welche den Schusscanal bedeckte, zeigte etwa 15 Millim. von der Eingangsöffnung entfernt eine oberflächliche Verbrennung und Excoriation, welche wahrscheinlich durch einen Theil des Pfropfes veranlasst worden war. Trotz der Nähe der Wunde bei den Athmungsorganen hatten diese dennoch gar nicht gelitten, es war weder Blutspeien noch Athembeklemmung eingetreten. Das Wundfieber war nicht heftig; dennoch aber konnten, nachdem die Eiterung eingetreten war, die in der Wunde losgestossenen Zellgewebetheile, sowie der Eiter, selbst nicht durch Druck gehörig entleert werden, wiewohl die beiden Schussöffnungen erweitert und von dem in der Wunde stecken gebliebenen Pfropf so viel als möglich extrahirt worden war.

Ich entschloss mich nun, den Wundcanal in seiner ganzen Länge zu spalten, und erhielt so eine Wunde von einem Decimeter Länge auf 2—3 Centimeter Dicke. Die Erleichterung hierdurch war sehr gross, die entzündliche Spannung liess sogleich nach; es war nun leicht, die Ueberreste von Kleidungsstücken und die nekrotischen Zellgewebepartien zu entfernen, die Wunde reinigte sich schnell und bot bald gute Granulationsbildung dar; um nicht eine zu grosse Narbe zu bewirken, wurden die Wundränder durch Heftpflaster einander genähert, und so kam denn die Heilung ungleich schneller zu Stande, als wenn man die Vernarbung des Schusscanals ohne Spalten desselben zu erreichen versucht hätte.

10) Schusswunde durch den oberen rechten Theil der Brust; Heilung nach wenigen Wochen.

Ein 50jähriger Mann von nicht sehr kräftigem Körperbau, welcher schon seit längerer Zeit an einem chronischen Lungenkatarrh litt, erhielt einen Schuss in den oberen Theil der rechten Brustseite. Die Eingangsöffnung war acht Centimeter unter dem Schlüsselbeine und sieben Centimeter nach innen vom Rande der Achselhöhle. Bei jeder Exspiration trat aus dieser Wunde die Luft mit einem eigenthümlichen Geräusch heraus. Zwei Centimeter unter dem Schulterblatt und 4 Centimeter nach innen von der Achselhöhle her fühlte man unter der Haut die Kugel, welche nach einem Einschnitt leicht extrahirt wurde. Während der ersten Tage nach der Verwundung waren die Athembeschwerden sehr heftig, die Luft hatte sich überall um die Ausgangswunde infiltrirt und bildete so ein weitausgebreitetes Emphysem unter der Haut. Während der ersten 48 Stunden wurden 3 Aderlässe gemacht, eine Auflösung von Tartarus stibiatus (gr. iv auf ℥vj) und zum Getränk Queckenthee mit Salpeter verordnet. Die Dyspnoe war im Anfang so gross, dass er während der ersten 3 Tage nicht liegen konnte, sondern in sitzender Stellung bleiben musste. Blut hat er übrigens nur wenig ausgeworfen, was uns gleich von Anfang an vermuthen liess, dass die Kugel die Lungen nur oberflächlich lädirt habe und wahrscheinlich an der Concavität des Brustkastens entlang bis zur Austrittsstelle aus der Brusthöhle gegangen sei. Nach 3 Tagen wurde der bis dahin beschleunigte und sehr kleine Puls langsamer und kräftiger. Der Percussionston blieb noch immer in der ganzen Ausdehnung des rechten oberen Lungenlappens matt, und an seinem hinteren Theile namentlich hörte man pneumonisches Knistern, Bronchialathmen und Bronchophonie. Unmittelbar um die Ausgangsstelle der Wunde hört man das Athmen gar nicht. Am unteren und hinteren Theile der Brust hört man zu beiden Seiten Schleimrasseln. Seit dem dritten Tage hatte sich um die Oeffnungen herum Eiterung gebildet und die Brandschorfe angefangen sich loszustossen. Vom 6ten bis zum 8ten Tage war von Neuem Athembeschwerde und pleuritischer Schmerz unter der rechten Brustwarze eingetreten. Diese Symptome wichen zweien Applicationen von Blutegeln und dem Gebrauch des Calomels. Seit dem 12ten Tage war er in voller Convalescenz und die Heilung kam nun auch ohne Hinderniss zu Stande.

Es ist merkwürdig, wie Schusswunden in der Brust heilen können, selbst von Kugeln ziemlich grossen Kalibers, während Wunden mit blossem Schrot schnell tödtlich werden, wenn sie in der Nähe abgefeuert werden. So habe ich vor einigen Jahren von Gerichts wegen die Leiche eines kleinen Mädchens untersucht, welches ein Knabe mit einer mit kleinem Schrot geladenen Flinte erschossen hatte. Die Ladung war durch eine 1 Centimeter grosse Oeffnung vorn in die Brusthöhle eingegangen und durch die Brust hindurch, durch eine Menge kleiner Oeffnungen hinten wieder herausgekommen. Das Herz war nicht lädirt. Der Tod war augenblicklich, und nirgends zeigte sich auch nur eine Spur von Ekchymose. Günstiger verlief ein anderer Fall, in welchem aus politischem Hasse ein Mann seinem Schwager eine Schrotladung durch die Brust schoss. Es kamen Blutspuren, Dyspnoe und andere gefährliche Erscheinungen, dennoch aber trat bald nach einer energischen, antiphlogistischen Behandlung vollkommene Genesung ein.

11) Schusswunde am obersten Theile der Schulter, Schuss durch den Zeigefinger; Aufschneiden des Schusscanals der Schulter; Desarticulation des Fingers; Heilung.

Ein 45jähriger Mann hatte am Trient zwei Wunden bekommen, die eine am oberen Theil der Schulter, die andere am Finger. Die eine Kugel war an der vorderen Seite des obersten Theils der Schulter eingedrungen, und am hinteren Theile derselben herausgegangen. Der Schusscanal hatte acht Centimeter Länge. Die Knochen waren nicht zerbrochen; die Gelenkcapsel, wiewohl fast gestreift, war dennoch nicht eröffnet. Ein zweiter Schuss hatte die erste Phalanx des linken Zeigefingers fracturirt und der Finger hing bloss noch an einigen Hautlappen, welche der Verwundete selbst durchschnitten hatte. Der übrig bleibende Theil der Phalanx aber war zersplittert, und so musste natürlich die Desarticulation gemacht werden. Die Appetitlosigkeit und Verstopfung abgerechnet, welche alle Verwundeten bei ihrem Eintritt darboten, war das Allgemeinbefinden recht leidlich. Die Wunde auf der Schulter aber war schmerzhaft, gespannt, angeschwollen, die Erweiterung der hinteren Schussöffnung, die Extraction von Lappen des Hemdes, welche in die Wunde mit eingedrungen waren, wiederholte Anwendung von Blutegeln und Breiumschlägen aus Leinmehl bereitet, führten nur sehr vorübergehende Besserung herbei. Ich entschied mich nun am siebenten Tage nach der Verwundung, den Schusscanal in seiner ganzen Länge zu spalten, die Wunde blutete stark und ich musste sogar eine Arterie unterbinden, die Erleichterung aber war sehr gross, und von jetzt an reinigte sich der Schusscanal schnell. Man sah übrigens anfangs deutlich im Grunde der Wunde die Bewegungen des von seiner Gelenkcapsel umgebenen Caput humeri. Die Heilung kam nun schnell zu Stande, der Verwundete behielt bloss noch eine Zeit lang eine Steifheit im Schultergelenk.

12) Schuss durch den Brustmuskel und die Muskeln des Arms; vier Wunden durch eine Kugel.

Ein 30jähriger, kräftiger, grosser und starker Mann hatte, indem er seine Flinte zum Schusse anlegte, eine Kugel bekommen, welche in den rechten grossen Brustmuskel schief eindrang, dann in transversaler Richtung in demselben verlaufend, aus der Achselhöhle hervorkam, sodann in den hinteren Theil des Arms, drei Centimeter unter der oberen Grenze der Achselhöhle hineinlief und am hinteren Theil des Arms sechs Centimeter oberhalb des Ellbogens definitiv herauskam. Dieselbe Kugel hatte also vier Wunden gemacht, war durch Theile hindurch gegangen, in deren Nähe grosse Gefässe und Nerven leicht mit grosser Lebensgefahr hätten verletzt werden können, hatte aber dieselben glücklicherweise verschont. Die darauf folgende Entzündung war heftig, und Schmerz und Spannung abgerechnet, fühlte der Verwundete im Arme eine solche Schwäche, dass er ihn nur mit Hülfe des anderen in die Höhe heben konnte. Die Wunde secernirte in den ersten Tagen nur blutige Serosität. Ein starker Aderlass, kalte Umschläge, die Erweiterung zweier der Wunden, in welchen besonders sich Spannung zeigte, waren die im Anfang angewendete Behandlung. Seit dem vierten Tage liess ich ihn täglich ein laues Bad nehmen, was auf die Wunden sehr wohlthätig einwirkte. Durch die beiden Wunden auf der Brust legte ich ein Haarseil ein, da der Eiter nur schwer Ausgang fand; dieser wurde copiös, es stiessen sich Zellgewebepfröpfe von ziemlicher Länge los, die Umgegend der Wunden schwoll ab, und nun kamen denn auch bald die Kräfte im Arme wieder; da nun der Druck der geschwollenen, entzündeten Theile auf die vom Plexus brachialis herkommenden Nerven und auf diesen selbst, und die dadurch folgende lähmungsartige Schwäche des Arms gehoben war. Nach zehn Tagen verliess er bereits das Hospital auf dem Wege der Genesung, kam aber noch mehrmals zur Consultation; und nach etwas über drei Wochen war er vollkommen wieder hergestellt.

13) Schuss in den Arm ohne Zerreissung der Kleidungsstücke.

Diese Verwundung eines 29jährigen, kräftigen Mannes war an und für sich unbedeutend. Sie hatte in dem Arme einen seichten Schusscanal von einem Centimeter Länge gemacht und heilte auch schnell. Sie bot nur das Merkwürdige dar, dass, da die Kugel schon einen grossen Theil ihrer Impulsionskraft verloren hatte, sie das Tuch des Rockes und die Leinwand des Hemdes einen Centimeter in den Arm hineinstiess, ohne diese Kleidungsstücke zu zerreissen, so dass man diese nur aus der Wunde zu ziehen nöthig hatte, um die Kugel zu entfernen.

14) Schusswunde durch den Arm; Heilung fast ohne Eiterung.

Ein 25jähriger Mann hatte am 21. Mai einen Schuss durch den Oberarm der linken Seite bekommen; die Kugel war unter der Insertion des Musculus deltoideus, ohne Knochen und Gefässe zu verletzen, hineingegangen und wurde gegenüber am hinteren Theile des Arms durch einen Einschnitt herausgenommen. Die Kugel war die kleinste, welche ich bei diesen Verwundeten beobachtet habe, sie rührte von einer Jagdflinte von kleinem Kaliber her. Der Arm war in den folgenden Tagen roth, hart und angeschwollen, der Puls auf 96. Die gespannte Umgegend der Wunden war durch tiefe Einschnitte in denselben erschlafft worden; wegen, seit mehreren Tagen bestehender Verstopfung, bekam er ein leichtes Abführmittel. Das Allgemeinbefinden wurde bald besser, aber die Schmerzen und Spannung im Arme dauerten fort, gegen dieselben verordnete ich laue Bäder. Es trat nun auch bald Besserung und Heilung ein, jedoch ohne Eiterung, eine sehr geringe in den Schnittflächen abgerechnet, und es scheint, dass hier der Schusscanal durch Erguss einer schnell coagulirten fibrinösen Flüssigkeit zu erst verklebt und dann vernarbt war.

15) Schusswunde durch den Arm.

Ein 40jähriger Mann hatte einen Schuss ungefähr durch die Mitte des Oberarms bekommen, welcher von der innern vorderen nach der äusseren hinteren Seite gegangen war, ohne den Knochen und die grösseren Gefässe und Nerven zu verletzen. Es wurden kalte Umschläge aufgelegt. Während der zwei ersten Tage ging es recht gut, am dritten Tage aber traten Entzündung und Röthe um die vordere Schussöffnung ein. Ich machte nun durch dieselbe einen tiefen und langen Einschnitt, wobei ich mit dem Bistouri eine der grösseren Armvenen anstach. Das Blut kam aus derselben wie aus der mit der Aderlassbinde oberhalb comprimirten Armvene beim gewöhnlichen Aderlass, und da der Kranke eine Blutentziehung nöthig hatte, liess ich 10 Unzen Blut ausfliessen und schloss dann die Venenwunde durch einen leichten Compressionsverband. Die Schmerzen, so wie ein gewisses Eingeschlafensein der Finger, welches der Verwundete vor dem Einschnitte empfand, liessen sogleich nach. Die Eiterung war im Schusscanal nicht bedeutend, und ein Theil desselben heilte wie im vorigen Falle durch fibrinöse Ergiessung, gewissermaassen per primam intentionem. Mehrmals kamen Geschwulst und Spannung wieder und wichen erweichenden Umschlägen und ziemlich langen lauwarmen Bädern. Vierzehn Tage nach der Verwundung war die Vernarbung vollständig.

16) Schusswunde durch den Vorderarm.

Ein 26jähriger, junger Mann hatte einen Schuss durch die Weichtheile des Vorderarms in der Gegend des Aderlasses erhalten; die Venae mediana und cephalica waren jedoch nicht verletzt worden. Die beiden Schussöffnungen, die Eingangs- und die Ausgangsstelle der Kugel waren durch einen Raum von drei Centimetern von einander entfernt. Da nun die Wunde, wiewohl nicht tief, sich dennoch nicht recht reinigen wollte, und der Eiter durch die Zellgewebepfröpfe verhindert, nur schwer ausfloss, so spaltete ich den Schusscanal in seiner ganzen Länge; so konnte denn die Wunde bis auf den Grund täglich verbunden werden, reinigte sich schnell, das nekrotische Zellgewebe stiess sich ab, es bildeten sich gute Granulationen und nach kurzer Zeit war die Vernarbung vollkommen.

17) Schusswunde durch den Vorderarm, Bruch des Radius; Tod.

Ein 52jähriger Mann von kräftiger Constitution hatte am Trient einen Schuss durch den Vorderarm bekommen, welcher den Radius in seiner Mitte schief gebrochen hatte. Die Weichtheile waren stark contusionnirt; die Kugel war übrigens durchgegangen. Die nach der Verwundung sich ausbildende Entzündung war sehr heftig und konnte nur durch energische Antiphlogose, tiefe und umfangreiche Erweiterung der Schussöffnungen, Bäder mit Leinsaam-Abkochung, strenge Diät etc. gemindert werden. Vom dritten Tage an war die Eiterung sehr bedeutend, es kamen mehrere Stücke von der Ladung durch die Wundöffnung heraus. Der Arm konnte anfangs nur in einer passenden Lage auf Kissen ruhend erhalten werden, am fünften Tage jedoch hatten sich die Zufälle so weit gemildert, dass ein Contentivverband angelegt werden konnte, welcher aber, da die Eiterung ausserordentlich copiös war, täglich gewechselt werden musste. So ging denn Alles recht gut, der Arm hatte eine gute Richtung, die Geschwulst nahm schnell ab, das Allgemeinbefinden war gut, als wir den Kranken auf Verlangen der Walliser Regierung in das für die Verwundeten in St. Maurice eingerichtete Hospital schickten. Als ich ihn nach einigen Tagen dort besuchte, war ich nicht wenig erstaunt, den Arm ohne allen Bruchverband zu finden; der Bruch war unglaublicherweise verkannt worden. Der Arm war wieder sehr geschwollen und entzündet. So wunderte es mich denn auch gar nicht, als ich nach einigen Tagen erfuhr, der Kranke sei gestorben.

18) Verwundung des Vorderarms durch Holzsplitter in Folge des Springens einer Büchse.

Einem 35jährigen, kräftigen Manne war beim Losschiessen seiner seit längerer Zeit geladenen Büchse, diese gesprungen; vom Holze derselben drangen ein ziemlich bedeutendes Stück und mehrere kleine Splitter in den Vorderarm ein. Die Bewegungen des Kranken hatten die Splitter noch tiefer eindringen lassen. Durch einen tiefen Einschnitt auf der Hohlsonde mit dem geknöpften Bistouri konnte ich den grössten der Splitter von fünf Centimetern Länge blosslegen und herausziehen; für die in der Umgegend sitzenden kleineren Splitter war die Extraction noch leichter, da sie nicht tief eingedrungen waren. Der während der Operation ziemlich starke Blutverlust baute heftigeren Entzündungserscheinungen vor, es trat am dritten Tage gute Eiterung ein und nach wenigen Wochen war die Heilung vollständig.

19) Bruch des Cubitus durch eine Schusswunde; Heilung.

Ein 25jähriger Mann hatte einen Schuss durch den rechten Vorderarm bekommen, welcher den Cubitus gebrochen hatte. Die Eintrittsöffnung des Schusses war fünf Centimeter unterhalb des Ellbogengelenks an der inneren Seite des Arms, die Richtung des Schusscanals war schief, der Ellbogenknochen in seinem oberen Drittel gebrochen. Die Austrittsöffnung war 15 Centimeter tiefer an der äusseren Seite des Arms, die Eiterung war copiös; Knochensplitter brauchten nicht entfernt zu werden.

Sobald die heftigsten Entzündungserscheinungen vorüber waren, wurde ein Contentivverband angelegt, und da die Eiterung sehr copiös war, wurde statt aller Charpie, Baumwolle etc. nichts anderes um den Arm geschlagen, als ein grosses Stück von in Leinöl getauchter Leinewand, dieses von Dr. Mayor in Lausanne empfohlene, für Eiter und Flüssigkeit undurchdringliche Gewebe, welches in der That eben so bequem, wie ökonomisch für den Verband ist. So konnte dann ohne viel Aufwand von Verbandstücken die Wunde anfangs alle Tage, später alle zwei Tage und gegen das Ende seltener, mit einem gewöhnlichen Schienenverbande besorgt werden, und nach zwei Monaten war vollkommene Heilung eingetreten.

20) Schuss durch das Handgelenk; Amputation; Tod.

Ein 36jähriger Mann hatte am 21. Mai am Trient einen Schuss durch das rechte Handgelenk bekommen. Die Kugel war dicht über dem ersten Os metacarpi des Daumens eingedrungen, durch das Handgelenk hindurch gegangen und in der Gegend des Processus styloideus des Cubitus sitzen geblieben, von wo sie nach den gehörigen Einschnitten ohne viel Mühe entfernt wurde. Da keine deutlichen Zeichen eines Knochenbruchs wahrzunehmen waren, so hofften wir im Anfang, dass das Gelenk keinen bedeutenden Schaden erlitten habe und erhalten werden könnte. Es wurde, um entzündliche Spannung zu verhüten, die Eintrittsöffnung erweitert, anfangs kalte Umschläge und später als Eiterung eintrat, Kataplasmen von Leinmehl aufgelegt. So schien in den ersten vier Tagen Alles nach Wunsch zu gehen, in der Nacht auf den fünften aber war Schüttelfrost, starke Aufregung, Fieber, Delirium, dabei Spannung und Schmerz ohne übrigens bedeutende Geschwulst in dem verwundeten Handgelenk eingetreten. Die Eiterung nahm keinen bösartigen Charakter an (Anwendung von 15 Blutegeln). Nun lösten sich bedeutende Zellgewebepfröpfe los und so konnte die Wunde genauer untersucht werden, wobei sich ergab, dass allerdings Knochensplitter in der Wunde existirten; die Geschwulst nahm zu, es zeigten sich livide Flecken auf dem Handgelenk, welche Brand befürchten liessen, und so schien denn die Amputation ohne Verzug nothwendig. Die Untersuchung des beschädigten Gelenks zeigte dasselbe voll Eiter, die Knochenenden gebrochen, die oberflächlichen Theile im Zustande von beginnendem Brand. Die Amputation wurde in der Mitte des Vorderarms gemacht. In den ersten Tagen schien nun alles besser zu gehen und die unmittelbare Vereinigung kam theilweise zu Stande. In dieser Lage sendeten wir den Verwundeten in das Walliser Hospital, wo er um so besser aufgenommen wurde, als er zur Regierungspartei gehörte. Nun verlor ich den Kranken aus meiner unmittelbaren Behandlung, erfuhr aber acht Tage später, dass er zuerst eine bedeutende Hämorrhagie gehabt, diese erst spät gestillt worden war, wodurch der Kranke natürlich sehr entkräftet wurde, und dass er am 8. Juni gestorben sei, nachdem er in der letzten Zeit nur mit Reizmitteln und Tonicis behandelt worden war.

21) Schusswunde durch den Vorderarm; Amputation; Heilung.

Wenn der vorhergehende Fall einen unglücklichen Verlauf zeigt, so sind wir in diesem hingegen glücklicher gewesen. Es betrifft derselbe einen Mann von 35 Jahren, welchem, während er auf der Gemsjagd begriffen war, seine Flinte zu früh losging und ihm, während er die Hand auf der Mündung des Laufes hielt, dieselbe so durchschoss, dass die Metacarpalknochen zersplittert, die Weichtheile der Hand zerrissen waren und der Daumen nur noch durch ein Stück Haut an der Hand festhing. Der Kranke hatte die Verwundung am Nachmittag um drei auf einem hohen Berge erlitten; er wurde sogleich in die Ebne herabgeschafft, und am Abend um neun Uhr war die Amputation bereits gemacht. Die Heilung per primam intentionem kam nur theilweise zu Stande, nach wenigen Wochen jedoch war die Amputationswunde vernarbt und der Kranke vollkommen geheilt.

22) Schusswunden im Gesicht und am Daumen; Amputation des Daumens; Heilung.

Ein 21jähriger junger Mann war mit den Wadtländischen Truppen, welche die Walliser Grenze besetzten, in Lavey. Als auf der Walliser Seite der Kampf entschieden und keine weitere Aussicht auf eine Collision zwisehen den Truppen beider Kantone vorhanden war, feuerte dieser junge Soldat sein zu scharf geladenes Gewehr unvorsichtig los, der Lauf sprang und ein Stück desselben verwundete ihn stark an der rechten Wange, ein anderes Stück riss ihm zum Theil den Daumen weg. Die Wange war in weiter Ausdehnung von Pulver verbrannt, so wie auch zum Theil die Augenlieder, auf der Mitte der Wange existirte eine gerissene Wunde von etwa einem Zoll Länge. Der Daumen war in seinen knochigen Theilen zersplittert, die Weichtheile waren zerrissen. Es musste daher unmittelbar die Exarticulation desselben vorgenommen werden; die Wunde wurde durch Heftpflaster vereinigt, die des Gesichts wurde genäht, nachdem alles hinwegzunehmende Pulver abgewaschen war. Es trat bedeutende Anschwellung ein, jedoch wich dieselbe einer energischen, allgemeinen, antiphlogistischen Behandlung und der örtlichen Anwendung kalter Umschläge. Die Angehörigen des Verwundeten holten denselben nach wenigen Tagen aus der Ambulance ab, um ihn nach Hause zu transportiren, wo denn auch nach kurzer Zeit und mit nur sehr geringer Entstellung eine vollkommene Heilung eintrat.

23) Verwundung durch unterirdische Gasexplosion in einem Bergwerke der Schweiz.

Wir führen hier diesen Fall einerseits deshalb an, weil diese Art von Verwundung mit der Verbrennung durch Pulverexplosion die grösste Aehnlichkeit hat, anderseits weil die Unfälle der Art, in anderen Ländern häufig vorkommend, in der Schweiz zu den grössten Seltenheiten gehören.

Diese Verwundungen haben in den Salzwerken von Bex im Kanton Wadt stattgefunden. In diesen Bergwerken sind Erdstürze und Verschüttung selten; häufiger haben wir dort durch unvorsichtiges Sprengen des Felsens schwere Verwundungen beobachtet. Die Gasexplosionen gehören dort zu den grössten Seltenheiten. Scheuchzer in seinem Werke „Iter alpinum“ beschreibt, wenn mich mein Gedächtniss nicht trügt, einen Fall der Art von den Bergwerken von Bex, welcher im vorigen Jahrhundert stattgefunden hat. Im Jahre 1801 verlor ein noch jetzt lebender Salinenarbeiter beide Augen durch eine solche Explosion. Seitdem Herr von Charpentier Salinendirector ist, hat er dadurch der Erneuerung solcher Unglücksfälle während langer Zeit vorgebeugt, dass er, sobald beim Sprengen durch eine Spalte Kohlenwasserstoffgas auszuströmen anfängt, er dasselbe sogleich anzünden und die Flamme Tag und Nacht unterhalten lässt. Auf diese Art verbrennt das Gas in dem Maasse, als es aus den Spalten hervortritt, und so wird eine bedeutende Anhäufung und Explosion bei zufälligem Anzünden verhindert.

Am 3. September 1840 war zufällig ein Festtag für die Salinenarbeiter, der Tag ihrer jährlichen Inspection. Am Morgen hatten dieselben noch in den Salzwerken gearbeitet und an einer Stelle den Felsen gesprengt; die Arbeiter hatten jedoch schon früh die Grube verlassen und so nicht bemerkt, dass beim Sprengen durch eine Felsspalte Gas auszutreten anfing. Am Nachmittag führte einer der Arbeiter mehrere Fremde in die Bergwerke. Ein jeder nahm, wie dies Brauch und nothwendig ist, eine angezündete Lampe. Die Davy'sche Sicherheitslampe ist in Bex nicht in Gebrauch wegen der Seltenheit solcher Gasemanationen und der Vorsichtsmaassregeln des sofortigen Anzündens des Gases, sobald man die Gegenwart desselben wahrnimmt. An diesem Tage aber hatte durch oben erwähnten Umstand bereits seit mehreren Stunden Gasentweichen stattgefunden. Sobald nun die Fremden mit ihrem Führer an dies Stelle kamen, entzündete sich das in grosser Menge angehäufte Gas und es entstand eine plötzliche, so heftige Explosion, dass die 2000 Fuss entfernte Thür des Eingangs der Galerien zerschmettert wurde. Zwei der fünf gegenwärtigen Personen wurden unmittelbar getödtet. Die Untersuchung ihrer Leichen zeigte mir später, dass sie die Schädelknochen an vielen Stellen zerbrochen hatten, da sie mit ausserordentlicher Gewalt gegen die Felswände mit dem Kopfe geschleudert worden waren. Die drei andern waren ebenfalls gegen die Felswände geschleudert worden, hatten jedoch nur heftige Contusionen davon getragen; ihre schwerste Verletzung jedoch bestand in sehr ausgedehnter Verbrennung. Sie konnten die Grube verlassen, in welcher sie sonst wahrscheinlich asphyktisch würden zu Grunde gegangen sein. Sie wurden nach dem nahegelegenen Bex transportirt, wo ich mich grade im Augenblicke ihrer Ankunft befand. Ihr Anblick war betrübend, alle Kleidungsstücke waren zerrissen, Gesicht und Hände bei allen dreien sehr ausgedehnt verbrannt, Haare, Augenbraunen und Cilien zu Staub und Asche reducirt. Noch unter dem Einflusse des Schreckens und heftige Schmerzen von den Contusionen und der Verbrennung leidend, überliessen sie sich ganz ihren Schmerzensäusserungen.

Die Verbrennungen waren an vielen Stellen tief und nahmen fast die ganse Dicke der Haut ein, an anderen Orten war die Epidermis durch grosse Blasen in die Höhe gehoben. In der ganzen Fläche des Gesichts, so wie beider Hände, waren kaum freie Flecke zu entdecken, alle der Luft ausgesetzten Theile waren von dem Gase entzündet worden.

Der erste Verband bestand darin, dass das Gesicht mit einer mit Cerat bestrichenen leinenen Maske bedeckt und alle Theile der Hände ebenfalls eingewickelt wurden. Das Hinwegnehmen nekrotischer Haut- und Oberhautpartien geschah anfangs noch nicht. Nach dem ersten Verbande wurde jedem der Kranken ein reichlicher Aderlass gemacht.

Am Gesichte stiessen sich bei den drei Kranken die Brandschorfe nur partiell los, an den Händen aber ging nach und nach überall eine dicke Epidermis handschuhartig ab. Nach sechs Wochen waren zwei der Verwundeten vollkommen geheilt; der dritte von übrigens nicht sehr guter Constitution konnte erst in der vierten Woche die Augen öffnen, und hatte noch in der siebenten Woche ein Gesichtserysipel von heftigen Gehirncongestionen begleitet, welches sein Leben in grosse Gefahr brachte. Strenge Antiphlogose und Abführmittel führten jedoch diese intercurrente Krankheit zu glücklichem Ausgang. Bei ihm wandelten sich die Wunden, nachdem sie bis auf einen gewissen Punkt geheilt waren, in Geschwüre um, welche häufiges Cauterisiren mit Höllenstein und Verband mit einer Salbe aus Zinkoxyd nöthig machte; bei den anderen hatte ein einfacher Verband mit Bleisalbe auf feine Leinen, oder für das Gesicht auf die innere Seite einer Maske gestrichen, und äusserlich mit Charpie und Compressen bedeckt, hingereicht. Nach drei Monaten endlich war auch dieser dritte Kranke vollkommen genesen. Alle drei Verwundeten hatten später von der Retraction der Narben an den Händen etwas zu leiden, ohne dass dieselben sie jedoch im Gebrauche der Finger hinderten. Im Gesichte kam die Vernarbung ganz ohne Entstellung zu Stande.

24) Schusswunde durch den Oberschenkel.

Ein 16jähriger Knabe von schwächlichem Aussehen war am 20sten Mai verwundet worden. Dieser so junge und scheinbar nicht starke Bursche war bereits zum zweiten Male im Feuer gewesen; das erste Mal ein Jahr früher. Er war in einem Gefecht verwundet worden, in welchem die Jungschweizer den Pass am Trient forcirten.

Die Kugel war durch den vorderen mittleren Theil des linken Schenkels gedrungen und war fast zwischen dem Schenkelbein und der Schenkelarterie durchgegangen, ohne im Geringsten weder das eine noch die andere zu verletzen; die Kugel war alsdann aus dem hinteren Theile des Schenkels wieder herausgekommen und zwar ziemlich in der gleichen Höhe wie die Eintrittsöffnung.

Trotzdem, dass der junge Verwundete sehr muthig war, folgte doch der Verwundung unmittelbar eine Eiseskälte, ein sehr schwacher Puls und eine mit diesen beiden Erscheinungen selten zusammentreffende Complication, nämlich eine ausserordentliche, nervöse Reizbarkeit. Er wurde zuerst nach Hause, nach St. Maurice gebracht, von wo er zwei Tage später in das Militärhospital transportirt wurde.

Das verwundete Glied schwoll bedeutend an, der Schmerz war lebhaft, ausserdem zeigte sich noch ein fixer Schmerz unter der linken Brustwarze, welchen wir, bei der vollkommenen Abwesenheit der objectiven Erscheinungen von Pleuritis für Pleurodynia erklärten und vermittelst Sinapismen, später Einreibungen mit Kampherliniment, einer schweisstreibenden Mixtur etc. beseitigten. Die Geschwulst des Schenkels nahm allmählig ab. Am siebenten Tage entfernten wir aus der Wunde einen wurmförmigen Strang, welcher der ganzen Länge des Schusscanals entsprach und aus pseudomembranösen Concretionen bestand. Allmählig füllte sich der Schusscanal mit guten Granulationen; die Ausgangsöffnung verheilte viel schneller, als die des Eintritts. Nach einem Monate jedoch war die Vernarbung bereits so weit zu Stande gekommen, dass der Verwundete, auf einen Stock gestützt, bequem gehen konnte; und schon nach wenigen Monaten war alle Steifheit aus dem Gliede verschwunden.

25) Schusswunde in den Schenkel; Ausziehen der Kugel nach einem Jahre, an einer ganz entfernten Stelle.

Ein 20jähriger, kräftiger, junger Mann, hatte durch Unvorsichtigkeit bei einem Pistolenschiessen einen Schuss in den hinteren Theil des Schenkels bekommen. Es war nämlich einem hinter ihm stehenden Manne ein Pistol so losgegangen, dass die Kugel unmittelbar, und zwar in der Richtung von oben nach unten in den Schenkel eingedrungen war. Da die Kugel, eine gewöhnliche kleine Pistolenkugel, im Schenkel geblieben war, so machte ein hinzugerufener Wundarzt vergebliche Versuche, dieselbe herauszuziehen, was eine sehr heftige, phlegmonöse Entzündung des Schenkels zur Folge hatte. Als ich nach mehreren Wochen, als consultirender Arzt hinzugerufen wurde, fand ich den hinteren Theil des Schenkels von Eiter unterminirt und öffnete mehrere tiefe und umfangreiche Abscesse, aus denen ein stinkender, jauchiger, seit längerer Zeit stagnirender, mit Luftblasen gemischter Eiter ausfloss. Hiernach zeigte sich zwar Erleichterung, aber die Eiterung wurde so copiös, dass ein fast hektischer Zustand eintrat, welcher, da kein inneres Organ erkrankt war, dem Gebrauche der Tonica und namentlich starker Dosen von Chinarinde, bis auf eine halbe Unze des Pulvers täglich, wich. Die Eiterung nahm allmählig an Menge ab, die abgelösten Hautpartien legten sich wieder an und es blieben nur an zweien Stellen Fistelöffnungen, durch welche regelmässig Eiter ausfloss. Die untere Hälfte des Schenkelbeins war in einem Zustande chronischer Reizung und Anschwellung geblieben, wodurch auch die Bewegungen des Knies bedeutend beeinträchtigt wurden. Das Allgemeinbefinden hatte sich übrigens wieder vollständig hergestellt.

So hatte denn der Kranke den Winter nach seiner Verwundung in gutem Zustande zugebracht, die Fisteln hatten sich allmählig geschlossen und etwas Steifheit im Kniegelenk und in den Bewegungen des Gliedes überhaupt abgerechnet, hatte er sich leidlich befunden, als grade ein Jahr nachdem er den Schuss bekommen, von Neuem entzündliche Erscheinungen auftraten, und in wenigen Wochen die Bildung dreier Abscesse zur Folge hatten, deren einer am oberen und hinteren Theile des Schenkels, der zweite an der mittleren vordern Fläche, der dritte am hinteren untern Theile sass.

Im Grunde dieser letzteren Oeffnung fühlte man einen harten Körper, welcher leicht extrahirt werden konnte und nichts anderes war, als die Kugel, welche so ein Jahr lang im Schenkel geblieben und sich allmählig den ganzen Schenkel entlang bis in die Nähe des Knies gesenkt hatte. Nachdem so der letzte Grund dieser chronischen Entzündung entfernt war, nahm die Geschwulst der knochigen und der Weichtheile ziemlich schnell ab und wenige Wochen nach der Extraction der Kugel war der Verwundete fast vollkommen genesen. Es blieb nur noch etwas Geschwulst im Periosteum und einige Schwierigkeit in den Bewegungen des Knies zurück.

26) Geheilte Schusswunde in der Nähe des Kniegelenks.

Ein 24jähriger, kräftiger Mann hatte in dem Gefecht am Trient einen Schuss in die Kniegegend bekommen, welcher auf der inneren Seite der Kniescheibe eingegangen und nach einem Verlaufe von acht Centimetern auf der äusseren Seite des Knies, drei Finger breit unter der Kniescheibe, herausgetreten war. Durch die Sonde liess sich keine Knochenverletzung wahrnehmen, Synovia war ebenfalls nicht ausgeflossen. Das Knie schwoll bedeutend an, wurde sehr schmerzhaft, eine rothe Serosität floss aus beiden Schussöffnungen aus, die Geschwulst dehnte sich bald auch über das Bein aus, und so schien der Verwundete in den ersten Tagen in einer ziemlich kritischen Lage zu sein. Es wurde eine sehr energische Antiphlogose, örtliche und allgemeine Blutentziehungen, Quecksilbereinreibungen, Ruhe des Gliedes, strenge Diät etc. in Anwendung gezogen, wonach allmählig Schmerz und Geschwulst so weit nachliessen, dass bereits nach 14 Tagen beide Wunden auf dem Wege vollkommener Heilung waren. Es blieb natürlich noch einige Zeit bedeutende Empfindlichkeit des Gelenks und einige Anschwellung zurück; nach einem Monate jedoch konnte der Kranke schon mit Leichtigkeit gehen und nach drei Monaten war die Heilung vollkommen.

27) Schusswunde durch die Weichtheile der Wade; Tod nach drei Wochen.

Ein 40jähriger Mann, von guter und gesunder Constitution, hatte eine scheinbar durchaus nicht gefährliche Verwundung durch die Weichtheile der Mitte der linken Wade erhalten; der Schusscanal hatte 11 Centimeter Länge und eine ziemlich horizontale Richtung. Die Eintrittsöffnung war auf der äusseren, die des Austritts der Kugel auf der inneren Seite des Beins. Bei der ersten Untersuchung schienen durchaus keine wichtigen Theile verletzt. Der Fuss war wohl etwas geschwollen, jedoch hatte dies in einer Lymphgefässentzündung seinen Grund, welche von einer Verwundung durch den Schuh herrührte; diese örtliche Entzündung wich einer Anwendung von Blutegeln und Schröpfköpfen, es bildete sich jedoch ein kleiner Abscess auf dem Fussrücken. Die Brandschorfe der Schusswunde fingen vom 4ten Tage an sich abzustossen. Zehn Tage nach der Verwundung zog ich aus der inneren Schussöffnung ein Bleistück von 8 Millim. Länge auf 3 — 4 Millim. Breite heraus. Einige Tage später zog ich aus derselben Oeffnung einen zwei Centimeter langen Knochensplitter heraus; merkwürdigerweise war trotz genauer Untersuchung keine Spur von Knochenbruch wahrzunehmen und der Kranke konnte immer seit dem ersten Tage der Verwundung gehen. Das Bein blieb leicht geschwollen, die Eiterung war ziemlich bedeutend. In diesem Zustande wurde der Kranke in ein anderes nahes Hospital gebracht und von da scheinbar auf dem Wege der Genesung in seine Heimath zurückgesendet, wo er nach wenigen Tagen starb, ohne dass ich über die näheren Umstände hätte genauere Nachrichten erhalten können. Wahrscheinlich hatte sich von der Umgegend der Verwundung her Venenentzündung und in Folge dieser Eiterinfection ausgebildet.

28) Schusswunde durch die Wade.

Diese Verwundung bietet nur das Merkwürdige dar, dass hier nicht die Wade horizontal, sondern fast vertical durchschossen war. Die Kugel war nämlich bei dem 26jährigen kräftigen Manne an der Basis der Wade eingedrungen und, nachdem sie von hinten nach vorn und von unten nach oben einen Canal von 12 Centimeter Länge durchlaufen hatte, unter der Aponeurose in der Gegend des oberen Drittheils der Tibia stecken geblieben, von wo sie übrigens leicht extrahirt werden konnte. Die Heilung kam leicht und ohne alle üblen Zufälle zu Stande.

29) Schusswunde durch den Fuss; Verweigern der Amputation; Tod nach zwei Jahren.

Ein 64jähriger Mann, ein Bewohner der Bexer Berge, hatte im Herbste 1838 durch einen eigenthümlichen Unglücksfall eine Schusswunde durch den Fuss bekommen. Es hatten nämlich mehrere der

Bewohner seines Dorfes eine Fuchsfalle so aufgestellt, dass bei der Berührung einer gespannten Schnur eine Jagdflinte mit Schrot geläden losging. Statt des Fuchses kam nun dieser unglückliche Mann gerade über diesen Weg und erhielt die ganze Ladung in den Fuss, namentlich in den Rücken desselben. Sogleich hinzugerufen, fand ich die ganze Haut des Fussrückens zerrissen, und einen Hautlappen von mehreren Centimetern Umfang ganz losgetrennt; ich zog mehrere der nicht zu tief gelegenen Schrotkörner heraus, konnte aber natürlich die tieferen zwischen den Gelenken der Fusswurzel nicht herausschneiden. Es entwickelte sich eine sehr heftige Entzündung des ganzen Fusses, gegen welche natürlich antiphlogistisch verfahren wurde. Da der Kranke in dürftigen Umständen lebend sich in seinem Hause nicht gehörig pflegen konnte, so schickte ich ihn in das Lausanner Hospital. Hier schlug man ihm die Amputation vor, da bald alle Knochen des Fusses cariös geworden waren. Der Kranke wollte jedoch durchaus nicht in dieselbe willigen. So trat denn allmählig eine sehr copiöse Eiterung ein, das Bein wurde vollkommen atrophisch und der Kranke, der anfangs noch auf Krücken gehen konnte, war bald nicht mehr im Stande, das Bett zu verlassen. Allmählig entwickelte sich ein hektisches Fieber, und so ging der Kranke, welcher, wenn er sich hätte wollen amputiren lassen, wohl noch einige Jahre hätte leben können, in Folge seiner Verwundung zwei Jahre nach derselben zu Grunde.

30) Zahlreiche Säbelhiebe auf dem Kopfe; Bajonnetstiche in der Brustwand, in den Gliedern. Ausserordentliche Schwäche durch Blutverlust; Nekrose der Oberfläche eines Scheitelbeins. Vollständige Heilung nach 6 Wochen.

Ein 20jähriger Mann, von starkem untersetztem Körperbau, war in dem Gefecht an der Trient-Brücke zum Gefangenen gemacht worden; dennoch gab ihm einer der feindlichen Soldaten, nachdem er sich bereits ergeben hatte, einen Bajonnetstich in die Brustwandung. Es strömte viel Blut durch die Wunde aus und der Kranke fiel ohnmächtig, scheinbar tödtlich verwundet nieder. Als man ihn später seiner Kleidungsstücke berauben wollte, bemerkten die Feinde, dass er noch lebte. Um ihn nun vollends zu tödten, gaben sie ihm mit unbegreiflicher Grausamkeit sieben tiefe, bis auf den Knochen dringende Säbelhiebe auf den Kopf, einen Bajonnetstich in den Ellbogen, einen anderen durch die Haut des männlichen Gliedes, und vier durch die Schenkel und Beine. So blieb er denn für todt auf dem Schlachtfelde liegen. Nachdem er nun einige Stunden fast bewusstlos geblieben war, stand er auf und schleppte sich mühsam in ein nahe gelegenes Haus, wo man ihn auch aufnahm. Dort fand ihn einer der von uns ausgesandten Wundärzte, der ihn dann in das Lavey'er Hospital schickte. Hier kam er am Nachmittag gegen vier Uhr an. Er war so blass und schwach, der Puls so klein, dass ich ihm vor allen Dingen, bevor ich nur seine Wunden untersuchen konnte, alten Wein geben musste, um seine Kräfte aufrecht zu erhalten. Vorher konnte er nicht sprechen, seine Gliedmaassen waren kalt, der ganze Körper von kaltem Schweiss bedeckt, die Wunde auf der Brust blutete noch fort. Nachdem nun die Kräfte durch den Wein ein wenig gehoben waren, untersuchte ich vor Allem die Brustwunde. Der Bajonnetstich war nahe beim Brustbein nach links hin eingedrungen, die Wunde hatte eine schiefe Richtung und ging tief zwischen den Brustmuskeln, oben über der Brustwarze, vorbei. Vor allen Dingen wurden sämmtliche Blutpfröpfe entfernt, und da wir nicht bestimmt ein blutendes Gefäss entdecken konnten, so musste durch Druckverband vermittelst Schwamm, Charpie, Binden und Compressen die Blutung gestillt werden, und da der Patient durch einen geringen Blutverlust schon hätte zu Grunde gehen können, so liessen wir durch einen Krankenwärter den Verband noch während mehrerer Stunden mit der Hand comprimiren, was denn auch die Blutung vollkommen zum Stehen brachte. Die 7 Hiebwunden auf dem Kopf lagen sehr dicht bei einander, in einem Umfange von 10 bis 12 Centimetern; sie hatten im Durchschnitt eine jede 3—4 Centimeter Länge und gingen bis tief auf den Knochen, namentlich das linke Scheitelbein und den vorderen Theil des Hinterhauptbeins. Die Bajonnetstiche am Ellbogen, in der Hüfte, in den Kniekehlen und den Beinen waren weder tief noch gefährlich, der Stich, welcher die Haut des männlichen Gliedes verletzt hatte, machte das Abschneiden eines Hautlappens nothwendig. Die Kopfwunden wurden, nachdem die Haare abrasirt waren, theils durch Heftpflaster, theils durch einige Nähte vereinigt, die übrigen Wunden einfach verbunden.

Schon nach 24 Stunden hatte der Verwundete sich ein wenig erholt und zeigte in viel geringerem Grade den anämischen Zustand, er konnte mit ziemlicher Leichtigkeit sprechen, der Puls hatte sich gehoben, 96 Pulsschläge in der Minute. Der Druckverband auf der Brustwunde wurde erst am dritten Tage hinweggenommen. Am 4ten Tage nach der Verwundung war der Puls voll, der Athem beengt, der Kranke klagte über heftigen Kopfschmerz. Ein Aderlass von 12 Unzen hob alle diese Symptome schnell, welche jedoch nach 2 Tagen wiederkamen und eine Anwendung blutiger Schröpfköpfe auf der Brust nothwendig machten. Von nun ab fing es an besser zu gehen, alle Wunden kamen in einen Zustand gutartiger Eiterung. Aus der Brustwunde eiterten nach und nach die noch zurückgebliebenen Blutpfröpfe aus. Am Kopf trat oberflächliche Nekrose ein, und schon am 9ten Tage konnte ich mehrere lange, dünne, oberflächlich exfoliirte Knochenlamellen herausziehen; nur an wenigen Stellen hatten sich die Kopfwunden per primam intentionem vereinigt, indessen hatten sie dennoch einen gutartigen Verlauf und nach 10 Tagen war der so schwer Verwundete bereits in vollkommener Convalescenz, so dass er nach 6 Wochen gänzlich wiederhergestellt, in der besten Gesundheit das Hospital verliess.

Da dieser junge Mann von kräftiger und durchaus gesunder Constitution war, so wählte ich ihn, um an ihm den Process der Granulationsbildung und der Vernarbung mit dem Mikroskope zu studiren. Es ist dies übrigens durchaus nicht schwer; man hat nur mit einer krummen Scheere kleine Stücke der Wundoberfläche abzuschneiden, was durchaus schmerzlos ist, und dann dieselben mit Nadeln auf einer Glasplatte auszubreiten; es ist gut, sich dabei möglichst wenig des Wassers zu bedienen, da dies die zu untersuchenden Elemente verändert. Das Resultat unserer Beobachtungen an diesem Individuum ist folgendes:

1) In frischen Granulationen, welche eine gutartige Eiterung liefern, und keineswegs zur Vernarbung tendiren, findet man ein reichliches Gefässnetz und eine ziemlich durchsichtige elastische Zwischensubstanz. Diese Gefässe haben $\frac{1}{50}$ — $\frac{1}{10}$ Millim. Breite, bilden sehr gewundene Bogen und kommen immer unzweifelhaft von den tiefer liegenden Gefässen auf centrifugale Art; Entwickelung von Gefässen, welche von der Hauptcirculation des Körpers unabhängig sind, habe ich ebensowenig in der Granulationsbildung als sonst wo in krankhaften Gebilden beobachtet. Ich habe, da Injectionen hier natürlich nicht möglich waren, nicht bestimmen können, in welchem Verhältniss die Gefässe der Granulationen zu Venen und Arterien standen. Zwischen den Gefässen befindet sich eine gelbliche, ziemlich homogene, mit der Loupe angesehen, feinkörnige Substanz, welche dem coagulirten Faserstoff ähnlich, ein faserartig geschichtetes Ansehen hat, halbdurchsichtig ist und von einer Menge $\frac{1}{100}$ Millim. grosser Kugeln ganz durchsäet ist, in welchen man durch Zusatz von Essigsäure leicht 2—3 kleine Kerne im Innern wahrnehmen kann, und welche überhaupt sämmtliche Charaktere der Eiterkügelchen zeigen. Viele derselben haben übrigens ihre regelmässigen runden Umrisse verloren. Diese zwischen den Gefässschlingen befindliche Substanz ist also nichts Anderes, als geron-

nenes, viele Eiterkörperchen einschliessendes, faserstoffreiches Eiterblastem.

2) Wenn nun die Granulationsbildung sich ihrem Ende, der Vernarbung, nähert, so nehmen die Gefässschlingen an Menge bedeutend ab, die Zwischensubstanz wird dichter, die Eiterkörperchen in derselben werden immer undeutlicher und zerfallen bald in feine Molecularkörnchen. In der Zwischensubstanz selbst wird nun ein faseriges Ansehen immer deutlicher sichtbar, man erkennt Fasern von deutlichen Umrissen von $\frac{1}{300}$ Millim. Breite, jedoch nicht zu Bündeln gesammelt, sondern von einer feinkörnigen Zwischenmasse überall umgeben und überall eng mit derselben zusammenhängend. Fibroplastische Zellen, geschwänzte Körperchen etc. finden sich in dieser Substanz in zu geringer Menge, um von denselben die Entstehung der Fasern herleiten zu können; diese scheint vielmehr das Produkt der dichten Gerinnung des faserstoffreichen Blastems zu sein, weshalb man auch in diesem Stadium die Fasern nicht einzeln getrennt darstellen kann.

3) Wenn nun die Granulationen im Begriff sind zu vernarben, so wird die feinkörnige rothe Oberfläche glatt und blass, die Gefässe nehmen immer mehr an Menge ab, die Eiterkügelchen verschwinden und auf der Oberfläche zeigt sich ein feines, aus jungen Epidermiszellen zusammengesetztes Häutchen. In den tiefsten Lagen des Häutchens sieht man nur Kerne der Epidermiszellen von $\frac{1}{200}$ — $\frac{1}{100}$ Millim. Durchmesser; eine gewisse Menge der Kerne aber sind von einer Zellenmembran umgeben von $\frac{1}{80}$ — $\frac{1}{60}$ Millim. Breite. An der Oberfläche sind diese Zellen grösser und flacher, und später verschwindet in denselben der Kern ganz.

Der Vernarbungsprocess durch Granulationsbildung besteht also in Neubildung von Gefässschlingen und Ausschwitzung eines fibroalbuminösen Blastems, von welchem ein Theil sich als Eiterkügelchen niederschlägt, und ein Theil gerinnt, und so ein halbdurchsichtiges weichelastisches Gewebe bildet. Später nehmen die Blutgefässschlingen an Menge ab, die Eiterkörperchen deformiren sich und lösen sich zuletzt in eine feinkörnige Masse auf; die Zwischenmasse hingegen wird fester und fasriger. Zuletzt verschwinden die Gefässe ganz, die Zwischenmasse verdichtet sich immer mehr, wird hart, feinfaserig und auf ihrer Oberfläche sondert sich eine neue Epidermis ab, welche von den Gefässen der Umgegend der Narbe her zum Theil ausgeschieden wird, so wird dann die Narbe durch diese Schicht von Oberhaut vollends geschützt und kann eine grössere Solidität erreichen.

Wir schliessen hier unsere Beobachtungen über Schusswunden,

wollen aber, bevor wir an diese Krankengeschichten einige allgemeine Bemerkungen knüpfen, noch in Kurzem einer neueren Gelegenheit erwähnen, welche sich uns dargeboten hat, in der Schweiz eine ziemlich grosse Zahl zum Theil sehr schwerer Schusswunden zu beobachten.

Ueber die in den letzten Genfer Unruhen vorgekommenen Verwundungen.

Die von der Regierung auf den in Revolution begriffenen Stadttheil gerichteten Kanonendechargen von St. Gervais blieben ohne Erfolg; dagegen waren die Bewohner dieses Stadttheils hinter ihren Barrikaden, hinter den Mauern der Quais und in den Häusern so postirt, dass sie auf die in dem anderen Stadttheile aufgestellten Regierungstruppen mit grösster Sicherheit zielen und schiessen konnten, ohne selbst von denselben viel beschädigt werden zu können. Ein Beweis, dass die Bewohner von St. Gervais fast wie Scharfschützen zielen konnten, liegt darin, dass die Offiziere, welche die Kanonen dirigirten und kommandirten, hauptsächlich verwundet wurden. Das am 8. October fast den ganzen Tag dauernde Gefecht war also ziemlich mörderisch, und es wurden verhältnissmässig viele Menschen verwundet und getödtet. Da ich einen grossen Theil der Verwundeten zu sehen Gelegenheit hatte, namentlich im Genfer Hospital, dessen Oberwundarzt mein Freund Dr. Bizot ist, so will ich hier in Kurzem einige der merkwürdigeren hier vorgekommenen Verwundungen erwähnen.

1) Einer der Regierungssoldaten erhielt eine Schusswunde durch die Wade, welche anfangs nur leicht schien. Am 4ten Tage jedoch trat eine secundäre Blutung ein, welche durch Compression und Tramponiren zwar äusserlich gestillt wurde, aber in der Tiefe fortdauerte, so dass sämmtliche Theile des Beins mit Blut infiltrirt und brandig wurden; es musste der Schenkel amputirt werden, und die Untersuchung des amputirten Gliedes zeigte eine Verletzung der Arteria interossea. Der Kranke ging wenige Tage nach der Amputation zu Grunde.

2) Eine Kugel hatte den oberen Theil der Schulter durchsetzt, den Kopf des Humerus gebrochen und dann noch die Hand verletzt und hier den zweiten Metacarpalknochen zerbrochen, welcher amputirt wurde, ohne dass der Finger weggenommen zu werden brauchte.

3) Ein Soldat hatte einen Schuss ins Knie bekommen, die Kugel war einen Finger breit unter der Kniescheibe auf der äusseren Seite des Gelenks eingedrungen, hatte die Gelenkkapsel durchsetzt und war dicht am Schienbein stecken geblieben, von wo sie leicht durch einen

Einschnitt entfernt wurde. Während mehrerer Tage war Synovialflüssigkeit aus der Eingangswunde ausgeflossen; es war antiphlogistisch verfahren worden, und hiernach bedeutende Besserung eingetreten. Später indessen verschlimmerten sich alle Erscheinungen, und der Kranke ist, wie ich gehört habe, zu Grunde gegangen. Sicher weiss ich es nicht, da ich Genf verliess, während der Kranke noch im Hospital war. Im Allgemeinen aber kann ich nicht genug darauf bestehen, dass man, wenn das Kniegelenk durch eine Schusswunde geöffnet worden ist, in der unmittelbar vorgenommenen Amputation allein Hülfe suchen müsse.

4) Ein Soldat erhielt eine Schusswunde im oberen Theile des Schenkels, nahe beim Hüftgelenk; es war weiter keine gefährliche Verletzung vorhanden, aber der Kranke hatte seit der Verwundung das Gefühl im Fusse vollständig verloren.

5) Einer der Soldaten der Regierung bekam einen Schuss auf die obere rechte und vordere Seite der Brust. Diese Verwundung würde wahrscheinlich lebensgefährlich geworden sein, wenn die Kugel nicht gerade eine Medaille getroffen hätte, welche er auf der Brust trug. Dadurch prallte die Kugel ab und verursachte folgende höchst merkwürdige Verletzung: Die Medaille durchbohrte in loco die Haut und wurde einige Linien tief in die äusseren Bedeckungen eingedrückt, nun prallte sie nach links hin ab, und ging unter der Haut ein, und kam am Rande der linken Achselhöhle wieder zum Vorschein, ging von da in den inneren Theil des Oberarms und kam auf dessen äusserer Seite wieder heraus, so dass also eine einzige Kugel, ohne sich zu theilen, fünf Verwundungen hervorbrachte.

6) Von äusseren Brustwunden kam eine vor, bei welcher die Kugel vorn über der Brustwarze eingedrungen, um den Brustkorb herumgegangen und hinten unter dem Schulterblatt wieder herausgekommen war, wodurch zwar anfangs Athmungsbeschwerden und oberflächliche Reizung der Pleura eintrat, jedoch bald ohne Gefahr vorüberging. Dieser Fall bot sonst nichts Merkwürdiges dar; wir erwähnen ihn hier aber nur, um zu zeigen, wie sowohl nach aussen als nach innen die Kugeln bei Brustwunden die Tendenz haben, zuweilen eher an den festen Wänden herumzugehen, als die Brust in gerader Richtung zu durchdringen.

7) Fünf Soldaten hatten durch eine Pulverexplosion eine bedeutende Verbrennung des Gesichts und zum Theil auch der Hände erlitten; sie wurden einfach mit Baumwolle verbunden und so ziemlich schnell geheilt.

8) Ein junger 17jähriger Mann hatte eine Kartätschenkugel durch den Kopf bekommen; diese war von der unteren Temporalgegend der einen Seite zur anderen gedrungen und hatte hier das Jochbein zerbrochen, war aber unter der Haut stecken geblieben. Von hier wurde sie nun durch einen Einschnitt entfernt. Im Anfange schien Alles gut zu gehen, und nach wenigen Tagen konnte der Verwundete beide unverletzte Augen öffnen, es bestanden keine Gehirnsymptome; er hatte ausserdem noch eine gerissene Wunde am äusseren Malleus linker Seits. Nachdem bereits die Hoffnung, ihn zu retten, bestanden hatte, traten am 10ten Tage Symptome von Eiterinfection nebst Lähmung der Schlingmuskeln ein, und so ging der Verwundete schnell zu Grunde.

9) Einem Soldaten war eine Kugel so an den Gelenken der Zehen mit den Knochen des Metacarpus unter der Haut entlang verlaufen, dass sie eine subcutane Exarticulation bewirkt hatte. Die Kugel war übrigens an der äusseren Seite des Fusses wieder herausgekommen. Die Amputation der Zehen wurde durch einfache Durchschneidung der unterminirten Haut vollendet und der Kranke dadurch bald vollkommen hergestellt.

10) Die Fälle, in welchen Kugeln in der Längsaxe eines Gliedes verlaufen, sind viel seltener als die, in welchen sie horizontal oder schief hindurchgehen. Bei einem der Verwundeten war eine Kugel unter dem Ellbogen in den Vorderarm eingedrungen und war an demselben bis zum Handgelenk entlang gegangen, wo sie wieder herausgekommen war.

In Genf ist übrigens, trotz der sorgfältigsten Pflege, eingetreten, was wir auch in Lavey schon beobachtet hatten, nämlich nach scheinbar auffallend günstigem Verlauf in den ersten Tagen, stellte sich später das Mortalitätsverhältniss doch ziemlich bedeutend heraus. Für nicht schnell tödtliche Schusswunden beginnt die grösste Gefahr oft erst nach Verlauf der ersten Tage, und selbst scheinbar leichte Verwundungen nehmen oft einen tödtlichen Ausgang, was wohl seinen Grund vielleicht darin haben mag, dass die Erschütterung des verwundeten Gliedes bei Schusswunden immer eine bedeutende ist, und daher sich leicht eine latente tiefe Venenentzündung von der Umgegend des Schusscanals her ausbildet, welche erst dann unter gefährlichen Erscheinungen hervortritt, wenn bereits Eiter auf die innere Venenwand ergossen, in den Blutstrom dringt und den Verwundeten so durch wahre Blutvergiftung, durch Eiter tödtet.

Was den im Frühjahr 1845 stattgefundenen Luzerner Freischaarenzug betrifft, so habe ich darüber von einem der behandelnden Militairärzte gehört, dass er ungleich weniger interessant in Bezug auf Schusswunden ist, als die beiden anderen näher erwähnten Kämpfe. Die wenigsten Verwundungen kamen von Kugeln, eine viel grössere Menge von Mistgabeln und anderen ähnlichen Instrumenten, mit welchen der Landsturm die flüchtigen Freischärler verfolgte. Viele derselben ertranken in der Emme. Die Erbitterung war, wie dies in Bürgerkriegen überhaupt oft der Fall ist, so gross, dass viele vom Landsturm gefangene Freischärler von demselben getödtet wurden. Unter Anderem hat mir oben erwähnter Luzerner Arzt versichert, dass zwei Studenten, welche gefangen genommen waren, an einen Weidenbaum gebunden und so erschossen wurden, dass aber der Anstifter dieser grausamen That später aus Gewissensbissen verrückt geworden sei. Um nicht ungerecht zu sein, muss ich jedoch hier erwähnen, dass nur in wenigen Gegenden des Luzerner Gebiets der Landsturm so erbittert und grausam war, und dass an vielen Orten die Flüchtlinge ganz gut durchkamen, ohne mit Erbitterung verfolgt zu werden.

Wir wollen diesen Aufsatz nun damit vervollständigen, dass wir einige allgemeine, aus den mitgetheilten Krankengeschichten hervorgehende Bemerkungen über Pathologie und Therapie der Schusswunden hier zusammenfassen.

Zweiter Theil.

Einige allgemeine Bemerkungen über Pathologie und Therapie der Schusswunden.

1) Man verwechselt oft mit abgeplatteten Kugeln Bleistücke, die niemals wirklich Kugeln waren. Wenn Kugeln durch Widerstand harter Theile, namentlich der Knochen, ihre Form verändern, so behalten sie immer mehr oder weniger ihre runde Form, und die abgeplatteten Segmente verlieren höchstens einige Millimeter von ihrem Durchmesser. In der Schweiz gehört namentlich das Scheibenschiessen zu den populärsten Unterhaltungen, und hier kommt es oft vor, dass Kugeln sich an Steinen und Felsen abplatten und so zu ganz difformen Bleistücken werden. Die ärmeren Bergbewohner namentlich sammeln diese Stücke sorgfältig und benutzen sie auf der Jagd und im Kriege. Die Verwundungen mit denselben gehören zu den allergefährlichsten wegen der Zerreissungen, welche sie hervorbringen. An sehr harten Knochen spalten sich die Kugeln zuweilen vollkommen in der Mitte. So habe

ich eine Kugel bei einer Verwundung des Hinterhauptbeins gesehen, welche in der Mitte gespalten war, aber noch an einem Theile des Randes Continuität zeigte, so dass die beiden Hälften unter einem rechten Winkel zu einander standen.

2) Die Luftstreifschüsse, welche oft bedeutende Verletzungen tiefer Theile anrichten, fast ohne dass die Oberfläche betheiligt wird, sind in neuerer Zeit dem Umstande zugeschrieben worden, dass Kartätschen- oder Kanonenkugeln am Ende ihres Laufes und ihrer Impulsionskraft seien und die verletzten Theile schief berühren. Die älteren Wundärzte schrieben diese Verwundungen dem Luftdrucke zu. Ich habe in den Genfer Unruhen einen Fall der Art beobachtet, in welchem ein solcher Streifschuss den Oberarmknochen in mehrere Stücke zerbrochen hatte, ohne dass die äusseren Theile die geringste Verletzung zeigten. Ich muss offen gestehen, dass ich nicht begreife, wie eine die Haut, wenn auch noch so schief, berührende Kugel so spurlos an derselben vorübergehen und dennoch die tiefen Theile fast zermalmen kann. Ich glaube, dass die Wirkung des Luftdrucks gewiss nicht so unbedingt verworfen werden darf, wie dies in neuerer Zeit allgemein geschieht. Was ich in der Schweiz über die Wirkung des Luftdruckes bei Lawinen, Wasser- und Bergstürzen aus sichren Quellen erfahren habe, zeigt, wie ungeheuer die Kraft desselben sein kann; ganze Gebäude können durch denselben mehrere Hundert Fuss weit entfernt werden. Ich glaube daher, dass man diese Frage bis jetzt keineswegs bestimmt entscheiden kann.

3) Ich habe öfters in der Schweiz die Vermuthung aussprechen gehört, dass die Bösartigkeit der Schusswunden dort zum Theil daher käme, dass die Kugeln auf einen Theil ihrer Circumferenz gestreift und gefurcht sind. Indessen ist dieser Irrthum leicht zu widerlegen, da diese Streifung wohl nur in flachen Einsenkungen auf der Peripherie besteht, nirgends aber kammartige scharfe Hervorragungen bildet, also keine schädliche Wirkung haben kann. Es gehört diese Vermuthung in das Gebiet der vielen unrichtigen Ansichten welche unter dem Volke über Schusswunden herrschen, wozu unter Anderem der noch herrschende Glaube an vergiftete Kugeln gehört. Alle diese Vorurtheile sind freilich auf der richtigen Beobachtung begründet, dass im Allgemeinen Schusswunden viel gefährlicher sind, als sie auf den ersten Blick scheinen. Dies aber hat, wie wir schon oben erwähnt haben, nicht in der Bösartigkeit der Kugel ihren Grund, sondern vielmehr in der Heftigkeit ihrer Propulsionskraft und der daraus entstehenden Er-

schütterung, welche allerlei böse consecutive Zufälle hervorzurufen im Stande ist.

4) Wir haben in einer unserer Krankengeschichten gesehen, wie ein stark wattirter Rock den Impuls einer Kugel so geschwächt hat, dass, trotzdem sie in das Wehrgehäng ein Loch machte und die Kleider durchbohrte, dennoch seitwärts sich wendend bei ihrem Austritt die Kleider wieder zerriss, ohne die Haut auch nur berührt zu haben. Dieses Factum verdient alle Aufmerksamkeit und zeigt, von welchem Nutzen das starke Wattiren der Kleidungsstücke des Soldaten ist.

5) Die Canäle der Schusswunden können zum Theil oder in ihrer Totalität per primam intentionem heilen, und zwar ohne dass Eiterung eintritt. Es ergiesst sich alsdann in den ganzen Schusscanal eine stark faserstoffhaltige Flüssigkeit, welche schnell gerinnt und mit den umgebenden Blutgefässen intime Adhärenzen eingeht. Später verliert die so ergossene Masse immer mehr ihre flüssigen Theile, und wird so zu einem festen, fast ligamentösen Strang, welcher sich allmählig in sehr solides Narbengewebe umwandelt.

6) Wir haben bei den verschiedenen Schweizer Unruhen Leute von sehr verschiedenem Alter verwundet gesehen. Besonders auffallend war dies in den Walliser Angelegenheiten, in welchen die Namen der beiden Parteien der Jungschweizer und der Altschweizer auch wirklich sehr verschiedenen Altern entsprachen, die einen standen zwischen 18 und 30, die anderen zwischen 40 und 60 Jahren. Das Alter schien jedoch keineswegs einen ungünstigen Einfluss auf die Verwundeten auszuüben, und mehrere bereits im Alter vorgerückte schwer Verwundete sind vollkommen wieder hergestellt worden.

7) Wir haben öfters bei den Verwundeten im Anfang eine Eiskälte, tiefe Abgeschlagenheit und Stupor beobachtet, dabei war der Blick matt und schläfrig. In diesem Zustande hüte man sich vor jedem operativen Eingriff, namentlich auch vor dem Aderlass. Im Gegentheil sind hier oft Stimulantia nöthig. Gewöhnlich folgt jedoch diesem ersten Zustand bald febrile und entzündliche Reaction. Im Allgemeinen lässt dieser eigenthümliche algide Stupor im Anfang einer Schusswunde eine ungünstige Prognose stellen.

8) Die in grossen Militair-Hospitälern oder improvisirten Ambulancen, in welchen viele Verwundete beisammen liegen, so häufigen Erysipele, sind in der Schweiz im Ganzen seltener, wozu die reine Gebirgsluft und das weniger gedrängte Beieinanderliegen besonders beiträgt. Die allererste Bedingung bei der Wahl und Einrichtung eines

Aufenthalts für Verwundete muss überhaupt darin bestehen, dass man einen in gesunder, freier Luft gelegenen und gehörig geräumigen Ort wählt.

9) Eine Erscheinung, auf welche der Militairarzt sehr sorgfältig achten muss, ist die im Anfange der Verwundungen so häufige Harnverhaltung, auf welche die Kranken oft selbst wenig achten und dadurch mannigfache Symptome darbieten, gegen welche man vergeblich verschiedene Mittel anwendet, und welche dann oft wunderbar schnell durch den Katheterismus gehoben werden.

10) In den Leichenöffnungen, welche wir wegen tödtlicher Brustwunden zu machen Gelegenheit gehabt haben, waren die Lungen weniger verletzt, als wir es vorher geglaubt hätten; wir haben hingegen Bruch der Rippen und bedeutende Blutergüsse gefunden: letztere kamen eher von einer Verletzung der Intercostalarterien her, als von Eröffnung eines Gefässes der Lungen. In einem der Fälle, in welchem eine Schusswunde in die Brust einen glücklicheren Ausgang hatte, und in welchem zu beiden Oeffnungen in den ersten Tagen Luft herauskam, war es uns aufgefallen, dass der Verwundete fast gar kein Blut gespieen hatte. Es ist daher hieraus zu schliessen, dass höchst wahrscheinlich die von uns extrahirte ziemlich umfangreiche Kugel die Lungen nicht stark verletzt hatte, und dass sie vielmehr an der inneren Seite am Brustkorbe herumgegangen sei. Es scheint also, dass dies bei penetrirenden Brustwunden gar nicht so selten der Fall ist, und dass dann der Grund des tödtlichen Ausgangs zum Theil darin besteht, dass die Kugel namentlich beim Austritt aus der Brusthöhle die Rippen stark beschädigt und durch Eröffnung einer Intercostalarterie eine ziemlich bedeutende Blutung hervorruft, deren Folgen nicht bloss durch die Menge des Blutverlustes an und für sich schlimm sind, sondern noch dadurch bösartig werden, dass das ergossene Blut die Lunge der entsprechenden Seite comprimirt und durch seine Berührung mit der Luft leicht in faulende Verderbniss übergeht.

11) Wenn die Geschwulst der äusseren Theile den Arzt hindert, den Rippenbruch zu erkennen, so kann eine leichte Deformation der Kugel, sowie Blut und Theilchen von Knochensubstanz, welche man dann auf den Unebenheiten der deformirten Kugel findet, bei Feststellung der Diagnose leiten.

12) Schusswunden in der Gegend der Gelenke können oft ein viel gefährlicheres, in anderen Fällen ein viel milderes Ansehen haben, als dies in Wirklichkeit scheint. Es kommt Alles darauf an, ob die Gelenkkapsel eröffnet worden ist, oder nicht, und ob die das Gelenk bil-

denden Knochenenden verletzt oder intact sind. Es ist bekannt, dass der Ausfluss von Synovialflüssigkeit bestimmt auf Eröffnung des Gelenks hindeutet. Ein anderes Zeichen aber, welches noch wenig bekannt und doch von grosser Wichtigkeit ist, bieten Knochenstückchen, welche aus der Wunde extrahirt Knorpelfragmente zeigen. Die Diagnose ist in solchen Fällen um so wichtiger, da die directe Verletzung grösserer Gelenke sofortige Amputation nöthig macht, während die Prognose bei nicht geöffneter Gelenkkapsel ungleich günstiger ist, und hier durch Ruhe, sowie durch strenge Antiphlogose gewöhnlich ohne operative Eingriffe Heilung eintritt.

13) Entblössung der Knochenoberfläche bei Verletzung des Periosteums führt keineswegs nothwendig Nekrose herbei; wir haben öfters ohne dieselbe vollständige und schnelle Heilung erfolgen sehen. Nie aber haben wir nach so kurzer Zeit Nekrose beobachtet, als bei einem unserer Verwundeten, bei welchem in Folge von Säbelhieben auf den Kopf das Pericranium sehr verletzt, und bei welchem bereits nach acht Tagen Exfoliation von Knochenlamellen eingetreten war.

14) Wir glauben bemerkt zu haben, dass tuberculöse und skrophulöse Diathese die Prognose bei Schusswunden viel ungünstiger stellen als gesunde Constitutionen. Es wäre wichtig, dass Militairärzte hierauf genau achteten. Freilich werden Individuen, welche an bestimmt ausgesprochenen Krankheiten der Art leiden, theils nicht zum Militairdienst genommen, theils aus demselben entlassen. Wohl aber finden sich unter den Soldaten viele, welche namentlich in der Kindheit an Skropheln gelitten haben.

15) Die Behandlung der Schusswunden muss sich namentlich im ersten Anfang nach den allgemeinen Indicationen richten. So nothwendig später Antiphlogose wird, so wichtig ist es, sie nicht während der Periode des algiden Stupors, wo dieser existirt, anzuwenden, sondern so lange er anhält, eher Stimulantia, Wein, Aether, Wärme, Reiben mit Flanell etc. anzuwenden. So wichtig es ist, schnell und kühn wegen der zu machenden Operationen einen Entschluss zu fassen, so muss man jedoch auch hier die erste Reactionsperiode abwarten. Man hüte sich jedoch vor zu starkem Reizen der Theile durch zu lang fortgesetzte Extractionsversuche, und mache auch keine langen und tiefen Einschnitte in die Wundöffnung, um Entzündung zu verhüten. Ueberhaupt gedenke der Feldarzt für das Operiren immer des „ne quid nimis.“ Es bleibt selbst bei der vernünftigsten Mässigkeit in dieser Hinsicht, doch noch eine solche Menge operativer Eingriffe übrig, dass man gewiss nicht leicht den Vorwurf der Messerscheu riskirt. Die

Diät bei Schusswunden darf ebenfalls nicht zu streng sein. Wir wollen nun zu einigen speciellen Vorschriften übergehen.

16) Was zuerst die Extraction der Kugeln und anderer fremder Körper aus den Wunden betrifft, so ist es natürlich nöthig, sobald man eine Kugel nahe an den äusseren Bedeckungen fühlt, sie durch einen gehörig tiefen Einschnitt blosszulegen und so zu extrahiren. Ein Gleiches ist nöthig, wenn man mit der Sonde in der Tiefe einer Wunde eine Kugel fühlt; hier braucht man keine Gegenöffnung zu machen, sondern nach gehöriger Erweiterung der Eingangsöffnung leitet man auf dem Finger eine einfache, feste, löffelartig endende Kornzange bis auf die zu extrahirenden fremden Körper, Kugel, Knochensplitter etc., und entfernt sie so ziemlich leicht. Bei oberflächlicher Lage ist das Einführen des Fingers nicht nöthig. Nur bei in Knochen tief eingekeilten Kugeln ist die Extraction mit dem einem Korkzieher ähnlichen Kugelzieher nothwendig, und hier kann selbst das Anlegen einer Trepankrone nöthig werden. Hat man grosse Mühe die Kugel zu finden, so wird zuweilen der schon von A. Paré gegebene Rath, den Verwundeten, wo es möglich ist, in die gleiche Stellung zu bringen, in welcher er sich im Augenblicke der Verwundung befand, zuweilen sehr nützlich und macht durch Wiederherstellen des Parallelismus der Theile das Auffinden fremder Körper viel leichter. Ganz bestimmt aber geben wir namentlich jüngeren Feldärzten den Rath, sobald sie eine Kugel nicht mit einer gewissen Leichtigkeit aufzufinden im Stande sind, dieselbe lieber ruhig im Körper zu lassen, als verlängerte, schmerzhafte, oft unnütze Extractionsversuche zu machen. Besonders widerrathen wir das Suchen nach Kugeln bei Brustwunden. Wo hier fremde Körper nicht tief eingedrungen sind oder Kugeln sich unter den Bedeckungen fühlen lassen, ist es freilich gerathen, sie zu entfernen, aber aufs Gerathewohl mit der Sonde in der Brust zu suchen, ist eine durchaus zu verwerfende Praxis.

17) Die Erweiterung der Schusswunden durch Schnitt wird von den Franzosen zu allgemein, von den Engländern zu ausnahmsweise empfohlen, wiewohl sich Hunter gewiss ein Verdienst dadurch erworben hat, dass er die Routine der Erweiterung sämmtlicher Schusswunden bekämpft. Wir haben öfters ausserordentliche Erleichterung durch Erweiterung verschafft, aber auch eine Reihe von Schusswunden ohne Erweiterung heilen sehen. Wir geben daher hier folgenden Rath: Vor Allem muss erweitert werden, wenn dies zum Herausziehen fremder Körper oder zum Zurückbringen vorgefallener Theile nöthig ist. Ferner muss erweitert werden, wenn die Wundöffnungen sich in straffen ge-

spannten, mit wenig Zellgewebe und vielen aponeurotischen Gebilden versehenen Theilen befinden. Man kann jedoch auch hier erst den Verlauf der Verwundung abwarten und erst nach 2 — 3 Tagen tiefe, gehörig lange Schnitte machen, wenn wirklich Symptome entzündlicher Spannung und Einklemmung einzutreten anfangen. Uebrigens kann man durch Antiphlogose, warme Umschläge, passende Diät, gehörige Lagerung der verwundeten Theile dieselbe oft vermeiden. Ferner kann später die blutige Erweiterung nothwendig werden, wenn der Eiter keinen gehörig leichten Abfluss findet. So oft man aber erweitert, thue man dies immer in gehöriger Länge und Tiefe.

18) Wenn ein Schusscanal sich unter solchen anatomischen Verhältnissen befindet, dass man denselben ohne ein grösseres Gefäss, einen wichtigen Nerven und eine zu dicke Gewebeschicht zu verletzen, in seiner ganzen Ausdehnung spalten kann, was besonders möglich ist, wenn derselbe unter der Haut oder unter den oberflächlichen Muskeln verläuft, so thut man gut, den ganzen Grund der Wundfläche blosszulegen, wenn der Ausfluss des Eiters, der nekrotischen Zellgewebestücke etc. einige Mühe hat, frei auszutreten. Ich habe Einschnitte der Art von über einen Decimeter Länge und einen bis zwei Centimeter Tiefe und mit dem auffallendsten Erfolge gemacht. Durch diese Einschnitte fliesst alles Secret leicht und frei ab, es wird alle entzündliche Spannung gehoben, und selbst der bei dieser Operation stattfindende geringe Blutverlust hat seine Vortheile. Später reinigt sich auch die Wunde leichter und kräftige Granulationsbildung führt zu schneller Vernarbung. Die bekannte Contractilität des Narbengewebes gleicht in der Folge den Substanzverlust immer mehr aus.

19) Bei primitiven Blutflüssen gelten die allgemeinen hämostatischen Grundsätze. Jedoch werden grössere Arterienstämme der Gliedmaassen durch Schusswunden verhältnissmässig selten geöffnet, da die sehr elastischen und wenig gespannten Arterien leicht ausweichen. Wo aber sogleich unterbunden werden muss, wähle man immer die Hunter'sche Methode, den grösseren Stamm in einer gewissen Entfernung vom Heerde der Verwundung zu unterbinden. Leichtere Blutungen stillt leicht die Compression, welche besonders nützlich ist, wenn man sie während einer oder mehrerer Stunden ausser dem Temperiren durch den intelligenten Druck eines Gehülfen unterstützen kann. Kalte Umschläge sind ebenfalls günstig. Wo es möglich ist, Eis in einer Blase auf den blutenden Theil zu appliciren, ist dies vorzuziehen; wo man kalte Compressen auflegt, drücke man dieselben so stark wie möglich aus, damit die Wirkung der reinen Kälte möglichst erhalten werde.

Wenn nämlich viel Wasser, selbst kaltes, mit einem blutenden Theile in Berührung ist, so unterhält dasselbe die Flüssigkeit des Bluts und hindert die Bildung sistirender Blutpfröpfe. Hämostatische Pulver sind zu vermeiden, da sie zu viel Schmutz in diese ohnehin schon unreinen Theile bringen. Wir werden übrigens bald noch von den secundären Blutflüssen zu sprechen Gelegenheit haben.

20) Was die Indicationen zur Amputation bei Schusswunden betrifft, so glauben wir über diesen so ausserordentlich wichtigen Punkt keine sicherern und besseren Verhaltungsmaassregeln geben zu können, als die, welche Dupuytren *) in seinen Vorträgen am Hôtel-Dieu zur Zeit gegeben hat.

Folgender Auszug aus der erwähnten Stelle enthält die wichtigsten Punkte hierüber.

A) Einfache Verwundungen der Weichtheile erfordern nur dann die Amputation, wenn in Folge schlechter Behandlung oder eines ausnahmsweisen unglücklichen Verlaufs später Brand, profuse und erschöpfende Eiterung einen bösen Ausgang befürchten lassen.

B) Knochenbrüche durch Schusswunden erfordern in den meisten Fällen die Amputation, wenn die Splitter zahlreich sind, wenn die Verletzung der Weichgebilde bedeutend ist, und namentlich wenn die Verwundung sich in der Nähe der Gelenke befindet. Im Allgemeinen aber sei man mit der Amputation bei Knochenbrüchen durch Schusswunden nicht zu sparsam, da man sonst mehr Kranke verliert, als man verhältnissmässig Glieder erhält.

C) Verletzung grösserer Gelenke, Eröffnung und Zerreissung derselben erfordern unbedingt die Amputation.

D) Verletzungen grosser Arterien erfordern die Amputation, wenn sie mit einem Knochenbruch complicirt sind.

E) Verletzung von Nervenstämmen erfordern an und für sich selten die Amputation, diese kann zuweilen bei eingetretenem Tetanus versucht werden, jedoch mit geringer Aussicht auf Erfolg; ferner kann gleichzeitige Verletzung eines wichtigen Nervenstammes und eines grossen Gefässes zur Amputation führen; jedoch ist dies meist immer nur conditionell der Fall.

F) Wunden durch Kanonenkugeln, erfordern ebenfalls meist die Amputation. Ist ein Glied durch eine solche Verwundung weggerissen, so muss oberhalb der zerrissenen Theile amputirt werden. Ausnahmen hievon machen natürlich die Verwundungen in der unmittelbaren Nähe

---

*) Dupuytren Leçons orales, Paris 1839. Tom V. pag. 499 — 508.

des Schultergelenks oder der Hüfte, wo man die Wunde höchstens egalisiren kann. Knochenbrüche durch Kanonenkugeln sind gewöhnlich von so grosser Beschädigung der Weichtheile begleitet, dass sie sogleich die Amputation erfordern. Grosser Substanzverlust in Weichtheilen mit Verletzung von Gefässen und Nerven, selbst ohne Knochenbruch, ferner Knochenbruch durch Luftstreifschüsse, ohne Beschädigung der äussern Haut erfordern ebenfalls unmittelbar die Amputation. Bei den Armeen muss viel mehr amputirt werden, als in den fixen Hospitälern, da der Transport, das Zusammenliegen vieler Verwundeten in engem Raume, offenbar höchst ungünstige Bedingungen für die Heilung der Wunden abgeben.

G) Lange nach der Verwundung kann endlich noch in manchen Fällen die Amputation nöthig werden, wenn ausgedehnte Nekrose, zahlreiche Fisteln, profuse Eiterung, sehr difformer Callus, falsche Gelenke, Lähmung und Atrophie des Gliedes, ausgedehnte Geschwüre etc. nicht blos das Glied unbrauchbar machen, sondern noch, als beständiger Dorn im Fleische, der Grund örtlicher und allgemeiner Leiden werden.

Was den Vorschlag betrifft, in manchen Fällen von Gelenkverletzungen Resectionen zu machen, so glauben wir, dass diese Methode nur in seltenen Ausnahmefällen statthaft ist, und dass man namentlich auf dem Schlachtfelde und in Ambulanzen nur höchst selten Gelegenheit finden wird, dieselben mit Nutzen zu machen.

21) Der Verband soll bei Schusswunden immer möglichst einfach sein; namentlich hüte man sich vor den vielen verschiedenartigen Salben und vor elegant aussehendem Druckverbande.

Mit einfachem Cerat bestrichene Charpie, Compressen und Rollbinden reichen immer aus. Noch viel mehr aber zu empfehlen ist, wegen seiner Einfachheit und der Leichtigkeit, ihn überall zu haben, der Mayor'sche Verband, welchen ich während neun Jahre in meinem Laveyer Hospital und unter anderen auch im Jahre 1844 während der Walliser Unruhen fast ausschliesslich angewendet habe. Es besteht dieser Verband nämlich ganz einfach darin, dass man Mousselin oder irgend ein baumwollenes Zeug mit Cerat bestreicht, und Watte oder gewöhnliche unverarbeitete Baumwolle in hinreichend dicker Lage darüber legt, dann mit Compressen umgiebt und mit einem einfachen dreieckigen Tuche, welchem man alle möglichen Verbandformen geben kann, umgiebt.

Man hegt gegen die Anwendung der Baumwolle im Allgemeinen bei Verwundung noch ein Vorurtheil, welches, wie uns die Erfahrung gelehrt hat, gewiss grundlos ist. Wendet sie doch fast jeder Wundarzt bei Behandlung der Verbrennungen an! Es weiss übrigens ein Jeder wie schwer es ist, im Kriege die ungeheuren Mengen Charpie aufzutreiben, welche für die Verwundeten nothwendig sind und doch kann man sie meistens immer durch Baumwolle ersetzen, welche man sich leicht und in grosser Menge verschaffen kann. Wenn die Eiterung sehr copiös ist, so ist es gut, damit sie nicht alle Verbandstücke und selbst das Bett des Verwundeten durchdringe, entweder Wachstaffet oder ganz einfach die ebenfalls von dem berühmten Oberarzt des Lausanner Hospitals vorgeschlagene, mit austrocknendem Leinöl (huile de lin siccative) getränkte Leinewand um das eiternde Glied zu wickeln. Es hat dies den doppelten Vortheil, dass der Eiter nicht alle umgebende Wäsche und das Bettzeug tränkt, sondern auch viel länger flüssig bleibt und sich viel langsamer zersetzt. Im Allgemeinen ist es gerathen, bei Schusswunden den Verband nicht zu oft zu erneuen, ein, höchstens zwei Verbände täglich reichen vollkommen hin, seltenere Verbände sind selbst oft besimmt vorzuziehen. Nach Amputationen ist es im Allgemeinen gerathen, erst bei eingetretener Eiterung den Verband zu wechseln, jedoch muss man hier keine zu feste Regel befolgen und sich nach den Umständen richten. Mit Einspritzungen wird bei Schusswunden im Allgemeinen Missbrauch getrieben. Reizende Einreibungen sind hier überhaupt zu vermeiden, und erweichende nur dann anzurathen, wenn das Wundsecret oder die losgestossenen Zellgewebepfröpfe zu dick sind, um mit Leichtigkeit auszufliessen.

22) Was die secundären Zufälle bei Schusswunden betrifft, so ist es kaum nöthig, hier specielle Regeln zu geben, da die allgemeinen Regeln der Chirurgie hier durchaus ihre Anwendung finden. Bei den zwischen dem 10., 15. Tage und noch später eintretenden secundären Blutungen unterbinde man sogleich die grösseren Stämme und zwar in der Regel in einer gewissen Entfernung vom Ausgangspunkte der Blutung. Was die Elimination der zwischen dem dritten und sechsten Tage stattfindenden Brandschorfe betrifft, so ist es gerathen, dieselben mit Bistouri und Scheere zu lösen, um sie so bald als möglich zu entfernen, da sie sonst den freien Ausfluss des Eiters sehr hindern. Um diese Zeit soll man auch die Schusswunden wieder sorgfältig sondiren, weil es der Moment ist, in welchem oft fremde Körper, Knochensplitter etc. gelöst werden und so leicht zu entfernen sind. Was endlich die Behandlung des Brandes, des Tetanus und anderer Wundzufälle betrifft, so gelten hiefür keine besonderen Regeln für die Schusswunden.

23) Es bleibt uns nun noch übrig, von der inneren Behandlung dieser Verwundeten Einiges zu sagen. Die Antiphlogose bildet offenbar

die Basis derselben. Wenn man einerseits die Kranken nicht unnütz schwächen soll, so ist es auf der anderen Seite gerathen, namentlich bei gefährlichen Wunden des Kopfes, der Brust und des Bauches, sehr reichlich und in den ersten Tagen oft wiederholt zur Ader zu lassen, und die allgemeinen Blutentziehungen durch reichliche Anwendung von Blutegeln und Schröpfköpfen unterstützen. Es versteht sich von selbst, dass man nie in der ersten Periode des algiden Stupor zur Ader lassen darf, sondern zuerst die Reaction abwarten und bei drohender Gefahr selbst durch Wein und Stimulantia fördern soll. Das beste örtliche Antiphlogisticum ist die Kälte, und kaltes Brunnen- oder Quellwasser ersetzt vollkommen alle spirituosen Schusswasser. Als antiphlogistische Tisane ist eine Abkochung von Queckenwurzel (Rad. graminis) mit Süssholz und einer Auflösung von Salpeter (1 bis 2 Drachmen pro Tag) deren ich mich am gewöhnlichsten bediente, zu empfehlen. Wo ein gastrischer Zustand eintritt, was in den ersten Tagen bei Schusswunden häufig der Fall ist, ist das geeignetste Mittel ein leichtes Emeticum, 2 bis 3 Gran Brechweinstein in 3 bis 4 Unzen Wasser, oder ein beliebiges leichtes Abführungsmittel. Man kann durch zeitige Anwendung dieser Mittel vielen Zufällen vorbeugen. Stets sehe man darauf, dass die Verwundeten offnen Leib haben und gehörig Harn lassen, zwei nicht oft genug zu wiederholende Vorschriften. Klystiere und Katheterismus werden hier öfters nothwendig. Calomel und Quecksilbereinreibungen sind nur in den späteren Stadien zu empfehlen, wenn es sich darum handelt, fibrinöse oder eitrige Ergüsse, welche man nicht mit dem Messer erreichen kann, wegzuschaffen. Brechweinstein in hoher Dose hat uns bei Kopf- und Brustwunden, neben gleichzeitiger Antiphlogose mehrmals gute Dienste geleistet. Opium ist als Palliativmittel bei der Behandlung von Schusswunden gar nicht zu entbehren. Es giebt hier kein besseres Mittel, um die vom Nervensystem und dessen Reizung ausgehenden Symptome zu beruhigen; zugleich stillt es die Schmerzen, welche bei manchen Verwundungen ziemlich heftig sind. Oertlich sind Leinsamenbreiumschläge ein unentbehrliches Mittel, um die Eiterung zu fördern. Oertliche und selbst allgemeine laue Bäder sind, wo es die Umstände erlauben, namentlich letztere, vortreffliche Adjuvantia bei der Behandlung der Verwundungen der Gliedmaassen und bei denen des Stammes, sowie bei Bauchwunden, wenn der Kranke leicht tragbar ist. Bei Kopf- und Brustwunden sind sie weniger zu empfehlen.

24) Die Diät endlich sei nicht zu streng und darf nur ausnahmsweise eine absolute sein. Vom dritten oder vierten Tage an kann man

gewöhnlich schon Fleischbrühe, und später, sobald die Eiterung bedeutend geworden ist, eine zwar milde aber nahrhafte Kost in Anwendung bringen. Hier richte man sich besonders auch nach der gewohnten Lebensweise der Verwundeten.

Zum Schlusse dieser Abhandlung will ich eine Stelle aus den Werken des berühmtesten französischen Wundarztes des sechszehnten Jahrhunderts, des Ambroise Paré, mittheilen, um zu zeigen, wie die chirurgische Praxis sich sowohl in ihren pathologischen Ansichten über Schusswunden, als auch besonders in der Behandlung derselben seit jener Zeit vereinfacht hat. Zugleich giebt diese Stelle ein interessantes Sittengemälde jener Zeit, nur bedauere ich, das so schöne und originale Alt-Französische des A. Paré in der Uebersetzung nicht wiedergeben zu können. Die Stelle, welche ich hier mittheile, ist seine Reise nach Flandern zum Marquis d'Auret, welcher in Folge einer schlecht behandelten Schusswunde im Schenkel an Eitersenkungen, schlechter Eiterung und Caries litt, und am Ende durch A. Paré, vermittelst passender Einschnitte und gehöriger Reinlichkeit in Bezug auf Verband und Lagerstätte des Kranken, geheilt wurde. Wiewohl auch hier A. Paré seinen richtigen ärztlichen Scharfblick und sein mit Recht bewundertes Genie zeigte, so finden wir doch in dieser Beschreibung ein Gemisch veralteter Galenischer Ansichten und fast auf die Spitze getriebener, ächt mittelalterlicher Polypharmacie.

Folgendes ist die wörtliche Uebertragung der Reise des Ambroise Paré nach Flandern.

„Der Herzog von Ascot schickte einen Edelmann an den König, um ihn demüthigst zu bitten, ihm die Ehre zu erweisen, seinem ersten Wundarzte zu erlauben und zu befehlen, zu dem Bruder des Herzogs, dem Marquis d'Auret zu kommen, welcher eine Schusswunde nahe am Knie, mit Knochenbruch vor etwa sieben Monaten bekommen hatte, und welchen die Aerzte und Wundärzte der Gegend nicht heilen konnten."

„Der König liess mich rufen und befahl mir den Herrn von Auret zu besuchen und alles Mögliche zu thun, um seine Wunde zu heilen. Ich versprach ihm, das wenige Wissen, welches Gott mir verliehen, hiezu anzuwenden."

„Ich reiste also, von zweien Edelleuten begleitet, nach dem Schlosse d'Auret ab, welches anderthalb Stunden von Mons in Stainaut entfernt ist. Sobald ich angekommen war, besuchte ich ihn und sagte ihm, dass der König mir befohlen hätte, zu ihm zu kommen und seine Wunde zu heilen. Er drückte mir seine Freude über meine Ankunft und seinen Dank gegen den König, mich zu ihm gesandt zu haben, aus. Ich fand ihn in heftigem Fieber mit eingesunkenen Augen und gelbem, moribundem Gesicht, die Zunge trocken, den Körper abgezehrt und mager, die Sprache matt und leise, wie die eines dem Sterben Nahen. Sein Schenkel war sehr geschwollen und voll Eiter und Ulcerationen, grünen, sehr stinkenden Eiter von sich gebend. Ich untersuchte ihn mit einer silbernen Sonde und fand, nahe bei der Leistengegend eine umfangreiche Höhle, welche sich bis zur Mitte des Schenkels erstreckte, und mehrere Eitergänge um das Knie herum, ferner mehrere Knochensplitter, die einen losgelöst, die andern noch festsitzend. Das Bein war geschwollen, von einer pituitösen Flüssigkeit infiltrirt, kalt (so dass die natürliche Wärme in Begriff stand, in demselben zu erlöschen) und gebogen, nach den Hinterbacken zurückgezogen. In der Sacralgegend war ein Geschwür von der Grösse der flachen Hand, welches ihm stark brannte und schmerzte, so dass er weder Tag noch Nacht ruhen konnte, er hatte beständig Durst, jedoch durchaus keinen Appetit. Es wurde mir gesagt, dass er oft in Ohnmacht fiel und zuweilen wie epileptische Anfälle hatte. Oft hatte er Brechneigung und ein solches Zittern, dass er nicht die Hand zum Munde führen konnte. In Erwägung aller dieser gefährlichen Symptome und seiner stark darniederliegenden Lebensgeister, bedauerte ich sehr, zu ihm gereist zu sein, da durchaus wenig Aussicht vorhanden war, dass er dem Tode entgehen könnte. Dennoch, um ihm Muth und Hoffnung einzuflössen, sagte ich ihm, dass ich ihm bald auf die Beine helfen würde, und mit Hülfe Gottes und seiner Aerzte ihn zu heilen hoffte. Nachdem ich ihn untersucht hatte, ging ich in den Garten und dort bat ich Gott, dass er mir die Gnade erweisen möchte, den Kranken zu heilen und dass er unsere Hände und Arzneien segnen möge, um eine so complicirte Krankheit zu bekämpfen. Ich überlegte im Geiste, welches hiezu die geeignetsten Mittel wären. Man rief mich zum Mittagsessen. Ich ging durch die Küche und dort sah ich aus einem grossen Kessel einen halben Hammel, ein viertel Kalb und eine grosse Speckschwarte herausziehen, nebst vielen guten Kräutern. Ich machte für mich die Betrachtung, dass diese Fleischbrühe saftreich und nahrhaft sein müsste."

„Nach dem Mittagsessen versammelten sich sämmtliche Aerzte und Wundärzte und wir begannen die Conferenz in Gegenwart des Herzogs von Ascot und mehrerer Edelleute, welche ihn begleiteten. Ich begann damit, den Wundärzten zu sagen, dass ich mich sehr wunderte, dass sie im Schenkel des Patienten keine Gegenöffnungen gemacht hätten, da der Schenkel doch ganz voll Eiter war, und der, welcher ausfloss, sehr stinkend war, was offenbar bewies, dass er lange in demselben stagnirt hatte, ferner, dass ich mit der Sonde den Knochen angefressen gefunden hatte und dass mehrere Splitter bereits losgelöst seien. Sie antworteten mir, dass er niemals habe in eine Operation willigen wollen und dass man selbst seit zwei Monaten nicht habe erlangen können, seine Betttücher zu wechseln, und kaum die Decken berühren könnte, so stark wären die Schmerzen. Hierauf sagte ich, dass man, um zu heilen, noch Anderes berühren müsste, als die Betttücher. Ein jeder gab nun seine Meinung über die Krankheit des Marquis, deren Endresultat war, dass sie ihn für verloren hielten. Ich sagte ihnen, dass noch einige Hoffnung vorhanden wäre wegen seiner Jugend, und dass Gott und die Natur oft Dinge thäten, welche den Aerzten und Wundärzten unmöglich schienen."

„Meine Consultation war, dass die Ursache aller Zufälle von der Verwundung durch die Kugel nahe beim Kniegelenk herrühre, welche die Ligamente, Sehnen und Aponeurosen der Muskeln, welche das Gelenk zusammen halten, zerrissen habe, dass Nerven, Venen und Arterien verletzt seien, und dass die Folge davon Schmerz, Entzündung, Eiterung und Geschwürsbildung sei, und dass man die Behandlung der Krankheit damit anfangen müsse, dass man Einschnitte machte, um dem Eiter freien Ausfluss zu verschaffen, da das Stagniren desselben eine grosse Verderbniss im ganzen Schenkel verursacht habe und dass die Emanationen hiervon bis zum Herzen gedrungen seien und so Ohnmacht und Fieber bewirkten, und dass in Folge des Fiebers ein allgemeines Feuer in den ganzen Körper gedrungen und so auf die ganze Oekonomie verderblich eingewirkt habe. Ebenso seien diese Emanationen auch bis zum Gehirne gedrungen und bewirkten hier Epilepsie und Zittern und im Magen Uebelkeit und hinderten seine Functionen, welche da seien zu verdauen und die Nahrungsmittel zu kochen und in Chylus umzuwandeln, was, wenndies nicht gehörig geschieht, Cruditäten erzeugt und so den Körper vertrocknet und abmagert, und so ihn an seinen Functionen hindert."

„Was das Oedem des Beins beträfe, so käme dies vom Mangel an Nahrung und natürlicher Wärme, welche im ganzen Beine gehemmt sei, sowie auch von der Unbeweglichkeit desselben, denn jeder der Bewegung beraubte Theil würde schwach und atrophisch, und man müsse, um dem Körper wieder Leben und Umfang zu geben, allgemeine Einreibungen mit trocknen und warmen Tüchern nach oben, unten, rechts und links und in der Runde machen, um die Lebensgeister von innen an die Oberfläche zu ziehen, und fuliginöse Dämpfe, welche zwischen Haut und Fleisch sässen, zu entfernen. Man müsse aber mit diesen Einreibungen aufhören, sobald Wärme und Röthe auf die Oberfläche gebracht seien, um nicht aufzulösen, was man angezogen hätte, und so die Magerkeit zu vermehren. Das Geschwür in der Kreuzgegend ist entstanden, weil der Kranke zu lange unbeweglich auf derselben gelegen, was Grund gewesen ist, dass die Lebensgeister sich nicht in diesem Theile in völliger Kraft zeigen können. Deshalb ist Entzündung entstanden, aus der Entzündung Eiterung, aus der Eiterung ein Geschwür mit Substanzverlust und grossen Schmerzen, wegen der in diesem Theile befindlichen Nerven. Ebenfalls ist es nöthig, ihn in ein anderes weiches Bett zu legen und Hemde und Betttücher zu wechseln. Sonst können alle übrigen Verordnungen nichts helfen, da die bösen Ausdünstungen des Eiters, welche seit langer Zeit in dem Bette zurückgehalten sind, durch die Systole und Diastole der Arterien, welche in der Haut verbreitet sind, angezogen werden, die Lebensgeister verderben und eine schlechte Diathese hervorbringen, wie man es sieht, wenn jemand in einem Bette schläft, in welchem ein Venerischer gelegen und geschwitzt hat; dieser wird dann selbst die venerische Krankheit durch die Ausdünstungen bekommen, welche in den Tüchern und Decken geblieben sind. Was nun den Umstand betrifft, dass der Kranke nicht schlafen kann und fast atrophisch ist, so hat dies seinen Grund darin, dass er wenig isst, viel Schmerzen leidet und keine Bewegung hat. Die Zunge ist trocken wegen der Heftigkeit der Wärme und des Fiebers, wegen der Dämpfe, welche vom ganzen Körper nach dem Munde hin aufsteigen. Nachdem ich von den Ursachen der Zufälle gesprochen, gab ich an, dass man sie durch das ihnen Entgegengesetzte heilen müsse. Folgendes war mein Rath: Zuerst um die Schmerzen zu stillen, ist es nothwendig, Oeffnungen im Schenkel zu machen, um den zurückgehaltenen verdorbenen Eiter auszuleeren, jedoch muss dies nicht auf einmal geschehen, damit nicht eine zu starke Ausleerung eine Auflösung der Lebensgeister bewirke. Zweitens muss man besonders die Geschwulst und Kälte des Beins berücksichtigen, damit es nicht brandig werde. Hierzu sei actuelle Wärme nöthig. Deshalb müsse man ihm um das Bein warme Ziegel legen, auf welche man eine Abkochung nerviner Kräuter in Wein oder Essig giessen, sie ferner in Tücher einwickeln und einen warmen irdenen Krug mit der gleichen Flüssigkeit gefüllt, und in eine Serviette eingewickelt, an die Füsse legen müsste. Auf den Schenkel und das ganze Bein müsse man Fomentationen machen mit einer Abkochung von Salvei, Rosmarin, Thymian, Lavendel, Blumen von Kamillen und Melilotus, und rothen Rosen in weissem Wein gekocht, ferner sei eine Abkochung von Eichenrinden, etwas Essig und eine Hand voll Salz hinzuzufügen.

Diese Abkochung besitzt die Eigenschaft die dicke und klebrige Flüssigkeit zu subtilisiren, dünn zu machen, zu incidiren, aufzulösen, und zu trocknen. Diese Fomentationen müssen lange fortgesetzt werden, damit die Auflösung vollständig sei. Denn wenn man sie lange fortsetzt, so löst man mehr auf als man anzieht, weil man die in den Theilen enthaltene dicke Flüssigkeit dünn macht, und die Haut und das Fleisch der Muskeln rareficirt. Drittens müsse man auf das Geschwür der Kreuzgegend ein grosses Pflaster, aus gleichen Theilen rother, trocknender Salbe und dem Unguentum Comitissae, legen, um den Schmerz zu stillen und das Geschwür zu schliessen. Viertens, um die Hitze in der Nierengegend zu mindern, lege man kühlende Salbe Galens, frisch bereitet, auf, und darüber frisch bereitete Blätter von Nenuphar, ferner eine Serviette in Oxycrat getaucht, tüchtig ausgedrückt und oft erneuert. Um das Herz zu stärken, lege man auf dasselbe ein kühlendes Mittel, bereitet aus Nenupharöl, Ungt. rosatum und etwas Safran in Rosenessig und Theriak aufgelöst und auf ein Stück Scharlachtuch aufgestrichen. Wegen der Ohnmacht, welche von der Schwächung der Naturkräfte käme, und die Functionen des Gehirns störte, so müsste man hiefür gute saftige Nahrungsmittel reichen, als da sind: weiche Eier, Trauben von Damaskus in Wein und Zucker eingemacht, eine Brodsuppe mit der Fleichbrühe des grossen K e s s e l s bereitet (von welchem ich oben gesprochen habe), mit dem Weissen eines Kapauns, Rebhuhnflügel fein gehackt, und anderen leicht verdaulichen gebratenen Fleischarten, wie Kalb, junge Ziege, junge Taube, junges Rebhuhn, Griven und anderen ähnlichen. Die Sauce sei orangengelb mit Saft von Sauerampfer und sauern Granaten. Ferner könne er gute Gemüse essen, wie Sauerampfer, Lattich, Cichorien, Buglossum etc. Für die Nacht könnte er eine Gerstenabkochung mit Sauerampfer und Nenuphar trinken, von jeder zwei Unzen mit Hinzufügung von 4 bis 5 Gran Opium und von den vier kalten Samen zusammengestossen, von jedem eine halbe Unze, was zugleich ein Nahrungs- und Arzneimittel ist, welches zum Schlaf einladet. Das Brod sei nicht zu frisch und weich. Was den Kopfschmerz beträfe, so müsse man die Haare abschneiden und die Kopfhaut mit warmen Oxyrrhodinum einreiben und ein in diese Flüssigkeit getauchtes Tuch auf demselben liegen lassen. Man bestreiche ihm ferner die Stirn mit Rosen-, Nenuphar- und Mohnöl mit etwas Opium, Rosenessig und ein wenig Kampher, und erneuere dies oft. Ferner lasse man ihn oft riechen an Blumen von Bilsenkraut und Nenuphar, in Essig und Rosenwasser mit ein wenig Kampher abgerieben, in ein Schnupftuch gewickelt, welches lange unter der Nase zu halten ist, damit der Geruch bis zum Gehirn dringen könne. Jedoch sei dies nur so lange fortzusetzen, als Entzündung und Schmerz bedeutend seien, um nicht das Gehirn zu sehr zu kühlen. Ferner bereite man einen künstlichen Regen, indem man Wasser von einer hohen Stelle in einen Kessel fallen liese, und zwar so, das der Kranke das Geräusch hören könnte. Durch diese Mittel würde der Schlaf herbeigeführt werden. Was die Retraction des Beins betrifft, so ist Hoffnung da, es wieder grade zu machen, wenn der Eiter und andere böse Flüssigkeiten aus dem Körper entfernt sein werden, welche durch ihre Ausdehnung, aus Repletion entstanden, das Bein zurückgezogen haben. Man wird dies später grade machen können, wenn man das ganze Kniegelenk mit Ungt. de Althaea, Lilienöl und etwas Branntwein einreibt, und darüber schwarze ungekämmte Wolle legt, wobei man die Kniekehle durch ein Federkissen unterstützt. Hiebei wird das Bein mit der Zeit grade werden."

„Diese Rede wurde von den Aerzten und Wundärzten sehr gebilligt."

„Nachdem die Consultation beendet war, gingen wir zu dem Kranken, wo ich drei Oeffnungen in den Schenkel machte, aus denen eine grosse Menge Eiter und Jauche ausfloss; jedoch wollte ich nicht zu viel herauslassen, um nicht seine Lebenskräfte zu schwächen. Zugleich zog ich auch einen Knochensplitter heraus. Ungefähr zwei bis drei Stunden hernach liess ich ein frisches Bett mit reinen Tüchern neben dem seinigen machen, in welches ein starker Mann ihn hineinlegte. Er war übrigens froh, sein schmutziges und stinkendes Bett verlassen zu haben. Bald hernach verlangte er zu schlafen, was er auch während vier Stunden thun konnte. Alle Welt im Hause war darüber erfreut und namentlich der Herzog v. Ascot. Die folgenden Tage machte ich ihm Injectionen in die Höhlen der Fistelgeschwüre mit Aegyptiacum [1]) bald in Wein, bald in Branntwein aufgelöst. Um das schwammige und weiche Fleisch zu reinigen und zu trocknen, brachte ich Compressen in die tieferen Theile der Wunden und Bleicylinder, um dem Eiter immer freien Ausfluss zu verschaffen, und darüber legte ich ein Pflaster von Diachalcitheos in Wein aufgelöst. Ich legte zu gleicher Zeit den Verband so geschickt an, dass kein Schmerz vorhanden war; und sobald dieser gestillt war, fing auch das Fieber an nachzulassen. Nun liess ich ihn Wein mit Wasser gemischt trinken, um die

[1]) Das von A. Paré viel angewandte Aegyptiacum besteht aus folgender Formel: Pulv. aluminis, viridis aeris, Vitrioli romani, Mell. rosati ana ℥ij Bulliant omnia simul secundum artem, et fiat medicamentum ad formam mellis.

Kräfte zu heben. Und alle Punkte, welche wir in der Consultation festgesetzt hatten, wurden nach und nach in Ausführung gebracht. Nachdem Schmerzen und Fieber nachgelassen, machte die Convalescenz schnelle Fortschritte, so dass er zwei seiner Wundärzte und einen der Aerzte entlassen konnte, und wir nur noch unserer drei bei ihm blieben."

„Ich blieb nun noch zwei Monate bei ihm, während welcher Zeit ich mehrere Kranken, sowohl Arme wie Reiche sah, welche zu mir von 3 bis 4 Stunden weit aus der Umgegend kamen. Als ich sah, dass er anfing wohler zu sein und in der Besserung Fortschritte zu machen, sagte ich ihm, dass er nun Geiger kommen lassen müsste, und irgend einen Spassmacher, um sich zu belustigen, was er denn auch that. In einem Monate waren wir so weit, dass er sich in einem Sessel halten konnte, und sich in seinen Garten tragen liess, oder an die Thüre seines Schlosses, um die Leute vorübergehen zu sehen. Nach einiger Zeit fing er an auf Krücken zu gehen und wurde dann später bald gänzlich wieder hergestellt."

Ich übergehe hier die Stellen, welche nicht medizinischen Inhalts sind, um diese Citation nicht zu weit auszudehnen, hoffe aber durch das Angeführte gezeigt zu haben, wie ausserordentlich sich seit Ambroise Paré die Behandlung solcher Wunden vereinfacht hat.

Sechstes Capitel.

Bemerkungen über Physiologie und Pathologie der Sehnen- und Muskeldurchschneidung.

Eine der schönsten Entdeckungen der neueren Chirurgie ist unstreitbar die Sehnen- und Muskeldurchschneidung. Ihr Nutzen zeigt sich besonders in einer grossen Reihe von Krankheiten, welche bis vor wenigen Jahren noch für unheilbar gehalten wurden oder nur einer geringern Besserung fähig schienen. Wir wollen hier von Difformitäten reden, welche eben wegen der geringen Hülfsquellen, die sich bei bloss mechanischer Maschinenbehandlung darbieten, allmählig in die Hände von Speculanten gefallen waren, welche aus derselben im Durchschnitt mehr einen Gegenstand des Geldgewinnstes und Charlatanismus machten, als wirklich dadurch der leidenden Menschheit nützten; den Irrenhäusern ähnlich, glichen jene orthopädischen Institute mehr einem Hôtel garni, in welchem jeder Pensionair seine gehörige Summe Geldes zahlte, und in dem er, je mehr er dies zu thun im Stande war, desto länger zurückgehalten wurde, um meistens, wo die Natur sich nicht selbst half, als Krüppel das Institut ebenso zu verlassen, wie vor dem Anfange der ruhmredigen Behandlung.

So haben sich denn mehrere Chirurgen von ausgezeichneten Fähigkeiten ein grosses Verdienst um die Wissenschaft erworben, indem sie die Orthopädie, diesen so schönen Zweig der Wundarzneikunst aus den Händen jener Empiriker rissen. Der der Wissenschaft zu früh und leider auf eine so unglückliche Art entrissene Delpech (er wurde von einem Wahnsinnigen ermordet) brach hier die Bahn. Zu einer wahren Wissenschaft wurde jedoch die Orthopädie erst erhoben durch Strohmeier's tiefer gehende Forschungen, durch welche es ihm möglich wurde, Ideen, welche bereits so manchem geistreichen Chirurgen vorgeschwebt hatten, zu verwirklichen und durch die rationellste Erfahrung geläutert zu einer neuen Doctrin zu erheben. Alsbald verbreitete sie sich über ganz Deutschland und gelangte ganz besonders dadurch zu einer ausserordentlichen Ausdehnung und Berühmtheit, dass einer der grössten Wundärzte aller Zeiten, Dieffenbach in Berlin, die operative Orthopädie mit jenem Enthusiasmus auffasste, welcher nothwendig ist, um einer noch jungen Entdeckung Kraft und Lebensdauer zu gewähren. Wie viel Geniales Dieffenbach durch die mannigfachsten Operationen zur Hebung von Difformitäten noch ausserdem geleistet, das weiss wohl ein Jeder, welcher die Geschichte der neuern Chirurgie kennt; wir werden uns bemühen, dies in den folgenden Seiten besonders hervorzuheben, da wir eben in der Dieffenbach'schen Klinik unsere wichtigsten Materialien über diesen Gegenstand gesammelt haben. Wir können hier nicht mit Stillschweigen übergehen, dass in Frankreich ebenfalls mehrere sehr tüchtige Männer sich um die Tenotomie hoch verdient gemacht haben. Zu diesen zählen wir vor allem Jules Guérin, welcher offenbar in neuerer Zeit in Paris auf eine zu heftige und man könnte sagen zu gehässige Art angegriffen worden ist. Besonders sind auch hier noch zu erwähnen: Bouvier Duval und Bonnet in Lyon. Ferner können wir den Namen Ammon's nicht unerwähnt lassen, welcher sich um die Physiologie dieser Operationen sehr verdient gemacht hat. Mit Bedauern müssen wir freilich bekennen, dass in Frankreich gegenwärtig dieser Theil der Chirurgie wiederum in eine zu untergeordnete Stellung zurückgedrängt worden ist, was wohl zum Theil auf Persönlichkeiten beruht, sowie überhaupt in Paris jede wissenschaftliche Neuerung lange zwischen Enthusiasmus und Vergessenheit schwankt, bis ihr die Stelle angewiesen wird, welche sie einzunehmen verdient. Brillanter ist freilich die verstümmelnde Chirurgie. Der Applaus der Zuhörer ist grösser, wenn eine umfangreiche Krebsgeschwulst, dies im Grunde doch unheilbare Uebel, entfernt worden ist, als wenn ein paar von der Haut bedeckte Sehnen durchschnitten werden. Während der eine Operirte an dem Recidiv elend zu Grunde geht, wird aber dem andern vom Krüppelzustande nicht bloss zu der gehörigen Form seiner Gliedmaassen, sondern auch zum Gebrauche derselben verholfen, was in der Mehrzahl der Fälle seine ganze Existenz oft günstig zu ändern im Stande ist. Mit einem Worte: die Orthopädie ist einer der schönsten Zweige der Heilkunde geworden, seitdem mehrere ihrer ersten Coryphäen die physiologische Forschung, die pathologische Beobachtung, den operativen Eingriff und eine sinnreiche, auf den Principien vernünftig angewandter Mechanik beruhende Nachbehandlung harmonisch miteinander combinirt haben.

Bevor wir nun zu dem pathologisch-praktischen Theile dieser Abhandlung kommen, wollen wir zuerst das Resultat unserer in der neuesten Zeit angestellten Untersuchungen und Experimente über die Art der Heilung durchschnittener Sehnen mittheilen. Wir werden uns hier ausschliesslich an unsere eigenen Beobachtungen halten, wiewohl es uns recht wohl bekannt ist, wie vieles Tüchtige bereits auf diesem Felde der experimentalen Physiologie geleistet worden ist. Wir haben es aber für um so nöthiger erachtet, uns ein unabhängiges Urtheil über diesen Gegenstand zu bilden, da diese Frage nicht bloss für ihre specielle chirurgische Anwendung interessant ist, sondern eine viel allgemeinere physiologische Wichtigkeit hat und ein Glied jener Kette von Versuchen bildet, welche wir seit Jahren über Heilung der Wunden, Vernarbung und Wiedererzeugung angestellt haben; Beobachtungen, die zum Theil bereits in verschiedenen französischen Zeitschriften und in unserm Werke über pathologische Physiologie veröffentlicht worden sind.

I. Physiologische Untersuchung über Heilung durchschnittener Sehnen.

Wir haben unsere Versuche über Sehnendurchschneidung zum grössten Theil an Kaninchen, in geringerer Zahl an anderen Thieren angestellt. Die Achillessehne, dieser Ausgangspunkt der schönsten tenotomischen Untersuchungen, war diejenige, welche wir gewöhnlich zu unsern Versuchen gewählt haben. An allen Thieren haben wir zu gleicher Zeit die Aetherisation, sowohl vor dem Durchschneiden, als um sie zu tödten, angewendet. Wir werden in einem besonderen Aufsatze über die Wirkungen und Anwendungen des Aethers die Details jener Experimente genauer auseinandersetzen. Hier wollen wir vor der Hand nur den Umstand bemerken, dass selbst in hohem Grade ätherisirte Kaninchen, welche bewegungslos auf der Seite lagen, dennoch öfters im Augenblick der Durchschneidung stark zuckten, was wohl daher rühren mag, dass bei diesen Thieren ein ziemlich bedeutender Nervenstamm an der Achillessehne entlang verläuft. Bevor wir nun die Succession der Erscheinungen, welche man in den verschiedenen Perioden nach der Durchschneidung bis zur vollkommenen Vernarbung beobachtet, näher angeben, wollen wir zuerst einen Blick auf die Veränderungen werfen, welche jedes einzelne bei der Heilung tenotomischer Wunden betheiligte Element erleidet.

1) Bluterguss nach Sehnendurchschneidung. Es ist wohl einem Jeden, welcher die Literatur der physiologischen Experimente einigermaassen kennt, hinreichend bekannt, einen wie grossen Werth mehrere der Experimentatoren auf den stattfindenden Bluterguss gelegt haben,

indem sie geradezu ein ergossenes Blutcoagulum als den Ausgangspunkt der neugebildeten Zwischensubstanz, welche die beiden Sehnenenden verbindet, ansahen. Um jeden Irrthum zu vermeiden, habe ich, nachdem ich in den ersten Experimenten erkannt hatte, dass sich wirklich öfters eine bedeutende Menge Bluts an die Stelle der Durchschneidung ergiesst, sorgfältig die ganze Gegend, an welcher operirt worden war, mit den Fingern so lange comprimiren lassen, bis ich einigermaassen sicher war, dass sich kein Coagulum mehr bilden konnte, und wo ja noch ein unbedeutender Erguss entstanden war, drückte ich ihn sorgfältig durch die äussere Wundöffnung aus. Wenn nun auch freilich kleinere Blutergüsse dadurch nicht ganz verhütet werden konnten, so wurde doch gewiss die Menge derselben bedeutend vermindert. Dennoch aber fanden sich in den ersten Tagen nach angestellter Durchschneidung Ekchymosen im ganzen Umfange der durchschnittenen Stelle, welche anfangs dunkelroth, fast schwärzlich waren, und schon früh eine Trennung zwischen faserstoffigem Serum und dem die Blutkügelchen enthaltenden Coagulum zeigten. Schon um den 2ten bis 3ten Tag nahm die Menge des ergossenen Blutes ab, färbte jedoch noch zum Theil die sich bildende Zwischensubstanz, und nach einigen Tagen bestanden nur noch Spuren dieses primitiven Ergusses, welcher keineswegs mit der Entzündungsröthe zu verwechseln ist, die noch längere Zeit in den verschiedenen Zellgewebeschichten beobachtet wurde. Auf diese letztere werden wir übrigens bald noch zurückkommen. Vor Allem müssen wir uns hier gegen die höchst irrthümliche und unphysiologische Idee erheben, dass das Blutcoagulum die Zwischensubstanz bilde. Einerseits haben wir dieselbe sich vollkommen ausbilden sehen, selbst wenn wir die Entstehung eines Blutpfropfs möglichst verhütet haben; andererseits sind die Erscheinungen, welche wir an einem im Körper bleibenden Bluterguss beobachten, durchaus von dem exsudativ-plastischen Processe verschieden, welcher das Grundwesen der Sehnenvernarbung bildet. Ein im Organismus bleibender Blutpfropf, besonders von grösserem Umfang, bleibt noch ziemlich lange roth gefärbt, und enthält in seinem Inneren bei der mikroskopischen Untersuchung in einem charakteristischen Netze von geronnenem Faserstoff eine ziemliche Masse von Blutkügelchen; ferner sind die Adhärenzen, welche ein Bluterguss mit den ihn umgebenden Theilen eingeht, durchaus von denen verschieden, welche wir bei der Zwischensubstanz der Sehnen beobachten. Wir werden dies bald bei der Beschreibung derselben sehen. Kurz wir sind durchaus nicht der Ansicht, dass der Blutpfropf bei diesem Regenerationsprocess eine bedeutende Rolle spielt.

2) Veränderung des Zellgewebes. Das Zellgewebe, welches zwischen der Haut und der nächsten Umgebung der durchschnittenen Sehne liegt, und in einen Zustand ziemlich ausgedehnter Entzündung versetzt, welche eine Verklebung aller Theile dieser ganzen Gegend zur Folge hat. Diese Adhäsionen bilden sich durch Ausschwitzung eines faserstoffreichen Plasma, welches, wie wir bald sehen werden, bei diesem ganzen Heilungsprocesse von grosser Wichtigkeit ist. Ausserdem sind die Zellgewebefascien stark injicirt, so dass die Färbung derselben zwischen hellerer und dunklerer Carminröthe abwechselt Höchst wichtig ist der Umstand, dass man niemals bei der Heilung dieser Verwundungen den Eiterungsprocess beobachtet, und es ist dies wohl der hauptsächlichste Vortheil der subcutanen Operationen, da Eiterung den doppelten Nachtheil von Substanzverlust, von sich weiter erstreckender Entzündung und purulenter Infiltration, sowie von späteren, fester adhärirenden Narben darbietet. Man hat bei der Heilung durchschnittener Sehnen sehr viel von der Sehnenscheide gesprochen, welche gewissermaassen die Matrix der Wiedererzeugung werden sollte. Auch diese Auffassungsweise können wir, ebenso wie die, welche dem Blutcoagulum eine so wichtige Bedeutung giebt, nur als eine physiologische Aberration ansehen, und es erinnert dieser Irrthum an die Meinung mehrerer Physiologen, welche das Periosteum bei der Callusbildung, als den eigentlich die Knochensubstanz regenerirenden Theil ansehen. Wie ist es möglich, einen Theil, der weiter nichts ist, als eine membranöse Verdichtung von Zellfasern, als ein wahres Absonderungsorgan anzusehen. Man macht sich übrigens eine irrige Vorstellung, wenn man die Sehnenscheide im Durchschnitt als eine die Sehne einschliessende Capsel betrachtet. Es ist das, was man Sehnenscheide genannt hat, weiter nichts als eine Zellengewebeverdichtung, welche überall an der Oberfläche der Sehne anliegt. Ausserdem soll nach den Versuchen von Bouvier die Vernarbung der Sehnenenden durch Zwischensubstanz gar nicht zu Stande kommen, wenn die Sehne von einer synovialen Capsel umgeben ist, wodurch man die oft eintretende nachtheilige Wirkung der Tenotomie an dem unteren Theile des Vorderarms und der Hand hat erklären wollen. Das in allen seinen Theilen entzündete Zellgewebe, welches die durchschnittenen Sehnenenden umgiebt, verklebt in der Regel schon nach 24 Stunden, nicht bloss mit den nach Aussen bedeckenden Theilen, sondern mit der Oberfläche der Sehnentheile selbst, und bildet so gewissermaassen einen

natürlichen Schienenverband, welcher die Sehnenenden fixirt und sich ihren weiteren Retractionen widersetzt.

3) Entstehung der Zwischensubstanz. Nachdem das zuerst entstandene entzündliche, plastische, faserstoffreiche Exsudat die verschiedenen Theile mit einander verklebt hat, wird das nun immer noch ausschwitzende Plasma natürlich in alle die Räume ergossen, in welchen sich ein Platz für dasselbe findet. Dieser ist nun nirgends grösser und bedeutender, als zwischen den betreffenden Sehnenenden. So bilden sich nun am 2ten Tage bereits Filamente, welche sich theils von aussenher als verbindende Brücken über die Sehnenenden anlegen, zum Theil auch von der Schnittfläche derselben ausgehen. Dieses plastisch-fibrinöse Exsudat nimmt nun immer mehr zu, und schon nach wenigen Tagen, am 3ten, 4ten oder 5ten, sind die beiden Sehnenenden durch eine bedeutende Menge von Zwischensubstanz in der Art mit einander verklebt, dass die Continuität besonders dadurch vollkommen hergestellt ist, dass die Sehnenenden selbst auf das Intimste in diese neue Ausschwitzungsmasse gewissermaassen hineinverklebt sind. Wichtig ist es, gleich hier zu erwähnen, dass die Länge dieser Zwischensubstanz verhältnissmässig bedeutend ist und bei dem kurzen, oft kaum 3—4 Zoll Länge überschreitenden Beine des Kaninchens, auf einen Zoll Länge und darüber beträgt. Diese Zwischensubstanz stellt in den meisten Fällen die cylinderartige Form der Sehne vollkommen wieder her; und wenn nach Verlauf der ersten 5—6 Tage die Entzündung anfängt, im Rückschritt begriffen zu sein, löst sich allmählig dieser ganze Theil von dem umgebenden Gewebe los, und so wird denn allmählig nicht nur die Continuität, sondern auch die Unabhängigkeit der Bewegungen wiederhergestellt.

Was nun die Beschaffenheit dieser Zwischensubstanz betrifft, so müssen wir zuerst in Bezug auf ihre Färbung bemerken, dass dieselbe im Anfang röthlich ist, und stellenweise sogar von dem ekchymotischen Blute dunkler gefärbt erscheint, was man wohl mitunter auf den ersten Anblick mit Vascularität verwechseln könnte. Genauere Untersuchung zeigt jedoch hier weiter nichts, als Blutinfiltration. Allmählig jedoch wird die Zwischensubstanz immer blasser, und schon zwischen dem 7ten und 8ten Tage hat sie ein mattgelbes Ansehen; im Verlaufe der 2ten Woche wird sie immer blasser, und in der 3ten und 4ten Woche nimmt sie allmählig ein mattweisses Ansehen an, welches jedoch keineswegs mit dem glänzenden Ansehen der Sehne übereinkommt. In ihrer Consistenz ist die Zwischensubstanz von Anfang an elastisch, in den ersten Tagen noch leicht zerreissbar, jedoch schon am Ende der ersten Woche von einer bedeutenden Widerstandsfähigkeit. In den ersten Tagen glatt, zeigt dieselbe bald ein unregelmässiges, längsstreifiges Ansehen, welches jedoch ebenfalls nicht die Regelmässigkeit der Sehnensubstanz annimmt. Bei der mikroskopischen Untersuchung findet man in den ersten Tagen in einer amorphen Substanz ein fibroides Ansehen, jedoch lassen sich die einzelnen Fasern noch nicht gesondert darstellen. Dies ist erst viel später der Fall, und wenn man auch eine Faserung immer deutlicher sieht, so tritt doch das individuelle Gesondertsein der Fasern, wie wir dies bei der Sehne beobachten, erst sehr spät ein und kommt überhaupt nicht bis zu der Form der ausgebildeten Sehne. Fibroplastische Zellen und geschwänzte Körperchen zeigen sich ebenfalls bereits früh in dem Exsudate. Man beobachtet sie die ganze Zeit der Regeneration hindurch, jedoch nie in sehr bedeutender Menge, und ist es hier, wie bei dem Vernarbungsprocesse überhaupt, ein grosser Irrthum, wenn man demselben bei der Narbenbildung die Hauptrolle zuertheilen will.

4) Was die Veränderungen des Muskels betrifft, welche derselbe durch die Tenotomie erleidet, so bestehen diese hauptsächlich darin, dass sie an der allgemeinen Blutüberfüllung und Injection Theil nehmen, und allerdings in den ersten Tagen ein geröthetes Ansehen darbieten. Jedoch ist gewiss die Behauptung, dass durch die Tenotomie sich der Muskel vital verlängere, am Ende unbewiesen und hypothetisch. Man hat dadurch den Umstand erklären wollen, dass allerdings öfters nach der Durchschneidung der Achillessehne die Verlängerung des Beines ungleich grösser ist, als die sich bildende Zwischensubstanz. Wir geben zu, dass wir für dieses Factum keine hinreichende Erklärung besitzen. Auf der anderen Seite jedoch ist dies kein Grund, eine nicht bewiesene und nicht haltbare Hypothese deshalb anzunehmen, weil man eben keine bessere Erklärungsweise kennt. Wir wissen so Vieles in der Wissenschaft nicht, aber es ist für dieselbe ungleich förderlicher, wo dies der Fall ist, unsere Unwissenheit einzugestehen, als sie hinter den sogenannten geistreichen Hypothesen zu verbergen. Ein wichtiger Einwand gegen diese Meinung ist unter andern dieser, dass die Muskeln von den Sehnenfasern so umgeben sind, dass diese die primitiven Muskelbündel becherförmig einschliessen, ohne dass unmittelbar das letzte Sehnenelement mit dem Muskelelement sich in einem solchen Uebergangsverhältnisse befindet, dass das eine in das andere unmerkbar übergeht. Wenn man also einen Einschnitt mitten in die Continuität der Sehnen macht, so wird dadurch der Muskel gar nicht unmittelbar erreicht, im Gegentheil zieht er sich zurück, und wenn eine

Veränderung stattfindet, so sollte man eher glauben, dass diese im Anfange namentlich eine Verkürzung sei. Wahrscheinlich beruht die später eintretende Verlängerung zum Theil in der Ausdehnbarkeit der elastischen Zwischensubstanz; jedoch müssen hier noch andere physikalische Gründe vorhanden sein, welche wir noch nicht kennen. Gerade der Umstand, welcher die älteren Chirurgen verhindert hat, die Tenotomie, wenn ich mich so ausdrücken kann, zu entdecken, ist jener Vortheil der sehr bedeutenden Sehnenverlängerung. Wenn man sich durch eine Verwundung die Achillessehne zerrissen hat, oder wenn durch einen Schnitt eine Sehne vollkommen getrennt ist, so tritt eben die Unbrauchbarkeit des Gliedes in den meisten Fällen nicht wegen Mangels der Vernarbung und Wiedervereinigung der getrennten Sehnenenden ein, sondern vielmehr weil die sich bildende Zwischensubstanz den Muskel, oder vielmehr seine Sehne, so verlängert, dass seine Spannkraft dadurch bedeutend vermindert wird. Freilich hat jene Unbrauchbarkeit auch oft in der Adhärenz mit den verletzten Bedeckungen, in der Narbe ihren Grund; allein der Muskel erleidet an und für sich bei der Sehnendurchschneidung keine sehr wahrnehmbare Veränderung. Wird nun der Muskel selbst durchschnitten, so geschieht nach unsern Untersuchungen seine Vernarbung ebenfalls ohne Entstehen neugebildeter Muskelsubstanz; die beiden Muskeltheile werden durch ein Exsudat miteinander verbunden, in welchem sich bald ein neues Zellgewebe ausbildet, und so die durchschnittenen Theile miteinander verklebt.

Wir haben nun die einzelnen Momente, welche bei der Regeneration der Sehnen von Bedeutung sind, nach einander genauer betrachtet. Wir wollen nun in kurzen Zügen das Aufeinanderfolgen jener Vernarbungserscheinungen darstellen.

Unmittelbar nach der Sehnendurchschneidung, springen die beiden Sehnenfragmente zurück und liegen leicht wellenförmig gebogen nach oben und unten, indem sie zwischen sich einen immer deutlich wahrzunehmenden und verhältnissmässig bedeutenden Zwischenraum lassen. Aus den durchschnittenen Gefässchen tritt eine meist geringe Blutung ein, welche sich theils in die verschiedenen Zellgewebelagen, theils in den Raum zwischen den Sehnenenden ergiesst. Wir haben in diesem Processe die erste Periode der Phänomene, die des Zurückziehens der Sehnenenden und einer leichten, meist capillären Blutung. Jedoch schon im Verlaufe des zweiten Tages fängt eine wirklich plastische Exsudation an. Diese hat zum Theil ihren letzten Grund in der Entzündung, welche bald nach dem operativen Eingriffe sich zu entwickeln anfängt. Es findet nun in der ganzen Gegend eine bedeutende Vollheit und Entwickelung der Capillargefässe statt, welche, wie gesagt, Ausschwitzung zur Folge hat; das Product derselben hat nun die Eigenthümlichkeit, dass es durchaus mehr plastischer Natur ist, namentlich eine bedeutende Reichhaltigkeit an Faserstoff zeigt, aber durchaus keine Eiterelemente enthält. Dieses Ausschwitzungsproduct verklebt alle verletzten Theile mit einander, daher auch mit der Oberfläche der Sehnenenden, sowie es auch diese untereinander zu verkleben anfängt. Diese zweite Periode, welche in der ersten Hälfte der ersten Woche stattfindet, könnte man die der plastisch-fibrinösen Exsudation nennen. Wir bemerken jedoch hier, dass diese verschiedenen Perioden keineswegs scharf abgegrenzt sind, sondern in directem Continuitätsverhältnisse untereinander stehen.

Die Ausschwitzung dauert fort, und so entsteht die Zwischensubstanz, welche bald die Form des Sehnencylinders annimmt und die durchschnittenen Enden so innig miteinander verklebt, dass man wohl die Stelle genau sehen kann, an welcher die Zwischensubstanz in die Sehne übergeht, aber diese nur mit grosser Gewalt wieder trennen kann. Die Continuität der Sehne wird also durch eine innig mit den Sehnenenden verklebende, ziemlich lange Zwischensubstanz bewirkt, und wir haben auf diese Art die dritte Periode, die der Wiederherstellung der Continuität der Sehne. Diese fällt in die zweite Hälfte der ersten Woche. Von nun an nimmt die Entzündung der umgebenden Theile immer mehr ab, der Kreislauf in den verletzten Theilen nimmt allmählig wieder seine normale Beschaffenheit an. Die miteinander verklebten Schichten der Bedeckungstheile trennen sich von einander. So wird das freie Spiel der Bewegungen wiederhergestellt, welche aber, wo vorher der Normalzustand statt hatte, durch die Verlängerung der Sehne erschwert sind, wo hingegen Verkürzung bestand, eine bedeutende Besserung, sowohl was Form als was Beweglichkeit betrifft, erhalten. Die Zwischensubstanz selbst wird nun immer blasser und immer solider; allmählig tritt die Faserung in derselben immer deutlicher hervor; immer mehr wird das ganze Glied zu seinem natürlichen Zustande zurückgeführt. Diese vierte Periode ist die der definitiven Heilung der Sehnenverletzung. Sehr unmerklich, dennoch aber in beständigem Fortschritte begriffen, fängt dieser Vernarbungsprocess in der Zeit an, in welcher eben die entzündlichen Erscheinungen zu weichen angefangen haben, aber die Zwischensubstanz noch wenig fest ist, die umgebenden Theile noch miteinander verklebt sind, und endet mit einer fast dem Normalzustande sich nähernden Heilung der Verletzung.

Suchen wir uns nun über den physiologischen Process der Heilung durchschnittener Sehnen eine Meinung zu bilden, so können wir diese dahin formuliren, dass eigentlich keine wahre Sehnenregeneration stattfindet. Die Zwischensubstanz hat wohl Aehnlichkeit mit der eigentlichen Sehnenmasse, unterscheidet sich aber von derselben durch mannigfache Charaktere, ihre Farbe, ihre Consistenz und ihren inneren Bau. Richtiger ist daher der Ausdruck „Vernarbung mit Zwischensubstanz“, als der der Regeneration. Diese Vernarbung findet keineswegs nach den Gesetzen der Schwan'schen Zellentheorie statt. Die Bildung fibroplastischer Zellen spielt bei derselben nur eine untergeordnete Rolle. Das wichtigste Moment hier ist die Ausschwitzung eines faserstoffreichen Plasma, in welchem die Faserung durch Gerinnung und überhaupt physikalische Veränderungen entstehen, und nicht durch Zellenbildung und deren verschiedene Metamorphose. Am meisten Aehnlichkeit hat dieser Vernarbungsprocess mit dem, welchen man als Heilung per primam intentionem beschrieben hat. Ja wir können sogar durch das Studium der Details der Sehnenvernarbung uns erst recht ein deutliches Bild von dem Processe jener Art der Naturheilung machen, welche ebenfalls in der Ausschwitzung eines faserstoffreichen Plasma besteht, das die Wundränder mit einander verklebt; nun sind in diesem Falle die Wundränder einander mehr genähert, während bei der Tenotomie die durchschnittenen Sehnenränder sich zurückziehen, daher die Masse des ausgeschwitzten Plasma bedeutend grösser sein muss, aber auch eben deshalb leichter zu untersuchen ist. Ein Hauptvorzug der subcutanen Durchschneidung besteht darin, dass man alle Vortheile der unmittelbaren Vereinigung hat, hingegen die vielfachen mit der Eiterung verknüpften Zufälle vermeidet, und zu gleicher Zeit durch die grosse Menge der Zwischensubstanz Verlängerung und grössere Dehnbarkeit der Sehnen erzielt. Deshalb wird auch die Maschinenbehandlung so nützlich, nachdem die Sehne vorher durchschnitten ist, und die Physiologie hat auch hier das Verdienst, die rationelle Basis der operativen Chirurgie geworden zu sein.

Bevor wir nun diese kurze physiologische Skizze beendigen, wollen wir einen Blick auf die Stellung werfen, welche die Wiederherstellung der Continuität durchschnittener Sehnen in der Regeneration und der Vernarbung der verschiedenen übrigen Gewebe und Theile des menschlichen Körpers einnimmt. Wenn wir diese beiden Processe im Allgemeinen betrachten, so kommen wir auf zwei verschiedene Klassen von Gebilden, welche zu gleicher Zeit eine anatomische Structurverschiedenheit und physiologische Unterschiede in Bezug auf Wiedererzeugung und Vernarbung darbieten. Die erste Klasse ist die der gefässlosen, die zweite die der gefässreichen Gebilde. Die erste begreift besonders die Epidermoidal- und Epithelialgebilde in sich. Diese werden dadurch gebildet, dass eine tiefe Gefässschicht ein Blastem absondert, in welchem sich Zellen niederschlagen, von denen die jüngsten Schichten vollständige Zellkugeln darstellen, während die oberflächlichsten Theile fast weiter nichts mehr als vertrocknete Blättchen sind. In diese Schichten aber treten keine Gefässe mehr ein. Aehnliche Verhältnisse finden, wie Valentin sehr treffend hierauf aufmerksam gemacht hat, bei der Krystalllinse statt, welche ebenfalls nur hauptsächlich durch die Gefässe der Linsencapsel gewissermaassen abgesondert und ernährt wird; und bei welchen ebenfalls eine Art von Wiedererzeugung zu Stande kommt. Was nun die Regeneration der Epidermoidalgebilde betrifft, so kann man diese vielmehr als Wiederersatz der Secretionsnachschieber bezeichnen, denn als neue Secretion; und wenn ein Theil der Epidermis durch eine Verletzung verloren geht, geschieht eben weiter nichts, als dass ein neues Blastem ausgesondert wird, welches sich direct in Epithelialzellen umwandelt, die ihre verschiedenen Stufen der fortschreitenden Entwicklung und des oberflächlichen Absterbens durchlaufen. Hier ist also eigentlich weder von Regeneration noch von Vernarbung die Rede.

Die zweite Klasse von Gebilden, die der gefässreichen Theile, bietet beim Menschen nach Verletzungen, bei manchen wahre Wiedererzeugung, bei andern blosses Verkleben durch Vernarbung dar. Wahre Regeneration findet nach unsern jetzigen Kenntnissen nur bei den Knochen und den Nerven statt; Vernarbung hingegen in den parenchymatösen Organen, den Zellgewebetheilen, Sehnen und Muskeln. Im Anfange finden bei beiden Arten des Wiederersatzes gemeinschaftliche Arten des Wiederersatzes statt. Diese sind ein leichter Blutaustritt nach der Verletzung, darauf folgende Entzündung und Ausschwitzung, in Folge welcher Verklebung der einzelnen Theile, welche die verletzte Stelle umgeben, zu Stande kommt. Dies Verkleben dehnt sich zugleich auf die Oberfläche des hauptsächlich lädirten Theiles aus. So werden durch adhäsive Entzündung und Verklebung die beiden Fragmente gebrochener Knochen, die beiden Enden durchschnittener Sehnen fest und solid fixirt. Nun ergiesst sich um die beiden Enden herum und zwischen dieselben eine reichliche Exsudatmasse, hier tritt dann der Moment ein, wo der Regenerations- und der Vernarbungsprocess zu divergiren anfangen. Beim erstern nämlich befinden sich im Exsudate die Elemente, welche im natürlichen Zustand den Knochen und den

Nerven ernähren und bilden, und nach einem der embryonalen Entwicklung ähnlichen Vorgang bilden sich in der die Fragmente vereinigenden Zwischenmasse beim Knochen neue Knochensubstanz, beim Nerven neue Nervenfasern. Letztern Process habe ich nicht ganz nach eignen Beobachtungen studiren können, und bleiben mir über die Art der Wiedererzeugung der Nerven noch mannigfache Zweifel, welche ich später experimental zu lösen gedenke. Bei zellgewebigen Theilen, bei Sehnen und Muskeln findet keine eigentliche Regeneration statt und hier bleibt das Exsudat auf der niedrigen Stufe einer faserstoffreichen theilweise fibroplastischen Substanz stehen, welche die Fragmente der verletzten Theile innig miteinander verbindet und so die Continuität wieder herstellt. Die Regeneration durch Granulationen und Eiterung liegt unserm gegenwärtigen Thema zu fern, um dieselbe hier näher zu erörtern.

Die Stellung, welche die Sehnenregeneration unter diesen verschiedenen Processen einnimmt, ist also im Allgemeinen betrachtet, ein Wiederherstellen der Continuität durch verklebende Zwischensubstanz; das Eigenthümliche derselben aber besteht darin, dass bei den Sehnen diese Zwischenmasse länger und elastischer ist, als in allen andern Theilen, in welchen ein ähnlicher Vorgang stattfindet.

Es liesse sich noch sehr vieles über diesen so sehr interessanten Gegenstand hier anführen; wir müssen uns jedoch auf diese kurzen Bemerkungen beschränken, da wir nicht ausser Acht lassen dürfen, dass die Haupttendenz dieses Werkes mehr eine praktische, als eine physiologische ist.

II. Pathologische Bemerkungen über Muskel- und Sehnendurchschneidung und einige andere mit diesem Gegenstande in Verbindung stehende Fragen.

Es ist ein bekannter Missbrauch der medicinischen Geschichtschreibung, jede neue und schöne Entdeckung bereits in früheren Zeiten wiederfinden zu wollen, in welchen eine unklare Idee zu missglückten Versuchen geführt hat, und daher nicht der Ursprung, wie die Historiker wähnen, sondern mehr der Hemmschuh der Entdeckungen gewesen ist. Die verunglückten tenotomischen Versuche eines Vulpius, eines Job ab Meckern, eines Heister im 17. Jahrhunderte sind daher ebensowenig der Ausgang der Tenotomie, als man die Aeusserungen über den Kreislauf, welche man in den Werken des Servetus findet, für die wirkliche Entdeckung der Blutcirculation zu halten berechtigt ist.

Selbst die Dupuytren'sche Durchschneidung des Sterno-mastoideus, so wie die von Tillenius, Sartorius, Michaelis und Delpech bereits gemachte Durchschneidung der Achillessehne, sind ebenfalls nur vereinzelt stehen gebliebene Versuche, da die Tenotomie ohne die subcutane Methode gewiss mehr schadet, als nützt. Diese letztere aber ist erst durch Strohmeier, Dieffenbach, Guérin, Bouvier und Duval zu einer im weiten Umfange anwendbaren Methode geworden. Auch hier haben die Uebertreibungen der französischen Schule dieser so unendlich schätzbaren Entdeckung bedeutend geschadet. Durch Charlatanismus übertrieben, durch persönlichen Hass angefeindet, selbst vor den Richtstuhl der Advocaten geschleppt, ist dennoch die operative Orthopädie, was für ihren sehr grossen innern Werth zeugt, diesen verschiedenen Gefahren ruhmvoll entgangen, und auf der anderen Seite des Rheins hat diese Entdeckung germanischen Ursprungs von neuem Schutz und festen Anhalt gefunden.

Wir wollen nun einige wenige allgemeine Bemerkungen vorausschicken, bevor wir auf mehrere specielle Gegenstände näher eingehen werden.

Die Grundindicationen der Tenotomie bestehen in der Verkürzung musculöser und Sehnentheile, so wie in der fibröser Gebilde überhaupt, und hiezu gehören nicht bloss jene eigentlichen Hebel der Bewegungsorgane, sondern auch alle möglichen retrahirten, fibrösen und aponeurotischen Gebilde. Durch die Durchschneidung im Allgemeinen wird, wie wir gesehen haben, Verlängerung und Dehnbarkeit hervorgebracht, während die subcutane Ausführung der Operation die unmittelbaren Zufälle jeder Operation, Blutung, heftige Entzündung und Eiterung verhütet. Die Maschinenbehandlung vollendet, was das Tenotom begonnen. Durchaus contradicirt ist die Tenotomie in der Nähe von Gelenken, welche sich in dem Zustande von Anchylose befinden; unvollständige Anchylose in geringerm Grade macht sie hingegen nothwendig. Bei vollkommner Lähmung ist ebenfalls die Tenotomie zu verwerfen, und das ist am Ende doch aus jenen scandalösen Pariser Debatten über Tenotomie hervorgegangen, dass die an vollkommen Gelähmten gemachten zahlreichen Muskeldurchschneidungen schädlich gewesen sind; wo aber unvollkommene Lähmung stattfindet, da gilt das Gleiche, wie von der Anchylose. Hier ist nämlich die Lähmung und Schwächung dadurch oft veranlasst, dass die Muskelfunction mangelt, und diese stärkt sich oft allmälig, wenn die Form des Gliedes eine solche geworden ist, dass das freie Spiel der Muskeln wieder möglich gemacht wird. In diesem Punkte, wie in vielen andern, hat sich auch der sehr scharfsinnige, wiewohl zuweilen übertreibende Guérin, mannigfaches Verdienst erworben. Bei unvollkommener Lähmung hat endlich Dieffenbach die sehr schöne Indication gestellt und durch zahlreiche Erfolge begründet, dass das Durchschneiden verhältnissmässig zu stark überwiegender Antagonisten den unvollständig gelähmten Muskeln wieder neue Kraft verleihe, da sie nun einen weniger grossen Widerstand zu überwinden haben und ihre Function dadurch bedeutend erleichtert ist. Bei schwer zurückzubringenden Verrenkungen oder Knochenbrüchen ist ferner ebenfalls die Tenotomie in Deutschland und Frankreich mit Erfolg angewendet worden. Da jedoch die Durchschneidung einer nicht verkürzten Sehne bedeutende Nachtheile mit sich führt, so muss man sich wohl hüten, leichtsinnig zu dieser Anwendung der Tenotomie zu schreiten.

Was die Art der auszuführenden Operation betrifft, so ist diese im allgemeinen sehr einfach. Ein kleiner Einstich an der Basis einer erhobenen Hautfalte, das Fortschieben des Tenotoms unter der Haut bis zu dem zu durchschneidenden Theile, das senkrechte Aufsetzen des Tenotoms auf denselben und die vollkommene Trennung bilden die Grundprincipien. In Deutschland sind im allgemeinen die sichelförmigen Tenotome gebräuchlicher, welche dem Pott'schen Fistelmesser ähnlich, kaum strohhalmbreit und von der Länge einer gewöhnlichen Federmesserklinge sind, wenn es sich darum handelt, feinere Operationen zu machen, wie bei den subcutanen Augenliedoperationen. Länger, breiter und stärker ist die Klinge für die Durchschneidung der Gesichtsmuskeln, der Achillessehne, der bei Kniecontractur zu durchschneidenden Theile etc. In Frankreich sind die kurzen und geraden Tenotome gebräuchlich, ein wohl brauchbares Instrument, welches aber den Nachtheil hat, dass man zum Einstiche in die Haut noch eines andern Messers bedarf. Es kommt auf eins heraus, ob man die Theile von Aussen nach Innen oder von Innen nach Aussen subcutan durchschneidet, letztere Methode hält Dieffenbach für Anfänger für bequemer, erstere für geübtere Wundärzte für empfehlenswerther.

Was die Nachbehandlung betrifft, so ist es immer gut in den ersten Tagen mit den Streckversuchen ausserordentlich vorsichtig zu sein, denn wenn die Sehnenenden zu weit von einander entfernt werden, riskirt man, dass jedes sich einzeln vernarbt und so die vereinigende Zwischenmasse sich nicht gehörig ausbildet. Sehr empfehlenswerth ist der in der Dieffenbach'schen Klinik gebräuchliche Verband mit Flanellbinden, welche den grossen Vortheil gewähren, einen gehörigen Festigkeitsgrad mit hinreichender Dehnbarkeit für den Fall zu verbinden, dass nach der Operation Geschwulst eintritt, was übrigens bei der Tenotomie an den Gliedmaassen selten vorkommt. Bei Operationen am Gesichte ist es gut, einen Druckverband mit Charpie aufzulegen, um zu starke Blutextravasate zu verhüten. Erst nach einigen Tagen, wenn die Zwischensubstanz sich zu bilden angefangen hat, kann man stärker wirkende Extensionsapparate anlegen; jedoch wirken diese um so besser, je weniger man im Anfange forcirt. Besonders zu empfehlen sind hier bei der Sehnendurchschneidung der Gliedmaassen die von Luther in Berlin und die von Charrière in Paris angefertigten Apparate. Die Maschinenbehandlung muss meist Monate lang fortgesetzt werden und sie wird das Grundelement der Orthopädie, wenn vernünftig ausgeführte Operationen ihr vorhergehen. Wir können hier übrigens auf keine nähern Details eingehen, da wir auf dieselben bei den einzelnen abzuhandelnden Punkten zurückkommen werden.

Werfen wir einen kurzen Ueberblick auf die verschiedenen Theile, an welchen Muskel- und Sehnendurchschneidung bis jetzt ausgeführt worden ist, so zerfallen dieselben in die drei Hauptgegenden der äusseren Theile des Körpers, den Kopf, den Rumpf und die Glieder.

Am Kopfe werden besonders die mimischen Bewegungsmuskeln, und die der Sinnesorgane durchschnitten.

In Bezug auf die erstern veranlasst besonders die Lähmung der Gesichtsnerven, die Durchschneidung der Antagonisten der gelähmten Theile. Alsdann wird natürlich die Durchschneidung auf der der Lähmung entgegengesetzten Seite gemacht. Bei Gesichtskrämpfen hingegen werden die abnorm zuckenden Muskeln durchschnitten. Von auffallendem Erfolge ist die Myotomie bei Lagophthalmos und Blepharoptosis; was die Schieloperation betrifft, so ist zwar gewiss im Anfang ihr Werth übertrieben worden, indessen ist sie jetzt auch offenbar zu sehr in Vergessenheit gerathen. Die Durchschneidung der Augenmuskeln bei Gesichtsschwäche, Kurzsichtigkeit und Amaurose muss von Seiten der sie empfehlenden Wundärzte mehr, als ein Haschen nach Originalität und Neuerung betrachtet werden, denn als eine wirkliche Bereicherung der Kunst. Den Schiefstand der Nase habe ich Dieffenbach mit Erfolg durch subcutane Durchschneidung operiren sehen. Die Stotteroperation, nach welcher Methode sie auch ausgeführt wird, hat nach unparteiischer Erfahrung eben nur den vorübergehenden vortheilhaften Einfluss auf dass Stottern, welchen jede im Munde vorgenommene Operation, selbst die Excision der Tonsillen, momentan auf das Stottern ausübt, und diese Operation wird sich daher auch schwerlich in der Wissenschaft behaupten; jedoch hat sie den Vortheil gehabt, dass sie viel besser, als es früher geschehen ist, gelehrt hat, wie die Zunge bei Operationen passend zu fixiren sei.

Die subcutane Durchschneidung des Sternocleidomastoideus bei Caput obstipum gehört offenbar zu den schönsten Anwendungen der Tenotomie. In der Theorie sehr rationell erscheinend, aber durch widersprechende Erfahrung noch nicht in ihrer Anwendbarkeit ins Klare gebracht, ist die subcutane Durchschneidung der Rückenmuskel bei Rückgratsverkrümmungen. Gewiss zu verwerfen ist die von Bonnet vorgeschlagene Durchschneidung der Halsmuskeln bei voluminösem Kropfe. Die subcutane Durchscheidung des Sphincter ani ist bei Stricturen dieser Oeffnung in manchen Fällen, wo kein organisches Uebel zu Grunde liegt, zu empfehlen.

Was die Durchschneidung der Sehnen und Muskeln an den Gliedmaassen betrifft, so findet diese offenbar die häufigste Anwendung der Operation, zeigt sich jedoch von viel weniger günstigem Erfolge an der obern, wie an der untern Extremität. Der Biceps ist ziemlich oft mit Erfolg durchschnitten worden; an der Hand und den Fingern hat man wenig glückliche Erfolge der Tenotomie beobachtet, besonders sind die Muskeln nicht zu durchschneiden, welche durch eine Synovialscheide gehen, da namentlich, wenn der in der Synovialcapsel liegende Theil durchschnitten wird, hier nach Bouvier die Bildung einer Zwischensubstanz nicht zu Stande kommen soll. An der untern Extremität wird die Tenotomie viel häufiger mit Erfolg ausgeübt. Weniger oft wird sie an der Hüfte wegen Retraction des Oberschenkels, als am Knie und dem Fuss gemacht, und in der Heilung der Kniecontractur bei einer nicht zu Stande gekommenen völligen Anchylose, sowie in der Behandlung des Klumpfusses feiert die Tenotomie ihren schönsten Triumph.

Wir wollen keineswegs alle diese verschiedenen Anwendungen der subcutanen Operationen hier durchgehen; wir werden unsere Ansichten nur über drei der wichtigeren Theile dieser Operationen aussprechen, nämlich bei Lähmung der Gesichtsmuskeln, Kniecontractur und Klumpfuss. Wir werden übrigens bei unsern Bemerkungen über diesen krankhaften Zustand uns nicht bloss an den reinoperativen Theil derselben halten, sondern auch mehrere der wichtigern pathologischen Momente näher berücksichtigen.

III. Pathologische, therapeutische und operative Bemerkungen über Gesichtslähmung.

Wir schliessen hier von vorn herein alle Gesichtslähmungen aus, welche einen centralen Ursprung haben und vom Gehirne selbst ausgehen, sei es, dass sie in einem Bluterguss oder in Hirnerweichung oder in Geschwülsten des Gehirns ihren Grund haben. Leider sind die Localkrankheiten der Nerven noch viel zu wenig bekannt. In den Gliedmaassen wird so manche Krankheit der Art für Rheumatismus gehalten, und in diesen, sowie im Gesichte, das Localübel oft fälschlich als eine vom centralen Nervensysteme ausgehende Lähmung angesehen. Von welcher Art nun aber die Localkrankheiten der Nerven seien, darüber fehlen leider zur Zeit noch die Untersuchungen, und es ist dies ein wichtiger Gegenstand für spätere Forschungen, den man allerdings auch experimental lösen kann, indem man auf blossgelegte Nerven verschiedenartige Reize anwendet und sie namentlich in einen Entzündungszustand versetzt und dessen Wirkungen beobachtet. Ich kann mich der Vermuthung nicht erwehren, dass gar manche locale Nervenaffectionen und selbst Lähmungen von einer Entzündung der im Neurilem und zwischen den Nervenfasern sich verbreitenden Gefässe bestehen. Dass die Nerven durch Gefässe ernährt werden, unterliegt keinem Zweifel, und es wäre daher unbegreiflich, wenn die Nerven vor allen andern gefässreichen Theilen, namentlich vor ihren eigentlichen Centraltheilen das Privilegium der Nichtentzündlichkeit hätten. Wir können jedoch hier nur Vermuthungen aussprechen, da es in der Wissenschaft an genauen Untersuchungen über diesen Gegenstand fehlt.

Wir werden uns also in den nachfolgenden Seiten besonders mit der Lähmung des Facialis beschäftigen.

Wir wissen, dass der Gesichtsnerv hauptsächlich ein Bewegungsnerv ist und nur nahe an seinem Austritte aus dem Foramen stylomastoideum und in seinem spätern Verlaufe am Kopfe und Hals durch Anastomosen einige Empfindungsfasern erhält. Seine Grundeigenschaft bleibt aber, die Versorgung einzelner Beweger des Unterkiefers und des Zungenbeins abgerechnet, hauptsächlich auf die Bewegung der Gesichtsmuskeln und namentlich das Spiel der Aussentheile der drei höhern Sinnesorgane, Augenlieder, äusseres Ohr und Nase, beschränkt. Daraus erklärt sich auch leicht, dass bei Lähmung der Gesichtsnerven die Augenlieder schwer zu schliessen sind, und zwar kann das obere Augenlied zu stark herabsinken oder das untere sich in der Unmöglichkeit befinden, gehörig weit hinauf zu reichen, um den unteren Theil des Bulbus hinreichend zu bedecken. Durch die Lähmung der Gesichtsmuskeln bleibt der Nasenflügel auf der gelähmten Seite unbeweglich, was in manchen Fällen das Athmen erschweren kann. Der Mund hängt schlaff an der gelähmten Seite herab, während er nach der gesunden hin verzogen ist. Klonische Gesichtskrämpfe in den verschiedenen vom Facialis versorgten Muskeln sind ebenfalls zuweilen Folgen seines örtlichen Erkranktseins. Dass man das örtliche Erkranken des Facialis oft eine rheumatische Lähmung nennt, weil Erkältung als ursächliches Moment angegeben wird, erklärt am Ende gar wenig die Natur der Krankheit und befriedigt nur mehr diejenigen Aerzte, welche das Goethe'sche „nur haltet euch an Worte" sich selber unbewusst und instinctmässig als Motto gewählt haben.

In neuerer Zeit ist man darauf aufmerksam geworden, dass Entzündung und namentlich Caries des innern Ohres in so manchem Falle der Grund der Gesichtslähmung auf der dem Ohr entsprechenden Seite wird. Ich habe dieselbe öfters bei sehr jungen Kindern beobachtet. Wo nur ein entzündlicher Zustand stattfindet, kann auch nach gehobener Entzündung die Lähmung sich bessern und selbst heilen. Ist aber die cariöse Zerstörung des innern Ohres bereits weit gediehen, so ist die Krankheit unheilbar, ja die Kranken gehen nicht selten an derselben früher oder später zu Grunde. Unsere anatomisch-pathologischen Untersuchungen über diesen Gegenstand haben uns übrigens hinreichenden Aufschluss über den Grund der möglichen Bösartigkeit dieses Uebels gegeben. In Frankreich, wo in neuerer Zeit die Knochentuberkeln in der Pathologie eine bedeutende Rolle spielen, hat man versucht, auch jede Caries auf Tuberculosis zurückzuführen, und so hat man denn auch die Caries des innern Ohres als Tubercule du rocher (Tuberkeln der Pars petrosa des Schläfenbeins) beschrieben, jedoch auf eine so ungenügende und wenig überzeugende Art, dass man offenbar sieht, dass hier wieder die treue Naturbeobachtung einer falschen Theorie geopfert worden ist. Wir haben mehrere Leichenöffnungen zu machen Gelegenheit gehabt, bei welchen die Caries des innern Ohres, im Leben von Lähmung des Facialis begleitet, der Grund der tödtlichen Zufälle geworden war; und wir haben hier mit Bestimmtheit erkannt, dass selbst in den Fällen, in welchen Tuberkeln in anderen Organen existiren, das Felsenbein im Innern von einer rein scrophulösen Caries zerstört war, und dass der Grund der Lähmung des Facialis darin lag, dass der Nerv bei seinem Durchgang durch diesen Knochen in seiner Structur fast desorganisirt war und dass der Tod endlich in diesen Fällen nicht, wie man glauben sollte, von einem Eitererguss an der Basis Cranii herrührte, sondern von einer vom Heerde des Knochenfrasses aus gehenden, nach dem Gehirn sich fortsetzenden Entzündung. Die harte Gehirnhaut war verdickt und mit demselben jauchigen Eiter infiltrit, welcher sich in der cariösen Stelle fand, und durch das äussere Ohr mit Knochenfragmenten gemischt, ausfloss. Von dieser harten Gehirnhaut aus, setzte sich die Eiterinfiltration, von erweichender Entzündung begleitet, auf die Basis des Gehirns fort und hatte auf diese Art allmählig den Tod herbeigeführt.

Romberg führt in seinen klinischen Ergebnissen bei Lähmung des Gesichtsnerven ein interessantes uns höchst wichtiges Symptom an, nämlich die Krümmung der Uvula nach der gelähmten Seite hin, welche ihn in schwierigen Fällen öfters in der Diagnose sicher geleitet hat. Eine andere ebenfalls zu beherzigende Erscheinung ist die von Pauli in seinen Untersuchungen zur praktischen Chirurgie, als diagnostisch wichtig angeführte Blepharoptosis. Wenn nämlich diese von mechanischen Ursachen, wie von Geschwülsten der Orbita herrührt, so ensteht nach seinen Beobachtungen Schielen nach Innen; während bei der von Lähmung des Levator palpebrae entstehenden Ptosis Schielen nach Aussen entsteht.

Da wir keineswegs hier einen vollständigen Aufsatz über Lähmung des Facialis liefern, sondern nur auf einige praktische Bemerkungen aufmerksam machen wollen, so beschliesen wir hier unsere pathologischen Bemerkungen über diesen Gegenstand, und gehen zu den therapeutischen und chirurgischen über. Was zuerst nicht die chirurgische Behandlung betrifft, so ist die Antiphlogose im Anfang und besonders in solchen Fällen zu versuchen, in welchen Congestionen nach dem Kopfe stattfinden. Mit besonders günstigem Erfolge reicht man bei idiopathischer Gesichslähmung wiederholte Brechmittel und im Zwischenraume den Tartarus stibiatus in refracta dosi. Die Brechmittel können 2+3mal nach jedesmaliger Unterbrechung von 2—3 Tagen wiederholt werden. Ferner thun Blasenpflaster auf die Stelle des Austrittes des Facialis aus der Schädelhöhle, also hinter dem Ohr, vortreffliche Dienste und müssen eine Zeitlang unterhalten werden. Bleibt nach der gehörig methodischen Anwendung der Antiphlogose, der Derivation und des Tartarus stibiatus noch die Lähmung zurück, und geht dieselbe mehr in einen chronischen Zustand über; so wende man, vorsichtig damit anfangend, reizende Einreibungen an, wie ätherische Oele, gehörig verdünnt, Spiritus camphoratus, Linimentum ammoniato-camphoratum u.s.w. Innerlich reiche man alsdann Arnica, Nux vomica, deren Gebrauch man noch durch die endermatische Anwendung des Strychnins auf einem kleinen Blasenpflaster hinter dem Ohr unterstützen kann. Wiewohl eine Erfahrung über die Anwendung der Electricität und des Galvanismus uns bei Gesichtslähmung fehlt, so scheint diese uns doch nirgends besser, als hier indicirt; da eben, besonders bei nicht centralen Lähmungen der Nerven und bei dadurch entstehender geschwächter Muskelaction im Allgemeinen der Galvanismus am vollkommensten indicirt ist und würde ich in solchen Fällen nicht anstehen, ihn consequent eine Zeit lang zu gebrauchen. Besonders würde mich in dieser Voraussetzung der gute Erfolg bestärken, welchen ich in der letzten Zeit öfters bei verschiedenen lähmungsartigen Krankheiten vom Galvanismus durch den Clarkischen Rotationsapparat beobachtet habe. Sobald man eine innere Ohrentzündung, acuter oder subacuter Art, als Grund einer beginnenden Lähmung des Facialis erkannt hat, verfahre man Anfangs streng antiphlogistisch, lasse den Kranken reichlich abführen, und begünstige die in solchen Fällen gewöhnlich eintretende Eiterung durch warme Umschläge und durch oft wiederholte erweichende Einspritzungen in den äusseren Ohrgang. Wo eine tiefer liegende Caries des innern Ohres der Grund der Lähmung ist, da wende man neben der äusseren Behandlung noch eine innere auf das meist scrophulöse ätiologische Moment wirkende Behandlung an, wie Leberthran, Jodkali, Jodeisen etc. Ist der Verlauf ein sehr chronischer, so kann auch in solchen Fällen ein operatives Eingreifen hülfreich erscheinen.

Was dieses im Allgemeinen betrifft, so ist es in allen denjenigen Fällen vollkommen indicirt, in welchen alle andere Mittel vergeblich angewendet worden sind, und nicht ein tiefes centrales organisches Leiden der localen Lähmung zu Grunde liegt. Dieffenbach hat sich offenbar ein sehr grosses Verdienst dadurch erworben, dass er durch seine ebenso sinnreichen als einfachen Operationsmethoden eine Reihe von Krankheitsformen der Art heilbar gemacht hat, welche früher nicht bloss unheilbar, sondern zugleich von abschreckendem difformen Aussehen waren. Man muss einen an Lagophthalmus Leidenden gleich nach der Operation zum erstenmal wieder, wie durch einen Zauber das Auge vollkommen schliessen, oder einen mit Blepharoptosis Behafteten nach der Durchschneidung des Orbicularis das Auge wieder vollkommen öffnen gesehen haben, um von der schnellen Hülfe und dem Werthe dieser Operation vollkommen überzeugt zu sein. Wir haben schon oben erwähnt, das ebenfalls bei Krämpfen der Gesichtsmuskeln die Myotomie bedeutende Dienste leistet und dass hier nicht die Antagonisten, sondern die zuckenden Muskeln durchschnitten werden müssen.

Wir wollen im Kurzen hier die Operationen Dieffenbach's der Durchschneidung der Gesichtsmuskeln, des Orbicularis palpebrarum und des Levator palpebrae superioris beschreiben.

1) Die subcutane Durchschneidung der eigentlichen Gesichtsmuskeln geschieht nach Dieffenbach auf einer Linie, welche vom Nasenflügel nach dem Ohrläppchen gezogen wird. Nachdem dem sitzenden Kranken der Kopf gehörig fixirt ist, wird ein sichelförmiges Messer vor dem Ohrläppchen eingestochen, mit seinem Rücken unter der Haut fortgleitend, bis zum Nasenflügel fortgeschoben, worauf dann dasselbe beim Zurückziehen alle auf der Linie befindlichen Muskeln durchschneidet; man legt sodann einen Druckverband von Charpie, deren ein Ballen in den Mund eingeführt wird, so an, dass dadurch eine Nachblutung verhütet wird.

2) Bei Durchschneidung des Musculus orbicularis palpebrarum wird ein schaufelförmiges Brettchen von Lindenholz, vorher gehörig beölt, zwischen Bulbus und Augenlied eingeschoben und von einem Assistenten gehörig fixirt gehalten. Nun wird die Haut des Augenliedes beim obern in die Höhe, beim untern herabgezogen; jedoch wird die Operation viel häufiger am obern Augenliede gemacht. An der Basis der gespannten Haut oberhalb des Knorpels, wird nun successiv an drei verschiedenen Punkten ein schmales, sichelförmiges Tenotom so eingeschoben, dass es mit dem Rücken unter der Haut fortgleitend, bis an den Rand der Orbita gelangt und nun im Zurückziehen bei jedem Durchschnitte die Ringfasern des Orbicularis senkrecht trennt. Nach der gehörigen Reinigung der Augenlieder wird alsdann ein Druckverband mit Charpie aufgelegt.

3) Bei dem beständig offenstehendem Auge durch Lähmung des Facialis, dem Lagophthalmos, dem Hasenauge, muss der verkürzte Levator palpebrae superioris durchschnitten werden und zwar horizontal, dem Augenliede parallel, da der Verlauf seiner Fasern zum Augenliede einen rechten Winkel bildet. Hier wird ebenfalls das kleine beölte Brettchen unter dem Augenlied eingeschoben und fixirt. Die Haut wird nun am Tarsalrande gespannt, alsdann wird das oben angegebene Tenotom, einige Linien oberhalb des Tarsus eingestochen, und zwar am linken Auge an der äusseren, am rechten hingegen an der innern Seite. Das Tenotom wird nun horizontal bis zur entgegengesetzten Seite fortgeschoben und durchschneidet im Zurückziehen den retrahirten Hebemuskel des obern Augenliedes. Es wird ebenfalls ein Druckverband mit Charpie aufgelegt, um einen Blutaustritt zu verhüten.

In Betreff näherer Details über alle diese Operationen verweisen wir übrigens auf den ersten Band der Dieffenbach'schen operativen Chirurgie.

Wir wollen nun einige Krankengeschichten anführen, welche die verschiedenen, bisher mitgetheilten Bemerkungen näher erläutern werden und welche wir zum grössten Theile in der Dieffenbach'schen Klinik gesammelt haben.

1) Gesichtslähmung mit Lagophthalmus, Durchschneidung einer gewissen Menge von Gesichtsmuskeln in mehreren Malen; bedeutende Besserung des Kranken.

Ein 38jähriger, sonst gesunder und kräftiger Mann hatte seit einigen Monaten, ohne dass er dafür eine bestimmte Ursache anzugeben wusste, eine Lähmung der rechten Gesichtshälfte, und zwar in fast sämmtlichen vom Facialis versorgten Muskeln. Er vermochte namentlich das Auge dieser Seite nicht recht zu schliessen, da der Orbicularis gelähmt war und der Levator palpebrae superioris über denselben ein bedeutendes Uebergewicht erlangt hatte. Die ganze Gesichtshälfte war welk und schlaff, die Nase unbeweglich, der Mund auf der gelähmten Seite herabhängend und nach der andern Seite hin verzogen. Das Allgemeinbefinden des Kranken war gut, von einem Erkranktsein des centralen Nervensystems keine Spur vorhanden. Da aber alle möglichen angewandten Mittel nutzlos geblieben waren, so blieb von der Operation allein Hülfe zu erwarten. Zuerst wurde der Levator palpebrae superioris subcutan durchschnitten, indem man ein rundliches, flachgegewölbtes, geöltes Holzblättchen unter das obere Augenlied bis zum Orbitalrande schob, hierauf mit einem schmalen gebogenen Tenotome durch einen Einstich unter der Haut des oberen Augenliedes horizontal fortging, dann die Schneide gegen das Blättchen wandte, und in kleinen Zügen den Levator nahe an seiner Insertionsstelle durchschnitt. Unmittelbar nach der Operation konnte der Kranke das Auge ganz schliessen, aber auch öffnen, was vermuthen liess, dass der Levator wohl nicht ganz vollständig durchschnitten war. Um eine Blutung zu verhüten, wurde ein dicker Charpiebausch aufgelegt, welcher aber schon am andern Tage wieder weggenommen werden konnte und so trat denn nach wenigen Tagen eine Herstellung der Harmonie der Bewegung der Augenlieder wieder ein. Nun wurde dem Kranken 14 Tage hindurch Ruhe gelassen, alsdann aber von Neuem eine Operation gemacht, welche zum Zwecke hatte, auch die Gesichtsmuskeln der gelähmten Seite wieder zu Kräften zu bringen. Es wurde daher auf der gesunden

Seite die Durchschneidung der hier überwiegenden Gesichtsmuskeln, des Zygomaticus major et minor, des Levator anguli oris und des Levator anguli oris alaeque nasi durch die subcutane Tenotomie bewerkstelligt. Zu dem Ende wurde ein Pott'sches Fistelmesser, ungefähr in der Gegend des dritten Backenzahnes von aussen in die Backe eingestochen, und in der Richtung zum Nasenflügel dicht unter der Haut hingeschoben; dann durchschnittt man mit fortwährend gegen den Oberkiefer geführter Schneide im Zurückziehen die auf diesem Wege angetroffenen Muskeln. Die Blutung wurde durch einen in den Mund eingebrachten und ebenfalls durch einen von Aussen angelegten Charpieballen beseitigt. Nachdem nun die geringen entzündlichen Reactionserscheinungen geschwunden und das nicht bedeutende Blutextravasat resorbirt war, bot der Kranke ein bedeutend besseres Aussehen dar, und von nun an nahmen die vorher geschwächten Gesichtsmuskeln der gelähmten Seite wieder an Kraft zu, so dass sich zwischen den beiden Gesichtshälften, wenn auch die Bewegung im Allgemeinen geschwächt war, doch eine gewisse Harmonie wieder hergestellt hatte, und der Kranke durch diese keineswegs schmerzhafte, weder gefährliche noch lange dauernde Operation eine bedeutende Besserung erlangt hatte.

2) Caries des inneren Ohres, Ausfluss aus demselben, Lähmung des Facialis; bedeutende Besserung durch Myotomie an den Augenliedern und im Gesichte.

Ein 30jähriger Mann von schwächlichem Körperbau hatte seit 15 Jahren an einem Ausfluss aus dem linken Ohre gelitten, welcher habituell ein grüngelbes, stinkendes Secret lieferte; und mit welchem einmal ein Knöchelchen, aus dem innern Ohre losgestossen, von einem Arzte herausgezogen worden war. Um diese Zeit ungefähr begann die motorische Lähmung des Gesichts sich auszubilden und hatte seitdem fortwährende, wiewohl langsame Fortschritte gemacht. Bei seiner Aufnahme in die Dieffenbach'sche Klinik bot seine Gesichtslähmung folgende Erscheinungen dar. Er konnte den Mund nur unvollkommen schliessen, doch den Speichel zurückhalten. Der linke Mundwinkel hing bedeutend herab, und beim Sprechen bewegte der Kranke die Lippen nicht, sondern sie wurden bloss durch die ausgestossene Luft etwas bewegt. Die Zunge war nach allen Seiten vollkommen beweglich, auch keine alienirte Geschmacksempfindung vorhanden. Der linke Nasenflügel war unbeweglich, das linke Auge konnte nur etwas geschlossen werden, wegen des Widerstandes des Levator palpebrae superioris. Dabei liefen ihm häufig Thränen über die leidende Seite herab; auch war das Auge etwas geröthet. Die sensitive Sphäre auf der betreffenden Gesichtshälfte war ungestört, denn der Kranke reagirte gegen alle Gesichtseindrücke; das Gehör auf dem linken Ohre war etwas geschwächt.

Dass der Kranke alle möglichen Mittel bereits nutzlos angewendet hatte, bedarf wohl kaum einer Erwähnung, es war daher nur durch Myotomie Besserung zu erwarten. Zuerst wurde mit der Durchschneidung des Musculus levator palpebrae superioris nach der bereits angegebenen Methode begonnen; hierdurch wurde der Orbicularis gestärkt und unmittelbar nach der Operation konnte das Auge zum Schliessen gebracht werden, da auf diese Art das Uebergewicht des vom Nervus oculomotorius versorgten Levator palpebrarum so weit herabgestimmt war, dass nun der vorher geschwächte Orbicularis palpebrarum viel leichter wirken konnte, da er einen bedeutend geringern Widerstand zu überwinden hatte. Nachdem diese Operation gemacht war, wurden auf der rechten Seite die Musculi zygomatici major et minor, der Levator anguli oris atque labii superioris subcutan durchschnitten, und auch hier war gleich nach der Operation das Resultat günstig, indem nun das Gesicht fast ganz normal stand und keine Verzerrung mehr zu bemerken war. Gegen die nach der Operation eintretende Geschwulst wurden Breiumschläge verordnet. Es war nach der Operation eine Blutung eingetreten, die aber nicht bedeutend war, und wurden die so gebildeten Blutcoagula durch die Stichwunde ausgedrückt, worauf denn bald die Geschwulst bedeutend nachliess. So konnte denn der Kranke nach wenigen Monaten bedeutend gebessert aus der Anstalt entlassen werden.

3) Klonische Krämpfe der linken Gesichtshälfte; Muskeldurchschneidung; bedeutende Besserung.

Der 60 Jahre alte Patient, von übrigens gesundem Körperbau, litt bereits seit 10 Jahren an immer stärker gewordenen Krämpfen des Gesichts, welche sich ganz auf die linke Seite beschränkten. Das Uebel fing mit einem leichten Blinzeln der linken Augenlieder an, verbreitete sich aber bald in Form von Zuckungen über die übrigen Muskeln dieser Gesichtsseite. Von Zeit zu Zeit war das Uebel verschwunden, jedoch nach wenigen Wochen, und im längsten Zwischenraume nach 3 Monaten, kam dasselbe immer wieder. Des Morgens war es am stärksten. Auch behauptete er, dass er, so oft er in eine geheizte Stube trete, die Zuckungen viel stärker verspüre. Der Kranke ist, diese localen Erscheinungen abgerechnet, immer gesund gewesen und bemerkte zuerst diese Muskelzuckungen eines Morgens nach dem Erwachen, ohne dass vorher bestimmte Schädlichkeiten eingewirkt hatten. Er war lange Zeit mit Abführmitteln und Vesicatorien behandelt worden, jedoch ohne Erfolg; er suchte daher in der chirurgischen Klinik Hülfe, wo er bei seinem Eintritt durch seine Grimassen einen possierlichen Anblick darbot. Die ganze linke Gesichtshälfte erschien mit kurzen Remissionen in einem beständigen Muskelspiel. Die linken Augenlieder blinzelten fortwährend; der linke Nasenflügel, Mund und Wange waren ebenfalls in Bewegung.

Zur Hebung dieses Uebels wurde die Durchschneidung der vom Krampfe ergriffenen Muskeln vorgenommen. Zuerst wurde der Musculus orbicularis palpebrarum an zwei Orten durch zwei verschiedene Einstichspunkte auf die oben angegebene Art durchschnitten. Die Musculi zygomatici und der Levator anguli oris wurden durch den Einstichspunkt an der Backe durchschnitten, der Orbicularis oris, der Depressor anguli oris, der Triangularis und Quadratus durch einen Einstichspunkt, einen Zoll links unterhalb des Mundwinkels; der Levator labii superioris alaeque nasi und die andern Nasenmuskeln wurden vom Munde, innen von der Oberlippe aus, durchschnitten. Hierauf wurde ein Druckverband von Charpieballen angelegt, welcher denn auch bald die Blutung stillte. Ferner wurden kalte Umschläge verordnet; das Gesicht war mässig geschwollen, an vielen Stellen mit Blut, wiewohl in geringer Quantität, unterlaufen, die Krämpfe, wiewohl bedeutend ermässigt, dauerten noch in geringem Maasse fort, nahmen aber in den nächstfolgenden Tagen noch ab, während zu gleicher Zeit die entzündlichen localen Erscheinungen sich minderten und nach einer Woche fast geschwunden waren. Die linke Nasenhälfte war Anfangs sehr schlaff, was jedoch nicht sehr lange andauerte. Das Auge konnte er nicht ganz schliessen, daher sich auf demselben eine gelinde Entzündung entwickelte. Zu dem Ende musste noch einmal am Auge eine tenotomische Operation vorgenommen werden, welche alsdann die Harmonie in den Bewegungen der Augenlieder wieder herstellte. Die Besserung war allerdings bedeutend, jedoch lässt sich über die Dauer derselben nichts angeben, da der Kranke nach seiner Entlassung aus der Klinik sich nicht wieder gezeigt hat, und man Tenotomie und Myotomie nicht immer nach dem unmittelbaren Erfolge zu beurtheilen berechtigt ist. Es ist dies ein Vorwurf, der vielleicht so manche in diesem Abschnitte mitgetheilte Beobachtung treffen kann; auch machen wir zuerst freimüthig hierauf aufmerksam; da es hier keineswegs unsere Absicht ist, Wundercuren zu erzählen und Operationserfolge zu übertreiben, sondern uns vielmehr daran liegt, einige wichtige pathologische Facta und die geistvolle Handlungsweise Dieffenbach's in noch weniger bekannten Krankheitsfällen durch Beispiele zu erläutern. Die Erfahrung wird erst später zeigen, welches im Allgemeinen ihr definitiver Erfolg ist.

4) Lähmung des Gesichts und Stottern; Behandlung durch Brechmittel, Schröpfköpfe und reizende Einreibungen; bedeutende Besserung.

Der Kranke, ein kräftiger Mann von 26 Jahren, ist von gesundem Aussehen; seit seiner frühesten Jugend hat er sehr stark gestottert, er leidet seit längerer Zeit an einer Gesichtslähmung der linken Seite, welche rein örtlicher Natur zu sein scheint, und über deren Entstehung er durchaus nichts Bestimmtes als ursächliches Moment anzugeben weiss. Die Function der Gesichtsmuskeln ist in ziemlich hohem Grade gestört, so dass der Kranke das Auge der innern Seite nicht ganz zu schliessen, die Stirn nicht zu runzeln, die Nasenflügel und den Mundwinkel nicht gehörig zu bewegen im Stande ist. Das schon viel früher bestandene Stottern hat daher mit diesem Uebel nichts zu schaffen; das Gefühl ist in der ganzen leidenden Partie vollständig vorhanden. Schmerzen sind nur von Zeit zu Zeit in höchst unbedeutendem Grade bemerkbar, mit einem Worte, das Uebel zeigt alle Charaktere einer Lähmung des Facialis; es bestand übrigens gleich von Anfang an in dem gleichen Grade wie gegenwärtig.

Zur Cur wurde vor allen Dingen eine Anwendung von Schröpfköpfen in dem Nacken und dann ein Emeticum verordnet. Nach einigen Tagen wurde, da keine Besserung eingetreten war, ein neues Emeticum verordnet, wonach allerdings bereits Besserung einzutreten anfing. Nun wurde dem Kranken ein Thee aus Arnica und Melisse gegeben nebst örtlichen Einreibungen von Spiritus ammoniato-aethereus. Hierauf trat eine bedeutende Besserung ein, und als der Kranke nach einigen Monaten aus der Klinik entlassen wurde, war bis auf eine leichte Schwäche der gelähmten Gesichtshälfte sein Uebel zum grössten Theil gehoben.

In einem ganz ähnlichen Falle bei einem jungen 17jährigen Mädchen bestand ebenfalls eine partielle, rein örtliche Gesichtslähmung der linken Seite, für deren Entstehung die Kranke auch keinen Grund anzugeben wusste, was bei diesen Uebeln überhaupt nicht auffallend ist, da sie, eben rein in der Bewegungssphäre ihren Sitz habend, durch ihre Schmerzlosigkeit, wenn sie in geringem Grade existiren, unbemerkt bleiben können. Diese Kranke bemerkte zuerst ihre Gesichtslähmung dadurch, dass sie nicht im Stande war Feuer anzublasen und die Luft ihr unwillkürlich aus der linken Seite der Mundhöhle entwich. Sie konnte ferner das linke Auge nicht vollständig schliessen und die ganze linke Gesichtshälfte hing schlaff herab. Die Cur bestand in der Anwendung eines Brechmittels, dann in dem Reichen von Tartarus stibiatus in refracta dosi, in der Wiederholung des Brechmittels nach einigen Tagen, und dem Anlegen und Unterhalten eines Blasenpflasters hinter dem Ohr, nach welcher Behandlung denn auch eine bedeutende Besserung eintrat, über deren Dauer und Vervollständigung jedoch nicht geurtheilt werden kann, da die Kranke vor ihrer vollständigen Wiederherstellung die Anstalt verliess und sich seitdem nicht wieder zeigte. Im Allgemeinen aber ist in solchen Fällen wiederholte Anwendung der Brechmittel zu empfehlen.

5) Gesichtslähmung in Folge von Entzündung des innern Ohres; Abscessbildung; Nachlassen der Lähmungserscheinungen mit Ausnahme der der Augenlieder; Durchschneidung des Levator palpebrae super.; Heilung.

Ein 25jähriger Mann von schwächlichem Aussehen bot alle Erscheinungen einer Gesichtslähmung dar, welche erst seit kurzer Zeit entstanden war und als ursächliches Moment eine phlegmonöse Geschwulst zeigte, welche den Facialis bei seinem Austritte aus der Schädelhöhle comprimirte. Es wurden daher erweichende Umschläge auf diese Geschwulst gemacht, um sie zur Eiterung zu bringen und innerlich Tartarus stibiatus in refracta dosi verordnet. So ging denn auch in wenigen Tagen die Phlegmone in einen Abscess über, welcher sich in den Ohrgang öffnete, aus dem man den Eiter durch einen Schwamm regelmässig entfernte. Nachdem nun auf diese Art das hauptsächliche Causalmoment der Lähmung geschwunden war, wurden auch die Gesichtsmuskeln in ihren Bewegungen wieder freier, nur hatte der Orbicularis palpebrarum seine frühere Action nicht wieder erreicht und das Auge blieb geöffnet, einen unvollständigen Lagophthalmus darbietend. Innerlich wurden dem Kranken Antiscrophulosa und äusserlich Jodeinreibungen verordnet, wonach denn auch, da der Abscess der angestellten Anamnese und der Constitution des Kranken nach zu schliessen scrophulöser Natur war, eine bedeutende Besserung des Aussehens und Allgemeinbefindens eintrat. Da aber dennoch die Augenlieder der gelähmten Seite nach einiger Zeit keine Besserung zeigten, so wurde die

Durchschneidung des Levator palpebrae superioris vorgenommen, worauf der Kranke das Auge vollkommen schliessen konnte, und kurze Zeit darauf vollkommen geheilt erschien. Bei dieser Gelegenheit führen wir einen in Romberg's klinischen Ergebnissen (Berlin 1846 pag. 50 et 51) angeführten Fall auf, in welchem ebenfalls eine Entzündung des inneren Ohres eine vorübergehende Lähmung des Antlitznerven zur Folge hatte.

6) Entzündung im Innern des Felsenbeins; Lähmung des Antlitznerven; Heilung.

Ein gesunder 38jähriger Mann hatte sich 4 Tage vor seiner Meldung in der Klinik durch kaltes Waschen des schwitzenden Kopfes eine heftige Erkältung zugezogen. Abendliche Fieberbewegungen und ein tiefsitzender, dumpfer Schmerz im linken Ohre stellten sich ein, und das Hörvermögen nahm merklich ab. Der Kranke, der sich seit 20 Jahren einer ungetrübten Gesundheit erfreut hatte, würde diese Symptome wenig beachtet haben, hätte er nicht bei dem Versuche zu pfeifen plötzlich die überraschende Bemerkung gemacht, dass die Unmöglichkeit, den linken Mundwinkel fest zu schliessen und das Ausströmen der Luft aus demselben ihn daran verhindere. Die klinische Untersuchung ergab eine vollständige Lähmung aller vom linken Facialis versorgten Muskeln, während die Sensibilität und die masticatorischen Bewegungen nicht die geringste Störung erlitten hatten. Die Uvula war stark nach der linken Seite gekrümmt. Der Schmerz in der Tiefe des linken Ohrs und die Schwerhörigkeit bestanden nicht allein fort, sondern hatten sich seit dem Beginne der Krankheit bedeutend gesteigert. Die Anamnese dieses Falles sprach zwar für einen rheumatischen Anlass der Paralyse; dass aber dieser den Nerven nicht in seinen Gesichtsramificationen, sondern in seinem Laufe durch den fallopischen Canal getroffen hatte, wurde durch die Schiefstellung der Uvula, den Schmerz in der Tiefe des Ohres und die Schwerhörigkeit ausser Zweifel gesetzt. Wahrscheinlich hatte sich eine Anschwellung (Periostitis) der das Innere des Labyrinthes auskleidenden Membran in Folge des rheumatischen Einflusses gebildet, wodurch der Facialis und Acusticus comprimirt und ihrer Leitungsfähigkeit beraubt wurden. Dieser Annahme gemäss wurden 8 Blutegel hinter das linke Ohr gesetzt und die Nachblutung mehrere Stunden unterhalten. Die fernere Behandlung bestand aus Einreibung der grauen Quecksilbersalbe und dem inneren Gebrauche einer Verbindung der Magnesia sulphurica mit Tinctura seminum colchici. Schon nach wenigen Tagen war die

Motilität in den Stirn- und Ringmuskeln der Augenlieder zurückgekehrt, Schmerz und Schwerhörigkeit hatten bedeutend nachgelassen. Acht Tage nach dem Beginne der Cur war keine Spur mehr von Entstellung im Gesichte wahrzunehmen, nur die Uvula hatte ihre anomale Stellung noch behalten; allein auch diese verschwand, und der Kranke konnte nach 14 Tagen als vollständig geheilt aus der Behandlung entlassen werden.

Die Krümmung der Uvula ist besonders in Fällen, wo der Sitz der Krankheit zweifelhaft sein könnte, ein werthvolles Symptom. Ein 8jähriges Mädchen litt bereits seit ihrer Kindheit an einer Lähmung des linken Nervus facialis in seinem ganzen Umfange. Tiefe Schnittnarben in der Nähe des Foramen stylomastoideum konnten leicht zu dem Glauben verleiten, dass in ihnen der Grund der Paralyse läge, allein die sehr auffallende Krümmung der Uvula nach der gelähmten Seite richtete den Verdacht auf einen im Innern des Felsenbeines verborgenen Anlass, und die Mittheilung der Mutter, dass das Kind im 7ten Monate an einer starken Otorrhoe des linken Ohres gelitten hatte, mit welcher kleine, eigenthümlich geformte Knochenstücke abgegangen waren, bestätigte diese Annahme vollkommen.

Wir wollen jetzt hier noch einen Fall anführen, in welchem wir Gelegenheit hatten, eine genaue pathologisch-anatomische Untersuchung über die Verletzungen anzustellen, welche bei Caries des Felsenbeines, Gesichtslähmung, gefährliche Gehirnzufälle und oft den Tod herbeiführen.

7) Caries des inneren Ohrs, Gesichtslähmung, Zeichen eines Gehirnleidens, Tod; bei der Leichenöffnung finden sich Tuberkeln in den Hals-, Bronchial- und Mesenterialdrüsen; Erweichung des Gehirns an der Basis, cariöse Zerstörung eines bedeutenden Theiles des Felsenbeines ohne Tuberkelablagerung.

Ich habe diesen Fall in dem Pariser Kinderhospital beobachtet. Es war dies ein kleiner zweijähriger Knabe, über dessen frühere Gesundheit ich keinen weiteren Aufschluss haben konnte, da er bereits seinem Ende nahe war, als ich ihn beobachtete, und seine Verwandten zu sehen nicht Gelegenheit hatte. Sein Aeusseres bot schon auf den ersten Anblick den scrophulösen Habitus dar. Er sprach fast nicht mehr und war in einem Zustand von beständiger Betäubung und Ohnmacht, welcher nur von Zeit zu Zeit durch Schreien unterbrochen wurde. Die Augen waren halb geschlossen, der Körper war sehr abgemagert; Patient trank begierig, verweigerte doch jede Nahrung. Durch das linke Ohr floss ein stinkender jauchiger Eiter in ziemlicher Menge aus. Die linke Gesichtshälfte war gelähmt, der Mund hing schlaff herab und liess den Speichel ausfliessen und sämmtliche Gesichtsmuskeln boten das diesen Lähmungen eigenthümliche schlaffe Ansehen dar. Der aus dem linken Ohre ausfliessende Eiter war so scharf, dass die ganze Umgegend des Ohrs wie aufgeätzt und ulcerirt war. Um den Hals herum fühlte man angeschwollene tuberculöse Halsdrüsen in ziemlicher Menge. Unter diesen Erscheinungen ging der Kranke zu Grunde, nachdem die allgemeinen Fiebererscheinungen und die Gehirnsymptome sich zuletzt bedeutend gesteigert hatten. Von den verschiedenen Symptomen ist nur eins der Bemerkung werth, nämlich das vollkommener Crouperscheinungen, welche jedoch rein von der Enervation abhingen, da bei der Leichenöffnung sich auch nicht die geringste Spur von der Entzündung des Larynx und der Trachea fand. Bei der Eröffnung der Gehirnhöhle fanden wir nirgends einen bedeutenden Eitererguss; der ganze obere Theil des Gehirns war zwar blutreich, aber sonst gesund, nirgends fanden sich in demselben weder Tuberkeln noch Exsudat. Auf dem unteren Theile des hintern linken Gehirnlappens, an dem dem kleinen Gehirn zunächst gelegenen Theile, hatte die Substanz ein grauliches, von Eiter tingirtes Ansehen. Sie war in der That vom Eiter infiltrirt und erweicht, ohne dass sich in der Umgegend eine Eiteransammlung erkennen liess. Diese Affection war übrigens oberflächlich, erstreckte sich nur wenige Linien in die Gehirnsubstanz hinein und hatte im Ganzen 1½ Zoll Länge und Breite. Wenn aber auch an diesen Theilen des Gehirns keine Eiterinfiltration existirte, so war doch noch im weitern Umfange die Gehirnsubstanz entzündet und erweicht. Der Theil der harten Gehirnhaut, welcher sich zwischen diesem kranken Gehirntheile und dem cariösen Felsenbeine befand, war bedeutend verdickt und hatte bis auf 4 Linien Dicke; er war von fester faseriger Consistenz und ebenfalls mit Eiter infiltrirt. Zwischen der harten Gehirnhaut und dem Felsenbein war eine dünne Lage schwarzen brandigen stinkenden Eiters vorhanden, der Gesichtsnerv zeigte sich bei seinem Eintritt in das Os petrosum fast zur Unkenntlichkeit verändert. Dieser Knochen war nicht bloss in seinem Innern zum grossen Theile zerstört, sondern selbst in mehrere Fragmente getrennt, überall von nekrotischem Zellgewebe, jauchigem Eiter und Knochendetritus erfüllt; selbst bei der sorgfältigsten Untersuchung und Durchsägung des Knochens zeigte sich nirgends tuberculöse Ablagerung. Der Processus mastoideus war ebenfalls in seinem Innern zum grossen

Theil von Caries zerstört und mit Eiter infiltrirt. In den Halsdrüsen fanden sich bedeutende tuberculöse Ablagerungen in verschiedenen Entwickelungsstadien. Die Bronchial- und Mesenterialdrüsen waren ebenfalls von Tuberkelmasse erfüllt; in den Lungen fanden sich keine Tuberkeln; die Leber war umfangreich und fettartig degenerirt; in allen übrigen Organen fand sich nichts Krankhaftes.

Anhang.

Einige Bemerkungen über Stottern.

Bei Gelegenheit einer Stotteroperation, zu welcher Dieffenbach von einem 25jährigen, jungen Manne aufgefordert wurde, welcher von dem Uebel in sehr hohem Grade behaftet war, theilte uns derselbe in kurzen Zügen seine gegenwärtigen Ansichten über die Stotteroperation mit.

Er betrachtet das Stottern als hauptsächlich eine im Nervensystem ihren Sitz habende Krankheit, welche zuweilen in ihrem Auftreten Periodicität zeigt, bald angeboren ist, bald auch erst später erscheint, oft für längere oder kürzere Zeit sich mindert, um dann ganz aufzuhören oder stärker wieder hervorzutreten; bald zeigt es sich einige Jahre vor der Pubertät und hört mit dem Eintritt derselben auf, bald tritt es erst um diese Zeit auf und ist dann sehr schwer zu heilen. Man hat es auf psychiatrischem Wege, sowie auf mechanischem und operativem zu heilen versucht. Das älteste Beispiel einer mechanischen Behandlung des Stotterns ist das des Demosthenes, welcher den Mund mit Steinen anfüllte und dann bergauf ging (si fabula vera. Der Verf.), also durch Druck auf die Zungenmuskeln das Stottern hob. Eine amerikanische Dame, Madame Lee, hat eine ähnliche Methode in Anwendung gebracht, indem sie ein eigenthümliches Instrument, einen Zungendrücker, erfand. Was die psychiatrischen Methoden betrifft, so haben es selbst oft Schulmeister auf rein pädagogischem Wege durch das Wiedererlernen der Buchstaben und Laute und ihrer Combinationen nach der Fibel zu Heilungen der Stotternden gebracht. Was Professor Dieffenbach zuerst auf die Operation des Stotterns führte, war der Umstand, dass ein Schielender, der zugleich stotterte, nach der Schieloperation momentan vom Stottern befreit war; ja dass schmerzhafte operative Eingriffe jeder Art, wie Abschneiden der zu langen Uvula, Exstirpation kranker Halsdrüsen, Operation des Brustkrebses, Amputation etc. für den Augenblick das Stottern aufhören machten;

in allen solchen Fällen jedoch kam das Stottern wieder. Nun kam er auf die Idee, dass ein Nerven- und Muskelschnitt in die Zunge selbst kräftigere Hülfe schaffen müsste. Der das Stottern begleitende Krampf scheint zuweilen tief vom Diaphragma, sich durch starke Respirationen kundgebend, auszugehen. Bei andern scheint der Krampf mehr im Schlund oder Gaumenanfang zu bestehen und kann sich so bis zur Zungenspitze fortpflanzen. Bei noch andern werden die Muskeln der Nase und Backe mitafficirt und so machen die Kranken beim Stottern die fürchterlichsten Grimassen mit den Gesichtsmuskeln. Was die Durchschneidung der Musculi genio-glossi, von den Franzosen viel ausgeübt, betrifft, so hat sie nie vollständige Heilung herbeigeführt und immer nur momentane Heilung durch operatives Verfahren überhaupt bewirkt. Selbst bei der besten Methode der Stotteroperation findet man den grossen Nachtheil, dass man nie den Erfolg genau vorherbestimmen kann. Wenn man drei in gleichem Grade Stotternde operirt und zwar nach der gleichen Methode, so kann es recht gut vorkommen, dass der erste für den Augenblick geheilt, der zweite gebessert, der dritte in unverändertem Zustande erscheint; nach einigen Monaten aber können sich bei allen dreien die Umstände gerade umgekehrt gestaltet haben. Der erste kann einen Rückfall bekommen haben, der zweite leicht gebessert geblieben sein, der dritte anfangs scheinbar nicht gebessert, kann auf die Dauer sich des günstigsten Erfolges erfreuen. Unter den besten Erfolgen citirt Professor Dieffenbach einen Fall, in dem ein Kranker so fürchterlich gestottert hatte, dass er deshalb aus der Schule weggewiesen werden musste, nach Durchschneidung der Zungenwurzeln aber vollständig geheilt erschien Diese Heilung hat sich bis jetzt während mehrerer Jahre bestätigt.

In neuester Zeit durchschneidet Dieffenbach nicht mehr die ganze Zungenwurzel, sondern nur $\frac{1}{2}$ — $\frac{2}{3}$. Die Operation ist nicht gefährlich, erfordert aber viel Uebung.

Der Kranke wird auf folgende Art operirt. Die Spitze der Zunge wird mit der Museux'schen Zange fixirt. Dies ist bei allen Zungenoperationen unumgänglich nothwendig, und die Vernachlässigung dieses scheinbaren Nebenumstandes ist namentlich der Grund der schlechten Ausführung vieler Operationen des Zungenkrebses. Es wird nun ein feines Messer an der Basis der linken Seite der Zunge mit nach oben gerichteter Spitze bis über die Mittellinie hinaus eingestossen und nach oben gezogen, wodurch eine breite, klaffende Spalte entsteht. Die Wunde wird durch Hefte vereinigt und zwar die hintere Seite zuerst mit Nadeln durchstochen, alsdann die Sutur geknüpft und so die Blutung gestillt.

Ueber den definitiven Erfolg dieser Operation steht uns kein bestimmtes Urtheil zu. Nur so viel wissen wir, dass die unmittelbaren Folgen der Operation günstig waren und dass weder Nachblutung, noch entzündliche Reaction eingetreten ist. Das Ausschneiden eines Keils aus der Zunge nach vorher angelegten Ligaturfäden sichert übrigens gewöhnlich vor Nachblutung, und in den Fällen, in welchen ja noch eine Blutung eintreten sollte, wäre es ganz unnütz, eine spritzende Arterie aufzusuchen. Der Kranke würde eher sterben, als man eine spritzende Arterie im Grunde der Zunge isoliren und unterbinden könnte. Das sicherste Mittel die Blutung zu stillen, ist eine starke Naht, aus 3 — 4 Ligaturfäden bestehend, hindurchzuziehen und so die blutende Stelle zu umstechen und durch Unterbinden der ganzen Masse zu stillen.

Wir haben über die Schieloperation absichtlich nichts mitgetheilt, da wir nicht Materialien genug besitzen, und überhaupt die operative Behandlung dieses Uebels nicht hinreichend studirt haben, um über dasselbe ein eigenes Urtheil mittheilen zu können. Wir wollen hier nur eines sinnreichen Verfahrens erwähnen, welches nicht in der Muskeldurchschneidung besteht, sondern in einem andern operativen Eingriffe, welcher bei leichtern Fällen nach Dieffenbach's Erfahrung oft bedeutenden Nutzen schafft. Der Fall, in welchem wir diese Behandlungsweise gesehen haben, betrifft einen sechsjährigen Knaben von kräftiger Constitution, welcher seit seiner ersten Kindheit an Strabismus internus beider Seiten und namentlich der linken leidet. Dieffenbach hat beobachtet, wie dies überhaupt von vielen Seiten der Schieloperation vorgeworfen worden ist, dass bei Kindern die Muskeldurchschneidung am Auge, leicht das Ausweichen des Auges nach der entgegengesetzten Seite zur Folge habe; so dass mitunter das Zusammenheilen beider durchschnittenen Muskeltheile gar nicht zu Stande komme. In einzelnen Fällen hilft nach Dieffenbach schon das blosse Cauterisiren der entgegengesetzten Seite des Auges durch Höllenstein. In etwas höherm Grade des Schielens wird, nachdem die Augenlieder durch Augenliedhalter gehörig fixirt sind, mit dem Conjunctivahaken eine Falte dieser Haut in die Höhe gehoben und mit der Scheere weggeschnitten.

So wurden nun bei dem Kranken diese Operationen auf dem linken Auge gemacht; der kleine Patient zeigte hiebei so viele Ruhe, dass auf der rechten Seite die Operation gemacht werden konnte, ohne den Augenliedhalter anzuwenden.

Die physiologische Wirkung dieser Operation ist, die naheliegenden äussern Muskeln zu stärkerer Contraction zu reizen und durch Narbenbildung diese äussere Seite mehr zusammenzuziehen, was alsdann das Auge in seine gehörige normale Lage zurückbringt.

IV. Einige Bemerkungen über Kniecontractur.

Mit Recht wohl sagt Dieffenbach, dass in der Behandlung der Kniecontractur die operative Chirurgie ihren schönsten Triumph feiere. In der That wird wohl Niemand die Wahrheit dieses Ausspruchs bezweifeln, welcher Dieffenbach in seiner Klinik während einer längern Zeit diese Uebel operativ und orthopädisch hat behandeln sehen. Es gehört dies Uebel offenbar zu den häufigen; wo es längere Zeit gedauert hat, helfen Salben, Douche und äussere Mittel nichts mehr. Selbst die rein orthopädische Behandlung ist in den meisten Fällen nutzlos, und je länger das Uebel dauert, desto mehr werden die Kranken zu elenden Krüppeln, welchen das unbrauchbare Glied zur Last und Beschwerde ist. Es ist daher eine wahre Wohlthat für die leidende Menschheit, solche Kranken, nachdem sie Jahre lang in diesem traurigen Zustande geblieben sind, noch durch operativen Eingriff und gehörig geleitete Nachbehandlung in manchen Fällen heilen zu können, in vielen andern sie wenigstens so weit zu bringen, dass das gestreckte Glied, wenn auch im Knie steif, sie wieder tragen und stützen kann und sie so den Gebrauch desselben fast gänzlich wiedererlangen. Was die Natur der Kniecontracturen betrifft, so beruht dieselbe wohl in den meisten Fällen auf einer chronischen Gelenkentzündung, von welchen sie einer der übrigens nicht ungünstigsten Ausgänge ist; da sonst der Tumor albus, wenn er sich mit Eiterung und Ablagerung speckartiger, fibroplastischer Massen um das Gelenk herum endet, oft zur Amputation führt, und sogar, wenn sie der Kranke verweigert, tödtlich endet. Die Kniecontractur ist besonders ein Ausgang der Art von Gelenkentzündung, welche mehr plastischer Natur, mit Ausschwitzung eines faserstoffreichen Plasmas endet, welches keinen Eiter enthält, wohl aber alle die Theile, zwischen welchen es ergossen wird, durch seine Coagulation mit einander verklebt. So wird das freie Spiel der Gelenkscharniere gestört, die Bewegung der Sehnen an ihren Insertionspunkten gehindert. Diese Adhärenzen nun werden immer fester, die Bewegung daher immer mehr gespannt, und so werden denn die fast unbrauchbar gewordenen Sehnen und Fascien, welche das Kniegelenk umgeben, der Sitz einer Contractur, welche das Glied immer mehr zurückzieht und die Ferse ein Kreissegment durchlaufen lässt, welches dieselbe am Ende bis in die Nähe der Hinterbacken bringen kann. In diesem Zurückziehen nimmt man drei verschiedene, zwar willkürliche, aber praktisch wichtige Grade an; nämlich den ersten Grad: die Contractur unter stumpfem Winkel, der zweite Grad: die unter einem rechten Winkel, der dritte endlich: die unter einem spitzen Winkel. Dass das mit Kniecontractur afficirte Glied mit der Zeit atrophisch wird, ist eine nothwendige Folge seiner Unbrauchbarkeit, jedoch stellt sich, wenn die Atrophie nicht zu weit gediehen ist, mit bewerkstelligter Kniestreckung ein besserer Zustand der Ernährung in dem betreffenden Gliede ein.

Was die ätiologischen Momente betrifft, welche die Kniecontractur erzeugen, so haben wir oben gesehen, dass ihr letzter Grund in einer gewissermaassen adhäsiven Entzündung des Gelenkes besteht. Mitunter ist Knochenanschwellung mit im Spiel. In seltneren Fällen besteht Kniecontractur als Ueberrest einer suppurativen Entzündung mit Caries und Fistelbildung. Man findet daher auch viel öfter um das contrahirte Knie herum eine intacte Haut, als adhärirende Narben, jedoch muss man sehr wohl auf letztere Complication bei dem operativen Verfahren Rücksicht nehmen. Viel öfters ist eine äussere Schädlichkeit, wie ein Fall auf das Knie, ein Messerstich, eine Verbrennung in der Gegend des Gelenkes, eine starke Contusion der Grund des Uebels, als eigentliche dyskrasische Momente. Unter diesen ist es besonders eine rheumatische oder eine scrophulöse Ursache, welche der Contractur zu Grunde liegt, oder um uns in Bezug auf die rheumatische Gelenkentzündung correcter auszudrücken, eine spontane Gelenkentzündung ohne Einwirkung einer äusseren Gewaltthätigkeit ist das ursächliche Moment. Zuweilen ist die Kniecontractur secundär durch eine Krankheit des Hüftgelenks hervorgebracht und vermehrt auf diese Art bedeutend die Difformität. Im Allgemeinen ist dies Uebel mehr dem jugendlichen Alter eigen, und entwickelt sich entweder in der Kindheit oder in den ersten Jahren nach der Pubertät; und da sein Verlauf höchst langsam ist, die Kniecontractur überhaupt mehr der Ausgang einer Krankheit, als wirklich noch selbst ein Leiden ist, so kommen diese Fälle daher erst viel später zur Operation. Es ist übrigens dies kein sehr grosser Nachtheil, da jemehr alle Reste der früheren entzündlichen Affection getilgt sind, desto besser die Aussicht auf Erfolg ist. Nur freilich kommt der Umstand in Betrachtung, ob die ausgebildete Anchylose vollständig oder mehr oder weniger unvollständig ist. Bei unvollständiger Anchylose ist die anzuwendende Kraftanstrengung für die Kniestreckung viel geringer; nach dem Zeugnisse vieler neuerer Wundärzte kann selbst eine vollständige Anchylose freilich nur durch bedeutende Kraft gebrochen werden und wir werden hiervon einen höchst merkwürdigen Fall weiter unten anführen. Im Allgemeinen jedoch gehört diese Methode zu den kühneren Eingriffen der Chirurgie, und wenn gleich das Brechen der Anchylose ungleich weniger gefährlich ist, als man dies a priori glauben sollte, so lässt sich doch nich leugnen, dass diese Operation öfters einen tödtlichen Ausgang herbeigeführt hat. Sonst ist im Allgemeinen die Prognose der Kniestreckung sowohl in Bezug auf unmittelbare Folgen, so wie in Betreff des definitiven Erfolges viel günstiger, als man glauben sollte, und auch hier hat wieder einmal die Praxis gezeigt, welch' ein bedeutender Unterschied zwischen theoretischer Wahrscheinlichkeit und praktischer Wirklichkeit bestehe. Es kann also gar kein Zweifel mehr darüber bestehen, dass das operative Verfahren bei der Heilung der Kniecontractur zu den schönsten Bereicherungen der neueren Chirurgie gehört, und bietet dieselbe vor der Operation des Klumpfusses den Vortheil dar, dass während bei letzterer die Tenotomie nur der Maschinenbehandlung den Weg bahnt, bei der Kniecontractur hingegen die Sehnendurchschneidung und gewaltsame Streckung in wenigen Minuten das bewirken, was Maschinenbehandlung gar nicht oder nur nach langer Zeit zu leisten im Stande wäre. Im Allgemeinen sind es besonders die an der äusseren und inneren Seite nach hinten sich ansetzenden Sehnen, welche die Kniecontractur unterhalten, namentlich der Semitendinosus, Semimembranosus, Biceps und die Fascia. Was nun das operative Verfahren selbst betrifft, so haben wir dies zwar hinreichend oft gesehen, um es hienach selbst beschreiben zu können, jedoch ist dasselbe in Dieffenbach's operativer Chirurgie in kurzen Zügen so schön und so vollständig beschrieben, dass wir es vorziehen, diese ganze Stelle wörtlich zu citiren:

„Bei der Operation legt sich der Kranke mit dem Bauche auf einen mit einer dicken Matratze bedeckten Tisch; letztere muss genau bis an den Rand des Tisches reichen. Bis zu diesem Punkte wird das gekrümmte Glied vorgerückt, so dass die Kniescheibe gerade auf der Kante der festen Matratze liegt und das Bein aufwärts gerichtet ist. Während ein Assistent den gekrümmten Unterschenkel in der Gegend des Fusses umfasst und die Sehnen durch Anziehen anspannt, umfasst ein anderer den gesunden Unterschenkel und zieht ihn nach Aussen, damit er nicht im Wege sei; mehrere andere Gehülfen, welche an beiden Seiten des Tisches stehen, halten den Kranken, besonders aber haben sie das Geschäft, das Becken zu fixiren. Man hebt nun eine Hautfalte über der am meisten gespannten und vorragenden Sehne in die

Höhe, bald ist es der Biceps an der äussern, bald der Semitendinosus und Semimembranosus an der inneren Seite, geht mit dem Messer unter die Hautfalte und über der Sehne fort und durchschneidet dieselbe von Aussen nach Innen in leisem Zurückziehen des Messers, wobei man mit den linken Fingern von Aussen zugleich auf die Haut und den unter ihr befindlichen Messerrücken drückt. Ein Zoll oberhalb des Winkels zwischen Ober- und Unterschenkel, ist gewöhnlich der Punkt, wo die Durchschneidung am leichtesten geschieht. Das Durchschneiden der Sehnen von Innen nach Aussen ist in der Kniebeuge nicht zu empfehlen, wenigstens habe ich die Trennung von Aussen nach Innen leichter und gefahrloser gefunden. Der Unterschenkel wird jetzt stärker angezogen, das Messer an einem andern Puncte eingesenkt und damit fortgefahren, bis die Spannung mehr nachlässt. Man schlingt jetzt ein Handtuch mit seiner Mitte um das Kniegelenk, lässt die Assistenten von beiden Seiten anziehen, um das Zerreissen der Haut und den Blutaustritt zu verhindern, übernimmt den Unterschenkel selbst und biegt und streckt ihn abwechselnd, um dadurch die secundären Verwachsungen in der Umgegend zu lösen. Bei einem hohen Grade von Rigidität erlangt man besonders dadurch ein baldiges Nachgeben, dass man das Glied nach der Flexionsseite so stark überbiegt, dass die falschen Verbindungen sich lösen, dann kann man es leichter extendiren. Bei möglichster Streckung werden noch etwanige Spannungen der Fascia, oder des Gracilis, oder des Sartorius an der am meisten gespannten Stelle vorsichtig durchschnitten.

Narben in der Gegend des Kniegelenks machen die Operation sehr schwierig. Sind sie über eine grosse Fläche an der Beugeseite ausgebreitet und droht die Haut beim Extendiren des Glieds zu zerreissen, so macht man lieber eine Handbreit über dem Gliede einen grossen Querschnitt durch die Haut; kleine, tiefliegende Narben, welche Stränge nach Innen an die Muskeln und das Gelenk schicken, und welche die Ueberbleibsel ehemaliger Gelenkfisteln sind,durchschneidet man mit dem Pott'schen Fistelmesser subcutan, entweder von den Einstichspunkten zur Trennung der Sehnen, oder von eigenen Stichwunden aus (S. Operation der Narben).

Hängen Muskel und Sehnen unter sich oder mit der Fascia zusammen, so dass nach der subcutanen Durchschneidung derselben kein Nachgeben erfolgt, so durchschneidet man die spannenden Muskel weiter oben an gesunden Stellen mit Berücksichtigung von wichtigen Gefässen und Nerven.

Man legt dann den Verband an, dieser besteht in Compressen,

Charpie, drei wollenen Binden von 6 Ellen Länge, einer Blechrinne und 2 Ellen zusammengelegtem Flanell, als Polster, womit die Rinne ausgepolstert wird; die Wunden werden mit feuchten Compressen oder Charpie bedeckt und das Kniegelenk, der Oberschenkel und der Unterschenkel bis zur Achillessehne eingewickelt. Darauf legt man das Glied auf das Polster der Blechschiene und füllt die Höhle, welche besonders bei nicht ganz gerader Streckung des Knie's ensteht, mit einem Berge weicher Charpie aus, damit dieser Theil, in dem die Wunden sich befinden und die Haut gewöhnlich absteht, etwas eingerückt werden. Die Schiene muss unten bis eine Hand breit unter den Knöcheln und nach oben bis eine Hand breit unterhalb des Gesässes hinaufreichen und die ganze Extremität sammt der Schiene mit den Touren der zweiten Binde umgeben werden. Dicht über und dicht unter der Patella wird die Binde am stärksten angezogen, schwächer über der Kniescheibe und am lockersten an den Enden der Schiene. Die dritte breiteste Binde wird nur bei grösserem Widerstreben der Theile zur Unterstützung über die zweite angelegt.

Nicht ohne dringende Noth wird der Verband gelüftet. Nur bei unerträglichen Schmerzen macht man ihn etwas locker. Viele ertragen ihn, ohne dass man ihn früher als nach Wochen abzunehmen braucht. Wo aber Eiterung eintritt, welche man nach einer sehr eingreifenden Operation fürchten kann, entfernt man den Eiter, indem man die Stichwunde ein wenig dilatirt, füllt die Kniebeugung mit weicher Charpie aus, gönnt dem Gliede eine kleine Krümmung und befestigt die Schiene um das Glied mit 4 Halstüchern des leichtern Abnehmens und Anlegens wegen.

Die spätere Nachbehandlung bezweckt die fortwährende Streckung des Gliedes, wozu man sich eines Stromeyer'schen oder meines diesem ähnlichen Apparates bedient. Mit Hülfe desselben kann der Kranke gehen. Eine in der ersten Zeit zurückbleibende mässige Krümmung des Gliedes lässt sich gewöhnlich durch lange allmählige Ausdehnung heben. Erst nach Monaten sucht man die Flexion des Gliedes durch Krummstellen der Maschinen wieder abzuleiten, gebraucht dabei Bäder und ölige Einreibungen und alle diejenigen Mittel, welche auf Erweichung der Theile wirken."

Wir wollen nun diese kurzen Bemerkungen über Kniecontructur durch einige Krankengeschichten erläutern.

1) Seit vielen Jahren bestehende Kniecontractur unter einem rechten Winkel, und vollkommene Anchylose; Sehnendurchschneidung, gewaltsame Streckung des Knies, schon nach wenigen Tagen fast vollkommene Heilung.

Ein 26jähriger Mann von kräftigem Körperbau hatte seit seinem 4ten Jahre eine Kniecurvatur. Er hatte damals in Folge eines Falles auf das Knie eine chronische Gelenkentzündung bekommen, in Folge welcher zwar nicht Eiterung, aber Anchylosis spuria eingetreten war. Allmählig war das Bein so gekrümmt worden, dass es vor der Operation unter einem rechten Winkel zum Schenkel stand, und nur einen sehr geringen Grad von Beweglichkeit zuliess. Da der Kranke seit seinem 4ten Jahre das Glied nicht mehr gebrauchen konnte, war es atrophisch geworden, und wiewohl die Muskeln des Beins an und für sich nicht schwach genannt werden konnten, so war doch das rechte Bein dünner und kürzer, als das linke gesunde. Narben existirten nirgends um das Knie herum; der hintere Theil des Oberschenkels zeigte deutlich die schon unter der Haut als sehr gespannt fühlbaren Flechsen. Da dies Uebel allmählig immer Fortschritte gemacht hatte, so war ein Gleiches natürlich auch für die Zukuft zu befürchten. Professor Dieffenbach hat Fälle beobachtet, in denen das Bein sich allmählig so zurückgezogen hatte, dass der Hacken sich eine Grube in die Hinterbacken gebohrt hatte und allmählig mit derselben verwachsen war.

Der Kranke wurde nun so auf den Operationstisch gelagert, dass er auf dem Bauche liegend, das Bein der kranken Seite nach oben gerichtet hatte. Dieses wurde nun von Gehülfen stark angezogen, alsdann der Semitendinosus, der Semimembranosus, der Biceps und die Fascia cruralis von verschiedenen Einstichspunkten aus durchschnitten. Die Schnitte wurden von Aussen nach Innen geführt. Da es wichtig ist in solchen Fällen Eiterung su vermeiden, so müssen die Einschnittsöffnungen bei der Kniestreckung klein sein, und man darf nicht zu viel mit dem Tenotom unter der Haut miniren. Daher es gerathener ist, die Zahl der Einstichsöffnungen zu vervielfältigen. Schon zwischen jeder einzelnen Muskeldurchschneidung wurde von den Gehülfen gestreckt. Diese Streckversuche wurden aber noch viel kräftiger angewendet, als alle die betreffenden Sehnen durchschnitten waren. Zuerst wurde das Bein nach hinten flectirt und dann nach vorn extendirt. Um hierbei Zerreissungen zu vermeiden, wurde vorher eine Serviette um das Kniegelenk gebunden und zu beiden Seiten stark angezogen.

Nach der Operation wurden in kaltes Wasser getauchte Compressen auf die hintere Kniegegend gelegt, dann wurde eine Flanellbinde um das Knie angelegt; Flanellstücke zum Ausstopfen in die Gegend der Kniekehle gebracht und so das nach der Operation bereits fast ganz extendirte Glied auf einer Blechschiene fixirt. Die entzündliche Reaction nach der Operation war nur unbedeutend und der Erfolg war in dem Ealle so vollkommen, dass es nicht einmal nöthig war, den Luther'schen Apparat für Kniestreckung anzulegen, und nach kaum einem Monat verliess der Kranke in sehr befriedigendem Zustande die Anstalt. Die Sohle berührte die Erde, das Bein war gerade, der Kranke konnte auf einen Stock gestützt gehen. Das Knie war freilich steif und die Atrophie des Gliedes hatte noch nicht abgenommen; jedoch ist dies zu hoffen, sobald der Kranke sich seiner Glieder vollkommen bedienen können wird.

2) Kniecontractur in Folge von Tumor albus, Sehnendurchschneidung und Strecken; Besserung.

Die 17 Jahr alte Kranke hatte bereits in ihrem 4ten Jahre angefangen, heftige Schmerzen im linken Knie zu verspüren. Es bildete sich schon damals eine mehrere Monate dauernde Anschwellung des Gelenks aus, welche jedoch allmählig wieder abnahm, aber nie ganz heilte. Es traten immer wieder von Zeit zu Zeit neue entzündliche Erscheinungen ein, welche die Anwendung von Blutegeln, Quecksilbersalbe nöthig machten. So blieb die Geschwulst von mässiger Grösse, bis sie vor 3 Jahren in Folge einer heftigen Erkältung stärker anzuschwellen anfing. Es bildete sich auch damals ein Abscess in der Umgegend des Gelenks, welcher geöffnet wurde, eine Zeitlang eiterte und dann zuheilte. Die Geschwulst jedoch behielt einen grössern Umfang und zugleich fing der Gebrauch des Gliedes an, sehr erschwert zu werden. Ausserdem litt die Kranke damals viel an rheumatischen Schmerzen in den Gliedern und an häufiger Angina, welche besonders bei nasskalter Witterung eintrat. Das bis jetzt unregelmässige Eintreten der Menstruation hat im Zustande der Kranken durchaus keine Besserung herbeigeführt. Bei der Aufnahme der Kranken in die chirurgische Klinik zeigte sich am Kniegelenk eine Anschwellung elastischer Natur, beim Druck nicht schmerzhaft, von einer nicht gerötheten Haut bedeckt, an welcher die Narbe des frühern Abscesses zu sehen war. Der Unterschenkel ist in mässigem Grade gegen den Oberschenkel hin angezogen, er kann nicht gestreckt, wohl aber ohne Schmerzen gebeugt werden. Bei der genaueren Untersuchung ergiebt sich, dass das Uebel mehr in den sehnigen, ligamentösen und aponeurotischen Theilen des Kniegelenks seinen Sitz hat, dass die Bewegung des Knie's noch nicht sehr bedeutend gelitten hat, und dass die innern Theile des Gelenks in ziemlichem Integritätszustande sich zu befinden scheinen, und dass ganz besonders die Contractur des Musculus biceps und der Aponeurosis cruralis die Kniebeugung verursachte. Es wurden daher diese beiden subcutan durchschnitten, alsdann mit Anwendung einer mässigen Gewalt das Knie gestreckt und sodann mit Flanellbinden eingewickelt auf eine Blechschiene gelegt. Ein leichtes Oedem des Beines und des Fusses, welches das Losemachen des Verbandes am Tage nach der Operation nöthig machte, abgerechnet, traten sonst keine übeln Zufälle ein. Schon nach wenigen Tagen war alle entzündliche Reaction der Operation geschwunden. Während der ersten 14 Tage wurde kein anderer Verdand, als die Blechschienen nebst Einwicklung angewendet. Erst nach 14 Tagen wurde ein Streckapparat angelegt, die gewöhnliche Luther'sche Maschine für Kniestreckung, welche durch ein gezähntes Rad vermittelst eines Schlüssels im Gelenk, in eine mehr oder minder stumpfen Winkel nach Belieben gestellt werden kann und welche nun auch allmählig die vollkommene Streckung des Knies bewerkstelligte. Schon nach einem Monat konnte die Kranke die Klinik verlassen, da nun die untere Gliedmasse ganz gerade war und der Fuss beim Gehen gehörig auf die Erde gesetzt werden konnte. Das Knie blieb freilich noch etwas geschwollen, jedoch war der Zustand der Kranken durch die Operation bedeutend gebessert worden. Wir haben über den weitern Verlauf ihres Uebels keine fernere Nachrichten.

3) Chronische Gelenkentzündung während der Kindheit mit Hinterlassung einer ziemlich bedeutenden Anchylose; zweimalige Tenotomie in einem Zwischenraume von mehreren Jahren, Anlegung eines Streckapparates, bedeutende Besserung.

Der Patient, 28 Jahr alt, von mittlerer Grösse und von gesundem Aussehen, ist bis zum Alter von 4½ Jahren vollkommen gesund gewesen. Damals fiel er auf's Knie, was Anfangs nicht beachtet wurde, dann aber, als er Mühe zum Gehen hatte, und das Bein (das rechte) mit Mühe schleppte, er auch Schmerzen im Knie empfand, wurden Blutegel und Blasenpflaster angewendet. Der Zustand des kranken Knies verschlimmerte sich aber eher und so brachte er drei Jahre im Bette zu, während welcher Zeit sich eine Menge von Fisteln und bedeutende Eiterung einstellte; es waren gegen 10—12 Fisteln, theils oberhalb, theils unterhalb des Knies. Ein Theil derselben unterminirte freilich wohl mehr die oberflächlichen Theile, wenigstens kam durch die oberen Oeffnungen eingespritzter Kamillenthee, durch die untere wieder heraus.

Nach Verlauf von drei Jahren hatte die Eiterung aufgehört, aber das Knie war krumm und steif, nur mit Mühe konnten die Zehen die Erde berühren. Später zog sich, je solider die Narben wurden, das Knie noch mehr krumm, so dass er einen Stiefel mit einem Absatze von gegen einen Fuss Höhe tragen musste. Schmerzen hatte er nicht, aber die Beweglichkeit des Knie's war fast ganz geschwunden. Damals consultirte er einen ausgezeichneten Wundarzt, der ihm mehrere (8—9) Sehnen um das Knie herum durchschnitt, und ihn noch während 1½ Jahr orthopädisch nachbehandelte. Es wurde auch nach dieser Behandlung besser, der Fuss hatte sich getreckt, die Kniecontractur war gemildert und der seitdem fortwährend getragene Apparat hat einen Rückfall verhindert.

Dennoch war vor der letzten Operation, wie das sehr genau genommene Modell des Gliedes noch jetzt zeigt, das Knie unter einem Winkel von 110° gebogen, fast unbeweglich, bedeutenden Vorsprung des Condyli interni femoris zeigend. Um das Knie herum sah man an den eingezogenen Narben die Reste der frühern Gelenkkrankheit. Auf der Hinterseite des Gliedes konnte man nicht deutlich die verschiedenen Sehnen erkennen, sondern alle waren in eine Masse gesammelt, welche namentlich in der Mitte nach Hinten einen Vorsprung bildete.

Es wurde nun von den sechs anwesenden Aerzten unter Leitung des Professors Dieffenbach eine sehr starke Extension geübt, welche freilich für den Kranken schmerzhaft war, aber hierauf wurden die verschiedenen retrahirten Sehnen und Fascien durchschnitten und sogleich nach Anlegen von Flanellbinden der Luther'sche Streckapparat in Anwendung gebracht. Das vor der Operation in einem Winkel von 110° stehende Bein zeigte schon unmittelbar nach der Operation einen Winkel von 150°. Entzündliche Reactionserscheinungen traten fast keine ein; und nach etwa einem Monate war der Kranke im Stande, nachdem natürlich der Apparat allmählich das Knie immer mehr gestreckt hatte, gerade zu stehen und den Fuss dabei auf die Erde zu setzen, wobei das Knie nur einen geringen Vorsprung bildete. Wenn der Kranke auch durch die Operation noch nicht vollkommen geheilt war, so war doch dadurch sein Zustand bedeutend gebessert.

4) Kniecontractur unter rechtem Winkel mit nach Aussen stehendem Bein, bedeutender Difformität und vollkommener Anchylose des Gelenks; gewaltsames Brechen der Anchylose ohne Sehnendurchschneidung; Wiederherstellung der geraden Richtung des Gliedes.

Ein 26jähriger Mann von kräftigem Körperbau zeigte eine so difforme Kniecontractur, dass, wo er sich auf der Strasse zeigte, ihm die Gassenbuben nachliefen. Auf diese Art hatte ihn Dieffenbach aufgefunden und der arme junge Mann, welcher für den Pöbel ein Gegenstand des Spottes war, erregte das Mitleiden des ausgezeichneten Wundarztes in dem Grade, dass er ihn in seinen Wagen nahm, nach der Klinik führte und auf die Mittel dachte, ihn von dem lästigen Uebel zu befreien. Dies führte er denn auch auf eine ebenso kühne als geniale Weise aus: und unter den vielen chirurgischen Eingriffen, welche ich in verschiedenen Ländern gesehen habe, ist mir kein einziger erinnerlich, welcher mir vor der Operation weniger ausführbar geschienen hätte.

Folgendes ist in Kurzem die Beschreibung dieses Falles. Der Kranke war bis zu seinem vierzehnten Jahre immer gesund gewesen, einen Abscess abgerechnet, welchen er im zehnten Jahre auf dem Kopfe hatte, der jedoch bald geheilt war. Im vierzehnten Jahre fiel er auf das Knie und bekam hierbei eine Wunde, welche hart über der Kniescheibe auf der äusseren Seite des oberen Kniescheibenligaments gelegen war und eine sehr heftige Gelenkentzündung zur Folge hatte. Diese Wunde eiterte später mehrere Monate lang, und ausserdem breitete sich die Entzündung auf das ganze Glied aus, und es bildete sich namentlich auf der Mitte der äusseren Seite des Oberschenkels ein bedeutender Abscess, von welchem die eingegangene, übrigens nicht am Knochen adhärirende Narbe ein Ueberrest ist. Als er nach einigen Monaten das Copenhagener Hospital, in welchem er behandelt worden war, verliess, waren die eiternden Wunden zugeheilt, aber das Knie war steif und das Bein schon damals nach Aussen gestellt; jedoch kann er uns nicht angeben, ob diese difforme Stellung Folge einer Fractur war. Die fehlerhafte Stellung des Beines nahm mit jedem Jahr zu und hatte dann am Ende den Grad erreicht, den wir jetzt an ihm bemerken.

Status praesens. Der Kranke sieht blühend und wohl aus, und weder in seinem gegenwärtigen Zustande, noch in der Anamnese stellt sich Scrophulosis als ätiologisches Moment heraus. In der Stellung des Beckens findet sich nichts Abnormes, ebensowenig in dem Hüftgelenk; am untern Theile des Schenkels sieht man die Kniescheibe nach Aussen stehend und fast verwachsen. Der Condylus externus hingegen hat an Masse abgenommen. Das Bein steht nach Aussen zum Schenkel unter einem Winkel von 100 Grad; die Kniekehle ist fast verschwunden. Der Kopf der Tibia ist eng mit dem Femur verwachsen und scheint früher gebrochen gewesen zu sein, wenigstens bildet der Kopf mit den übrigen Theilen des Knochens einen stumpfen Winkel und bietet eine bedeutende Wucherung seiner Substanz dar. Die Tibia ist übrigens in ihrer ganzen Länge hypertrophisch, das Bein ist sonst gut genährt, während der Schenkel kleiner ist als der der andern Seite. Die Wade steht nach Aussen und ihre oberen Muskeln füllen zum Theil den Ueberrest der Kniekehle aus. Die Achillessehne ist verkürzt, so dass der Fuss einen Pes equinus im zweiten Grade bildet, auch ist die Aponeurosis plantaris verkürzt und bietet in ihrer Mitte eine Erhöhung dar. Es existirt also ein Pes equinus zweiten Grades. Das Wadenbein ist unten normal, ist aber nach oben durch die Wadenmuskeln nicht mehr durchzufühlen. Wenn der Kranke gerade steht, so ist das ganz nach Aussen stehende Bein etwa einen Fuss von der Erde entfernt; es ist dem Kranken jedoch leicht, den Fuss ganz flach auf die Erde zu stellen, dann aber biegt er das gesunde Glied ins Knie und stellt die beiden Beine auseinander. Wenn er geht, thut er ein Gleiches, den linken Fuss setzt er ebenfalls zur Erde, was er theils dadurch bewirkt, dass er das Becken nach dieser Seite ein wenig senkt, theils dadurch, dass er das gesunde Glied im Knie bedeutend biegt. Der Kranke wurde nun auf folgende Art operirt. Der Oberschenkel wurde auf einem hohlen, mit nassem Flanell ausgelegten Blocke mit Riemen so befestigt, dass seine äussere und innere Seite nach oben kam. Ein Assistent setzte sich auf diesen so fixirten Oberschenkel, der Oberkörper wurde ebenfalls durch Gehülfen gehalten, das Bein stand in die Höhe. Es wurde mit Handtüchern reichlich umwickelt und nun von sechs Menschen mit aller Kraft gezogen; nachdem die ersten Züge vergeblich gewesen waren, hörte man ein bedeutendes Krachen, welches bereits das Glied zu strecken erlaubte, nun wurde noch einmal stark gezogen, man hörte ein zweites, dem vorigen ähnliches Geräusch, und nun konnte mit Anwendung einiger Gewalt das Glied in die ganz gerade Richtung gebracht werden, ein Erfolg, welcher für den, welcher den Kranken vorher genau untersucht hatte, fast ans Wunderbare grenzt. Es wurde das Bein in eine Blechschiene gelagert, welche mit Flanell ausgefüttert war und besonders unter dem Knie ein Polster hatte, und dann auf der Schiene mit Schnupftüchern fixirt. Am Abend wurde ein Aderlass nöthig, und es wurde ihm eine Dosis Morphium gereicht. Die entzündliche Reaction nach der Operation war nur höchst unbedeutend und nach wenigen Tagen bereits ganz geschwunden. Das Glied wurde nun in der Extension erhalten, in welcher eine vollständige Anchylose wieder zu Stande kam; das Glied aber blieb in einer geraden guten Richtung. Es hatte sich secundär eine Retraction der Achillessehne ausgebildet, welche wahrscheinlich für später die Tenotomie nöthig machen wird, um alsdann dem Gliede seine ganze Länge wiederzugeben und das Gehen fast zum Normalzustande zurückzubringen. Jedenfalls war der Kranke von einer bedeutenden und in ihren Folgen höchst lästigen Difformität befreit.

5) Contractur des Kniegelenkes mit Knochenkrankheit complicirt, Tenotomie und Kniestreckung, Erscheinungen von Venenentzündung und Eiterinjection; Tod.

Wiewohl nur in höchst seltenen Fällen nach der Tenotomie und der Kniestreckung gefährliche Zufälle eintreten, so ist es doch für den Praktiker wichtig, auch solche Fälle mit einigen Details zu kennen. In dieser Absicht theilen wir einen mit tödtlichem Ausgange endigenden Fall der Art mit, welchen wir in den Tagebüchern der Dieffenbach'schen Klinik gefunden haben.

Er betrifft einen jungen Mann von 19 Jahren, welcher nach seiner Aussage bis vor 1½ Jahren gesund gewesen ist. Damals bekam er einen Messerstich in das rechte Kniegelenk oberhalb der Patella, wo sich auch jetzt noch eine tiefe Narbe zeigt. In Folge dieses Stiches trat eine sehr heftige Entzündung des Kniegelenkes ein, welche mit Eiterung endete. Nachdem diese eine Zeitlang fortgedauert hatte, war nach ungefähr 6 Monaten die Heilung zu Stande gekommen. Das Knie aber war steif geblieben, und es war eine Anchylose in der Art eingetreten, dass das Bein fast unter einem rechten Winkel zum Schenkel stand. Eine skrophulöse Complication war nicht nachzuweisen, auch befand sich im Uebrigen der Kranke recht wohl; da sämmtliche Entzündungserscheinungen geschwunden waren, war natürlich hier nur von der Operation unter gewaltsamer Streckung etwas zu erwarten. Bei der vor der Operation vorgenommenen Untersuchung erkannte man ausser der Curvatur zweiten Grades eine vollkommene Verwachsung der aufgetriebenen Condyli ossis femoris mit dem Kopfe der Tibia Die Patella stand hoch nach oben unbeweglich fest. Die Beugesehne in der Kniekehle sind nicht bedeutend gespannt.

Bei der Operation suchte Professor Dieffenbach nun zuerst durch gewaltsames Strecken und Beugen des Unterschenkels die Anchylose zu heben, welches auch bei einer starken Beugung unter einem deutlich hörbaren Geräusche gelang. Der Unterschenkel konnte in einen etwas stumpfen und spitzen Winkel abwechselnd gegen den Oberschenkel gestreckt und gebeugt werden. Bei den fortgesetzten abwechselnden Beugungen des Unterschenkels zeigten sich nun aber die Sehnen des Semitendinosus, Semimembranosus und Biceps jedesmal bei der Streckung gespannt und gestatteten nur eine geringe Streckung bis zu einem stumpfen Winkel, der nicht viel grösser war als ein rechter Winkel. Diesen zurückgebliebenen ersten Grad einer Contractura genu konnte man nicht anders heben, als durch subcutane Zerschneidung der Sehnen des Biceps, Semitendinosus, Semimembranosus. Nachdem dies geschehen war, konnte der Unterschenkel zwar in einem grösseren stumpfen Winkel gestreckt werden, die stark angespannte Fascia cruralis zeigte sich aber als Hinderniss der weitern Streckung. Auch diese wurde an der hinteren Seite des Oberschenkels subcutan durchschnitten, etwa 2 Zoll oberhalb der Kniekehle, und nun konnte der Unterschenkel in einen bedeutend grösseren Winkel gestreckt werden, der nicht mehr viel von der geraden Richtung des Beines abwich. In dieser möglichst stark gestreckten Lage wurde der Unterschenkel festgehalten, in die Kniekehle einige flanellene Compressen gelegt, dann eine Pappschiene an die hintere Seite des Beines durch Cirkeltouren mit flanellenen nassen Binden befestigt.

Nach der Operation traten heftige entzündliche Erscheinungen ein, welche einen Aderlass nöthig machten; dennoch nahm diese in den nächsten Tagen dermaassen zu, dass sämmtliche Verbandstücke abgenommen werden mussten. Am dritten Tage nach der Operation traten alle Erscheinungen einer Entzündung der Cruralvene auf; heftige Schmerzen nach dem Verlaufe derselben, Anschwellung und Spannung des ganzen Schenkels und Zunahme der Fiebererscheinungen.

Aus den Einstichswunden oberhalb der Kniekehle floss eine eitrige, mit Blut untermischte, dünne übelriechende Flüssigkeit aus, es wurden warme Umschläge um das Knie und Quecksilbereinreibungen um den Schenkel gemacht. Nun traten freilich in den ersten Tagen die Erscheinungen der Phlebitis in den Hintergrund, die Geschwulst nahm ab, jedoch war die Eiterung sehr stark. Das Fieber war zwar etwas geringer geworden, aber es war Diarrhoe eingetreten. Vom 11ten Tage der Krankheit nach der Operation an wurden Fieber, Unruhe, Schmerzen und Eiterung wieder bedeutender, und es ergab sich bei der Untersuchung, dass Eiterung im Gelenke eingetreten war, und man sah bei Druck auf das Knie den Eiter durch mehrere Oeffnungen ausfliessen. Dieser war übrigens stinkend und jauchig; es stellten sich zuweilen noch Schmerzen im Kreuze und den Brustmuskeln ein, sowie in den Hacken und im Fussgelenk. Das Athmen wurde sehr beengt, und es traten alle Erscheinungen einer Brustentzündung ein, welche durch einen Aderlass nur wenig erleichtert wurde. Der Puls fing an unregelmässig und intermittirend zu werden, die Neigung zu Diarrhoe dauerte fort, der Athem wurde immer beengter. Von keinem der angewendeten Antiphlogistica und andern Mitteln war der geringste günstige Erfolg zu sehen, und nachdem allmählig völliger Collapsus mit Delirium und Stupor eingetreten war, starb der Kranke am 28sten Tage nach der Operation. Bei der Section zeigten sich die gewaltsam getrennten Condyli des Ober- und Unterschenkels in bedeutendem Umfange cariös. Sie waren mit einer schwarzen, stinkenden, sphacelösen Masse bedeckt, die in Form von Flocken die Höhle des Kniegelenks ausfüllte; sie waren von einer schwarzen Jauche infiltrirt, porös, bröcklich, ohne alle Festigkeit. Dieser cariöse Zustand erstreckte sich etwa drei Zoll weit vom Gelenke nach oben an das Os femoris und nach unten an die Tibia, auch der Kopf der Fibula nahm an der Caries Antheil. Ausserdem zeigte sich am äussern Condylus des Ober- wie des Unterschenkels ein bedeutender Substanzdefect. Von den übrigen Theilen des Gelenks, Knorpeln, serösen und fibrösen Häuten, war nichts mehr zu unterscheiden, alles war in eine gleichmässige, sphacelöse Masse umgewandelt. In der Umgegend des Gelenks zeigten sich nach mehreren Richtungen Eitergänge, die mit der Gelenkhöhle auf verschiedene Weise communicirten. Namentlich wurden die Gefässe am Unterschenkel eine Strecke von einem Eitergange begleitet und mit Eiter erfüllt, der mit der Gelenkhöhle communicirte. Die Kniescheibe war an ihrem untern Drittheil anchylotisch durch Knochenmasse mit den Condylen des Oberschenkels verwachsen, im Uebrigen aber, im Zustande der Integrität. Beim Eröffnen der Brusthöhle strömte aus dem rechten Pleurasack eine grosse Menge ziemlich dicken gelblichen Eiters hervor, an Quantität wohl 2 Pfd. betragend, mit vielen darin schwimmenden albuminösen Flocken untermischt. Die Pulmonal- und Costalpleura waren an der Stelle, wo sich der Eiter zwischen ihnen angesammelt hatte, bedeutend verdickt, der obere und mittlere Lungenlappen waren in Folge einer hier vorausgegangenen Entzündung der Pulmonalpleura an ihren gegenüberliegenden vordern Rändern verklebt, so dass hinter diesen verklebten Rändern zwischen beiden Lungenlappen eine Höhle entstanden war, in welche der in der Pleura befindliche

Eiter hineingeflossen war und aus welcher beim Eröffnen des Thorax scheinbar, wie aus einem offenen Lungenabscesse der Eiter herausströmte. Im Innern der Lunge fand sich im untern Lappen der rechten Lunge ein Abscess von der Grösse einer Wallnuss, an der vordern äussern Seite des Lappens gelegen, ganz im äussern Theile des Parenchyms, so dass er nur durch die verdickte Pleura der Lunge von dem Pleurasack geschieden war, ohne mit diesem zu communiciren. Ein ähnlicher, aber etwas kleinerer Abscess fand sich im untern Lappen der linken Lunge. Im Uebrigen war das Parenchym der Lunge gesund, nur in der Umgegend der erwähnten Abscesse ödematös infiltrirt. Tuberkeln fanden sich nicht. Herz, Unterleibseingeweide und Gehirn waren normal.

V. Einige Bemerkungen und Beobachtungen über Klumpfuss.

Wenn die Kniecontractur im Allgemeinen eins von den früher unheilbar geglaubten Uebeln ist, welches die operative Orthopädie in vielen Fällen zu heilen oder zu verbessern vermag, so ist sie doch im Vergleiche zum Klumpfusse ein viel seltneres Uebel. Dieser aber gehört wohl zu den häufigsten Difformitäten. In vielen Fällen angeboren, in andern durch äussere Schädlichkeiten entstanden, konnte der Klumpfuss durch die frühere Chirurgie nur in leichtern Graden und durch jahrelange Maschinenbehandlung, geheilt werden, während die Combination der operativen und der mechanischen Behandlung, wie sich Dieffenbach hierüber so treffend ausdrückt, den Klumpfuss in eben so vielen Wochen zu heilen im Stande ist, als früher Jahre dazu nöthig waren, um doch am Ende nur zu einem unvollkommenen Resultate zu gelangen.

Es ist auch hier keineswegs unser Zweck, eine Abhandlung über den Klumpfuss zu schreiben. Wir wollen nur einige der wichtigern Punkte der Pathologie und Behandlung desselben hier kurz erörtern und dann besonders eine Reihe von Krankheitsfällen mittheilen, welche wir in der Dieffenbach'schen Klinik theils selbst beobachtet haben, theils in der Sammlung der frühern Krankengeschichten des Klinikums gefunden haben. Diese klinischen Beobachtungen haben dann besonders den Vortheil, dass sie auf eine Menge Details in der Aetiologie und der Behandlung des Uebels aufmerksam machen, welche schwer in allgemeinen Beschreibungen anschaulich gemacht werden können.

Seitdem man angefangen hat, den Klumpfuss durch Tenotomie zu behandeln, haben sich auch die Monographien über denselben bedeutend vervielfältigt, und offenbar haben wir durch die neuern vortrefflichen Arbeiten über diesen Gegenstand unsere Kenntniss über diese Krankheit bedeutend erweitert.

Wenn auch alle möglichen Formen des Klumpfusses in einander übergehen können, so kann man doch eigentlich nur vier Grundformen desselben annehmen, den Klumpfuss mit gesenkter und den mit gehobener Fussspitze, ersterer ein Pes equinus, letzterer Pes talus; ferner den Klumpfuss nach Innen und den nach Aussen, den Varus und den Valgus. Diese 4 einfachen Namen reichen vollkommen hin, um die Grundformen des Uebels zu bezeichnen und der Versuch Duval's für die verschiedenen Formén des Klumpfusses sehr gelehrte griechische Namen zn bilden, ist offenbar als ein verunglückter anzusehen, da er nur Verwirrung in die wissenschaftliche Terminologie hineinzubrigen im Stande ist. Es ist überhaupt merkwürdig, wie in Frankreich noch immer die Manie nach griechischer Terminologie herrscht, und begegnet man dieser dem Charlatanismus sich bedeutend nähernden Sonderbarkeit von den einfachsten Producten der Industrie an, bis in die höhern Regionen der Wissenschaft. Besonders hat sich hier Piorry durch Lächerlichkeit ausgezeichnet.

Werfen wir nun einen Blick auf die verschiedenen Grundformen des Klumpfusses, so kommen wir zuerst auf den Klumpfuss mit mehr oder weniger gestreckter Fussspitze, den Pferdefuss, Spitzfuss, Pes equinus, dessen Wesen in einer Verkürzung der Achillessehne besteht. Ist diese nur in geringem Grade retrahirt, so ist der Fuss wohl etwas kürzer, der Kranke setzt den Hacken nicht gehörig auf, aber der grösste Theil der Fusssohle berührt noch beim Gehen die Erde; und nur bei schnellern Gehbewegungen hinkt der Kranke. In einem etwas höhern Grade setzt der Kranke nur den vordern Theil der Fusssohle beim Gehen auf die Erde und geht gewissermaassen auf den Köpfen der Metatarsalknochen. Hier ist nun natürlich das Gehen schon bedeutend erschwert. In einem noch höhern Grade berühren nur die Fussspitzen und die Zehen die Erde, der Fussrücken alsdann ist gewölbt und die Fusswurzelknochen sind verschoben. Im höchsten Grade endlich sind die Fusszehen nach unten umgeschlagen und der Kranke geht fast auf dem Rücken der Zehen. Es bedarf wohl kaum der Erwähnung, dass diese 4 Grade, welche praktisch allerdings wichtig zu unterscheiden sind, ganz allmählig in einander übergehen und alle möglichen Zwischenformen zeigen. Der höchste Grad ist freilich seltener als die übrigen. Ebenso ist der Spitzfuss öfters mit Klumpfuss nach Innen oder nach Aussen complicirt und hier bald primäres, bald secundäres Leiden. Der Klumpfuss nach Innen ist die unstreitig häufigste Form desselben. Bei diesem ist der Fuss nach Innen umgedreht, der äussere Fussrand berührt den Boden, während der innere mehr nach oben steht. Fast immer besteht hierbei zugleich Retraction der Achillessehne. In höherm Grade desselben berührt der Fussrücken immer mehr in seiner Längsrichtung den Boden und die Kranken gehen zuletzt am Ende fast ganz auf dem Fussrücken, wobei der äussere Malleolus ebenfalls den Boden berührt. Auch hier hat man 4 verschiedene Grade angenommen, von denen das oben Gesagte gilt.

Der Klumpfuss nach Aussen, Valgus, bietet die dem vorigen entgegengesetzten Erscheinungen dar. Der Fuss ruht auf seiner innern Seite, welche allmählig convex wird, während die äussere in die Höhe stehende concav wird.

Auch hier kann es vorkommen, dass der Kranke allmählig auf der innern Seite des Fussrückens geht. Hier sind besonders ausser der Achillessehne die Musculi peronaei verkürzt. Während beim Varus die Fusswurzelknochen verschoben werden, und so die Sohle eine Contractionskrümmung annimmt, verliert sich beim Valgus die natürliche Fusswölbung allmählig ganz und die Sohle wird platt. Daher der Name Plattfuss.

Die 4te Form des Klumpfusses endlich ist der sogenannte Hakenfuss, wobei die Fussspitze nach oben zurückgezogen ist, Talus. Ich habe diese Form nie selbst beobachtet, und gehe daher auch auf keine nähere Beschreibung derselben ein.

Am häufigsten erscheint der Klumpfuss nach Innen, der Varus, als angeborenes Uebel, oft an einem, oft aber auch an beiden Füssen. Der angeborene Pes equinus ist verhältnissmässig seltener, als der Varus. Der Valgus endlich, welcher ebenfalls, wie die vorigen Formen, bald an einer, bald auf beiden Seiten sich zeigt, ist viel seltner angeboren. Er ist vielmehr häufig Folge äusserer Schädlichkeiten, theils von Gelenkentzündungen, theils von Erschlaffung und Ausdehnung der ligamentösen und tendinösen Theile, welche das Fussgelenk umgeben. Beim männlichen Geschlecht ist Klumpfuss viel häufiger, als beim weiblichen. Von 77 Fällen aus der Dieffenbach'schen Klinik kamen 55 auf ersteres und 22 anf letzteres. Von diesen 77 zeigten 10 die Form des Pes equinus, 8 auf einer Seite, 2 auf beiden. In 54 Fällen zeigte zich Varus, 30 mal auf einer und 24 mal auf beiden Seiten. In 13 Fällen von Valgus fanden 8 auf einer und 5 auf beiden Seiten statt. Zuweilen ist der Klumpfuss mit ein- oder beiderseitiger Kniecontractur complicirt, was natürlich die Heilung bedeutend erschwert. Die unangenehmste Complication ist aber die mit paralytischer Schwäche des difformen Gliedes, und wo hier Tenotomie indicirt ist, ist es namentlich nöthig, mit den Extensionsversuchen sehr vorsichtig zu sein.

Was den letzten Grund des Klumpfusses betrifft, so glaube ich, ist es besser, dass wir unsere vollkommene Unwissenheit über denselben geradezu offen eingestehen; denn alle angegebenen Erklärungsweisen fallen in das Gebiet der Hypothesen und mehrere derselben sogar in das Gebiet des Absurden. Bei angebornem Klumpfusse die Lage des Fötus als Grund anznehmen, ist offenbar unzureichend, da die grosse Menge der amniotischen Flüssigkeit hier die Theile durchaus vor Druck und mechanisch motivirter Difformität schützt. Die sinnreiche Anwendung des Factums, dass in einer bestimmten Entwicklungsstufe die Glieder eines Fötus in der Lage eines Pes equinus oder Varus liegen, hält ebenfalls bei der Kritik nicht Stich und man könnte hier mit Recht einwenden, dass das gleiche Factum bei Thieren stattfindet, wie mir dies meine zahlreichen Untersuchungen über Entwicklungsgeschichte oft gezeigt haben. Es müsste daher bei Thieren der Klumpfuss eben so häufig sein, als bei Menschen, was offenbar Niemand behauptet. Den letzten Grund des Klumpfusses in einer Affection der Nervencentra zu suchen, ist ebenfalls eine durch nichts bewiesene Annahme. Mit einem Worte, es scheint uns viel angemessener hier, sowie in den meisten andern Fragen der Aetiologie durch Eingestehen unserer Unkenntniss das Feld für fernere Forschungen offen zu erhalten, als durch so genannte geistreiche Hypothesen dieselben zu bemänteln.

Bevor wir nun zur Behandlung des Klumpfusses übergehen, wollen wir zuerst eine kurze Notiz der pathologischen Anatomie des Klumpfusses geben. Wir entnehmen dieselbe einem Artikel des Dictionnaire de Médecine, Paris 1841, Tom. 24 pag. 518 — 522. Beim Varus, bei welchem besonders die Adductionsbewegung forcirt ist, ist nach Bouvier das zwischen dem Astragalus und Os scaphoideum befindliche Gelenk der Sitz und Ausgangspunkt der Difformität und besteht dieselbe in der Neigung nach Innen der gemeinschaftlichen Axe der Fläche dieser Knochen. Entweder dreht der Hals des Astragalus, nach Innen gerichtet, den Kopf dieses Knochens nach Innen und bewirkt so ebenfalls die Umdrehung des Kahnbeins oder der Astragalus ist an seinem Platze geblieben, aber articulirt sich mit seiner innern Seite mit dem Kahnbein, welches allein nach Innen geneigt ist. In alten Klumpfüssen ist die Gelenkoberfläche des Astragalus, da wo sie nicht mehr mit dem Os scaphoideum in Berührung ist, ungleich und ihres Knorpels beraubt, während die neugebildete Gelenkoberfläche mehr nach der innern Seite des Astragalus glatt und knorplicht ist. Dieser Zustand bietet einige Aehnlichkeit mit alten nicht reducirten Verrenkungen dar.

Das äussere Ende des Os scaphoideum ist nach vorn gerichtet und bei sehr starker Abweichung ist seine Richtung von einer transversalen eine Längsrichtung geworden, der Axe des Vorderfusses entsprechend; zugleich ist er nicht bloss nach Innen, sondern auch nach unten verschoben, so dass er sich mit dem untern Theile des Kopfes des Astragalus verbindet, ja bis an das Calcaneum reichen kann. Zuweilen verbindet er sich auch durch ligamentöse Fasern mit dem innern Malleolus. Die Ossa cuneiformia, die entsprechenden Metatarsalknochen und die drei ersten Zehen folgen dem Os scaphoideum und verändern so durchaus ihre normale Richtung. Bei sehr ausgebildeter Difformität treten oft Veränderungen in dem Gelenke des Calcanei und des Os cuboideum ein, welches sich ganz nach unten und innen neigt. Das Gelenk der Tibia mit dem Astragalus nimmt selten an der Difformität Theil. In den meisten Fällen von Varus ist die Extension des Fusses mehr oder weniger vollständig und führt am Ende eine unvollständige Verrenkung nach vorn herbei. Zugleich treten Ernährungsstörungen in den Knochen des Tarsus ein, namentlich findet man zuweilen Atrophie mehrerer Knochen, und mitunter ist die eine Seite der Knochen atrophisch, während man auf der der Compression des Knochens entgegengesetzten Seite zuweilen Knochenwucherungen antrifft. Die Ligamente der Rückentheile des Fusses sind verlängert, die der Plantarseite und des innern Randes hingegen verkürzt, und zwischen den krankhaft einander genäherten und gegeneinander gedrängten Knochen bilden sich neue Ligamente.

Die Musculi peronaei und die Extensoren der Zehen sind verlängert, die Tibialmuskeln, die Beuger der Zehen und die Gastrocnemii sind verkürzt. Bei alten Klumpfüssen sind diese Muskeln atrophisch, blass und oft fettartig degenerirt. Die Muskeln der Plantarseite sind, wiewohl verkürzt, viel weniger in ihrem Gewebe verändert.

Beim Valgus finden im Ganzen die entgegengesetzten Verhältnisse statt. Das Os scaphoideum und das Os cuboideum, welche nach der äussern Seite des Astragalus und des Calcaneum gerichtet sind, zeigen ihre Gelenkflächen nach Aussen geneigt, während sie nach Innen bloss liegen oder ihres Knorpels beraubt sind. Die erste Reihe der Tarsalknochen weicht nach oben und aussen aus, der Kopf des Astragalus bleibt nach unten entblösst und eine sehr deutlich ausgesprochene Rotaionsbewegung senkt die Tuberosität des Os scaphoideum und den Rand der Fusswurzel nach unten. Der Astragalus ist in vielen Fällen nach dem Beine hingebogen und beim Talus ruht zum Theil das Schienbein auf dem Halse des Astragalus. Das Os calcaneum hebt seine äussere Seite nach dem Malleolus externus, seine hintere Tuberosität wird durch Rotationsbewegung nach Aussen gestellt.

Die vordern Tarsalgelenke, so wie die der Zehen, folgen der allgemeinen Bewegung des Fusses, verlieren ihre Beweglichkeit und anchylosiren sich am Ende ganz.

Wenn beim Pferdefuss die Abweichung bedeutend ist, berührt die Tibia das Os calcaneum hinter dem Astragalus und das Os cuboideum thut ein Gleiches mit dem Calcaneum. Die Bänder des Fussrückens sind verlängert, die der Fusssohle verkürzt und ähnliche Verhältnisse finden auch für die Fusswurzel statt.

Nach diesen kurzen pathologisch - anatomischen Mittheilungen gehen wir zu einigen Bemerkungen über die Operation des Klumpfusses über, verweisen übrigens für nähere Details auf die verschiedenen Monographien über Klumpfuss und ganz besonders auf den Theil der Dieffenbach'schen operativen Chirurgie, welcher von diesen Operationen sehr gründlich und ausführlich handelt.

Bei den leichtern Graden des Pes equinus, bei welchen noch keine Verschiebung der Fusswurzel stattgefunden hat, reicht die Durchschneidung der Achillessehne gewöhnlich aus, welche am besten einen Zoll oberhalb ihres Ansatzpunktes gemacht wird und am sichersten von Aussen nach Innen durchschnitten wird. Durch Druck auf die Einstichsstelle und den Ort der Sehnendurchschneidung verhindert man Blutaustritt; nun legt man ein Stückchen Heftpflaster auf die kleine Hautwunde, umgiebt die Stelle mit in kaltes Wasser getauchten Compressen und legt darüber eine Flanellbinde, welche mit Kleister bestrichen, zu einem festen Verbande wird. Im Allgemeinen ist es gut, im Anfange nicht zu stark zu strecken, da sonst leicht der Sehnencallus die Sehnenenden nur unvollkommen verbindet; besonders zu beherzigen aber ist diese Regel, wo das mit Pferdefuss behaftete Glied zugleich der Sitz einer lähmungsartigen Schwäche ist. Hat man nun bei den höhern Graden des Pes equinus, ohne Complication mit Varus, während der ersten Tage nur sehr leicht extendirt, so kann man nach 5 — 6 Tagen, sobald vorauszusetzen ist, dass die Zwischenmasse bereits beide Sehnenenden miteinander verbindet, energischer zu strecken anfangen. Hierbei leistet das Strohmeier'sche Brett vortreffliche Dienste. Das Bein ist auf einem fixen Brette befestigt, während der Fuss an ein anderes Brett angeschnallt wird, welches ihn dadurch zu seiner normalen Stellung zurückführt, dass es sich allmählig immer mehr aufrichtet und zu dem festliegenden Brette, auf welchem die Wade ruht, immer mehr eine senkrechte Stellung einnimmt. Bei höherem Grade des Pes equinus, bei welchem die Flexoren und Aponeurosen des Fusses verkürzt sind, müssen alle diese Theile auf der Fusssohle durchschnitten werden. Zu diesem Behufe sticht man ein schmales sichelförmiges Tenotom am äussern Fussrande ein, schiebt es bis auf die entgegengesetzte Seite flach unter der Haut fort, hebt die Fussspitze, richtet das Tenotom auf, durchschneidet beim Zurückziehen sämmtliche spannenden Theile. Wo die Achillessehne und die Aponeurosis plantaris durchschnitten werden müssen, fängt man am besten mit ersterer an.

Der Varus leichtern Grades kann bei sehr jungen Subjecten durch passende orthopädische Behandlung geheilt werden, ohne dass operatives Eingreifen nöthig wird, jedoch sind diese Fälle die Ausnahme. Bei höhern Graden muss vor allem die spannende Achillessehne durchschnitten werden; jedoch reicht diese Operation meist nicht aus, und durchschneidet in diesen Fällen Dieffenbach in der Regel zugleich den gewöhnlich spannenden Musculus tibialis anticus, ferner den Flexor hallucis und die Aponeurosis plantaris. Wir müssen hier gleich bemerken, dass bei sehr ausgebildeten und veralteten Fällen von Klumpfuss Dieffenbach ganz besonders darauf besteht, dass man ausser einer gehörigen orthopädischen Behandlung mehrmalige, zuweilen vielfache Durchschneidung der verschiedenen spannenden Sehnen zu machen, gezwungen ist. Sehr einfach und sinnreich ist sein erster Verband nach Operationen des Varus höhern Grades. Nachdem ein Heftpflasterstreifen auf die Einstichswunde gelegt worden ist, kalte Compressen übergeschlagen worden sind, wird das Bein in eine Flanellbinde eingewickelt, dann auf die äussere Seite desselben eine Art Polster aus einer dicken Flanelllongette bestehend und hierüber eine der Dupuytren'schen Schiene bei Fractura peronaei ähnliche Holzchiene angelegt. Diese wird nun an ihrem obern Theile durch eine Flanellbinde befestigt, alsdann wird der Fuss durch ein auf seinem äussern Rande sich kreuzendes Tuch nach Aussen gezogen und auf dem zu beiden Seiten eingekerbten entsprechenden Theile der Schiene fixirt. Hierdurch wird zuerst der Varus in einen Pes equinus umgewandelt. Sobald alle entzündliche Reaction aufgehört hat, und der Zeitpunkt eingetreten ist, wo die Zwischenmasse bereits die Sehnenenden verbindet, in der zweiten Hälfte der ersten Woche, wird alsdann das Scarpa'sche Blech angelegt, welches bekanntlich aus einer gepolsterten Sohle und aufsteigenden Schiene besteht, und an der Insertion dieser beiden Theile hinreichend beweglich ist, um in Winkeln von verschiedenen Graden eingestellt werden zu können. In höhern Graden des Klumpfusses ist der Lutter'sche Apparat, welcher die Feder im Gelenk mit einer gefurchten Walze versehen hat, in die eine Stange eingreift, anzulegen, um durch allmählige Bewegung der Stange auf den Zähnen der Walze den Fuss in die gehörige Lage zu bringen.

Die Heilung des Valgus ist viel schwerer zu bewerkstelligen, und hier sind besonders die Extensoren theils auf dem Fussrücken, theils die Musculi peronaei zu durchschneiden; Verband und Nachbehandlung sind die gleichen, wie beim Varus, nur muss hier natürlich der Stekkung nach der entgegengesetzten Seite hin bewerkstelligt werden.

Wir wollen nun einige interessante Krankheitsfälle anführen, welche die obigen allgemeinen Bemerkungen näher erläutern werden.

1) Contractur beider Kniegelenke, Pes equinus beider Füsse, am linken mit Varus ersten Grades complicirt; Durchschneidung sämmtlicher verkürzten Sehnen, Strekken durch orthopädische Nachbehandlung, fast vollkommene Heilung.

Der siebenjährige Kranke leidet seit seiner Geburt an Contractur beider Kniegelenke, verbunden mit doppeltem Klumpfuss. Beide Unterschenkel sind nämlich den beiden Oberschenkeln in einem stumpfen Winkel genähert, welcher, wenn der Kranke liegt oder geht, etwa 120 Grad beträgt, aber noch stumpfer wird, wenn man den Unterschenkel gewaltsam extendirt, wonach der zurückbleibende Winkel ungefähr 110 Grad hat. Bei der gewaltsamen Extension spannen sich die Sehnen der Flexoren, an der innern Seite, die des Musculus semitendinosus, semimembranosus und gracilis, an der äussern Seite die des Biceps femoris bedeutend und stellen sich als Hindernisse der vollkommenen Streckung entgegen. Die starke Extension des Fusses, wodurch beim Gehen der Hacken wohl 3 Zoll vom Boden entfernt gehalten wird, geht nur allein von der gemeinschaftlichen Sehne des M. gastrocnemius und soleus aus; denn die Sehnen der andern Strecker fühlen sich nicht gespannt an. Geht der Kranke, was nur durch Unterstützung mit einem Stocke möglich ist, so biegt er, um den Schwerpunkt zu behalten, den Oberkörper etwas vorwärts, die Oberschenkel convergiren dabei gegen das Kniegelenk, und wenn er geht, so schlägt er das eine Bein über das andere, ungefähr zum sechsten Theile der Breite weg. Die Unterschenkel divergiren etwas mehr, als die Oberschenkel, besonders ist dies beim linken der Fall, wo er den Hacken mehr nach Aussen und die

Zehen mehr nach Innen streckt, als beim rechten Fuss. Der Stützpunkt beim Auftreten ist beim rechten Fuss das Ende des Ballens und die ganze Zehenreihe, beim linken aber nur die äussere Seite des Ballens und die drei letzten Zehen, wodurch dieser Fuss eine geringe Wendung nach Innen bekömmt und dem ersten Grade des Varus genähert wird; obgleich man glauben sollte, dass nach der Convergenz der Kniee und der Divergenz der Unterschenkel eher ein Auftreten mit dem inneren Fussrande stattfinden müsste. Die Zehen sind beim Gehen nach oben gerichtet, beim Liegen befinden sie sich sammt Metatarsus mit dem Unterschenkel in ziemlich gerader Linie. Die Höhlung der Fusssohle ist mässig. Wahre Anchylosen der Knie- und Fussgelenke sind nicht vorhanden, denn die Beugung des Unterschenkels im Kniegelenk kann gut verrichtet werden und das Fussglied zeigt ebenfalls einen geringen Grad von Beweglichkeit. Verbildungen und Krümmungen der Knochen sind auch nicht da, wenn man nicht die Convergenz der Oberschenkelknochen und wie es mir scheint, die etwas stärkere Ausbildung der Condylen hinzuzählen will. Im Uebrigen ist der Kranke gesund, die Abmagerung der Extremitäten ist noch nicht von Belang. Ueber die Entstehung des Uebels liegt nichts vor, auch sind keine Symptome vorhanden, welche auf ein dagewesenes Schenkelleiden schliessen lassen. Da sich das Uebel als reines Muskelleiden herausstellt, so ist die Diagnose: Primäre Contractur im ersten Grade beider Kniegelenke mit Pes equinus beider Füsse, complicirt am linken Fusse mit Varus im ersten Grade.

Dass hier von einer andern als operativen Behandlung nicht viel zu hoffen war, versteht sich von selbst. Es wurde daher die Durchschneidung sämmtlicher contrahirter Sehnen vorgenommen, es wurden beide Achillessehnen, auf beiden Seiten die Sehnen des Semitendinosus, Semimembranosus, Gracilis und Biceps femoris, ferner, da sich auch eine Contractur des Oberschenkels gegen das Becken ergab, die Sehnen beider Musculi pectinaei durchschnitten. Nach der Operation wurde jedes der gestreckten Kniee, nachdem es gehörig mit Flanellbinden umwickelt war, auf die früher beschriebenen Blechschienen gelagert. Die Beine wurden einfach eingewickelt. Nachdem nun aller entzündliche Reiz verschwunden war, wurde zur Zurechtstellung der Füsse der Strohmeier'sche Apparat angewendet. Hierauf wurden das Scarpa'sche Blech und später Schnürstiefel mit aufsteigender Stahlschiene applicirt. Während dieser ganzen Zeit reichten die Blechschienen in der Kniebeuge zur Streckung des Kniees aus. Der Erfolg dieser Behandlung war ausserordentlich günstig und schon nach sechs Wochen konnte der Kranke, wiewohl mit Mühe, gehen und wurde bald darauf beinahe vollkommen geheilt aus der Anstalt entlassen.

2) Oefters wiederholte Gelenkentzündungen, welche in Folge von Gonorrhoe auftraten; Retraction beider Achillessehnen, mehrfache Operation, Heilung.

Ein 30jähriger Mann von schwächlichem Körperbau, während seiner Kindheit mit verschiedenen leichten syphilitischen Affectionen behaftet, hatte übrigens niemals während dieser Zeit die geringste Difformität an Muskeln oder Gelenken gezeigt. In seinem 16. Jahre hatte er einen Tripper zum erstenmale und hat seitdem noch zu sieben verschiedenen Malen wieder das gleiche Uebel contrahirt, ausserdem noch zweimal Chanker gehabt. Von dem zweiten Tripper an trat jedesmal nach dieser Krankheit Geschwulst mit entzündlichen Erscheinungen in den Knie- und Fussgelenken ein und zwar gewöhnlich, sobald der Tripper anfing an Intensität abzunehmen. Nach 8 — 10 Tagen schwanden diese Symptome der Gelenkaffectionen gewöhnlich, liessen aber Geschwulst und grosse Schwäche in den unteren Gliedmaassen zurück. Anwendungen von Blutegel und Blasenpflaster hob die dringendsten Erscheinungen, jedoch blieb gewöhnlich ein Gefühl von Unbehaglichkeit, das sich nicht bis zum Schmerz steigerte, in den Knieen zurück. Die Hacken aber blieben geschwollen und bei der Berührung, sowie beim Gehen schmerzhaft. Auf diese Art bildete sich denn nach und nach eine Retraction der Achillessehne aus, welche zuerst bloss durch Durchschneidung der Achillessehne operirt wurde. Dies verschaffte jedoch nur vorübergehende Hülfe, da sich zugleich die Plantaraponeurose zurückgezogen hatte. Es wurde daher auf beiden Seiten zum zweitenmal die Achillessehne und hierauf die Aponeurose der Fusssohle durchschnitten. Hiernach trat nun vollständige Heilung der Verkürzung ein. Die beiden ersten Zehen linker Seits blieben unempfindlich, was wohl dem Durchschneiden eines Nervenastes zuzuschreiben ist, ausserdem besteht noch auf einer Seite eine leichte Anschwellung der Calcaneum. Die Tenotomie hat aber hier alles nur mögliche geleistet und den Kranken von einem sehr lästigen Uebel geheilt.

3) Varus dritten Grades. Durchschneidung der Achillessehne, der Aponeurosis plantaris und des Tibialis anticus, schlechte Heilung wegen Unmöglichkeit eines festen Verbandes; nochmalige spätere Sehnendurchschneidung, vollkommene Heilung durch gehörigen Streckapparat bewirkt.

Der 16jährige Kranke leidet seit seiner Geburt an einem Klumpfusse der rechten Seite. Der innere Fussrand ist erhoben, der äussere vertritt die Stelle der Sohle. Die Ferse ist in die Höhe gehoben durch die verstärkte Contractur der Achillessehne und es zeigt sich hierin eine Annäherung an den Pes equinus. Der äussere Knöchel berührt fast den Boden. Das Hinderniss liegt hier aber nicht allein in der Achillessehne, denn sie würde nicht eine so starke Contractur der Sohle hervorbringen können, wie sie sich hier findet. Es zeigt sich nämlich der Fuss nach Innen gezogen, der Kranke tritt fast allein auf dem Os scaphoideum auf, der Calcaneus hat eine Drehung um seine Langsaxe gemacht, sein hinteres Ende hat sich der Tibia genähert, der Talus steht nach Oben und nach Aussen und bewirkt dadurch ein stärkeres Hervortreten der Wölbung auf dem Fussrücken. Das Os naviculare hat sich fast unter den Malleolus internus gelegt und durch die Krümmung der Fusssohle kommen die Zehen ganz nach Innen zu stehen. Diesen Veränderungen nach würde dieser Fall einen Uebergang vom 3ten zum 4ten Grade ausmachen. Eine so starke Lageveränderung der einzelnen Knochen des Tarsus kann unmöglich auf alleiniger Contraction der Achillessehne beruhen, es müssen vielmehr hier auch andere Sehnen mitleiden. Untersuchen wir näher,. so finden wir die Sehne des Tibialis anticus ebenfalls in einem hohen Grade contrahirt, ja aus ihrer Lage ganz verschoben; die Fascia plantaris hat sich ebenfalls zusammengezogen und bei der Beugung des Halux findet sich auch ein Ergriffensein des Flexor halucis longus. In dem Maasse, als sich die Sehne des Gastrocnemius, Tibialis anticus, Flexor hallucis longus, Fascia plantaris und die Bänder des inneren Fussrandes verkürzt haben, mussten natürlich die Bänder der äusseren Seite, Lig. fibul. calcanei, Lig. fibul. talti anterioris, Lig. calcaneo-cuboideum und die Lig. tarsi propria dorsalia nachgeben, und dass diese überhaupt die nachgiebigeren sind, wird erklärt durch das häufigere Vorkommen von Fussverrenkungen nach Innen als nach Aussen, von Varus im Vergleich zum Valgus. Um den Patienten nun von diesem Klumpfusse zu befreien, ist es nöthig, die oben genannten contrahirten Sehnen zu durchschneiden.

Es wurden daher die Achillessehne, die Sehne des Tibialis anticus und die Fascia plantaris durchschnitten, wonach der Fuss augenblicklich nachgiebiger wurde. Es wurde ein einfacher Bindenverband angelegt, der jedoch nicht einmal vertragen wurde, da die Einstichsöffnungen in der Haut sich entzündeten. So musste denn der Fuss sich selbst überlassen bleiben. Die Vernarbung kam zwar bald zu Stande, aber die frühere abnorme Stellung kehrte fast ganz zurück. Vierzehn Tage nach der ersten Operation wurde daher von Neuem die Achillessehne und der Tibialis anticus durchschnitten und darauf ein einfacher Verband angelegt, dann eine Holzschiene an der äusseren Seite des Beins befestigt, und der einwärts gekehrte Fuss so nach Aussen angezogen; der Verband wurde übrigens gut vertragen. Diesmal traten keine störenden entzündlichen Erscheinungen ein, weshalb nach acht Tagen der Scarpa'sche Stiefel angelegt werden konnte. Der Kranke klagte anfangs über Druck und Ziehen in der Fusssohle, deshalb konnte der Apparat während der ersten Tage nur wenige Stunden lang applicirt werden. Allmählig aber gewöhnte er sich an den Schmerz und konnte nun Tag und Nacht den Scarpa'schen Stiefel vertragen; so war es denn möglich nach wenigen Wochen den Kranken in einem mit federnder Schiene versehenen Schnürstiefel, als fast vollkommen geheilt zu entlassen.

4) Varus vierten Grades an beiden Füssen, bei einem 14 Wochen alten Kinde, Sehnendurchschneidung nebst nachfolgender Maschinenbehandlung; schneller und glücklicher Erfolg.

Ein 14 Wochen altes Kind wurde mit einer abnormen Stellung der Füsse geboren; die Geburt des Kindes war normal und ohne Kunsthülfe beendet worden. Die Eltern desselben, sowie seine übrigen Geschwister erfreuen sich der vollkommensten Gesundheit und das Kind selbst ist recht gut genährt, von mässiger Grösse und gesunder Gesichtsfarbe. Spuren einer Dyskrasie lassen sich nicht auffinden. Kinderkrankheiten haben es noch nicht getroffen, und ähnliche Leiden, die mit dem vorhandenen in einem Connex ständen, so wie Vitia primae formationis sind nicht vorhanden.

Das Leiden, welches das Kind in die Anstalt geführt hat, giebt sich durch folgende Zeichen zu erkennen. Das Knie steht an beiden Füssen mehr nach Innen, die Waden sind im Verhältnisse zu den übrigen Körpertheilen weniger entwickelt, die Fusssohlen stehen fast senkrecht, so dass die inneren Ränder nach Oben, die äusseren nach Unten gekehrt sind. Wäre das Kind in dem Alter, dass es gehen könnte, würde es gewiss mit einem Theile des Fussrückens den Boden berühren. Die vorderen Theile der Füsse sind stark nach innen gekehrt, während die hinteren weit von einander stehen. Die Fusssohlen sind ausgeschweift und in Falten gelegt, die Zehen stehen übereinander, und die Fussrücken sind stark convex. Der Malleolus externus ist stärker entwickelt, als im normalen Zustande, der Internus dagegen viel schwächer, der Calcaneus steht seitwärts nach Innen, der Astragalus nach Aussen und Unten, das Os naviculare nach Innen und seitwärts; die übrigen Tarsalknochen sind ebenfalls verschoben und die Füsse verkürzt. Wir haben es mit einem Varus des 3ten Grades zu thun, der zum 4ten hinneigt.

Das Leiden ist ein Vitium primae formationis und besteht in einer Contraction des Gastrocnemii, Tibialis antici und Flexoris hallucis longi. An beiden Füssen wurde daher die Achillessehne, die des Tibialis anticus, des Flexor hallucis longi und die Aponeurosis plantaris subcutan durchschnitten. Auf die Einstichspunkte wurde ein Heftpflaster und über dasselbe eine Binde gelegt, und es trat so wenig entzündliche Reaction ein, dass nach 5 Tagen bereits der von Lutter modificirte Scarpa'sche Apparat an beide Füsse angelegt werden konnte. Durch diesen wurden nun allmählig die Füsse in eine normale Lage zurückgebracht. So wurde das Kind nach wenigen Wochen auf dem Wege der vollständigen Heilung aus der Anstalt entlassen.

5) Angeborner Varus des vierten Grades an beiden Füssen; früher misslungene Operation, neue Sehnendurchschneidung, bedeutende Besserung.

Ein 1¼ Jahr alter Knabe von sehr kräftigem Körperbau, wurde mit Varus 4ten Grades an beiden Füssen geboren. Ein zu Rathe gezogener Arzt legte zuerst einige Tage nach der Geburt einen Schienenverband an, jedoch ohne allen Erfolg, in der zehnten Woche wurde der Kranke operirt, es wurde jedoch bloss die Achillessehne durchschnitten. Es wurden alsdann Holzschienen angelegt und später Schuhe gemacht, welche vermittest eiserner Schienen das Bein in der geraden Richtung erhalten sollten. Diese Operation hatte jedoch wenig gefruchtet; die Beine, wiewohl ziemlich stark, waren doch im Vergleiche mit den übrigen Theilen des Körpers in der Entwickelung zurückgeblieben. Der Fuss war nicht bloss nach Hinten in die Höhe gezogen, sondern auch in der Fusswurzel an der Planta pedis contrahirt und ganz nach Innen gestellt. Der Kranke wurde nun auf folgende Art operirt. Es wurden auf beiden Seiten die Achillessehne, die Plantaraponeurose und der Tibialis anticus durchschnitten, alsdann, da das Kind sehr vollsäftig war, auch die Schnitte ziemlich bluteten, um Entzündung zu verhüten, bloss nasse Compressen und Flanellbinden um die Füsse gelegt. Am 11ten besuchte ich das Kind, fand eine ziemliche Geschwulst beider Füsse, die Nacht hatte es über Schmerzen in denselben geklagt, diese waren jedoch am Morgen verschwunden; ich verordnete eine Potio nitrosa cum Succo liquiritiae. Nachdem die Reactionserscheinungen aufgehört hatten, konnte bereits ein provisorischer orthopädischer Verband angelegt werden; nachdem an jedem Beine einer der eiternden Stiche mit Höllenstein geätzt worden war, wurden beide Beine mit Flanellbinden umwickelt, alsdann an der äussern Seite eine Holzschiene nebst Flanellpolster befestigt, und dann der Fuss durch ein Schnupftuch an die äussere Schiene stark nach Aussen angezogen. Dieser Verband wurde am 4ten Tage nach der Operation angelegt, am 8ten konnte bereits der Scarpa'sche Stiefel applicirt werden, und nachdem in kurzer Zeit die Zurechtstellung der Füsse bedeutende Fortschritte gemacht hatte, wurde der Kranke auf dem Wege der Heilung nach seiner Heimath entlassen.

6) Varus vierten Grades am linken Fusse; mehrfache Sehnendurchschneidung, zwei Jahre lange Behandlung wegen der Hartnäckigkeit des Uebels, endlich ziemlich vollkommen eingetretene Heilung.

Der 19 Jahre alte Kranke, ein sonst kräftiger junger Mann, ist seit seiner Geburt mit einem Varus vierten Grades des linken Fusses behaftet, gegen welchen seine Eltern schon in seinem zweiten Lebensjahre Hülfe suchten. Eine damals 1½ Jahr hindurch angewandte Maschinenbehandlung führte jedoch kein befriedigendes Resultat herbei. Bis zu seinem 13ten Jahre war er nun von verschiedenen Seiten ärztlich behandelt worden, jedoch waren alle diese Bemühungen erfolglos geblieben. Im 13ten Jahre kam der Kranke in die Strohmeier'sche Klinik nach Erlangen, wo ihm, den Narben nach zu schliessen, die Achillessehne, die Aponeurosis plantaris und die Sehne des Musculus tibialis anticus durchschnitten wurden. Nach der Operation wurde eine 9 Monate lange orthopädische Nachbehandlung in Anwendung gebracht, welche die Stellung des Fusses besonders insofern verbesserte, dass die Richtung der Zehen nach Innen und der Fersen nach Aussen fast in die normale Richtung nach vorn und hinten gebracht ist. Dabei blieb die Richtung der Flächen und Ränder des Fusses unverändert. Von seinem 14ten — 19ten Jahre hat der Kranke, entmuthigt durch die unzähligen vergeblichen Heilungsversuche, keine weitere Hülfe gesucht, bis er, vor Kurzem in Berlin angelangt, wieder Hoffnung fasste, von seinem Uebel befreit zu werden und sich deshalb an den Prof. Dieffenbach wandte. Schon bevor die Operation unternommen wurde, machte Dieffenbach den Kranken darauf aufmerksam, dass die Heilung seines Uebels viele Zeit erforderte. Im Januar 1844 wurde die erste Operation gemacht, welche wiederum in Durchschneidung der Achillessehne, der Aponeurosis und des Tibialis anticus bestand. Wiewohl der Verband nicht fester als gewöhnlich angelegt war, erregte er doch Schmerzen und entzündliche Spannung und musste daher fortgelassen werden, da besonders auch Eiterung an der Einstichswunde der Achillessehne entstanden war. Erst nach 8 Tagen war diese Wunde hinreichend geheilt, und nun wurde der Fuss wieder extendirt und ein Binden- und Schienenverband angelegt, welcher nach wenigen Tagen mit dem Scarpa-Lutter'schen Stiefel vertauscht werden konnte. Es trat nun wohl einige Besserung ein, jedoch machte diese nur höchst langsame Fortschritte, es mussten daher nach 4 Monaten von Neuem der Tibialis anticus, die Aponeurosis plantaris und der Flexor hallucis durchschnitten werden, worauf nach einigen Tagen wieder die frühere Maschine angelegt wurde, welche nun raschere Fortschritte bewirkte. Die Achillessehne war jetzt lang genug, der Tibialis war ebenfalls nicht mehr contrahirt, wohl aber die Fusssohle, sowie der ganze Fuss überhaupt noch weit entfernt war, eine gute Stellung zu zeigen. Nach zwei Monaten wurden daher von Neuem alle spannenden Theile der Fusssohle durchschnitten.

Um nicht in unnütze Weitläufigkeiten zu gerathen, wollen wir daher hier kurz bemerken, dass der Kranke zwei Jahre in der Klinik blieb und während dieser ganzen Zeit orthopädisch behandelt wurde, sowie auch mehrmalige Tenotomie, sobald sich wieder bedeutende Spannung und Retraction zeigte, in Anwendung gebracht wurde. Im Anfang Januar 1846 sah ich den Kranken fast vollkommen geheilt entlassen und konnte um so mehr über die Vollständigkeit des Resultates urtheilen, als ich die Krankheitsgeschichte, sowie sie in den verschiedenen Phasen der zweijährigen Behandlung jedesmal niedergeschrieben war, vor Augen hatte.

Dieser Fall beweist deutlich, wie grosse Ausdauer oft bei der Behandlung dieser Krankheiten nöthig ist, und wie man sich keineswegs entmuthigen lassen darf, wenn die rationellste von Maschinenbehandlung begleitete Tenotomie nicht unmittelbar zu dem gewünschten Resultate führt. In solchen Fällen ist namentlich das Wiederholen der Sehnen- und Muskeldurchschneidung unentbehrlich. Die Physiologie giebt uns auch hier Rechenschaft, weshalb beim Klumpfuss die Durchschneidung in der Fusssohle zuweilen öfter wiederholt werden muss als die der übrigen Theile. Wo nämlich eigentliche Sehnensubstanz durchschnitten wird, ist die sich bildende Zwischensubstanz ungleich länger und ausdehnbarer, als da, wo blosse Muskeln und Aponeurosen durchschnitten werden.

7) Varus dritten Grades am rechten, ersten Grades am linken Fusse, Geschwüre an beiden; Sehnendurchschneidung, Streckung, bedeutende Besserung.

Die 20jährige Kranke leidet seit ihrer Geburt an Varus. Diese Verbildung findet an beiden Extremitäten statt, doch ist der Grad des Pes varus an beiden sehr verschieden. Auf der rechten Seite ist der ganze Fuss bedeutend nach Innen umgeschlagen, so dass der obere Theil des äussern Fussrandes und ein Theil des Fussrückens die Sohle bilden. Der äussere Fussrand ist durch das Auftreten beim Gehen schwielig geworden und bildet in seinem Verlaufe eine nicht unbedeutende Convexität. Der innere Fussrand ist stark nach Oben gerichtet und concav, durch die Zusammenziehung des Fusses Von vorn nach Hinten mit Querfalten versehen. Die Zehen stehen in einer Richtung mit der Sohle, folglich nach Innen, und sind nach der Planta pedis hin leicht gekrümmt. Die Dorsalfläche des Fusses ist convex, so dass der ganze Fuss seiner Verlängerung nach eine starke Verkürzung erlitten hat. Die Ferse ist nach Oben gezogen und durch den Nichtgebrauch der Mm. gastrocnemii und des M. soleus die Wade abgemagert.

Dasselbe, doch in viel geringerm Grade, findet sich am linken Fusse, wo der vorherbeschriebene Zustand nur angedeutet ist. Der äussere Fussrand mit einem beträchtlichen Theile der Sohle berührt beim Stehen die Erde, der innere Rand ist wenig convex und die Ferse nur wenig erhoben, so dass man diesen Zustand den ersten Grad, den vorigen aber den dritten Grad des Pes varus nennen kann. Der Grund dieser Verbildung ist nicht sowohl in einer fehlerhaften Lage der Fusswurzelknochen, als vielmehr in einer gestörten Muskelfunction zu suchen, indem hier die Function der Abductoren von der zu starken Bethätigung ihrer Antagonisten völlig aufgehoben wird, und demnach die Behandlung auf die Wiederherstellung des Gleichgewichts zwischen den einzelnen Muskelpartien zu richten ist.

Ausserdem ist Patientin mit einem andern Uebel behaftet. Die vordere Unterfläche beider Unterschenkel ist von blaurother, violetter Färbung, mit varicösen Erweiterungen der Sehnen, die bei geringen Anreizungen bluten. In diesen so gefärbten Flächen finden sich glänzende, von einem blauen Hof umgebene Narben, die am rechten Bein durch einen Stoss, den die Patientin erlitten hatte, aufgebrochen sind und in Eiterung stehen. Bevor nun die Kranke orthopädisch behandelt wurde, suchte man zuerst die Geschwüre zu heilen, da diese sonst das Anlegen eines Verbandes sehr erschwert hätten. Dies gelang auch durch vollkommene Ruhe, warme Umschläge und spätern Verband mit einer rothen Präcipitatsalbe. Hierauf wurde zuerst der rechte Fuss operirt, und zwar wie gewöhnlich', die Achillessehne, die Sehne der Aponeurosis plantaris mit dem Flexor hallucis durchschnitten und hierauf der gewöhnliche Verband angelegt. Am siebenten Tage wurde die Scarpa'sche Maschine applicirt, musste jedoch nach zwei Tagen wieder abgenommen werden, da sie an den Knöcheln leichte Excoriationen bewirkt hatte, diese heilten in wenigen Tagen durch Umschläge von Bleiwasser. Der Vorsicht halber wurde aber die vollkommene und solide Heilung derselben abgewartet, bis die Maschine wieder angelegt wurde. Diese wurde dann besser vertragen, und so konnte die Kranke nach einigen Wochen, auf dem Wege der Heilung begriffen, entlassen werden. Am andern Fusse, wo Varus ersten Grades bestand, war nur die Durchschneidung der Achillessehne und des Tibialis anticus nöthig, worauf dann ebenfalls der bekannte Streckapparat angelegt wurde.

8) Varus am linken Fuss, Valgus am rechten.

Die neunjährige Kranke leidet seit ihrer Geburt an Verkrümmung der Füsse, welche früher vielleicht geringer, sich jetzt folgendermaassen darstellen. Am linken Fusse ist der innere Fussrand bedeutend erhoben, der äussere nach Unten gewichen, jener steht sogar etwas nach Aussen, dieser etwas nach Innen, so dass die Kranke mit demjenigen Theile des Fusses auftritt, der sich zwischen dem äussern Rande und dem Malleolus externus befindet. Die Sohle ist dabei nach Oben und Innen, der Fussrücken nach Aussen gerichtet, jene bedeutend concav, dieser bedeutend convex, so dass der ganze Fuss die Gestalt eines Halbmondes hat, und die Ferse und die Zehen nach Innen und sogar etwas nach Oben gezogen sind. Der Malleolus ist zu einem grossen Höcker von der Grösse eines Apfels entartet, indem das Os naviculare und der Astragalus durch die Sehne des M. tibialis anticus nach Oben gezogen, diesen Höcker mitbilden helfen, mit dessen unterm Theile die Kranke auftritt. Beim Gehen wird der Fuss durch die fehlerhafte Stellung der Fusswurzelknochen noch mehr nach Innen gebogen, so dass der Fuss hierdurch noch mehr verkürzt, einen hinkenden, schleppenden Gang bewirkt. Diese Verkrümmung, Pes varus im fünften Grade, ist bewirkt durch zu starke Contraction des Musculus gastrocnemius, Tibialis anticus, Fascia plantaris, Flexor hallucis longus. Der entgegengesetzte Zustand findet sich am rechten Fusse. Hier ist der innere Rand nach Unten gewichen, der innere Knöchel steht ein wenig tiefer als der äussere, so dass die Kranke mit der ganzen Fläche der Planta beim Gehen auftritt und sich hier besonders die Sehne des Peronaeus tertius verkürzt zeigt (Pes valgus im ersten Grade).

Die Operation wurde in der Art gemacht, dass am linken Fusse die Sehne des Gastrocnemii, des Tibialis anticus, des Flexor hallucis long., die Fascia plantaris subcutan durchschnitten wurden, am rechten Fusse wurde bloss die Sehne des Peronaeus tertius durchschnitten. Hierauf wurde der Verband in der Art angelegt, dass am linken Fusse zuerst eine Flanellbinde in Cirkeltouren von Aussen nach Innen, vom Fusse bis beinahe zum Knie angelegt wurde. Hierauf wurde ein nach Art der Compressen zusammengelegtes Stück Flanell an die äussere Seite des Unterschenkels, darüber eine hölzerne Schiene, abermals durch Cirkeltouren befestigt. Endlich wurde dem Fusse eine der normalen sich nähernde Stellung durch eine um den Fuss und die hölzernen Schienen gelegte Binde gegeben. Am rechten Fusse wurde ein ähnlicher Verband applicirt, nur mit dem Unterschiede, dass hier die Cirkeltouren von Innen nach Aussen gingen, und die Compressen und hölzerne Schiene an der inneren Seite des Unterschenkels befestigt wurden. Nach wenigen Tagen konnte auf beiden Seiten ein Schnürstiefel angelegt werden, was natürlich in der entgegengesetzten Richtung beim Varus und beim Valgus bewirkt wurde. Durch diese Apparate wurden die Füsse immer mehr in die normale Lage zurückgebracht, und so konnte denn die Kranke mit diesen Apparaten die Anstalt verlassen und den Angehörigen die Vervollständigung der Heilung überlassen werden. In diesem Fall, sowie in vielen anderen, können wir freilich nicht genau urtheilen, wie weit die Heilung vollständig gelungen sei. Dies ist ein allgemeiner Uebelstand der klinischen Beobachtungen. Unser Hauptzweck jedoch hier ist nicht eine Statistik der Resultate, sondern ein praktischer Ueberblick der Handlungsweise Dieffenbach's in Fällen der Art.

9) Valgus in Folge von Ermüdung, Durchschneidung des Peronaeus longus und der Aponeurosis plantaris; Anlegung eines orthopädischen Apparates; Heilung.

Der 21jährige Kranke hatte immer einer guten Gesundheit genossen, bis er vor ungefähr zwei Jahren in Folge von Ermüdung häufig Schmerz im Fussgelenk fühlte, in welchem sich eine nicht intense, aber schleichende, chronische Entzündung ausbildete; zugleich bemerkte er auch, dass sein Fuss sich nach Aussen zu ziehen anfing, und dass er beim Gehen mehr die innere Seite und den innern Rand der Sohle auf den Boden setzte. Dies Uebel nahm nun allmählig zu, und bei der Aufnahme des Kranken in die Dieffenbach'sche Klinik war bereits eine bedeutende Abweichung des Fusses nach Aussen eingetreten, mit Hervorragung des innern Knöchels, verminderter Wölbung des Fussrückens und vollkommen platter Sohle. Da schon viele Mittel vergeblich versucht worden waren, so konnte nur von der Operation Hülfe erwartet werden. Diese wurde nun so ausgeführt, dass zuerst der Peronaeus longus und dann die Plantaraponeurose durchschnitten wurde. Hierauf wurde die Dupuytren'sche Schiene nach Innen angelegt und der Fuss durch ein Tuch an dieselbe angezogen. So stellte sich denn schon in den ersten Tagen eine bedeutende Besserung im örtlichen Leiden ein. Nach 14 Tagen konnte ein Schuh mit einer nach Innen angebrachten Schiene so angelegt werden, dass nun der Fuss sich in seiner Lage nach Innen erhielt. Nach kurzer Zeit konnte der Kranke mit Leichtigkeit wieder gehen und nach etwa sechs Wochen hatte der Fuss seine normale Stellung wieder eingenommen, und der Kranke verliess die Anstalt mit der Weisung, sich noch längere Zeit seines Apparates zu bedienen.

Es ist eine merkwürdige Erscheinung, die wir öfters beobachtet haben, wiewohl sie gerade in vorliegendem Falle nicht auffallend stattgefunden hat, dass wenn Valgus in Folge von chronischer Gelenkreizung eingetreten ist, nach der Sehnendurchschneidung oft die Schmerzen sehr schnell nachlassen. Es lässt sich dies übrigens recht wohl begreifen. Durch entzündliche Reizung schwellen nämlich die Knochen und Weichtheile des Gelenkes immer mehr oder weniger an, und die Schmerzen entstehen zum Theil daher, dass alle diese Theile, die wenig Raum zur Ausdehnung haben, dadurch zu nahe gegeneinander gedrängt werden. Hierdurch werden natürlich einzelne Sehnen sehr gespannt, und durchschneidet man sie, so gewinnen dadurch die nahen

Gelenktheile mehr Raum, wodurch ein grosser Theil der entzündlichen Erscheinungen gehoben wird.

10) Valgus beider Füsse seit 1½ Jahren, in Folge von Ermüdung und chronischer Gelenkreizung entstanden; Operation auf beiden Seiten, Heilung.

Der 18 Jahr alte Kranke, seines Standes ein Drechsler, ist von kräftigem und gesundem Körperbau, untersetzter Statur und gesunder Gesichtsfarbe. Er versichert, weder in seinen ersten Lebensjahren von irgend welchen Krankheiten heimgesucht, noch in spätern Perioden jemals von einem namhaften Unwohlsein ergriffen gewesen zu sein. Vor ungefähr 1½ Jahre stellten sich zuerst bei ihm Schmerzen in den Fussgelenken und in der Planta pedis ein, die hauptsächlich beim Gehen und Stehen zur deutlichen Wahrnehmung kamen. Es zeigte sich zugleich eine leichte Anschwellung der Füsse, und der Kranke war genöthigt, ärztliche Hülfe in Anspruch zu nehmen, die ihm denn auch von Seiten der Klinik in der Art zu Theil wurde, dass er nach Anwendung von öligen Einreibungen und Application von Blutegeln nach kurzer Zeit wiederum sich seinen Berufsgeschäften widmen konnte. Es währte indess nicht lange, so stellte sich das frühere Uebel wiederum ein, die Schmerzen erneuerten sich; das Gehen wurde dem Kranken immer mehr und mehr erschwert, dabei bemerkte er besonders an dem Schieflaufen aller seiner Fussbekleidungen nach Innen, ein deutliches Einsinken der Concavitäten der Fusssohle, Aufwärtsbeugen der äussern Fussränder und dadurch bedingtes Auftreten mit der ganzen Planta pedis. Es hatte sich somit ein niederer Grad von Valgus ausgebildet, zu dessen Beseitigung und Heilung der Kranke jetzt von Neuem in der Klinik Hülfe suchte. Was die Aetiologie des Falles anbetrifft, so ist es keinem Zweifel unterworfen, dass die Berufsbeschäftigungen des Kranken, welche es ihm nöthig machten, beständig zu stehen, wohl auch vielfach die Knie nach Innen zu beugen, das jetzt bestehende Uebel hervorgerufen haben.

Die Prognose der vollständigen Heilung ist beim Valgus eine viel zweifelhaftere, als beim Varus, da bei jenem, wo das Uebel rein in einem gestörten Gleichgewichte der antagonistischen Muskeln besteht, die Operation nur wenig zu leisten vermag, während bei diesem durch die Durchschneidung der retrahirten Sehnen und Muskeln schnell eine überraschende Wirkung erzielt wird. Es ist daher nicht in Abrede zu stellen, dass beim Valgus der orthopädische Theil der Behandlung —

natürlich verbunden mit den indicirten operativen Eingriffen — die wesentlichste Seite desselben ausmacht. Es wurde zuerst zu der Operation des linken Fusses geschritten und zwar in der Art, dass mit einem kurzen Tenotom von Aussen nach Innen die Sehnen des M. tibialis anticus, des M. extensor digitorum communis longus, ferner die der M. peronaei brevis und M. peronaeus tertius durchschnitten wurden, worauf es nicht schwer hielt, dem Fusse sogleich eine der Norm sich nähernde Stellung zu geben. Nun wurden Flanellbinden angelegt und durch eine an der innern Seite des Fusses angebrachte Schiene der äussere Fussrand nach Unten und Innen, der innere nach Oben gezogen. Die orthopädische Behandlung bestand im Anfang bloss darin, dass der Fuss immer mehr nach Innen gegen die Schiene hingezogen wurde; zugleich musste der Patient längere Zeit das Bett hüten. Drei Wochen nach der ersten Operation wurde auch die am andern Fusse vorgenommen, welche übrigens ganz die gleiche, wie die oben beschriebene war. Die Nachbehandlung war ebenfalls dieselbe. Einen Monat nach der 2ten Operation wurde für beide Füsse ein Apparat angelegt, um dieselben immer mehr in günstiger Stellung zu erhalten; dieser bestand ganz einfach aus mit Schienen versehenen Schuhen, welche die Füsse in der Richtung nach Innen hielten und das Ausweichen nach Aussen verhinderten. Hierdurch kam nun mit der Zeit die vollkommene Heilung des Kranken zu Stande. Es versteht sich von selbst, dass in solchen Fällen noch während langer Zeit die grösste Schonung nöthig ist, um einen Rückfall zu verhüten.

Siebentes Capitel.

Klinische Beobachtungen über Hernien.

Die Literatur der Eingeweidebrüche ist bereits so umfangreich und so vollständig, dass es offenbar ein zum mindesten überflüssiges Unternehmen wäre, noch über diesen Gegenstand eine grössere Arbeit ex professo abzufassen, man müsste denn, wie dies bei Herrn Professor Dieffenbach der Fall ist, ein so reichhaltiges Material von Erfahrungen über diesen Theil der Chirurgie besitzen, dass ein neueres vollständigeres Werk über diesen Theil der Chirurgie, wie früher die Arbeiten Pott's und Richter's, das Gediegenste für wundärztliche Praxis, dem neuesten Zustande der Wissenschaft angemessen, zu geben im Stande wäre.

Da wir nun selbst auf Vollständigkeit der Erfahrungen in diesem Felde keinen Anspruch machen, so wollen wir uns begnügen, hier eine Reihe interessanter Krankengeschichten von Bruchoperationen aus der Dieffenbach'schen Klinik mitzutheilen und denselben einige allgemeine Bemerkungen über die praktischen Grundsätze des grossen Berliner Chirurgen vorausschicken.

Es gewährt diese kurze Zusammenstellung einen doppelten Vortheil, einmal zeigt sie, dass nicht zwei Bruchoperationen einander vollkommen gleichen und dass jede ihre Schwierigkeiten und Eigenthümlichkeiten darbietet, sodann aber macht sie uns bekannt mit der Handlungsweise eines anerkannten Meisters in diesen verschiedenen Fällen, der dieses Feld mit Vorliebe seit Jahren bearbeitet.

*) Wir wollen also mit den allgemeinen Bemerkungen beginnen und auf diese dann die Erzählung einer Reihe auserwählter Fälle folgen lassen.

1) Bei allen Gelegenheiten erhebt sich Dieffenbach mit Ener-

*) Anm. Durch den plötzlichen Tod Dieffenbach's gewinnen die gegebenen Mittheilungen über sein Verfahren bei Bruchoperationen ein um so grösseres allgemeines Interesse. Der Corrector.

gie gegen die zu weit getriebenen Versuche der Taxis. Der Grund des Misslingens der Bruchoperation liegt oft nur in der zu grosen Verletzung der Gedärme durch heftige Repositionsversuche vor der Operation. Selbst bei glücklicher Reposition eines sehr gewaltsam reducirten Bruchs entsteht noch zuweilen tödtliche, mit Brand endende Entzündung des zurückgebrachten Darms. Man kann daher nicht schonend genug bei der Reposition verfahren und thut viel besser, früh zu operiren.

Was meine eignen Erfahrungen über diesen Gegenstand betrifft, so kann ich natürlich diesen weisen Rath nur billigen, jedoch möchte ich besonders darauf aufmerksam machen, dass ich einen mässigen, aber lange fortgesetzten Druck bei der Taxis für die nützlichste Methode halte. Ich habe öfters Hernien reducirt, welche den Versuchen andrer Wundärzte widerstanden hatten und nach gemachter Taxis bei gehörigem antiphlogistischen Verfahren keine weiteren üblen Zufälle darboten. Jedoch war es in solchen Fällen niemals ein kräftiger Druck, welcher die Einklemmungssymptome hob, sondern ein genau in der Richtung des Canals, durch welchen der Bruch herausgetreten war, lange fortgesetzter mässiger Druck, öfters während 10, 20 Minuten, einer halben Stunde. Man suche hiebei die Aufmerksamkeit der Kranken möglichst zu zerstreuen, und so fühlt man oft im Augenblicke, wo man es am wenigsten erwartet, den Bruch zurücktreten. Es versteht sich von selbst, dass man den Kranken durch Bäder, Aderlass, leichte Abführmittel, Klystire, Eisumschläge etc., zur Reposition verbereiten müsse. Neuerdings hat man das Einathmen von Aetherdämpfen empfohlen, um dadurch die Muskelkraft zu erschlaffen und die Aufmerksamkeit des Kranken von den Versuchen der Taxis durchaus abzulenken. Dies Verfahren scheint nicht irrationel, muss jedoch durch die Erfahrung, dem alleinigen Prüfstein aller Theorie, näher geprüft werden.

In seltenen Fällen setzt man sich dem Uebelstande aus, im Bruchsack eingeklemmte Brüche mit dem Bruchsacke zu reponiren. Diese Möglichkeit muss der Praktiker immer vor Augen haben, um nicht einen oft nicht wieder mehr gut zu machenden Missgriff zu begehen.

2) Was die vor der Operation anzuwendenden innern Mittel betrifft, so warnt Dieffenbach mit Recht gegen das zu energische Einstürmen mit Abführmitteln auf solche Kranke. Die Drastica, das so beliebte Calomel, führen einerseits gewöhnlich nicht zum Zwecke, anderseits haben sie den grossen Nachtheil, dass sie die Därme stark reizen und wenn die Operation nothwendig geworden und ausgeführt ist, oft nach derselben erst wirken und heftige, die Kranken erschöpfende

Diarrhöe zur Folge haben. Die bei Brucheinklemmung sehr gebräuchlichen Tabaksklystiere leisten ebenfalls nur wenig, wiewohl der Tabak in dieser Form angewendet, mehr als jedes andre Mittel in dem Rufe steht, die Kräfte zu deprimiren. Stärkere Abführmittel sind nur dann zu reichen, wenn bei einer sehr umfangreichen Hernia scrotalis nicht Einklemmung, sondern Kothanhäufung stattfindet, Fälle, in denen auch sonst nicht operirt werden darf. Bei eingeklemmten Brüchen ist, ausser Ricinusöl, erweichenden Klystieren und ähnlichen mild abführenden Mitteln, kein energischeres Laxans zu versuchen.

3) Ueber den Zeitpunkt, in welchem operirt werden soll, hat man sich von jeher viel herumgestritten; jedoch ist dies ein Streit, welcher mehr die Theoretiker beschäftigt, als den Praktikern wahren Nutzen bringt. Es lässt sich hier gar keine bestimmte Regel aufstellen. Frisch entstandene Brüche können oft nach 10 — 12 Stunden bereits sehr entzündet, fast brandig sein. Wir werden in den später mitzutheilenden Krankengeschichten mehrere sehen, in welchen in der That bei der kurzen Zeit nach der Einklemmung gemachten Operation die localen Entzündungserscheinungen bereits eine bedeutende Höhe erreicht hatten. Auf der andern Seite hat Dieffenbach Fälle gesehen, in denen noch nach zehn Tagen operirt wurde, und wo die Kranken mit dem Leben davonkamen. Alles hängt hier davon ab, ob die Bruchpforte eng oder mehr oder weniger weit ist, ausserdem finden hier auch dem Alter, dem Temperament und der Constitution der Kranken gemäss bedeutende Verschiedenheiten statt.

4) Ueber den bei frischen Brüchen so schnell eintretenden Brand bemerkt Dieffenbach sehr richtig, dass er nicht die Folge der Entzündung, sondern der durch Constriction aufhörenden Circulation sei und vergleicht dies mit dem Tode durch Strangulation, wo auch das Leben zum Theil durch aufgehobenen Kreislauf vernichtet wird. Es stimmt diese Erklärung des eintretenden Brandes durch gehemmten Blutumlauf ganz mit den Ansichten überein, welche ich in meinem Werke der pathologischen Physiologie über die Entstehung des Brandes überhaupt bekannt gemacht habe. Das marmorirte Aussehen des eingeklemmten Bruchs ist gewöhnlich ein Vorläufer des Brandes und daher eine Erscheinung von ungünstiger Bedeutung.

5) Die Beschaffenheit des bei der Bruchoperation ausfliessenden Bruchwassers ist ebenfalls von grosser Wichtigkeit für die Erkenntniss der Beschaffenheit der eingeklemmten Theile. Schon durch eine thränenpunktgrosse Oeffnung kann man beim Anstechen des Bruchsacks über die Natur desselben urtheilen. Kommt durch den Einstich oder

Einschnitt klares Bruchwasser heraus, so lässt dies im Allgemeinen eine günstige Prognose stellen und deutet auf einen mässigen Entzündungsgrad der eingeklemmten Gedärme hin. Gelb gefärbtes Bruchwasser deutet schon auf eine höhere entzündliche Reaction hin, hier ist Exsudat mit Serum gemischt. Ist das Bruchwasser blutig tingirt, so lässt dies noch heftigere Entzündung vermuthen; in diesem Falle rührt die blutige Färbung von dem Bersten mehrerer Capillargefässe her, was auf sehr erschwerte Circulation hindeutet. Dass es eine blutige Durchschwitzung bei unverletzten Gefässen gebe, ist ein durch die neuere Physiologie vollkommen widerlegter Irrthum.

Ueber die bei der Bruchoperation zu befolgende Methode, theilen wir hier keine allgemeinen Grundsätze mit, da diese nach den einzelnen Fällen stets modificirt werden muss. Wichtig jedoch ist es, „Dieffenbach's Handlungsweise bei Brüchen", in denen eine ziemliche Menge Netz enthalten ist, zu kennen.

6) Nur loses, nicht durch feste Adhärenzen mit den äussern Theilen verbundenes Netz darf reducirt werden, besonders auch frisch ausgetretene, noch mobile Partien. Altes Netz, besonders wenn es verwachsen ist, darf nicht reducirt werden. Es tritt beim Zurückbringen desselben leicht eine Einklemmung durch Umschlingung des Darms durch das Netz ein. Das Unterbinden des Netzes ist ebenfalls eine zu verwerfende Methode. Abschneiden des Netzes und Reponiren hat ebenfalls, selbst wenn im Augenblick des Zurückbringens die Blutung gestillt ist, mitunter gefährliche Folgen, da im Unterleib eine Nachblutung eintreten kann, welche dann gewöhnlich einen tödtlichen Ausgang hat. Das von Dieffenbach bei vorliegendem angewachsenem Netze empfohlene Verfahren ist folgendes: Altes Netz muss vor der Bruchpforte abgeschnitten werden, jedoch hüte man sich wohl, die bestehenden Adhärenzen zu lösen, und ziehe sogar zu grösserer Vorsicht durch dasselbe einen Faden, um sicher zu sein, es ausserhalb der Bauchhöhle erhalten zu können. In einem Falle von sehr umfangreichem, mit der Umgegend adhärirendem Netze habe ich deshalb nach allen Seiten hin getrennt und reponirt und keine weiteren übelen Zufälle danach beobachtet. Jedoch würde ich keineswegs dasselbe diese Verfahrungsweise empfehlen.

7) Bei schon einmal operirten Brüchen mache man den Bruchschnitt nicht auf der Höhe der Geschwulst, sondern zur Seite, und vermeide sorgfältig die von der ersten Operation herrührenden Narbenadhärenzen, da solche Brüche an dem vorderen Theile gewöhnlich keinen

Bruchsack zeigen und man sich so leicht der Gefahr aussetzt, den Darm zu verletzen.

Solche schon einmal operirte Brüche bieten öfters ein hydatidöses, fast durchsichtiges Ansehen dar. Die Anamnese, so wie die nach abrasirtem Scrotum immer leicht sichtbare Narbe der früheren Operation dienen in solchen Fällen meist ziemlich sicher, um den Wundarzt bei dem einzuschlagenden operativen Verfahren zu leiten.

8) In Bezug auf die Leibesöffnung während und nach der Brucheinklemmung ist es wichtig, nicht einen zu absoluten Werth auf ihre Existenz oder ihr Fehlen zu legen. Es ist nicht selten, dass man in den ersten Stunden nach dem Auftreten selbst heftiger Incarcerationssymptome noch Stuhlgang beobachtet, jedoch rührt dieser dann gewöhnlich von bereits vor der Einklemmung im Dickdarm sich befindlichen Kothmassen her. Bei sehr kleinen, plötzlich entstandenen Brüchen dauert mitunter der Stuhlgang fort, es ist dies besonders der Fall, wenn nur eine Darmwand eingeklemmt ist; und grade in solchen Fällen muss wegen des oft schnell eintretenden Brandes schleunig operirt werden. Bei entzündeten, nicht eingeklemmten Netzbrüchen, dauert ebenfalls die Leibesöffnung gewöhnlich fort; in diesem Falle jedoch hat man es meist mehr mit den allgemeinen Erscheinungen einer mehr oder weniger heftigen Entzündung, als mit den pathognomonischen einer Einklemmung zu thun.

Wenn nach glücklich ausgeführter Operation in den meisten Fällen schon nach wenigen Stunden nach leichten Abführmitteln und Klystieren Oeffnung eintritt, so ist doch auch andauernde Verstopfung kein durchaus schlimmes Zeichen. Ich habe in einem Falle erst 60 Stunden nach der Operation Oeffnung erfolgen sehen und doch ist der Kranke vollkommen genesen. Mitunter dauert die Verstopfung noch länger ohne Nachtheil fort. So mancher Kranke geht nach der Operation an Darmentzündung und Peritonitis zu Grunde, welcher nach gehobener Einklemmung gehörige Oeffnung gehabt hat. Im Allgemeinen ist allerdings baldiges Eintreten derselben ein für eine gute Prognose fast nothwendiges Zeichen, jedoch muss man jene Ausnahmefälle kennen, um in seinen Aussprüchen vorsichtig zu sein.

9) Die Heilung per primam intentionem ist nach Dieffenbach bei Bruchoperationen gar nicht zu erzielen, denn wo sie auch oberflächlich zn Stande zu kommen scheint, findet mehr nur eine Verheilung der Haut und des oberflächlichen Zellgewebes statt; in der Tiefe aber bildet sich meist Eiter und es stossen sich ausserdem nekrotische

Partien vom Zellgewebe des Bruchsacks los. So setzt man sich der Gefahr aus, dass der sich bildende Eiter sich ins Peritonaeum ergiesst und den Tod herbeiführt. Ausstopfen mit Charpie, Nähern der Ränder mit Heftpflasterstreifen, Begünstigung guter Granulationsbildungen, im Anfange durch Breiumchläge und später bei eintretender Vernarbung durch Aetzen mit Höllenstein bilden die einzige passende Localbehandlung der Operationswunde.

10) Die operirten Brüche heilen auf folgende Art: Die Bruchsackwände verkleben mit einander durch Entzündung. Diese Adhäsion wird noch durch die Granulationsbildung verstärkt. So erscheint ein frisch operirter Bruch nach der Operation meist geheilt. Die Bruchpforte jedoch hat sich nicht geschlossen. Schon wenige Monate nach der Operation fängt die Narbe an sich zu erweichen, der Bruchsack dehnt sich nun wieder aus und die Gedärme treten von Neuem in denselben. Auf diese Art entsteht ein Rückfall; an der Stelle jedoch, an welcher der Bruchsack bei der Operation durchschnitten war, fehlt er dann gewöhnlich, worauf wir bereits aufmerksam gemacht haben. Hier wollen wir besonders die Nothwendigkeit zeigen, welche aus dieser Art der Heilung der Brüche hervorgeht, selbst nach der scheinbar vollkommensten radicalen Heilung eines operirten Bruchs dem Kranken dringend zu empfehlen, stets ein Bruchband zu tragen. Wir werden später sehen, wie schlimme Folgen öfters aus der Vernachlässigung dieser Vorsichtsmaassregel erwachsen sind. Bei nicht sehr grosser Uebung ist die Operation eines recidivirten schon einmal operirten Bruchs viel schwieriger als die erste Operation.

11) Was die Radicalkur der Brüche betrifft, so ist denen, welche die Fort- und Rückschritte der neuern Chirurgie sorgfältig beobachtet haben, wohl bekannt, dass im Anfange des letzten Jahrzehents von mehreren Seiten zugleich wieder die Frage angeregt worden ist: ob man nicht die Radicalkur der Brüche auf eine sichere Art so bewerkstelligen könne, dass dadurch die Kranken vor jedem schlimmern Zufalle geschützt seien. Von vielen Seiten her wurden nun auch angeblich sichere Methoden mit bereits stattgehabten Erfolgen gerühmt, um die Möglichkeit zu beweisen, die Oeffnungen des Bauchfelles in der Art zu schliessen, dass kein Hervortritt der Baucheingeweide weiter möglich sei. Wie unphysiologisch ein solches Unternehmen sei, beweisen unter vielen Argumenten besonders die beiden Umstände, dass einerseits der letzte Grund der Hernien in einer schwachen Consistenz der Fasern des untern Theiles des Peritonaeums und der Schwierigkeit, dem Andrange der Gedärme des Unterleibes zu widerstehen, mit einem Worte,

in der individuellen Prädisposition liege, dass der untere Theil des Peritonaeums nicht die gehörige Stärke und Elasticität besitze. Andererseits wissen wir, dass jede, auch nur die geringste Verletzung des Peritonaeums das Leben in die grösste Gefahr bringt; es war daher eine chimärische Hoffnung, in demselben nur den Grad der Entzündung hervorbringen zu wollen, welcher auf einer geringen Strecke unter sich oder mit andern Theilen in den Zustand einer adhäsiven Entzündung zu versetzen, ohne zugleich eine grössere Irradiation der phlogistischen Erscheinungen zur Folge zu haben. Bald daher verstummte auch die unlautere Ruhmredigkeit der Wundärzte, welche wohl vielen Kranken von dem Bruche, aber auch zugleich aus dem Leben geholfen hatten, und in den Fällen, in welchen die Kranken glimpflicher davon kamen, konnte man bald einen Rückfall und die Nothwendigkeit des Tragens eines Bruchbandes beobachten. Sehr treffend nennt daher Dieffenbach das Streben nach der Radicalkur der Brüche einen psychischen Rückschritt in die Irrthümer der früheren Chirurgie. Die geistvollsten älteren Chirurgen haben mit so ungünstigem Erfolge in diesem Felde Versuche gemacht, dass die besten Wundärzte neuerer Zeit, wie A. Cooper, Richter, Dupuytren etc. ein solches Verfahren für unmöglich hielten. So haben denn auch diese neueren Versuche den Ausspruch Richter's bestätigt, dass, wenn der am eingeklemmten Bruch Leidende sich einer Operation unterzieht, die ihm das Leben retten kann; der hingegen, welcher durch die Radicalkur sich von einem nicht eingeklemmten Bruche zu befreien sucht, sich einer Operation überlässt, welche ihn bei der sonst besten Gesundheit tödten kann. Dieffenbach erzählt namentlich in seiner Klinik folgendes interessante Factum:

Ein berühmter französischer Wundarzt, dessen Namen wir hier verschweigen, hat vor mehreren Jahren die Radicalheilung der Brüche an zwölf Kranken durch Hineinstopfen und Einheilen einer grossen Hautfalte in den Leistenring versuchen wollen. Nach einigen Tagen waren drei derselben gestorben. Kurze Zeit nachher war dreien andern das Scrotum durch brandige Zellgewebezerstörung halb weggeeitert. Es wurden endlich drei andere nach längerer Zeit als geheilt vorgestellt, welche jedoch Bruchbänder tragen mussten, also nicht geheilt waren. Was endlich aus den drei übrigen geworden ist, ist unbekannt. Es geht aus allem diesem hervor, wie verwegen und zugleich irrationell es ist, noch an die Radicalkur der Brüche zu denken.

12) Wir werden in einer der später mitzutheilenden Krankengeschichten sehen, dass ein blossgelegter Bruchsack durch Zellgewebe-

stränge, welche denselben in mehrere Abtheilungen theilten, ein rosenkranzartiges, hydatidenähnliches Ansehen hatte. In solchen Fällen ist die grösste Vorsicht bei der Operation zu empfehlen, da ein Irrthum in der Diagnose die gefährlichsten Folgen hat. In einem ähnlichen Falle haben wir kürzlich einen ausgezeichneten Pariser Chirurgen einen bedeutenden Missgriff begehen sehen. Der Bruchsack hatte nämlich ein hydatidenähnliches Ansehen und in der That lagen um den eingeklemmten Bruch mehrere geschlossen scheinende Hydatiden, welche durch Einschnitt entleert, bedeutenden Platz schafften. Nun wurde aber auch unglücklicherweise der eingeklemmte Darm für eine Hydatide gehalten und angestochen; es spritzte natürlich sogleich aus demselben ein Strahl flüssiger Fäcaltstoffe hervor. Es enstand eine Kothfistel und die Kranke ging wenige Tage darauf zu Grunde.

13) Wenn es eine, durch die Beobachtung der ausgezeichnetsten Wundärzte und namentlich eine durch die vortreffliche Arbeit Dupuytren's ausser Zweifel gesetzte Thatsache ist, dass mitunter die Einklemmung im Bruchsacke stattfindet und bei solchen reducirten Brüchen diese Einklemmung fortdauert, so muss man doch auch nicht die Möglichkeit aus den Augen verlieren, dass zuweilen die Einklemmungserscheinungen deshalb fortdauern, weil neben den äusseren Brucherscheinungen noch ein innerer, nicht erreichbarer Volvulus existirt; wir werden auch hiervon später ein Beispiel anführen.

14) Höchst wichtig und der Mittheilung für Praktiker besonders werth, ist die Verfahrungsweise Dieffenbach's bei grossen, nicht eingeklemmten Scrotalbrüchen, welche die Anwendung eines Bruchbandes fast unmöglich machen. Da diese Brüche im Allgemeinen nicht operirt werden dürfen, so machen sie besonders bei eintretenden entzündlichen Erscheinungen dem Wundarzte viel zu schaffen. In solchen Fällen lege man Eis auf den Bruch, welches das angesammelte Gas in die Bauchhöble zurücktreibt und gebe Abführmittel und Klystiere, was dann gewöhnlich hinreicht, um die Stuhlausleerungen wieder gehörigin Gang zu bringen, und die drohenden Erscheinungen aufhören zu machen. Das mühsame Zurückbringen dieser Brüche beruht freilich gewöhnlich auf Kothanhäufung, welche aber niemals, wie einige Schriftsteller behaupten, aus schon durch die äusseren Theile durchzufühlenden Kothballen besteht, sondern immer aus flüssigen Stoffen.

Was die Wahl der Abführmittel betrifft, so fange man mit den mildern, dem Ricinusoel an, setze diesem im Nothfall einige Tropfen Crotonöl zu; gebe später, wenn dieses nichts hilft, Electuarum lenitivum und selbst Calomel; vermeide jedoch die Drastica. Die älteren

Chirurgen gaben mit Vortheil in diesen Fällen Bittersalz mit Leinöl. Solche Brüche reduciren sich oft noch nach acht Tagen.

Was nun das Anlegen eines Bruchbandes bei grossen, nicht sehr reducirbar scheinenden Brüchen betrifft, so erzählt Dieffenbach, dass er oft von Leuten consultirt worden sei, welche noch in der Blüthe der Jahre, sehr grosse Scrotalbrüche zeigten, gegen welche sie alle möglichen Bruchbänder hatten anfertigen lassen, ohne die Eingeweide zurückhalten zu können, und wo sich dann gewöhnlich bedeutende Fettmassen in dem im Bruchsack enthaltenen Netze befanden. In solchen Fällen empfiehlt Dieffenbach folgendes Verfahren, welches er oft mit ausgezeichnetem Erfolge angewendet hatte: die Kranken müssen während vier Wochen im Bette liegen bleiben; dabei täglich abführen, zuerst mit mildern, dann mit stärkern Mitteln. Sie dürfen nicht aufstehen, um zu Stuhl zu gehen, sondern ihre Bedürfnisse auf einem Stechbecken verrichten, dabei laue Bäder nehmen, und zuweilen auch Jodsalbe auf den Unterleib einreiben. Nach 5 — 6 Tagen macht man schon Repositionsversuche, und nach 10 — 14 Tagen kann man sie oft bereits so zurückbringen, dass nun ein Bruchband angelegt werden kann. Durch diese Kur schwinden dann gewöhnlich nicht bloss das Fett im Bruchsack, sondern es lösen sich zuweilen auch alte Verwachsungen los.

15) Die Nachbehandlung der Brüche in der Dieffenbach'schen Klinik ist einfach und energisch. Strenge und eingreifende Antiphlogose, ein, zwei bis vier Aderlässe in den ersten Tagen nach der Operation, sowie örtliche Anwendung von Blutegeln und Schröpfköpfen werden gegen die eintretende Darmentzündung angewandt, dabei Quecksilbereinreibungen auf den Bauch gemacht, oder ein mit Quecksilber bestrichenes Leinwandstück auf den ganzen Unterleib gelegt. Die Diät ist strenge, von Abführmitteln werden nur die mildern gereicht, das so beliebte Calomel wird hier als schädlich angesehen, eine Emulsion aus Ricinusoel mit Aqua laurocerasi und erweichende Klystiere werden allein angewendet, um die gehörige Oeffnung zu verschaffen. Es versteht sich von selbst, dass auch hier gehörig individualisirt wird, je nachdem die localen Erscheinungen heftiger sind, wie bei nicht alten, oder die allgemeine Reaction heftiger ist, wie bei veralteten Brüchen, so wie auch besonders die Complicationen verschiedener Art, welche nicht selten auftreten, sehr sorgfältig beobachtet werden. Die nachfolgenden Krankengeschichten werden hierzu den Beleg liefern.

16) Bevor wir nun in das Detail der speciellen Fälle eingehen, wollen wir eine kurze, gedrängte Analyse der sechszehn mitzutheilenden

Fälle hier angeben. Der erste ist der eines erst seit acht Stunden eingeklemmten, frischentstandenen, dabei ungewöhnlich grossen äusseren Leistenbruches, bei welchem die Incarceration wegen bedeutender Enge der Bruchpforte sehr heftig und der Darm bereits dunkelroth war. Der zweite Fall ist der eines seit 24 Stunden eingeklemmten äusseren Leistenbruches, bei welchem oben erwähnte Zellgewebestränge so über den Bruch hinweggingen, dass derselbe dadurch einen rosenkranzartigen, aus mehreren Hydatiden zusammengesetzt scheinenden Bruchsack zeigte. Der dritte Fall ist der eines zum zweitenmal operirten Leistenbruches, welcher an der vordern Seite keine Bruchwand zeigte. Der vierte Fall ist der eines inneren Leistenbruchs, mit im Leistencanal befindlichen Hoden. Der fünfte ist der eines im Bruchsackhals eingeklemmten angeborenen Leistenbruches bei einem Greise. Es existirten Adhärenzen zwischen Netz und Hoden. Trotzdem dass erst nach 60 Stunden Stuhlgang eintrat, genas dennoch der Kranke. Der sechste Fall ist der eines operirten Leistenbruches, bei welchem nach einigen Tagen Fäcalstoffe dem Wundsecret beigemischt waren; jedoch kam die Heilung ohne eigentliche Ausbildung einer Kothfistel zu Stande. In dem siebenten Falle wurde die Convalescenz eines operirten Bruches durch Auftreten einer heftigen Brustentzündung gestört und lange verzögert. Der achte zeigt die Operation eines lange bestehenden Bruches, in welchem der Bruchsack sarcomatös verdickt war und das im Innern vorliegende Netz zum Theil vereitert war. Das Netz wurde abgeschnitten und vor der Bruchpforte befestigt erhalten. Im neunten Falle trat nach der Bruchoperation Tod ein, die Leichenöffnung zeigte einen inneren Volvulus. Der zehnte Fall, welcher ebenfalls tödtlich verlief, zeigt eingetretenen Brand des Darmes und auf beiden Seiten einen angebornen Leistenbruch mit Verwachsung zwischen Netz und Hoden. Der eilfte ist der eines entzündeten, nicht eingeklemmten Netzbruches. Durch einen Einschnitt wurde das vereiterte Netz entleert. Der zwölfte Fall ist der eines frisch entstandenen Bruches mit Vorliegen bloss einer Darmwandung. Im dreizehnten Falle sehen wir in einem alten Schenkelbruch schon sieben Stunden nach der Einklemmung den Darm heftig entzündet. Trotz dem noch am zweiten Tage eintretenden Kothbrechen genas die Kranke. Im vierzehnten starb die Kranke vor der Operation an einem bedeutenden Nabelbruche. Im Bruchsacke fand sich eine alte, nicht entzündete, und eine frisch hervorgetretene eingeklemmte Darmpartie. Der funfzehnte Fall zeigt einen ebenfalls tödtlich verlaufenen, eingeklemmten Nabelbruch. Der sechzehnte endlich ist der einer hydatösen Geschwulst in der Leistengegend.

1) Seit acht Stunden eingeklemmter äusserer Leistenbruch, bereits sehr entzündet; Operation; Heilung.

Der Kranke, 24 Jahr alt, von kräftiger Constitution, hatte nie früher einen Bruch gehabt. Am Morgen, acht Stunden vor der Operation, war er auf einen Billardtisch gestiegen, um das Gas in dem Local, in welchem er Kellner ist, anzuzünden. Beim Herunterspringen vom Tische war der Bruch plötzlich entstanden und hatte auch sogleich in der linken Inguinalgegend heftige Incarcerationssymptome dargeboten. Er wurde sogleich in die Dieffenbach'sche Klinik gebracht, wo nach wenigen vergeblichen Reductionsversuchen zur Operation geschritten wurde. Vor der Operation hatte der Bruch eine längliche schiefe Gestalt, dem Verlaufe des Leistencanals entsprechend.

Nachdem zuerst der Hautschnitt gemacht worden und die Zellgewebeschichten durchschnitten waren, lag der gespannte Bruch dicht an der Wand des Bruchsacks an, welcher nur sehr wenig Bruchwasser enthielt. Nun wurde der Bruchsack vorsichtig eröffnet, und so stark war die Spannung, dass augenblicklich durch die Oeffnung ein Stückchen des Darms hervortrat, und als der Bruchsack vollends gespalten war, sah man eine grosse Darmschlinge vorliegen, welche an der Einschnürungsstelle so incarcerirt war, dass man kaum einen Sondenknopf zwischen Darm und Leistenring einführen konnte. Der Darm selbst war schon an einigen Stellen livid und blauroth, sonst ziemlich allgemein dunkelroth und stark entzündet. Nachdem die Bruchpforte hinreichend erweitert worden war, wurde die Reduction ohne Schwierigkeiten gemacht, die Wunde mit Charpie ausgestopft und mit Heftpflastern zusammengezogen. Netz war in dem Bruchsack gar nicht enthalten gewesen. Nach der Operation wurden dem Kranken 4 Tassen Blut gelassen, da man den Darm bei der Operation heftig entzündet gefunden hatte. Der Puls blieb aber hart und gespannt, der Bauch meteoristisch aufgetrieben und sehr schmerzhaft. Um Stuhlausleerungen zu bewirken und um die Schmerzen zu lindern wurde für ersteres zweistündlich ein Esslöffel Ricinusöl, für letzteres zwischendurch ebenfalls zweistündlich ein Theelöffel Aqua amygdalarum amar. verordnet. Es traten nun in den ersten 24 Stunden nach dem Oel sowie nach einem Klystiere drei Stuhlausleerungen ein.

Den folgenden Tag war der Puls weich und voll, der Bauch war nicht mehr so stark gespannt und beim Drucke auch nicht mehr schmerzhaft, der Verband blieb unverändert liegen und zweistündlich ein halber Theelöffel Aqua laurocerasi verordnet.

Da am 2ten Tage nach der Operation kein weiterer Stuhlgang eingetreten war, so wurde am 3ten Tage wieder Ricinusöl verordnet, sowie gegen die wieder eingetretene Spannung des Bauchs mit drohender Peritonitis ein neuer Aderlass gemacht und ein mit Quecksilbersalbe bestrichener Lappen über den ganzen Bauch gelegt.

Die Schmerzen hörten nun auf und die Wunde fing an, sich mit gesunden Granulationen zu bedecken. Vom fünften Tage an stiess sich nekrotisches Zellgewebe des Bruchsacks ab. Nach 14 Tagen war die Wunde bereits fast geschlossen und fing schon an, sich zu überhäuten, und am 20sten Tage nach der Operation konnte der Kranke als geheilt entlassen werden.

2) Seit 24 Stunden eingeklemmter, heftig entzündeter äusserer Leistenbruch bei einer Frau; Operation; Aussehen, als bestände der vorgefallene Darm aus mehreren rosenkranzartig an einander gereihten Geschwülsten; Heilung.

Eine 50jährige Frau von kräftiger Constitution, ist immer gesund gewesen, leicht vorübergehende Unpässlichkeiten abgerechnet. Vor zwei Jahren bemerkte sie zuerst in Folge einer heftigen Bewegung, bei welcher die Leistengegend stark gespannt war, das Entstehen eines Bruchs. Es entstanden sogleich die Symptome der Einklemmung; heftige Schmerzen, Erbrechen etc.; der Bruch konnte jedoch reducirt werden. Sie trug nun ein Bruchband, als sie sich jedoch nach einiger Zeit ganz wohl fühlte und der sehr kleine Bruch ihr keine weiteren Beschwerden verursachte, liess sie das Bruchband für gewöhnlich weg und legte es nur an, wenn sie schwere Arbeit zu verrichten hatte. Am 12. Februar hatte sie in Folge einer geringen Anstrengung Mittags um 1 Uhr Einklemmungssymptome gespürt. Schon eine halbe Stunde nach der Bewegung, welche ihr diese Zufälle zuzog, trat Erbrechen ein, der Bauch trieb sich auf; sie hatte jedoch noch mehrere feste Ausleerungen, die letzte um 9 Uhr am andern Morgen, also 20 Stunden nach der Einklemmung; diese Ausleerung war in Folge eines Klystiers eingetreten. Da sich jedoch die übrigen Symptome der Einklemmung steigerten, so wurde sie in die Dieffenbach'sche Klinik gebracht. Die allgemeinen Symptome deuteten auf heftige Incarceration hin; bedeutende Schmerzhaftigkeit und Aufgetriebenheit des Bauchs, häufiges Erbrechen und Singultus, kleiner schneller Puls etc. Die örtlichen Erscheinungen des Bruches waren die einer Hernia entero-epiploica inguinalis externa; die Geschwulst hatte die Grösse eines kleinen Hühnereies und fühlte sich so teigig an, dass man deutlich eine gewisse Menge vorgefallenen Netzes durchfühlen konnte, dabei war die Oberfläche ungleich, an manchen Stellen eine undeutlich elastische Consistenz zeigend.

Mit der Operation durfte natürlich nicht gewartet werden. Prof. Dieffenbach führte sie auf folgende Art aus. Nachdem der Hautschnitt gemacht und die oberflächlichen Fascien durchschnitten waren, kam der Bruchsack zum Vorschein, welcher aus drei verschiedenen, rosenkranzartig aneinanderhängenden Geschwülsten zu bestehen schien. Es ergab sich jedoch bald, dass dieses Aussehen davon herrührte, dass an zweien Stellen Zellgewebestränge über den Bruchsack hinüberliefen und denselben an diesen Orten bandartig comprimirten. Diese wurden nun vor allen Dingen auf der Hohlsonde durchschnitten, alsdann der sehr dunkelgefärbte Bruchsack eröffnet, wobei ein röthliches Bruchwasser ausfloss. Der Darm wurde blossgelegt, und es zeigte sich, dass die Bruchpforte so eng war, dass man nur mit grosser Vorsicht die Einklemmung heben konnte. Der Darm war dunkelroth und bereits stellenweise grau marmorirt. Er wurde nun nebst dem vorgefallenen Netz leicht reducirt, die Wunde mit Charpie ausgestopft und dann der Verband angelegt.

Nach der Operation wurde ein starker Aderlass gemacht, Ricinusöl, zweistündlich ein Esslöffel gereicht und ein Klystier gegeben, nach welchem auch am Abend Oeffnung eintrat. Das Erbrechen dauerte noch während mehrerer Tage in leichtem Grade fort und wich der Anwendung der Potio Riverii. Auf den Unterleib wurde mit erweichenden Umschlägen von Hafergrütze fortgefahren. Es wurde auch noch wegen des fortdauernden Brechens mit Singultus ein zweiter Aderlass gemacht. Vom fünften Tage an war eine nun nicht mehr unterbrochene Convalescenz eingetreten, welche nach Verlauf von drei Wochen mit vollkommener Genesung endete.

3) Aeusserer Leistenbruch, zum zweiten Male auf der gleichen Seite operirt, Fehlen des Bruchsacks am vorderen Theile dieser Hernie; Nothwendigkeit grösserer Vorsicht in solchen Fällen.

Ein 19jähriger junger Mann, von kräftiger guter Constitution, hat ausser den Masern in seinem neunten Jahre, nie eine andere Krankheit gehabt. Weder die Eltern noch Geschwister leiden an Brüchen. Im Frühjahr 1843 bemerkte er zuerst, dass er einen Bruch hatte, welcher sich acht Tage, nachdem er ihn zum ersten Male wahrgenommen, einklemmte. Er wurde damals (den 15. Mai 1843) in der Dieffenbach'schen Klinik operirt. In dem damals von Dr. Ribbentrop sehr sorgfältig geführten Journale der Klinik finde ich diese Operation folgendermaassen beschrieben. Die Einklemmung bestand seit 2½ Tagen, es war ein Netz-Darmbruch, der Leistencanal war gleichmässig ausgedehnt, straff und schmerzhaft. Die Taxis war vergeblich versucht worden. Bei der Operation fand sich auffallend wenig Bruchwasser, das Netz bedeckte die längliche Darmschlinge; die Eröffnung des Bruchsacks musste in weitem Umfange geschehen; ebenso musste auch der Einschnitt des Leistenrings nach Aussen und Oben ziemlich gross gemacht werden, ehe sich die Schlinge lösen liess; sie war stark entzündet; der vier Zoll lange Netzstrang wurde unterbunden und abgeschnitten, die Höhle mit Charpie ausgefüllt. Nach vier Wochen wurde er als geheilt entlassen.

Während ungefähr drei Viertel Jahr glaubte der Kranke geheilt zu sein, dann bemerkte er aber, dass der Bruch wieder heraustrat und legte deshalb ein Bruchband an. Mehrmals hatte sich seitdem der Bruch in leichtem Grade eingeklemmt, konnte jedoch, wenn gleich mit Mühe, vom Patienten immer wieder reponirt werden. Am 30. November 1845 hatte er, um sich den Körper zu waschen, das Bruchband abgelegt, fühlte jedoch bald nachher, ohne dass er die geringste Kraftanstrengung weder durch Bewegung, noch durch Husten, noch sonst irgendwie gemacht hatte, dass sein Bruch hervorgetreten war und nicht wieder zurückkonnte. Nach mehrfachen vergeblichen Repositionsversuchen kam der Patient am 1. December in die Klinik. Er hatte bereits seit mehr als 12 Stunden Erbrechen, die ersten Male von genossener Nahrung und dann von einer grünlichen Flüssigkeit. 10 Stunden nach der Einklemmung hatte er Oeffnung gehabt. Es waren dies höchst wahrscheinlich bereits vor der Einklemmung im unteren Theile des Darmkanals befindliche Faeces. Der Bauch trieb sich immer mehr auf. Es wurden am Tage seiner Aufnahme vergebliche Versuche von Taxis gemacht; ein Aderlass hatte nur für die Schmerzen eine geringe Erleichterung geschafft.

So musste denn 52 Stunden nach entstandener Einklemmung zur Operation geschritten werden. Der erste Hautschnitt wurde nicht auf der Mitte der Geschwulst, sondern seitlich gemacht, um einerseits nicht auf alte Narbenadhärenzen zu stossen, andererseits weil die vordere Seite, als schon einmal operirt, keinen Bruchsack haben konnte. Deshalb hatte auch der Bruch eine Neigung, sich nach vorn zu entwickeln, was ihm ein hydatidenähnliches Ansehen gab. Das grosse Netz bildete hier die vordere Fläche des Pseudobruchsacks. Nach Theilung der Hautdecken waren die Schnitte flach geführt worden. Nun wurde, nach blossgelegtem Darme, die Bruchpforte erweitert, der vorgefallene, mässig entzündete Darm reponirt und die Wunde mit Charpie ausgestopft. Die Entzündungssymptome dauerten noch anfangs nach der Operation fort, daher ein zweiter Aderlass von zwölf Unzen gemacht wurde. Innerlich erhielt der Kranke Oleum ricini mit Aqua laurocerasi in Emulsion. Bald nach der Operation trat Oeffnung ein, das Erbrechen dauerte ebenfalls nicht lange fort. Am folgenden Tage waren bereits alle bedenklichen Symptome geschwunden, gegen stellenweise noch fortbestehende Schmerzhaftigkeit des Bauchs wurde innerlich Kirschlorbeerwasser gegeben und äusserlich mit Quecksilbersalbe bestrichene Leinwand auf den Bauch gelegt. Die Convalescenz schritt nun ungehindert fort, und so verliess Patient nach vier Wochen geheilt die Anstalt.

4) Innerer Leistenbruch mit im Leistencanal befindlichem Hoden; Hernia congenita; Operation; Heilung.

Ein 37 Jahre alter Mann hatte schon seit langer Zeit einen Bruch. Er behauptet, bereits acht Tage vor Eintritt in die Klinik an Symptomen von Brucheinklemmung gelitten zu haben; namentlich hatte das Erbrechen immer zugenommen und sich bis zu einem hohen Grade von Miserere gesteigert. Man hatte alle möglichen Repositionsversuche gemacht, Klystiere, Drastica und Aderlass angewendet, alles ohne Erfolg. Die Schmerzen im Unterleib waren sehr heftig und concentrirten sich besonders in der linken Leistengegend. Man fühlte in derselben eine längliche elastische, ziemlich nachgiebige Geschwulst, welche fast bis in das Scrotnm hinabragte. Der linke Hode liess sich nirgends deutlich herausfühlen. Die Geschwulst liess sich sowohl aus dem Hodensack als aus dem Leistenring leicht zur Seite, aber nicht ganz wegdrücken, und beim Druck auf die Mitte der Geschwulst wich sie nach Oben und Aussen aus. Der Leistencanal liess sich bei der sehr schmerzhaften Anschwellung nicht leicht durch das Gefühl erkennen, ebensowenig konnte man sich von den verschiedenen in der Geschwulst enthaltenen Theilen eine deutliche Vorstellung machen; jedoch schien es fast gewiss, dass man es mit einem Cryptorchiden zu thun hatte.

Dass hier ohne Verzug die Operation gemacht werden musste, versteht sich von selbst. Nach dem Hautschnitte und der Trennung der Zellgewebeschichten floss eine grosse Menge Bruchwasser aus, worauf fast die ganze Geschwulst zusammenfiel. Man kam nun vor allem auf den Hoden, jedoch waren Hoden, Nebenhoden und Samenstrang in Form und Grössenverhältniss abnorm. Der Hoden hatte ungefähr die Grösse einer mässig grossen Bohne, während Nebenhode viel umfangreicher war. Beide waren durch lockeren Zellstoff auf dem horizontalen Ast des Schambeins festgeheftet. Da der Hoden keine Tunica vaginalis propria hatte, so hatte man es mit einem angeborenen Bruche zu thun. Man ging nun mit dem Finger in den weiten schlaffen äusseren Leistenring ein, und es ergab sich die Einklemmung am inneren Leistenringe. Da diese Stelle nicht leicht genug mit dem Finger zu erreichen war, so mussten die äusseren Bedeckungen bis dahin dilatirt werden. Hierauf lag die eingeklemmte Darmpartie frei; es war eine Darmschlinge von der Grösse einer Wallnuss; sobald man nun durch gelindes Anziehen die Schlinge von ihren Adhäsionen getrennt hatte, war der übrige Theil der Operation und die Reposition leicht.

Die Schlinge war stark entzündet und dunkelroth gefärbt.

Zum Verbande schob man ein Bourdonnet bis zum inneren Leistenring hinauf und bedeckte die Wunde mit Charpie.

Nach der Operation fühlte sich der Patient leichter, das Erbrechen hörte sogleich auf, er hatte bald nach einem Klystier eine reichliche Oeffnung und brachte die Nacht ziemlich ruhig zu.

Am anderen Tage stellten sich Symptome von Enteritis ein; namentlich Schmerzen in der Bruchgegend. Der Puls wurde frequent und gespannt. Daher machte man eine Venäsection, welche bei vielem Serum eine Crusta phlogistica zeigte, setzte Blutegel um die Wunde, gab ausser der bisherigen Ricinusölemulsion mit Aqua laurocerasi noch Calomel mit Digitalis und Molken zum Getränk, ferner von Zeit zu Zeit Klystiere, wodurch bald reichliche Stuhlausleerung bewirkt wurde. Am dritten Tage wurden die bereits gemilderten entzündlichen Erscheinungen von Neuem viel heftiger, weshalb man abermals 20 Blutegel setzte und warme Umschläge über den Unterleib machte. Die Stuhlausleerungen kehrte nun zum Normalzustande zurück und die Schmerzen hörten so ziemlich auf.

Am vierten Tage jedoch war wieder Schmerz und Spannung in der Bruchgegend vorhanden, daher ein neuer Aderlass. Die Wunde gewann übrigens ein gutes Ansehen. Nach Aufhören der entzündlichen Erscheinungen war der Kranke sehr von Flatulenz geplagt, gegen welche ihm Fenchelthee gute Dienste that.

Vom fünften Tage an liessen nun die Entzündungssymptome tägich nach, die Ausleerungen regulirten sich, die Wundfläche bedeckte sich mit guten Granulationen; selbst Hoden und Nebenhoden, welche mitten in der Wunde lagen, waren bald von denselben überdeckt. Bald begann nun die Vernarbung. Da die Narbe sich über dem Hoden zusammengezogen hatte, so befand sich derselbe später unterhalb des vernarbten Wundwinkels und schien sich sogar mit der Zeit in den Hodensack hinabsenken zu wollen. Vier Wochen nach der Operation wurde der Kranke als vollkommen geheilt entlassen.

5) Im Bruchsackhals eingeklemmter angeborner Leistenbruch bei einem Greise, Adhärenzen zwischen Netz und Hoden; Operation, Stuhlgang erst 60 Stunden nach der Operation, Heilung.

Im Laufe des Sommers 1844 wurde ich zu einem bereits siebzigjährigen Patienten in den Walliser Bergen gerufen, welcher schon seit mehr als zwei Tagen an einem eingeklemmten Bruche litt.

Als ich zum Kranken kam, fand ich ihn bereits von üblem collabirten Aussehen und mit allen Symptomen einer heftigen Incarceration behaftet. Sein Bruch war einer jener voluminösen alten Leistenbrüche, wie man sie eigentlich selten zu operiren Gelegenheit hat. Der Bruch bestand seit vielen Jahren. Der sehr leidende Kranke konnte mir übrigens über die Anamnese wenig Auskunft geben. Er trug gewöhnlich ein Bruchband, hatte aber öfters bereits, wenn er es abgelegt hatte, an den Erscheinungen der Brucheinklemmung gelitten. Schon seit 54 Stunden hatte er die diesmalige Einklemmung bemerkt, und da der Kranke selbst in den Bergen das Handwerk ärztlicher und wundärztlicher Pfuscherei trieb, so hatte er auf alle mögliche Art die Reduction versucht. Nachdem ich selbst noch einige vergebliche Reductionsversuche gemacht hatte, entschloss ich mich zur Operation.

Es wurde zuerst ein langer Hautschnitt gemacht, dann die Fascien auf der Hohlsonde durchschnitten, und so, nachdem eine ziemliche Lage derselben getrennt war, lag der Bruchsack frei. Nach vorsichtiger Eröffnung desselben und Ausfliessen einer mässigen Menge röthlichen trüben Bruchwassers wurde der Einschnitt des Bruchsacks nach Oben und Unten erweitert; nun lag der sehr voluminöse Darm- und Netzbruch nebst dem Hoden bloss. Der äussere Leistenring war schlaff; überhaupt sass die Einklemmung nicht im Canalis inguinalis, sondern im Bruchsackhalse; hier musste also dilatirt werden, was einige Schwierigkeit darbot, da die Einklemmungsstelle eng war und die Därme sich nach derselben hindrängten. Nachdem nun der Bruchsackhals eingeschnitten war, zog ich vorsichtig die bedeutend umfangreiche, bereits braunrothe Darmschlinge an, löste einige leichte oberflächliche Adhärenzen und reducirte dann den Darm. Darauf trennte ich das Netz nach allen Seiten hin, unter andern auch von der Oberfläche des Hodens, mit denen es durch einzelne Zellgewebestränge verwachsen war. Hier beging ich einen Fehler, der glücklicherweise keine üblen Folgen hatte; ich reducirte nämlich die ganze vorgefallene lospräparirte Netzpartie. Sodann füllte ich die Wunde mit Charpie aus, näherte die Wundränder mit Heftpflasterstreifen und legte so den ersten Verband an.

Die Einklemmungssymptome dauerten jedoch zum Theil noch fort, Erbrechen, Singultus, Schmerzhaftigkeit der Bruchgegend. Weder nach Ricinusöl, noch nach Klystieren trat im Anfang Oeffnung ein. Es wurde nun streng antiphlogistisch behandelt, ferner mit Klystieren und Abführmitteln fortgefahren und so trat denn erst nach 60 Stunden eine erste reichliche Stuhlentleerung ein. Von nun an machte die Convalescenz schnelle Fortschritte, die Entzündungssymptome schwanden allmählig ganz, die Wunde bedeckte sich mit guten Granulationen und nach einem Monate war der Patient vollkommen wieder hergestellt.

6) Eingeklemmter Leistenbruch, Operation. Nach einigen Tagen vorübergehende Beimischung von Fäcalstoffen mit dem Wundsecret, schnelles Schwinden dieser Kothfistel; Heilung.

Die 47jährige Kranke von gesundem kräftigen Körperbau, hat ausser den Kinderkrankheiten, nie an Störungen der Gesundheit gelitten. Seit ihrem 31sten Jahre verheirathet, hat sie zwei Kinder gehabt, übrigens mit natürlicher Niederkunft ohne alle Zufälle. Sie hatte früher nie einen Bruch gehabt. In Folge von Anstrengungen der Bauchmuskeln durch Lachen traten plötzlich Uebelkeiten, Erbrechen und Leibschmerzen ein. Diese an Intensität zunehmenden Erscheinungen, zu welchen sich noch Stuhlverstopfung gesellte, liessen auf einen Bruch schliessen, der aber erst nach mehr als 24 Stunden seit dem Momente der Einklemmung erkannt wurde.

Nach vergeblicher Anwendung von Abführmitteln, lauen Bädern, Klystieren, Repositionsversuchen etc. musste, da die Kranke bereits sehr erschöpft war, zur Operation geschritten werden. Der Bruch war ein eingeklemmter Leistenbruch von bedeutender Spannung, selbst der äusseren Hautbedeckungen. Diese mussten ohne Bildung einer Hautfalte, aus freier Hand, durchschnitten werden. Durch das zwischen den

Bauchbecken vorhandene Fettpolster durchdringend, eröffnete Professor Dieffenbach unter Leitung der Sonde den hervortretenden Bruchsack in ziemlicher Ausdehnung, wobei sich eine dunkelgefärbte Flüssigkeit in mässiger Quantität entleerte; nun kam die vorgefallene Darmwandung von braunmarmorirter Färbung zum Vorschein; darauf wurde die sehr enge gespannte Bruchpforte dilatirt und der vorgefallene Darmtheil reponirt und dann der gewöhnliche Verband angelegt.

Der unmittelbar nach der Operation eintretende Collapsus, die ziehenden Schmerzen in der Nabelgegend und in der Herzgrube, der frequente kleine Puls waren bei der Beschaffenheit der vorgefallenen Darmwand nicht geeignet, die Prognose günstig zu stellen. Dennoch war nur von der Antiphlogose hier Heil zu erwarten. Es wurden daher noch an demselben Tage zwei Aderlässe gemacht. Stuhlentleerung erfolgten nach einem Klystier, die Schmerzen minderten sich nach dem Aderlass und dem Stuhlgange. Es trat nun während einiger Tage Besserung ein und die Behandlung beschränkte sich auf Offenhalten des Leibes durch Ricinusöl und strenge Diät. Am 6ten Tage nach der Operation fanden sich dem Wundsecrete Fäcalstoffe beigemischt, zugleich war wieder Verstopfung eingetreten.

Nach drei Tagen hörte jedoch bei wieder eingetretener Leibesöffnung der Ausfluss von Fäcalmaterie aus der Wunde auf, und es schien als wenn sich durch eine der marmorirten Stellen der eingeklemmten Darmschlinge eben nur eine sehr feine Fistelöffnung gebildet hätte, welche sich bald vollkommen schloss. Von nun an machte die Convalescenz schnelle Fortschritte, und nach vier Wochen wurde die Kranke als geheilt entlassen.

7) Eingeklemmter Leistenbruch, Operation; Pleuropneumonie einige Tage nach der Operation auftretend; Heilung nach lange dauernder Convalescenz.

Patient, 23 Jahr alt, von schwächlichem Körperbau, hatte seit längerer Zeit an einem Leistenbruche gelitten, welcher sich, ohne dass ein bestimmter Grund dafür anzugeben war, eingeklemmt hatte und nach, während mehrerer Tage vergeblich angestellten Repositionsversuchen, operirt werden musste. Die Operation bot an und für sich nichts Merkwürdiges dar; der Darm war bereits braunroth und stellenweise wie marmorirt; da durch die zu lange aufgeschobene Operation bereits heftige Peritonitis eingetreten war, wurden dem Kranken in den ersten Stunden nach der Operation zwei Aderlässe gemacht und zur Beförderung der Leibesöffnung eine Emulsion von Ricinusöl und ein

Klystier verordnet. Da jedoch die Entzündungssymptome fortdauerten und keine Oeffnung eintrat, so wurden Quecksilbereinreibungen auf den Unterleib gemacht, ferner Schröpfköpfe applicirt und mit mild ausleerenden Mitteln fortgefahren. Es traten am dritten Tage nach der Operation heftige Entzündungserscheinungen in der Brust noch zu denen des Unterleibs hinzu und es entwickelte sich eine deutlich charakterisirte Pleuropneumonie, welche wieder einen starken Aderlass nöthig machte. Am Ende des dritten Tages trat endlich zum ersten Male wieder Stuhlgang ein. Am folgenden Tage hatten die Erscheinungen der Darmentzündung ziemlich nachgelassen, jedoch dauerten Fieber, Athembeschwerden, mit Blut tingirter Auswurf etc. fort. Es wurde zur Stillung der Brustsymptome Dover'sches Pulver und eine Auflösung von Ammonium muriaticum gereicht. Allmählig liess nun das Fieber nach, der Athem wurde freier und etwa neun Tage nach dem ersten Auftreten der pneumonischen Erscheinungen, befand sich der Kranke, ausserordentliche Schwäche abgerechnet, auf dem Wege beginnender Genesung. Er erhielt nun eine etwas mehr nährende Kost und als Arznei ein Decoctum salep mit Acidum muriaticum. Später erhielt er noch Chinin und Extract. cardui mit Hyoscyamus, und nach diesen Arzneien Lichen islandicus mit Aq. lauro-cerasi. Gleichen Schritt mit der langsamen Zunahme der Kräfte hielt auch die Heilung der Operationswunde, welche sich nur langsam schloss und erst nach zwei Monaten vollkommen vernarbt war, so wie auch um diese Zeit die Symptome der entzündlichen Brustaffection vollkommen geheilt waren.

8) Seit 11 Jahren bestehender Netzbruch in der Leistengegend bei einer Frau; Einklemmung; erst nach acht Tagen Operation; bedeutend verdickter Bruchsack, theils sarcomatös degenerirtes, theils im Innern vereitertes vorliegendes Netz, Abschneiden desselben mit Umstechen der sprizzenden Arterien, Befestigung des vorgefallenen Netzes vor der Bruchpforte, Heilung.

Eine 40jährige Frau von gesundem Körperbau hatte bereits seit eilf Jahren einen Bruch in der linken Leistengegend, über dessen Entstehung sie keine bestimmte Ursache anzugeben weiss. Sie giebt an, dass dieser Bruch zuweilen in der Gestalt und Grösse eines Hühnereies hervortrat, sich aber immer leicht zurückbringen liess und nur bei Anstrengungen, besonders beim Heben von Lasten grösser wurde. — Der Bruch verursachte sonst keine weiteren Beschwerden, ausser dass er zur Zeit der eintretenden Menstruation und bei Wetterwechsel nach

Angabe der Kranken schmerzhaft wurde, wobei oft Appetitlosigkeit, Uebelkeit und Verstopfung eintrat. Acht Tage vor der Aufnahme der Kranken in die Dieffenbach'sche Klinik verspürte die Kranke in Folge einer bedeutenden körperlichen Anstrengung heftige Schmerzen in der Geschwulst, welche sich gleichzeitig bedeutend vergrösserte und nicht zurückgebracht werden konnte. Die Schmerzen hatten sich immer mehr über den Leib verbreitet, der Appetit hatte sich verloren, die Kranke klagte über Appetitmangel und Verstopfung. Diese letzteren Beschwerden waren jedoch wieder geschwunden, aber die Geschwulst blieb von einer bedeutenden Grösse, konnte nicht reducirt werden und blieb beim Drucke schmerzhaft.

Bei der Aufnahme der Kranken zeigte die in der linken Leistengegend befindliche Geschwulst die Grösse eines halben Kindskopfs, war besonders nach dem Darmbein hin stark hervorragend, während sie sich nach der Symphysis ossium pubis hin abflachte, sie fühlte sich fest und derb an und liess bei der übrigens schmerzhaften Percussion einen überall dumpfen Ton, nirgends den helleren Darmton wahrnehmen.

Nachdem der Kranken Ruhe, Aufenthalt im Bette, leichte Abführmittel, Klystiere etc. vergeblich verordnet worden waren, blieb natürlich in der Operation allein Aussicht auf Heilung. Vor der Operation war der Bruch übrigens als ein verwachsener entzündeter Netzbruch erkannt worden.

Nachdem zuerst die bedeckende Haut, in einer Falte erhoben, durchschnitten war, wurde eine hellrothe, pralle, harte, rundabgeschlossene Geschwulst von der Grösse einer grossen Faust sichtbar. Nachdem die Ränder der Wunde mit einem stumpfen Haken auseinandergezogen waren, wurde in die Mitte der Geschwulst ein Einstich gemacht, der auf der Hohlsonde bis zu einer Länge von zwei Zoll erweitert wurde. Es zeigte sich hierbei, dass man durch den sehr verdickten sarcomatös aussehenden Bruchsack hindurch in die Höhle desselben gedrungen war. Beim Einschneiden desselben floss eine blutig gefärbte übelriechende Flüssigkeit aus, und in dem Bruchsack wurde eine bedeutende Quantität zusammengewachsenen Netzes sichtbar, das an einer Stelle, grade da, wo vor der Operation durch die Haut hindurch die Geschwulst sich hart angefühlt hatte, bedeutende Degeneration zeigte. Es befand sich nämlich hier im Netze eine mit Eiter gefüllte Höhle von der Grösse einer Wallnuss. Die Wände der Höhle waren uneben, verhärtet, von graubrauner Farbe. Nachdem nun der Bruchsack äusserlich von dem umgebenden Zellgewebe gehörig isolirt war, wurde nahe an der Bruchpforte, wo der Bruchsack etwas dünner war, eine mit zwei Fäden versehene Nadel durchgezogen, und nachdem man sich überzeugt hatte, dass in den zu unterbindenden Partien keine Darmtheile mit inbegriffen waren, nach beiden Seiten des Bruchsacks hin umgeschlagen und zugeschnürt. Hierauf wurde nahe an der Ligatur die Geschwulst mit Messer und Scheere abgetragen; da nun noch an verschiedenen Theilen des zurückgebliebenen Netzes Arterien spritzten, so wurden auch diese mit Fäden umstochen und unterbunden. Sämmtliche Fäden wurden ausserhalb durch Heftpflaster befestigt, um ein Zurücktreten des vorgefallenen Netzes und innere gefährliche Blutungen zu verhüten.

Die Wunde wurde mit trockner Charpie verbunden, bald nach der Operation ein starker Aderlass gemacht, örtlich kalte Umschläge, innerlich Ricinusoel verordnet.

Nach der so umfangreichen und eingreifenden Operation trat eine bedeutende entzündliche Reaction ein; sehr ausgedehnte Schmerzen im Unterleib, Erbrechen, Fieber etc. Es wurde noch ein Aderlass, sowie eine reichliche Application von Blutegeln gemacht, wonach, sowie auch durch die vom Ricinusoel bewirkten Stuhlgänge, bedeutende Erleichterung eintrat, welche jedoch, wie dies nach Bruchoperationen nicht selten ist, bald einer neuen entzündlichen Reaction Platz machte und von neuem Aderlass und Blutegel anzuwenden nöthigte. Oertlich wurden warme Breiumschläge aufgelegt. Die Wunde secernirte übrigens einen guten Eiter. Wegen fortdauernden Brechens und Diarrhoe war die innere Anwendung des Ricinusoels mit der Potio Riverii vertauscht worden.

Es trat nun Convalescenz ein, welche nur noch durch die Bildung eines Abscesses auf der äusseren Seite der Wunde unterbrochen wurde. Nachdem jedoch dieser geöffnet war und eine ziemliche Menge guten phlegmonösen Eiters entleert hatte, besserte sich der Zustand der Kranken von Tag zu Tag. Die zwischen dem Abscess und der Wunde befindliche Hautbrücke wurde mit dem Pott'schen Bistouri gespalten. Die Wundgranulationen wurden jetzt immer besser, so dass die Kranke nach sechs Wochen geheilt entlassen werden konnte.

9) Eingeklemmter Leistenbruch; Operation, Tod; bei der Leichenöffnung findet man ausser dem Bruche noch einen inneren Volvulus.

Der 50jährige Kranke hatte bereits früher an einem Bruche gelitten, welcher jedoch sehr klein war. Seit 13 Jahren hatte er das Bruchband abgelegt und übrigens weiter keine Beschwerden verspürt. Zwei Tage vor seiner Aufnahme in die Dieffenbach'sche Klinik hatte der Kranke in Folge der heftigen Wirkung eines Brechmittels plötzlich wieder sämmtliche Erscheinungen eines eingeklemmten Bruchs verspürt, eine plötzlich erscheinende sehr schmerzhafte Geschwulst in der Scrotalgegend, Erbrechen, Stuhlverstopfung, Angst etc. Dabei war der Puls klein und beschleunigt. Repositionsversuche waren vergeblich gemacht worden. Es wurde daher ohne Verzug zur Operation geschritten. Nach den ersten oberflächlichen Schnitten, kam man auf einen ziemlich grossen schwarzen Bruchsack, der bei der Eröffnung fast eine Unze einer serös-blutigen Flüssigkeit ergab. Die sehr kleine Bruchschlinge lag tief und fest in der inneren Oeffnung des Leistenrings eingeklemmt; sie zeigte sich kohlschwarz von sugillirtem Blute und konnte nur mit grosser Mühe, nachdem die Bruchpforte nach dreien Seiten hin dilatirt war, zurückgebracht werden. Nach der Operation und dem Verbande wurde ein Aderlass gemacht, und Ricinusoel mit Kirschlorbeerwasser verordnet, wonach am andern Morgen mit Beihülfe von Klystieren Stuhlgang erfolgte. Die Entzündungserscheinungen jedoch blieben sehr heftig und machten einen neuen Aderlass nöthig. Nachdem nun am Tage nach der Operation einige Erleichterung eingetreten war, trat am Abend dieses Tages plötzlich sehr heftiger Schmerz im Leibe, von grosser Angst begleitet, ein. Diese Symptome nahmen schnell an Intensität zu, so dass der Kranke um Mitternacht nach sehr peinlichem und schmerzhaftem Todeskampfe, erlag.

Bei der 36 Stunden nach dem Tode gemachten Leichenöffnung ergab sich Folgendes: Ein Theil des Dünndarms, zwei Zoll oberhalb des Coecum, hatte einen Volvulus gebildet, der dadurch entstanden war, dass eine Darmschlinge sich in einen Schlitz des Mesenteriums eingeklemmt hatte, während eine andere Partie dieses Volvulus sich auf's Neue in den inneren Leistenring incarcerirt hatte. Die ganze Masse war theils brandig, theils im Zustande der heftigsten Entzündung. Sechs Unzen einer serös-blutigen Flüssigkeit fanden sich im unteren Theile der Bauchhöhle. Der Processus vermiformis lag stark entzündet in der Bruchpforte. Etwas über dem Volvulus befand sich auf der inneren Darmwand ein Darmgeschwür von der Grösse eines Viergroschenstücks, welches der Perforation nahe war, jedoch noch nicht den serösen Darmüberzug zerfressen hatte. Viele Stellen des Dünndarms waren stark injicirt und alle seine Windungen durch ein frisches Exsudat mit einander verklebt.

Es scheint, dass dem Kranken ein Brechmittel wegen des entzündlichen Zustandes des Darmcanals gereicht worden war, welcher fälschlich für Gastricismus gehalten wurde. In Folge der Brechanstrengungen war eine Ruptur des Mesenteriums entstanden, in welche sich eine

Darmschlinge eingeklemmt hatte und, was das Uebel noch complicirter machte, ein Stück des Volvulus hatte sich noch im inneren Leistenring eingeklemmt.

10) Angeborner Leistenbruch, Einklemmung, Operation; das Netz zeigt partielle Verwachsung mit dem Hoden. Heftige Peritonitis, Tod am 8ten Tage; bei der Leichenöffnung zeigt sich partieller Brand des Darms und ergiebt sich auf der anderen Seite ebenfalls ein angeborner, mit dem Hoden verwachsener Leistenbruch.

Der 22 Jahr alte Kranke, ein Mann von gesundem Körperbau, hatte vor 7 Jahren zuerst bemerkt, dass er einen Bruch in der rechten Inguinalgegend trug. Nachdem er während fünf Jahre ein Bruchband getragen hatte, legte er dasselbe ab, da er desselben nicht länger zu bedürfen glaubte, weil der Bruch ganz geschwunden und radical geheilt schien. Als der Patient vor vier Wochen einen Spazierritt machte, empfand er plötzlich einen reissenden Schmerz an der Stelle, an welcher früher der Bruch bestanden hatte, so dass er genöthigt war, vom Pferde zu steigen und sich nach Hause fahren zu lassen. Die Reposition des wieder hervorgetretenen Bruchs gelang jedoch und Patient trug wieder ein Bruchband, als vier Wochen später plötzlich, ohne bestimmt nachweisbare Veranlassung die Erscheinungen einer Brucheinklemmung, eintraten. Der Kranke liess sich nun in die Dieffenbach'sche Klinik aufnehmen, wo, nachdem Aderlass, Bad und Klystiere vergeblich angewendet worden waren und die Reposition sich unmöglich zeigte, zur Herniotomie geschritten wurde. Auffallend war die Form des Bruches, welcher weder das cylindrische Ansehen des äusseren, noch das runde des inneren Leistenbruchs zeigte, sondern mehr eine Mittelform darbot. Er zeigte ferner auch nur eine geringe Spannung und fühlte sich mehr teigig als fest an. Nach Durchschneidung der Haut und der Zellgewebeschichten entleerte man das Bruchsackwasser; es war ein ziemlich bedeutender Theil Netz und eine Darmschlinge von der Grösse einer mässig grossen Birne vorgefallen. Da die Adhäsionen an der Bruchpforte schon sehr fest waren, trug man nach durchgelegter Schlinge das Netz ab und reponirte nach gemachtem Bruchschnitte nach Oben und Aussen ohne weitere Schwierigkeit die Schlinge, welche bereits ein dunkelrothes sehr entzündetes Ansehen hatte. Im Grunde des Bruchs fand sich der entblösste Hode, der durch Adhärenzen mit dem Netze zusammenhing. Man hatte es also mit einer veralteten Hernia congenita zu thun. Den unteren Theil der Wunde vereinigte man besonders zum Schutz und zum Zurückhalten des Hodens durch einige Knopfnähte, füllte die Wunde mit Charpie aus und näherte die Ränder durch Heftpflasterstreifen.

Nach der Operation wurden bald nach einander zwei starke Aderlässe gemacht und innerlich Oleum ricini mit Aq. laurocerasi verordnet, ferner 10 Blutegel auf die schmerzhafteste Stelle des Unterleibs gesetzt, und kalte Umschläge gemacht. Es erfolgte nun auch bald Stuhlgang und eine ziemlich merkliche Erleichterung; die Brechneigung jedoch dauerte fort. In den nächsten Tagen nahm die Entzündung trotz sehr energischer örtlicher und allgemeiner Antiphlogose zu und nur für einen Tag war vorübergehende Erleichterung eingetreten; das Wundsecret wurde jauchig; zu den übrigen Symptomen kam noch Icterus hinzu, die Kräfte sanken immer mehr, es stellte sich Delirium ein und so ging der Kranke am 8ten Tage nach der Operation zu Grunde.

Die zwei Tage später angestellte Leichenöffnung zeigte eine sehr ausgedehnte Entzündung, die Darmwindungen durch frisches Exsudat verklebt, ihre Farbe war dunkelroth, stellenweise violett. Ein Theil des Dünndarms, so wie das Coecum und der ganze Bruchkanal war brandig, In der Bauchhöhle fand sich etwa ein Pfund blutiges purulentes Serum. Sehr merkwürdig war es, dass auch auf der linken Seite das Netz durch den inneren Bauchring getreten und genau so wie auf der rechten mit dem Hoden verwachsen war. Dieser Umstand war im Leben nicht erkannt worden. Der Leistenkanal auf dieser Seite war übrigens auch bedeutend erweitert.

11) Entzündeter, nicht eingeklemmter Netzbruch; Vereiterung, Eröffnung durch Schnitt, Heilung.

Eine 45jährige Erau von gesundem Aussehen, hat immer einer guten Gesundheit genossen. Im 20ten Jahre bekam sie zuerst nach schwerem Heben einen Leistenbruch auf der linken Seite, welcher schnell umfangreich wurde und nach einem halben Jahre sich einklemmte. Da er nicht reponirt werden konnte, so wurde die Operation gemacht, nach welcher aber so heftige Entzündungs-Erscheinungen eintraten, dass die Kranke sich erst nach vier Wochen vollkommen erholt hatte. Im 30ten Jahre hat sie sich verheirathet und ein Jahr darauf ein Kind bekommen. Bei der schweren Entbindung kam der Bruch nach Jahren zum ersten Male wieder zum Vorschein, ohne jedoch Einklemmungs-Erscheinungen zu zeigen; er wurde nun immer grösser, konnte jedoch durch ein Bruchband reponirt gehalten werden. Zehn Tage vor ihrer Aufnahme in die Dieffenbach'sche Klinik fiel die Patientin und stiess sich dabei den gerade vorliegenden Bruch sehr heftig. Es stellten sich die Symptome einer sehr heftigen Entzündung ein, die Kranke fuhr jedoch fort, offenen Leib zu haben. In der linken Leistengegend fühlte man eine faustgrosse, teigige, tief fluctuirende, an der Oberfläche entzündete Geschwulst, die Kranke hatte in derselben starke Schmerzen, ein ziemlich intenses Fieber und sah sehr leidend aus. Die Entzündung war jedoch auf die Leistengegend beschränkt und hatte sich nicht über das Peritonaeum fortgepflanzt. Professor Dieffenbach erkannte sogleich das Uebel als einen entzündeten, aber nicht eingeklemmten Netzbruch. Nachdem die Geschwulst zuerst durch Breiumschläge erweicht worden war, wurde ein tiefer Einschnitt gemacht, durch welchen viel Eiter nebst zersetzten Fragmenten des necrotischen Netzes abgingen. Die Kranke fühlte sich hiedurch ausserordentlich erleichtert und die Geschwulst collabirte schnell, so dass sie sich nach wenigen Tagen auf dem Wege vollkommener Genesung befand und am eilften Tage nach ihrer Aufnahme als geheilt entlassen werden konnte.

Die örtlichen Symptome abgerechnet war hier in Bezug auf Diagnose der während 10 Tage regelmässig fortdauernde Stuhlgang wichtig, da er zu der Voraussetzung berechtigte, dass kein Darmtheil mit eingeklemmt war. Wann bei eingeklemmten Brüchen der Stuhlgang noch fortdauert, so ist dies meist nur während der ersten zwei Tage der Fall und werden dann meist nur die unterhalb der eingeklemmten Stelle bereits seit vor der Einklemmung befindlichen Fäcalstoffe ausgeleert.

12) Eingeklemmter Schenkelbruch mit Vorfall einer Darmwandung (Lither'scher Bruch); Operation; Heilung.

Ein 25jähriger Mann hatte bei seiner Arbeit nach starkem Heben plötzlich Schmerzen in der linken Weichengegend gespürt, welche ihn am Weiterarbeiten hinderten. Die Schmerzen steigerten sich schnell zu einer bedeutenden Höhe und verbreiteten sich über den ganzen Unterleib, doch blieben sie an der Ausgangsstelle immer am stärksten; bald trat auch Uebelkeit und Erbrechen ein, und so liess sich der Kranke in die klinische Anstalt bringen. Hier ergab sich gleich bei der ersten Untersuchung in der Gegend des Schenkelringes eine kleine, ziemlich feste, nach den Aussagen des Kranken erst nach jenem Heben entstandene Geschwulst, welche den Verdacht eines Bruchs erregte, wiewohl ein Zusammenhang mit der Bauchhöhle nicht bestimmt nachzuweisen war. Nachdem verschiedene Mittel vergeblich angewendet worden waren, wurde zur Operation geschritten, welche die Vermuthung eines Bruchs vollkommen bestätigte. Es ergab sich, dass es ein plötzlich entstandener eingeklemmter Schenkelbruch, ein sogenannter Lither'scher, war, bei welchem nur eine Darmwand vorliegt. Die Bruchpforte war übrigens eng, der Schnitt in den einklemmenden Schenkelring musste mit grosser Vorsicht gemacht werden. Der Verband nach der Reposition war einfach, es wurde streng antiphlogistisch verfahren, ferner Ricinusöl gereicht, wonach auch bald Oeffnung eintrat, dann Breiumschläge auf den Unterleib gelegt. So ging denn die Granulationsbildung gut von statten, und schon nach drei Wochen war die Wunde fast vollkommen vernarbt, so dass der Kranke vor Ablauf der vierten Woche als geheilt entlassen werden konnte.

13) Eingeklemmter, seit sieben Jahren bestehender Schenkelbruch; Operation sieben Stunden nach der Einklemmung; dunkelblaue Färbung des eingeklemmten Darmes; Kothbrechen noch am zweiten Tage nach der Operation, strenge Antiphlogose, Heilung.

Eine 28jährige Frau, von frischem Aussehen und einer kräftigen Constitution, war bis zu ihrem 19ten Jahre vollkommen gesund, einige leichte Beschwerden abgerechnet, welche die im 16ten Lebensjahre eintretende Menstruation verursachte. Nach ihrer Angabe scheint es, dass sie in dem erwähnten Jahre an einer acuten Leberentzündung gelitten habe, welche durch Anwendung einer streng örtlichen und allgemeinen Antiphlogose vollkommen geheilt war. Sieben Jahre später fand Patientin eines Tages plötzlich einen intensen Schmerz in der Beuge des linken Oberschenkels, wo sie eine harte, sehr schmerzhafte Geschwulst entdeckte, welche von der Grösse einer Haselnuss war und sich leicht wieder in den Unterleib, aus dem sie hervorgetreten, hineindrücken liess; worauf dann auch die Schmerzen sogleich nachliessen. Nach einigen Tagen zeigte sich die Geschwulst mit ähnlichen Symptomen und vergrössertem Umfange wieder; und verschwand abermals bei einem auf dieselbe angewendeten mässigen Druck. Dieselben Erscheinungen wiederholten sich nun noch mehrere Male; im 20sten Jahre verheirathete sich die Kranke, und bei der weit vorgerückten ersten Schwangerschaft verschwand die Geschwulst gänzlich. Einige Wochen nach der zu früh eingetretenen Geburt setzte sich die Kranke einer heftigen Erkältung aus, in Folge welcher sie von Neuem eine heftige Leberentzündung bekam, welche zwar nach einigen Wochen einer kräftigen Antiphlogose wich, jedoch nach zwei Monaten wieder unter heftigen Erscheinungen auftrat. Nach Ablauf des Wochenbettes zeigte sich die

Geschwulst wieder an derselben Stelle, und zwar in grösserem Umfange als zuvor. Die Kranke trug nun ein Bruchband, legte dies aber bald wieder ab, weil dasselbe ihr Schmerzen verursachte. Der Bruch wurde nun umfangreicher, ohne weitere schlimme Erscheinungen hervorzubringen. Plötzlich aber klemmte der Bruch sich ein, wurde sehr hart, bei der Berührung schmerzhaft und durchaus nicht zurückzubringen. Er hatte die Form eines kleinen Hühnereies und glich auf den ersten Anblick mehr einem Inguinalbruch, als einem Schenkelbruche. Die Existenz des letztern ergab sich jedoch bei genauer Untersuchung. Eine Stunde nach den ersten Incarcerationssymptomen erfolgte, noch ohne Kunsthülfe, unter grosser Anstrengung und heftigen Schmerzen eine reichliche Stuhlausleerung, welche aber keinen wohlthätigen Einfluss auf die Härte und Schmerzhaftigkeit der Geschwulst übte. Es trat nun bald Erbrechen ein, ferner kamen Frostanfälle, denen Hitze folgte, und der Puls wurde beschleunigt. Nachdem nun alle Repositionsversuche nutzlos geblieben waren, wurde sieben Stunden nach der Einklemmung die Operation gemacht. Eine auf dem Bruch gebildete horizontale Hautfalte wurde so durchschnitten, dass die Länge des Hautschnitts zwischen drei und vier Zoll betrug. Dann wurden die verschiedenen Zellgewebelagen alle durchschnitten, und so kam man denn auf den Bruchsack, welcher angestochen eine ziemliche Menge seröser Flüssigkeit entleerte. Nachdem der Bruchsack in gehörigem Umfange geöffnet war, wurde die Bruchpforte nach Innen und Oben erweitert. Der schon dunkelblau gefärbte Darm wurde nur leicht reponirt; die Hautränder näherte man durch Heftpflasterstreifen. Während und nach der Operation zeigt die Patientin heftige Aufregung. Gleich nach der Operation wurde ein starker Aderlass gemacht, ferner eine Emulsion aus Ricinusöl mit Aqua laurocerasi gereicht und ein abführendes Klystier gegeben. Am andern Tage trat nun zuerst Stuhlausleerung ein, aber es zeigte sich ein anderes beunruhigendes Symptom nämlich mehrmals wiederholtes Kothbrechen. Da dies offenbar unter dem Einflusse der heftigen Entzündung stand, wurde noch einmal stark zur Ader gelassen, worauf auch das Erbrechen nachliess. Die Kranke fühlte sich nun sehr matt, es trat grosse Abgeschlagenheit und vollkommene Appetitlosigkeit ein; der Unterleib blieb schmerzhaft. Deshalb wurden am 3ten Tage nach der Operation blutige Schröpfköpfe auf den Unterleib gesetzt, und am 4ten Tage wegen der noch fortdauernden Entzündungserscheinungen ein neuer Aderlass gemacht. Mit der Emulsion von Ricinusöl wurde fortgefahren und bewirkte dieselbe regelmässige Oeffnung. Die Wunde, welche übrigens ein gutes

Aussehen hatte, wurde einfach verbunden und mit Breiumschlägen bedeckt. So trat denn vom 5ten Tage an eine bedeutende Remission der Symptome ein, und von nun an machte die Convalescenz zwar langsame, aber ununterbrochene Fortschritte, so dass die Kranke in der 4ten Woche nach der Operation vollkommen wiederhergestellt war. Es bildet dieser Fall einen neuen Beweis, wie bei der Fortdauer gefährlicher Erscheinungen nach der Bruchoperation vom antiphlogistischen Verfahren allein Heil zu erwarten ist.

14) Alter Nabelbruch, Einklemmung, Tod bevor man zur Operation schreiten konnte; Leichenöffnung, getheilter Bruchsack, einen ältern nicht eingeklemmten Bruch enthaltend und einen neuerdings vorgefallenen, stark entzündeten und incarcerirten.

Die Kranke, eine sehr dicke und fette Frau, hatte schon seit längerer Zeit einen Nabelbruch, welcher nicht sehr bedeutend war und ihr auch keine weiteren Beschwerden verursachte. In Folge einer Indigestion jedoch vermehrte dieser Bruch sich bedeutend und zeigte plötzlich die Symptome einer heftigen Einklemmung. Als 12 Stunden nach dem Auftreten der ersten Erscheinungen ein Arzt herbeigerufen wurde, fand er die Kranke bereits in sehr schlimmem Zustande. Die Bruchgeschwulst war sehr bedeutend geworden und die sie bedeckende Haut zeigte eine so heftige Spannung, dass man ohne eine Zerreissung zu befürchten, keine Repositionsversuche machen konnte. Es wurde daher antiphlogistisch verfahren, und um Leibesöffnung zu bewirken, Ricinusöl verordnet. Am andern Morgen, ungefähr 36 Stunden nach dem ersten Erscheinen, wurde die Kranke bereits als eine Sterbende in die Dieffenbach'sche Klinik gebracht, wo sie auch nach wenigen Stunden verschied.

Bei der Leichenöffnung ergab sich, dass im Bruchsack mehrere umfangreiche Schlingen des Dünndarmes lagen, welche sich bereits in einem entzündeten Zustande befanden. Die Höhle des Bruchsacks war durch eine Partie Netz in zwei Theile getheilt, in eine untere kleinere Abtheilung, in welcher der veraltete Bruch lag, und in eine obere grössere, in welcher sich die zuletzt ausgetretenen, eingeklemmten Gedärme befanden. Bei der Eröffnung des Unterleibes fand man die Baucheingeweide, mit Ausnahme der im Bruchsacke sich befindenden, in ganz normaler Lage. In der Nähe der Bruchpforte waren die Gedärme entzündet, jedoch hatten die Wandungen derselben noch die gehörige Festigkeit. Die Bruchpforte hatte den Umfang eines Achtgroschenstücks und man konnte in demselben deutlich die zwei verschiedenen Partien von vorgefallenen Gedärmen unterscheiden; die bei der letzten Veranlassung vorgefallenen Gedärme waren in der Bruchpforte eingeklemmt und hinter derselben noch durch einen Netzstrang etwas eingeschnürt; ausser einer entzündlichen Röthe war an denselben nichts wahrzunehmen. Die Darmschlinge des veralteten Bruches war an ihrem Durchgange durch den Nabelring etwas verengert; die Wandungen derselben waren verdickt und hatten an ihrer Oberfläche eine sehnigte Beschaffenheit angenommen. In der Unterleibshöhle befand sich eine ziemlich grosse Menge von flüssigem Exsudat, welches bei der ungeheuern Fettmasse der Leiche, in Folge des schon eingetretenen Verwesungsprocesses, eine ölige Beschaffenheit angenommen hatte.

In der Gallenblase befand sich eine grosse Quantität Galle und eine Menge kleiner Gallensteinchen. Die übrigen Organe der Unterleibshöhle waren in normalem Zustande.

Die übrigen Höhlen wurden nicht geöffnet.

15) Eingeklemmter Nabelbruch, besonders Netzeinklemmung; nur unvollkommen eintretende Leibesöffnung; Tod am neunten Tage; innere Darmeinklemmung.

Die Kranke, eine 44jährige Frau von schwächlicher Constitution, bekam drei Tage vor ihrer Aufnahme in die Klinik, ohne dass sie sich eines besondern Grundes zu erinnern wusste, plötzlich heftige Schmerzen im Unterleibe, verbunden mit häufigem Erbrechen, theilweise von Kothmassen, und hartnäckiger Verstopfung. Der hinzugerufene Arzt verordnete eine Venäsection und gab Oleum ricini in Emulsion, was aber fast augenblicklich wieder ausgebrochen ward. Ohne die geringste Verminderung dieser lästigen Symptome kam die Patientin ins Klinikum. Bei genauer äusserer Untersuchung fand sich einen halben Zoll über dem Nabel eine kleine runde Geschwulst, die, der Angabe der Kranken zufolge, bereits seit zwanzig Jahren bestand, wo sie bei Hebung einer schweren Last hervorgetreten sein soll, ohne jedoch im Verlaufe dieses Zeitraums in irgend einer Weise ihr Wohlbefinden gestört zu haben. Der Verdacht auf eine Hernia umbilicalis incarcerata lag ziemlich deutlich vor, und es ward daher zur Operation geschritten. Dicht über dem Nabel wurde ein 1½ Zoll langer longitudinaler Einschnitt gemacht und nach Entfernung der starken Fettablagerung eine kleine Netzeinklemmung entdeckt und ohne Schwierigkeit reponirt. Nachdem die Operationswunde mit Pflasterstreifen geschlossen, ward eine Venäsection von drei Tassen Blut gemacht, und Aqua laurocerasi ℨβ zu 20 Tropfen dreimal täglich mit Milch, Oleum ricini und ein Klystier aus Wasser, Oel und Salz verordnet. Am darauf folgenden Tage waren die Zufälle zwar etwas vermindert, jedoch blieb der Unterleib gespannt, auch trat von Zeit zu Zeit Kothbrechen ein, und der Stuhlgang hatte sich noch nicht hergestellt. Trotz wiederholter Blutentziehung, Einreibung mit Quecksilbersalbe, Fortfahren mit leichten Abführmitteln, nahm dennoch die entzündliche Erscheinung immer mehr zu; der Kopf fing an eingenommen zu werden, es trat grosse Unruhe, grosse Beklemmung und sehr quälender Durst ein. Auf den Fortgebrauch verschiedener Abführmittel traten endlich mehrere, sehr wenig copiöse Stuhlentleerungen am fünften Tage ein; jedoch dauerte das Kothbrechen, das tympanitische Aufgetriebensein des Bauches und die bedeutende Schmerzhaftigkeit desselben fort. Der innere Gebrauch des Eises, sowie warme Umschläge auf den Bauch verschafften vorübergehende Erleichterung, dennoch aber unterlag der Kranke am neunten Tage nach der Operation.

Bei der Section fand sich, dass oberhalb der Stelle, wo die Operation gemacht worden war, noch eine kleine Verbindung des grossen Netzes mit den Bauchdecken bestand, so dass an einem früher existirenden und durch die Operation zurückgebrachten, incarcerirten Netzbruche nicht zu zweifeln war. Ausserdem aber fanden sich in der Nähe des Dünndarmes mit dem Dickdarme zwei mit einander verwachsene brandige Darmschlingen, ungefähr von drei Zoll Länge. Offenbar waren diese Schlingen eingeklemmt gewesen. Jedoch konnte der Ort dieser Einklemmung nicht deutlich ermittelt werden; jedenfalls ist diese brandige Darmentzündung Ursache des Todes geworden.

16) Hydatitöse Geschwulst der Leistengegend; Operation; nachfolgende Erscheinung von Peritonitis und Orchitis, Bildung von Eitergängen oberhalb und unterhalb der Operationswunde; Heilung.

Ein 30jähriger Mann, welcher früher immer gesund gewesen und namentlich nie an einem Bruche gelitten, wurde zuerst vor acht Wochen auf eine kleine Geschwulst von der Grösse einer Mandel in der linken Leistengegend aufmerksam. Diese Geschwulst war nicht plötzlich nach einer bestimmten Veranlassung, sondern ganz unmerklich entstanden, und wurde erst als sie den erwähnten Umfang erreicht hatte lästig, da sie anfing schmerzhaft zu werden und gegen Druck empfindlich war. In den letzten acht Wochen hatte die Geschwulst zugenommen, sie war bis zu der Grösse einer Wallnuss herangewachsen, fühlte sich prall und hart an, war wenig beweglich und beim Drucke schmerzhaft. Die äussere Bedeckung der Haut war gesund, das Befinden des Kranken übrigens gut. An einen eingeklemmten Bruch war hier nicht zu denken, jedoch verlangte der Kranke die Operation, da ihn die Geschwulst belästigte. Nachdem die Haut durch einen Schnitt gespalten war, kam man auf eine Geschwulst, welche im weiten Umfange geöffnet, nichts als eine seröse Flüssigkeit enthielt und bei der sorgfältigsten Untersuchung keinen vorgefallenen Theil aus der Unterleibshöhle zeigte. Es ergab sich also, dass man es mit einer Hydatide in der Leistengegend zu thun habe, eine seltene für die Diagnose höchst wichtige Affection.

Nach der Operation trat eine sehr heftige Bauchentzündung ein, welche starke örtliche und allgemeine Blutentziehungen nöthig machte. Nachdem hierdurch die Symptome der Peritonitis sich ein wenig gemildert hatten, traten zwischen dem zweiten und dritten Tage nach der Operation die Erscheinungen einer Hodenentzündung auf der linken Seite auf, welche jedoch keine bedeutende Heftigkeit erreichte und nach wenigen Tagen wieder völlig schwand; jedoch blieb die Gegend des linken Saamenstranges verhärtet und schmerzhaft, und es bildete sich nach einigen Tagen an dieser Stelle ein Abscess, welcher eröffnet, eine bedeutende Menge Eiter entleerte. Es traten nun während beinahe vierzehn Tagen in der Umgegend der Wunde in so fern bedenkliche Erscheinungen auf, als sich eine Reihe von Abscessen und Eitergängen in der ganzen Umgegend der Wunde bildete, wobei die Haut in ziemlich weiter Ausdehnung sich loslöste und die Bauchmuskeln im Grunde der Wunde blosslagen. Bei regelmässigem Verbande und täglicher Entleerung des Eiters fingen jedoch bald alle diese kranken Theile an, ein besseres Ansehen zu gewinnen. Innerlich wurde ihm während dieser Periode der Heilung Elixir. Halleri verordnet. Die Härten oberhalb der Operationswunde verloren sich nun immer mehr, die Eitersecretion nahm ab und es bildeten sich gute Granulationen. Der Verband bestand in der letzten Zeit bloss aus trockner Charpie. Die Heilung machte nun schnelle Fortschritte, und im Anfange der sechsten Woche wurde der Kranke vollkommen hergestellt entlassen.

Achtes Capitel.

Ueber die Anwendung des Aethers in der Chirurgie, auf Untersuchungen über seine physiologischen Wirkungen an Menschen und Thieren begründet.

Seit vielen Jahren hat wohl kaum eine Entdeckung in der Medicin ein solches Aufsehen erregt, wie die der schmerzstillenden Eigenschaften des Aethers bei Operationen. Bekanntlich von zwei americanischen Aerzten Dr. Jackson und Dr. Morton in Boston zuerst in Anwendung gebracht, von ersterm angerathen, von letzterm zuerst wirklich angewandt, waren Monate vergangen, bevor man dem neuen Mittel Aufmerksamkeit schenkte. Schon im Herbst vorigen Jahres hatte Dr. Jackson seine Entdeckung der pariser Akademie der Wissenschaften mitgetheilt, jedoch hatte man derselben keine Aufmerksamkeit geschenkt. In London war die schmerzstillende Wirkung des Aethers bei Operationen zuerst geprüft worden und hatte dort ein solches Aufsehen erregt, dass bereits die politischen Journale und das Publicum mit dem Lobe des Aethers erfüllt waren, bevor in Paris nur davon die Rede war. Und doch ist es offenbar in dieser Stadt, in welcher die Wirkungen des Aethers am vollständigsten geprüft und discutirt und seine Heilanzeigen, so wie Gegenindicationen am sichersten festgestellt worden sind; was wohl in der ausserordentlichen Oeffentlichkeit des pariser Lebens und namentlich seiner wissenschaftlichen Verhandlungen seinen Grund hat. Höchst interessant war es, die verschiedenen Phasen zu verfolgen, welche die Aetherfrage in Paris durchlaufen hat, bevor sie ein Eigenthum der Wissenschaft geworden ist.

Als im Anfang des Januar 1847 die ersten Stimmen für den Aether laut wurden, war diese schöne transatlantische Entdeckung mit jener vornehmen Ironie aufgenommen worden, welche die Hauptstadt Frankreichs gegen jede nicht aus dem Kreise ihrer Auserwählten stammenden Neuerung im Anfange zeigt. Bald aber hatten die ersten glücklichen Versuche die Gleichgültigkeit verdrängt und einen solchen

Enthusiasmus erregt, dass nun der Aether auf einmal alle gelehrten Gesellschaften, ja alle Salons beschäftigte und dass für einige Wochen die Aetherexperimentatoren die Lions der pariser Cirkel waren. Jeder Unbefangene sah in dieser phantastischen Uebertreibung der Wunderwirkungen des Aethers den Keim der ihm drohenden Gefahr einer zu weit gehenden Reaction voraus. So wurden denn die ersten Mittheilungen Amussat's, welcher nachzuweisen glaubte, dass das Blut der Arterien während der Aetherisation die dunkle Färbung des Venenbluts bekomme, ein Gegenstand des Schreckens. Für einen Augenblick schienen die Gegner des Aethers fast den Sieg davon zu tragen. Bald jedoch erkannte man nicht bloss, dass dieser Einwand sehr übertrieben war, sondern man konnte sich auch zugleich überzeugen, dass viele der gegen den Aether gemachten Einwendungen viel mehr auf dem Wunsche, Originalität zu zeigen und Aufsehen zu erregen, beruhten, als auf genauen Experimenten und wirklichen wissenschaftlichen Ueberzeugungen. Wie kann man anders den Einwand Magendie's beurtheilen, welcher in der durch den Aether hervorgerufenen Unempfindlichkeit ein Mittel zu sehen glaubte, das zu immoralischen Zwecken führen könnte und die Keuschheit des schönen Geschlechtes in Gefahr brächte? Wenn Magendie hier höchst edelmüthig als irrender Ritter für die Tugend der Frauen in die Schranken trat, so nahm auf der andern Seite ein pariser Arzt seine Kunstgenossen in Schutz, indem er zu verstehen gab, dass die erotische Erregung, welche der Aether bei seiner Wirkung unterworfenen Frauen hervorrief, den operirenden Wundarzt in Verlegenheit, ja in Versuchung führen könnte!

Solche Einwendungen fielen denn bald in das Gebiet des Charivari und der sinnreichen Zeichnungen Cham's und nützten in so fern dem Aether, als sie die Schwäche der Argumente seiner Gegner so recht in ihrer Blösse zeigten. Die Stimmen des Publicums und der Salons verstummten übrigens bald, da bei der Reichhaltigkeit des Materials für öffentliches Interesse nichts in Paris lange die Aufmerksamkeit zu fesseln im Stande ist. So kehrte denn die Aetherfrage wieder vor ihr natürliches Forum, vor das Urtheil der Aerzte und Naturforscher und der grössern Gesellschaften zurück und gegenwärtig kann man schon aus den vielfachen Debatten nicht bloss den allgemeinen Schluss ziehen, dass der Aether, vernünftig und mit Sachkunde angewandt, ein unersetzbares, schmerzstillendes Mittel bei Operationen sei, sondern wir sind auch bereits im Stande, uns von seiner physiologischen Wirkung und seiner praktischen Anwendung ziemlich genaue und richtige Vorstellungen zu machen. Dies in Kurzem auseinander zu setzen, ist der Zweck dieser Abhandlung, welche wir aber keineswegs hier bekannt gemacht haben würden, wenn wir nicht ausser jenen allgemeinen Ergebnissen, mannigfache Untersuchungen und Experimente mitzutheilen hätten, welche wir seit mehreren Monaten hierüber angestellt haben.

Wir wollen diesen Aufsatz in vier Theile theilen; in dem ersten werden wir die Art der Anwendung bei Menschen und Thieren auseinander setzen, in dem zweiten seine physiologische Wirkung auf den menschlichen Organismus, in dem dritten die Hauptresultate der Experimente an Thieren, in dem vierten seine praktischen Heilanzeigen und Contraindicationen auseinander setzen.

1. Ueber die Art der Anwendung des Aethers.

Seit der ersten Anwendung des Aethers in Paris entstand hier ein edler Wettstreit zwischen den beiden geschicktesten Instrumentenmachern dieser Hauptstadt, zwischen dem bekannten Charrière und unserm deutschen Landsmanne Luer. Diese Rivalität hatte den Vortheil, dass ein jeder von ihnen seinen Apparat möglichst zu verbessern und zu vervollkommnen suchte, und in der That sind die Apparate beider gleich brauchbar. Die gleich im Anfang angegebene Form ist auch am Ende die Grundform geblieben und besteht ganz einfach in einer Flasche von beliebiger Form, in welcher Schwefeläther flüssig oder auf kleinen geschnittenen Stücken von Schwamm sich befindet. Der Apparat hat zwei Oeffnungen, durch deren eine die atmosphärische Luft eintritt und sich mit Aetherdämpfen schwängert, während die andere mit einem Rohr communicirt, welches die Aetherdämpfe in die Athmungsorgane leitet. Dieses Rohr, welches man im Anfang von engem, jetzt von ziemlich weitem Caliber macht, ungefähr von dem der Luftröhre, ist an seinem äusseren Ende mit einem Mundstücke versehen, welches zwei Klappen enthält, deren die eine sich beim Einathmen öffnet und so die Aetherdämpfe in die Lungen führt. Diese Klappe schliesst sich beim Ausathmen, durch welches dann sich eine andere Klappe, die vor der erstern liegt, öffnet, und so die ausgeathmete Luft frei entweichen lässt, ohne in den Apparat zurückzutreten. Das metallene Mundstück selbst ist so eingerichtet, dass es genau am Umfange des Mundes anschliessen muss. Dies ist die Grundform des Apparates; alle Modificationen sind unwesentlich. Freilich kann man leichter zur Aetherwirkung gelangen. So kann man durch ein unten trichterförmig erweitertes Papierrohr die Dämpfe des in einem Glase verdunstenden Aethers einathmen, und zu vollkommner Aetherisation gelangen. So habe ich an mir selbst durch Einführen einer unten geschlossenen Glasröhre, halb mit Aether gefüllt, in die Nase, ziemlich vollständige Wirkung hervorbringen können. Für die praktische Anwendung jedoch ist der Apparat mit den Ventilen der geeignetste, da er vor und während einer Operation leicht zu handhaben ist und noch den Vortheil hat, dass er nicht die Aetherdämpfe auf die den Kranken umgebenden Personen verbreitet. Uebrigens ist dieser Apparat so einfach und so leicht zu handhaben, dass ich eine noch grössere Vereinfachung mehr für eine Spielerei, als für eine nützliche Erfindung halten möchte. Dieser Apparat hat zugleich noch den Vortheil, dass er gleich bequem in sitzender, wie in liegender Stellung angewandt werden kann. Um den Zutritt atmosphärischer Luft zu verhüten, kann man entweder die Nase mit den Fingern zuhalten, oder sie durch die von Charrière angegebene Pincette schliessen, welche ganz einfach aus zweien durch eine mit bedeutender Federkraft versehene Stahlfeder einander sich nähernden Korkplatten besteht, also als eine Art Nasenklemmer auf diese applicirt den Eintritt der Luft hindert. Wir haben uns im Anfang theils in den Hospitälern, theils bei den an unsern Freunden angestellten Versuchen überzeugen können, dass in den meisten Fällen, in denen der Aether nicht wirkt, der Grund hiervon in einem unvollkommenen Einathmen desselben liegt, und dass, wenn man nicht mit der grössten Sorgfalt darauf achtet, dass das Mundstück fest und genau an den den Mund umgebenden Theilen anliegt, die Inhalation nur sehr unvollkommen ist, da eine zu grosse Menge atmosphärischer Luft mit Aetherdämpfen gemischt ist. Nur intelligenten und festen Willen habenden Kranken kann man daher selbst das Halten des Apparates anvertrauen; in der weitaus grössten Zahl der Fälle aber ist es durchaus gerathen, dass ein bereits hierin Uebung habender Gehülfe die Inhalationen des Aethers leitet und ganz besonders darauf achtet, dass die Nase gehörig geschlossen sei und der Mund fest an dem Mundstück anliege. Ausserdem ist es von der aller grössten Wichtigkeit, dass man sicher sei, reinen Schwefeläther anzuwenden, da sonst die Wirkung nur eine sehr unvollkommene ist, und da namentlich in Paris mit der ausgedehnten Anwendung des Aethers auch seine Verfälschung allgemeiner geworden ist.

Was die Aetherisation von Thieren betrifft, so ist bei grössern eine Aether enthaltende Blase mit einem Rohr versehen, welches in die Nase eingebracht wird, angewendet worden. In unsern Experimenten haben wir nur kleinere Thiere gebraucht, namentlich Hunde, Kaninchen und Frösche. Hier haben wir uns eines höchst einfachen und vollkommen ausreichenden Apparats bedient. Für Hunde und Kaninchen nehmen wir ganz einfach einen gewönlichen grossen Topf mit einem Deckel, giessen flüssigen Aether auf den Grund des Topfes, bringen das Thier hinein und legen den Deckel auf. Statt eines gewöhnlichen Deckels kann man einen durchsichtigen von Glas nehmen, da man dann hier die Wirkung des Aethers genau in seinen Details beobachten kann. Auch nicht ein Versuch ist uns auf diese Art missglückt. Es stand ganz in unserer Gewalt, die Thiere mehr oder weniger zu aetherisiren, ja sie durch den Aether vollkommen zu tödten. Für Frösche ist der Apparat noch einfacher; man bringt sie in ein Glas, giesst in dasselbe ein wenig Aether, und nachdem man den Frosch hineingebracht hat, deckt man über das Glas den ersten besten flachen Körper, ein Holzplättchen, ein Stück Glas, eine Untertasse etc. Auch hier entscheidet die Menge des Aethers und die Dauer der Einwirkung über die Intensität der Erscheinungen. Frösche sind übrigens gegen Aetherinhalation sehr empfindlich.

2. Ueber die physiologische Wirkung des Schwefeläthers auf den menschlichen Organismus.

Sobald die ersten Wirkungen des Aethers bekannt geworden waren, machten viele Aerzte und Laien den Versuch, denselben zu athmen, um sich nach eigenen Eindrücken von den Wirkungen desselben Rechenschaft zu geben. Die Resultate dieser vereinzelten Versuche blieben jedoch meistens unbekannt und die wenigen, welche in französischen Zeitschriften bekannt wurden, trugen meistens das Gepräge der Uebertreibung und des Wunsches, Aufsehen zu erregen. Die einzigen vollständigern, wirklich rein wissenschaftlichen Versuche über die Aetherwirkung wurden in Paris von der dortigen Gesellschaft deutscher Aerzte angestellt, Versuche, welche ich als gegenwärtiger Präsident dieser Gesellschaft, regelmässig zu verfolgen und zum Theil zu leiten Gelegenheit hatte. Dieselben sind zwar zur Zeit in der Gazette médicale vom 6ten Februar 1847 bekannt gemacht worden; da aber einerseits alle in Zeitschriften niedergelegten Arbeiten bald wieder vergessen werden, und andererseits diese Versuche noch immer die einzigen am gesunden Menschen in der Art angestellten und regelmässig controlirten geblieben sind, so scheint es uns wohl der Mühe werth, hier diesen Aufsatz mit einigen Bemerkungen zu reproduciren. Ausser diesen Zusätzen und Anmerkungen werden wir das Uebrige grösstentheils übersetzen.

Seitdem die ersten in einem Pariser Krankenhause erlangten Resultate den gelehrten Gesellschaften mitgetheilt worden waren, sah die Gesellschaft deutscher Aerzte die Vortheile ein, welche dieses Mittel der chirurgischen Therapie bieten könnte, um die Empfindung bei einem der Operation zu unterwerfenden Individuum aufzuheben; zu gleicher Zeit aber glaubte sie auch, dass ausser dem materiellen Thatbestande, welchen man nachweisen müsce, es wichtig sei, alle die Bedingungen zu bestimmen, unter welchen die Einathmung Erfolg hätte, so wie die, in welchen man zu einem unvollständigen oder zu gar keinem Resultate gelange. Es wurde sofort in der Sitzung vom 15. Jan. 1847 beschlossen, an den Mitgliedern der Gesellschaft, welche sich ihnen unterziehen wollten, Experimente anzustellen. Um die Arbeiten zu erleichtert, wurden zwei Commissionen ernannt, die eine, um die Experimente zu leiten und zu überwachen, und die durch dieselben gelieferten Materialien zu sammeln; die andere, um die in den periodischen Blättern veröffentlichten, gelehrten Gesellschaften mitgetheilten, und in den Krankenhäusern beobachteten Thatsachen aufzusuchen, und zu ordnen. Das Resultat dieser ersten Experimente und Untersuchungen wollen wir nun mittheilen.

Die Mitglieder der Gesellschaft, welche sich diesen Experimenten unterzogen, sind junge Aerzte, in der Kraft ihrer Jahre (von 25—34 Jahre), im Allgemeinen von einer guten Constitution, auch für den Augenblick mit keinem Unwohlsein behaftet, von einem festen und entschiedenen Willen, zu wissen, was man von den Wirkungen der Aetherisation zu halten habe, ohne Vorurtheil weder für noch gegen, und endlich mit der gehörigen Kenntniss ausgerüstet, ihre Eindrücke zu analysiren und sie andern mitzutheilen.

Man bediente sich des von unserm geschickten Landsmanne M. Luer angefertigten Apparates. Er besteht aus einer Flasche mit drei Oeffnungen, die eine, um den Aether hineinzubringen, die andere, um die äussere Luft eintreten zu lassen, und die dritte, für die Aufathmung der mit Aetherdämpfen geschwängerten Luft. Diese letztere communicirt mit einer Röhre, an deren Ende sich ein Mundstück befindet, welches sich äusserlich um den Mund anlegt. Dieses Mundstück ist mit zwei Klappen versehen, die eine öffnet sich bei der Inspiration, um die mit Aether gesättigte Luft in den Mund zu lassen, die andere öffnet sich bei dem Ausathmen, um die aus den Lungen kommende Luft zu verhindern, in die Flasche zu dringen. Oft ist die Nase frei geblieben, allein so oft man bemerkte, dass dies Organ zur Einathmung diente, hat man seine Oeffnungen bald mit den Fingern, bald mit einem eigens dazu bestimmten Nasenhalter versperrt.

Die Experimente haben ungefähr zwei Stunden nach dem Frühstück stattgefunden, welches meist aus Kaffe mit Milch, zuweilen auch aus Chocolade, aber selten aus Fleisch besteht.

Die Temperatur des Experimentirsaales betrug gewöhnlich 16° R., nie über 18°.

Wir geben hier ein Verzeichniss über die Dauer der Experimente und über die von Minute zu Minute eingetretenen Modificationen im Pulse und in der Circulation.

Zahl der Versuche. Alter der Personen.	Vor der Einathmung. Puls.	Vor der Einathmung. Resp	Dauer des Versuchs. Min.	Dauer des Versuchs. Sec.	Summe.	Während der Einathmung. Puls.	Während der Einathmung. Resp.	Besondere Bemerkungen.
Nr. 1. L.., 33 Jahre.	81	20	3	17	92	1te Min. - 92 2 „ - 97 3 „ -105 5 „ - 92 7 „ - 81	Nicht bemerkt.	**Hatte 2 Stunden vor dem Versuche gefrühstückt.**
Nr. 2. St., 24 Jahre.	86	27	1	25	32	1 „ - 94 2 „ -100 6 „ -116	21	**1 Stunde nach dem Frühstück leichte Hypertrophie der linken Herzkamm.**
Nr. 3. Derselbe 1 M. nach d. ersten Versuche.	86	27	1	20	11	1 „ - 91 2 „ - 88 3 „ - 72		
Nr. 4. R . . .	104	27	1	15		1 „ -107 20 „ - 96	26	**Husten hindert die Einathmungen zu zählen.**
Nr. 5. B . . .	80	16	3	40	40	1 „ - 86 2 „ - 87 3 „ - 85 4 „ 30 „ - 90	11 10 11 8 20	**Ein u. eine halbe Stunde nach dem Frühstück.**
Nr. 6. St. . . .	77	18	2	10	32	1 „ -106 2 „ -112 10 „ - 98	16	**3 Stunden nach d. Frühstück; Puls fadenförmig, kaum bemerkbar.**

Zahl der Versuche. Alter der Personen.	Vor der Einathmung. Puls.	Vor der Einathmung. Resp.	Dauer des Versuchs. Min.	Dauer des Versuchs. Sec.	Summe.	Während der Einathmung. Puls.	Während der Einathmung. Resp.	Besondere Bemerkungen.
Nr. 7. P . . .	112	$18\frac{1}{2}$	1	17	23	- 148	16	Puls intermittirend; Hypertrophie der link. Herzkammer.
Nr. 8. Derselbe, eine Min. später.	112	$18\frac{1}{2}$	1	3	20	- 148	18	
Nr. 9. Derselbe nach 2 Minuten.	112		5	40	96	1te Min. - 150	19	
						2 „ - 120	18	
						3 „ - 115	17	
						4 „ - 117	17	
Nr. 10. J.., 25 Jahre.	76	22	8		206	1 „ - 108	18	Zwei Stunden nach dem Frühstück.
						2 „ - 96	22	
						3 „ - 102	24	
						5 „ - 108	26	
						6 „ - 104	28	
						7 „ - 108	30	
						8 „ - 102	32	
Nr. 11. Derselbe			2	35	51	1 „ - 112	25	
						2 „ - 104	26	
						3 „ - 106	28	
Nr. 12.	106	22	5	40	128	1 „ - 124	21	Zwei Stunden nach dem Frühstück.
						2 „ - 116	16	
						3 „ - 112	21	
						4 „ - 104	24	
						5 „ - 116	25	
						6 „	21	
Nr. 13. L.., 33 Jahre	78	20	13			1 „ - 80		Nüchtern.
						6 „ - 76		
						11 „ - 84		
Nr. 14. Sch . . .	84	24	9	30		1 „ - 86		Zwei Stunden nach dem Frühstück.
						6 „ - 84		
						12 „ - 90		
Nr. 15. Jl.., 24 Jahre.	89	16	8	25	187	1 „ - 84	20	$2\frac{1}{2}$ Stunde nach dem Frühstück; Hypertrophie der link. Herzkammer.
						2 „ - 94	26	
						3 „ - 94	20	
						4 „	22	
						5 „ - 90	25	
						6 „ - 80	25	
						7 „ - 96	26	
						8 „ - 108	27	

Zahl der Versuche. Alter der Personen.	Vor der Einathmung.		Dauer des Versuchs.		Summe	Während der Einathmung.		Besondere Bemerkungen.
	Puls.	Resp.	Min.	Sec.		Puls.	Resp.	
Nr. 16. P...	112	20	6	35	140	1te Min. - 140	26	1 Stunde nach d. Frühstück, Puls intermittirend; leichte Hypertrophie der linken Herzkammer.
						2 „ - 136	25	
						3 „ - 143	24	
						4 „ - 144	20	
						5 „ - 140	19	
						6 „ - 134	18	
						7 „	18	
Nr. 17. R....	104	22	3	40	62	1 „ - 122	19	2 Stunden nach d. Frühstück.
						2 „ - 128	16	
						3 „ - 119	15	
						4 „	12	
Nr. 18. P., 35 Jahre.	88	19	9			1 „ - 80	17	2 Stunden nach d. Frühstück; bei der 5ten u. 8ten Min. wurde der Versuch unterbrochen.
						2 „ - 72	20	
						3 „ - 74	17	
						4 „ - 82	16	
						6 „ - 92	18	
						7 „ - 87	17	
						9 „ - 87	16	
Nr 19.	98	25	2	8	93	1 „ - 122	36	1½ Stunden nach dem Frühstück.
						2 „ - 174	57	

Wir wollen nun die Resultate dieser Versuche näher betrachten.

1) der Puls. Was seine Häufigkeit betrifft, so sehen wir ihn während der ersten drei Minuten des Experiments immer beschleunigt; und was die Qualität desselben betrifft, so begleitete immer ein gewisser Grad von Schwäche die zunehmende Frequenz. Nach den ersten Minuten nahm er dann wieder an Häufigkeit ab, wiewohl über dem Normalzustande bleibend. Gegen Ende des Experiments, um die 6te oder 8te Minute herum, zeigt sich oft wieder von Neuem eine Reaction und es tritt wieder vermehrte Schnelligkeit der Herzschläge ein. Das gleiche Phänomen zeigte sich auch, wenn die Inhalation des Aethers lange fortgesetzt wurde, wie man dies in den Experimenten 13, 14, 15 sehen kann. Wenn in dem 10ten Versuch kein ähnliches Resultat eingetreten ist, so liegt dies daran, dass der dem Experimente Unterworfene nicht erlauben wollte, dass man ihm die Nase zuhielt und dass es wahrscheinlich ist, dass er durch die Nase zu viel atmosphärische Luft

geathmet hat, und so zu keiner vollkommenen Aetherwirkung gelangen konnte; auch ist bei ihm keine Veränderung der Empfindlichkeit oder des Kreislaufs eingetreten. Die grösste Pulsfrequenz, welche wir beobachtet haben, findet sich in dem 19. Experimente, in welchem 174 Pulsschläge in der Minute beobachtet wurden. Die Mittelzahl der Pulsschläge in unsern Versuchen war 106 in der Minute. In unsern Versuchen ist das Klein- und fast Unfühlbarwerden des Pulses, ähnlich wie in der Ohnmacht, nicht eingetreten; wir haben es jedoch öfters bei Erwachsenen und namentlich auch bei Kindern beobachtet; mitunter treten diese Erscheinungen ein, bevor sich vollständige Unempfindlichkeit zeigt; und scheint es uns höchst wichtig, dann sogleich die Aetherinhalation zu unterbrechen. Wir müssen ausserdem noch hier bemerken, dass bei den im deutschen Vereinslocale angestellten Versuchen die Pulsfrequenz auch bei den nicht dem Experimente Unterworfenen in der Regel grösser war, als im Normalzustande, was theils der ziemlich hohen Temperatur und besonders dem Umstande zuzuschreiben ist, dass die Luft des Zimmers bei dem vielen Aetherverbrauch immer mehr oder weniger Aetherdämpfe enthielt.

2) Athmung. Gewöhnlich war die Zahl der Respirationen in gleichem Verhältnisse mit dem Puls beschleunigt, zugleich war sie auch in ihrer Intensität gesteigert und sobald der Puls sich verlangsamte, geschah mit dem Athmen ein Gleiches. Wenn im Anfang die Inspiration länger und tiefer war, so wurde gegen das Ende hingegen die Exspiration länger und intenser. Das Verhältniss der Zahl des Athmens zu dem des Pulses schwankte im Durchschnitt zwischen dem Verhältniss von 1 : 4—5, seltener von 1 : 3. Die Zahl zwischen 16 und 20 war häufig, zwischen 20 und 30 ebenfalls durchaus nicht selten, in einem Falle 57 in der Minute. In diesem Falle trat eine ausserordentliche Aufregung des Individuums nach der Inhalation ein, wiewohl diese nur zwei Minuten gedauert hatte. Wir werden auf diesen Fall noch später zurückkommen.

3) Nervensystem. So wie wir bei der Besprechung des Pulses noch nicht von den Veränderungen des Blutes gesprochen haben, da wir auf diese in dem experimentuellen Theil dieser Arbeit zurückkommen werden, so wollen wir auch hier nur mehr von den äusseren Manifestationen der Functionen des Nervensystems reden, als von seinen tieferen Veränderungen und von den successiv in demselben afficirten Theilen. Auch diese Frage konnte eben nur experimental entschieden werden.

Wir haben aus obiger Tabelle gesehen, dass in der Mehrzahl der

Fälle (Nr. 1, 2, 3, 4, 5, 6, 9, 12, 13, 14, 15, 16, 17) im Ganzen 13mal das Schmerzgefühl aufgehört hatte; die Versuche, durch welche wir diese Unempfindlichkeit constatirt haben, waren wohl hinreichend, um zu einem bestimmten Schluss zu kommen. Es wurden nicht bloss tiefe Nadelstiche in die Finger, die Hand, die Ohren, den Kopf und das Gesicht gemacht, sondern auch gewöhnlich mehr oder weniger tiefe Schnitte mit dem Bistouri, und etwa in der Hälfte der Fälle wurde brennender Schwamm auf der Haut des Armes bis zur Bildung eines tiefen Brandschorfs abgebrannt. Die Einwirkung dieser Moxen war so stark, dass ich selbst gegenwärtig, beinahe 4 Monate nach Anstellung dieser Versuche, noch auf beiden Armen sehr deutlich sichtbare Narben von denselben trage. Ich erinnere mich recht deutlich, mit Aufmerksamkeit dieses Abbrennen mit angesehen, aber von demselben nur ein leichtes Gefühl, eher angenehmer Wärme empfunden zu haben. In mehreren Fällen liess man einen Tropfen brennenden Siegellacks auf den Arm fallen, und brachte dasselbe durchaus kein Schmerzenszeichen hervor. Wir bemerken bei dieser Gelegenheit, dass bei mehreren Individuen im Anfange die Versuche kein Resultat hatten, weil sie unvollständig angestellt worden waren, dass aber später bei den Gleichen die vollkommenste Wirkung eintrat, sobald der Versuch mit der gehörigen Vorsicht gemacht wurde. Es gilt dies auch namentlich von den angeblich misslungenen Versuchen in mehreren Hospitälern, da es oft theils den Kranken an gutem und hinreichend intensem Willen fehlt, theils sie auf irgend eine Art es anzustellen wissen, reine atmosphärische Luft ausser der mit Aetherdämpfen geschwängerten zu athmen, theils auch husten sie oft, ohne es gerade nöthig zu haben und wissen nicht den ersten unangenehmen Eindruck der Aetherdämpfe auf die Respirationsorgane zu überwinden. Aus diesem, wie aus vielen andern Gründen ist es geeignet, den Kranken, den man operiren will, einen oder mehrere Tage vorher an das Aetherathmen zu gewöhnen. Dies hat sowohl den Vortheil, ihn mit der Art und Weise des Athmens vertraut zu machen, als auch den nicht minder grossen, die individuelle Susceptibilität des Patienten gegen die Aetherdämpfe zu prüfen. Die Dauer der Intensität der Aetherwirkung hängt gewöhnlich von der Dauer des Athmens ab; wiewohl auch hier nicht selten Ausnahmen stattfinden. Die Unempfindlichkeit dauerte in dem ersten Versuche 1 Min. 3 Sec, in dem 5ten 1,40, während sie im 13ten Versuche, in welchem das Aetherathmen sehr lange fortgesetzt war, noch nach 10 Min. so stark war, dass der Aetherisirte sich ohne Schmerz den Ohrlappen mit einem Federmesser durchstechen konnte. Ich hatte diesen Versuch an mir selbst gemacht und eben die Einathmung des Aethers so lange fortsetzen wollen, als es mir nur irgend möglich war. In dem zehnten und elften Versuche war keine Unempfindlichkeit eingetreten, was von dem schlecht angestellten Athmen herrührt.

Bei einigen war das Bewusstsein nur während sehr kurzer Zeit aufgehoben, vollkommene Ohnmacht war bei keinem von uns eingetreten, wohl aber bei mehreren der erste Anfang von Lipothymie.

Im Allgemeinen kam das Bewusstsein selbst da, wo die Kranken während mehrerer Minuten sich nicht von ihrem Zustande Rechenschaft geben konnten, plötzlich wieder, was gewissermaassen dem Erwachen aus einem Traume glich. Mehrere hatten Träume. In dem 13ten Versuche war Schwindel, von Lichterscheinungen begleitet, eingetreten, welche den bunten Flecken glichen, die man zu sehen glaubt, wenn man von der Sonne stark geblendet ist. In dem 9ten und 16ten Versuche waren heitere Träume eingetreten, deren sich jedoch die Individuen nicht erinnerten und sie konnten sich selbst nicht von ihrem Lachen nach diesem traumartigen Zustande Rechenschaft geben. In dem 19ten Versuche glaubte der Athmende Feuer inspirirt zu haben und sich dadurch so leicht zu fühlen, dass er sich für fähig hielt zu fliegen. Ich stand neben ihm und wunderte mich schon während des Versuches, ein ganz irres Verdrehen der Augen zu bemerken. Auf einmal stiess er den Apparat von sich und gerieth in eine solche Aufregung von convulsivischen Bewegungen der Glieder begleitet, dass wir ihn kaum zu halten im Stande waren. Dieser Zustand dauerte ungefähr 1½ Minute, worauf Bewusstsein und Ruhe ihm plötzlich wiederkamen. Diesem Versuche wohnte zufällig der berühmte Pariser Wundarzt Prof. Roux bei, welcher mit Recht bemerkte, dass ein solcher während der Operation eintretender Zustand die gefährlichsten Folgen haben könnte.

Man hat behaupten wollen, dass die durch Aetherisation hervorgebrachten Träume gewöhnlich erotischer Natur seien. Es ist dies jedoch nicht richtig, sondern mehr eine individuelle und falsche Ansicht, wohl auf dem Umstande beruhend, dass man in Frankreich die Wirkung dieser mit Köcher und Pfeilen bewaffneten Gottheit gern überall sieht. Wo wirklich ein Traumzustand eintritt, ist er durchaus nach der Individualität der Aetherisirten verschieden. Bei dem einen erotisch, bei den andern devot, bei noch andern sich auf ihre Lebensbeschäftigung beziehend, bei so manchen endlich einem unangenehmen, beklemmenden Gefühle, einem Alpdrücken ähnlich.

Höchst merkwürdig ist der Umstand, auf welchen, wie ich glaube, nur in unserer deutschen Gesellschaft, aufmerksam gemacht worden ist, dass selbst bei der vollkommensten Empfindungslosigkeit gegen Schmerz das Tastgefühl ganz ungestört bleibt; wir haben dies ziemlich in allen Experimenten bestätigt gefunden, und spricht dies offenbar dafür, dass das Tastgefühl ein von der allgemeinen Nervenempfindlichkeit durchaus verschiedener Sinn sei. Es war uns allen möglich, ohne Hülfe der Augen die geringsten Rauhigkeiten der Körper, ihre Form und ihre Natur mit Genauigkeit zu bestimmen.

Nach diesen Versuchen kann man drei verschiedene Stadien der Aetherwirkung annehmen; die erste ist die der Aufregung, Athem und Puls werden beschleunigt, die geistigen Fähigkeiten werden gesteigert; die locale, nicht ganz angenehme Empfindung des Aethers abgerechnet, befindet man sich in ziemlichem Wohlbehagen. Dieser Zustand dauert nur wenige Minuten und macht dem zweiten Stadium, dem der Abspannung Platz. Puls und Athem werden etwas langsamer, man geräth in einen Zustand physischer Mattigkeit und moralischer Gleichgültigkeit. Auch dieses Stadium dauert nur einige Minuten und gewöhnlich tritt nun nach 6—8 Minuten, zuweilen früher, mitunter später, das dritte Stadium der Unempfindlichkeit gegen Schmerz ein, wobei der Aetherisirte in einen Zustand geräth, welcher zwischen einer leichten Trunkenheit und einem Traume die Mitte hält. Das Bewusstsein geht hiebei, meist nur unvollkommen, verloren. Zu bemerken aber ist, dass in manchen Fällen das erste Stadium zu einer solchen Aufregung führt, dass mit dem Athmen des Aethers aufgehört werden muss, dass in andern Fällen das zweite Stadium einen solchen Collapsus herbeiführt, dass man das dritte nicht abwarten darf, sondern den Aetherapparat gleich entfernen muss, und dass endlich in manchen Fällen trotz eingetretener Unempfindlichkeit, dennoch Zucken und Schreien die verwundenden Eingriffe begleiten, trotz dem dass später diese Individuen auf das bestimmteste versichern, nicht das subjective Bewusstsein des Schmerzes gehabt zu haben. Es ist dies eine psychologisch und physiologisch interessante Thatsache, welche zeigt, dass der Schmerz nicht bloss in den äussern Manifestationen des Schmerzgefühls beruht, sondern in dem klaren Bewusstsein desselben sein Wesen hat. Dennoch möchten wir aber diese Erscheinung nicht mit der vollkommenen Unempfindlichkeit assimiliren, sondern sie mehr als einen leichten Grad derselben ansehen.

Auf das Muskelsystem und die Möglichkeit freier Bewegungen übt der Aether keine bestimmte Wirkung aus. Nur bei manchen Individuen bringt er eine vorübergehende Reizung der Verdauungsorgane hervor, welche sich mitunter bis zu starkem Erbrechen steigert und in andern Fällen eine vorübergehende Dyspepsie bewirkt. Gewöhnlich kommt so viel Aether in die Verdauungsorgane, dass man nach 12 bis 24 Stunden Aethergeschmack und Aufstossen mit Aethergeruch verspürt. Etwa eintretende Gehirncongestionen und hysterische Nerven anfälle gehören zu den Ausnahmen, jedoch muss der Praktiker auf die Möglichkeit ihres Erscheinens gefasst sein und namentlich für den ersten Fall den Aderlass nicht scheuen.

Man hat neulich vorgeschlagen, die Aetherinhalation durch Aetherklystiere zu ersetzen. Es ist dies ein doppelter Irrwahn, einerseits sind die Capillargefässe der Lunge ungleich geeigneter durch ihre ganze Anordnung und die wenigen sie bedeckenden Gewebe, alle Mittel, welche in Dampfform in den Organismus gebracht werden, aufzunehmen als die Capillargefässe des Mastdarms, welche bekanntlich die in demselben enthaltenen Gase nicht absorbiren; andrerseits beruht die ganze praktische Erfahrung des Pariser Arztes, welcher die geistreiche Entdeckung dieses neuen Weges erfunden hat, auf Versuchen an zwei Thieren, auf einem einem Kaninchen und einem anderen einem Hunde gereichtes Aetherklystier. Jedenfalls aber hat der Autor dadurch seinen Zweck erreicht, seinen Namen in den Zeitungen gedruckt zu sehen. Sollte sich wider Erwarten diese Entdeckung wirklich nützlich zeigen, so könnte dies wieder den Apothekern zu dem Ehrenposten verhelfen, welchen sie zur Zeit Molière's einnahmen.

3. Ueber die aus physiologischen Versuchen an Thieren über die Wirkungen des Aethers gewonnenen Resultate, nach eigenen und fremden Experimenten.

Um nicht in unnütze Wiederholungen zu verfallen, wollen wir vor allen Dingen hier unsere eigenen, bisher nicht bekannt gemachten Versuche an Thieren über einige Puncte der physiologischen Aetherwirkung angeben und dann an dieselben eine gedrängte Uebersicht der Resultate der Versuche Flourens' und Longet's mittheilen, welche offenbar zu den wichtigsten, über diesen Gegenstand gemachten Experimenten gehören. Was unsere eigenen Versuche betrifft, so wollen wir natürlich nicht den Leser durch Mittheilung einer zu grossen Anzahl derselben ermüden, sondern von jeder Versuchsreihe nur ein einziges Experiment als Typus anführen. Wir haben besonders an Hunden, Kaninchen, Meerschweinchen und Fröschen experimentirt. Letztere sind gegen Aetherisation sehr empfindlich und sterben meist schon nach 1 — 2 Minuten, wenn man sie den Wirkungen der Aetherdämpfe aussetzt, und man muss sie daher aus dem Apparate herausnehmen, bevor die Zuckungen und Bewegungen aufhören, weil sonst nicht bloss Scheintod, sondern wirklicher Tod eintritt.

Erster Versuch. Ein kräftiges grosses weisses Kaninchen wird in den Aetherathmungsapparat gebracht; in den ersten Secunden zeigte es eine sehr bedeutende Aufregung, nach 10 Secunden stösst es einen lauten durchdringenden Schrei aus, was bei Kaninchen oft im Anfange der Aetherwirkung eintritt. Bis zur 20sten Secunde nimmt die Aufregung bedeutend zu, und das Thier ist in fortwährender Muskelbewegung, indem es sucht, sich aus dem Apparate zu entfernen. Nach 40 Secunden tritt Ruhe ein. In der 68sten Secunde zeigen sich noch einzelne Muskelbewegungen. Von der 90sten Secunde an ist die Ruhe ununterbrochen, nach 2 Minuten wird das Thier aus dem Apparate entfernt; es ist jeder Bewegung unfähig und liegt scheintodt auf der Seite mit offenen Augen und nur höchst unvollkommenen und seltenen unregelmässigen Augenbewegungen. Die Augen sind so unempfindlich, dass man sie mit den Fingern ohne Widerstand berühren kann. Es war dies eins von den Thieren, an welchen ich Versuche über Sehnenregeneration und über künstliche Erzeugung des Staares machte. Ich ging zuerst mit der Staarnadel durch die Sclerotica in die hintere Augenkammer ein, öffnete die Linsenkapsel und zerstückelte die Linse. Dann, bevor ich die Staarnadel herauszog, berührte ich zuerst den freien, dann den oberen Rand der Iris und durchstach dann sogar dieselben mit der Nadel. Es trat jedoch nicht bloss nicht das geringste Schmerzenszeichen ein, sondern die starre erweiterte Iris blieb unbewegt, zog sich jedoch wenige Minuten nach der Operation bedeutend zusammen. Nachdem diese Operation gemacht worden war, wurde die linke Achillessehne subcutan mit dem Tenotom durchschnitten, auch hiebei trat nicht das geringste Schmerzenszeichen ein, was übrigens durchaus nicht constant ist; denn bei diesen Thieren befindet sich ein grosser Nervenstamm an der Seite der Achillessehne und scheint, bei der Reizung schmerzhaft, viele Empfindungsfasern zu enthalten. Ausserdem habe ich noch öfters bemerkt, dass selbst dann, wenn keine Schmerzen bestehen, dennoch Zuckungen des Gliedes bei der Durchschneidung der Sehne eintreten. Es floss aus der Einstichswunde etwas Blut aus, welches durchaus die gewöhnliche rothe Färbung des Arterienblutes zeigte, aber nur sehr langsam coagulirte; erst nach 5 Minuten wurde das unrhythmische Athmen wieder regelmässig, war jedoch noch schwach und langsam. Das Athemgeräusch hatte bei der Auscultation eine gewisse Rauhheit und Trockenheit. Nach fünf

Minuten war die Empfindlichkeit wieder ziemlich zurückgekehrt, die Augen schlossen sich, sobald man sich ihnen mit den Fingern nahte, Nadelstiche und kleine Einschnitte bewirkten unzweifelhafte Schmerzenszeichen. Nach 6 Minuten versuchte das Thier die seitliche Lage zu verlassen, jedoch kann es sich nicht aufrichten und fällt taumelnd und trunken zusammen; nach 7 Minuten kann es sich auf den Vorderbeinen liegend erhalten, während der hintere Theil des Körpers sich halb in der seitlichen Lage befindet. Die Respiration ist nun beschleunigter als im Normalzustande, nach 10 Minuten kann sich das Thier vollkommen aufrichten, nach 12 Minuten kann es gehen, schleppt jedoch die Hinterbeine mit Mühe. Nach 20 Minuten ist es in den vollständigsten Normalzustand zurückgekehrt.

Zweiter Versuch. Ein grosses braunes Kaninchen, in den Aetherisationsapparat gebracht, zeigt in den ersten 20 Sec. bedeutende Aufregung, nach 20 Sec. tritt vollkommene Ruhe ein, jedoch ohne Schreien, nach einer Minute wird das Thier herausgenommen und bietet alle Zeichen einer beginnenden Asphyxie dar, giebt jedoch beim Einstiche der Haut bedeutende Schmerzenszeichen. Nachdem das Thier zwei Minuten an der Luft geblieben, wird es wieder in den Topf gesteckt und Aether nachgegossen. In den ersten 15 Sec. treten wieder leichte Bewegungen ein, welche jedoch ungleich schwächer sind, als die beim Anfange des ersten Versuches stattgehabten; nach 1½ Minuten wird das Kaninchen herausgenommen, es ist jedoch nicht ganz unempfindlich, liegt nicht auf der Seite, taumelt aber und kann die hinteren Extremitäten nicht bewegen; nach einer Minute wird das Thier wieder in den Topf gethan und nun zwei Minuten in demselben gelassen; jetzt tritt vollkommene Unempfindlichkeit ein. Das Thier liegt auf der Seite, das Athmen ist fast suspendirt, deutliche Bewegungen der Schnauze zeigen jedoch das Fortbestehen des Lebens. Die Achillessehne wird ohne andere Schmerzenszeichen, als ein leichtes Zucken, durchschnitten; der asphyktische Zustand ist jedoch hier schneller vorübergehend, als in dem vorhergehenden Versuche. Schon nach einer Minute macht das Thier Bewegungen, zeigt ein mehr rhythmisches Athmen und versucht nun bald, sich aufzurichten, es ist jedoch nicht im Stande und fällt taumelnd wieder zusammen. In diesem Zustande machte ich an einem der Augen den gleichen Versuch mit der Staarnadel, wie in der vorhergehenden Beobachtung, nur war ich durch die Cornea statt durch die Sclerotica eingegangen. Das Thier blieb hierbei vollkommen unempfindlich, trotz dem, dass ihm Bewusstsein und ein Anfang von Bewegungsfähigkeit wieder gekommen waren. Acht

Tage darauf wurde das Kaninchen wieder auf die gleiche Art der Aetherinhalation unterworfen; diesmal gelang es doch nach ununterbrochenem Aufenthalte von drei Minuten in dem Apparate Unempfindlichkeit zu bewirken. Die beiden Operationen wurden auf die obige Art leicht vollzogen. Einige Tage darauf wurde das Kaninchen durch Aetherinhalation getödtet, um die zwischen den Sehnenenden gebildete Zwischensubstanz zu untersuchen. Es war diesmal eine bedeutende Menge Aether in den Apparat gegossen worden, und schon nach ½ Minute war vollkommene Ruhe eingetreten, nach zwei Minuten war das Thier getödtet. Höchst auffallend war es, dass man schon durch die Bauchbedeckungen hindurch die noch sehr lebhafte peristaltische Bewegung der Därme nach dem Tode ziemlich lange beobachten konnte. Auch dauerte sie noch fort, nachdem die Leichenöffnung gemacht worden war, und kehrte, nachdem sie spontan aufgehört hatte, noch bei Berührung und Stechung des Darmes wieder. Das Blut ist in allen Theilen von mehr kirschbrauner Farbe, sowohl in der Aorta als in den Venen. Im linken Ventrikel und in den Arterien bildet es ein weiches Coagulum, während im rechten Ventrikel kein Blut vorhanden ist, vielleicht wurde dasselbe durch eine zufällig entstandene Verletzung entleert. Die mikroskopische Zusammensetzung des Blutes zeigt keine Veränderungen. In den Lungen finden sich leichte Ekchymosen. Weder im Gehirn noch auf der Bronchialschleimhaut zeigt sich entschiedene Congestion; die verschiedenen Untersuchungen der Theile des Nervensystems bieten nichts Abnormes dar, und es scheint, dass der Aether im Blute eine mehr materielle, im Nervensystem eine mehr functionelle Störung hervorbringt, erstere jedoch nur, wenn seine Anwendung zu einer bedeutenden Intensität gesteigert wird. Dieses Kaninchen enthielt, wie das bei diesen Thieren so oft der Fall ist, eine grosse Menge von Cysticerci im Mesenterium. Alle Theile des Körpers rochen stark nach Aether. Dieses Kaninchen wurde von der Verwalterin des Vereinslocales deutscher Aerzte, in welchem ich die Versuche anstellte, armen Leuten gegeben, welche es kochten, aber wegen des unerträglichen Aethergeruchs und Geschmacks nicht geniessen konnten.

Dritter Versuch. Bei einem Hunde mittlerer Grösse wird der untere Theil der Vena saphena der linken Seite blossgelegt, dieser hierauf in einer Strecke von einem halben Zoll isolirt und drei Ligaturfäden unter dieselben geschoben, der eine, um das untere Ende der Vene zu unterbinden, der andere, um die Injectionsröhre zu befestigen, und der dritte, um die Vene nach dem Einspritzen zu unterbinden.

Nun wird die Vene durch einen kleinen Einschnitt eröffnet und eine Injection mit einer Drachme Aether gemacht. Diese drang gut ein, bewirkte aber keine sehr bestimmt wahrnehmbare Wirkung. Das Thier war Anfangs etwas unruhig, was sich jedoch bald wieder legte, und nach ungefähr 10 Minuten war es fast in seinem Normalzustande, Puls, Herzschlag und Empfindlichkeit gegen Schmerz waren fast unverändert. Nach ¼ Stunde wurde die Vene höher blossgelegt und auf die oben angegebene Art von Neuem eine Injection mit zwei Drachmen Aether gemacht. Auch diesmal drang der Aether vollkommen in die Blutmasse ein; trotz dem, dass durch das angewendete Instrument die Injection selbst nicht den geringsten Schmerz erregen konnte, gab das Thier bedeutende Schmerzenszeichen von sich, heulte und suchte auf alle mögliche Art durch energische Muskelbewegung sich frei zu machen. Dass dieser Schmerzensausdruck nicht in dem localen Reiz eines Nerven bei der Operation seinen Grund hatte, geht aus dem Umstande hervor, dass die Vene ganz vollkommen isolirt war. Offenbar hatte also der Aether, mit der Blutmasse kreisend, sogleich auf die Empfindungstheile des Nervensystems gewirkt und den Schmerz vor seiner Aufhebung vorübergehend in hohem Grade erregt. Nach 30 Sec. trat Ruhe ein, der Athem fing an unregelmässig und stertorös zu werden; die Anfangs schnellen, lebhaften, fast convulsivischen Herzschläge wurden langsamer, so dass sie drei Minuten nach der Operation nur noch vierzig Schläge in der Minute zeigten. Nach vier Minuten wird der Herzschlag unregelmässig und intermittirend und gegen das Ende der 5ten Minute starb das Thier.

Nachdem man nun lange Zeit hindurch gewartet hatte, um zu sehen, ob man es mit einem Scheintode oder wirklichen Tode zu thun habe und sich von dem völligen Aufhören des Athmens und des Kreislaufs überzeugt hatte, wurde die Obduction gemacht. Das Blut zeigte überall in Venen sowohl, wie in Arterien eine braunrothe Färbung und gerinnt, aus dem Organismus entfernt, nur unvollkommen zu einer weichen, dem Himbeergelee ähnlichen Masse. Die nicht sehr umfangreichen Blutcoagula, welche sich im linken Herzen finden, sind von hellerer Röthe, als die im rechten. Die mikroskopische Untersuchung des Bluts zeigt keine weiteren Veränderungen; die Blutkügelchen haben ihre normale Beschaffenheit und Grösse. Wir bemerken beiläufig hier, dass die chylusführenden Gefässe der Därme, die Cisterna chyli, der Ductus thoracicus und die Lymphdrüsen und das Pancreas aselli so mit Chylus gefüllt waren, dass sie wie künstlich injicirt aussahen. Von weisslicher Färbung zeigte der Chylus unter dem Mikroskope nichts als feine Molecularkörperchen und feine Fettbläschen. Die peristaltische Bewegung der Gedärme dauert Anfangs noch spontan, später bei Reizung fort, sowie auch die Reizung des Nervi phrenici noch nach mehr als einer Stunde Herzcontractionen bewirkt. In den Lungen finden sich zahlreiche kleine Ekchymosen. Im Gehirn zeigen sich weiter keine Veränderungen, jedoch bietet es einen auffallenden Aethergeruch dar.

Vierter Versuch. Es lag mir daran, zu bestimmen, in wie weit der Capillarkreislauf durch die Aethernarcose verändert werde, oder ob er unverändert bleibe. Hierzu musste natürlich ein durchsichtiger Theil des Körpers bei einem ätherisirten Thiere genommen werden, und keins war wohl geeigneter als der Frosch. Bevor wir nun dies Experiment näher beschreiben, wollen wir zugleich hier bemerken, dass die Aetherisation, welche bei Fröschen leicht gelingt, für das Studium des Kreislaufs und der Phänomene der Entzündung einen ausserordentlichen Werth hat, da die Thiere, jeder Bewegung beraubt, lange in einem scheintodartigen Taumel bleiben und auf diese Art die sonst so hinderlichen Bewegungen und Zerrungen der ausgespannten Theile ganz wegfallen. Man kann übrigens diesen asphyctischen Zustand, wie wir oben bemerkt haben, leicht hervorrufen, und ihn dann, sobald das Thier anfängt wieder zu sich zu kommen, dadurch bedeutend verlängern, dass man Aether auf den Kopf und Rücken des Thieres giesst in geringer Quantität. Dies ist jedoch keineswegs hinreichend, um bei Fröschen primitiv vollkommene Aetherwirkung zu erreichen, man müsste sie denn in einem engen geschlossenen Raume bewahren. Macht man die Versuche am Fusse des Frosches mit der bekannten Blechschachtel, welche man Froschhalter genannt hat, so braucht man nur ein Stückchen mit wenigen Tropfen Aethers befeuchteten Schwamms in diese Schachtel zu bringen, was ebenfalls während längerer Zeit die Narcose unterhält. Gewöhnlich habe ich diese Versuche an der Froschzunge angestellt, in welcher der Kreislauf ein wunderschönes Schauspiel darbietet. Nachdem der Frosch ätherisirt war, wurde die Zunge, welche bekanntlich beim Batrachion vorn am Gaumen angeheftet und hinten frei ist, aus dem Munde herausgezogen, hierbei boten die spastisch gegen einander contrahirten Kiefer immer Widerstand. Hatte man die Zunge einmal heraus, so konnte sie leicht ausgebreitet und mit Nadeln fixirt werden; und nun zeigte sich bei der mikroskopischen Untersuchung, dass der Capillarkreislauf durchaus vollkommen intact war. Weder in den Gefässen, noch in der Bewegung des Blutes, noch endlich in den Blutkügelchen selbst, konnte man die allergeringste Veränderung wahrnehmen, auch die Färbung des Blutes bot keine sonderlichen Verschiedenheiten in den grössern Gefässen dar. Dieses Intactsein des Kreislaufs bei der Wirkung des Aethers ist ein Factum von hoher Wichtigkeit und erklärt zum Theil die sehr vorübergehende Wirkung der Aethernarcose.

Fünfter Versuch. Um zu sehen, in wie weit das von mehreren Seiten angekündigte Factum, dass der Aether local einen Nerven unempfindlich machen könne, wahr sei, habe ich folgendes Experiment öfters und immer mit dem gleichen Erfolge wiederholt. Der Nervus ischiadicus eines Frosches wurde blossgelegt; hierbei eine ganz besondere Sorgfalt auf die Präparation verwendet, um die an denselben entlang laufenden Gefässe unverletzt zu lassen; nun wurden alle Theile gehörig abgetrocknet und eine Zeit lang gewartet, damit etwa durchschnittene kleine Gefässchen vollkommen aufgehört hätten zu bluten. Nun wurde an dem über ½ Zoll weit isolirten Nerven mit einer Pincette gezogen, wobei das Thier sehr starke Schmerzenszeichen von sich gab. Hierauf wurde ein feines Glasplättchen unter denselben geschoben und ein Tropfen Aether auf denselben applicirt. Der Nerv war sogleich unempfindlich, und man konnte denselben wie man wollte zerren, ohne dass das Thier das geringste Schmerzgefühl zeigte. Die Bewegung des Gliedes hatte hierbei fast gar nicht gelitten, und der Frosch sprang hernach ganz munter umher. Erscheinungen allgemeiner Narcose waren nicht eingetreten. Es ist dies Factum besonders wichtig für die Behandlung von Zahnschmerzen. Bei diesen liegt bekanntlich oft ein Nervenzweig im Munde bloss und ist eben dadurch der Grund bedeutender Schmerzhaftigkeit, welche alsdann durch örtliches Einbringen von Aether leicht gehoben werden kann.

Sechster Versuch. Zu der Zeit, als ich anfing mit dem Aether zu experimentiren, war ich gerade beschäftigt, die Versuche Matteucci's über die galvanischen Inductionsströmungen der Muskeln zu wiederholen. Es besteht nämlich das Hauptexperiment der Art darin, dass man die beiden untern Gliedmaassen des Frosches mit dem zusammenhaltenden unteren Theile des Rückgrates ihrer Haut entblösst, alsdann einen anderen Froschschenkel so präparirt, dass der Schenkelnerv auf eine ziemlicke Strecke frei von demselben herabhängt. Bringt man nun diesen Nerven mit dem erstern Schenkelpaar in Berührung und reizt diesen galvanisch durch Contact mit zwei verschiedenen Metallen, so theilt sich ein Inductionsstrom, dem Nerven folgend, den Muskeln des isolirten Schenkels mit und bewirkt auch in demselben Contractionen. Es versteht sich ganz von selbst, dass man den Galvanismus sehr schwach und in sehr geringer Dose appliciren muss, sowie dies überhaupt bei allen Versuchen über Muskelgalvanismus eine Regel ist. Macht man nun diese Versuche an den Schenkeln durch Aetherinhalation getödteter Frösche, so nimmt man eine Schwächung des Muskelgalvanismus wahr. Bei manchen sind zwar die Contractionen ziemlich energisch, bei andern aber sehr geschwächt, und bei noch andern ganz fehlend. Es scheint also, dass wenn auch der Aether die Muskelbewegung nicht bedeutend hemmt, er doch den Muskelgalvanismus zu schwächen im Stande ist.

Suchen wir nun aus unsern Versuchen an Thieren über die Wirkung des Aethers einige Schlüsse zu ziehen, so kommen wir zu folgenden Resultaten:

1) Wiewohl die Wirkung des Aethers selbst bei Thieren der gleichen Species eine sehr verschiedene sein kann, so tritt doch auch bei denselben die Aethernarcose constant ein, und zwar beobachtet man auch hier zuerst eine bedeutende Aufregung von vielen Bewegungen und bei manchen Thieren von Schreien begleitet, alsdann einen Zustand der Ruhe, welcher sich allmählig bis zum Scheintode steigert, Unempfindlichkeit herbeiführt und bei höher potenzirter Wirkung mit dem Tode endigen kann.

2) Oeffnet man die durch Aether getödteten Thiere, so findet man in denselben eine dunklere Färbung des Arterienblutes, eine verminderte Gerinnbarkeit des Blutes im Allgemeinen, kleine Ekchymosen in der Lunge, einen allgemeinen Aethergeruch, besonders im Gehirn.

3) Der Capillarkreislauf bleibt bei mässiger Aethereinwirkung intact, und ist für das Studium des Kreislaufs, der Entzündung und für sehr viele andere physiologische Experimente die Aetherinhalation ein kostbares nicht zu ersetzendes Hülfsmittel.

4) Durch örtliche Anwendung des Aethers kann man einen blossgelegten Nerven unempfindlich machen.

5) Der Muskelgalvanismus ist bei durch Aether getödteten Thieren geschwächt.

6) Die peristaltische Bewegung der Därme wird durch die Aetherwirkung nicht im Geringsten geschwächt, und dauert sogar bei durch Aether getödteten Thieren noch eine Zeitlang nach Aufhören des Athmens und des Kreislaufes fort.

7) Auch bei Operationen an ätherisirten Thieren kommt es vór, dass sie zucken, ohne sonst Schmerzenszeichen von sich zu geben, was mit ähnlichen Erfahrungen am Menschen übereinstimmt.

Bevor wir die Mittheilung der Versuche an Thieren über die Wirkung des Aethers schliessen, wollen wir, wie wir schon oben erwähnt haben, einige der wichtigsten Resultate der Arbeiten Flourens' und Longet's mittheilen. Das Wichtigste, was Flourens in diesem Gebiete geleistet hat, sind seine Vivisectionen. Die Wirkungen des Aethers auf die verschiedenen Theile des Nervensystems betreffend; es geht aus denselben hervor, dass der Aether zuerst auf die Gehirnhemisphäre, dann auf das kleine Gehirn, hierauf auf das Rückenmark, sodann auf die Wurzeln der Empfindungs- und Bewegungsnerven desselben und ganz zuletzt auf das verlängerte Mark wirkt und dass bei bis zu tödtlichem Erfolge getriebenem Versuche nach einander die Intelligenz, das Gleichgewicht der Bewegungen, die Empfindlichkeit, die Bewegungsfähigkeit und endlich zuletzt das Leben erlischt. Flourens besteht besonders auf der Analogie zwischen Aetherisation und Asphyxie. Was die angebliche Lähmung einer Gliedmasse betrifft, in deren Hauptarterie Aether injicirt worden ist, so beruht dieselbe wohl hauptsächlich auf der Störung, welche die Enervation durch die Unterbindung der Hauptarterie eines Gliedes erleidet; überhaupt hege ich Zweifel gegen die Richtigkeit dieses Experimentes.

Auch nach Longet's Versuchen zeigt sich bei durch Aether getödteten Thieren eine geringere Irritabilität des Muskelsystems. Der Sehnerv, dessen electrische oder mechanische Reizung sich sonst noch durch Bewegung der Pupille bei sterbenden Thieren zeigt, verliert jede Spur dieser Reactionen bei durch Aether unempfindlich gewordenen Thieren. Der Aether hebt die Reflexbewegung des Rückenmarkes und des verlängerten Markes auf. Longet unterscheidet zwei physiologisch verschiedene Stadien der Aetherisation, die der Gehirnhemisphäre und die darauf folgende der Protuberantia annularis. Letztere kann früher dem Einflusse des Aethers sich entziehen, als das Gehirn, und hiedurch erklärt er das ohne eigentliche Schmerzempfindung bei der Operation ausgestossene Schreien. Der Moment, in welchem der ätherisirte Kranke operirt werden soll, ist daher der, in welcher die Wirkung auf die Protuberanz am vollkommensten ist. Das Schmerzgefühl wird gewöhnlich aufgehoben, bevor das in den Arterien fliessende Blut seine Färbung verändert hat. Dieses Phänomen tritt erst viel später und bei lange fortgestetzter Aetherathmung ein. Die Einbringung des Aethers in den Magen bewirkt durchaus keine Unempfindlichkeit. Während die Nervenkraft der Centraltheile gemindert wird, scheint das Ganglien-Nervensystem viel stärker gereizt, gewissermaassen ein Diverticulum für die Nervenkraft zu sein. Der Tod endlich, welchen die fortgesetzte Aetherathmung bewirkt, ist seinem Einflusse auf den Bulbus des Rückenmarkes zuzuschreiben.

Wir schliessen hiermit den physiologisch-experimentalen Theil dieses Aufsatzes und hoffen, dass der Leser sich aus demselben die verschiedenartigen Wirkungen und Erscheinungen, welche man am Menschen beobachtet, leicht wird erklären können.

4. Die Heilanzeigen und die Gegenanzeigen bei der Anwendung des Aethers.

Seit vier Monaten sind alle medicinischen Journale und Bülletins gelehrter Gesellschaften voll Beobachtungen über unter der Einwirkung des Aethers angestellte Operationen und Versuche. Es wäre daher eine unnütze Wiederholung, alle die verschiedenen Operationen aufzuführen, welche unter dem Einfluss der Aetherisation mit Erfolg gemacht worden sind; von der Zahnoperation bis zum Steinschnitt, von dem Oeffnen eines Abscesses bis zum Abtragen des Kiefers giebt es kaum einen operativen Eingriff, für welchen man nicht die Hülfe des neuen Heros in Anspruch genommen hätte; und wollte man alle diese Operationen namhaft machen, so käme, wenn man zusammenfasste, was in Frankreich, Deutschland, der Schweiz, England und Amerika hierüber bekannt geworden ist, am Ende weiter nichts, als ein kaum lückenhaftes Inhaltsregister der operativen Chirurgie zusammen. Namen aber sind keine Ideen. Wir wollen uns daher bemühen, in gedrängter Kürze die allgemeinen Anzeigen und Gegenanzeigen der Aetherisation aufzuführen.

Was die Anwendung der Aetherdämpfe bei innern Krankheiten betrifft, so sind sie eingeathmet, oder direct mit dem kranken Nerven in Verbindung gebracht, hauptsächlich bei den localen Neuralgien indicirt, welche von einer Krankheit des Centralnervensystems durchaus unabhängig sind, und passen wegen ihrer vorübergehenden mehr palliativen Hülfe nur bei sehr schmerzhaften Anfällen und dürfen überhaupt nicht zu oft in Anwendung gebracht werden. Sehr vorsichtig muss man hiemit bei hysterischen reizbaren Frauen sein, überhaupt im Allgemeinen den Aether nur da anwenden, wo die etwa möglichen Zufälle durch die vom Aether erlangte schmerzstillende Kraft reichlich aufgewogen werden. Ueberhaupt ist die Aetherwirkung eine zu eingreifende und zu energische, um mit derselben zu spielen. Für innere Krankheiten sind die Aetherinhalationen bisjetzt nur Nebensache. Ihre Wirkungssphäre ist die Anwendung bei schmerzhaften, die Einbildungskraft der Kranken erschreckenden Operationen; und hier wird man wohl schwerlich dauernd gefährliche Zufälle beobachten, wenn man nicht leichtsinnig und tollkühn verfährt. Unterbrechen muss man jedenfalls die Aetherinhalationen, wenn im Anfange sehr grosse Aufregung, zum Delirium sich steigernd, eintritt; ferner, wenn Collapsus sich zeigt und der Puls sehr klein wird. Letzteren Uebelstand vermeidet man, wenn man zwischendurch ein paar Züge atmosphärischer Luft athmen lässt. Bei sehr lange dauernden Operationen darf man nicht die ganze Zeit hindurch athmen lassen; man beginnt die Operation, sobald die Aetherisation vollständig ist, und lässt dann bloss hin und wieder den Kranken Aether athmen, um sicher zu sein, dass das Schmerzgefühl wenigstens auf einem niedern Grade erhalten werde. Bei Amputationen, bei Exstirpation von Geschwülsten, bei Bauchoperationen, beim Steinschnitt, bei einzelnen Augenoperationen, wenn man Mühe hat, das unstete Auge des Kranken zu fixiren, bei Reposition von Brüchen und bei sonst schwer einzulenkenden Luxationen ist die Aetherinhalation besonders indicirt. Weniger passend ist sie bei leichten, sehr schnell zu machenden Operationen, ferner bei denjenigen lange dauernden Operationen, welche viel Blutverlust mit sich bringen. Contraindicirt ist das Aetherathmen, in manchen Fällen von Lithotritie, bei welcher es wichtig ist, die Blase nicht zu verletzen, wiewohl auch Fälle bekannt geworden sind, in welchen hier der Aether gute Dienste erwiesen hat. Zu vermeiden ist der Aether bei Unterbindungen von Arterien, bei welchen man in manchen Gegenden, wie z. B. am Halse, durch Mitunterbindung von Nerven gefährliche Zufälle herbeiführt; endlich bei Operationen am Munde, wenn es wichtig ist, dass der Kranke sein vollkommenes Bewusstsein behalte, um das ausfliessende Blut von sich zu geben, da diess sonst Erstickungsgefahr herbeiführen könnte. Durchaus vermieden muss der Aether werden bei Kranken, welche an Lunge und Herzkrankheiten oder Hirncongestionen leiden. Unter seinem Einfluss auf den Act der Geburt und seine Anwendbarkeit in diesen Fällen liegt noch kein hinreichendes Material vor, um hier bereits eine bestimmte Ansicht aufzustellen.

Der Aether vernünftig angewendet, wird also hoffentlich in der Wissenschaft die Stelle eines momentan den Schmerz aufhebenden, besonders bei manchen Operationen sehr nützlichen Mittels behaupten; und diese Eigenschaft desselben kann schon jetzt, als eine der schönsten Entdeckungen der neuern Heilkunde angesehen werden.

Von den vielen bisher über Aether erschienenen Schriften empfehlen wir ganz besonders die vom Professor Heyfelder in Erlangen kürzlich bekannt gemachte Schrift: „Die Versuche mit dem Schwefeläther und die daraus gewonnenen Resultate in der chirurgischen Klinik zu Erlangen." Leider ist uns diese vortreffliche Abhandlung zu spät in die Hände gekommen, nachdem wir unsere Ideen, Erfahrungen und Versuche über diesen Gegenstand bereits niedergeschrieben hatten; da wir sie sonst mannigfach bei der Abfassung dieses Aufsatzes benutzt haben würden.

Neuntes Capitel.

Einige interessante Krankengeschichten verschiedenartiger Natur.

Wir haben alles bisher in diesem Werke Mitgetheilte zu möglichst abgerundeten Abhandlungen geordnet; nun bleiben uns aber mehrere interessante Krankheitsfälle übrig, welche wir theils in der Dieffenbach'schen Klinik selbst beobachtet, theils in den Krankheitsjournalen der Klinik mitgetheilt gefunden haben. Wir halten es für um so wichtiger, mehrere derselben hier mitzutheilen, da nur durch Beispiele die allgemeinen Doctrinen der Pathologie recht anschaulich werden. Zuerst führen wir hier mehrere Krankheitsfälle von Rhinoplastik an, dann Krankheitsgeschichten von geheilter Blasenscheidenfistel, von tiefem, durch Operation geheiltem Dammriss, von Episioraphie, von geheilter Pseudarthrose des Oberschenkels, ferner einen Fall von Tumor albus des Fussgelenks, welcher besonders eine genaue anatomische Beschreibung dieses Uebels enthält; dann die Beobachtung der Extraction eines in die Blase gefallenen Federschaftes; ferner ein Aneurisma der Kniekehle, welches durch eine frühere Operation unvollkommen geheilt, drei Jahre später durch Exstirpation vollkommen beseitigt wurde, und endlich einen merkwürdigen Fall einer angebornen Missbildung in Folge von Zwillingsverwachsung.

Was die mitgetheilten Fälle von Rhinoplastik betrifft, so sind sie zur Zeit mit vieler Sorgfalt von Dr. Ribbentropp niedergeschrieben worden.

1. Rhinoplastik nach der italienischen und nach der indischen Methode.

Die 28jährige Kranke hatte seit mehreren Jahren durch Lupus die Nasenspitze und Nasenflügel verloren, die Nasenwurzel war noch unversehrt; überhaupt war der Lupus durch Zittmann'sches Decoct, Thran u. s. w. fast gänzlich zum Stillstande gebracht. Zur Wiederherstellung der verlorenen Nase wurde nun auf folgende Art geschritten:

Erster Act der Rhinoplastik. Ueber dem linken Biceps wurden zwei parallele, $1\frac{1}{2}$ Zoll von einander entfernte, $2\frac{1}{2}$ Zoll lange Schnitte der Längenachse nach bis durch's Unterhautzellgewebe gemacht. Die zwischen denselben befindliche Haut wurde durch das Scalpell vom Muskel getrennt, dann die beiden Ränder derselben nach Innen zusammengelegt, so dass der Lappen dadurch etwas aufgerollt wurde. Hierauf wurden die aneinander gelegten Ränder durch einige Knopfnähte vereinigt. Die fast wurstförmige Aufrollung des Lappens hatte den Zweck, die innere, nach einigen Tagen in Eiterung übergehende Fläche des Lappens zu verkleinern, dessen Uebernarbung und Ueberhäutung so zu beschleunigen und die Wiederverwachsung mit der darunter liegenden Wundfläche zu verhüten. Dieser Zweck wurde auch in gewissem Grade erreicht, trotzdem dass sich der Lappen einige Tage nachher bei Lösung der Suturen wieder etwas platt zu rollen begann. Die Wundfläche auf dem Biceps wurde durch Bleipflaster verkleinert, und ausserdem wurde noch ein beölter Lappen zwischen Haut und Muskel gelegt, der die Wiederverwachsung an den Wunddecken verhüten sollte. Nach sieben Wochen war bei Applicirung eines ähnlichen Verbandes die Ueberhäutung des Lappens ziemlich vollständig erfolgt, namentlich von den Rändern aus, zugleich war aber der Lappen bedeutend zusammengeschrumpft und fing an sich abzurunden. Die Wunde am Arm hatte sich sehr verkleinert und eiterte normal. Man unternahm nun die Anheftung des Lappens an die Nase.

Zweiter Act. Der Armlappen wurde am obern Ende quer abgeschnitten und aufgeklappt, dann die dadurch frei gelegte, rundliche Armwunde mit Bleipflaster bedeckt. Alsdann wurde an der Nase sowohl als am Septum alles noch Krankhafte mit dem Messer abgetragen. Nun näherte man die frische Schnittfläche des Armlappens der oberen Schnittfläche der Nase, nachdem man zuvor die Hautränder der Nase, vom knöchernen Rande der birnförmigen Oeffnung noch etwas abgelöst hatte, um sie für die Suturen nachgiebiger zu machen. Dann wurden mehrere Knopf- und umschlungene Nähte an die vereinten Wundränder angelegt. Nunmehr beschrieb der oben angeheftete Rand des Armlappens einen Bogen von der Stelle an, wo später die Nasenflügel zu bilden waren einerseits, bis zu der der andern Seite, und bis zum unteren Ende der beiden Nasenbeine. Die untere Fläche des Armlappens, welche also noch nicht vollständig überhäutet war, wurde mit Charpie bedeckt zur Aufsaugung des Wundsecretes. Die Hand des linken Armes kam an das Hinterhaupt zu liegen, der Vorderarm auf den Scheitel; in dieser Stellung wurde der Arm durch Tücher befestigt. Eilf Tage hindurch beobachtete Patientin diese Lage; unterdessen musste durch die grösste Sorgfalt jene Lage durch Binden, Tücher und Kissen erhalten werden, was bei den grossen Beschwerden und der Unruhe der Patientin manche Schwierigkeit darbot. Die Wundflächen der Nase, des Armlappens und des Armes wurden ganz einfach behandelt nach dem Vitalitätszustande, nur war das jedesmalige Wechseln des Verbandes wegen der sehr behinderten Zugänglichkeit etwas umständlich. Die Verwachsung erfolgte an den beiden Seiten des Lappens vollständig per primam intentionem, in der Mitte später erst per secundam intentionem, weil daselbst an dem hervorstehenden untern Rande der Nasenbeine etwas Druck eingewirkt hatte.

Dritter Act. Eilf Tage nach der letzten Operation konnte der Armlappen ganz gelöst werden. Da derselbe unterdess noch mehr zu sammengeschrumpft war, wurde, um noch mehr Substanz für die Nasenflügel zu haben, der Lappen mit Scheere und Messer abgetragen, aber nicht bloss soweit, als durch die ursprünglichen Schnitte bezeichnet war, sondern auch noch etwas mehr; dadurch wurde hinlängliche Substanz gewonnen. Die frischen Wundränder wurden alsdann mit den angefrischten oberen Lippenrändern durch Knopf- und umschlungene Nähte vereinigt. Behufs Anlegung der Nähte musste zuvor die Oberlippe vom Kiefer getrennt werden. Der Lappen wurde in den ersten Tagen mit weinigen Fomenten bedeckt (halb Weisswein, halb Wasser, lauwarm). An den meisten Stellen gelang die Heilung per primam intentionem, nur hie und da bildeten sich kleine Eiterungen, die aber die gänzliche Verwachsung des Lappens durchaus nicht hinderten. Nach drei Wochen war der Lappen an allen Stellen ringsum fast verwachsen.

Vierter Act, Conformation der Nase. Diese trat an der Spitze wulstig hervor; dagegen war der Nasenrücken eben da, wo der obere Rand des Armlappens mit der Haut des Nasenrückens nicht gleich durch prima intentio verwachsen war, etwas eingefallen und bildete eine Querfurche, eine „Sattelnase.“ Um dies zu beseitigen, wurde oberhalb und unterhalb der Furche ein bogenförmiger Schnitt quer über den Nasenrücken hinweggeführt, so dass die beiden seitlichen Schnittenden in eins fielen. Nun wurden über der auf diese Weise von oben und unten durchschnittenen Furche der obere Rand des oberen Schnitts und der untere Rand des unteren Schnitts einander genähert, ohne den schmalen Hautstreifen zwischen den beiden Schnitten zu exstirpiren, derselbe wurde vielmehr, um keine Substanz zu verlieren, etwas eingedrückt und über demselben geschah die Vereinigung der queren ovalen Wunde durch sechs Suturen. Dadurch war die entstellende Furche ausgefüllt, das Niveau des Nasenrückens ein gerades geworden, ohne

Substanz verloren zu haben. Die Vereinigung dieser Operationswunde gelang per primam intentionem vollkommen, nur am linken äussersten Ende blieb noch eine ganz kleine Eiteröffnung, was darin begründet war, dass mit dem normalen Corium und der Epidermis des erwähnten schmalen Hautstreifens die darüber hinweg geführte innere Zellhaut der Ränder nicht mit einemmal verwachsen konnte. Trotz dem hatte zwei Wochen später die Nase sich so consolidirt, dass man nun zur Bildung von Nasenlöchern schreiten konnte.

Fünfter Act. Bildung von Nasenlöchern. Bisher existirte nicht die geringste Communication zwischen der innern Nasenhöhle und der äussern Luft. Es wurden am Ansatzpunkte des Nasenlappens an die Oberlippe, zu beiden Seiten in der Gegend der zu bildenden Nasenlöcher fünf Linien lange Einschnitte gemacht; dann führte man mit der Pincette einen schmalen Pflasterstreifen in eins der beiden eingestochenen Nasenlöcher ein und zum andern wieder hinaus, so dass der Streifen wie eine Schlinge um das zu bildende Septum lag; hierauf wurde der Theil des Streifens, der aus dem linken Nasenloch hing, auf der rechten Wange festgeklebt, eben so das rechte Ende auf der linken Backe. Dadurch schlugen sich nämlich die Ränder des Septums nach Innen und Oben um, und letzteres wurde zu einem besondern Strang aufgerollt und abgerundet, so dass dieser Strang in sich vernarben konnte. Zur Offenhaltung der Löcher wurde in jedes ein kleines Röhrchen (Stück eines elastischen Katheters) eingeführt, welches täglich gewechselt wurde. Das strangartige Septum fing allmählig an, sich isolirt zu vernarben. Durch den nahen Eiterungsprocess war die vorderste Nasenschleimhaut etwas in Mitleidenschaft gezogen und angeschwollen, so dass sie die freie Communication der Nasenlöcher mit dem Innern der Nasenhöhle hinderte. Es wurden daher nach einigen Tagen statt der Röhrchen tiefer eingeführte, mit Cerat bestrichene Bourdonnets durch die Löcher in die Nasenhöhlen applicirt.

Bei ähnlichen Verbänden rundeten sich die Nasenlöcher immer mehr ab; der gänzlichen Verengerung derselben konnte man aber nur durch gewaltsames Einführen von Bourdonnets zuvorkommen. Da jedoch im Innern der Nase hinreichende Substanz zur Aufrechthaltung derselben fehlte, indem früher zu viel durch Eiterung zerstört war und der Anfangs dicke Armlappen durch Resorption des enthaltenen Fettpolsters sich immer mehr verkleinerte, sank die Nasenspitze mit den Flügeln allmählig mehr und mehr nach Innen und Hinten zurück, und die Haut legte sich um die Nasenlöcher in Runzeln, welche durch innere fortschreitende Narbencontraction bewirkt wurden. Der ganze Vortheil bestand nun darin, das anfängliche grosse Loch mit einem platten Lappen überdeckt zu haben, an dem zwei kleine runzliche Nasenlöcher sich befanden, dann allerdings auch das Krankhafte und die ursprüngliche Krankheit getilgt zu haben. Zur Bildung einer Nasenspitze und der beiden Nasenflügel musste daher noch ein anderes Verfahren eingeschlagen werden. Man wählte dazu die Indische Methode, bei der die übergeflanzten Lappen etwas beständiger und der gänzlichen Resorption weniger unterworfen zu sein pflegen. Ein halbes Jahr nach der Italienischen Rhinoplastik wandte man nun folgendes Verfahren der Indischen Rhinoplastik an.

Indische Rhinoplastik.

Erster Act. Der ganze Armlappen wurde nun bloss zur Bildung des Septums und eines kleinen Theiles der Nasenflügel benutzt.; zu dem Ende wurde er an seinem obern Rande quer über der Nase hin, wieder losgetrennt und zwar in der alten Narbe selbst. In diesen Querschnitt wurden von Unten zwei kleine Schnitte von den Nasenlöchern ausgeführt, so dass nun das Septum fast nur noch an der Oberlippe hing; bisher sass es nach vorn, jetzt wurde es herabgebogen, so dass es nun nach Unten sass und so besser die künftige Nasenspitze tragen konnte. Es war allerdings Anfangs für ein Septum sehr dick und breit; doch musste darauf gerechnet werden, dass es trotz seines bisherigen bedeutenden Zusammenschrumpfens durch den neuen Entzündungsreiz doch wieder zur Resorption angeregt werden würde. Von jenem Querschnitte aus wurde nun, wie gewöhnlich, auf dem Nasenrükken nach Oben hin die Haut gespalten und seitlich abpräparirt; dann ein Stirnlappen gebildet und zwar in birnförmiger Gestalt, da das Septum und ein Theil der Nasenflügel da war, ungefähr 2 — 2½" lang und an der obersten breitesten Stelle 1½" breit. Die Einheftung auf dem Nasenrücken und die Verkleinerung der Stirnnarbe wurden, wie gewöhnlich, bewirkt. Das breite Ende jenes Lappens ragte nun so tief herab, dass, als es durch zwei Suturen mit dem Septum verbunden war, dieses fast ganz auf die Oberlippe herabgedrängt wurde. Dies musste deshalb geschehen, weil vorauszusehen war, dass der ganze Lappen sich bald in sich zusammenziehen und dann natürlich das Septum mit hinanfziehen würde, so dass dies alsdann die Nasenspitze gehörig nach vorn aufrecht erhalten musste. Die kleinen Nasenflügel wurden nun durch die Breite des Stirnlappens auseinandergedrängt, so dass ein Theil des untern (früher obern) Wundrandes dieses Lappens jederseits sich mit in das aufgeschlitzte, durch Narbencontraction ganz verkleinerte Nasenloch hineindrängte und dieses vergrösserte. Zur genauen Aneinanderfügung des Lappens an die Flügel waren noch nachträglich zwei kleine Querincisionen nach der Backe hin jederseits von Nöthen, wodurch dem Lappen erst gehöriger Raum verschafft wurde. An den Suturen wechselten einige umschlungene mit Knopfnähten ab. In die Nasenlöcher wurden Bourdonnets zur Aufrechthaltung des Nasenrückens eingeführt.

Zwei Tage hindurch wurden kalte Umschläge gemacht, an der rechten Seite zeigte sich venöse Blutüberfüllung, die aber nach sofortiger Applicirung von Blutegeln wieder schwand. Den dritten und vierten Tag wurden laue Bleifomente gemacht und die Suturen nach und nach entfernt. Die Vereinigung war sehr schön gelungen. Vom sechsten Tage an war nur noch sorgfältige Reinigung von Nöthen. Nach zwei Wochen schon war die vorausgesehene Zusammenziehung des Lappens so sehr erfolgt, dass die Nasenspitze schon vielmehr nach vorn hin stand, und die Seiten des Nasenrückens sich anlegten.

Zweiter Act. Es wurde nun 14 Tage später der Wulst an der Umbiegungsstelle des Stirnlappens zwei einen Zoll lange Schnitte excidirt. Nach Anlegung der Suturen trat die Nasenwurzel gehörig zurück. Um ferner der breiten Nasenspitze eine mehr seitlich zusammengedrückte Form zu geben, wurde eine dicke Nadel von einer Seite der Nasenspitze bis zur andern durchgestossen. Jederseits waren auf diese Nadel kleine $\frac{1}{3}''$ breite Pappscheibchen aufgespiesst, welche diesen seitlichen Druck beständig ausübten; auf der einen Seite nämlich hinderte der Nadelknopf das Scheibchen am Ausweichen, auf der andern Seite war dicht ausserhalb des an die Nase gedrängten Scheibchens ein gewichster Faden um die Nadel geknotet, der das Scheibchen ebenfalls hinderte, von der Nase nach Aussen zu weichen. Diese Nadel blieb fast eine Woche liegen, bis der Canal, in dem sie lag, hinlänglich eiterte; dann wurde sie entfernt; der Canal hörte nun bald auf zu eitern, und die nachfolgende Narbenzusammenziehung in ihm bewirkte die beabsichtigte seitliche Zusammendrückung der Nase. Fünf Tage später wurde noch der übrige Theil des stehen gebliebenen Wulstes links neben der Nasenwurzel und von da $\frac{1}{4}''$ in der etwas aufgetriebenen Narbe herab ein länglicher Hautlappen excidirt, wodurch der Nasenrücken die natürliche Form erhielt.

Dritter Act. Zugleich erblasste der neue Lappen jetzt gänzlich, weil nun auch der letzte Theil des frühern Verbindungslappens getrennt war. Die Vereinigung gelang vollkommen. Nach und nach legte sich aber doch der Lappen der Scheidewand etwas in Runzeln, wodurch die Nasenspitze nicht, wie gewünscht, nach Vorn aufrecht erhalten wurde. Es wurde immer schwieriger, Bourdonnets in die beiden Nasenlöcher einzuführen, da diese durch die seitlichen Runzeln immer mehr verkleinert wurden.

Später entstanden noch hie und da kleine Abscesschen im Innern der Nase, die sich verschiedene Ausgänge nach Aussen suchten, bald aber zur Vertheilung geführt wurden und im Ganzen wenig beeinträchtigten. Ein solcher kleiner Abscess bildete sich nun auch an der Verbindungsstelle zwischen Septum und Stirnlappen. Derselbe öffnete sich gerade an der Nasenspitze. Noch immer hat Patientin in der Nase das Gefühl der Stirn. Das Septum legte sich stark nach Unten, die Löcher verengerten sich sehr; es mussten wiederholter Abscesse wegen, Bleiumschläge gemacht werden; in die Löcher wurde Pressschwamm eingeführt, wodurch sie sich nun wieder etwas erweiterten. Von Zeit zu Zeit spürte sie noch eigenthümliche Gefühle an den durchschnittenen Stirnbogennerven. Jenes Abscesschen dauerte noch fort. Wegen Anschwellung der Nase unterliess man einige Tage die Einführung von Pressschwamm, darauf war das linke Loch verwachsen, das rechte jedoch sehr geräumig. Der Abscess dauerte fort und es wurde rothe Präcipitatsalbe verordnet. Die Stirnnarbe war hypertrophisch, dunkelroth und ging oft auf.

Das Armstück blieb ohne Gefühl, vom Stirnlappen hatte die rechte Seite der Nase noch das Stirngefühl, die linke Seite fühlte nur durch die darunterliegenden Partien und die nahe Haut. Die Stirnnarbe war in der Mitte sehr schwach, platzte oft auf, in freier Luft ergab sich ein bedeutendes Kältegefühl, die sie zunächst umgebenden Partien hatten ein geschwächtes, etwas verworrenes Gefühl durch die Narbencontraction.

Vierter Act. Nach sechs Monaten fand sich, dass das linke Nasenloch ganz zu war, das rechte frei. Die Scheidewand war in sich gebogen, jener Abscess noch nicht zu. Um die Scheidewand etwas gerade zu machen, aufzurichten nnd die Nasenspitze dadurch zu erheben, wurde vom linken Nasenloch aus eine dicke Wieke über der Scheidewand hin ins rechte Nasenloch und aus diesem wieder heraus geführt; dazu bedurfte es nur eines kleinen Schnitts in die Scheidewand, denn ursprünglich standen rechtes und linkes Nasenloch immer noch in Verbindung miteinander. Die Wieke wurde unter der Scheidewand zusammengeknüpft und täglich erneuert.

Fünfter Act. Da dies Verfahren aber zu keinem Resultate führte, so wurden nach zwei Wochen die Nasenlöcher durch einen Schnitt gerade nach Vorn erweitert und nun in beide Bleiröhren eingelegt, was täglich wiederholt wurde.

Sechster Act. Nach zwei Wochen wurde zur bessern Gestaltung des zu breiten, unebenen Nasenrückens rechts ein $\frac{5}{4}$'' langes und 3''' breites Hautstück keilförmig aus der seitlichen Nasenfläche excidirt.

Siebenter Act. Dasselbe geschah auch nach $1\frac{1}{2}$ Wochen auf der linken Seite, dieses Stück war 1'' lang und 3'' breit. Beidemal war die seitliche Narbe selbst exstirpirt mit den angrenzenden Hautpartien. Hierdurch trat der Nasenrücken schmal nach vorn; alle Unebenheiten schwanden.

Die Scheidewand war oben immer noch wulstig, seitlich in sich gekrümmt. Durch Narbenzusammenziehung waren beide Nasenlöcher immer wieder ganz verwachsen. Jenes vielerwähnte Abscesschen hatte sich noch keineswegs geschlossen.

Achter Act. Dieser kleine Abscess hatte sich mit der Zeit in grösserm Umfange ins linke Nasenloch geöffnet. Um ihn zu schliessen, und zugleich das jetzt mehr nach rechts gebogene Septum durch Narbenbildung nach links zu ziehen und es etwas gerader zu richten, wurde ein erbsengrosses ovales Stück aus der Scheidewand geschnitten, welches die linke Abscesswand mitnahm. Um eine grössere Narbe zu erzielen, wurden keine Nähte applicirt.

Neunter Act. Es gelang nur theilweise. Das rechte Nasenloch war fast gänzlich zugewachsen, und musste deshalb durch eine keilförmige Excision an dem noch immer missgestalteten Septum wieder geöffnet werden. Dann wurden zur Offenerhaltung mit Salben bestrichene Wieken eingeführt. Die Oeffnung beider Löcher ging vorzüglich nur in die rechte Höhle. Täglich wurden Bleiröhrchen eingeführt. Nun war das Septum gerade nach Vorn gerichtet, die Löcher beide gross, aber immer noch granulirend. Mit dünnen Bleiröhrchen, welche die Patientin täglich einführen sollte, ward sie entlassen, mit ziemlich wohlgeformter Nase geheilt. Die Behandlung hatte also etwas über $1\frac{1}{2}$ Jahr gedauert.

2) Nasenbildung aus der Stirn.

Durch eine vor mehreren Jahren überstandene Ozaena syphilitica mit Caries war dem 47jährigen Patienten die Nasenspitze eingesunken und noch mehr der Theil des Nasenrückens zwischen der Spitze und dem untern Rande der beiden Nasenbeine. Die Senkung war so bedeutend, dass die Methode des Aufrichtens und Hervorrückens des Nasenrückens hier keine Anwendung finden konnte; es musste Substanz herbeigeschafft werden, um dem gesunkenen Gewölbe eine massenhafte, bleibend feste Grundlage zu verschaffen. Es wurde daher die Rhinoplastik in Anwendung gebracht.

Erster Act. Zuvörderst wurde ein Querschnitt an der tiefsten Stelle der sattelförmigen Einsenkung gemacht; dadurch war es möglich, die nach Oben hin eingesunkene Nasenspitze wieder nach Vorn und Unten herabzudrängen. Hierauf wurde ein fast 1 Zoll breiter und über 2 Zoll langer Stirnhautlappen gebildet; der denselben rechts begrenzende Schnitt wurde von der rechten Augenbraue herab auf dem Nasenrücken bis zum erwähnten Querschnitte geführt. Während nun die Ränder des Schnittes des Nasenrückens seitlich abgetrennt wurden, hatte der bereits abpräparirte Stirnlappen gehörig Zeit, auszubluten, was für den Erfolg der Heilung sehr wichtig ist. Die zeitliche Umdrehung des Stirnlappens geschah zwischen den beiden Augenbraunen, der Stirnlappen wurde nun zwischen die Wundränder des Nasenrückens eingefügt und daselbst durch umschlungene Nähte befestigt; bevor man dies bewerkstelligte, wurde erst die Stirnwunde an ihrem untern Ende ganz an einander gefügt und daselbst durch umschlungene Nähte befestigt, weiter oben durch zwei Knopfnähte; ganz oben blieb nur noch ein kleiner dreieckiger Raum von der Wunde übrig, der mit Charpie angefüllt wurde. Die genaue Vereinigung der Stirnwunde wurde noch durch feste Pflaster unterstützt. Nun erst ging man zu den Suturen an der Nase über. Der Lappen war absichtlich vorläufig viel zu lang angelegt. Um ihn mit dem untern Rande des Querschnittes durch drei Nähte zu vereinen, musste die Nasenspitze noch mehr nach unten herabgedrückt werden, als ihre natürliche Stellung erfordert, weil vorauszusehen ist, dass sie durch die spätere Narbencontraction sich doch wieder etwas mehr nach oben hinaufziehen würde. Der oberste Querschnitt an der Stirn war nun also vollkommen mit dem untersten Querschnitt des Nasenrückens vereint. Der Stirnlappen war so überflüssig lang, dass er sich an der Stelle der früheren Vertiefung selbst etwas nach Innen hineinbringen musste, um Platz zu finden. Die Vereinigung war überall vollkommen mit Ausnahme der beiden äussersten Endpunkte des Querschnittes, woselbst sich in diesem Falle vorläufig der Stirnlappen noch nicht ganz genau hineinschiebend, anfügen liess. Jetzt war der Nasenrücken sehr breit und sehr lang, wiewohl an der frühern Vertiefungsstelle immer noch etwas unter dem Niveau des Nasenrückens. Die Nähte der Nase wurden mit einer leichten Charpiedecke umgeben, die die etwas hervorstehenden Nadelspitzen einhüllen, so dass die Luft nicht dazu treten konnte und damit bei den spätern kalten Umschlägen die Leinwand beim Abnehmen des Umschlags sich nicht an einer der Nadelspitzen fangen sollte, was sonst eine nachtheilige Zerrung der Wundnaht leicht herbeiführt. Nach der Operation, die von einem erheblichen Blutverlust begleitet war, wurden schmale Diät, ein Abführmittel und kalte Umschläge auf der Stirn und Nase verordnet. Der Lappen hatte die normale Turgescenz und Färbung; Berührung des Stirnlappens wurde nicht, als an der Stirn geschehen, wahrgenommen. Der Schmerz der Stirnwunde liess nach. Die Nacht verlief ziemlich ruhig. Der Lappen war unbedeutend geröthet und geschwollen. Gegen Abend des andern Tages wurden auf die Nase keine kalten Umschläge mehr gemacht. Zwei Nähte, die der Geschwulst wegen einzuschneiden drohten, wurden entfernt; die Nachblutung aus den Stichcanälen des Lappens wurde nur durch laues Wasser unterhalten. Der Lappen war mässig entzündet. Es wurden warme Bleifomente verordnet. Im Laufe des Tages wurden nach und nach alle Nähte entfernt. Die Vereinigung war an den meisten Stellen genau und schön gelungen, nur nicht an den beiden, bereits erwähnten Endspitzen des Querschnitts; überhaupt war die Vereinigung am ganzen Querschnitte nur sehr locker und schien sich hie und da in Eiterung auflösen zu wollen, was sich auch am folgenden Tage vollkommen bestätigte und zwar selbst in dem Maasse, dass von dem nunmehr untersten Rand des Stirnlappens einzelne, kleine, abgestorbene Hauttheilchen abgeschnitten werden mussten, damit diese, als fremde Körper, nicht noch mehr zur Eiterung reizen sollten. Ins linke Nasenloch wurde ein Bourdonnet geführt zur Aufrechthaltung des Nasenrückens.

Fünf Tage nach der Operation wurde erst der feste Pflasterverband der Stirn gelöst, den man nicht eher abgenommen, weil man sich durch den Geruch und die Farbe der Absonderung, welche durch den Verband drang, überzeugen konnte, dass die Eiterung noch keine zu reichliche geworden war. Die Hefte wurden entfernt und die Vereinigung war so weit gelungen, als sie beabsichtigt war. Die Quernaht über dem Nasenrücken hatte sich nun durch Eitrung ganz aufgelöst, noch einzelne kleine Partien mussten abgetragen werden, namentlich rechts; dann wurde eine Wieke ins rechte Nasenloch hineingeführt. Die übrigen Nähte zeigten aber sonst gar keine Eiterpünktchen. Sodann wurden Chamillenfomente auf die eiternde Querfläche des Nasenrückens und die übrigen Fomente noch Bleifomente applicirt. Links war vom Stirnlappen weniger abgestorben.

Von nun an wurde bloss trocken verbunden; die Nähte hielten alle fest zu; die Stirnnarbe war nach vier Wochen nur noch so gross als ein Zweigroschenstück. Die Eiterung der Quernaht des Nasenrückens war gutartig, die eiternde Wundfläche verkleinerte sich, zog sich nach Innen und Hinten in die Nase hinein. Diesem Zuge folgten die nahen Ränder, so dass sich jetzt wieder eine sattelförmige quere Vertiefung auszubilden begann. Sechs Wochen nach der ersten Operation war der Eiterungsprozess in der sattelförmigen queren Vertiefung des Nasenrückens ganz abgelaufen, die umgebenden Ränder zeigten keine Entzündungserscheinungen mehr, die Narbe zog sich immer tiefer hinein. Daher musste nun zur Ausfüllung jener Querfurche geschritten werden. Die verbindende Hautbrücke an der Nasenwurzel verzog sich bereits nach Unten hin, nach der Quernarbe zu.

Zweiter Act der Rhinoplastik. Zunächst wurde die Querfurche von einem queren Schnitt oben — und einem andern unterhalb derselben umgeben, und es sollte nun der obere Rand des obern Schnitts mit dem untern Rande des untern Schnitts durch eine Naht über der Querfurche vereinigt werden; dies würde jedoch eine grosse Spannung verursacht und die Nasenspitze in diesem Falle zu sehr nach Oben hinauf gezogen haben; um letzteres zu vermeiden, musste der ursprüngliche Stirnlappen irgendwo so gelöst werden, dass er sich ohne Spannung nach Unten hin herabschieben liess. Dies wurde nun durch folgendes eigenthümliche Verfahren bewerkstelligt: vom rechten Ende des obern Querschnittes ward in der rechten Seitennarbe des angeheilten Stirnlappens der Schnitt bis zur Nasenwurzel geführt, von da nach Links herüber in die noch verbindende, wulstige Hautbrücke; daselbst sogar noch etwas links nach Unten herab, so dass der Stirnlappen nur noch durch die linke Seitennarbe und einen Theil der wulstförmigen, ursprünglich verbindenden Hautbrücke mit der Gesichtshaut zusammenhing. Dann wurde der so umschriebene Stirnlappen von jenen Schnitträndern aus vom Nasenrücken gelöst und mit Leichtigkeit herunter und über die Querfurche hinweg geschoben, woselbst ihn drei Nähte mit der Nasenspitze wieder vereinigten. Da der Lappen heruntergeschoben war, entstand natürlich eine im obersten Schnittwinkel von der Haut entblösste Stelle. Damit sich nun der Lappen bei der Vernarbung nicht wieder hinaufziehen sollte, wurde jener Wundwinkel durch zwei Nähte vereinigt, die die seitliche Haut heranzogen. Die nun noch übrig bleibenden Wundränder des Lappens wurden ebenfalls seitlich angeheftet. So war die ganze Nase wieder mit Haut zugedeckt. Bei dieser seitlichen Drehung des Lappens war aber eine gewisse Spannung in den Theilen doch unvermeidlich gewesen, diese kündigte sich unmittelbar nach der Operation auch dadurch an, dass der Lappen wegen des gehinderten Blutrückflusses sehr anschwoll, dunkelroth wurde, und sich in einiger Gefahr befand, abzusterben; kalte Umschläge und Blutegel auf den Lappen selbst und die Ränder beugten dem jedoch vor. Zwei Tage nachher war der Lappen ausser Gefahr. Die Anheilung war fast überall gelungen, nur hie und da, besonders in den beiden Enden der Quernaht, wo das Wundsecret sich Ausfluss verschaffte, zeigten sich kleine Eiterpunkte, die aber nach einigen Tagen sich wieder schlossen.

Dritter Act. Nach vier Wochen hatten sich die kleineren Eiterstellen geschlossen, der Lappen fest angelegt. Derselbe war aber sehr runzlich und uneben geworden. Um die Oberfläche der Nase zu ebnen, musste nun ein $\frac{3}{4}$ Zoll langes, 3—4 Linien breites keilförmiges Stück senkrecht auf der rechten Nasenfläche excidirt und die Wunde mit drei Heften wieder vereint werden. Links über dem Nasenflügel wurde eine sich zu sehr hervortreibende Narbenkuppe geradezu oberflächlich mit dem Messer abgetragen. Durch die nachfolgende Narbenzusammenziehung wurde die Oberfläche der Nase bedeutend ebener.

Nach zehn Tagen war wieder alles verheilt. Allein durch Narbenzusammenziehung hatte sich der rechte Nasenflügel sehr in die Höhe gezogen, wodurch das rechte Loch auffallend vergrössert war.

Vierter Act. Die Verengerung des Loches geschah folgendermaassen: vom vordern Theile des Nasenlochs aus wurde ein Schnitt in den rechten Nasenflügel geführt nach Oben, Aussen, Hinten, der so einen dreieckigen Lappen aus dem Flügel bildete, dessen Spitze nach Vorn gerichtet war. Der Schnitt war $\frac{3}{4}$ Zoll lang. Dieser dreieckige Flügellappen wurde nach Vorn und Unten verzogen, und seine Spitze der Nasenspitze genähert; sofort wurde der vorderste Theil des Randes des Nasenloches bis zur Nasenspitze hin durch einen kleinen, oberflächlichen Schnitt wund gemacht, jener Lappen bis zur Nasenspitze vorgezogen und so tief herabgedrückt, dass der Rand des Nasenloches nun nicht höher, als der der gesunden Seite stand. Bei so verschobenen Schnitträndern wurden umschlungene Nähte angelegt. Die Wundränder lagen nun trotz der Verschiebung wieder genau an einander, mit Ausnahme des hinteren, oberen Schnittwinkels, wo die Vereinigung nicht ganz genau geschehen konnte und wo später auch etwas Eiterung eintrat. Nunmehr war das Nasenloch ganz wie das normale. Ausserdem wurden auf dem Nasenrücken aus drei verschiedenen, etwas verunstaltenden Erhabenheiten kleine Keilchen herausgeschnitten und die Wundränder durch feine Nähte vereint, wodurch die Oberfläche der Nase geglättet wurde.

Alles verheilte durch unmittelbare Vereinigung bis auf jene kleine Stelle über dem Flügel, welche erst nach drei Wochen ausheilte; die daselbst entstehende kleine Grube störte das Ansehen nicht, da sie gerade in der dort natürlichen Vertiefung lag.

Es waren nunmehr die Unebenheiten der Nase ziemlich geebnet; die sonst wohlgeformte Nase sah aber noch roth aus. Die Stirnnarbe schloss sich erst jetzt ganz und gar.

Noch öfters mussten kleine Unebenheiten des Nasenrückens abgeschält oder ausgeschnitten werden. In die Nasenlöcher wurden des Nachts Bleiröhren geführt, und ebenso wurde zur seitlichen Zusammendrückung der Nase und zur Erhebung des Rückens ein Apparat getragen, der durch zwei kleine Polsterschienen die Nase seitlich zusammendrückte. Die Querfurche war durch öfteres Betupfen mit Kantharidentinctur und darauf folgende chronische Entzündung und Vernarbung grossentheils ausgefüllt. Der Patient verliess mit wohlgeformter Nase die Anstalt.

3) Nasenbildung aus der Stirn.

Der Kranke, 43 Jahre alt, Tischlergeselle, giebt Folgendes über die Entstehung seiner Entstellung im Gesicht an: Als er im Jahre 1822 zu Eis über das grosse Haff ging, brach er ein und zerquetschte sich dabei besonders den unteren Theil der Nase, die ihm vorher aber schon erfroren war. Gegen die Quetschung und Verwundung wandte er warme Umschläge an. Da dies aber nichts half und er sich nicht länger in dem Orte aufhalten konnte, verband er sich die Nase und reiste weiter. Neben diesem Uebel bekam er auf beiden Wangen Flechten, zu deren Beseitigung man ihm Kantharidenpflaster auflegte. Die dadurch entstandenen secernirenden Flächen, sowie die Nasenwunde, heilten aber nicht zu und er hat nach seiner Angabe zehn Jahre ein Tuch über die Nase und Wangen getragen. Vor 1½ Jahren begab er sich in die Charité, wo er in drei Wochen hergestellt wurde. Die von dem Kantharidenpflastern zurückgebliebenen Narben sind noch sehr deutlich zu sehen, entstellen aber nicht bedeutend. Der untere Theil der Nase ist aber durch den Vernarbungsprocess so zusammengezogen, dass die Nasenflügel auf ein Minimum reducirt und die Nasenlöcher dadurch so verengt sind, dass es ihm kaum möglich ist mit denselben Luft zu schöpfen. Theils nun, um diesem letzten Uebel abzuhelfen, theils um die Entstellung im Gesichte zu beseitigen ist er entschlossen, die Operation der Rhinoplastik an sich vollziehen zu lassen, und befindet sich deshalb im Institute.

Prof. Dieffenbach machte an ihm die Operation auf folgende Art: aus der Stirn wurde der Lappen von der in solchen Fällen gewöhnlichen Form genommen, die Stirnwunde zuerst durch Knopfnähte, Charpie und Heftpflaster geschlossen, die Nase auf ihrer Mittellinie von der Glabella an gespalten und theilweise von ihrer Unterlage abgelöst, dann die Nasenlöcher durch Aufschneiden der sehr verkleinerten ehemaligen Nasenflügel erweitert und der Stirnlappen mittelst umschlungener Nähte an die entsprechenden, wundgemachten Ränder der Nase genäht, wobei das noch gebliebene Septum sehr zu Statten kam, theils um das neue damit zu vereinigen, als auch um den unteren Theil der Nase zu tragen. Die Operation dauerte im Ganzen 25 Minuten und ist als eine vollkommen gelungene zu betrachten. Der Patient überstand sie sehr muthig und befindet sich, den Schmerz abgerechnet, sehr wohl, er macht fortwährend kalte Umschläge auf die verwundeten Theile. Zur Linderung des Schmerzes hat er gegen Abend Morphium Gr. $\frac{1}{4}$ bekommen.

Der Patient befindet sich verhältnissmässig wohl, der transplantirte Hautlappen befindet sich in normalem Zustande, die Temperatur sehr wenig erhöht, die Farbe mit der der natürlichen Haut fast ganz gleich. An allen Stellen ist die prima intentio gelungen. Den Tag über hat er Bitterwasser bekommen und gegen Abend abermals Morphium Gr. $\frac{1}{4}$ Die kalten Umschläge wurden fortgesetzt. Da der Kranke trotz des Bitterwassers bis jetzt keine Ausleerung gehabt, wurde ihm ein stärkeres Abführmittel gegeben.

Der Kranke klagt über Spannung auf der Stirn und über Schlaflosigkeit. Der Hautlappen lässt nichts zu wünschen übrig. Farbe und Temperatur sind ganz wie die übrige Haut. Die umgebenden Theile sind mässig entzündet und oedematös aufgetrieben, deshalb werden die kalten Umschläge jetzt mehr auf diese Theile, als auf die Nase gemacht. Der Zustand des Patienten zeigt nichts Beunruhigendes.

Das allgemeine und örtliche Befinden des Kranken lässt in den nächsten Tagen nichts zu wünschen übrig. Fieber ist nicht mehr da. Die Spannung in der Umgebung der Nase hat aufgehört, ebenso die ödematöse Anschwellung. Da überall die prima intentio erzielt worden war, so konnten schon am dritten Tage nach der Operation einige Nadeln entfernt werden. Gegen Morgen hat der Patient zum erstenmal etwas geschlafen und ist in Folge der Abführmittel zweimal zu Stuhl gegangen. Er äussert keine Schmerzen mehr und hat grossen Appetit. In der Umgegend der Operationswunde macht er jetzt lauter Umschläge von Aqua saturnina.

Vier Tage nach der Operation befindet sich der Patient ganz wohl; er hat in der vergangenen Nacht einige Stunden geschlafen. Es wurden wieder einige Nadeln entfernt und Umschläge von lauwarmem Wasser gemacht.

Nach Wegnahme sämmtlicher übriger Nähte zeigte sich eine vollkommene, gleichmässige, gelungene prima intentio. Der Verband der Stirnwunde wurde auch gelöst. Die mit der blutigen Naht vereinigten Stellen waren vollkommen verwachsen und die Wunde in der Mitte sonderte einen guten Eiter ab. Nach Reinigung der Wunde wurde sie ganz leicht mit trockener Charpie bedeckt.

Da sich unter der Spitze der neugebildeten Nase etwas nekrotisches Zellgewebe zeigt, so macht der Kranke erweichende Kataplasmen. Das Befinden des Kranken ist gut, die Heilung schreitet rasch vorwärts und der Patient befindet sich schon seit einigen Tagen ausser dem Bette. Die Kataplasmen wurden 3—4 Tage fortgesetzt, bis das an der Nase sich befindende nekrotische Zellgewebe durch den Eiter fortgeschafft worden war. Die Stirnwunde wurde, weil sie eine zu starke Granulation zeigte, mit Lapis infernalis stark betupft und dann ein mit Bleisalbe bestrichenes Plumasseau darauf gelegt; was auch am folgenden Tage wiederholt wurde.

Einen Monat nach der ersten Operation wurde am Patienten eine Nachoperation gemacht. Der durch das Umkehren des Stirnlappens gebildete Hautwulst wurde excidirt und die Ränder mit der umschlungenen Naht vereinigt. Dann wurden die an den angeheilten Nasenrändern befindlichen Unebenheiten der Haut oberflächlich abgetragen, ebenso an der Nasenspitze. Der Patient machte kalte Umschläge auf die verwundeten Theile. Er befand sich recht wohl, als nach drei Tagen die eingelegten Nadeln entfernt worden waren. Auch hier ist die prima intentio vollkommen gelungen.

Die Stirnwunde ist jetzt sehr klein geworden und wird nicht mehr mit Charpie und Heftpflaster verbunden, sondern mit einem einfachen Empl. consolidans bedeckt.

Fünf Tage später fing an der linken Seite der neugebildeten Nase eine von den bei der Nasenoperation verwundeten Stellen an etwas Eiter abzusondern. Der Patient machte deshalb erweichende Kataplasmen. Die Eiterung hörte nun auf und die Stelle ist mit einem Empl. de cerussa bedeckt worden.

Vierzehn Tage nach der ersten wurde am Patienten eine zweite Nachoperation vollzogen. Einige Unebenheiten an der Spitze und an den Seiten der neugebildeten Nase wurden entfernt; ebenso wurde aus der von der Stirnwunde zurückgebliebenen Narbe in der Mitte ein ovales Stück ausgeschnitten, weil es uneben geheilt war, und die Ränder mit einer umschlungenen Naht vereinigt. Der Patient machte kalte Umschläge auf die verwundeten Theile. Die Stirnwunde heilte aber nicht per primam intentionem, sondern fing an zu eitern. Die eingelegte Nadel wurde nun entfernt, die Wunde mit trockner Charpie bedeckt und Umschläge von Hafergrütze aufgelegt. Die andern Stellen heilten gut und das Allgemeinbefinden des Patienten war ganz erwünscht.

Acht Tage später wurde eine abermalige Nachoperation an dem Patienten vollzogen. Die verengten Nasenlöcher wurden mit dem Messer erweitert und dann kleine Röhren hineingelegt, deren Spitzen durch eine kleine Pappschiene gingen, welche mit Heftpflaster befestigt, sowohl das Ausfallen der Röhren verhütet, als auch eine Stütze für den untern Theil der Nase abgiebt. Der Patient befand sich wohl, er machte schon seit der Operation kalte Umschläge auf die verwundeten Theile. Es wurde ein neuer Verband angelegt und die Stirnwunde täglich mit einem frischen Empl. consolidans bedeckt. Die in die erweiterten Nasenlöcher eingelegten Röhren wurden täglich herausgenommen und gereinigt, und der Verband erneuert.

Die Behandlung wurde in derselben Weise fortgesetzt, allein statt der Röhren wurden dem Patienten zwei mit Cerat bestrichene Bourdonnets eingelegt, welche ebenfalls täglich erneuert wurden.

Die Stirnwunde vernarbte und der Patient wurde 3 Monate nach der Operation geheilt entlassen. Die Rhinoplastik ist bei ihm vollkommen gelungen. Es sind ihm Röhrchen mit auf den Weg gegeben worden, die er sich dann und wann einlegen soll, um die Nasenlöcher offen zu erhalten.

4) Nasenbildung aus der Stirn.

Die Kranke, 22 Jahre alt, von ziemlich kräftiger Körperconstitution und von ganz gesundem Aussehen, will bis vor sechs Jahren ganz gesund gewesen sein. Ihre Eltern waren, soviel ihr bekannt ist, stets gesund; auch will sie in ihrer Kindheit niemals an Drüsen, Exanthemen oder sonstigen Krankheiten, die auf eine scrophulöse oder andere Diathesis hindeuten, gelitten haben. Ihre Menstruation trat ohne irgend eine Störung ihres Gesundheitszustandes bereits in ihrem zwölften Jahre ein, war bis jetzt ihrer Angabe nach immer sehr reichlich und dauerte immer acht Tage an. Einige Jahre vor dem Ausbruch ihres Uebels, welches die jetzt vorhandene Entstellung ihrer Nase hinterliess, fiel sie auf das Gesicht und scheint dabei eine Fractur der Nasenknochen erlitten zu haben, die aber so vollständig heilte, dass davon gar keine in dem Gesicht wahrnehmbare Spur zurückblieb, nur bei der Untersuchung mit dem Finger sind die Ränder der Fractur bei dem Uebergange der Nasenknochen in die Nasenknorpel fühlbar. Vor sechs Jahren bekam sie zuerst am linken Nasenflügel eine Pustel, welche bald aufbrach und ein sehr hartnäckiges Geschwür hinterlassen haben soll. Sie nahm zur ärztlichen Behandlung ihre Zuflucht, welche aber lange Zeit wenig Erfolg zu leisten schien. Ueber die Art der Behandlung, über die angewendeten Mittel, den eigentlichen Charakter und den fernern Verlauf der Krankheit lässt sich von der Kranken so viel wie nichts ermitteln.

So viel indess scheint gewiss, dass das Uebel ein Lupus exulcerativus gewesen und von der Grundform einer Pustel ausgegangen sei. Nach einer sechsjährigen Behandlung gelang es erst, dem Uebel Grenzen zu setzen, nachdem durch dasselbe der ganze knorpelige Theil der Nasenscheidewand, zum Theil auch der Vomer und die unteren Muscheln zerstört, und an dem linken Nasenflügel, noch mehr aber an dem rechten und den zunächst gelegenen Theilen der Wangenhaut mehr oder weniger Substanzverlust entstanden war und die Kranke durch die Zerstörung in der Nase eine näselnde Sprache zurückbehalten hatte. Die zurückgebliebenen Narben haben ganz das die Narben des Lupus vorax Charakterisirende; sie sind glatt, weiss, glänzend und strahlenförmig, von einem Punkte ausgehend, auch sind die Theile, welche jene Zerstörung erlitten, wie immer bei Lupus, sehr contrahirt, daher das untere Nasenende ganz abgerundet ist. Um die Entstellung der Nase zu heben und um der Nasenspitze einen Stützpunkt zu geben, wurde bei der Kranken ein neues Septum gebildet, indem man ein Stück aus der Oberlippe excidirte, auf diese Art künstlich eine doppelte Hasenscharte bildete, die Spitze dieses Hautlappens der Nase zukehrte und an diese anheilte. Zwar ist der Mund dadurch weder entstellt, noch zu sehr contrahirt worden, allein die Entstellung der Nase wurde dadurch eher vermehrt als vermindert. Denn statt dass das Hautstück mit seiner Basis an die Nasenspitze anheilte und so ein wirkliches Septum bildete, welcher Zweck eher dann erreicht worden wäre, wenn man den Nasenrücken an der untern Seite zuvor gespalten hätte, liegt jenes jetzt vielmehr in Gestalt eines mit seiner Basis nach Oben, mit der Spitze nach Unten gerichteten dreieckigen Fleischpfropfs unter der Nase und füllt die Basis der Oberlippe aus. Die Kranke ist daher gesonnen, diese Entstellung der Nase auf operativem Wege heben zu lassen, und hat sich zu diesem Behufe in die Anstalt aufnehmen lassen.

Operation der Rhinoplastik.

Bei der Kranken wurde die Bildung des Septums und eines neuen Nasenrückens nach der indischen Methode aus der Stirnhaut mit seitlicher Umlagerung des Lappens vorgenommen. Zunächst wurde der zu transplantirende Hautlappen an der Stirn abgezeichnet; er bestand aus einem fast gleichseitigen Dreiecke, dessen Spitze die Glabella, und dessen Basis nach Oben gerichtet war. Die Schenkel, sowie die Basis, waren jede gegen 2″ lang, in der Mitte der Basis wurde noch ein Hauptstück in der Form eines ¼″ grossen Quadrates bezeichnet, welches im Vereine mit dem frühern Septum das neue bilden sollte. Die Operation bestand aus folgenden vier Acten:

I. Lostrennung des alten Septums an der Stelle, wo es sich mit der Nasenspitze vereinigt.
II. Lostrennung des oben bezeichneten Hauptlappens an der Stirn.
III. Spaltung des Nasenrückens und seitliche Umlagerung des Stirnlappens.
IV. Anlegung der Hefte und Vereinigung der Stirnwunde.

Nachdem das alte Septum an seinem obern, mit der Nasenspitze zusammenhängenden Ende mit der Scheere losgetrennt worden war, wurde mit dem Messer der Stirnlappen gebildet, die beiden Schenkel dieses Dreiecks stiessen aber nicht zusammen, sondern convergirten bis zur Glabella hin, hier wurde der linke Schenkel über den Nasenrücken fort, bis zur Nasenspitze verlängert, und so die ganze Nase in zwei gleiche Hälften gespalten, so dass der Stirnlappen nur noch an der Nasenwurzel mit der linken Nasenhälfte zusammenhing; an dieser Stelle wurde der Hautlappen nach Unten und nach der linken Seite hin geschlagen, so dass die Basis des Dreiecks mit dem in der Mitte der Basis befindlichen kleinen Quadratlappen nach der Lippe zugekehrt war und die beiden Enden der Basis den Nasenflügel mit bilden halfen.

Nachdem so die Trennung und Umlagerung des Stirnlappens vollendet war, wurde zur eigentlichen Bildung des Nasenrückens und Septums und zur Anlegung der Hefte geschritten. Die beiden Schenkel des Hauptlappens wurden durch umwundene Nähte mit den beiden Wundrändern auf dem Nasenrücken vereint, so dass der Stirnlappen nun den Rücken und die Haut des frühern Nasenrückens um die Seitentheile der Nase mit bilden half, und der kleine Lappen an der Basis der transplantirten Stirnhaut wurde mit dem vordern Rande des frühern Septums vereint, so dass das neue Septum zum Theil aus dem früher aus der Oberlippe gebildeten und zum Theil aus der Stirnhaut besteht. Die beiden Enden der Basis helfen die Nasenflügel bilden. Zuletzt wurde die Stirnwunde durch Knopfnähte vereinigt, was bei der grossen Elasticität der Stirnhaut ohne alle Spannung fast bis zur gänzlichen Schliessung der Wunde gelang. Es wurden nun auf die verwundeten Theile kalte Umschläge gemacht, die Kranke erhielt antiphlogistische Diät und Getränk, eine Venaesection war bei der schwachen Reaction nicht nöthig. Die prima intentio gelang vollkommen, so dass fast alle Hefte schon am dritten Tage nach der Operation entfernt werden konnten. Da die Theile noch etwas angeschwollen sind, so werden die kalten Umschläge noch einige Zeit fortgesetzt und in die Nasenlöcher Bourdonnets eingebracht und hin und wieder etwas Fliederthee injicirt. Jetzt ist die Anschwellung fast ganz verschwunden, und es dürften bald kleine cosmetische Nachoperationen in der Nase unternommen werden.

Die Nase erhielt mit der Zeit ein sehr schönes Aussehen, die Nasenlöcher blieben offen; die wulstige Hautbrücke verzog sich nach und nach immer mehr von selbst. Die Stirnnarbe verkleinerte sich bedeutend.

Anfangs Januar 1845 wurde die Hautbrücke exstirpirt, hierdurch erhielt die Nase ein bedeutend schöneres Ansehen, namentlich der Nasenrücken. Die Kranke wurde nun bald darauf mit einer sehr wohlgeformten Nase geheilt entlassen.

5) Rhinoplastik aus der Stirn.

Vor ¾ Jahr hatte der 31jährige Kranke durch secundäre Syphilis einen Theil der Nase verloren, und zwar war die Spitze und der vorderste Theil der Nasenflügel ganz zerfressen, dünn und kurz und eingesunken; das Septum war ebenfalls zerfressen. Jetzt war Alles vernarbt und von der Dyskrasie keine Spur mehr vorhanden. Zur Wiederherstellung der Spitze und Scheidewand wurde folgendes rhinoplastische Verfahren angewandt. Ein Schnitt wurde von der Nasenwurzel auf den Nasenrücken herab bis zur Spitze geführt, dann die Nasenrückenhaut beiderseits abpräparirt. Hierauf wurden zwei parallele Schnitte von der Grenze der Kopfhaare bis zu den Augenbraunen herabgeführt in einer Entfernung von ¾″ von einander, so dass der rechte Schnitt in den ersterwähnten Schnitt mündete. An der Haargrenze vereinte ein querer Schnitt die beiden parallelen Schnitte; dann wurde der so abgegrenzte ¾″ breite und ungefähr 2½″ lange Stirnhautlappen losgelöst, bis an die Stelle von der linken Augenbraune, woselbst die vereinigende Hautbrücke sitzen blieb. Hierauf wurde die Stirnwunde sogleich wieder durch Nähte vereinigt; zu diesem Endzwecke musste am obern Theil der Wunde der die beiden Längsschnitte vereinigende kleinere Schnitt noch jederseits um ½″ verlängert werden, wodurch es möglich wurde, auch den obersten Theil der Wunde ganz an einander zu legen und durch Hefte zu vereinen. Alsdann wurde der Lappen heruntergeschlagen und in die Wundspalte der Nase eingepasst, so dass sein ursprünglich linker Rand sich mit dem rechten Rande des Nasenrückenschnittes, sein rechter Rand mit dem linken des Nasenrückenschnitts vereinigte. In dieser Lage wurde er durch dichte, umschlungene, theils mit Knopfnähten alterirende Hefte fixirt. Er ragte nun noch ungefähr ¾ Zoll über die Nasenspitze herab; dieses Ende wurde durch drei Knopfnähte mit der oben wund gemachten Oberlippe vereinigt. Die Abrundung (in sich selbst, nach Oben und Innen) des so gebildeten Septums geschah mittelst eines Baumwollendochtes, ähnlich wie sonst mit einem Pflasterstreifen.

Am 2ten, 3ten, 4ten und 5ten Tage wurden die Hefte nach einander herausgenommen, je nachdem sie früher oder später einschnitten und die Vereinigung der Wundränder bewirkt hatten. Die kalten Umschläge mussten am zweiten Tage mit lauen Chamillenfomenten, am dritten Tage mit Umschlägen von warmem Wein vertauscht werden, da der Lappen, besonders wo er das Septum bildete, sich sehr livid färbte und abzusterben drohte. Am 4ten Tage erfolgte dem ungeachtet die Putrescenz des Septums bis auf einen kleinen noch übrigen Theil desselben. Alle übrigen Nähte heilten aber ganz und gar zusammen und fast durchgehends per primam intentionem. Einige kleine Eiterpunkte schlossen sich bei neuen Bleifomenten in wenigen Tagen. Der übrige Theil behielt nun die normale Farbe und Turgescenz, seine Erhaltung war hauptsächlich der Application von einigen Blutegeln zuzuschreiben und der wohlthätigen Nachblutung, welche aus den Stichcanälen der entfernten Nadeln erfolgte; dadurch wurde die venöse Stasis wieder beseitigt.

Nach 14 Tagen hatte der Lappen schon einige Derbheit, die Stirnwunde war ganz zu; an der Nasenspitze begann ebenfalls die Vernarbung. Da also das aus dem Stirnlappen geformte Septum grossentheils verloren gegangen war, so bestand der zweite Act der Rhinoplastik in Bildung eines Septums.

Zweiter Act. Von dem alten zerfressenen Septum wurde ein

$\frac{1}{4}$—$\frac{1}{3}$ Zoll breites Stückchen losgetrennt, so dass dies an der Oberlippe noch fest sass, sein vorderster Theil aber beweglich wurde. Dieser wurde nun herabgezogen und mit der Pincette aus der Tiefe der Nasenhöhle hervorgeholt; dann wurde der unterste Theil der Nasenspitze da, wo das abgestorbene Septum gesessen, wieder wund gemacht und mit jenem Stückchen durch eine Naht vereinigt. Auf diese Art entstand ein kleines Loch in der Scheidewand, doch war nun ihr unterer Rand von unten wieder sichtbar geworden. Auf der linken Seite, wo der eingelegte Lappen unten an den linken Nasenflügel grenzte, war dadurch ein kleiner eingeschnittener Winkel entstanden, so dass dort die Vereinigung der Wundränder nicht gelungen war. Dieser Narbenwinkel wurde wund gemacht und durch die Naht vereint, wodurch die Nasenspitze bedeutend an Abrundung gewann.

Dritter Act der Rhinoplastik. Nach 11 Tagen war Alles fest vernarbt, daher konnte man zum dritten Acte der Rhinoplastik schreiten. Der Lappen ernährte sich jetzt bereits ebensowohl durch die Narbe hindurch, als durch die ursprüngliche Hautbrücke; da diese nun einen auffallenden Wulst links oben am Nasenrücken bildete, so wurde dieselbe durch zwei ovale Schnitte excidirt in der Länge von 1—$\frac{3}{4}$ Zoll. Diese eine Wunde nahm die ersten linken Narbenstreifen mit fort; es kam dadurch also zu den beiden vorhandenen Narbenstreifen des Nasenrückens kein dritter hinzu, sondern es blieben nur zwei. Dadurch wurde der Nasenrücken ganz gerade und die Nasenspitze hervorgehoben, die Nasenwurzel dagegen mehr zurückgedrängt.

Vierter Act. Eine Woche später fing das linke Nasenloch an, sich zusammenzuziehen; es wurde daher das Loch nach der Spitze zu etwas erweitert und Bourdonnets eingeführt.

Fünfter Act. Da dies noch keinen Erfolg hatte und überdies links an der Nasenspitze sich ein Wulst gebildet hatte, wurde dieser Wulst durch zwei senkrechte Schnitte $\frac{3}{4}$ Zoll lang excidirt. Darnach blieb die Nase wohlgeformt, und der Kranke ward geheilt entlassen.

6) Rhinoplastik aus der Stirn.

Die Patientin, 23 Jahre alt, hatte durch Herpes exedens Nasenspitze, Flügel und Scheidewand gänzlich verloren. Die Krankheit war nunmehr ihrem gänzlichen Verschwinden nahe, nur die Haut über dem Jochbogen trug noch die Spuren des fressenden Herpes. Die Nasenöffnung betrug jetzt kaum noch $\frac{1}{2}$ Zoll Durchmesser. Ausserdem litt die Patientin auf dem linken Auge an Trichiasis und in Folge dessen an Pannus, wogegen man vorläufig die Cilien auszog. Zur Neubildung der Nase wurde die indische Methode in Anwendung gebracht.

Erster Act. Es wurde um das Nasenloch ein dreiseitiger Einschnitt gemacht, dessen unterster Querschnitt oben an der Lippe querhin verlief. Die durch dies Dreieck in sich begriffenen Ränder des Nasenlochs wurden ausgeschnitten, da sie verdickt und schwielig waren, der untere Querschnitt wurde nach beiden Seiten hin verlängert. Die beiden Ränder der seitlichen obern Schnitte wurden zu beiden Seiten vom Knochenrande der birnförmigen Oeffnung etwas abgelöst. Dann bildete man den Stirnlappen durch einen dreiseitigen Ausschnitt der Haut; die Basis dieses Dreiecks lag nach Oben, an der Mitte dieser Grundseite schnitt man noch einen viereckigen Hautlappen ½—¾ Quadratzoll aus, der oben fast das Kopfhaar erreichte. Die beiden seitlichen untern Schnitte des Dreiecks liefen nach Unten in die ½ Zoll breite Hautbrücke zwischen beiden Augenbraunen aus. Der rechte Schnitt wurde herabgeführt bis in die Spitze des ersterwähnten Dreiecks. Dann löste man den Lappen, drehte ihn nach Unten um und passte ihn in das untere Dreieck ein, welches durch seitliches Ablösen der Ränder gehörig erweitert war. Den obern viereckigen Lappen schloss man an den Querschnitt der Oberlippe und vereinigte ihn damit durch drei Knopfnähte. Die Anlegung der Suturen war sonst wie gewöhnlich. Um den untern viereckigen Lappen, der die Scheidewand bildete, wurde ein Docht gelind geschnürt, wodurch er nach Oben etwas aufgerollt wurde. In die Nasenlöcher wurden Wieken eingeführt.

Es erfolgte im Lappen nicht die geringste Blutanhäufung, er behielt seine natürliche Hautfarbe, so dass man nur einen Tag kalte Umschläge machte, ihn hernach ganz frei liess. Die Patientin klagte nur über heftige Schmerzen in der Stirn und über grosse Schwäche nach dem Blutverluste.

Das Septum war durchaus per primam intentionem angeheilt, die übrigen Ränder liessen nur hier und da kleine Eiterpünktchen sehen. Am zweiten Tage nach der Operation zog man einzelne Suturen heraus, ebenso am dritten, und die letzte am vierten. Ausser fleissiger Reinigung der Ränder und dem Verbande der verkleinerten Stirnnarbe blieb kaum etwas zu thun übrig. Die Form der Nase blieb sehr schön. Die angeheilten Ränder boten keine Wülste dar. Die Nasenspitze stand aufrecht, die Nasenlöcher waren weit, es wurden täglich Wieken eingeführt. Der Wulst der Hautbrücke plattete sich von selbst bedeutend ab; ebenso verkleinerte sich die Stirnwunde in hohem Grade. Das Auge fing an klarer zu werden, nachdem der Reiz der Cilien entfernt war, welche man durch öfteres Ausziehen endlich ganz entfernt hatte; bald war auch die chronische Keratitis in der Rückbildung begriffen. Dies fand statt im Verlaufe des ersten Monates.

Die Nase war nach zwei Monaten noch wenig zusammengeschrumpft. Die Nasenlöcher waren etwas verengert, doch noch immer weit genug. Etwa 2½ Monat später hatte sich der Wulst an der Nase oben fast ganz geebnet. Die Form war schön.

Die Trichiasis des rechten Auges wurde durch die Operatio Ectropii beseitigt. Seit fünf Wochen war das natürliche Gefühl des Stirnlappens aufgehoben, das Gefühl gehörte nun der Nase an.

Im Februar 1844 musste die Operatio Ectropii noch einmal wiederholt werden, wonach sich die Cilien noch besser stellten.

Die Patientin wurde gegen Mitte März 1844 geheilt entlassen.

Wir schliessen hiermit unsere Beobachtungen über Rhinoplastik und fahren fort hier einzelne interessante Krankengeschichten mitzutheilen. Wir kommen nun zunächst an zwei Fälle von geheilter Blasenscheidenfistel.

7) Blasenscheidenfistel bei einer 39jährigen Frau; nach langer Behandlung durch Brennen mit dem Glüheisen und durch die Naht geheilt.

Die 39jährige Kranke, von mässig kräftigem Körperbau hatte immer einer leidlichen Gesundheit genossen. Sie hatte sich in ihrem 24sten Jahre verheirathet und hatte im Ganzen 7 Kinder gehabt. Die erste Geburt, bei welcher sie Zwillinge zur Welt brachte, war schwer gewesen; die darauf folgenden hatten durchaus nichts abnormes dargeboten. Die sechste war ebenfalls wieder schwer gewesen, konnte jedoch durch die Natur allein beendet werden. Die siebente und letzte hatte etwa ein Jahr, bevor ich die Kranke sah, statt gehabt. Nachdem die Wehen drei Tage lang, ohne hinreichendes Resultat, gedauert hatten, musste die Geburt durch die Zange beendet werden. Soweit die Kranke sich dessen erinnert, konnte sie am gleichen Tage durch die Harnröhre noch sämmtlichen Urin lassen. Am darauf folgenden Tage jedoch fing sie bereits an, die Fistel zu bemerken, jedoch war diese Anfangs klein und vergrösserte sich erst allmählig. In der ersten Zeit konnte sie noch, wenn sie die Beine zusammenhielt, sitzend und liegend etwas Harn durch die Urethra entleeren, der grösste Theil jedoch ging durch die Fistel ab. Der behandelnde Arzt hielt das Uebel für Incontinentia urinae in Folge von Schwäche der Blase. Als die Kranke nach 4 Monaten einen andern Arzt consultirte, erkannte dieser die wahre Natur des Uebels, eine Blasenscheidenfistel. In diesem Zustande kam die Kranke im Juni 1845, im sechsten Monat nach stattgehabter Entbindung nach Berlin, wo sie in die Dieffenbach'sche Klinik aufgenommen wurde, und damals eine Fistula vesico-vaginalis zeigte, durch welche man den Finger einbringen konnte. Die Kranke wurde nun während mehrerer Monate durch Brennen mit dem glühenden Eisen und später durch Anlegen der umschlungenen Naht behandelt, worauf denn die Fistel an Umfang abnahm; jedoch fühlte sie sich verhältnissmässig wenig erleichtert. Jedesmal nach dem Brennen war für sehr kurze Zeit der Harnausfluss durch die Fistel ausgeblieben. Nach der letzten Anwendung des Ferrum candens war sie so weit gekommen, dass sie während einiger Zeit des Nachts trocken lag und dass bei Tage der Harnausfluss durch die Fistel bedeutend abgenommen hatte. Diese Besserung hielt jedoch nicht lange an, und so kam denn die Kranke im Anfang December 1845 wieder in die Anstalt.

Jetzt zeigte sich die etwa in der Mitte der Entfernung zwischen dem Gebärmutterhalse und der Oeffnung der Uretha liegende Fistel zwar bedeutend verkleinert, jedoch hatte dies für die Kranke keinen bedeutenden subjectiven Vortheil, denn der Urin ging beständig unwillkürlich durch die Fistel ab. Am zweiten December wurde die Kranke zum erstenmal wieder mit dem glühenden Eisen gebrannt, und zwar wurde der Fricke'sche Scheidenspiegel eingeführt, wodurch man genau die Stelle der Fistel sehen konnte, und alsdann mit dem glühenden Eisen die ganze Umgegend derselben tief gebrannt und hierauf die Brandwunde mit Charpie bedeckt. In den nächsten Stunden nach dem Brennen hatte wieder der Ausfluss momentan aufgehört; später nach einigen Tagen, wurde die Charpie mit Tinctura cantharidum getränkt. Trotzdem dass die Fistel bereits sehr an Umfang abgenommen hat, sind dennoch die äussern Geschlechtstheile und der obere Theil der Schenkel geröthet, in einem habituell gereizten Zustande und verbreiten einen unangenehmen urinösen Geruch. Der tropfenweise aussickernde Harn macht gegenwärtig nur alle zwei bis drei Tage das Wechseln der Wäsche nöthig, während dies früher bis zweimal am Tage geschehen musste. Die Menstruation ist unregelmässig, die Verdauung langsam, oft von Magendrücken begleitet. Im Uebrigen ist das Allgemeinbefinden gut. In diesem Zustande verharrte die Kranke während längerer Zeit; mehrmaliges Brennen hatte nur vorübergehende Erleichterung zur Folge, die Fistel wurde zwar immer kleiner und liess kaum einen Sondenknopf hindurch; die Kranke jedoch war von dem beständigen Nässen noch sehr incommodirt. Als nun das Brennen die

Fistel nicht vollständig schliessen zu können schien, wurde diese am 18. Januar mit einem Faden umnäht, welcher am 20. weggenommen werden konnte. Während dieser zwei Tage floss auch wirklich kein Urin aus und am Faden selbst hing guter gelber Eiter, da sonst, wäre Urin mit dem Faden in Berührung gewesen, derselbe stinkend und aschgrau gewesen wäre. Die Kranke fing jedoch bald wieder an zu nässen und trotzdem, dass man jetzt keine eigentliche Fistelöffnung mehr wahrnehmen konnte, wurde dennoch gegen Ende Januar von Neuem kräftig mit dem Ferrum candens gebrannt, und später die Wunde mit Cantharidensalbe und Charpie verbunden. Auch diesmal trat nur eine unbedeutende schnell vorübergehende Besserung ein, was die Kranke sehr entmuthigte. Am 9. Februar wurde daher von Neuem eine Schnürnaht um die Stelle der Fistel angelegt und mit Tinctura cantharidum später betupft. Jetzt trat bedeutende Besserung ein und nach wenigen Tagen hatte der Ausfluss des Harns durch die Fistel aufgehört und allmählig stellte sich der Ausfluss desselben wieder durch die Harnröhrenöffnung her. Ich beobachtete nun die Kranke noch etwa während eines Monates, in welcher Zeit nicht die Spur eines Rückfalls eingetreten war. Ich kann aber freilich nicht beurtheilen, ob die Heilung von Dauer sein wird; nur so viel ist gewiss, dass die Patientin seit dem Anfang ihrer Krankheit nie zu einem so lange dauernden Resultate gekommen war, und die Solidität, welche das Narbengewebe der Fistel und ihre Umgebung annahm, lässt die Dauerhaftigkeit der Heilung hoffen.

8) Blasenscheidenfistel, durch Brennen mit dem glühenden Eisen geheilt.

Die 25jährige Kranke, welche von ganz gesundem Körperbau ist, wurde vor zwei Jahren in der Entbindungsanstalt der hiesigen Universität, angeblich vierzehn Tage nach dem abgelaufenen Schwangerschaftstermin, entbunden. Das Missverhältniss zwischen dem sehr starken Hinterkopfe und dem mütterlichen Becken bedingte eine Einkeilung des Kopfes, so dass das Kind nur durch Perforation zu Tage befördert werden konnte, das Leben der Mutter wurde jedoch erhalten. Leider aber wurde durch diese normwidrigen Verhältnisse in den Geburtsorganen ein sehr unangenehmes Uebel hervorgerufen, welches die Kranke in eine traurige Lage versetzte. Drei bis fünf Tage nach der Geburt stellte sich unwillkürlicher Urinabgang durch die Scheide ein und bis jetzt geht noch aller Urin auf diesem abnormen Wege ab.

Bei der Untersuchung ergab sich eine communicirende Oeffnung zwischen Blase und Scheide, dicht am Collo uteri, so dass dies noch Theil an der abnormen Oeffnung nimmt, also eine Fistula vesico-vaginalis, wobei durch Verletzung der vordern Muttermundlippe diese die Fistel mit bilden hilft. Bei der Einführung des Katheters zur genauern Untersuchung entleerten sich durch denselben noch einige Unzen Urin. Die linsengrosse, ovale Oeffnung ist mit einem wallartigen Rande umgeben, welcher sich mehr in die Länge zieht. Nur durch die Fistel findet der Urinabfluss unwillkürlich statt und dadurch, dass sie sich so hoch am Muttermunde befindet, war es möglich, dass noch ein Theil des Urins durch den Katheter aus der Blase entfernt werden konnte. Dass das Uebel seinen Ursprung nicht einer instrumentalen Verletzung verdankt, beweist der Umstand, dass erst einige Tage nach der Geburt der Urinabfluss durch die Fistel erfolgte, also nach einiger Zeit, in welcher sich stark contundirte Theile sphacelös abzustossen pflegen, während bei der Verletzung durch scharfe Instrumente, welche eine Communication zwischen der Blase und Scheide bedingt, der Urin sogleich nach der Geburt abgeflossen sein würde.

Die Cur wurde nun damit begonnen, dass die ganze Umgegend, so wie die Ränder der Fistel mit dem Ferrum candens tief gebrannt wurden, wodurch allerdings während zweier Tage der Urin nur wenig durchsickerte, dann aber wieder wie zuvor, in ziemlich bedeutender Menge abfloss. Die entzündliche Reaction nach dem Brennen war übrigens nicht bedeutend; im Ganzen war freilich die Menge des abfliessenden Harnes geringer geworden. Nach 14 Tagen wurde das gleiche operative Verfahren wiederum angewendet; vor der Operation konnte man sich durch die Inspection überzeugen, dass die Fistel kleiner geworden war, und dass ihre wallartig umgrenzte Oeffnung ziemlich bedeutend abgenommen hatte. Das Brennen wurde auf die gewöhnliche Art vorgenommen. Die entzündlichen Erscheinungen, welche eintraten, waren etwas heftiger, als nach der ersten Operation, wichen jedoch einer leicht antiphlogistischen Behandlung. In den ersten 12 Tagen nach dieser zweiten Anwendung des Glüheisens war kein Urin abgeflossen. Nach dieser Zeit nässte sie wohl noch öfters des Nachts ihre Unterlage, jedoch dauerte dies nicht lange und einen Monat nach dem letzten Brennen konnte man sich durch Ocularinspection vermittelst des Fricke'schen Scheidenspiegels überzeugen, dass die Fistelöffnung vollkommen geschlossen und vernarbt war.

Die Kranke blieb nun noch einige Zeit in der Dieffenbach'schen Klinik und wurde, da sich keine neuen Zufälle zeigten, als vollkommen geheilt entlassen.

Wir haben also hier zwei Beispiele von Blasenscheidenfistel vor uns, welche hauptsächlich durch die Anwendung des Glüheisens zur Vernarbung gebracht worden sind. In der ersten hat freilich auch die Anlegung der Schnürnaht einen sehr günstigen Einfluss auf die vollkommene Schliessung der Fistel geübt, nachdem vorher durch das Ferrum candens der weitaus grösste Theil der Fistel bereits geschlossen war. Die Theorie der Wirkung des Brennens in diesen Fällen ist ebenfalls wieder eine höchst interessante Anwendung eines physiologischen Princips auf die praktische Heilkunde. Durch das Brennen wird nämlich die ganze Umgegend der Fistel in einen Entzündungszustand versetzt. Durch die bald nach der Operation eintretende Reaction wird eine bedeutende Geschwulst hervorgerufen, welche wohl momentan, aber nur höchst vorübergehend den Ausfluss des Harnes hemmt. Dies ist aber nur eine Nebenwirkung der Methode; ihre Hauptwirkung besteht darin, dass nach einigen Tagen sich der Brandschorf abstösst und nun zuerst Granulationsbildung und dann Vernarbung der gebrannten Fläche eintritt. Das Narbengewebe aber zieht sich bekanntlich immer mehr zusammen, so dass eben dadurch die Fistelöffnung immer mehr geschlossen wird und in günstigen Fällen, wie in den beiden oben erwähnten, zur gänzlichen Schliessung der Fistel gebracht werden kann. Man muss jedoch keinesweges glauben, dass man immer dies gewünschte Resultat erlangt. Bei der besten Heilmethode und selbst wenn diese mit der grössten Ausdauer angewendet wird, kommt oft die Heilung nicht zu Stande. Wir haben diese beiden Fälle eben deshalb mitgetheilt, weil die Heilung von Blasenscheidenfisteln in dem jetzigen Zustande der Wissenschaft noch immer zu den seltenen Ausnahmen gehört.

9) Nach der Entbindung eingetretener Dammriss, durch die Darmnaht völlig geheilt.

Dieser Fall gehört, so wie die beiden vorhergehenden, mit zu den interessantesten Heilungen, welche ich in der Dieffenbach'schen Klinik beobachtet habe, und zeigt derselbe, wie bei einer an sich einfachen Operation der Modus faciendi oft allein über den Erfolg entscheidet; denn bekanntlich gehört die vollkommen gute Heilung eines ausgedehnten und tiefen Dammrisses nicht gerade zu den häufigsten Erfolgen der Chirurgie.

Die 25jährige Kranke von sonst gesundem Körperbau war am 25sten December 1845 zum erstenmale und zwar mit der Zange entbunden worden. Es war hiebei ein tiefer Riss des Dammes eingetreten, welcher um so bedeutender war, da schon vor der Geburt eine ansehnliche Geschwulst der Geburtstheile stattgefunden hatte. Am Tage nach der Geburt wurde zwar die frische Wunde genäht, die Nähte aber rissen aus und so kam die Kranke 14 Tage nach der Entbindung in die Dieffenbach'sche Klinik. Schon auf den ersten Blick sah man hier eine bedeutende Zerstörung; die Scheide und der Mastdarm schienen fast miteinander zu communiciren. Der Damm war ganz verschwunden und in eine nach Innen umgewendete tiefe Furche verwandelt, so dass sich die grossen Schamlefzen bis zum Orificium ani fortzusetzen schienen.

Es ist dies eine der traurigsten Krankheiten, da sie nicht bloss häufig Prolapsus uteri zur Folge hat, sondern auch die Scheide durch den Kothabgang beständig reizt und beschmutzt. Professor Dieffenbach macht darauf aufmerksam, wie unglücklich die frühere Chirurgie in ihren Resultaten bei diesem Uebel war. So erzählt unter andern der so vortreffliche Chirurg Mursinna im Loder'schen Journale, wie er trotz aller angewandten Mühe stets unglückliche Erfolge bei der Heilung dieses Uebels hatte. Im Allgemeinen bestand die Operation freilich immer im Nähen, aber wie es scheint, wurde schlecht genäht. Professor Dieffenbach hat eine grosse Reihe von Fällen der Art durch die Naht glücklich geheilt. Es scheint hier viel auf die Art des Nähens anzukommen. Höchst wichtig für die Praxis ist der Rath Dieffenbach's, den Riss des Dammes gleich nach seiner Entstehung noch im Wochenbette zu operiren; und es wird gewiss durch diese schnelle Operation weniger Gefahr bewirkt, als dann entsteht, wenn Koth und Urin die frisch gerissene Wunde überfluthen. Viele auf diese Art gleich operirte Kranke hat Professor Dieffenbach auf diese Weise ohne üble Folgen geheilt, während so manche von den nicht gleich operirten Wöchnerinnen am Brandigwerden der frischen Risswunde zu Grunde geht. Es ist natürlich nöthig, die Wundränder sogleich gehörig zu egalisiren, herabhängende Fetzen wegzuschneiden und tiefe grosse Suturen anzulegen. Jedoch ist diese Operation leicht im Vergleich zu der des veralteten Dammrisses. Hier ist der Damm meistens ganz verschwunden, abgerundet, in die verlängerte Vagina hineingezogen und äusserlich mit Callositäten bedeckt.

Die Operation wurde nun auf folgende Art ausgeführt. Nachdem die Kranke, wie zur Operation des Steinschnittes, auf den äussersten und vordersten Rand des Operationstisches gebracht war, bei gehörig auseinander gezogenen Schenkeln, wurde zu jeder Seite des Risses ein wohl über einen Zoll tiefer und langer Lappen des Randes abgetragen und dann noch zuletzt nach hinten ein Stück, welches ganz nahe am Rectum lag, ausgeschnitten. Es wurden nun mit drei grossen gekrümmten Nadeln Hefte so angelegt, dass der Einstichspunkt nahe am Rande der Wunde lag, dann aber die Nadel tief in die Scheide eingeführt wurde und so ein tüchtiger Theil derselben in das Heft zu liegen kam. Dann wurden die Suturen zusammengebunden und nun noch in der Vagina selbst ein Heft eingelegt, um alle Communication mit den dahinterliegenden Theilen abzuschliessen. So schien denn unmittelbar nach der Operation das Resultat sehr günstig zu sein. Der definitive Erfolg hängt aber natürlich von der zu Stande kommenden Vereinigung per primam intentionem ab.

In den ersten drei Tagen hatte die Kranke heftigen Durchfall, dann aber fing es an besser zu gehen und es kam vollkommene Vereinigung zu Stande. Am 4ten Tage konnten schon mehrere Fäden herausgenommen werden, die übrigen wurden später entfernt. Nach 14 Tagen wurde die Kranke als geheilt mit vollkommen zu Stande gekommener Vereinigung vorgestellt.

Dieser Fall ist in mehrfacher Beziehung interessant. Trotz der schlaffen Granulationen, der bedeutenden Zerstörung, so dass der ursprüngliche Anblick der Theile kaum zu erkennen war, trotz der grossen Schwäche der Kranken und der erst kurz vorhergegangenen Entbindung, wurde die Naht angelegt. Die Heilung kam vortrefflich zu Stande und selbst tief in der Vagina und am Mastdarm hat sich alles Krankhafte vereint. Die starke Diarrhoe, welche nach der Operation eingetreten war, hatte diese Vereinigung nicht beeinträchtigt. Die Darmsecrete wirken in dieser Hinsicht weniger ungünstig auf die Wunden als der Urin, welcher jeder Plasticität feindlich entgegentritt, daher die schwierige Heilung der Vesicovaginalfistel. Die frühere schlechte Heilung des Dammrisses kommt von der schlecht angelegten Naht her. Ist sie gut angelegt, so hat sie Dieffenbach helfen sehen, selbst wenn die Blase, das Collum uteri und die Scheide weit eingerissen waren; zuweilen blieb dann eine Rectovaginalfistel übrig, deren Schliessung viel mehr Mühe machte, als die Vereinigung des Dammes. Beim Nähen muss man von der Cutis wenig, aber viel Substanz in der Tiefe fassen. Die Nadel muss ¾ eines Kreises beschreiben. Bei alten Dammrissen macht Dieffenbach zwei seitliche semilunare Längsschnitte auswärts der Sutur, um diese Theile ein wenig zu erschlaffen.

An die Beschreibung des operativen Verfahrens bei Ruptura perinaei schliesst sich natürlich die Dieffenbach'sche Methode, den Vorfall der Gebärmutter operativ zu behandeln an; freilich wird hiedurch nicht vollkommene Heilung bewirkt, aber gewiss beugt diese Operation mehreren der unangenehmsten Zufälle dieses so lästigen Uebels vor. Wir wollen daher einen Fall mittheilen, welcher Dieffenbachs operatives Verfahren an einem Beispiele anschaulich machen wird.

10) Vorfall der Gebärmutter, durch die Episiorrhaphie behandelt und bedeutend gebessert.

Die 43jährige Kranke leidet an einem Prolapsus uteri incompletus. Die Gebärmutter liegt dicht hinter den äusseren Geschlechtstheilen, aber verdeckt durch die zugleich umgestülpte und mit herabgezogene Scheide, welche ihre natürliche Textur verloren hat, und mehr dem äusseren Hautgewebe gleicht. Die subjectiven Symptome, welche diesen Prolapsus begleiten, sind ein dumpfer aber anhaltender Schmerz im Kreuze, ein Drücken und Pressen in der Scheide, Schmerzen in den Weichen, Schmerzen bei stärkeren Bewegungen. Stuhl- und Urinentleerung sind nicht gestört. Patientin fühlt sich sonst gesund und ist kräftig gebaut.

Das Uebel der Patientin hat sich in ihrem 3ten Wochenbette entwickelt und soll nach ihrer Aussage durch ungeschickte Manipulationen der Hebamme während der Geburt entstanden sein. Sonst waren die frühern Geburten stets schnell und glücklich von statten gegangen, wie ebenfalls auch die darauf folgenden Geburten trotz des bestehenden Prolapsus.

Die Kranke hat sich schon mannigfach ärztlich behandeln lassen. Eine geraume Zeit lang hat sie Schwämme mit adstringirenden Flüssigkeiten zur Zurückhaltung des Prolapsus anwenden müssen, später 5 Jahre lang Pessarien. Alle diese Mittel haben ihr nicht die gewünschte Erleichterung verschafft und so suchte sie denn in der Dieffenbach'schen Klinik operative Hülfe.

Nach gehöriger Erwägung aller Umstände wurde die Episiorrhaphie als für diesen Fall ganz angemessen erklärt und demgemäss die Operation folgendermaassen vollzogen.

Nach gehöriger Lagerung der Kranken und Reposition des Prolapsus wurden die Ränder der grossen Schamlippen ungefähr einen halben Finger breit abgetragen, und die Schnitte, welche zwei Finger breit von der oberen Commissur entfernt begannen, so geführt, dass ein Theil des Frenulum mit hinweggenommen wurde und beide Schnitte sich, einen Finger breit vom Frenulum entfernt, vereinigten. Darauf wurde die Sutura circumvoluta angelegt, und noch einige Knopfnähte hinzugefügt, die Scheide mit Charpie ausgefüllt und kalte Umschläge verordnet. Patientin ertrug die Operation mit ziemlicher Standhaftigkeit; bald nachher wurden aber die Schmerzen so gross, dass zu deren Besänftigung ¼ Gr. Morphium aceticum gereicht wurde.

Am Tage nach der Operation trat ein nur mässiges Reactionsfieber ein, die Kranke aber klagte über grosse Schmerzen; um diese zu besänftigen und die Stuhlausleerung in den ersten Tagen zu verhüten, wurden Opiumpillen verordnet und die kalten Umschläge fortgesetzt. Diese wurden dann nach 2 Tagen, als die entzündliche Spannung nachgelassen hatte, mit Umschlägen von Infusum Chamomillae vertauscht. Nach vier Tagen wurden die ersten Nadeln entfernt, die übrigen wurden bis zum sechsten Tage gelassen; in der Tiefe war nun die Vereinigung zu Stande gekommen, an der Oberfläche aber eiterten die Wundränder und hatten ein schlaffes, torpides Aussehen, weshalb sie mit rother Präcipitatsalbe verbunden und mit Höllenstein touchirt wurden. Hiernach gewannen dieselben bald ein besseres Aussehen und wurden am Ende nur noch mit trockener Charpie bedeckt. So war denn nach drei Wochen vollkommene Heilung der Operationswunde eingetreten. Die Scheide war hierdurch bedeutend verengert und es war wenigstens unmöglich, dass die Gebärmutter sich bis in die Oeffnung der äussern Geschlechtstheile senken konnte. Die Kranke fühlte auch für die Bewegungen und namentlich für das Gehen eine bedeutende Erleichterung.

Zu den interessanteren Beobachtungen einer vollkommenen Heilung, sonst nur selten und schwer heilender Krankheiten, gehört folgender Fall einer nach vielfacher Bemühung zur Consolidation gebrachten Pseudarthrose.

11) Vollkommene Heilung einer seit längerer Zeit bestandenen Pseudarthrose des Oberschenkels.

Die 34 Jahr alte Kranke, von guter Constitution, war im Herbst 1844 von einem Wagen herunter gefallen, so dass die Hinterräder über sie hinweggegangen waren und ausser andern Verletzungen, namentlich der linke Oberschenkel gebrochen war, ohne dass sich übrigens äusserlich eine Verwundung oder Verletzung in der Haut zeigte. Die Kranke, auf dem Lande lebend, und voll Vorurtheile gegen die Aerzte, hatte sich von einem Bauern behandeln lassen, welcher in ihrer Gegend in dem Ruf stand, Verletzungen der Gliedmaassen besonders gut zu heilen. Nachdem sie fünf Wochen lang in einem der Beschreibung nach unzureichenden Verbande gelegen hatte, rieth ihr dieser Empiriker aufzustehen und mit einer Krücke zu gehen, was die ganz natürliche Folge hatte, dass sie fiel und sich den Knochen wieder an der alten Stelle brach. Jetzt konnte sie nun seit jener Zeit nie mehr Gehversuche machen, sie blieb im Bette liegen, die Gliedmasse verkürzte sich immer mehr und es trat im Bein eine ausserordentliche Schwäche ein. Nachdem sie vier Monate lang in diesem Zustande verharrt hatte, consultirte sie einen Arzt, welcher einen festen Verband anlegte, überhaupt eine methodische Behandlung in Anwendung brachte, jedoch ohne Erfolg. So kam sie denn im Frühjahr 1845 in die Dieffenbach'sche Klinik und zeigte bei ihrem Eintritte eine bedeutende Verkürzung des Gliedes, die vollkommenste Beweglichkeit der beiden Fragmente an der Bruchstelle, also eine ausgebildete Pseudarthrose. Auf das Glied sich zu stützen, war ihr natürlich unmöglich; sie konnte nur gehen, wenn sie von einer Person geführt wurde und auf der Seite des Bruchs eine Krücke hatte. Vieles wurde versucht; die Fragmente wurden gegen einander gerieben, auf verschiedene Art wurde gesucht, dieselben in einen Entzündungszustand zu versetzen. Ein passender Verband hielt das Glied in der unbeweglichen Lage. Alles dies jedoch half nichts, und nach mehreren Monaten verliess die Kranke ohne bedeutende Besserung die Anstalt. Im November desselben Jahres kam sie wieder, ohne dass das falsche Gelenk die geringste günstige Modification erlitten hätte. Als Verband wurde der Hagedorn'sche Apparat angelegt, durch welchen das Glied zugleich extendirt und in unbeweglicher Lage erhalten wurde. Wenige Tage nach der Aufnahme der Kranken wurde ein Haarseil durch das falsche Gelenk gezogen. Es waren jedoch nach demselben so heftige Reactionserscheinungen eingetreten, das Glied war so geschwollen und entzündet, dass es nach wenigen Tagen wieder entfernt werden musste. Ich muss gestehen, dass mir in solchen Fällen der Gebrauch des Haarseils nicht eben sehr rationell erscheint, denn dies wirkt am Ende doch nur auf die fibrösen Theile, welche die Knochenenden umgeben und hat auf letztere durchaus keinen Einfluss. Nachdem die Entzündungserscheinungen, welche in Folge der Anwendung des Haarseils eingetreten waren, sich ermässigt hatten, wurde die eine Oeffnung desselben durch eine starke Darmsaite erweitert, um hierdurch die spätere Einführung eines Nagels in die Knochensubstanz zu bewirken und dadurch nicht bloss Entzündung der Knochenenden, sondern auch neue Callusbildung hervorzubringen. Nun wurden denn auch nach und nach die beiden Fragmente durch die erweiterten Haarseilöffnungen angebohrt, worauf sich schon nach etwa 8 Tagen eine harte Callusausschwitzung zeigte. Diese hatte nach Verlauf eines

Monats bereits in dem Maasse zugenommen, dass die Stelle des falschen Gelenkes fast ganz von demselben ausgefüllt war, hierdurch erhielt das Glied auch nach und nach eine grössere Solidität und nach drei Monaten war bereits eine so bedeutende Consolidation eingetreten, dass die Kranke sich auf dem freilich verkürzten Gliede vollkommen stützen konnte und dass in den Bruchenden durchaus keine Beweglichkeit mehr stattfand.

Wir führen den nachfolgenden Krankheitsfall besonders deshalb an, weil er in pathologisch-anatomischer Hinsicht interessant ist, da er sonst als Fall eines durch die Amputation geheilten Tumor albus am Ende nichts Ausserordentliches darbieten würde.

12) Scrophulöser Tumor albus des Fussgelenks; Amputation, Heilung.

Ein junger Mann von 21 Jahren, von einer schwachen Constitution, hat eine gesunde Mutter, welche noch lebt. Sein Vater, 47 Jahre alt, ist seit 4 Jahren von einer Brustkrankheit behaftet, die mit einem heftigen Blutspeien begonnen, ihm oft Seitenstechen und habituellen Husten mit Auswurf verursacht und ihn auf einen bedeutenden Grad des Marasmus reducirt hat. Ueber den Gesundheitszustand der Eltern seiner Mutter haben wir keine bestimmten Nachrichten. Seine Grossmutter väterlicher Seite ist an der Schwindsucht, sein Grossvater an der Wassersucht gestorben. Es scheint also väterlicher Seits eine tuberculöse Disposition zu bestehen; er hat noch vier Geschwister am Leben und ebenfalls vier verloren, eine Schwester im Alter von 9 Monaten an einer ihm unbekannten Krankheit, zwei in Folge ziemlich lang andauernder Hirnkrankheiten, beide im Alter von 6 Jahren; wir vermuthen, dass es Meningitis tuberculosa war. Sein älterer Bruder endlich ist vor 9 Monaten im Alter von 23 Jahren an der Lungenschwindsucht gestorben. Die vier andern noch lebenden Geschwister befinden sich wohl.

Unser junger Kranke befand sich wohl bis zum Alter von 5 Jahren, zu welcher Zeit er die Masern gehabt hat, die jedoch keine schlimmen Folgen zurückgelassen haben. Im Alter von 7 Jahren hatte er eine Brustentzündung, welche mit Blutegeln und überhaupt antiphlogistisch behandelt wurde, und welche 14 Tage lang dauerte. Bis zum 13ten Jahre befand er sich wohl. Vom 13ten bis 14ten Jahre hat er häufig an Kopfweh gelitten, was er der ihm in jener Zeit durch den Religionsunterricht verursachten Anstrengung zuschreibt. Vom

15ten bis 20ten Jahre ist er gesund gewesen. Er ist nicht schnell gewachsen, denn er ist mittlerer Grösse und hat seine gegenwärtige Höhe erst mit dem 18ten Jahre erreicht.

Der Kranke bietet dem Blicke eine geschwächte Constitution dar und einige Anzeichen dessen was man mit dem Ausdrucke „scrophulösen Habitus" bezeichnet hat. Er hat zartes braunes Haar, keinen Bart, graulich-blaue Augen mit langen feinen Cilien; die Nase und Oberlippe sind von einer merklichen Dicke, so wie man sie bei Scrophulösen häufiger bemerkt, als bei nicht Scrophulösen; seine Gesichtsfarbe ist bleich, sein Gesicht rund; man kann nicht sagen, dass er sehr mager ist.

Seine jetzige Krankheit datirt sich seit sechs Monaten her. Zu dieser Zeit empfand er, ohne sich einer Erkältung ausgesetzt zu haben, und ohne eine Ursache zu wissen, einen lebhaften und anhaltenden Schmerz im Carpus und in der Gegend des Metacarpus der rechten Hand, welchen Druck übrigens nicht vermehrte; die Hand schwoll leicht an. In Folge zertheilender Einreibungen schwand das Uebel jedoch, um an der andern Hand in derselben Form wieder zu erscheinen. Allein sei es nun, dass die antiphlogistische Behandlung dazu beitrug, sei es, dass es in der Natur der Krankheit lag, welche sich in diesen Theilen nicht fixiren wollte; die linke Hand wurde ebenfalls dem normalen Zustande wiedergegeben. Leider aber erschien nach kurzer Zeit das Uebel am Fuss mit grösserer Intensität. Die Affection der Hand bot folgendes Bemerkenswerthe dar: am Tage war die Hand wenig schmerzhaft; des Nachts hingegen verursachte sie lebhafte Schmerzen, welche dem Kranken allen Schlaf raubten. Die genaueste Untersuchung liess in dem Uebel nicht die geringste syphilitische Affection entdecken, und der Kranke zeigt ausser wenig Sinn für Frauenzimmer, auch wenig geschlechtliche Entwickelung, und versichert, nie mit einer syphilitischen Krankheit behaftet gewesen zu sein. Eben so wenig übte der Wechsel der Atmosphäre einen Einfluss auf die Intensität der Schmerzen und auf die Geschwulst aus.

Ungefähr einen Monat vor der Erscheinung der ersten Gliedschmerzen, fing der linke Fuss auch an, ergriffen zu werden; anfangs empfand er dieselben Schmerzen des Nachts, welche vorzüglich in der Tarsalgegend ihren Sitz hatten. Allein bald wurden dieselben anhaltend, die Geschwulst war damals noch unbedeutend. Im Anfange konnte der Kranke noch gehen, allein er schleppte den Fuss nach und setzte ihn nur schwach auf den innern Rand auf. Drei Wochen, nachdem der Fuss angefangen hatte leidend zu werden, musste der Kranke sich ins Bett legen, welches er seitdem nicht wieder verlassen hat. Die Geschwulst nahm rasch wieder zu, besonders am hintern und innern Theile des Fusses und um den Malleolus internus herum. Nachdem der Schmerz und die Geschwulst allmählig drei Monate hindurch zugenommen hatten, bildete sich der erste Abscess an der innern Seite des Tarsus; bei seiner Oeffnung ergoss sich eine ziemliche Menge Eiter. Der Kranke fühlte sich dadurch merklich erleichtert, allein nach wenigen Tagen stellten sich die Schmerzen von Neuem ein, die Geschwulst nahm wieder zu und es bildete sich der Reihe nach eine bedeutende Anzahl von Abscessen, welche theils mit dem Bistouri geöffnet wurden, theils von selbst aufgingen; die Eiterung wurde sehr reichlich, der früher weniger kranke obere Theil des Fusses schwoll auch an. Eine rationelle Behandlung bewältigte die Krankheit nicht; es blieb nur die Amputation zu versuchen übrig. Bevor man zu derselben schritt, war der Localzustand des Uebels folgender: Der kranke Fuss hat, mit dem andern verglichen, das doppelte Volumen; oben an der Geschwulst bemerkt man rund um die Fusswurzel herum, mehr oder minder grosse Fistelöffnungen. Das Bein ist sehr mager, der obere Theil des Fusses sehr angeschwollen, mehr an der innern als an der äussern Seite. Der obere Theil des Fusses, in seiner Mitte gemessen, mit Ausschluss des Hackens, hatte 25 Centimetres Umfang; an der innern Seite befinden sich 5 Fisteln, von denen eine sich in einem äussern Geschwüre von mehr als 2 Centimetres Umfang verlor; am obern Theile des innern Fussrandes befinden sich gleichfalls zwei Fisteln, eine im Verlaufe des ersten Metatarsalknochens; an der äussern Seite befindet sich auch ein Geschwür von ungefähr 2 Centimeter, und zwischen diesem und dem Malleolus externus sieht man noch drei Fistelöffnungen. Bei der Sondirung dieser Wunden gelangt man nicht bis zum Knochen, man findet nur einige in Caries übergegangene Theile des Metatarsalknochens. In den andern Fisteln und Geschwüren verliert sich die Sonde in den weichen Theilen und gelangt in eine dichte Lage eines weichen und elastischen Gewebes, welches die Gelenke überall umgiebt. Die grösseren Fistelgeschwüre zeigen schwammige Granulationen von einer blassen oder gelblichen Röthe. Die kleinen Fisteln zeigen ebenfalls blasse Areolen; die Fistelöffnungen selbst bestehen aus einem mit Eiter infiltrirten Zellgewebe. Die Beweglichkeit des Fusses hatte sehr abgenommen, stand aber mit der Ausdehnung des Uebels in keiner Verbindung. Der vordere Theil des Fusses, die Knöchel und die Metatarsalgegend, welche dem Uebel am nächsten lagen, boten nichts Anomales dar.

Neben diesem Localzustande bestand nun folgendes Allgemeinbefinden: er hatte ein anhaltendes Fieber mit Erhöhung des Pulses am Abend, am Tage zählte er Morgens 100 Schläge, des Abends 108 — 120, immer von mittlerer Stärke. Des Nachts schwitzte er, er hustete nicht, und die Brust, mit der grössten Sorgfalt durch Auscultation und Percussion untersucht, bot nichts Anomales dar. Der Kranke hatte wenig Appetit, brennenden Durst und seit Kurzem eine gelinde, nicht zu häufige Diarrhöe, welche sich dreimal in 24 Stunden, besonders des Morgens einstellte, und von ziemlich starken Leibschmerzen begleitet war. Der Leib war übrigens beim Drucke nicht sehr empfindlich; der Urin war trübe und gewölkt; die Kräfte schwanden von Tag zu Tag; die Magerkeit war, wie wir schon bemerkt haben, noch nicht sehr gross, und seit der Bildung der Fisteln und Geschwüre hatten die Schmerzen im Fusse nachgelassen. Nachdem sich der Zustand der Verdauungsorgane zuerst durch Gebrauch des Pulv. Dower. und später durch ein Decoct von Columbo mit Tinct. opii et Tinct. cort. aurant. gebessert hatte, war der Kranke hinlänglich für die Amputation vorbereitet. Diese wurde am obern Theile der Wade gemacht. Wir werden später den Zustand des Kranken nach der Operation mittheilen, welche übrigens ein glückliches Resultat lieferte. Vor Allem wollen wir den kranken Fuss beschreiben.

Untersuchung des Fusses, 20 Stunden nach der Amputation.

Wegen der kalten Witterung hatte der Fuss fast gar keine fauliche Veränderung erlitten. Die Sehnen, Nerven und Gefässe des Fusses sind gesund, allein alle aponeurotischen und ligamentösen Theile, welche sich zwischen der Haut und dem Knochen befinden und welche die Gelenke umgeben, sind merklich verändert, sehr verdichtet und an ihrer äussern Oberfläche besonders in das eigenthümliche, stellenweise sehr vasculäre, an andern Stellen gallertartige und gelbliche Gewebe umgewandelt, welches wir beständig bei chronischen Affectionen der Gelenke und des Knochens gefunden, und welches wir unter dem Namen von fibroplastischem Gewebe ausführlicher beschrieben haben. Die fistulösen Theile dieses Gewebes bieten einen glatten Anblick dar von lebhaftem Roth, wie sammetartig, worin das blosse Auge schon zahlreiche Punkte und rothe Linien von Vascularität unterscheidet, und zeigt unter dem Mikroskope, ausser den Gefässen, blasse Zellen, in geringer Anzahl, welche einen Kern von $\frac{1}{100}$ Mlm. einschliessen. Man sieht eine grössere Anzahl von fibro-plastischen Kernen von $\frac{1}{200}$ Mlm. mit ihren charakteristischen Nucleolis. An andern Stellen ist das Gewebe ganz aus spindelförmigen Körpern gebildet, und an noch andern ist es offenbar fibrös. Das entfärbte und gallertartige fibroplastische Gewebe zeigt ungefähr dieselben Elemente, allein ausserdem noch viele Fetttheilchen in der Form von Tropfen oder in kleine Bläschen eingeschlossen.

Zwischen der Haut und den Gelenken existirt stellenweise eine Lage fibroplastischen Gewebes bis zu drei Centimeter Dicke. Die fibroplastische Lage, welche die Ligamente bedeckt, hat 4 — 6 Millim. Dicke; ebenso die Oberfläche des Periosteums, des vorderen Theiles des Astragalus und des Os cuboideum. Die verschiedenen schwammigen Theile der Geschwüre zeigen dieselben histologischen Elemente. Der mit Eiter infiltrirte Theil, welcher sich in den Fistelgängen befindet, zeigt verhältnissmässig wenig wohlcharakterisirte Eiterkügelchen und viel mehr fibroplastische Kerne.

Die Knochen boten folgenden Zustand dar: Die beiden Malleoli waren gesund, das Calcaneum war an seiner vordern Oberfläche mit einer Lage von fibroplastischem sammetartigen Gewebe bedeckt; ein Gleiches fand statt an der dem Os scaphoideum zugewendeten Seite des Astragalus, sowie an dem vorderen und oberen Theile des Os cuboideum. Die drei Ossa cuneiformia waren sehr weich, bloss das dritte war an seiner Oberfläche cariös. Alle Tarsalknochen, genau untersucht und nach verschiedenen Richtungen hin durchschnitten, zeigten eine beträchtliche Verringerung ihrer Consistenz, so dass die kleinen Knochen leicht mit dem Scalpell getrennt werden konnten. Ausser einer stark ausgesprochenen Röthe im Innern mehrerer, fand sich weder Caries noch Nekrose und gar keine Tuberkelablagerung, welche wir ebenfalls vergeblich in den verschiedenen weichen Theilen gesucht haben.

Der junge Mann befand sich nun nach der Operation ziemlich wohl; die gastro-intestinale Affection wich auch bald vollständig. Ausser der Schmerzempfindung, welche die Amputirten in den abgenommenen Gliedern zu fühlen glauben, litt er nicht; das Wundfieber war gelinde. Bei der Abnahme des ersten Verbandes sah man einen guten Zustand der Wunde, und die Vereinigung per primam intentionem war an den Rändern schon zu Stande gekommen; nun fing man an, dem Kranken kräftigere Nahrungsmittel zu reichen. Die Eiterung nahm einen guten Charakter an, ohne stark zu sein. Die Ligaturen lösten sich nach Verlauf von acht Tagen. Die 14 Tage nach der Operation wieder eingetretene Diarrhoe wich der Diät und den oben angezeigten Mitteln. Die Granulationen nahmen später einen lividen Anblick an, was veranlasste, die Charpie in ein Decoct von China und Tinct. Myrrh. zu tauchen, was sie bald besserte. Die Diät wurde nun immer tonischer, der Kranke wurde mit gutem Fleische genährt, man reichte ihm Wein in geringen Quantitäten etc. Das Fieber wich nun gänzlich, der Kranke erlangte sein gesundes Aussehen wieder, und nach sechs Wochen war die Wunde vernarbt und zeigte einen guten Stumpf.

13) Fremder Körper, Schaft einer Stahlfeder in der Blase; Entfernung desselben durch Steinschnitt oberhalb des Schambeines; Heilung.

Der 28jährige Kranke von ziemlich kräftigem Körperbau litt schon seit längerer Zeit an Hämorrhoidalbeschwerden von Verstopfung begleitet, und war ausserdem sehr von Trübsinn geplagt. Er hatte den Stiel einer Stahlfeder in die Harnröhre eingebracht, glücklicherweise aber war die Feder nicht frei an demselben befestigt, sondern war in sein Inneres hineingeschoben, so dass der Stiel überall eine ziemlich glatte Oberfläche darbot. Nachdem der Kranke diesen Stiel bis an die Basis des Gliedes gebracht hatte, glitt derselbe in die Blase, und alle Versuche, ihn wieder herauszuziehen, waren fruchtlos. Da er nun beim Harnlassen bedeutende Schmerzen litt, so kam er nach einigen Tagen in die Dieffenbach'sche Klinik, um den Körper herausziehen zu lassen.

Mit Sonde und Katheter liess der fremde Körper sich entdecken, schwieriger durch den in den After eingeführten Finger. Da er quer in der Blase sass, so war ans Ergreifen desselben mit der Hunter-schen Zange oder einem ähnlichen Instrumente nicht zu denken. Um den nunmehr nöthig erscheinenden Steinschnitt nur in möglichst kleinem Umfange zu machen, wollte man den Schaft zwischen die Branchen eines Lithotripten fassen, ihn dann gegen den Damm drücken und in der so hervorgetriebenen Stelle incidiren. Allein mit zwei derartigen Instrumenten verschiedenen Kalibers wollte es nicht gelingen, trotz wiederholter Versuche. Um nun die Blase nicht auf einmal durch den Katheterismus zu sehr zu insultiren, stand man einstweilen von weitern Versuchen ab.

Nach drei Tagen hatte sich der Kranke von den Versuchen der Operation erholt, es wurden daher neue Versuche gemacht, die Stahlfeder mit dem Lithotripten zu fassen, was endlich gelang; da sie nun quer lag, liess sie sich nicht in der Blase so wenden, dass man ein Ende am Damm deutlich hätte hervordrängen können. Daher schraubte man das Instrument fest zusammen, wodurch die Stahlfeder eine Krümmung erleiden musste, wie man sich zuvor durch Experimente an ähnlichen Stahlfederschäften überzeugt hatte; so wollte man das Drehen in der Blase erleichtern; da jedoch, wie man hernach bemerkte, die Krümmung des Schaftes nur sehr gering ausgefallen war, so konnte man dennoch die Drehung nicht ausführen, trotz dem, dass man mit dem in den After eingeführten Finger dies zu befördern suchte. Nachdem der Lithotript gehörig in der Stellung, in welcher er den Schaft festhielt, fixirt war, gelang es nun, den Schaft über dem Schambogen links von der Linea alba etwas hervorzutreiben; ebendaselbst schnitt man dem Schaft entgegen ein, ganz wie bei der Sectio alta, und bald beförderte man den 3—4″ langen und 3‴ dicken blechernen Schaft heraus, nachdem man ihn in der Blasenwunde mit der Zange gefasst und dann ihn aus den Branchen des Lithotripten befreit hatte. Darauf legte man den elastischen Katheter ein, und schloss die Zoll lange Wunde nur trocken mit Charpie, reichte innerlich Ricinusemulsion mit Aq. laurocerasi und viel Haferschleim.

Nach der Operation trat eine heftige entzündliche Reaction ein, welche einen starken Aderlass nöthig machte. Nach diesem kam zwar bedeutende Besserung; am dritten Tage nach der Operation jedoch waren die Bauchdecken wieder gespannt und schmerzhaft, und das Fieber heftiger. Der Harn floss übrigens mit Leichtigkeit und ohne sonstige Beschwerden durch den Katheter ab; es wurde daher ein neuer Aderlass gemacht, der Leib mit warmen Umschlägen bedeckt und innerlich mit leichten milden Abführmitteln fortgefahren, wonach dann bedeutende Besserung eintrat und der Katheter bereits am folgenden Tage entfernt werden konnte. Die Wunde der Blase war geschlossen, nur die Wunde der äussern Bedeckung zeigte noch entzündliche Spannung, daher mit warmen Umschlägen fortgefahren wurde. Die Vernarbung kam nun ohne weitere Zufälle vollständig zu Stande, und nach kurzer Zeit konnte der Kranke vollkommen geheilt entlassen werden.

14) Aneurysma der Kniekehle, durch eine frühere Operation unvollkommen geheilt und erst nach drei Jahren durch Exstirpation beseitigt.

Der 50jährige Kranke hatte bis zum Jahre 1840 einer guten Gesundheit genossen, er hatte vorher nur das kalte Fieber gehabt und mehrere Male Unwohlsein in Folge von Excessen. Im Jahre 1840 bemerkte er zuerst, dass er, wenn er sich durch Gehen stark anstrengte, Schmerz im rechten Unterschenkel, besonders in der Wade und in der Kniekehle, verspürte; was zuweilen von einem Gefühl lähmungsartiger Schwäche begleitet war. Man hielt das Uebel Anfangs für Rheumatismus, und es wurden dagegen verschiedene Einreibungen, Schwefelbäder und Abführmittel verordnet; das Uebel wurde jedoch nicht bloss nicht besser, sondern es stellten sich auch zudem pulsirende Bewegungen in der Kniekehle ein, wodurch der Kranke selbst auf den Gedanken kam, dass er eine Pulsadergeschwulst in der Kniekehle trage. In diesem Zustande kam er im November 1842 zuerst nach Berlin in die Dieffenbach'sche Klinik, in welcher man deutlich die bereits gegen 1½ Zoll lange aneurysmatische Geschwulst erkannte. Die ganze rechte untere Extremität, besonders die Knie- und Wadengegend waren ansehnlich geschwollen, und in der Haut zeigte sich eine bedeutende Entwickelung der Venen. Das Gehen war übrigens nicht bedeutend gehindert.

Es blieb hier natürlich nichts anderes als die Unterbindung übrig, welche denn auch nach der Hunter'schen Methode ungefähr an der Vereinigungsstelle des obern und mittlern Drittels des Schenkels vollzogen wurde. Die Wunde ward vereinigt und nur für das Heraushängen der Ligaturfäden Platz gelassen. Unmittelbar nach der Unterbindung war weder das Gefühl von Taubheit noch Kälte in dem Gliede eingetreten; eine Stunde nachher jedoch bekam der Kranke heftige drückende Schmerzen, welche bald nach der Anwendung kalter Umschläge schwanden. Gegen Abend stellte sich Fieberreaction ein, die dem Patienten in der Nacht allen Schlaf raubte; zugleich hatte der Kranke (wie er behauptet) eine Empfindung davon, wie das zum Schenkel fliessende Blut in der Ligatur ein plötzliches Hinderniss fand, er bezeichnete die Störung in der Blutcirculation mit einem Krampfe, der von der Wunde aufstieg und bis zum Herzen hinaufdringe. (Es ist dies wohl mehr Einbildung gewesen.) Dies krampfhafte Gefühl, sowie die Fieberaufregung liessen erst am andern Morgen nach, und es erfolgte ein ruhiger Schlaf von mehreren Stunden. Am nächsten Tage befiel den Patienten nochmals eine grosse Hitze, besonders am operirten Gliede, das man zur Vorsorge sorgfältig eingehüllt hatte, um es vor der in ähnlichen Fällen bisweilen erfolgenden Kälte zu schützen. Das Gefühl bedeutender Hitze hielt mehrere Stunden an. Von jetzt an jedoch trat Besserung ein, und so stellte sich denn allmählig der Blutumlauf wieder her, ohne dass sich in der Pulsadergeschwulst neues Klopfen zeigte. Die Operationswunde behielt ein gutes Ansehen, und als am 16ten Tage der Ligaturfaden hinweggenommen werden konnte, heilte die Wunde schnell vollkommen zu. Nach wenigen Wochen konnte der Kranke geheilt die Klinik verlassen. Der Fuss jedoch blieb schwach und das bereits vor der Operation bemerkte Gefühl von lähmungsartiger Schwäche in der Wade dauerte ebenfalls fort.

Während nicht ganz 6 Monate fühlte der Kranke sich ganz leidlich. Im Juni 1843 bemerkte er jedoch bereits wieder ein leises Pulsiren in der Kniekehle. Er kam nun wieder nach Berlin, wo ihm ein Compressorium, welches er seitdem immer trug, angelegt wurde. Er konnte nur langsam gehen und war sehr schnell ermüdet. Das Pulsiren in der Kniebeuge schwand oft momentan nach längerer Ruhe und blieb überhaupt immer ungleich schwächer, als vor der Operation. In diesem Zustande blieb das Uebel bis zum August 1845, wo es zuzunehmen anfing. Die Geschwulst dehnte sich weiter aus und das ganze Glied wurde von neuem schmerzhaft. Nun bereitete sich der Kranke dadurch zu einer neuen Operation vor, dass er während zwei Monate die vollkommenste Ruhe beobachtete und während dieser ganzen Zeit kalte Umschläge auf die Gegend der Kniekehle machte. Im Anfang Februar kam der Kranke wieder in die Dieffenbach'sche Klinik, um sich operiren zu lassen. Bei der Untersuchung der Geschwulst konnte man ihre Grenzen nicht bestimmt fühlen. Das Klopfen war tief und dumpf, sie war hart und viel compacter anzufühlen, als es Aneurysmen gewöhnlich zu sein pflegen. Die Grösse desselben war scheinbar die eines grossen Hühnereies.

Die Operation durch die Hunter'sche Methode war hier nicht ausführbar, sie wurde daher auf folgende Art vollzogen. Durch einen etwa sechs Zoll grossen Längsschnitt wurden alle Theile bis auf den aneurysmatischen Sack gespalten, nun sah man aber weder ober- noch unterhalb deutliche Arterienstämme, die in das Aneurysma mündeten; ausserdem wurde die Operation noch dadurch bedeutend erschwert, dass die Nervi tibialis und peronaeus von der obern Theilungsstelle gabelförmig nach Unten über der Geschwulst verliefen, mit derselben eng adhärirten und ausserdem dick und bandartig ausgebreitet waren. Diese mussten dann natürlich mit grosser Sorgfalt lospräparirt werden. Ausser der Abwesenheit grösserer, zuführender Räume ergab sich noch während der Operation, dass die aneurysmatische Geschwulst etwa um das Doppelte grösser war, als dies durch die Bedeckungen hindurch gefühlt werden konnte. Es wurde nun mit grosser Vorsicht der Sack in seiner ganzen Ausdehnung gelöst und überall, wo es möglich war, Ligaturen um die Basis des Sackes festgeschnürt. Um nun zu sehen, ob das Aneurysma definitiv unterbunden war, wurde ein kleiner Einstich in den Sack gemacht, und der die Arteria cruralis comprimirende Gehülfe liess einen Augenblick mit der Compression nach. Auffallend war es hierbei, dass während das Blut herausquoll, es keineswegs in starkem Strome, sondern in geringer Quantität sich zeigte. Nachdem endlich fünf Ligaturen auf diese Art an der Basis des Sackes angelegt waren, sistirte die Blutung vollkommen; der Sack wurde nun aufgeschnitten und nur seine Basis blieb sitzen; der übrige Theil wurde mit der Scheere weggenommen.

Die Untersuchung dieses Theils bot die höchst seltene Gelegenheit dar, den unvollkommenen Heilungsprocess des Aneurysma zu zeigen. Es fanden sich nämlich, ausser nur losem Gerinnsel, sehr verdickte Wände, die an manchen Stellen wohl bis an einen Zoll Durchmesser hatten. In diesen konnte man wohl die frühere concentrische zwiebelartige Schichtung erkennen, jedoch waren diese Schichten nicht mehr lose, sondern alle auf das Intimste mit einander verwachsen, in einigen war noch Röthung enthalten, während die andern eine mattweisse, fast tendinöse Structur zeigten. In allen diesen Schichten sah man als Hauptelement ein feinfasriges Bindegewebe, in dem man Quer- und Längsschichtung deutlich wahrnahm. An diesen festern mit den Arterienhäuten intim zusammenhängenden Schichten hingen losere, unregelmässig coagulirte, fibrinöse Massen, so dass das Blut durch die Geschwulst, mehr wie durch die Poren eines Schwammes, als in continuirlicher Strömung geflossen war. In diesen losern Massen zeigte sich maschenförmig geronnener Faserstoff, eine ziemliche Menge von Blutkügelchen und feine granulirte Kügelchen von $\frac{1}{100}$ — $\frac{1}{50}$ Millim. Durchmesser, ausserdem viele unregelmässige Eiweissschollen, die zum grossen Theile auf der Kante schwimmend, die verschiedensten Formen stabförmiger Körper zeigten. Der Heilungsprocess des Aneurysma hat also darin bestanden, dass die losen Faserstoffschichten organisirt worden waren, intim mit den Arterienhäuten zusammenhingen und zuletzt in ein dichtes Binde- oder Sehnengewebe umgewandelt worden waren, welches der Narbensubstanz nicht unähnlich sah. Zu bemerken ist jedoch, dass an manchen Stellen die Wände des Aneurysma ziemlich dünn waren, also dennoch Ruptur für die Zukunft möglich gewesen wäre. Die neuern Ablagerungen von Faserstoff hatten nun nicht mehr schichtenweise, sondern ganz unregelmässig stattgefunden.

Nach der Operation wurde die Wunde mit Charpie ausgestopft und eine Binde angelegt. Der Kranke fühlte sich sehr schwach und erschöpft; am folgenden Tage jedoch trat Delirium ein und eine ziemlich heftige febrile Reaction. Diese Symptome wichen einer antiphlogistischen Behandlung und strenger Diät. Nach drei Tagen wurde der Verband gewechselt; die Wunde zeigte eine gutartige Eiterung. Die Kräfte des Kranken hatten sich ebenfalls gehoben und das Fieber bedeutend nachgelassen. Der weitere Verlauf der Krankheit war auch sonst ein günstiger, jedoch trat am 14ten Tage noch eine bedeutende und gefährliche Nachblutung ein, welche durch Compression und kalte Umschläge gestillt wurde. Nach derselben war der Kranke freilich wieder während mehrerer Tage bedeutend geschwächt, kam jedoch bei seiner im Grunde kräftigen Natur bald wieder in einen bessern Zustand, und von nun an machte die Convalescenz ungestörte Fortschritte, welche auch nicht wieder durch neue Zufälle gestört wurden. Nach 6 Wochen war die Wunde vollkommen verheilt; und es blieben dem Kranken von seinem Uebel, die Schwäche des Beines abgerechnet, sonst durchaus keine Nachwehen.

Wir beschliessen die Mittheilung dieser Krankengeschichten mit der einer interessanten angebornen Missbildung.

Merkwürdiger Fall einer angebornen Missbildung in Folge von Zwillingsverwachsung.

Ein 14jähriges Mädchen, von gesunden Eltern geboren, hat sieben Geschwister, deren keines die geringste angeborene Difformität darbietet. Die Schwangerschaft ihrer Mutter bot nichts Absonderliches dar, und auch die Geburt war leicht. Man bemerkte schon nach der Geburt auf der rechten Seite des untern Theiles des Rückens eine Geschwulst, welche Anfangs wenig beachtet wurde, aber als das Kind 1½ Jahr alt war, aufbrach und hierbei Wasser entleerte. Der partielle Foetus, welchen die Geschwulst enthalten hatte, blieb noch einige Tage von einer Haut umhüllt, vielleicht Reste des Amnios, und dann fiel diese ab und der untere Theil eines Foetus wurde deutlich in seinen Einzeltheilen sichtbar. Damals war der ganze Foetus ungefähr faustgross. Während zweier Monate war das Kind ziemlich leidend und hatte, sobald es nicht auf dem Bauche lag, bedeutende Schmerzen. Das Kind wurde dann nach dem Prager Krankenhause gebracht, wo es drei Viertel Jahre blieb, und von da kam es wieder nach Hause.

Als im Jahre 1837 die Versammlung deutscher Naturforscher in Prag war, wurde der Vater mit dem Kinde dorthin gerufen. Von da gingen sie nach Wien, wo das Kind seitdem grösstentheils gelebt hat.

Mit seinem Wachsthum nahmen auch die Dimensionen des auf dem Rücken angewachsenen Untertheiles des Foetus zu.

Das Mädchen ist übrigens ganz gesund, menstruirt ist sie nicht. Für ihr Alter ist sie körperlich nicht unentwickelt, scheint auch nicht ohne geistige Anlage zu sein, und trägt in ihrer Physiognomie einen gewissen Ausdruck der Verschmitztheit. In dem Zeigen ihrer Missbildung hat sie eine bedeutende Virtuosität erlangt, und zeigt dieselbe mit Entblössung ihres ganzen Hinterkörpers ohne die allergeringste Schüchternheit. Man kann übrigens diesen Foetus leicht examiniren, da nur stärkere Tractionen in demselben ihr Schmerzen erregen. Was die Empfindlichkeit desselben betrifft, so nimmt diese crescendo ab, je mehr man sich vom Körper des jungen Mädchens entfernt, und am geringsten zeigt sich namentlich die Empfindlichkeit um die Kniescheiben des Foetus.

Nach links liegt am unteren Theile der Hinterbacke eine elastische Geschwulst von der Grösse eines grossen Apfels, dessen ganze Gestalt, Form und Lage vermuthen lässt, dass er die Rudimente des Oberkörpers des Foetus enthalte. Am untern Theile der Sacralgegend ist das Rudiment eines Beckens angewachsen, an dessen unterm Ende man eine Art Acetabulum fühlt, aus dessen Mitte ein ligamentöser Strang herauskommt, wahrscheinlich das durch freies Herabhängen des Unterkörpers verlängerte Ligamentum teres, an welchem das eine Schenkelbein fixirt ist. Man fühlt deutlich den Kopf desselben, sowie die grossen Trochanter und den herabsteigenden röhrigen Theil des Femur. In dieser Gegend befinden sich zwei ziemlich grosse Fleischwülste, welche abgerundet, die Form und das Ansehen der Nates haben. Zwischen beiden befindet sich eine Spalte, in welche man den kleinen Finger wohl einen Zoll tief einbringen kann und dann auf einen halbmondförmigen, blindsackigen Raum stösst. Aus dieser Stelle soll nach des Vaters Aussage monatlich ein weisser trüber Saft in der Quantität von mehreren Unzen ausfliessen. Der eine Theil dieser fleischigen Wülste ist mit feinem Haar, Lanugo, bedeckt.

Das Schenkelbein fühlt man, wie gesagt, nur einfach; an seinem untern Theil scheint eine Längsfurche auf das Zusammengelegtsein zweier Knochen rudimentär hinzudeuten. Man fühlt deutlich zwei Kniee, zwei Kniescheiben, zwei Wadenbeine, die Schienbeine jedoch sind wieder miteinander verwachsen.

Im Knie findet vollständige Contractur mit sehr gebeugter Lage statt. Die Füsse sind ebenfalls miteinander verwachsen. Die Planta pedis bildet ein unregelmässiges Viereck. Der rechte Fuss zeigt einen Varus 2ten Grades mit Verschiebung der Tarsalknochen. An einem Fusse befinden sich sechs Zehen, von denen zwei an der Wurzel miteinander verwachsen sind. Der hintere untere Fuss zeigt einen deutlichen Calcaneus- und Tarsalknochen, die unter der Planta pedis der andern Seite liegen. Dieser Fuss hat drei Zehen, von denen die äussersten verwachsen nur einen gemeinschaftlichen Metatarsalknochen zeigen. Der Winkel, unter welchem Schenkel und Bein zu einander stehen, ist ungefähr 60 Grad. Die Länge des Fötusrudiments vom Anheftungspunkte am Sacrum des jungen Mädchens, bis zu den beiden kleinen Knieen beträgt 15 pariser Zoll, die Länge der Beine von der Patella bis zum Fuss 8 Zoll 8 Linien, die Länge des vordern Fusses 5″ 6‴, die des hintern Fusses 4 Zoll.

Wir schliessen hiermit die Mittheilung dieser Krankengeschichten und werden nun noch zum Ende dieses Werkes zuerst in einer Reihe von Aphorismen eine gedrängte Uebersicht unserer Ansichten über Geschwülste mittheilen, und dann zuletzt als Anhang die imPublicum wenig gekannte Pharmacopoea Clinici Berolinensis hinzufügen, da diese, freilich durchaus nicht vorwurfsfreie Sammlung von Recepten, doch viele durch lange Erfahrung sanctionirte Formeln enthält.

Zehntes Capitel.

Aphorismen über Geschwülste.

I. Ueber die Haut und Hautgeschwülste.

1) Die Haut enthält in so mannigfacher Zusammenstellung wichtige Gewebe und Functionen, dass man sie fast als einen Mikrokosmus des Organismus ansehen kann. Eine dichte Hornschicht dient als deckender Schutz, Blut- und Lymphgefässe repräsentiren den Kreislauf, die Nerven die Empfindung, die Drüsen die Absonderung und die Haare dienen ebenfall s als schützender Appendix.

2) Zur Exhalation dienend, theilt die Haut mit den Lungen die Eigenschaft und Function die Producte des Verbrauchs und der Verbrennung aus dem Organismus wegzuschaffen, ohne jedoch die Inhalationskraft mit den Lungen zu theilen. Wie könnte die Haut auch sonst den Körper vor der beständigen Absorption feindlicher Stoffe schützen.

3) Die Lederhaut ist als ein eigenthümlich verfilztes Bindegewebe, aus Zellfasern und elastischen Fasern bestehend anzusehen; durch die Maschen der Lederhaut treten Fett als Polster, Gefässe für Ernährung und Absonderung und Nerven für das Tastgefühl ein und verbreiten sich theils an der Basis der Papillen, theils in denselben selbst.

4) Die sonst horizontalen Fasern der Cutis werden aufsteigend in der Haarscheide und in den Papillen. Die Linien der Haut sind durch die Anordnung der Papillen bedingt.

5) Die Endigungen der Haut-Blut-Gefässe unter der Haut sind viel feiner als die Lymphgefässe.

6) Die Dicke der gesunden Haut schwankt zwischen $\frac{1}{4}$ und $\frac{5}{4}$ Linien.

7) Trotz des bedeutenden Unterschiedes zwischen den jungen tiefliegenden Epidermiszellen und den fast vertrockneten Hautschuppen lassen sich doch verschiedene Epidermisschichten nicht streng sondern.

8) Die Epidermis bildet sich aus einem eigenthümlichen Blastem, in welchem man zuerst Kerne mit Nucleolis, später runde Zellen, und in weiterer Entwicklung alle übrigen bis zu flachen Hornblättchen findet. Durch Endosmose scheinen diese Zellen zu wachsen, durch Exos-

mose aber zu Grunde zu gehen. Die Dicke der Epidermis schwankt nach Krause zwischen $\frac{1}{30}$ und $\frac{1}{13}$ Linie.

9) Das Hautpigment hat seinen tiefsten Sitz in den Schichten der Epidermis, theils in Form eigenthümlicher Pigmentkugeln, theils befindet es sich im Innern der jungen Epidermiszellen. Eine eigenthümliche Epidermisschicht giebt es nicht.

10) Das Grundprincip der Absonderung beruht im Allgemeinen auf Vervielfältigung des Raumes und Verlangsamung mit Vervielfältigung des Capillarkreislaufes. In der Haut sehen wir die Absonderung dadurch zu einer bedeutenden Höhe gesteigert, dass sie mit einer Menge von Einstülpungen versehen ist, an deren Wänden sich Gefässe verbreiten. In den mehr lappigen, meist die Haare begleitenden Drüsen wird Hautöl abgesondert. Die mehr langen und knäulartigen cylindrischen Einstülpungen secerniren ein Salze enthaltendes flüssiges Secret, den Schweiss; jedoch wird bei weitem nicht aller Schweiss von den Schweissdrüsen abgesondert.

11) Die Haare bestehen aus dem Haarbalge, einer Einstülpung der Cutis, aus dem Haarkeim, welcher sich auf der Mitte des untern Endes des Haarbeutels befindet, auf welchem dann das Haar unten erweitert und Zellen- und Zellenkerne zeigend, aufsitzt. Mark, Rinde und Fasern der Haare sind wahrscheinlich weiter nichts, als Metamorphosen der Epidermis. Die Oberhaut bildet für den Haarschaft eine eigenthümliche Scheide, welche sich auch in die Talgdrüse fortsetzt. Das Haar ist also nichts, als eine eigenthümlich umgewandelte, hornartige, besonders in die Länge wachsende Oberhautbildung, welche von einer Einstülpung der Cutis oder Epidermis eingeschlossen ist.

12) Im Allgemeinen kann man die Krankheiten der Haut in drei Classen eintheilen: 1. Krankheiten des Kreislaufs, 2. Krankheiten der Ernährung und Absonderung, 3. auf der Haut sich entwickelnde Parasiten des Pflanzen- und Thierreichs.

13) Die Krankheiten des Kreislaufs zerfallen: a. in entzündliche Congestionen der Hautoberfläche, b. wirkliche Entzündung der Hautoberfläche mit Hämostase, Röthung, Geschwulst und geringer Ausschwitzung. c. Papillare, nicht exsudative Entzündung der Hautoberfläche. d. Exsudative Entzündung der Hautoberfläche. e. Tiefere pustulöse Entzündung mit deutlich überwiegender Eiterbildung. f. Tiefe Entzündung der Lederhaut, entweder mit Eiterung oder mit Hypertrophie endend.

14) Die Secretions- und Nutritionskrankheiten der Haut sind folgende: a. vermehrte Epidermisabsonderung, Schuppenausschläge, b. Epi-

dermidalgeschwülste, welche aus durch Gefässe organisirten Epidermis- und Epitheliumschichten bestehen. c. Starke locale Pigmentablagerung in der Haut, melanotische Geschwülste, gefärbte Muttermäler. d. Blutgefässgeschwülste, welche in den oberflächlichen Hautgefässen ihren Sitz haben. e. Drüsengeschwülste der Haut, Balggeschwülste. f Hypertrophie der Lederhaut, umschriebener oder diffuser Natur, oft fibroplastische Bildungen enthaltend. g. Heteromorphe Ablagerung in der Haut, wahrer Hautkrebs.

15. In die Classe der Hautparasiten sind von Thieren die Milbe der Krätze und die der Comedonen zu zählen; von pflanzlichen Bildungen die Grindpilze und die im Mund und im Darmkanal sich zeigenden Algenfäden.

16) Unter dem Namen Hautkrebs verwechselt man unter einander durchaus verschiedene gut- und bösartige Geschwülste der Haut, so wie auch verschiedene Formen von chronischer Entzündung und Hypertrophie.

17) Die Warzen bestehen aus einer gemeinschaftlichen Hülle von Epidermis, welche Gruppen von Papillen einschliessen. Jede Papille ist ebenfalls mit einer Scheide von Epidermis bedeckt. Ihr Inneres besteht auch aus concentrischen Schichten von Epidermis, welche auf den ersten Anblick eine faserartige Anordnung zeigen, und nur an ihrer Basis befindet sich wirkliches Fasergewebe; in die Papillen selbst dringen Gefässschlingen ein.

18) Die Papillargeschwulst besteht in ihrem ersten Auftreten aus einer leichten Erhöhung, einem in der Haut fühlbaren Knötchen. Ihre Entwicklung wird in der Regel durch äusseres Reizen beschleunigt.

19) Später wird diese Geschwulst auf der Oberfläche rissig und bedeckt sich mit einer Kruste, welche aus Eiter und Epidermis besteht.

20) Wenn diese äusseren Reize nicht stattfinden, so kann die pseudo-cancröse Geschwulst jahrelang ohne alle üblen Zufälle bestehen, an Umfang nach und nach sehr zunehmen und allmählig ein unebenes maulbeerartiges Aussehen bekommen. Die anatomische Untersuchung zeigt in diesem ersten Bildungsstadium nichts als hypertrophische Entwicklung normaler Hautelemente.

21) Das zweite Stadium der Entwicklung dieser Geschwülste ist das der Entzündung, von Zunahme des Umfanges, Spannung, Röthe und Schmerzen begleitet; letztere fehlen jedoch nicht selten.

22) Das dritte Stadium ist das der Ulceration, es bildet sich ein Geschwür aus, auf dessen Boden man eine Menge papillarer Hervorragungen sieht. In seltneren Fällen hat das Geschwür ein mehr

flaches Ansehen, die das Geschwür umgebenden Gewebe finden sich nicht selten in einem Zustande chronischer Entzündung. Die tieferen unter der Haut liegenden Theile sind jedoch nicht verändert

23) Am häufigsten kommen diese Geschwülste im Gesicht vor, seltner am Stamme und den Gliedmaassen.

24) An und für sich übt der Pseudocancer keinen schädlichen Einfluss auf den Gesammtorganismus aus, jedoch kann das aus demselben entstehende Geschwür sich selbst überlassen, nach und nach bedeutende Verheerungen anrichten und selbst einen tödtlichen Ausgang herbeiführen. Jedoch findet man in solchen Fällen bei der Leichenöffnung weder Krebsgewebe im Boden des Geschwürs und in den umliegenden Theilen, noch sonst in irgend einem Organe des Körpers.

25) Man hat den Gesichtskrebs als ein Noli me tangere bezeichnet, das Gegentheil aber muss die Grundregel bei der Behandlung dieser Krankheiten sein; denn wahrer Krebs kommt im Gesicht seltner vor, als Pseudocancer, und letzterer kann in vielen Fällen entweder durch Ausschneiden oder durch Aetzen mit der Arsenikpaste geheilt werden.

26) Der Schornsteinfegerkrebs der englischen Autoren schliesst wahrscheinlich auch zwei unter sich verschiedene Krankheitsformen ein, die eine, die bei weitem häufigere, besteht in einem an sich gutartigen Warzengewächse, die andere, viel seltnere, in wahrem Krebs.

27) Wahren Krebs in der Haut zu leugnen, wie dies Mayor gethan, ist gewiss unrichtig, und ebenso übertrieben, wie der entgegengesetzte, von vielen Chirurgen begangene Fehler, alle Formen des Hautkrebses für wirklichen Krebs zu halten.

28) Folgende Unterscheidungsmerkmale lassen in der Regel den Pseudocancer in seiner Verschiedenheit vom wirklichen Krebse erkennen. a. Pseudocancer besteht aus hypertrophischen, später entzündeten normalen homöomorphen Elementen der Haut; beim Krebs hingegen findet von Anfang an heteromorphe Neubildung statt. b. Pseudocancer ist ein locales Uebel, welches einen sehr langsamen Verlauf hat und das Allgemeinbefinden in der Regel intact lässt. Wahrer Hautkrebs hat einen viel schnelleren Verlauf, führt ein tiefes Leiden der ganzen Constitution mit sich, alterirt früh alle unter ihm liegende Gebilde und hat oft Krebsablagerungen in verschiedenen anderen Organen zur Folge. c. Während Pseudocancer gewöhnlich seinen Ursprung in den oberflächlichsten Theilen der Haut nimmt, hat wahrer Hautkrebs entweder in den tiefsten Schichten der Cutis oder im Unterhautzellgewebe seinen primitiven Sitz. d. Das pseudocancröse Geschwür hat einen glatten, ebenen oder häufiger einen warzigen, papillaren, rothen, gutaussehenden

Grund, während dieser beim wirklichen Krebsgeschwür sehr ungleich und jauchig, oft mit pseudomembranösen Ausschwitzungen bedeckt ist. e. Um cancroide Geschwüre herum findet man keine angeschwollenen Lymphdrüsen, während Krebsgeschwülste der Haut oft in grösserer Menge bestehend, in ihrem Verlaufe gewöhnlich krebshaftes Afficirtsein naher Lymphdrüsen zur Folge haben.

29) Es versteht sich, nach dem Vorhergehenden, von selbst, dass die Prognose des Pseudocancer der Haut eine ungleich bessere ist, als die des wahren Krebses.

30) Bei der Exstirpation der Cancroïde ist die Hauptregel, in gehörigem Umfange gesunde Theile mit hinweg zu nehmen und jedes rein locale Recidive wieder von Neuem mit umfangreicher Operation zu verfolgen. Hat man keinen Irrthum der Diagnose begangen und nicht wirklichen Krebs statt Pseudocancer exstirpirt, so wird sich dem so handelnden Chirurgen das „Audaces fortuna juvat" bestätigen.

31) Wenn wir bei Geschwülsten der Art die Exstirpation vorziehen, so halten wir jedoch die Anwendung des Aetzmittels bei pseudocancrösen Geschwüren für die Hauptsache. Kühnes Anwenden der Arsenikpaste ist hier die Hauptsache.

32) Man gebrauche bei der äusseren Anwendung des Arseniks die Vorsicht, ihn nie auf eine grössere Fläche, als 1—1½ Quadratcentimeter anzuwenden, um gefährliche Absorptionserscheinungen zu vermeiden. Es ist viel gerathener in Zwischenräumen von 10—14 Tagen mehrere Applicationen nach einander zu machen, als eine einzige zu grosse auf einmal.

33) Bei der Anwendung der Arsenikpasta auf die Nasenflügel sei man darauf gefast, dass wenn das Uebel tief geht, mit Abfallen des Brandschorfes ein grosser Theil des Nasenflügels mit abfällt. In diesen Fällen kann später nach vollkommener Vernarbung die Rhinoplastik Hülfe schaffen.

34) Was man als Elephantiasis Arabum beschrieben hat, ist nichts als eine diffuse Hauthypertrophie, bei welcher die Epidermis verdickt ist, sich vielfach abschuppt, zuweilen oberflächlich ulcerirt, selten sind die Hautpapillen bedeutend vergrössert. Lederhaut- und Unterhautzellgewebe, hier der gewöhnliche Sitz der Hypertrophie, sind mit fibroplastischen und Fettelementen infiltrit. Zuweilen sind in der Elephantiasis auch die Nerven hypertrophisch. Wahrscheinlich erleiden in derselben auch die Lympfgefässe Veränderungen, namentlich die der partiellen Obliteration.

35) Es giebt ausserdem noch eine circumscripte tuberöse Hauthy-

pertrophie, in welcher sich in der Haut mehrere Knollen bilden, welche ebenfalls theils aus dem hypertrophischen Gewebe der Cutis, theils aus fibroplastischen Elementen bestehen und mitunter von feinkörnigem Fett infiltirt sind, was ihnen alsdann ein tuberkelartiges eigenthümliches Ansehn giebt.

36) Mit vortrefflichem Erfolge haben wir Prof. Dieffenbach Fälle von Hauthypertrophie durch mehrmals wiederholte partielle Excision heilen sehen und diese Methode scheint uns daher den Praktikern durchaus empfehlenswerth.

37) Blutgefässgeschwülste, Telangiektasien, haben nicht bloss nichts mit dem krebsartigen Blutschwamm gemein, sondern es ist sogar ein Irrthum, wenn man behauptet, dass sie, nach längerem Bestehen in Krebs übergehen können. Allerdings kann sich das Zellgewebe in ihnen stark entwickeln, ihre Oberfläche selbst kann sich ulceriren, jedoch ist man keineswegs berechtigt, diese Veränderungen als eine Krebsumwandlung anzusehn.

38) Blutgefässgeschwülste sind in der Regel angeboren und haben ihren Sitz in den ober flächlichsten Gefässnetzen derHaut; seltner kommen sie im Unterhautzellgewebe vor, und nur höchst ausnahmsweise im Knochensystem, wovon wir jedoch kürzlich ein unzweifelhaftes Beispiel gesehen haben.

39) Die Eintheilung der Telangiektasien, der erectilen Geschwülste in venöse und arterielle ist eine durchaus unsichere. Pulsationen findet man nicht selten in den sogenannten venösen von bläulicher Farbe, überhaupt hängt ihre Färbung gewiss ebenso sehr von der Dicke und der Natur der sie bedeckenden Hauttheile ab, als von der Natur der sie constituirenden Gefässe.

40) Die netzförmige Beschaffenheit jener Gefässe erinnert in nicht seltenen Fällen an die Anordnung der Capillargefässe, ihre Breite in diesen Geschwülsten schwankt in der Regel zwischen $\frac{1}{30}$ und $\frac{1}{20}$ Mlm. was auf eine 4—6fache Erweiterung der Capillargefässe hindeutet.

41) In subcutanen Blutgefässgeschwülsten scheint das Caliber der Gefässe ungleich bedeutender zu sein.

42) Die Wände der Gefässe der erectilen Geschwülste zeigen bald bloss Längsfasern, bald verschiedene Lagen von Längs- und Querfasern. Das Caliber eines und desselben Gefässes wechselt oft in den verschiedenen Punkten seiner Länge. In der Regel findet man um diese Gefässe herum hypertrophisches Zellgewebe mit spindelförmigen Körperchen und fibroplastischen Gebilden.

43) Mehrmals haben wir in solchen Geschwülsten hypertrophische

Nerven, anderemale Fettgewebe in bedeutender Menge gefunden, und in Telangiektasien der Lippen selbst hypertrophisches Muskelgewebe. Wir sehen also hier, dass mit Vermehrung und Erweiterung der Vascularität auch Vermehrung der ganzen Ernährung Hand in Hand geht.

44) Die Blutgefässgeschwülste sind bei Mädchen häufiger, als bei Knaben. Das Gesicht ist ihr Prädilectionssitz, jedoch kommen sie auch, wiewohl weniger häufig, an allen Stellen der Körperoberfläche vor, so wie namentlich auch an den Orten, wo die Haut in die Schleimhaut übergeht, wie an den Lippen und der Vagina. In seltenen Fällen finden sie sich an mehreren Stellen des Körpers bei einem und demselben Individuum.

45) Auch auf diese Geschwülste hat Professor Dieffenbach mit sehr gutem Erfolge seine Methode der mehrfachen partiellen Excision angewendet und so grosse Geschwülste fast ohne zurückbleibende Difformität entfernt.

46) Die unter dem Namen Balggeschwülste bezeichneten pathologischen Neubildungen sind in den meisten Fällen nichts als bedeutend hypertrophische Hautdrüsen mit Verschliessung des Ausführungsganges und Anhäufung ihres Secrets im Innern.

47) Mit diesen Geschwülsten muss man jedoch die zusammengesetzten Balggeschwülste der Haut nicht verwechseln. Diese zeigen auf ihrer innern Wand eine förmliche Hautbildung aus Epidermis, Corium, Haaren mit gehörigen Wurzeln, Talgdrüsen etc. Dieses Talgdrüsensecret füllt in der Regel ihr Inneres an. Ihre innere Wand ist mässig gefässreich. Sie kommen am häufigsten in der Gegend des obern Augenlieds vor.

48) Auch die Schleimhautdrüsengeschwülste, welche besonders an der Lippe und der Vagina nicht selten vorkommen, bilden sich gewöhnlich aus einem hypertrophischen Follikel der Schleimhaut, ihr Inhalt ist mehr dickflüssig, man sieht nicht so leicht in derselben die innere Epithelialauskleidung.

49) Balggeschwülste können nicht bloss in ihrem Innern vereitern, sondern können sogar nach langer Dauer in Ulceration übergehen, jedoch ist es gewiss ein Irrthum, wenn man alsdann eine krebsartige Degeneration der Balggeschwulst annimmt, man hat in solchen Fällen nichts anderes vor sich, als ein in chronischen Theilen wurzelndes, entzündetes Geschwür.

50) Balggeschwülste können ausnahmsweise bei einem und demselben Individuum mehrfach existiren und selbst hereditär sein. Sie sind in der Regel bei Männern häufiger, als bei Frauen.

51) Ihr häufigster Sitz sind die behaarten Kopftheile, das Gesicht und der Hals; zusammengesetzte Balggeschwülste finden sich besonders in der Supraorbitalgegend, und zusammengesetzte Schleimhautgeschwülste an den Lippen und der Vagina.

52) An den Augenliedern sind die Augenlieddrüsengeschwülste von den Hautdrüsengeschwülsten zu unterscheiden; erstere enthalten viel mehr wahre Drüsenelemente.

II. Einige Aphorismen über homöomorphe, ihren Sitz nicht in der Haut habende Geschwülste.

Wir werden uns in diesen Aphorismen kürzer fassen, da wir für dieselben mehr, als für die vorhergehende Klasse bereits in unserer pathologischen Physiologie eine Reihe von Aphorismen über dieselben mitgetheilt haben, und wir nicht gern ohne Nothwendigkeit wiederholen, was wir bereits anderweitig bekannt gemacht haben.

53) Die Fettgeschwülste gehören zu den sich am langsamsten entwickelnden Geschwülsten und brauchen oft 10, 15—20 Jahre, bevor sie die Operation nothwendig machen. Letzteres ist gewöhnlich der Fall, wenn die sie bedeckende Haut sich röthet und gefässreich wird.

54) In seltenen Fällen combiniren sich Fettgeschwülste mit fibroplastischen.

55) Die sarcomatösen oder fibroplastischen Geschwülste sind sehr sorgfältig vom Krebs zu sondern.

Sie leiten gewöhnlich ihren Ursprung von einer gefässreichen Neubildung von Zellgewebe her; ihre Consistenz ist viel gleichmässiger elastisch, als die des Krebses. Ein sehr wichtiges Merkmal ist, dass man selbst bei der stärksten Compression nicht aus denselben einen trüben, lactescirenden Saft ausdrückt; welchen doch der Krebs bis auf seltene Ausnahmen gewöhnlich enthält.

56) Die fibroplastischen Zellen unterscheiden sich von den Krebszellen durch folgende Merkmale: ihre Zellenwand ist regelmässig rund, oval, oder spindelförmig und immer sehr blass; letztere ungleich schmäler, als spindelförmige Krebszellen, welche auch in der Regel viel körniger sind. Der Kern der fibroplastischen Zellen ist um mehr als das doppelte kleiner als der der Krebszellen, zeigt gewöhnlich einen durchsichtigen, homogenen Inhalt und einen bis zwei punktförmige Kernkörperchen. In letzteren sind die Krebszellen sehr charakteristisch durch die bedeutendere Grösse und ihren mattopalisirenden Anblick.

57) Wenn man auch in fibroplastischen Geschwülsten alle mögli-

chen Zwischenformen zwischen Zellen und Fasern findet, so glauben wir doch nach den neuesten Untersuchungen über dieselben, dass nicht die Zellen sich direct in spindelförmige Körper und später in Fasern umwandeln, sondern es scheint uns vielmehr, dass alle jene verschiedenen Elemente sich im fibroplastischen Blastem niederschlagen, ohne sich direct in einander umzuwandeln.

58) Die im Ohrgang vorkommenden Ohrpolypen, so wie die aus den Zahnhöhlen zuweilen ihren Ursprung nehmenden Geschwülste, welche unter dem Namen Epulis fungosa bekannt sind, bestehen ganz aus fibroplastischem Gewebe; letztere sind viel gefässreicher, als erstere.

59) Die grösste Häufigkeit der fibroplastischen Geschwülste findet zwischen dem 20sten und 21sten Jahre Statt; ihre Entwicklung ist langsam, sie haben nur sehr geringe Tendenz zu ulceriren, lassen die umgebenden Gebilde intact, und sind durchaus nicht von Lymphdrüsenanschwellungen in ihrer Umgegend begleitet; auch stören sie gewöhnlich das Allgemeinbefinden durchaus nicht.

60) Die meisten, von den Chirurgen als fibrose bezeichneten Geschwülste, sind gewöhnlich Fasergeschwülste; jedoch werden unter diesem unpassenden Namen auch nicht selten Krebsgeschwülste begriffen. Die elastishe Härte, die milchweisse Farbe, das strenge Abgegrenztsein der Geschwulst, die Abwesenheit eines Drüsensaftes in ihrem Innern sichern in der Regel die Diagnose.

61) Fasergeschwülste sind im Durchschnitte rund, sie werden gewöhnlich nur dann gelappt, wenn sie in ihrer Entwicklung auf Hindernisse stossen, wozu die Vorsprünge knochiger Theile besonders gehören.

62) Fasergeschwülste nehmen nicht selten ihren Ursprung von localer Hypertrophie ligamentöser und tendinöser Theile.

63) Was die in den Fasergeschwülsten enthaltenen Fasern und fibroplastischen Elemente betrifft, so ist es höchst wichtig zu bemerken, dass diese in der Regel keineswegs frei liegen und leicht isolirt werden können, da sie in einer halbdurchsichtigen festen Substanz, wie eingebettet sind.

64) Die Ansicht, dass Fasergeschwülste degeneriren können und sich in wahren Krebs umwandeln, scheint uns durchaus irrthümlich und auf falscher und ungenauer Beobachtung zu beruhen.

65) Die Schleimhautgeschwülste, welche man mit dem Namen Polypen bezeichnet hat, verdienen eher den Namen Schleimhautexcrescenzen. Der Name Polyp ist, als ein durchaus metaphorischer Ausdruck, aus der Wissenschaft zu verbannen.

66) Wir unterscheiden drei Formen dieser Schleimhauthypertrophien: a) Epithelialhypertrophie, aus pflasterförmigem oder Cylinderepithelium bestehend; b) locale Hypertrophie des Schleimhautgewebes selbst; c) starke örtliche Entwicklung des submucösen Zellgewebes.

67) Vergleichen wir die Schleimhautgeschwülste mit den Hautgeschwülsten, so finden wir analoge Krankheiten der Epidermis und des Epithelium, der Cutis und des Schleimhautgewebes, des Zellgewebes endlich, welches sich unter der Haut oder unter der Schleimhaut befindet. Auf Schleimhäuten fehlen jedoch die Analoga der Papillargeschwülste und Telangiektasien, so wie auch die diffuse Hypertrophie auf der äussern Haut ganz anders umfangreich wird, als auf den äussern Schleimhäuten. Auf der Haut existirt eine mehr ulceröse Tendenz der Geschwülste, die Drüsengeschwülste beider Membranen entsprechen einander. Krebs ist im Gewebe der Schleimhaut ungleich seltner, als in dem der Haut; findet sich jedoch im Unterhautzellgewebe beider nicht selten. Tuberkelstoff endlich findet sich ungleich häufiger im submucösen, als im subcutanen Gewebe.

68) Wenn chronische Entzündung auch ein häufiger Grund localer Schleimhauthypertrophie wird, so kann dieselbe jedoch auch, ohne Mitwirkung eines entzündlichen Momentes, entstehen. Am häufigsten trifft man diese Geschwülste auf der Nasenschleimhaut, dann am Collum uteri, ferner im Darmkanal und endlich im Magen.

69) Eine bis jetzt in der Pathologie zu wenig beachtete Krankheit ist die einfache Hypertrophie der Lymphdrüsen; zu den wichtigern äussern Kennzeichen derselben gehört, ausser dem gewöhnlichen Sitz der Krankheit am Halse, eine langsam zunehmende, weiche, elastische Anschwellung, welche selbst zuweilen das Gefühl täuschender Fluctuation darbietet, ferner die Abwesenheit umgebender Adhärenzen, ihre gleichmässige Oberfläche und ihre im Ganzen geringe Tendenz zur Ulceration.

70) Ihre innere Structur zeigt ein glattes, homogenes, gelbröthliches, mitunter höher geröthetes Gewebe, einen durchsichtigen infiltrirenden Saft, entweder eine feinkörnige oder eine faserige Structur und mit dem Mikroskop erkennt man in derselben eine Menge kleiner Kügelchen, welche dem Epithelium der Drüsen, so wie den Lymphkörperchen ähnlich sind; ausserdem erkennt man in denselben nicht selten Fasergewebe und fibroplastische Elemente.

71) Die Aetiologie dieser Geschwülste ist dunkel; wenn man sie nicht selten bei scrophulösen Individuen antrifft, so beobachtet man sie doch auch mitunter bei sonst gesunden Individuen.

72) Die unter dem Namen scrophulöse Drüsenanschwellung bekannte Krankheit ist in der Regel eine wahre Drüsentuberculosis; wirklichen, materiell darstellbaren Scrofelstoff giebt es nicht, wiewohl wir deshalb die Essentialität der Scrofelkrankheit nicht leugnen wollen. Kennen wir doch auch in der Syphilis keinen materiell darstellbaren Stoff, und doch fällt es uns deshalb nicht ein, die Syphilis leugnen zu wollen.

73) Drüsentuberculosis, als Product der Entzündung ansehen zu wollen, scheint uns ebenfalls eine durchaus irrige Ansicht; wiewohl in neuester Zeit die Leichenpathologie wieder die Tuberculosis mit der Entzündung in nahen Zusammenhang bringen will.

74) Wenn der Tuberkel, so wie der Krebs ein durchaus heteromorphes Product ist, so findet ausser vielen andern Unterscheidungsmerkmalen besonders die wichtige Verschiedenheit statt, dass der Tuberkel gefässlos, der Krebs aber durch Vascularität organisirt, vielmehr integrirender Theil des Organismus wird.

75) Die an ausgedehnter Drüsentuberculosis leidenden Kranken zeigen oft bei der genauesten Untersuchung die Abwesenheit innerer Tuberkelablagerung, und es möchte fast scheinen, als wenn bei allgemeiner tuberculöser Diathese die Ablagerung dieses Krankheitsproductes in äussern Theilen, mitunter innere Organe vor Tuberculosis schütze.

76) Die Drüsentuberculosis ist die am meisten chronische Krankheit des jugendlichen Alters. Diese Tuberkel können stationär bleiben und sich durch Verkalkung gewissermaassen zurückbilden, oder durch umgebende Entzündung und Eiterung eliminirt werden.

77) Das sogenannte scrophulöse Drüsengeschwür würde man im Allgemeinen viel richtiger als tuberkulöses Geschwür bezeichnen, wiewohl wir keinesweges leugnen wollen, dass Drüsen sich entzünden und vereitern können, ohne dass bei bestimmt ausgesprochener Scrophulosis Tuberkelstoff in ihnen abgelagert sei.

78) Die Hauptindicationen für Exstirpation tuberkulöser Halsdrüsen sind: Druck derselben auf grössere Gefässe; reines Localsein derselben, wenn sie nur noch die Reste der früher bestandenen Dyskrasie sind, endlich durch dieselben hervorgebrachte bedeutende Difformität. Immer verordne man nach der Exstirpation eine allgemeine Nachbehandlung.

79) Bei der Exstirpation der Tonsillen kommt man mitunter auf gelbe bröckliche Massen, welche auf den ersten Anblick mit Tuberkelstoff Aehnlichkeit haben, bei näherer Untersuchung jedoch, sich als

fettartiges Drüsensecret ergeben. Es ist dies wichtig zu wissen, da sie dem Auswurf beigemischt, mitunter wirklich für Tuberkelstoff gehalten werden.

80) Die Substanz der Knorpelgeschwülste hat mit der Structur der beim Callus sich bildenden Knochen- und Knorpelmasse viel Aehnlichkeit; Enchondrom ist in manchen Fällen, gewissermaassen eine spontane Callusbildung, jedoch bleibt es gewöhnlich auf einer niederern Verknöcherungsstufe stehen, als der Callus.

81) Man kann folgende Formen von pathologischer Neubildung des Knorpelgewebes unterscheiden: a) Blumenkohlartige Knorpelwucherung auf der freien Gelenkoberfläche der Knochen; b) in der Continuität der Knochen stattfindende Knorpelbildung; diese ist entweder oberflächlich, aus milchweissem Knorpel, mit vielen Knochennetzen durchsetzt bestehend oder tief und central, und zeigt dann eine äussere Knochenschale; c) Enchondrom kommt endlich mitunter im Weichgebilde vor.

82) Wenn in seltenen Fällen Knorpelzellen denen des Krebses gleichen, so unterscheidet sie dann in der Regel ihre ausserordentliche Regelmässigkeit und Durchsichtigkeit; gewöhnlich aber unterscheiden sich die Knorpelzellen deutlich durch ihren zusammengeschrumpften, feinkörnigen, nicht selten Kalksalze enthaltenden Kern, sie sind übrigens im Durchschnitt so fest in der durchsichtigen Zwischensubstanz des Knorpels eingelagert, dass man sie nur ausnahmsweise isolirt und frei antrifft.

83) Die im Enchondrom sich findenden Knochennetze sind oft nichts, als mit Kalk angefüllte Knorpelnetze.

84) Das Enchondrom als eine embryomale Rückbildung des Knochens in Knorpel anzusehen, scheint uns eine unrichtige Auffassungsart.

85) Der Bau, der Verlauf, der Sitz, die mangelnde Tendenz die umgebenden Theile zu ergreifen und auf den Gesammtorganismus störend einzuwirken, unterscheiden leicht das Enchondrom vom Krebse. In seltnen zweifelhaften Fällen sichert die chemische Natur des Enchondroms, so wie durch Kochen Leim oder Chondrin gebende Beschaffenheit, die Diagnose.

III. Einige Aphorismen über Krebs.

86) Der Krebs ist eine heteromorphe, Gefässe enthaltende Neubildung, das ihm eigenthümliche Element ist der milchige, trübe Krebssaft mit den charakteristischen Krebszellen. Die übrigen, im Krebs enthaltenen Elemente, bieten nichts specifisch Eigenthümliches dar.

87) Ausser diesrr Specifität der Zusammensetzung zeichnen drei Charaktere den Krebs aus, er zerstört und infiltirt die ihn umgebenden Gebilde, er hat die ausgesprochenste Tendenz, sich nach und nach in verschiedenen Theilen und Organen abzulagern, er hat eine entschiedene Neigung, sich zu erweichen und sich allmählig in seinem Innern immer mehr zu zersetzen; die Folge dieser drei Charaktere ist allmählige Zerstörung der Gesundheit, das Ende der Tod.

88) Vom verschiedenartigsten Umfange, lassen sich kaum Grenzen für seine Dimensionen angeben, der Krebssaft existirt im harten Krebs so gut, wie im weichen, und durch starkes Pressen kann man erstern auf einen sehr geringen Raum seines Umfangs reduciren.

89) Auf serösen Häuten ist der Krebs bald platt, bald traubenförmig, in der äussern Haut knollenartig; in röhrigen Organen flach oder ringförmig, in parenchymatösen innern Organen rundlich, mit nach Innen gezogener Oberfläche, in der Brustdrüse rund oder höckerig, im Hoden oval oder birnförmig etc., mit einem Worte, seine Form schwankt, je nach den Organen, in denen er abgelagert ist. Als Infiltration trifft man ihn nicht selten in den Knochen und in der Gebärmutter an.

90) Seine Consistenz hängt immer von dem Vorwiegen der zufälligen Elemente ab. Ueberwiegender Krebssaft macht ihn weich, Fasergewebe hart, Gallertgewebe elastisch, Blutgefässe und Infiltration machen ihn bröcklich.

91) Was den Anblick und die Farbe des Krebsgewebes betrifft, so zeigt der harte Krebs ein festes Fasernetz mit gelber oder gelbgrauer weicherer Zwischenmasse; unter der Pleura, seltner unter der Dura mater nimmt er die Form gelber oder weissgrauer Platten an. Im Pylorus ist er weissgelblich und saftreich, von faserigen Intersectionen durchsetzt. In der Brustdrüse enthält er oft eine Menge mattgelber Flecken in netzförmiger Gruppirung, schwarzer oder gelber Farbestoff theilen ihm ihre entsprechenden Färbungen mit. Der weiche saftreiche Krebs ist gelblich glänzend, mehr oder weniger ins Rothe spielend; ausgedehnte Fettinfiltration oder fibrinöse Ergüsse geben ihm stellenweise ein tuberkelartiges Ansehen; apoplektische Blutherde sind in demselben nicht selten; halbdurchsichtige gallertartige Substanz endlich giebt ihm das eigene Anselen des Colloids. Alle diese verschiedenen Zustände können sich auf das Mannigfachste unter einander combiniren.

92) Die Krebszellen zeigen grosse Verschiedenheiten in ihrer Wandung, welche zwischen $\frac{1}{70}$ und ein $\frac{1}{20}$ Millim. variirt. Ihre mittlere

Grösse beträgt $\frac{1}{30}$ Millim. Ihr Maximum erreichen sie nur in den Muttterzellen, die 4, 5 und mehrere Kerne einschliessen; der Zelleninhalt ist gewöhnlich einförmig, kann aber auch aus confluirendem Fett oder aus schwarzen Pigmentkörnchen bestehen; in seltenen Fällen ist die Zellenwand so dick, dass sie bis auf $\frac{1}{200}$ Millim. Dicke erreicht. Nicht selten findet man die Kerne in unregelmässigen, lappigen, feinkörnigen, membranösen Ausbreitungen.

93) Die Kerne sind das wichtigste Element der Krebszelle, ihr Durchmesser schwankt im Mittlern zwischen $\frac{1}{100}$ — $\frac{1}{80}$ Millim.; sie können viel grösser oder auch kleiner sein. Zuweilen sind sie von einer breiten spindelförmigen Zellenwand eingeschlossen, sie sind nicht selten von Körnchen, Fett oder Pigment infiltrirt, sie enthalten immer einen oder zwei, zuweilen drei, selten mehr Nucleoli, deren Durchmesser zwischen $\frac{1}{400}$ und $\frac{1}{200}$ Millim. schwankt. Diese haben ein charakteristisches mattes, unvollkommen durchsichtiges, opalescirendes Ansehen, zuweilen enthalten sie secundäre Nucleoli in ihrem Innern.

94) Die übrigen mikroskopischen Elemente des Krebses haben, wie gesagt, nichts Eigenthümliches und ihre Structur ist im Krebs fast dieselbe, wie in andern Theilen.

95) Die bisher angestellten chemischen Analysen des Krebses, sind durchaus ungenügend; um das dem Krebs eigenthümliche Element chemisch aufzufinden, muss man nur den in hinreichender Menge ausgepressten Krebssaft analysiren, und selbst dann bliebe noch manches Heterogene. Die Composition des Krebses dadurch bestimmen zu wollen, dass man eine ganze Geschwulst en masse analysirt, ist eben so widersinnig, als wenn man, um die Zusammensetzung der Haare kennen zu lernen, den Kopf mit sammt der Haut, den Muskeln etc. analysiren wollte.

96) Von den die Krebsgeschwülste umgebenden Theilen, werden zuerst das Zellgewebe, dann die Muskel, zuletzt die Knochen infiltrirt. Das Gewebe der Arterien und Nerven, so wie dichte Zellgewebeausbreitungen, wie fibröse Häute, widerstehen am längsten.

97) Wenn es nicht geleugnet werden kann, dass der Krebs mitunter durch Erweichung, durch Blutergüsse etc. sich allmählig oberflächlich zerstören kann, so ist es offenbar absurd, leugnen zu wollen, dass der Krebs sich in vielen Fällen durch Entzündung erweiche und so in Geschwürsbildung übergehe. Wenn man viele Krebsgeschwülste untersucht hat, so kann man sich überzeugen, dass man hier auf alle Formen der Entzündung stösst: bedeutend vermehrte Vascularität, Ab-

scess im Innern der Krebsgeschwülste, faserstoffreiche Ausschwitzung, rein entzündliche Geschwürsbildung etc.

98) Mit der im spätern Verlaufedes Krebses eintretenden Schwäche kommt das Resultat der Blutanalyse überein, welche hier Abnahme der Blutkügelchen nachweist.

99) Krebs kann in mehrern Organen zugleich auftreten, ausserdem kann man aber in den verschiedenen Krebsablagerungen, theils durch die Krankengeschichten, theils durch die Resultate der Leichenöffnungen, primitive und secundäre Krebsablagerungen erkennen. Lymphdrüsen, Leber, Hirnhäute, Knochensystem und Lunge werden oft der Sitz secundärer Ablagerungen, wiewohl alle diese Organe auch primitiv am Krebs erkranken können.

100) Bei langsam verlaufendem Krebse sei man mit der Operation vorsichtig, da hier nicht selten die locale Krebsablagerung dem Organismus, als ein wahres Krebsemunctorium dient, und nach der Hinwegnahme sich das Uebel in viele Organe verbreitet und bald den Tod herbeiführt. Man operire daher im Allgemeinen nur die schnell verlaufenden und das Leben schnell zu zerstören drohenden Krebsgeschwülste.

Wir geben hier keine Aphorismen über die diagnostischen Merkmale, welche den Krebs von andern Krankheitsproducten unterscheiden, da wir diese im Text schon in sehr gedrängter Kürze angegeben haben. Was Sitz des Krebses, Einfluss des Alters und des Geschlechts etc. betrifft, so werden wir von denselben in den Aphorismen der Statistik der Geschwülste reden.

IV. Einige Aphorismen über Geschwülste der Brustdrüse.

101) Wir theilen die Geschwülste der Brustdrüse in fünf Klassen: a) Hypertrophie der Brustdrüse, partielle oder allgemeine, b) Geschwülste, welche aus Blutergüssen bestehen, fibrinöse Geschwülste, c) die verschiedenen homöomorphen Geschwülste, wie Fettgeschwülste, Fasergeschwülste, Sarkome, Balggeschwülste, Zellenkysten, Knorpel- und Knochengeschwülste etc. d) thierische Parasiten in der Brustdrüse, Echinococci enthaltende Hydatiden, e) heteromorphe Geschwülste, Tuberkeln und Krebs.

102) Die allgemeine Hypertrophie der Brustdrüse ist längst bekannt, die partielle Hypertrophie, die bei weitem häufigere Form ist es nur höchst unvollkommen. Hierher gehören die Krankheiten, welche man als Cystosarcoma mammae, als Tumor mammae hydatides, als

Tumeur mammaire chronique, als Corps fibreux de la mamelle etc. beschrieben hat.

103) Ist das Drüsengewebe allein hypertrophisch, so fühlt sich die Geschwulst feinlappig und körni g an, sie hat eine mehr rundlich Form, wenn das die Lappen umgebende Zellgewebe ebenfalls hypertrophisch ist. Diese Geschwülste sind meistens beweglich, die beweglichee Haut, so wie die darunter liegenden Muskeln werden nicht afficirt, in der Umgegend findet sich keine Drüsenanschwellung, die Geschwulst ist mehr durch ihre Schwere lästig, als schmerzhaft, das Allgemeinbefinden bleibt ungestört; das Uebel befällt meist jüngere Frauen, besonders solche, die an unregelmässiger Menstruation leiden, sein Verlauf ist höchst langsam.

104) Die Structur dieser Geschwülste weist besonders bei der mikroskopischen Untersuchung hypertrophische Drüsenläppchen, so wie Zellgewebehypertrophie nach. Letztere hat zuweilen ein gallertartiges Ansehen. Schon mit blossem Auge kann man sich überall von der Abwesenheit des infiltrirenden Krebssaftes überzeugen.

105) Eine auflösende, schmelzende, anfangs antiphlogistische Behandlung, später Compression, dabei Regulirung der Menstuation, ersparen oft die Operation; wo diese nöthig ist, exstirpire man nur das Erkrankte, spare möglichst Haut und suche unmittelbare Vereinigung zu erreichen.

106) Die verschiedenen Arten anderer Brustdrüsengeschwülste als Hypertrophie und Krebs, sind verhältnissmässig selten; die bei weitem häufigste Brustdrüsengeschwulst ist offenbar der Krebs.

107) Im Allgemeinen gilt vom Brustkrebs, was wir über Krebs überhaupt mitgetheilt haben; mitunter hat der Brustkrebs eine sehr weiche Consistenz und kann so bedeutende Fluctuation simuliren. Hier hüte man sich vor Verwechslung mit einem Abscess, lässt man sich aber, durch einen solchen Irrthum verleitet, zu einem Einschnitt verführen, so wuchert bald aus dieser Stelle ein Krebsschwamm hervor.

108) Der Krebsstoff in den Lymphdrüsen der Umgegend des Brustkrebses, kommt in dieselben nicht durch Absorption von der Hautgeschwulst aus, sondern wird direct und primitiv in diesen abgelagert.

109) In keiner Form des Krebses habe ich so oft und eine so ausgebreitete allgemeine Krebsinfection beobachtet, als bei Brustkrebs.

110) Im Mittlern verlangt dies Uebel nach 15 Monaten bis 2 Jahren eine erste Operation und ist durchschnittlich in einem Zeitraum von 2 — 4 Jahren tödtlich. Ein Neuntel ungefähr der an Krebs Sterbenden geht an Brustkrebs zu Grunde.

V. Einige Aphorismen über Statistik der Geschwülste.

Die statistischen Resultate der Geschwülste, deren klinische, anatomische und mikroskopische Details wir sämmtlich studirt haben, sind folgende:

111) Unter 395 verschiedenen Geschwülsten befanden sich 268 nicht krebsartige und 127 krebsartige, also im Verhältnisse von $2\frac{1}{9}$: 1. Nach ihrer Häufigkeit classificirt, finden sie sich in folgender Ordnung:

Krebs	127
Balggeschwülste der Haut und der Schleimhäute	63
Erectile Geschwülste	38
Fibröse Geschwülste	29
Lipome	28
Fibroplastische Geschwülste	27
Umschriebene Hypertrophie der Schleimhaut (Polypen)	22
(Anhang) Hypertrophie der Tonsillen	19
Pseudocanceröse Hautgeschwülste	19
Knorpelgeschwülste	14
Hauthypertrophie	9
Summa	395

Obwohl ich eine viel grössere Zahl von Geschwülsten beobachtet habe, so habe ich doch nur aus denjenigen Schlussfolgerungen ziehen wollen, bei welchen sich ausser der genauen anatomischen und mikroskopischen Untersuchung pathologische Beobachtungen vorfanden.

112) Die nicht krebshaften Geschwülste erfordern im Mittlern erst nach einer zwei- bis dreifach längern Zeit, als die Krebsgeschwülste, die Operation. Die ersteren sind also im Allgemeinen von viel langsamerem Verlaufe, und man kann es als eine Ausnahme betrachten, wenn sie mehrfach beim gleichen Individuum vorkommen, in Eiterung übergegangen sind und in das Allgemeinbefinden der Kranken zerstörend eingreifen.

113) Der geschlechtliche Einfluss hat sich uns folgendermaassen zu erkennen gegeben: a) häufiger finden sich bei Männern als bei Weibern: Pseudocancer der Haut, Balggeschwülste der Haut und cartilaginöse Geschwülste; b) bei den Weibern sind häufiger: Hauthypertrophie, erectile und fibroplastische Geschwülste; c) gleich häufig bei beiden Geschlechtern sind: Fett- und fibröse Geschwülste, Polypen der Nasenhöhle und Hypertrophie der Tonsillen; d) der Krebs findet sich um ein Viertel häufiger beim Weibe als beim Manne.

114) Was das Alter betrifft, so liefern unsere Beobachtungen fol-

gende Resultate: a) erectile Geschwülste sind in der Regel angeboren, b) die Hypertrophie der Haut, der Schleimhäute und der Tonsillen, ebenso die fibroplastischen und cartilaginösen Geschwülste sind zwischen 10—30 Jahren häufiger, als in jedem andern Alter; c) Balggeschwülste zwischen 20 und 40 Jahren; d) fibröse Geschwülste zwischen 20 und 50 Jahren; e) Fettgeschwülste zwischen 30 und 50 Jahren; f) Pseudocancer der Haut zwischen 40 und 50 Jahren; g) Krebs zwischen 35 und 60 Jahren, er ist häufiger nach dem 60sten als vor dem 35sten Jahre. Alle diese Geschwülste kommen auch in jedem andern Alter, als in den eben angegebenen Perioden, wiewohl weniger häufig, vor.

115) Was den Sitz der Geschwülste betrifft, so haben wir in unsern Beobachtungen folgende Eigenthümlichkeiten gefunden: a) der Pseudocancer der Haut findet sich häufiger an der Unterlippe und der Nase als anderwärts; man beobachtet ihn indessen auch an andern Theilen des Gesichts, am Rumpfe, den Gliedern und am Hodensacke. b) Die Hauthypertrophie findet sich besonders häufig am Beine, an der ganzen untern Gliedmasse, weniger häufig an den obern Gliedmaassen, bisweilen im Gesichte. c) Erectile Geschwülste werden besonders im Gesichte angetroffen, namentlich an den Lippen, den Wangen, den Augenliedern und um die Ohren herum, seltener am Stamme und den Extremitäten, bisweilen an den Geschlechtstheilen. d) Balggeschwülste der Haut finden sich vorzugsweise um die Augenlieder, am behaarten Kopftheile und am Halse, minder häufig auf der Brust, dem Rücken und dem Bauche, selten an den Extremitäten; die Balggeschwülste der Schleimhäute werden an der Vagina und den Lippen beobachtet. e) Lipome sieht man besonders am Stamme, im Nacken, an der Schulter, in der Gegend des Schulterblattes, am Rücken, seltner an den Gliedmaassen, sehr selten am Kopfe. f) Die fibroplastischen Geschwülste haben keinen bestimmten Prädilectionssitz. g) Die fibrösen Geschwülste haben in der Regel ihren Ursprung in dem Zellgewebe unter der Haut und unter der Schleimhaut, ferner im Periosteum und in den Zwischenräumen der Muskeln. h) Die Schleimpolypen kommen vorzugsweise in den Nasenhöhlen und am Collum uteri vor. i) Die Knorpelgeschwülste werden am Unterkiefer, den Gliedmaassen, besonders den Händen und Füssen, bisweilen auch in den weichen Theilen, ohne von einem knochigen Theile herzurühren, angetroffen. k) Der Krebs kommt in den verschiedensten Theilen vor, vorzugsweise jedoch in den Verdauungsorganen und ihren Annexen, in den Zeugungsorga-

nen, in der Brustdrüse und in den lymphatischen Drüsen, im Unterhautzellgewebe und in den Knochen.

116) Der Pseudocancer der Haut, die erectilen und Balggeschwülste zeigen mithin eine Vorliebe für das Gesicht, die partielle Hypertrophie der Schleimhaut für die Nasenhöhlen und die Höhlen des Gesichts, die Lipome für den Rumpf, die Hauthypertrophie und die Knorpelgeschwülste für die Extremitäten, die fibroplastischen und fibrösen Geschwülste endlich, sowie der Krebs, werden ohne Unterschied an einer sehr grossen Zahl von Stellen und Theilen angetroffen.

Es ist wohl unnöthig zu bemerken, dass diese Mittheilungen auf genauen Daten beruhen, und dass wir dieselben nur als Resultate unserer individuellen Untersuchungen geben, ohne, auch im Entferntesten, in ihnen die Grundlinien allgemeiner Gesetze erkennen zu wollen.

Anhang.

Pharmacopoe der Dieffenbach'schen Klinik.

Wir beschliessen endlich dieses Werk durch die Mittheilung der Magistral-Formeln der Berliner Dieffenbach'schen Klinik. Diese Sammlung einer geringen Zahl durch lange Erfahrung bewährter Arzneimittel ist in Berlin unter folgendem Titel bekannt: Magistral-Formeln des Königlichen klinischen Instituts für Chirurgie und Augenheilkunde an der Friedrich-Wilhelms-Universität zu Berlin.

I Aether mercurialis Clin.

℞ Hydrarg. muriat. corrosiv. gr. iv
Solve in
Aether. sulph. ℥ß.
D. S. nomine.

II. Aqua mercurialis nigra Clin.

℞ Mercur. dulc. ℈j
Aq. rosar. ℥j
Aq. calcis ℥vj
Extr. hyoscyami ℈j.
M. D. S. nomine.

III. Aqua ophthalm. mercur. s. Conradi Clin.

℞ Hydrarg. muriat. corrosiv. gr. j
Aq. rosar. ℥iij ʒvj
Tinct. opii ophthalm. Clin. ʒij.
M. exacte. S. nomine.

IV. Aqua ophthalmica vitrioli Clin.

℞ Zinci sulphurici gr. viij
Aq. rosarum ℥iv
Tinct. opii ophthalm. Clin. ʒij.
M. S. nomine.

V. Balsamum Frahmii.

℞ Terebinthin. venet. ℥iv
Cerae flav. ℥j.
Solve leni calore, mox refrig.
adde
Olei terebinth. ℥β
M. exactissime. S.

VI. Cerat. ophthalm. Clin.

℞ Ol. amygdal. rec. express. ℥iij
Cerae albae ℥ij
Liquescant leni calore, mox refrig.
agit. in mortar. lapid. S.

VII. Cerat. ophthalm. rubrum Clin.

℞ Cerat. ophthalm. Clin. ʒij
Morphii puri gr. ij
Hydrarg. oxyd. rubri ℈β.
M. D. S.

VIII. Decoct. Cort. Chinae Clin.

℞ Cort. Chinae regiae ℥j
Coq. p. hor. c. suffic. quantit. Aq. ad colat. ℥vij
adde
Syr. cinnamomi ℥j
Aeth. sulph. ʒβ.
M. D. S.

IX. Decoct. ulmi saturnin. Clin.

℞ Cortic. ulmi campestris ℥j
Coq. c. aq. commun. ℔j
ad remanent. ℥viij
cola admisce
Plumbi acetici ʒj.
S. nomine.

X. Emplastrum glutinativum Clin.

℞ Empl. Diachyl. simpl. ℥iv
Picis burgund. ℥ij
liquesc. len. calor. m. refrig. serva.
S. nomine.

XI. Gelatina Lichenis Carageen aquosa Clin.

℞ Lichen Carageen ʒ iβ
coq. c. Aquae ℥xij
ad remanent. colat. ℥v
adde
Syr. Rubi Idaei ℥ij
Aquae amygdal. amar. concent. ℈j.
Misce et refrig. D. S. nomine.

XII. Gelatina Lichenis Carageen lactea Clin.

℞ Lich. Carageen ʒβ
Lactis vaccin. ℥ix
coq. ad remanent. Colat. ℥v
adde
Sacch. albiss. ℥j
Aquae amygdal. amar. concent. ℈j
Misce et refrig. D. S. nomine.

XIII. Infusum Valerian. comp. Clin.

℞ Rad. valerian. sylv. ℥j
Inf. c. aquae fervid. s. q. ad Colat. ℥vij
adde
Syrup. Cinnam. ℥j
Naphthae sulphur. ʒj
M. D. S. nomine.

XIV. Mixtura e sale ammon. Clin.

℞ Ammon. muriat. dep. ʒij
Aquae foeniculi ℥viiβ
Succ. liquir. insp. ʒij.
M. solv. D. S. nomine.

XV. Pilulae aloëticae s. aperitiv. Clin.

℞ Aloes socotrin. ʒij
Extr. Gratiolae
Pulv. Herb. Gratiol. ana ʒβ.
M. f. pil. ponder. gr. ij Consperg.
Semin. Lycopod.
D. S. nomine.

XVI. Pilulae antisyphiliticae s. alterantes Clin.

℞ Hydrarg. muriat. corros. gr. x
Solv. guttul. nonnull. aquae destill.
adde
Opii puri gr. v
Pulv. radic. liquirit.
Extract ejusdem ana ʒj.
M. exactiss. f. l. art. massa, ex qua form.
pil. No. LX. Consp. Sem. Lycopod.
S. nomine.

XVII. Pilulae Bellad. s. resolv. Clinic.

℞ Extr. Belladonnae
Pulv. herb. Belladon.
Aloes
G. Galbani ana ℈j.
M. f. l. a. pil. No. LXXX
Consp. Sem. Lycopodii. S. nomine.

XVIII. Pilulae Chinini, s. antipyretic. Clin.

℞ Chinini sulphurici ʒj
Succi liquirit. ℈ij
Rad. liquirit. ℈j.
M. f. l. a. pil. No. LX
Consp. Sem. Lycopodii. S. nomine.

XIX. Pilulae e Pulsatilla nigricante Clin.

℞ Extr. Pulsatill. nigr.
Pulv. herb. Pulsatill. nigr. ana ʒj.
M. f. l. a. pil. No. LX
Consp. Sem. Lycopod. S. nomine.

XX. Pilulae sopientes Clin.

℞ Extr. Hyoscyami
Opii puri ana ℈β.
M. exacte f. l. a. pil. No. XL
Consp. Sem. Lycop. S. nomine.

XXI. Potio antiphlogistica Clin.

℞ Nitri depurat.
Aquae lauro-ceras. ana ʒij
Syrup. Cerasorum ℥j
Aq. destillat. simpl. ℥vj.
M. S. nomine.

XXII. Potio emetica simpl. Clin.

℞ Tart. stibiat. gr. vj
Aquae destill. simpl. ℥ij
Syrup. Althaeae ℥ß.
M. S. nomine.

XXIII. Potio laxativa Clin.

℞ Natr. sulphur. ℥j
Aloes socotr. gr. vj
Extr. Hyoscyami gr. j
Aquae foenicul. ℥vj.
M. l. a. exacte. S. nomine.

XXIV. Potio Riverii comp. Clinic.

℞ Kali carbonic. ʒij
Satur. c. s. q.
Succ. citr. rec. expr.
adde
Aquae flor. Tiliae ℥ij
Syr. flor. Aurant. ℥j.
M. S. nomine.

XXV. Pulvis aërophorus Clin.

℞ Natr. carbonic. acidul. gr. xv.
Sal. essential. Tart. gr. x.
Elaeosacchar. citr. gr. vj.
M. f. p. D. S. nomine.

XXVI. Pulvis antiscrophulos. Clin.

℞ Sulphur. antim. aurat.
Hydrargyr. muriat. mit.
Folior. cicutae ana gr. j
Sacchari albi ℈j.
M. f. pulv. S. nomine.

XXVII. Pulvis emeticus Clin.

℞ Pulv. rad. Ipecacuanhae ʒj
Tartar. Stibiati gr.j
Amyli gr. vj
Sacchari albi ℈j.
M. f. pulvis S. nomine.

XXVIII. Pulvis contra strum. Clin.

℞ Tartar. tartaris.
Spong. marin. tost.
Sacchari albi ana ℥β
Ammonii muriat.
Rad. Imperator.
Cinnam. acut. ana ʒij
Sulphur. antim. aurat. ℈j.
Piper long. ʒj
M. f. pulv. subtiliss S. nominē.

XXIX. Pulv. sulphuris comp. Clin.

℞ Lact. sulphur. ʒij
Tartar. depurat. ℥β
Magnes. carbon. ʒj
Sacchari albi ʒij
Olei foeniculi gttvij.
M. D. S. nomine.

XXX. Solut. e Kali hydrojod. comp. s. Devisii Clin.

℞ Kali hydrojod. ʒj
Jodinae gr.j
Syrup. papaver. ℥β
Aquae destillat. ℥viij.
M. D. S. nomine.

XXXI. Species pro cataplasmate sopientes Clin.

℞ Pulv. herb. Hyoscyami
- - Cicutae ana ℔j
- - sem. Lini. ℔jv
M. D. S. nomine.

XXXII. Spiritus ammoniato — aether. Clin.

℞ Spiritus Menth.
- Serpyl.
- Anthos
- Lavandulae ana ℥ij
Mixt. oleos. balsam. ℥ß
Liquor. Ammonii anis. ℥j
M. S. nomine.

XXXIII. Spiritus ammoniato—terebinthinatus Clin.

℞ Liq. Ammon. caust. ℥ij
Olei Terebinth. ℥j
Spir. Menthae ℥jx.
M. S. nomine.

XXXIV. Tinct. antarthrit. Clin.

℞ Tinct. antimon. acris ex regul. par. ℥ij
Guajaci amm. ℥j
Thebaicae. ʒij
M. S. nomine.

XXXV. Tinct. opii neapolit. Clin.

℞ Opii puri ℈iv
Crocei, optim. ℈viij
Vini. malacens. ℥vj
Digere per octo dies, filtr. et serva.
S. nomine.

XXXVI. Tinct. opii ophthalm. Clin.

℞ Opii elect. ℥j
Vini malacens. ℥v.
Digere frequent. agit. per hor. xxiv
exprim. filtr. et serva.
S. nomine.

XXXVII. Ung. argent. nitr. comp. s. Guthrianum Clin.

℞ Pulv. Argent. nitr. fus gr. vj
Axungiae porci recent. ʒij
Aceoti saturnini gtt. x.
M. exacte f. ungt.
S. nomine.

XXXVIII. Ung. ad combust. Stahlii Clin.

℞ Butyri insulsi ℥iij
Cerae flavae ℥j.
M. f. unguent.
S. nomine.

XXXIX. Ung. corrosivum s. escharoticum Clin.

℞ Hydrarg. muriat. corros. ʒij
Pulv. gi. Mimosae ℈j
Aquae dest. gtt. xx.
M. f. unguentum spissum.
D. S. nomine.

XL. Ung. e Kali hydrojod. Clin.

℞ Ung. rosati ℥β
Magnesiae carbon. gr. vj
Kali hydrojod. ʒβ.
M. f. ung.
S. nomine.

XLI. Ung. Saturn. c. Zinc. Clin.

℞ Ung. Saturn. Ph. vet. ℥j
Flor. Zinci ʒj.
M. f. unguent.
S. nomine.

Gedruckt bei Julius Sittenfeld in Berlin.

FSC
www.fsc.org
MIX
Papier | Fördert
gute Waldnutzung
FSC® C083411

Kolibri 360 GmbH
Ferdinand-Jühlke-Straße 7
99095 Erfurt, Deutschland
produktsicherheit@kolibri360.de